中国专利报告
CHINA PATENT REPORT

(总第1卷·2013)

尹新天 主编

北京君策知识产权发展中心

图书在版编目（CIP）数据

中国专利报告.2013：总第1卷/尹新天主编.—北京：知识产权出版社，2014.5
 ISBN 978-7-5130-0207-3

Ⅰ.①中… Ⅱ.①尹… Ⅲ.①专利–研究报告–中国–2013 Ⅳ.①G306.72

中国版本图书馆CIP数据核字（2014）第095615号

内容提要

本书由四大板块组成：一是官方文件，收集新近制定或者修订的与专利工作有关的法律法规、司法解释、地方法规、部门规章以及规范性文件；二是专利案例，精选我国法院2012年作出的专利行政纠纷案件判决和专利民事诉讼纠纷案件判决；三是环球动态，介绍国外有关专利工作动向；四是著论索引，收集我国2012年出版发表的部分与专利有关的著作和论文。对我国专利案例的介绍是本书的重点。

本书有助于广大读者及时了解国内外专利工作的动向，提高专利工作者的从业水平，促进我国专利事业的发展。

读者对象：知识产权领域从业人士、高校及科研院所相关专业研究人士。

责任编辑：李 琳 龙 文　　　　责任出版：刘译文
装帧设计：燧天下

中国专利报告（总第1卷·2013）
Zhongguo Zhuanli Baogao (Zong Di 1 Juan · 2013)

尹新天 主编

出版发行：知识产权出版社有限责任公司	网　址：http://www.ipph.cn
社　址：北京市海淀区马甸南村1号	邮　编：100088
责编电话：010-82000860转8123	责编邮箱：longwen@cnipr.com
发行电话：010-82000860转8101/8102	发行传真：010-82000893/182005070/82000270
印　刷：北京科信印刷有限公司	经　销：各大网上书店、新华书店及相关销售网点
开　本：720mm×1000mm 1/16	印　张：31.5
版　次：2014年5月第1版	印　次：2014年5月第1次印刷
字　数：500千字	定　价：90.00元
ISBN 978-7-5130-0207-3	

出版权专有 侵权必究
如有印装质量问题，本社负责调换。

编委会

主　任

贺　化　国家知识产权局副局长

副主任

陈锦川　北京市高级人民法院专职审判委员会成员、民三庭庭长

吕国强　上海市知识产权局局长

成　员（以姓氏笔画为序）

崔国斌　清华大学副教授，清华大学法学院知识产权研究中心主任

程永顺　北京务实知识产权发展中心主任，原北京市高级人民法院知识产权庭副庭长

段晓玲　北京万慧达知识产权代理有限公司高级合伙人

郭　禾　中国人民大学教授，中国人民大学知识产权学院副院长

葛　树　国家知识产权局专利审查业务管理部部长

黄义彪　北京市万慧达律师事务所高级合伙人

主　编

尹新天　北京君策知识产权发展中心理事长，原国家知识产权局条法司司长

副主编

黄　晖　北京万慧达知识产权代理有限公司高级合伙人，北京君策知识产权发展中心副理事长

编辑部成员

姜　涛　北京万慧达知识产权代理有限公司专利代理人

杨敏锋　北京君策知识产权发展中心研究室副主任

许　文　北京君策知识产权发展中心办公室副主任

目 录

前言 ... 3
本卷导读 ... 4

第一章 官方文件
充分发挥审判职能作用 为深化科技体制改革和加快国家创新体系建设提供司法保障的意见 ... 8
废止1980年1月1日至1997年6月30日期间发布的部分司法解释和司法解释性质文件（第九批）的决定（专利部分） ... 14
专利标识标注办法 ... 16
专利实施强制许可办法 ... 17
发明专利申请优先审查管理办法 ... 25
国家知识产权局行政复议规程 ... 27
关于提交"共同申请格式"的发明或者实用新型专利申请的公告 ... 33
广东省展会专利保护办法 ... 38
四川省专利保护条例 ... 46
陕西省专利条例 ... 55

第二章 专利行政纠纷案件判例
"喷墨打印设备及其墨盒"发明专利无效宣告请求案 ... 66
"食品包装袋"外观设计专利无效宣告请求案 ... 99
"快进慢出型弹性阻尼体缓冲器"实用新型专利无效宣告请求案 ... 110
"移动式通讯装置"外观设计专利无效宣告请求案 ... 121
"双级过滤式自动清洗过滤器"实用新型专利无效宣告请求案 ... 139
"握力计"实用新型专利无效宣告请求案 ... 154
"精密旋转补偿器"实用新型专利无效宣告请求案 ... 167
"逻辑编程开关"外观设计专利无效宣告请求案 ... 187

"裁剪机磨刀机构中斜齿轮组的保油装置"实用新型
　　专利无效宣告请求案..204
"女性计划生育手术B型超声监测仪"实用新型专利无效宣告请求案........224

第三章　专利民事纠纷案件判例
"平滑型金属屏蔽复合带的制作方法"发明专利侵权诉讼案.....................248
"一种舵机"实用新型专利侵权诉讼案..301
"小型计算机系统接口双向连接器"实用新型专利侵权诉讼案..................326
"防电磁污染确保人体健康的方法"实用新型专利侵权诉讼案..................345
"后换档器支架"发明专利侵权诉讼案..356
"液压摇臂裁断机直联式液压控制装置"发明专利侵权诉讼案..................401
"一种多联插座"实用新型专利权属纠纷案...416
"一种大功率LED灯支架"实用新型专利奖励报酬纠纷案.........................425

第四章　环球动态
美国关于侵犯方法专利权行为认定标准的新近动向..................................438

第五章　著论索引
一、书籍..474
二、期刊..480

前言

为了帮助读者及时了解国内外专利工作的动向，提高专利工作者的从业水平，促进我国专利事业的发展，北京君策知识产权发展中心编辑出版了本书，并自2014年起每年编辑出版一卷。

北京君策知识产权发展中心成立于2011年，系经北京市民政局登记核准、北京市知识产权局主管的民办非企业单位。该中心的设立宗旨是服务于各级政府和企事业单位，增强全社会的知识产权意识，促进我国知识产权战略的实施和创新型国家的建设，促进国际交流与合作。该中心的业务范围包括开展知识产权相关课题研讨、咨询及论证，组织国内国际知识产权培训、交流与合作，收集、编辑、翻译知识产权信息和文献。

本书目前设立了四大板块：一是官方文件，收集新近制定或者修订的与专利工作有关的法律法规、司法解释、地方法规、部门规章以及规范性文件；二是专利案例，精选我国法院2012年作出的专利行政纠纷案件判决和专利民事诉讼纠纷案件判决；三是环球动态，介绍国外有关专利工作动向；四是著论索引，收集我国2012年出版发表的部分与专利有关的著作和论文。今后视读者需要，还可以增加其他版块。

对我国专利案例的介绍是本书的重点。无论是成文法体系国家还是判例法体系国家，专利案例对专利制度的运作和完善都发挥了十分重要的作用，体现在：专利法律法规无论怎样详尽都不可能穷尽现实中遇到的各种问题，专利案例是针对千变万化的具体案情"活用"专利法律法规的规定，能够起到促进专利制度不断完善进步的作用，可谓"问渠哪得清如许，为有源头活水来"。

介绍我国专利案例的书籍已有很多，本书的特色在于：增加了"本案专利介绍"部分，补充专利说明书的有关内容以及必要附图，以帮助读者更好地理解案情，正确领会判决的含义；对部分案例增加了"评析"部分，对有关判决的重要意义以及有关学术问题进行分析讨论，以开展学术研讨，一孔之见意在引玉，凡不当之处敬请专家学者和广大读者批评指正。

衷心欢迎读者就如何编好本书提出建议。

本卷导读

本卷收集的专利行政纠纷案例涉及如下问题：

● 将原专利申请文件记载的"半导体存储装置"修改为"存储装置"是否违背《专利法》第三十三条的规定？最高人民法院对**"喷墨打印设备及其墨盒"发明专利权无效宣告请求案**的再审裁定论述了该条规定的立法本意以及判断原则，认定该修改符合规定。

● 无效请求人以与在先商标权相冲突为由请求宣告外观设计专利无效，北京市高级人民法院对**"食品包装袋"外观设计专利权无效宣告请求案**的终审判决认为，对2009年10月1日前授予的外观设计专利而言，判断是否存在冲突的时间基点也应当是其专利申请日而不是其授权公告日，同时认为在先权利不仅包括商标权，也应包括商标申请权。

● 在专利复审委员会的无效宣告程序中，专利权权属纠纷的审理结果认定原专利权人无权申请获得专利，应当如何维护真正有权获得专利的人的合法权益？北京市高级人民法院对**"双级过滤式自动清洗过滤器"实用新型专利权无效宣告请求案**的终审判决认为，《审查指南》的有关规定虽然保障了无效审查程序的效率，但相应的无效审查决定亦可能因为专利复审委员会未延长中止期限导致真正的专利权人的合法利益受到损害而被撤销。

● 在无效宣告程序中发现专利权利要求中存在表述错误，无效请求人认为权利要求不能得到说明书的支持，应当如何处置？最高人民法院对**"精密旋转补偿器"实用新型专利权无效宣告请求案**的再审判决认为，如果不对权利要求中的明显错误作出更正性理解，而是"将错就错"地径行因明显错误的存在而一概以不符合《专利法》第二十六条第四款的规定为由宣告专利权无效，则有悖于《专利法》第二十六条第四款的立法宗旨。

● 应当如何认定外观设计专利的功能性设计特征，如何认定该设计特征对整体视觉效果的影响？最高人民法院对**"逻辑编程开关"外观设计专利权无效宣告请求案**的再审判决认为，如果把功能性设计特征仅仅理解为实现某种功能的唯一设计，则会过分限制功能性设计特征的范围，不符合外观设计专利保护具有美感的创新性设计方案的立法目的。

● 专利复审委员会作出宣告专利权无效的无效审查决定，法院判决撤销该审查决定的，是否都必须判令专利复审委员会重新作出决定？最高人民法院对**"裁剪机磨刀机构中斜齿轮组的保油装置"**实用新型专利权无效宣告请求案的再审判决认为，如果专利复审委员会针对无效宣告请求人提出的全部无效理由和证据均作了评述，人民法院认为专利权有效的，不必再判决专利复审委员会重新作出决定。

- 在专利复审委员会曾经作出维持专利权部分有效的审查决定经专利行政诉讼获得支持并已生效的情况下，专利复审委员会在随后的无效宣告程序中认为在先审查决定不当，是否可以重新作出宣告该专利权全部无效的审查决定？最高人民法院对**"一种带法兰的铸型尼龙管道"**实用新型专利权无效宣告请求案的再审判决认为，在一般情况下，已经被当事人认可并被在先裁判文书认定的事实可以为在后裁判文书所采用，通常不应作出相反认定。

- 当事人争辩其发明创造取得了商业上的成功，应当认定其具备创造性，应当如何对待？最高人民法院对**"女性计划生育手术B型超声监测仪"**实用新型专利权无效宣告请求案的再审判决认为，商业成功是创造性判断的辅助性因素，与相对客观的"三步法"而言，对于商业上的成功是否确实导致技术方案达到被授予专利权的程度，应当持相对严格的判断标准。

本卷收集的专利民事纠纷案例涉及如下问题：

- 对说明书记载的某一技术特征，权利要求中采用不同的表述方式，在确定专利权保护范围时是否可以将权利要求记载的技术特征解释为与说明书的表述具有相同含义？最高人民法院对**"平滑型金属屏蔽复合带的制作方法"**发明专利侵权诉讼案的再审判决认为，解释权利要求的术语的含义时，根据文本解释的一般原则，应当认为权利要求中使用的同一术语具有相同含义，不同术语具有不同含义；权利要求中的每一个术语均有其独立意义，不得解释为多余。

- 专利复审委员会作出部分宣告专利权有效的审查决定并已生效，专利权人指控他人侵犯被部分维持有效专利权，是否应当适用禁止反悔原则？最高人民法院对**"一种舵机"**实用新型专利侵权诉讼案的再审判决认定，如果专利权人未曾作自我放弃，而是由专利复审委员会自行作出该审查决定，则在判断是否构成禁止反悔原则中的"放弃"时，应充分注意专利权人未自我放弃的情形，严格把握放弃的认定条件。

- 在解释权利要求的保护范围时，是否允许将权利要求书的内容解释为说明书和附图表述的具体实施方式？最高人民法院对**"小型计算机系统接口双向连接器"**实用新型专利侵权诉讼案的再审裁定指出，除非说明书中有特别说明，说明书及附图对权利要求书内容的解释不能用实施例的具体描述替换权利要求书中相应的技术特征，即说明书实施例可以用于支持和解释权利要求，但不能作为限制而将其读入权利要求中。

- 在专利侵权纠纷案件的审理程序中，如果发现专利权利要求的记载存在不清楚的缺陷，无法确定其含义，应当如何对待？最高人民法院对**"防电磁污染确保人体健康的方法"实用新型专利侵权诉讼案**的再审裁定认为，如果权利要求的撰写存在明显瑕疵，结合涉案专利说明书、本领域的公知常识以及相关现有技术等仍然不能确定权利要求中技术术语的具体含义，则无法将被诉侵权技术方案与之进行有意义的侵权对比，因此不应认定被诉侵权技术方案构成侵权。

- 产品权利要求中记载的技术特征是否存在不同类型，因而对确定专利权的保护范围具有不同的作用？最高人民法院对**"后换档器支架"发明专利侵权诉讼案**的再审判决指出，使用环境特征对于保护范围的限定程度需要根据个案情况具体确定，在一般情况下，使用环境特征应该理解为要求被保护的主题对象可以使用于该种使用环境即可，不要求被保护的主题对象必须用于该种使用环境。

- 在专利侵权纠纷案件中，应当如何判断被诉侵权人提出的现有技术抗辩是否成立？最高人民法院对**"液压摇臂裁断机直联式液压控制装置"发明专利侵权诉讼案**的再审裁定指出，现有技术抗辩的成立并不要求被诉侵权技术方案与现有技术完全相同，毫无区别，对于被诉侵权产品中与专利权保护范围无关的技术特征，在判断现有技术抗辩能否成立时应不予考虑；被诉侵权技术方案与专利技术方案是否相同或者等同，与现有技术抗辩能否成立亦无必然关联。

- 关于对职务发明发明人的奖励报酬，2001年修改的《专利法实施细则》只是针对国有单位作了具体规定，其第七十七条规定非国有单位可以"参照执行"，这是否意味着非国有单位可以不支付奖励报酬？广东省高级人民法院对**"一种大功率LED灯支架"实用新型专利奖励报酬纠纷案**的终审判决认定，无论是2000年修改的《专利法》还是2008年修改的《专利法》均对该奖励报酬作了明确规定，因此关于对职务发明创造的发明人支付合理报酬的规定，新旧专利法的规定是一致的。

本卷"环球动态"部分收集的美国专利案件例涉及如下问题：

- 认定侵犯方法专利权的行为与认定侵犯产品专利权的行为是否存在不同？由多个当事人分别实施方法权利要求中的不同方法特征，是否应当认定构成共同侵犯专利权的行为？美国联邦巡回上诉法院2012年对Akamai一案作出的大法庭判决涉及这一问题，多数派法官和少数派法官就此进行了激烈辩论。

第一章
官方文件

充分发挥审判职能作用 为深化科技体制改革和加快国家创新体系建设提供司法保障的意见

（2012年7月19日最高人民法院法发〔2012〕15号发布）

为深入贯彻全国科技创新会议精神和党中央、国务院《关于深化科技体制改革加快国家创新体系建设的意见》，充分发挥人民法院在深化科技体制改革和加快国家创新体系建设中的审判职能作用，制定本意见。

一、进一步提高认识，切实增强为深化科技体制改革和加快国家创新体系建设提供司法保障的责任感和使命感

（一）深刻认识深化科技体制改革和加快国家创新体系建设的重要性和紧迫性。科学技术是第一生产力，是经济社会发展的重要动力源泉。党和国家历来高度重视科技工作，改革开放30多年来，我国整体科技实力和科技竞争力明显提升，在促进经济社会发展和保障国家安全中发挥了重要支撑引领作用。当前，我国正处在全面建设小康社会的关键时期和深化改革开放、加快转变经济发展方式的攻坚时期。科技在经济社会发展中的作用日益凸显，国际科技竞争与合作不断加强，新科技革命和全球产业变革步伐加快，我国科技发展面临重要战略机遇和严峻挑战。抓住机遇大幅提升自主创新能力，激发社会创造活力，真正实现创新驱动发展，迫切需要进一步深化科技体制改革，加快国家创新体系建设。深化科技体制改革和加快国家创新体系建设与人民法院知识产权审判及其他有关审判工作关系密切，各级人民法院要牢固树立机遇意识、忧患意识、责任意识，立足审判职能，找准人民法院服务大局的结合点和切入点，进一步增强工作的针对性和有效性，能动司法，积极作为，切实增强服务深化科技体制改革和加快国家创新体系建设的责任感和使命感。

（二）充分发挥各项审判职能作用，推动科技事业又好又快发展。深化科技体制改革和加快国家创新体系建设，要求突出企业技术创新主体作用，强化产学研用紧密结合，促进科技资源开放共享，各类创新主体协同合作。面对新形势新要求，人民法院要以激励创新源泉、增强创新活力、发展创新文化为导向，高度重视与科技成果孕育、创造相关的案件审理，遏制侵犯科技成果权的违法犯罪行为，有效激励自主创新和技术跨越；高度重视与科技

成果流转、转化相关的案件审理，规范和引导技术创新活动，积极推动科技与经济社会发展紧密结合；高度重视综合采取各种有力措施，积极营造有利于科技创新的司法环境，促进智力成果创造、运用和管理水平的提高，为深化科技体制改革和加快国家创新体系建设提供有力的司法保障。

二、加大智力成果保护力度，有效激励自主创新和技术跨越

（三）切实贯彻加强保护、分门别类和宽严适度的知识产权司法政策，合理界定专利权保护范围和强度。根据原始创新、集成创新和引进消化吸收再创新的实际和特点，进一步完善专利等科技成果司法保护体系和裁判标准，积极促进关键领域的原创性重大突破以及战略性高技术领域跨越式发展，不断适应科技领域日益活跃的创新实际，不断强化法律适用标准的与时俱进。结合专利创新程度和产业政策，进一步强化司法裁判对科技创新活动的导向作用，有针对性地加大对关键领域和核心技术的保护力度。对于创新程度高、对技术革新具有突破和带动作用的首创发明，给予相对较高的保护强度和较宽的保护范围，促进原始创新能力明显提高。适度从严把握等同侵权的适用条件，避免不适当地扩张专利权保护范围，防止压缩创新空间和损害公共利益，促进集成创新、引进消化吸收再创新能力大幅增强。进一步完善权利要求解释规则，合理划定民事权利与公有领域的法律界限，既保护权利人的正当权益，鼓励发明创造，又防止其不适当地侵入公有领域，妨碍科技创新。

（四）合理调整专利授权确权司法审查标准，积极鼓励发明创造。妥善审理专利授权确权纠纷案件，依法履行对专利授权确权行为的司法审查职责，强化对实质性授权条件的审查判断，为科技创新营造良好的司法环境。根据不同技术领域的特点、具体产业政策的要求和我国科技发展的实际，细化和完善专利授权确权司法审查标准，促使专利审查规则和授权行为的规范化、科学化，不断提高专利授权质量。完善司法审查程序和证据规则，改进裁判方式，尽可能避免循环诉讼和程序往复，促进行政争议的实质性解决，尽快稳定权利状态，提高司法审查、授权确权的质量和效率。充分考虑专利文件撰写的客观局限，在专利申请文件公开的范围内，尽可能保证确有创造性的发明创造取得专利权，实现专利申请人所获得的权利与其技术贡献相匹配，最大限度地提升科技支撑引领经济社会发展的能力。

（五）加强工业设计司法保护，推动经济和产业格局优化。依法审理涉及发明、实用新型、外观设计、集成电路布图设计等各类科技成果权的纠纷案件，积极推进我国工业设计和制造水平的深刻变革。综合利用各种法律手

段,加大工业设计保护力度,激发设计人员的创作热情,促进实用与美感兼具、创新与文化融合的工业设计不断涌现,提升我国在国际分工和产业链中的地位。贯彻新《专利法》提高外观设计授权标准的立法精神,根据一般消费者的知识水平和认知能力,适当考虑外观设计的设计空间,细化和完善司法审查标准,提高外观设计授权质量,推动产品设计多样化。加强对具有独创性的集成电路布图设计的保护,依法打击非法复制和商业利用集成电路布图设计的行为,鼓励集成电路技术创新。

(六)依法明晰技术成果归属,激发创造热情。依法审理技术成果权属、发明人资格纠纷案件,准确界定职务成果与非职务成果的法律界限,既要根据意思自治原则,依法支持发明人依合同约定取得技术成果权,又要准确把握职务技术成果的认定标准,防止职务成果非职务化。依法审理职务发明人奖励、报酬纠纷案件,结合科技创新质量和实际贡献,保障发明人获得相应奖励和报酬的权利,既要激励企业职工从事技术创新的积极性,又要鼓励企业加大研发投入,增强社会创造活力。

(七)妥善处理专利与标准的关系,合理平衡各方利益。对于涉及国家、行业或者地方标准的专利侵权纠纷案件,要结合行业特点、标准性质、制定程序等,根据公平合理无歧视的原则,合理确定当事人的法律责任,推动专利信息事先披露、许可费支付等标准制定程序和规则的完善。合理规范和平衡专利权人与社会公众之间的利益关系,规范公众可以获得实施许可的方式、条件和程序,既要鼓励专利的标准化,发挥标准对技术创新的推动作用,又要防止标准对技术创新的阻碍,实现标准和技术创新的互相促进和良性循环,共同提高创新主体的核心竞争力。

(八)依法制止科技领域的不正当竞争和垄断行为,营造公平有序的创新环境。针对高新技术领域市场竞争激烈、新类型不正当竞争行为频发的新情况新特点,妥善运用反不正当竞争法的原则条款,以诚实信用原则和公认的商业道德为基本标准,有效遏制各种搭车模仿、阻碍创新的新类型不正当竞争行为,为形成公平诚信的竞争秩序提供及时有力的司法规范和引导。加强高科技领域垄断纠纷案件的审理,积极探索和总结法律适用的新问题,有效遏制垄断行为,打破行业壁垒和部门分割,保障各类企业公平获得创新资源,实现创新资源的合理配置和高效利用,促进技术创新和产业发展。

(九)加强商业秘密司法保护,维护合法正当的创新秩序。结合商业秘密保护的实际,针对商业秘密纠纷案件举证难、保密难等特点,尽可能降低商业秘密权利人的维权难度,合理分配当事人的举证责任,有效遏制侵犯商业秘密行为。依法认定商业秘密的构成要件,促使企业增强对商业秘密的保护意识,规范和完善保密措施。妥善处理商业秘密保护与科技人才合理流动的关系，既要保护企业的商业秘密，又要保障科技人才的合理流动，鼓励科研院所、高等院校与企业创新人才双向交流。

（十）加大农业科技成果保护力度，促进农业科技创新。依法审理各类涉农科技纠纷案件，严厉打击制售假冒伪劣品种、侵犯植物新品种权等侵犯农业科技成果的行为，最大程度地激励农业技术创新，促进农业生物技术、先进制造技术、精准农业技术等方面重大自主创新成果的创造，积极推动突破农业技术瓶颈和抢占现代农业科技制高点。切实从我国农业科技整体水平出发，依法确认育种者免责、农民免责，合理平衡权利人与社会公众的利益关系，加快农业技术转移和成果转化，推动现代农业经营方式转变，促进涉农新型产业的发展。

（十一）加强科技领域的商标权司法保护，促进企业提高品牌战略的创新能力。依法审理商标权纠纷案件，增强科技型企业的商标意识，支持和引导科技型企业实施商标品牌战略，促使其在经营中积极、规范使用自主商标，提高企业的市场竞争力和创新能力。严厉制裁商标假冒、恶意模仿等侵权行为，维护知名品牌市场价值，发挥知名品牌凝聚创新要素和整合创新资源的品牌效应，促使拥有知名品牌的企业发挥骨干创新主体的引领作用。

（十二）加大涉科技领域和商业领域的著作权保护力度，推进科技创新、文化创新和新兴产业发展。针对科技创新带来的著作权保护领域和保护需求的新变化，根据文化创新的需要和商业领域著作权保护的新特点，加强相关著作权保护力度，积极促进文化创新、商业模式创新和文化创意产业发展，推进文化与科技、产业相互激励和深度融合。大力加强软件、数据库、动漫、网络、文化创意等新兴文化产业和高新科技领域的著作权保护，准确把握新科技环境下著作权司法标准，实现激励创作、促进产业发展和保障创新成果惠及民生的协调统一。积极应对数字化、网络化、智能化带来的著作权保护新问题，在保护著作权益的同时，注重促进工业化和信息化的融合，提高科技对文化事业和文化产业发展的支撑能力。

（十三）充分发挥涉科技领域的司法审查职能，积极营造促进科技创新的执法环境。依法审理涉科技领域的行政案件，支持和监督行政机关依法制裁侵犯科技成果权的行为，促进行政执法的法治化和规范化。依法受理行政机关申请的强制执行案件，经审查符合执行条件的，应及时裁定并予以执行，促进行政机关营造有利于知识产权保护和国家创新体系建设的行政管理秩序。

（十四）充分发挥刑罚功能，严惩侵犯知识产权犯罪。对侵犯商标权、著作权、商业秘密及假冒专利等知识产权犯罪行为，进一步完善定罪量刑标准，规范缓刑适用，根据犯罪情况和危害后果，依法从严惩处。在依法判处主刑的同时,加大罚金刑的适用与执行力度,并通过采取销毁侵权产品以及追缴、退赔违法所得等措施,剥夺侵权人的再犯罪能力和条件。

三、依法促进创新要素合理配置,积极推动科技与经济社会发展紧密结合

(十五)妥善处理技术合同纠纷,促进科技成果转化。依法审理科技创新中产生的各类技术合同纠纷案件,认真贯彻合同法,尊重当事人意思自治,审慎把握合同无效和合同解除的事由,加强保护守约方合法权益,合理认定技术成果开发、转让、许可、质押、技术咨询和中介等环节形成的利益分配及责任承担,引导和支持企业加强技术研发能力建设,推动产学研用紧密结合,培育和规范知识产权服务市场,促进技术成果迅速转化为现实生产力和市场竞争力。

(十六)妥善处理科技领域的劳动、人事纠纷,保障科技人才合理流动。坚持依法保障劳动者合法权益与用人单位生存发展并重理念,依法审理科研人才与用人单位的劳动、人事纠纷案件,切实保障科研院所、高等院校等单位的科研人才在订立、履行、变更、解除或者终止劳动、聘用合同过程中的合法权益,保障科研人才向企业研发机构的合理流动,推动建立开放、竞争、流动的单位用人机制。

(十七)妥善处理科技领域的企业改制、破产纠纷,优化创新主体运作机制。依法审理科技型企业纠纷案件,促进技术开发类科研机构向企业化转制,引导科技型企业不断完善公司治理结构和建立现代企业制度。依法审理涉及以技术成果投资的股权、期权纠纷案件,合理平衡创业投资机构与企业等创新主体的利益关系,引导创业投资机构投资科技型中小企业,促进社会投资主体多元化。依法受理企业破产案件和强制清算案件,妥善处理淘汰落后技术和过剩产能中的企业破产纠纷,保障市场主体依法有序退出市场。

(十八)妥善处理科技领域的金融纠纷,促进对科技创新的金融支持。依法审理借款纠纷案件,保护合法的民间借贷和企业融资行为,拓宽金融为企业科技创新融资的渠道,引导银行等金融机构加大对科技型中小企业的金融支持。依法审理担保物权纠纷案件,依法认定企业以知识产权和股权质押等方式作出的担保,促进解决科技型中小企业融资难的问题。

(十九)妥善处理科技领域的涉外纠纷,促进科技国际合作与交流。依法平等保护中外当事人的合法权益,积极营造更加公平、透明、稳定、可预期的贸易投资环境和发展环境,积极促进创新主体充分利用国际国内创新资源,提高科技发展的科学化水平和国际化程度。依法审理企业在参股并购、

联合开发、专利交叉许可以及外商来华设立研发机构中的纠纷案件，促进对国际科技资源的引进，推动全方位、多层次、高水平的科技国际合作。

四、加强统筹协调，完善工作措施，进一步提高司法保障能力

（二十）加大调解力度，不断完善多元纠纷解决机制。坚持以"调解优先、调判结合"为原则，以"案结事了"为目标，根据科技创新的特点和实际，积极引导当事人选择委托调解、专家调解、行业调解等方式解决科技领域的各类纠纷。从有利于科技成果转化出发，着眼于当事人市场利益的包容共存，努力促成当事人和解。对于相关科技行业亟需明确行为规则的典型案件，依法及时裁判，明确法律标准，充分发挥司法裁判的指引和导向功能。

（二十一）积极完善知识产权审判体制和工作机制，不断满足科技创新对知识产权司法保护的新需求。适应科技体制改革和国家创新体系建设对于知识产权审判专业化程度要求越来越高的新形势，进一步推进由知识产权审判庭集中审理知识产权民事、行政和刑事案件的试点工作，加强对试点工作的指导和总结，不断推动试点工作规范化。根据科技创新对知识产权司法保护的新需求，统筹规划知识产权审判管辖布局。在科技成果司法保护需求强烈的国家自主创新示范区、国家高新技术产业开发区、国家高技术产业基地等区域，适当增加具有审理专利、植物新品种、集成电路布图设计等技术类案件管辖权的第一审法院，在具有特色创新资源的区域适当增加具有审理一般知识产权案件管辖权的基层法院，保障创新资源密集的区域率先实现创新驱动发展。

（二十二）加强能动司法，积极促进智力成果创造、运用和管理水平提高。在加强知识产权司法保护的同时，积极推动知识产权创造、运用和管理。密切关注科技体制改革和国家创新体系建设带来的新情况新问题，及时发布司法解释和司法政策，增强司法服务的针对性和前瞻性。及时总结成熟可行的司法经验，向立法机关和国家有关部门提出立法建议，推动激励创新的法律体系不断完善。高度重视通过审判工作发现影响和制约科技创新的普遍性、苗头性问题，及时向政府、企业、科研机构等有关方面提出司法建议，促进加强管理、健全制度。大力加强对关键技术领域科技创新可能产生重大影响的诉讼态势分析，及时向有关方面发出工作预警，形成保护创新的合力。加强宣传和舆论引导，充分发挥人民法院的法制宣传教育职能，不断增强全社会的创新意识，进一步形成尊重劳动、尊重知识、尊重人才、尊重创造的创新文化氛围。

废止1980年1月1日至1997年6月30日期间发布的部分司法解释和司法解释性质文件（第九批）的决定（专利部分）

（2013年1月14日最高人民法院法释〔2013〕2号发布）

为适应形势发展变化，保证国家法律统一正确适用，根据有关法律规定和审判实际需要，最高人民法院会同有关部门，对1980年1月1日至1997年6月30日期间发布的司法解释和司法解释性质文件进行了集中清理。现决定废止1980年1月1日至1997年6月30日期间发布的429件司法解释和司法解释性质文件。废止的司法解释和司法解释性质文件从本决定施行之日起不再适用，但过去依据下列司法解释和司法解释性质文件对有关案件作出的判决、裁定仍然有效。

予以废止的1980年1月1日至1997年6月30日期间发布的部分司法解释和司法解释性质文件目录（第九批）

编号	文件名称	颁布日期	废止理由
109	最高人民法院关于审理专利申请权纠纷案件若干问题的通知	1987年10月19日	已被《最高人民法院关于审理专利纠纷案件适用法律问题的若干规定》代替
205	最高人民法院关于专利纠纷案件管辖问题的复函	1990年6月26日法（经）函〔1990〕第49号	已被《最高人民法院关于审理专利纠纷案件适用法律问题的若干规定》、《最高人民法院关于审理技术合同纠纷案件适用法律若干问题的解释》以及民事诉讼法代替
332	最高人民法院关于专利侵权案件中如何确定地域管辖的请示的复函	1994年3月8日法经〔1994〕51号	已被《最高人民法院关于审理专利纠纷案件适用法律问题的若干规定》代替
346	最高人民法院关于进一步加强知识产权司法保护的通知	1994年9月29日法〔1994〕111号	已被著作权法、专利法、商标法以及刑法代替

（续表）

编号	文件名称	颁布日期	废止理由
372	最高人民法院关于不服专利管理机关对专利申请权纠纷、专利侵权纠纷的处理决定提起诉讼，人民法院应作何种案件受理问题的答复	1995年7月7日 法函〔1995〕93号	已被专利法代替
422	最高人民法院知识产权审判庭关于不属于外观设计专利的保护对象，但又授予外观设计专利的产品是否保护的请示的答复	1997年2月17日	已被专利法以及《最高人民法院关于审理侵犯专利权纠纷案件应用法律若干问题的解释》代替

专利标识标注办法

（2012年3月8日国家知识产权局令第六十三号发布）

第一条 为了规范专利标识的标注方式，维护正常的市场经济秩序，根据《中华人民共和国专利法》（以下简称专利法）和《中华人民共和国专利法实施细则》的有关规定，制定本办法。

第二条 标注专利标识的，应当按照本办法予以标注。

第三条 管理专利工作的部门负责在本行政区域内对标注专利标识的行为进行监督管理。

第四条 在授予专利权之后的专利权有效期内，专利权人或者经专利权人同意享有专利标识标注权的被许可人可以在其专利产品、依照专利方法直接获得的产品、该产品的包装或者该产品的说明书等材料上标注专利标识。

第五条 标注专利标识的，应当标明下述内容：

（一）采用中文标明专利权的类别，例如中国发明专利、中国实用新型专利、中国外观设计专利；

（二）国家知识产权局授予专利权的专利号。

除上述内容之外，可以附加其他文字、图形标记，但附加的文字、图形标记及其标注方式不得误导公众。

第六条 在依照专利方法直接获得的产品、该产品的包装或者该产品的说明书等材料上标注专利标识的，应当采用中文标明该产品系依照专利方法所获得的产品。

第七条 专利权被授予前在产品、该产品的包装或者该产品的说明书等材料上进行标注的，应当采用中文标明中国专利申请的类别、专利申请号，并标明"专利申请，尚未授权"字样。

第八条 专利标识的标注不符合本办法第五条、第六条或者第七条规定的，由管理专利工作的部门责令改正。

专利标识标注不当，构成假冒专利行为的，由管理专利工作的部门依照专利法第六十三条的规定进行处罚。

第九条 本办法由国家知识产权局负责解释。

第十条 本办法自2012年5月1日起施行。2003年5月30日国家知识产权局令第二十九号发布的《专利标记和专利号标注方式的规定》同时废止。

专利实施强制许可办法

（2012年3月15日国家知识产权局令第六十四号发布）

第一章 总则

第一条 为了规范实施发明专利或者实用新型专利的强制许可（以下简称强制许可）的给予、费用裁决和终止程序，根据《中华人民共和国专利法》（以下简称专利法）、《中华人民共和国专利法实施细则》及有关法律法规，制定本办法。

第二条 国家知识产权局负责受理和审查强制许可请求、强制许可使用费裁决请求和终止强制许可请求并作出决定。

第三条 请求给予强制许可、请求裁决强制许可使用费和请求终止强制许可，应当使用中文以书面形式办理。

依照本办法提交的各种证件、证明文件是外文的，国家知识产权局认为必要时，可以要求当事人在指定期限内附送中文译文；期满未附送的，视为未提交该证件、证明文件。

第四条 在中国没有经常居所或者营业所的外国人、外国企业或者外国其他组织办理强制许可事务的，应当委托依法设立的专利代理机构办理。

当事人委托专利代理机构办理强制许可事务的，应当提交委托书，写明委托权限。一方当事人有两个以上且未委托专利代理机构的，除另有声明外，以提交的书面文件中指明的第一当事人为该方代表人。

第二章 强制许可请求的提出与受理

第五条 专利权人自专利权被授予之日起满3年，且自提出专利申请之日起满4年，无正当理由未实施或者未充分实施其专利的，具备实施条件的单位或者个人可以根据专利法第四十八条第一项的规定，请求给予强制许可。

专利权人行使专利权的行为被依法认定为垄断行为的，为消除或者减少该行为对竞争产生的不利影响，具备实施条件的单位或者个人可以根据专利法第四十八条第二项的规定，请求给予强制许可。

第六条 在国家出现紧急状态或者非常情况时，或者为了公共利益的目的，国务院有关主管部门可以根据专利法第四十九条的规定，建议国家知识产权局给予其指定的具备实施条件的单位强制许可。

第七条 为了公共健康目的，具备实施条件的单位可以根据专利法第五十条的规定，请求给予制造取得专利权的药品并将其出口到下列国家或者地区的强制许可：

（一）最不发达国家或者地区；

（二）依照有关国际条约通知世界贸易组织表明希望作为进口方的该组织的发达成员或者发展中成员。

第八条 一项取得专利权的发明或者实用新型比前已经取得专利权的发明或者实用新型具有显著经济意义的重大技术进步，其实施又有赖于前一发明或者实用新型的实施的，该专利权人可以根据专利法第五十一条的规定请求给予实施前一专利的强制许可。国家知识产权局给予实施前一专利的强制许可的，前一专利权人也可以请求给予实施后一专利的强制许可。

第九条 请求给予强制许可的，应当提交强制许可请求书，写明下列各项：

（一）请求人的姓名或者名称、地址、邮政编码、联系人及电话；

（二）请求人的国籍或者注册的国家或者地区；

（三）请求给予强制许可的发明专利或者实用新型专利的名称、专利号、申请日、授权公告日，以及专利权人的姓名或者名称；

（四）请求给予强制许可的理由和事实、期限；

（五）请求人委托专利代理机构的，受托机构的名称、机构代码以及该机构指定的代理人的姓名、执业证号码、联系电话；

（六）请求人的签字或者盖章；委托专利代理机构的，还应当有该机构的盖章；

（七）附加文件清单；

（八）其他需要注明的事项。

请求书及其附加文件应当一式两份。

第十条 强制许可请求涉及两个或者两个以上的专利权人的，请求人应当按专利权人的数量提交请求书及其附加文件副本。

第十一条 根据专利法第四十八条第一项或者第五十一条的规定请求给予强制许可的，请求人应当提供证据，证明其以合理的条件请求专利权人许可其实施专利，但未能在合理的时间内获得许可。

根据专利法第四十八条第二项的规定请求给予强制许可的，请求人应当提交已经生效的司法机关或者反垄断执法机构依法将专利权人行使专利权的行为认定为垄断行为的判决或者决定。

第十二条 国务院有关主管部门根据专利法第四十九条建议给予强制许可的，应当指明下列各项：

（一）国家出现紧急状态或者非常情况，或者为了公共利益目的需要给予强制许可；

（二）建议给予强制许可的发明专利或者实用新型专利的名称、专利号、申请日、授权公告日，以及专利权人的姓名或者名称；

（三）建议给予强制许可的期限；

（四）指定的具备实施条件的单位名称、地址、邮政编码、联系人及电话；

（五）其他需要注明的事项。

第十三条　根据专利法第五十条的规定请求给予强制许可的，请求人应当提供进口方及其所需药品和给予强制许可的有关信息。

第十四条　强制许可请求有下列情形之一的，不予受理并通知请求人：

（一）请求给予强制许可的发明专利或者实用新型专利的专利号不明确或者难以确定；

（二）请求文件未使用中文；

（三）明显不具备请求强制许可的理由；

（四）请求给予强制许可的专利权已经终止或者被宣告无效。

第十五条　请求文件不符合本办法第四条、第九条、第十条规定的，请求人应当自收到通知之日起15日内进行补正。期满未补正的，该请求视为未提出。

第十六条　国家知识产权局受理强制许可请求的，应当及时将请求书副本送交专利权人。除另有指定的外，专利权人应当自收到通知之日起15日内陈述意见；期满未答复的，不影响国家知识产权局作出决定。

第三章　强制许可请求的审查和决定

第十七条　国家知识产权局应当对请求人陈述的理由、提供的信息和提交的有关证明文件以及专利权人陈述的意见进行审查；需要实地核查的，应当指派两名以上工作人员实地核查。

第十八条　请求人或者专利权人要求听证的，由国家知识产权局组织听证。

国家知识产权局应当在举行听证7日前通知请求人、专利权人和其他利害关系人。

除涉及国家秘密、商业秘密或者个人隐私外，听证公开进行。

举行听证时，请求人、专利权人和其他利害关系人可以进行申辩和质证。

举行听证时应当制作听证笔录，交听证参加人员确认无误后签字或者盖章。

根据专利法第四十九条或者第五十条的规定建议或者请求给予强制许可的，不适用听证程序。

第十九条 请求人在国家知识产权局作出决定前撤回其请求的，强制许可请求的审查程序终止。

在国家知识产权局作出决定前，请求人与专利权人订立了专利实施许可合同的，应当及时通知国家知识产权局，并撤回其强制许可请求。

第二十条 经审查认为强制许可请求有下列情形之一的，国家知识产权局应当作出驳回强制许可请求的决定：

（一）请求人不符合本办法第四条、第五条、第七条或者第八条的规定；

（二）请求给予强制许可的理由不符合专利法第四十八条、第五十条或者第五十一条的规定；

（三）强制许可请求涉及的发明创造是半导体技术的，其理由不符合专利法第五十二条的规定；

（四）强制许可请求不符合本办法第十一条或者第十三条的规定；

（五）请求人陈述的理由、提供的信息或者提交的有关证明文件不充分或者不真实。

国家知识产权局在作出驳回强制许可请求的决定前，应当通知请求人拟作出的决定及其理由。除另有指定的外，请求人可以自收到通知之日起15日内陈述意见。

第二十一条 经审查认为请求给予强制许可的理由成立的，国家知识产权局应当作出给予强制许可的决定。在作出给予强制许可的决定前，应当通知请求人和专利权人拟作出的决定及其理由。除另有指定的外，双方当事人可以自收到通知之日起15日内陈述意见。

国家知识产权局根据专利法第四十九条作出给予强制许可的决定前，应当通知专利权人拟作出的决定及其理由。

第二十二条 给予强制许可的决定应当写明下列各项：

（一）取得强制许可的单位或者个人的名称或者姓名、地址；

（二）被给予强制许可的发明专利或者实用新型专利的名称、专利号、申请日及授权公告日；

（三）给予强制许可的范围和期限；

（四）决定的理由、事实和法律依据；

（五）国家知识产权局的印章及负责人签字；

（六）决定的日期；

（七）其他有关事项。

给予强制许可的决定应当自作出之日起5日内通知请求人和专利权人。

第二十三条　国家知识产权局根据专利法第五十条作出给予强制许可的决定的，还应当在该决定中明确下列要求：

（一）依据强制许可制造的药品数量不得超过进口方所需的数量，并且必须全部出口到该进口方；

（二）依据强制许可制造的药品应当采用特定的标签或者标记明确注明该药品是依据强制许可而制造的；在可行并且不会对药品价格产生显著影响的情况下，应当对药品本身采用特殊的颜色或者形状，或者对药品采用特殊的包装；

（三）药品装运前，取得强制许可的单位应当在其网站或者世界贸易组织的有关网站上发布运往进口方的药品数量以及本条第二项所述的药品识别特征等信息。

第二十四条　国家知识产权局根据专利法第五十条作出给予强制许可的决定的，由国务院有关主管部门将下列信息通报世界贸易组织：

（一）取得强制许可的单位的名称和地址；

（二）出口药品的名称和数量；

（三）进口方；

（四）强制许可的期限；

（五）本办法第二十三条第三项所述网址。

第四章　强制许可使用费裁决请求的审查和裁决

第二十五条　请求裁决强制许可使用费的，应当提交强制许可使用费裁决请求书，写明下列各项：

（一）请求人的姓名或者名称、地址；

（二）请求人的国籍或者注册的国家或者地区；

（三）给予强制许可的决定的文号；

（四）被请求人的姓名或者名称、地址；

（五）请求裁决强制许可使用费的理由；

（六）请求人委托专利代理机构的，受托机构的名称、机构代码以及该机构指定的代理人的姓名、执业证号码、联系电话；

（七）请求人的签字或者盖章；委托专利代理机构的，还应当有该机构的盖章；

（八）附加文件清单；
（九）其他需要注明的事项。

请求书及其附加文件应当一式两份。

第二十六条 强制许可使用费裁决请求有下列情形之一的，不予受理并通知请求人：

（一）给予强制许可的决定尚未作出；
（二）请求人不是专利权人或者取得强制许可的单位或者个人；
（三）双方尚未进行协商或者经协商已经达成协议。

第二十七条 国家知识产权局受理强制许可使用费裁决请求的，应当及时将请求书副本送交对方当事人。除另有指定的外，对方当事人应当自收到通知之日起15日内陈述意见；期满未答复的，不影响国家知识产权局作出决定。

强制许可使用费裁决过程中，双方当事人可以提交书面意见。国家知识产权局可以根据案情需要听取双方当事人的口头意见。

第二十八条 请求人在国家知识产权局作出决定前撤回其裁决请求的，裁决程序终止。

第二十九条 国家知识产权局应当自收到请求书之日起3个月内作出强制许可使用费的裁决决定。

第三十条 强制许可使用费裁决决定应当写明下列各项：

（一）取得强制许可的单位或者个人的名称或者姓名、地址；
（二）被给予强制许可的发明专利或者实用新型专利的名称、专利号、申请日及授权公告日；
（三）裁决的内容及其理由；
（四）国家知识产权局的印章及负责人签字；
（五）决定的日期；
（六）其他有关事项。

强制许可使用费裁决决定应当自作出之日起5日内通知双方当事人。

第五章 终止强制许可请求的审查和决定

第三十一条 有下列情形之一的，强制许可自动终止：

（一）给予强制许可的决定规定的强制许可期限届满；
（二）被给予强制许可的发明专利或者实用新型专利终止或者被宣告无效。

第三十二条 给予强制许可的决定中规定的强制许可期限届满前，强制许可的理由消除并不再发生的，专利权人可以请求国家知识产权局作出终止强制许可的决定。

请求终止强制许可的，应当提交终止强制许可请求书，写明下列各项：

（一）专利权人的姓名或者名称、地址；

（二）专利权人的国籍或者注册的国家或者地区；

（三）请求终止的给予强制许可决定的文号；

（四）请求终止强制许可的理由和事实；

（五）专利权人委托专利代理机构的，受托机构的名称、机构代码以及该机构指定的代理人的姓名、执业证号码、联系电话；

（六）专利权人的签字或者盖章；委托专利代理机构的，还应当有该机构的盖章；

（七）附加文件清单；

（八）其他需要注明的事项。

请求书及其附加文件应当一式两份。

第三十三条　终止强制许可的请求有下列情形之一的，不予受理并通知请求人：

（一）请求人不是被给予强制许可的发明专利或者实用新型专利的专利权人；

（二）未写明请求终止的给予强制许可决定的文号；

（三）请求文件未使用中文；

（四）明显不具备终止强制许可的理由。

第三十四条　请求文件不符合本办法第三十二条规定的，请求人应当自收到通知之日起15日内进行补正。期满未补正的，该请求视为未提出。

第三十五条　国家知识产权局受理终止强制许可请求的，应当及时将请求书副本送交取得强制许可的单位或者个人。除另有指定的外，取得强制许可的单位或者个人应当自收到通知之日起15日内陈述意见；期满未答复的，不影响国家知识产权局作出决定。

第三十六条　国家知识产权局应当对专利权人陈述的理由和提交的有关证明文件以及取得强制许可的单位或者个人陈述的意见进行审查；需要实地核查的，应当指派两名以上工作人员实地核查。

第三十七条　专利权人在国家知识产权局作出决定前撤回其请求的，相关程序终止。

第三十八条　经审查认为请求终止强制许可的理由不成立的，国家知识产权局应当作出驳回终止强制许可请求的决定。在作出驳回终止强制许可请求的决定前，应当通知专利权人拟作出的决定及其理由。除另有指定的外，专利权人可以自收到通知之日起15日内陈述意见。

第三十九条 经审查认为请求终止强制许可的理由成立的，国家知识产权局应当作出终止强制许可的决定。在作出终止强制许可的决定前，应当通知取得强制许可的单位或者个人拟作出的决定及其理由。除另有指定的外，取得强制许可的单位或者个人可以自收到通知之日起15日内陈述意见。

终止强制许可的决定应当写明下列各项：

（一）专利权人的姓名或者名称、地址；

（二）取得强制许可的单位或者个人的名称或者姓名、地址；

（三）被给予强制许可的发明专利或者实用新型专利的名称、专利号、申请日及授权公告日；

（四）给予强制许可的决定的文号；

（五）决定的事实和法律依据；

（六）国家知识产权局的印章及负责人签字；

（七）决定的日期；

（八）其他有关事项。

终止强制许可的决定应当自作出之日起5日内通知专利权人和取得强制许可的单位或者个人。

第六章 附则

第四十条 已经生效的给予强制许可的决定和终止强制许可的决定，以及强制许可自动终止的，应当在专利登记簿上登记并在专利公报上公告。

第四十一条 当事人对国家知识产权局关于强制许可的决定不服的，可以依法申请行政复议或者提起行政诉讼。

第四十二条 本办法由国家知识产权局负责解释。

第四十三条 本办法自2012年5月1日起施行。2003年6月13日国家知识产权局令第三十一号发布的《专利实施强制许可办法》和2005年11月29日国家知识产权局令第三十七号发布的《涉及公共健康问题的专利实施强制许可办法》同时废止。

发明专利申请优先审查管理办法

（2012年6月19日国家知识产权局令第六十五号发布）

第一条 为了促进产业结构优化升级，推进国家知识产权战略实施，加快建设创新型国家，根据《中华人民共和国专利法》和《中华人民共和国专利法实施细则》的有关规定，制定本办法。

第二条 国家知识产权局根据申请人的请求对符合条件的发明专利申请予以优先审查，自优先审查请求获得同意之日起一年内结案。

第三条 依据国家知识产权局与其他国家或者地区专利审查机构签订的双边或者多边协议开展优先审查的，按照有关规定处理，不适用本办法。

第四条 可以予以优先审查的发明专利申请包括：

（一）涉及节能环保、新一代信息技术、生物、高端装备制造、新能源、新材料、新能源汽车等技术领域的重要专利申请；

（二）涉及低碳技术、节约资源等有助于绿色发展的重要专利申请；

（三）就相同主题首次在中国提出专利申请又向其他国家或地区提出申请的该中国首次申请；

（四）其他对国家利益或者公共利益具有重大意义需要优先审查的专利申请。

第五条 对发明专利申请进行优先审查的数量，由国家知识产权局根据不同专业技术领域的审查能力、上一年度专利授权量以及本年度待审量等情况确定。

第六条 请求优先审查的发明专利申请应当是电子申请。

请求对尚未进入实质审查程序的发明专利申请进行优先审查的，申请人应当启动实质审查程序。

第七条 申请人办理优先审查手续的，应当提交下列材料：

（一）由省、自治区、直辖市知识产权局审查并签署意见和加盖公章的《发明专利申请优先审查请求书》；

（二）由具备专利检索条件的单位出具的符合规定格式的检索报告，或者由其他国家或者地区专利审查机构出具的检索报告和审查结果及其中文译文。

第八条 第七条第二项所称专利检索条件是指：

（一）具备使用《专利审查指南》规定的检索用专利文献和非专利文献

进行检索的条件；

（二）检索人员具有专业技术背景、接受过专利实务培训和检索培训；

（三）能够由相应专业技术领域的检索人员按照《专利审查指南》的有关要求对请求优先审查的发明专利申请进行检索。

第九条 国家知识产权局负责受理和审核优先审查请求，并及时将审核意见通知申请人。

第十条 对于同意进行优先审查的发明专利申请，国家知识产权局应当及时处理，并自同意优先审查请求之日起三十个工作日内发出第一次审查意见通知书。

第十一条 对于优先审查的发明专利申请，申请人应当尽快作出答复或者补正。申请人答复审查意见通知书的期限为两个月。申请人延期答复的，国家知识产权局将停止优先审查，按一般申请处理。

第十二条 本办法由国家知识产权局负责解释。

第十三条 本办法自2012年8月1日起施行。

国家知识产权局行政复议规程

(2012年7月18日国家知识产权局令第六十六号发布)

第一章 总则

第一条 为了防止和纠正违法或者不当的具体行政行为,保护公民、法人和其他组织的合法权益,保障和监督国家知识产权局依法行使职权,根据《中华人民共和国行政复议法》和《中华人民共和国行政复议法实施条例》,制定本规程。

第二条 公民、法人或者其他组织认为国家知识产权局的具体行政行为侵犯其合法权益的,可以依照本规程向国家知识产权局申请行政复议。

第三条 国家知识产权局负责法制工作的机构(以下称"行政复议机构")具体办理行政复议事项,履行下列职责:

(一)受理行政复议申请;

(二)向有关部门及人员调查取证,调阅有关文档和资料;

(三)审查具体行政行为是否合法与适当;

(四)办理一并请求的行政赔偿事项;

(五)拟订、制作和发送行政复议法律文书;

(六)办理因不服行政复议决定提起行政诉讼的应诉事项;

(七)督促行政复议决定的履行;

(八)办理行政复议、行政应诉案件统计和重大行政复议决定备案事项;

(九)研究行政复议工作中发现的问题,及时向有关部门提出行政复议意见或者建议。

第二章 行政复议范围和参加人

第四条 除本规程第五条另有规定外,有下列情形之一的,可以依法申请行政复议:

(一)对国家知识产权局作出的有关专利申请、专利权的具体行政行为不服的;

(二)对国家知识产权局作出的有关集成电路布图设计登记申请、布图设计专有权的具体行政行为不服的;

（三）对国家知识产权局专利复审委员会作出的有关专利复审、无效的程序性决定不服的；

（四）对国家知识产权局作出的有关专利代理管理的具体行政行为不服的；

（五）认为国家知识产权局作出的其他具体行政行为侵犯其合法权益的。

第五条 对下列情形之一，不能申请行政复议：

（一）专利申请人对驳回专利申请的决定不服的；

（二）复审请求人对复审请求审查决定不服的；

（三）专利权人或者无效宣告请求人对无效宣告请求审查决定不服的；

（四）专利权人或者专利实施强制许可的被许可人对强制许可使用费的裁决不服的；

（五）国际申请的申请人对国家知识产权局作为国际申请的受理单位、国际检索单位和国际初步审查单位所作决定不服的；

（六）集成电路布图设计登记申请人对驳回登记申请的决定不服的；

（七）集成电路布图设计登记申请人对复审决定不服的；

（八）集成电路布图设计权利人对撤销布图设计登记的决定不服的；

（九）集成电路布图设计权利人、非自愿许可取得人对非自愿许可报酬的裁决不服的；

（十）集成电路布图设计权利人、被诉侵权人对集成电路布图设计专有权侵权纠纷处理决定不服的；

（十一）法律、法规规定的其他不能申请行政复议的情形。

第六条 依照本规程申请行政复议的公民、法人或者其他组织是复议申请人。

在具体行政行为作出时其权利或者利益受到损害的其他利害关系人可以申请行政复议，也可以作为第三人参加行政复议。

第七条 复议申请人、第三人可以委托代理人代为参加行政复议。

第三章 申请与受理

第八条 公民、法人或者其他组织认为国家知识产权局的具体行政行为侵犯其合法权益的，可以自知道该具体行政行为之日起60日内提出行政复议申请。

因不可抗力或者其他正当理由耽误前款所述期限的，该期限自障碍消除之日起继续计算。

第九条 有权申请行政复议的公民、法人或者其他组织向人民法院提起行政诉讼，人民法院已经依法受理的，不得向国家知识产权局申请行政复议。

向国家知识产权局申请行政复议，行政复议机构已经依法受理的，在法定行政复议期限内不得向人民法院提起行政诉讼。

国家知识产权局受理行政复议申请后，发现在受理前或者受理后当事人向人民法院提起行政诉讼并且人民法院已经依法受理的，驳回行政复议申请。

第十条 行政复议申请应当符合下列条件：

（一）复议申请人是认为具体行政行为侵犯其合法权益的专利申请人、专利权人、集成电路布图设计登记申请人、集成电路布图设计权利人或者其他利害关系人；

（二）有具体的行政复议请求和理由；

（三）属于行政复议的范围；

（四）在法定申请期限内提出。

第十一条 申请行政复议应当提交行政复议申请书一式两份，并附具必要的证据材料。被申请复议的具体行政行为以书面形式作出的，应当附具该文书或者其复印件。

委托代理人的，应当附具授权委托书。

第十二条 行政复议申请书应当载明下列内容：

（一）复议申请人的姓名或者名称、通信地址、联系电话；

（二）具体的行政复议请求；

（三）申请行政复议的主要事实和理由；

（四）复议申请人的签名或者盖章；

（五）申请行政复议的日期。

第十三条 行政复议申请书可以使用国家知识产权局制作的标准表格。

行政复议申请书可以手写或者打印。

第十四条 行政复议申请书应当以邮寄、传真或者当面递交等方式向行政复议机构提交。

第十五条 行政复议机构自收到行政复议申请书之日起5日内，根据情况分别作出如下处理：

（一）行政复议申请符合本规程规定的，予以受理，并向复议申请人发送受理通知书；

（二）行政复议申请不符合本规程规定的，决定不予受理并书面告知理由；

（三）行政复议申请书不符合本规程第十一条、第十二条规定的，通知复议申请人在指定期限内补正；期满未补正的，视为放弃行政复议申请。

第四章 审理与决定

第十六条 在审理行政复议案件过程中，行政复议机构可以向有关部门和人员调查情况，也可应请求听取复议申请人或者第三人的口头意见。

第十七条 行政复议机构应当自受理行政复议申请之日起7日内将行政复议申请书副本转交有关部门。该部门应当自收到行政复议申请书副本之日起10日内提出维持、撤销或者变更原具体行政行为的书面答复意见，并提交当时作出具体行政行为的证据、依据和其他有关材料。期满未提出答复意见的，不影响行政复议决定的作出。

复议申请人、第三人可以查阅前款所述书面答复意见以及作出具体行政行为所依据的证据、依据和其他有关材料，但涉及保密内容的除外。

第十八条 行政复议决定作出之前，复议申请人可以要求撤回行政复议申请。准予撤回的，行政复议程序终止。

第十九条 行政复议期间，具体行政行为原则上不停止执行。行政复议机构认为需要停止执行的，应当向有关部门发出停止执行通知书，并通知复议申请人及第三人。

第二十条 审理行政复议案件，以法律、行政法规、部门规章为依据。

第二十一条 具体行政行为认定事实清楚，证据确凿，适用依据正确，程序合法，内容适当的，应当决定维持。

第二十二条 被申请人不履行法定职责的，应当决定其在一定期限内履行法定职责。

第二十三条 具体行政行为有下列情形之一的，应当决定撤销、变更该具体行政行为或者确认该具体行政行为违法，并可以决定由被申请人重新作出具体行政行为：

（一）主要事实不清，证据不足的；

（二）适用依据错误的；

（三）违反法定程序的；

（四）超越或者滥用职权的；

（五）具体行政行为明显不当的；

（六）出现新证据，撤销或者变更原具体行政行为更为合理的。

第二十四条 具体行政行为有下列情形之一的，可以决定变更该具体行政行为：

（一）认定事实清楚，证据确凿，程序合法，但是明显不当或者适用依据错误的；

（二）认定事实不清，证据不足，经行政复议程序审理查明事实清楚，证据确凿的。

第二十五条　有下列情形之一的，应当驳回行政复议申请并书面告知理由：

（一）复议申请人认为被申请人不履行法定职责而申请行政复议，行政复议机构受理后发现被申请人没有相应法定职责或者在受理前已经履行法定职责的；

（二）行政复议机构受理行政复议申请后，发现该行政复议申请不符合受理条件的。

第二十六条　复议申请人申请行政复议时可以一并提出行政赔偿请求。行政复议机构依据国家赔偿法的规定对行政赔偿请求进行审理，在行政复议决定中对赔偿请求一并作出决定。

第二十七条　行政复议决定应当自受理行政复议申请之日起60日内作出，但是情况复杂不能在规定期限内作出的，经审批后可以延长期限，并通知复议申请人和第三人。延长的期限最多不得超过30日。

第二十八条　行政复议决定以国家知识产权局的名义作出。行政复议决定书应当加盖国家知识产权局行政复议专用章。

第二十九条　行政复议期间，行政复议机构发现相关行政行为违法或者需要做好善后工作的，可以制作行政复议意见书。有关部门应当自收到行政复议意见书之日起60日内将纠正相关行政违法行为或者做好善后工作的情况通报行政复议机构。

行政复议期间，行政复议机构发现法律、法规、规章实施中带有普遍性的问题，可以制作行政复议建议书，向有关部门提出完善制度和改进行政执法的建议。

第五章　期间与送达

第三十条　期间开始之日不计算在期间内。期间届满的最后一日是节假日的，以节假日后的第一日为期间届满的日期。本规程中有关"5日"、"7日"、"10日"的规定是指工作日，不含节假日。

第三十一条　行政复议决定书直接送达的，复议申请人在送达回证上的签收日期为送达日期。行政复议决定书邮寄送达的，自交付邮寄之日起满15日视为送达。

行政复议决定书一经送达，即发生法律效力。

第三十二条 复议申请人或者第三人委托代理人的，行政复议决定书除送交代理人外，还应当按国内的通讯地址送交复议申请人和第三人。

第六章 附则

第三十三条 外国人、外国企业或者外国其他组织向国家知识产权局申请行政复议，适用本规程。

第三十四条 行政复议不收取费用。

第三十五条 本规程自2012年9月1日起施行。2002年7月25日国家知识产权局令第二十四号发布的《国家知识产权局行政复议规程》同时废止。

关于提交"共同申请格式"的发明或者实用新型专利申请的公告

(2012年6月25日国家知识产权局公告第一百六十五号发布)

为了便利申请人向多个国家或者地区的专利局提交专利申请,减轻申请人为满足各局对于专利申请的不同形式要求而重新撰写申请文件的负担,国家知识产权局与欧洲专利局、日本特许厅、韩国知识产权局、美国专利商标局就专利申请文件的部分形式要求进行了统一,达成"共同申请格式"(Common Application Format,缩写为CAF)五局协议。

"共同申请格式"五局协议涉及专利申请的说明书、权利要求书、摘要、附图和序列表的部分形式要求,参考《专利合作条约》(PCT)的形式要求对申请文件的样式进行标准化,形成统一的"共同申请格式"要求。申请人提交的申请文件只要满足该协议的共同要求,即被认为满足了每个局在这些方面的形式要求,无需重新撰写或者修改,从而节省申请人的支出。

自2012年8月1日起,申请人可以向国家知识产权局提交"共同申请格式"的发明或者实用新型专利申请。

一、关于"共同申请格式"专利申请文件的形式要求

满足以下"共同申请格式"五局协议共同要求的专利申请文件,视为符合《专利审查指南》的相应规定。

1. 对相关申请或者资助的说明

申请人在说明书的开头、发明名称之后写明该申请受益于先前的任何申请或者接受美国联邦资助的,各局在申请到授权的整个审查过程中不要求申请人删除该说明。

2. 实用性的说明

如果发明的实用性从发明描述或者发明性质来看并不明显,则说明书应当包含对实用性的说明。

3. 对现有技术的引证

申请人在说明书中写有引证文件列表或者任何对公开信息的陈述的,各

局在申请到授权的整个审查过程中不要求申请人删除该列表或者陈述。

4．摘要的字数限制和附图标记

摘要字数不得超过300个字。摘要的文字部分出现的附图标记应当置于括号内。

5．标题和顺序

标题的措辞和顺序应当符合以下要求：

申请文件中应当按顺序含有说明书、权利要求书、摘要的标题。如果申请中含有附图、序列表，还应当包括附图、序列表的标题。

说明书中应当按顺序包含发明名称、技术领域、背景技术、发明内容、具体实施方式的标题。如果说明书中含有附图、序列表自由内容的，说明书中还应当包括附图说明、序列表自由内容的标题。如果说明书中含有其他内容，说明书中还可以含有相应的标题，其措辞和顺序参见样例。

若说明书中包含附图说明，其对各幅附图的说明应当以表示附图的标题开头（例如，图1、图2）。若说明书中包含引证文件列表，其位置没有限制，只要在说明书中即可。

6．附图标记

说明书和附图应当包含附图标记，权利要求中也最好包含附图标记。
说明书中未提及的附图标记不得出现在附图中，反之亦然。
用于说明书、附图和权利要求书的附图标记列表应当为同一套列表。

7．计量单位

申请应当使用国际单位制（SI）单位。申请人可以使用其他计量单位，在此情况下，应将国际单位置于括号中。

8．段落编号

说明书的段落用阿拉伯数字连续编号。发明名称和标题（例如"发明内容"和"实施例1"）不进行编号。

9．附图

附图应为黑白附图。附图中不允许包含诸如"实际大小"或者"比例1/2"等指示。

各附图之前用表示其是附图的文字和表示附图顺序的阿拉伯数字标记（例如，图1或者附图1）。

10．公式

各公式之前用表示其是数学式或者化学式的文字和表示数学式或化学式顺序的阿拉伯数字标记（例如，式1、式2、化学式1、化学式2）。

11．表格

每一表格之前用表示其是表格的文字和表示表格顺序的阿拉伯数字标记（例如，表1、表2）。

12．权利要求

每项权利要求用表示其是权利要求的文字和表示权利要求顺序的阿拉伯数字标记（例如权利要求1、权利要求2）。

13．序列表

在申请的说明书、权利要求书或者附图中，序列表中各序列之前用"SEQ ID NO:"标记。

二、"共同申请格式"专利申请文件样例

为便于理解"共同申请格式"申请文件中的标题及其顺序，以下样例中以缩进方式列出各级标题。

```
说明书
发明名称
  技术领域
    0001
  背景技术
    0002
  发明内容
    技术问题
      0003
    解决方案
      0004
      0005
    发明有益效果
```

0006
附图说明
0007
图1
图2
具体实施方式
0008
实施例
0009
0010
实施例1
0011
实施例2
0012
实用性
0013
附图标记列表
0014
生物材料保藏信息
0015
序列表自由内容
0016
引证文件列表
专利文献
0017
非专利文献
0018

权利要求书
权利要求1
权利要求2
摘要
附图
图1
图2
序列表

三、关于"共同申请格式"申请文件的其他要求

申请人提交"共同申请格式"专利申请的,应当在申请同时提交《提交共同申请格式(CAF)申请文件的声明》。任何声明采用"共同申请格式"的申请必须满足协议中的所有要求。

以"共同申请格式"提交的专利申请应当以WORD、PDF格式的电子文件形式或者纸件形式提交。说明书、权利要求书、摘要、附图和序列表等应当以单独的电子文件或者纸件提交。

以纸件提交"共同申请格式"专利申请的,应当提交至国家知识产权局专利局受理处,地址:北京市海淀区蓟门桥西土城路6号,邮编:100088。

四、其他信息

关于"共同申请格式"的其他信息,可以查询国家知识产权局政府网站http://www.sipo.gov.cn/caf。接受"共同申请格式"申请文件的各专利局的相关规定和信息可以查询相关专利局网站。

广东省展会专利保护办法

（2012年9月12日广东省人民政府令第一百七十三号发布）

第一章 总则

第一条 为了加强展会专利保护，维护展会秩序，推动经济社会发展，根据《中华人民共和国专利法》、《广东省专利条例》和有关法律、法规，结合本省实际，制定本办法。

第二条 本省行政区域内举办的展会活动中有关专利的保护，适用本办法。

本办法所称的展会，是指展会主办方以招展的方式在固定场所和预定时期内举办的以展示、交易为目的的展览会、展销会、博览会、交易会、展示会等活动。

本办法所称的展会主办方（主办单位或者承办单位），是指与参展商签订参展合同或者其他形式的协议（以下简称参展合同），负责制定展会实施方案、计划和展会专利保护规则，对展会活动进行统筹、组织和安排，并对展会活动承担责任的单位。

本办法所称的展会专利投诉处理机构，是指由展会主办方设立的，负责调解处理展会期间专利侵权纠纷的工作机构。

第三条 展会专利保护应当遵循展会主办方负责、政府监管、社会公众监督的原则。

展会主办方应当与参展商签订参展合同，约定展会专利保护的相关条款，加强展会专利审查和保护工作。

参展商应当合法参展，不得有侵犯专利权和假冒专利行为。

第四条 县级以上人民政府专利行政部门负责指导、监督和管理本行政区域内的展会专利保护工作。

县级以上人民政府有关部门按照各自职责做好展会相关专利工作，维护展会正常秩序。

第五条 展会期间的专利侵权纠纷，专利权人或者利害关系人可以请求展会专利投诉处理机构或者专利行政部门调解，也可以请求展会所在地人民政府专利行政部门处理，或者直接向人民法院起诉。

第六条 行业协会应当通过制定行业自律规范，开展宣传培训等方式，增强会员的专利保护意识，协助专利行政部门和展会主办方开展展会专利保护工作。

第七条 参展商、专利权人或者利害关系人应当遵守展会主办方制定的展会专利保护规则。

第八条 展会主办方和参展商应当接受专利行政部门的指导、监督和管理，配合专利行政部门的执法活动。

第二章 展会专利保护规范

第九条 展会主办方应当制定展会专利保护规则，并通过电子邮件、传真等方式及时向展会所在地人民政府专利行政部门进行告知性备案。

展会专利保护规则的主要内容应当包括：

（一）展会主办方设立的展会专利投诉处理机构、人员组成、职责；

（二）参展展品涉及专利的，参展商应当准备相关权利证明材料，并对展品的专利状况进行自查；

（三）展会主办方应当依法维护专利权人的合法权益，对参展展品进行查验，参展商应当予以配合。

前款所称的参展展品，包括展品、展板、展台、产品及照片、目录册、视像资料，以及其他相关宣传资料。

第十条 展会主办方应当履行下列职责：

（一）在展会显著位置和参展商手册上公布展会专利投诉处理机构或者专利行政部门的地点、联系方式、投诉途径和专利保护规则等信息；

（二）设立展会专利投诉处理机构，接受专利权人或者利害关系人的投诉，对展会中发生的专利侵权纠纷进行调解处理；

（三）参展展品涉嫌假冒专利或者重复侵权的，及时移交专利行政部门依法处理；

（四）完整保存展会的专利保护信息与档案资料，自展会举办之日起保存不少于2年，并应当在展会结束之日起30日内按照专利行政部门的要求以电子邮件或者传真等方式报送信息。

第十一条 展会主办方应当建立专利公示制度，并将参展展品中涉及的专利以数据库、目录或者其他形式予以公布，涉及商业秘密的除外。

第十二条 展会主办方应当与参展商签订参展合同，参展合同应当包括以下主要专利保护条款：

（一）参展商应当遵守展会的专利保护规则；

（二）参展商应当接受展会专利投诉调解，拒绝配合调解的，展会主办方可以按照约定解除合同，取消参展；

（三）经展会专利投诉处理机构调解认为涉嫌专利侵权并禁止展出的参展展品，参展商拒绝采取遮盖、撤架、封存相关宣传资料、更换展板等撤展措施的，展会主办方可以按照约定解除合同，取消参展；

（四）参展商对专利权人或者利害关系人投诉其涉嫌专利侵权行为的，应当接受专利行政部门的简易程序处理；

（五）展品被专利行政部门或者人民法院认定为侵犯专利权的，参展商拒绝采取遮盖、撤架、封存相关宣传资料、更换展板等撤展措施时，展会主办方可以按照约定解除合同，取消参展；

（六）与展会专利保护有关的其他内容。

第十三条　涉及专利的参展合同范本，由省人民政府专利行政部门制定，在其门户网站上公布，并供免费下载使用。

第十四条　展会专利侵权纠纷当事人委托代理人的，应当提交委托人签名或者盖章的授权委托书，授权委托书必须记明委托事项和权限。对代为承认、放弃、变更投诉请求，进行和解的，必须有委托人的特别授权。

外国人、外国企业或者外国其他组织在展会期间对专利侵权纠纷提出调解或者处理请求的，应当委托依法设立的中国专利代理机构或者律师事务所办理。

第十五条　专利行政部门应当加强展会专利的保护，在展会举办期间，应当以巡查等管理方式督促展会主办方和参展商履行专利保护的义务，抽查有专利标识的展品，对涉嫌假冒专利的展品予以及时处理。

第十六条　专利行政部门应当指导、监督展会主办方按本办法要求设立展会专利投诉处理机构，并要求展会主办方在展馆显著位置或者参展手册上公布展会专利投诉处理机构的地点、联系方式和专利保护规则等信息。

第三章　展会专利侵权纠纷调解

第十七条　向展会专利投诉处理机构投诉的，应当提交以下材料：

（一）投诉申请书，包括投诉人与被投诉参展商（下称被投诉人）的基本情况、投诉请求和所依据的事实及理由；

（二）合法有效的权属证明，包括专利证书、专利公告文本、专利权人的身份证明、专利法律状态证明；

（三）其他相关证据材料。

第十八条　专利行政部门应当建立专利保护专家库，为展会提供服务。专家库由知识产权、法律及相关领域的专家组成。

展会主办方设立的展会专利投诉处理机构，依据参展合同的专利保护条款调解展会期间的专利侵权纠纷。其组成人员不得少于3人，可以从专利行政部门的专家库中选聘，也可以请求专利行政部门指派或者聘请相关领域的专家。

第十九条　展会专利投诉处理机构调解人员与专利侵权纠纷有利害关系的，应当回避。

第二十条　展会专利投诉处理机构根据本办法第九条和第十二条的规定，履行以下职责：

（一）接受展会专利侵权纠纷投诉；

（二）对投诉进行调查核实；

（三）组织投诉人与被投诉人进行调解；

（四）根据调查查明情况或者调解情况向展会主办方提出是否继续履行参展合同的意见。

第二十一条　展会专利投诉处理机构接受投诉后，应当到被投诉人的展位进行现场调查、送达相关文书，听取双方当事人意见，查明事实、分清是非责任，组织双方当事人进行调解。

调解达成协议的，应当当场制作调解协议书，并由双方当事人签收后发生效力；不接受调解或者调解不能达成协议的，展会主办方应当按照参展合同的约定进行处理。

第二十二条　展会主办方对涉嫌侵权的展品，应当要求被投诉人按照合同约定立即采取撤展措施。

展会专利投诉处理机构在调解过程中发现参展商违反本办法第十二条有关情形的，展会主办方可以按照约定解除合同。

参展合同解除后，被投诉人应当立即撤展。

第二十三条　被投诉人依调解协议执行后有异议的，应当在24小时内通过展会专利投诉处理机构向展会主办方提出书面意见，并提交相应的证据。

被投诉人的异议成立的，视为原双方达成的调解协议无效，展会专利投诉处理机构应当在24小时内通知被投诉人恢复展示，并书面告知投诉人。

被投诉人的异议不成立的，原双方达成的调解协议有效。

第二十四条　展会专利投诉处理机构在调解过程中，对涉及大型机械设备、精密仪器内部结构、产品制造方法以及其他难以判定的专利，可以终止调解，并书面告知投诉人。

展会专利投诉处理机构应当根据专利权人或者利害关系人的请求出具相关事实证明或者为其查阅、复印有关的材料提供便利。

第二十五条　专利行政部门调解展会专利侵权纠纷，依据相关法律法规规章的规定进行。

专利行政部门进行调解，达成协议的，应当当场制作调解协议书，经双方当事人签收后，即发生效力。

调解未达成协议或者调解协议书送达前反悔的，专利行政部门应当依法作出行政处理。

第四章 展会专利侵权纠纷行政处理

第二十六条 专利行政部门处理展会中的专利侵权纠纷可以适用简易程序或者普通程序。

第二十七条 展会举办时间在3日以上，所在地县级以上人民政府专利行政部门认为需要派员驻会的，可以派员驻会，并设立临时的专利侵权纠纷受理点，接受专利权人或者利害关系人提出的专利侵权纠纷处理请求，对符合受理条件的依法予以受理。

展会主办方应当配合，提供必要的场所和办公条件。

第二十八条 专利权人或者利害关系人向专利行政部门提出专利侵权纠纷处理请求的，应当符合下列条件：

（一）提交专利侵权纠纷处理请求书、证据，以及身份证明、营业执照等资料；

（二）请求人是专利权人或者利害关系人；

（三）有明确的被请求人；

（四）有明确的请求事项和事实、理由；

（五）当事人未向人民法院起诉；

（六）属于该专利行政部门管辖范围和受理事项范围；

（七）重复侵权的，请求人还应当提交已经生效的行政处理决定、民事裁判或者仲裁裁决文书。

专利权正处于无效宣告请求程序中且无效理由明显成立的展会专利侵权纠纷，专利行政部门可以不予受理。

第二十九条 当事人提交的证据材料，应当真实、合法。

当事人提交的证据材料是在中华人民共和国领域外形成的，应当经所在国公证机关予以证明，并经中华人民共和国驻该国使领馆予以认证，或者履行中华人民共和国与该所在国订立的有关条约中规定的证明手续。

当事人提交的证据材料是在香港、澳门、台湾地区形成的，应当履行相关的证明手续。

当事人是境外的，其主体资格的证明材料参照本条第二款和第三款的规定执行。

当事人提交外文书证或者外文说明资料，应当附有中文译本。

第三十条 专利行政部门处理展会专利侵权纠纷案件，可以到被请求人的展位进行现场检查，查阅、复制与案件有关的文件，询问当事人，采取拍照、摄像、抽样等方式调查取证。

第三十一条 展会期间专利侵权纠纷案件的普通处理程序，依据《广东省专利条例》和相关法律法规的规定执行。

执行《广东省专利条例》第三十二条、第三十三条等相关规定措施，所产生的运输、仓储等费用由请求人承担，涉及实用新型专利或者外观设计专利的，请求人应当提交国务院专利行政部门出具的实用新型检索报告或者专利权评价报告。

第三十二条 专利行政部门对事实清楚、证据确凿充分、争议不大并且符合下列条件之一的专利侵权纠纷案件，可以适用简易程序处理：

（一）专利权人或者利害关系人仅要求被投诉人停止在本届展会中的侵权行为；

（二）已经生效法律文书认定专利侵权的；

（三）被投诉的参展展品的技术方案或者外观设计与发明、实用新型或者外观设计专利权相同的；

（四）其他可以适用简易程序的情形。

第三十三条 适用简易程序处理的，除了应当符合本办法第二十八条规定外，请求人还应当提供担保，并提供落入专利权的保护范围的对比分析材料和国务院专利行政部门出具的实用新型检索报告或者专利权评价报告以及相关证明材料。

专利权人或者利害关系人提出专利侵权纠纷处理请求的时间距离展会结束不足48小时，不适用简易程序处理。

第三十四条 适用简易程序受理的案件，专利行政部门应当及时将案件受理通知书等相关文书材料送达双方当事人。

被请求人应当在收到案件受理通知书等相关文书材料24小时内进行答辩和举证，逾期未答辩和举证的，不影响专利行政部门的处理。

第三十五条 按照简易程序处理的专利侵权纠纷案件，专利行政部门应当在被请求人申辩期满后24小时内进行审理，调解不成的作出处理决定。

第三十六条 按照简易程序立案的案件，通过现场对比无法判断是否落入专利权的保护范围等案情复杂的，不再适用简易程序，按照本办法第三十一条的规定进行处理，专利行政部门应当及时告知当事人，并说明理由。

第三十七条　专利行政部门查处涉嫌假冒专利行为，依据《中华人民共和国专利法》等相关法律法规的规定执行。

专利行政部门查处假冒专利行为，展会主办方及参展商应当积极配合、协助。

第五章　展会专利诚信档案管理

第三十八条　专利行政部门应当建立展会专利诚信档案，将下列情形列入档案：

（一）违反本办法第十二条有关情形的；

（二）被认定为专利侵权、假冒专利或者重复侵权的；

（三）专利权人及利害关系人以现有技术或者现有设计申请专利并获得专利授权后，向展会主办方投诉或者专利行政部门提出处理请求的。

第三十九条　专利行政部门应当按照规定将展会诚信档案信息纳入行政部门企业信用信息系统，实现部门之间的企业信用信息资源共享，有效监控和防范专利侵权和假冒专利。

第四十条　专利行政部门应当对在展会期间的专利侵权和假冒专利行为向社会公布。

第四十一条　专利行政部门对纳入展会专利诚信档案的参展商，在展会期间巡查时应当对其进行重点检查，对其相关专利权利证明材料进行审查。

第六章　法律责任

第四十二条　展会主办方违反本办法第十条、第十一条、第十二条、第二十一条规定的，由专利行政部门责令限期改正；逾期不改正的，予以警告，并通报批评。

第四十三条　展会主办方违反本办法有关规定，有下列情形之一的，由专利行政部门责令改正；拒不改正的，可以处1000元以上10000元以下的罚款：

（一）不设立展会专利投诉处理机构的；

（二）拒绝接受专利权人或者利害关系人投诉，未按照规定或者合同约定对禁止展出的参展项目采取措施的；

（三）经专利权人或者利害关系人投诉，拒绝出具相关事实证明，或者拒绝配合公证机关进行取证的；

（四）拒绝行政和司法机关调取投诉案卷，拒绝当事人查阅、复印涉案投诉案卷的。

第四十四条　违反本办法第八条规定，阻碍专利行政部门依法执行职务的，由公安机关依法给予治安管理处罚。

第四十五条　专利行政部门及其工作人员违反本办法有关规定，有下列情形之一的，由上级专利行政部门或者监察部门依法给予处分：

（一）没有在其门户网站上公布参展合同范本的；

（二）没有对展会主办方给予指导、监督的；

（三）没有对展会专利保护工作尽到管理职责的；

（四）玩忽职守、滥用职权、徇私舞弊的。

第七章　附则

第四十六条　中央和国家机关在粤主办的展会，参照本办法执行；其主管部门对展会专利保护另有规定的，可以从其规定。

第四十七条　本办法自2012年10月15日起施行。

四川省专利保护条例

（2012年3月29日四川省第十一届人民代表大会常务委员会公告第六十九号发布）

第一章 总则

第一条 为保护发明创造专利权，维护单位和个人以及公众的合法权益，推动发明创造的应用，根据《中华人民共和国专利法》、《中华人民共和国专利法实施细则》和国家有关规定，结合四川省实际，制定本条例。

第二条 凡在四川省行政区域内从事与专利有关活动的单位和个人，适用本条例。法律、法规另有规定的，从其规定。

第三条 专利工作遵循激励创造、有效运用、依法保护、科学管理的原则。

第四条 县级以上人民政府应当加强对专利工作的领导，支持和促进专利技术产业化。

第五条 县级以上人民政府管理专利工作的部门负责本行政区域内的专利保护工作。

发展改革、经济信息、科技、公安、商务、广电、工商、新闻出版、质监、出入境检验检疫、海关等行政管理部门，在各自职责范围内做好专利保护工作。

第六条 县级以上人民政府应当设立专利资助资金，用于扶助本行政区域内单位和个人申请专利、实施专利技术、开展专利维权。

第七条 建立专利转化应用激励机制，促进专利技术转化为现实生产力，具体办法由省人民政府另行制定。

鼓励和支持单位和个人积极申请专利，提高专利的运用水平，做好专利保护工作。

第八条 管理专利工作的部门应当建立知识产权公共信息平台和重点行业产业专利数据库，提供专利等知识产权信息服务，促进专利信息的传播、开发和利用。发展和规范专利交易市场，鼓励和支持建立专利技术交易机构，推进专利技术交易服务，加速专利技术商品化和产业化。

管理专利工作的部门应当对企业事业单位和其他组织的专利工作进行指导，帮助企业事业单位和其他组织培养专利管理人员，鼓励企业事业单位和其他组织制定专利战略，建立专利管理制度。

第九条　县级以上人民政府及其有关部门应当加强专利知识的宣传和普及。

新闻媒体应当积极开展专利法律、法规等专利知识的宣传。鼓励单位和个人支持和参与专利知识的宣传和普及工作。

第二章　专利促进与保护

第十条　企业事业单位及其他组织研究、开发、引进、购买、申办专利技术、产品、设备等过程中所发生的支出，按照税收管理的有关规定，分别进行一次性税前扣除和折旧、摊销处理；符合税收优惠条件的，鼓励享受相应税收优惠。

第十一条　政府财政资金支持的科研开发和高新技术产业化等项目，应当把获得专利权作为立项、考核、验收的指标之一；政府财政资金支持的技术改造项目，应当把获得专利权作为优先支持的条件之一。

认定和考核高新技术企业和创新型企业等，应当将专利权的拥有数量与质量作为重要指标。

第十二条　以政府财政资金安排和设立的创业风险投资资金和创业风险投资机构，应当优先支持专利技术产业化项目。

第十三条　政府采购及其他使用财政性资金进行采购的，应当按照国家要求，在同等条件下优先采购自主创新产品。

第十四条　国有企业事业单位的发明专利和主要由财政资助的科研项目所完成的发明专利，省人民政府认为对国家利益或者公共利益具有重大意义的，可以依法决定在批准范围内推广应用。实施单位应当按照国家规定向专利权人支付使用费。

第十五条　被授予专利权的企业事业单位和其他组织对职务发明创造的发明人或者设计人的奖励及报酬，单位与其有约定的，从其约定；没有约定的，按照下列规定执行：

（一）专利实施取得经济效益后，应当在专利权有效期内，每年从实施该发明专利或者实用新型专利的营业利润中提取不低于百分之五或者从实施该外观设计专利的营业利润中提取不低于千分之五的比例，作为报酬支付给发明人或者设计人；

（二）许可他人实施专利的，应当在取得专利许可使用费后三个月内从专利许可使用费中提取不低于百分之二十的比例，作为报酬支付给发明人或者设计人；

（三）专利权转让的，应当在取得专利权转让费后三个月内从专利权转让费中提取不低于百分之二十的比例，作为报酬支付给发明人或者设计人；

（四）因维权获得专利损失赔偿金的，应当在取得赔偿金后三个月内从专利损失赔偿金中提取不低于百分之二十的比例，作为报酬支付给发明人或者设计人；

（五）采用股份形式以专利技术入股实施转化的，发明人、设计人可以获得不低于该专利技术入股时作价金额百分之二十的股份或者报酬。

奖励和报酬可以采取定额方式或者其他形式一次性给付，标准应当不低于国家有关规定。

国有企业对专利的奖励和报酬在工资总额基数之外单列。

第十六条 评定专业技术职称，应当将专利发明人、设计人的相关专利作为评审依据之一。对技术进步能够产生重大作用或者取得显著经济效益的专利，可以作为主要发明人、设计人破格申报专业技术职称的依据。获得中国专利金奖、优秀奖以及省专利奖的主要发明人、设计人，可以破格申报相关专业技术职称。

企业事业单位从事专利管理工作人员职称评定的具体办法由省管理专利工作的部门会同省人力资源和社会保障部门另行制定。

第十七条 有下列情形之一的，当事人应当向有关主管部门提交专利检索报告：

（一）重大科研立项和新技术、新产品开发；

（二）技术、设备的进出口贸易；

（三）申请国家扶持、投资的科技项目；

（四）外方以专利技术、设备作为投资申办中外合资企业、中外合作企业。

第十八条 鼓励单位和个人依法采取专利入股、质押、转让、许可等方式促进专利实施。

以专利权作价入股的，最高可占公司注册资本的百分之七十。

单位在专利实施、技术转让等过程中的涉税事项，符合税收优惠条件的，享受相应税收优惠。

第十九条 鼓励金融机构为专利技术产业化项目提供信贷支持与金融服务，特别是鼓励以专利权质押方式提供信贷支持。

第二十条 鼓励中介服务机构加强专利服务，促进专利实施。

专利代理、专利技术交易、专利资产评估、专利信息咨询等专利中介服务机构应当依法设立和运营，其合法权益受法律保护。

专利中介服务机构及其执业人员应当加强自律，提高执业水平，为委托人提供便捷、优质的服务，不得进行下列行为：

（一）以不正当手段招揽业务；

（二）出具虚假报告；

（三）与当事人串通牟取不正当利益；

（四）损害专利权人、其他当事人的合法权益和社会公共利益。

管理专利工作的部门应当加强对专利中介服务机构及其执业人员的指导和监督。

第二十一条 鼓励申请人对具备申请专利条件的发明创造申请国内、国外专利，管理专利工作的部门应当给予必要的指导。职务发明申请专利之前，与该发明创造技术方案有关的人员应当对该发明创造负有保密责任并不得私自进行转让。

第二十二条 省管理专利工作的部门可以根据当事人申请，组织专门从事知识产权研究的学术团体、鉴证类社会中介机构进行专利技术鉴定工作。当事人也可以委托依法成立的专利技术鉴定机构进行鉴定。

第二十三条 专利权人和专利实施被许可方，有权在其专利产品或者专利产品的包装上标注专利标记，专利标记的标注方式应当符合相关规定。

第二十四条 任何单位和个人不得有为他人侵犯专利权、假冒专利提供制造、许诺销售、销售、使用、展示、广告、仓储、运输、隐匿等条件的行为。

第二十五条 国有资产占有单位有下列情形之一的，应当进行专利资产评估：

（一）转让专利申请权、专利权的；

（二）国有企业和事业单位作为法人在变更或者终止前需要对专利资产作价的；

（三）以国有专利资产与外国公司、企业、其他经济组织或者个人合资、合作的，或者许可外国公司、企业、其他经济组织或者个人合资、合作实施的；

（四）以专利资产作价出资成立有限责任公司或者股份有限公司的；

（五）以各种形式从国外引进专利技术的；

（六）需要进行专利资产评估的其他情形的。

评估专利资产由实施评估的单位按照国家有关规定依法选聘符合条件的资产评估机构进行。

非国有资产占有单位也可以依法申请对其专利资产进行评估。

第二十六条 管理专利工作的部门在展会期间应当组织开展专利保护相关法律、法规的宣传，并履行下列职责：

（一）依法受理专利权人或者利害关系人的投诉，处理展会专利侵权纠纷；

（二）依法查处展会期间发生的假冒专利违法行为；

（三）监督主办方及承办方履行专利保护义务。

第二十七条　展会的相关管理部门应当加强展会期间的专利保护指导、协调和监督工作。

第二十八条　展会主办方、承办方应当依法做好展会专利保护工作，加强对参展项目的专利审查，在参展协议中约定参展方不得侵犯他人的专利权、不得假冒专利。

第二十九条　参展方应当合法参展，遵守参展协议，并不得侵犯他人专利权，对管理专利工作的部门或者司法部门的调查应当予以配合。

第三十条　专利权人或者利害关系人认为参展项目侵犯其专利权的，可以向主办方、承办方或者管理专利工作的部门投诉，也可以向人民法院提起诉讼。被投诉人未及时作出不侵权有效举证的，应当按照约定将涉嫌侵权的物品自行撤展；未自行撤展的，由管理专利工作的部门依法处理。

任何人在展会期间发现涉嫌假冒专利行为的，有权向管理专利工作的部门举报。管理专利工作的部门认为参展方涉嫌假冒专利的，应当责令其立即撤展；未自行撤展的，由管理专利工作的部门依法处理。

第三章　专利纠纷的行政处理

第三十一条　未经专利权人许可，对其专利实施的侵权行为，专利权人或者利害关系人可以请求管理专利工作的部门处理，也可以依法直接向人民法院提起诉讼。

第三十二条　当事人对下列专利纠纷，可以请求管理专利工作的部门调解，也可以根据仲裁协议申请仲裁或者依法直接向人民法院提起诉讼：

（一）侵犯专利权的赔偿数额纠纷；

（二）在发明专利申请公布后、专利权授予前使用该发明而未支付适当费用的纠纷；

（三）专利申请权和专利权归属纠纷；

（四）职务发明的发明人、设计人的奖励和报酬纠纷；

（五）专利发明人、设计人的资格纠纷。

对前款第（二）项所述的纠纷，专利权人应当在专利权被授予后请求调解或者提起诉讼。

第三十三条　请求管理专利工作的部门调解、处理专利纠纷，必须符合下列条件：

（一）请求人与专利纠纷有直接利害关系；

（二）有明确的被请求人和具体的请求事项、事实根据；

（三）当事人无仲裁协议并且一方当事人未向人民法院提起诉讼；

（四）属于管理专利工作的部门案件管辖范围。

第三十四条 请求管理专利工作的部门调解、处理专利纠纷，请求人应当递交请求书。管理专利工作的部门收到请求书后，应当在5日内作出是否立案受理的审查决定，并书面通知请求人。

第三十五条 管理专利工作的部门调解、处理专利纠纷案件，应当在立案之日起5日内将请求书副本和答辩通知书送交被请求人。

被请求人收到请求书副本和答辩通知书后，应当在15日内提交答辩书和有关证据。被请求人拒收请求书副本和答辩通知书或者不按期提交答辩书的，不影响专利纠纷案件的处理。

第三十六条 管理专利工作的部门处理专利纠纷，应当书面通知当事人按时参加。当事人经通知无正当理由拒不参加，或者未经同意中途退出，是请求人的，按自动撤回请求处理；是被请求人的，可以缺席作出处理决定。

第三十七条 管理专利工作的部门调解、处理专利纠纷，遵循专利权有效原则。

专利纠纷立案后，被请求人向专利复审委员会请求宣告请求人的专利权无效的，应当自收到专利复审委员会受理通知书之日起10日内，向受理纠纷案件的管理专利工作的部门书面申请中止调解、处理程序。管理专利工作的部门对中止调解、处理的申请，应当作出审查决定，并书面通知当事人。

第三十八条 管理专利工作的部门处理专利纠纷时，有权进行现场检查，查阅、复制与案件有关的图纸、资料、帐册等凭证，有关单位或者个人应当协助调查并提供有关资料。

第三十九条 管理专利工作的部门处理专利侵权纠纷时，认定侵权行为成立的，可以责令侵权人立即停止制造、使用、销售、许诺销售、进口等侵权行为，责令销毁侵权产品或者使用侵权方法直接获得的产品，销毁制造侵权产品或者使用侵权方法的专用零部件、工具、模具、设备等物品，并可以通过媒体公告。

当事人对上述处理决定不服的，可以自收到处理决定之日起15日内依照《中华人民共和国行政诉讼法》向人民法院起诉；当事人期满不起诉又不停止侵权行为的，管理专利工作的部门可以申请人民法院强制执行。

第四十条 专利权人及利害关系人应当依法行使其权利，不得有下列行为：

（一）强制专利实施被许可人购买其他专利使用权；
（二）强制专利实施被许可人只能将基于专利权人专利作出的改进专利卖回给专利权人；
（三）禁止专利实施被许可人对该专利的有效性提出异议。

第四十一条 专利权人及其利害关系人对涉嫌侵犯专利权的进出口货物，可以请求管理专利工作的部门和海关、出入境检验检疫等部门采取保护专利权的必要措施。

第四十二条 请求管理专利工作的部门调解专利纠纷案件，经调解双方当事人达成协议的，管理专利工作的部门应当制作调解协议书，双方当事人可以共同对调解协议书的效力申请司法确认。经司法确认后，一方当事人拒不执行调解协议书的，另一方当事人可以申请人民法院强制执行；调解不成的，当事人可以依法向人民法院提起民事诉讼。

第四章 专利违法行为的查处

第四十三条 管理专利工作的部门对下列专利违法行为进行查处：
（一）制造或者销售标有专利标记的非专利产品的；
（二）在未被授予专利权的产品、产品包装或者宣传材料上标注专利标识，专利权被宣告无效后或者终止后，继续在制造或者销售的产品、产品包装或者宣传材料上标注专利标记的；
（三）在广告等宣传材料或者合同中将非专利技术称为专利技术，非专利产品称为专利产品的；
（四）伪造或者变造专利证书或者其它专利文件、专利申请文件的；
（五）已经接受管理专利工作的部门作出的处理决定或者人民法院判决的专利侵权案件，侵权行为人又侵犯该项专利权的；
（六）未经许可，在其制造、销售的产品或者该产品的包装上标注他人专利号的；
（七）未经许可，在广告等宣传材料或者合同、投标书等资料中使用他人专利号的；
（八）专利权人或者被许可人制造的专利产品投放市场后，他人制造并销售仿冒产品的；
（九）其他使公众混淆，将未被授予专利权的技术或者设计误认为是专利技术或者专利设计，或者将所涉及的技术或者设计误认为是他人的专利技术或者专利设计的行为。

专利权终止前依法在专利产品、依照专利方法直接获得的产品或者其包装上标注专利标识，在专利权终止后合理期限内许诺销售、销售该产品的，不属于假冒专利行为。

第四十四条 任何单位和个人有权举报专利违法行为。

管理专利工作的部门收到举报或者发现专利违法行为后，应当在10日内审查立案。

第四十五条 管理专利工作的部门在查处专利违法行为时，有权询问当事人和证人，检查与专利违法行为有关的物品并可以依法进行查封、扣押，查阅、复制与专利违法行为有关的合同文本、帐册等资料。

管理专利工作的部门依法行使前款规定职权时，有关单位或者个人应当予以协助，不得拒绝或阻碍。

第四十六条 管理专利工作的部门查处专利违法行为应当自立案之日起1个月内作出处罚决定。特别复杂的案件经批准后可以延期15日。

第五章 法律责任

第四十七条 违反本条例第二十四条规定，由管理专利工作的部门责令限期改正，没收违法所得，可以并处违法所得1倍以上3倍以下的罚款；没有违法所得的，可以处1000元以上3万元以下罚款。

第四十八条 违反本条例第四十条规定的，由管理专利工作的部门责令改正，可以处1万元以上5万元以下的罚款；情节严重的，可以处5万元以上10万元以下的罚款。

第四十九条 有本条例第四十三条规定的专利违法行为的，由管理专利工作的部门责令当事人停止违法行为，公开更正，消除影响。

有违法所得的，没收违法所得，可以并处违法所得1倍以上2倍以下的罚款。情节较轻的，可以并处违法所得1倍以下的罚款；情节严重的，可以并处违法所得2倍以上4倍以下的罚款。

没有违法所得的，可以处2万元以上10万元以下罚款。情节较轻的，可以处2万元以下罚款；情节严重的，可以处10万元以上20万元以下罚款。

构成犯罪的，依法追究刑事责任。

第五十条 在专利执法过程中，有关当事人拒不提供或者隐瞒、转移、销毁与案件有关的合同、帐册、图纸资料的，或者擅自启封、转移、处理被查封、扣押物品的，由管理专利工作的部门对其处以1000元以上3万元以下或者违法所得1倍以上3倍以下的罚款。

第五十一条 拒绝、阻碍管理专利工作的部门工作人员依法执行公务，违反《中华人民共和国治安管理处罚法》的，由公安机关给予治安处罚。

第五十二条　从事专利管理工作的国家机关工作人员以及其他有关国家机关工作人员玩忽职守、徇私舞弊的，依法给予行政处分；给当事人合法权益造成损害的，应当依法予以赔偿；构成犯罪的，依法追究刑事责任。

第六章　附则

第五十三条　本条例自2012年5月1日起施行。

陕西省专利条例

（2012年7月12日陕西省人民代表大会常务委员会公告[十一届]第六十一号发布）

第一章 总则

第一条 为了鼓励发明创造，促进技术创新，推动专利应用，加强专利管理和服务，保护专利权人合法权益，根据《中华人民共和国专利法》和有关法律、行政法规，结合本省实际，制定本条例。

第二条 本省行政区域内的专利促进、保护、管理、服务以及相关活动，适用本条例。

第三条 专利工作遵循激励创造、有效应用、依法保护、科学管理、完善服务的原则。

第四条 县级以上人民政府应当制定和实施知识产权发展战略，健全专利管理工作体系，组织、协调有关部门做好专利工作，并将专利工作纳入国民经济和社会发展规划。

第五条 县级以上人民政府专利行政主管部门负责本行政区域内的专利工作，其他有关部门在各自职责范围内，做好与专利相关的工作。

第六条 省人民政府对产生较好经济效益或者社会效益的优秀专利项目和获得国家奖励的专利项目的单位以及发明人、设计人给予奖励。

县级以上人民政府对在专利工作中做出突出贡献的单位和个人给予奖励。

第七条 县级以上人民政府及其专利行政主管部门应当加强专利宣传教育工作，通过多种方式，宣传普及专利知识，增强全社会知识产权意识。

第二章 专利促进

第八条 县级以上人民政府应当建立健全发明创造的激励和保障机制，鼓励根据国家和本省产业政策、技术政策和高新技术产业化重点领域指南，通过自主创新、集成创新、引进消化吸收再创新等方式发明创造，掌握核心技术、关键技术并形成专利。

第九条 鼓励支持单位和个人将发明创造及时申请中国以及外国专利。

两个以上单位或者个人合作研发专利技术，合作单位或者合作人有权共同申请专利，但有约定的，按照约定执行。

利用财政性资金形成的发明创造，除涉及国家安全、国家利益和重大社会公共利益外，专利申请权和专利权属于项目承担单位。

第十条 县级以上人民政府设立专利促进与保护专项资金，主要用于下列事项：

（一）专利申请资助；

（二）专利实施；

（三）专利公共服务平台建设；

（四）专利预警、应急与维权援助；

（五）专利人才培养与交流；

（六）专利国际交流与合作；

（七）专利示范、试点工作；

（八）专利奖励；

（九）有关专利促进与保护的其他事项。

专利促进与保护专项资金应当专款专用，具体办法由省财政部门会同省专利行政主管部门制定。

第十一条 鼓励企业事业单位、社会组织和个人支持专利的创造和应用。

第十二条 被授予专利权的单位未与发明人、设计人约定，也未在其依法制定的规章制度中规定奖励方式和数额的，被授予专利权的单位对职务发明创造的发明人或者设计人按照下列规定给予奖励或者报酬：

（一）自专利权公告之日起三个月内，发给发明人或者设计人奖金，一项发明专利的奖金不少于五千元，一项实用新型专利的奖金不少于二千元，一项外观设计专利的奖金不少于一千元；

（二）职务发明创造专利权人在专利权的有效期限内，实施其发明创造专利后，每年从实施发明或者实用新型专利的营业利润中提取不少于百分之四，或者从实施外观设计专利的营业利润中提取不少于百分之零点五，作为报酬支付给发明人或者设计人，或者参照上述比例，发给发明人或者设计人一次性报酬；

（三）职务发明创造专利权人许可其他单位或者个人实施其专利的，从许可实施该项专利收取的费用中提取不少于百分之二十，作为报酬支付给发明人或者设计人。

对专利申请、推广应用做出突出贡献的其他人员，职务发明创造专利权人应当给予适当奖励。

第十三条 单位和个人从事专利技术转让、专利技术开发和与之相关的专利技术咨询、专利技术服务业务，享受相应的税收优惠。

企业为实施专利、开发专利产品发生的研究费用，税前列支并加计扣除，研究开发仪器设备等固定资产可以加速折旧。

第十四条 省人民政府应当将拥有自主知识产权的专利产品、设备纳入政府采购目录，在同等条件下优先采购。

县级以上人民政府对具有专利权的自主创新产品首次投向市场，经评价符合先进技术发展方向，需要重点扶持的，可以进行首购或者订购。

第十五条 县级以上人民政府应当支持重大专利的后续开发、工业设计以及生产、市场评估等相关活动。

鼓励和支持企业事业单位参与国际标准、国家标准、行业标准或者地方标准的制定，促进专利应用与标准制定相结合。

第十六条 县级以上人民政府对符合当地经济发展和产业布局，能够带动地方经济发展的专利技术，通过贷款贴息、投资补助、专利申请资助等多种方式，给予资助和补助，促进申请专利、专利技术转化和产业化。

第十七条 鼓励银行和金融机构开展专利权质押贷款，加大对中小企业专利实施的信贷支持，促进专利转化和产业化。鼓励企业和其他组织依法设立信用担保机构，为实施专利技术提供以融资担保为主的信用担保。

第十八条 创业投资机构将其总投资的百分之七十以上投向有专利权的高新技术产业发展项目的，可以适当提高提取风险补偿金比例。

第十九条 鼓励高等院校、科研机构和个人以专利权参与企业技术改造，或者以专利权作价出资参与创办企业等方式实施专利技术产业化，其所占企业股份比例，由投资各方依法约定。

以专利权参与创办企业的高等院校、科研机构，可以将其所占股份的一定比例用于奖励做出重要贡献的研发人员。奖励部分依法享受个人所得税征收优惠。

第二十条 高新技术产业发展项目、工程技术（研究）中心、工程（重点）实验室、企业技术中心等申请认定，以及突出贡献专家选拔评定时，应当将专利的创造与应用作为重要评价指标。

鼓励企业事业单位建立内部专利人才绩效评价和激励机制。科技人员、经营管理人员，在绩效考核、职称评定、职级晋升时，应当将专利的创造与应用作为重要评价指标。

第二十一条 省、设区的市人民政府应当建立健全专利考核评价体系，将专利的创造与应用情况纳入政府目标责任考核。

县级以上人民政府及其有关部门应当将专利产出量、拥有量和转化率，纳入对国有企业、国有控股企业和科研机构目标责任考核体系，并作为其创新能力评价的重要依据。

第三章 专利保护

第二十二条 任何单位或者个人未经许可不得实施他人专利，不得假冒专利，不得为假冒专利行为提供制造、销售、运输、展示、广告、仓储、隐匿等便利条件。

第二十三条 县级以上专利行政主管部门应当建立专利违法行为举报制度，公布举报方式。

任何单位或者个人有权向专利行政主管部门举报专利违法行为。专利行政主管部门对于查证属实的举报，给予举报单位或者个人适当奖励，并为其保密。

其他有关部门接到专利违法行为举报或者发现涉及专利的违法行为，应当及时告知专利行政主管部门。

第二十四条 下列专利纠纷，当事人可以请求省或者设区的市专利行政主管部门进行调解：

（一）专利侵权的赔偿数额纠纷；

（二）专利申请权和专利权属纠纷；

（三）发明人、设计人资格纠纷；

（四）职务发明的发明人、设计人的奖励和报酬纠纷；

（五）在发明专利申请公布后专利权授予前，使用该发明而未支付适当费用的纠纷；

（六）其他专利纠纷。

对于前款第（五）项所列的纠纷，当事人请求专利行政主管部门调解的，应当在专利权被授予之后提出。

省或者设区的市专利行政主管部门在调解本条第一款所列纠纷时，调解达成协议的，应当制作调解书，达成具有民事合同性质的调解协议的，双方当事人认为必要，可以向有管辖权的人民法院申请司法确认；调解达不成协议的，当事人可以向人民法院提起诉讼。

第二十五条 请求省或者设区的市专利行政主管部门处理专利侵权纠纷的，应当符合下列条件：

（一）请求人是专利权人或者利害关系人；

（二）有明确的被请求人、请求事项和具体事实；

（三）当事人之间无仲裁协议且未向人民法院提起诉讼；

（四）属于受理专利行政主管部门的受案和管辖范围。

跨行政区域的专利侵权纠纷,请求人可以向其共同的上一级专利行政主管部门请求处理。

专利行政主管部门应当自收到请求书之日起五个工作日内,作出是否受理的决定。作出不予受理决定的,应当书面告知请求人,并说明理由;决定受理的,应当自受理之日起五个工作日内,将请求书副本发送被请求人,被请求人自收到请求书副本之日起十五日内,应当提交答辩书,逾期未提交的,不影响专利行政主管部门处理。

第二十六条 专利行政主管部门处理专利侵权纠纷和查处假冒专利行为时,执法人员不得少于两名,并出示行政执法证件,遵守保密、回避等有关规定。

第二十七条 专利行政主管部门处理专利侵权纠纷和查处假冒专利行为,可以行使以下职权:

(一)询问当事人和证人;

(二)采用抽样取证的方式收集证据,对可能灭失或者以后难以取得的证据登记保存;

(三)现场勘验、检查有关物品、场所和设施;

(四)查阅、复制有关合同、发票、账簿、标记等资料;

(五)检查与涉嫌违法行为有关的产品,对有证据证明是假冒专利的产品,可以查封或者扣押;

(六)调查与假冒专利行为有关的活动。

专利行政主管部门执法时,有关单位和个人应当协助、配合,不得拒绝、阻挠。

第二十八条 省、设区的市专利行政主管部门调解专利纠纷、处理专利侵权纠纷时,可以根据当事人的申请,委托有关机构进行技术检测、鉴定。当事人对技术检测、鉴定费用有约定的,从其约定;没有约定的,由提出申请的当事人先行支付,结案后由责任方承担。

省、设区的市专利行政主管部门在处理专利侵权纠纷时,可以聘请专利有关方面专家对专利侵权的技术问题进行鉴定。

第二十九条 展览会、展销会、博览会、推广会、交易会等会展活动的举办方应当与参展商在合同中签订专利保护条款,查验标有专利标记的参展产品或者技术的专利有效证明,参展商应当予以配合。

会展所在地专利行政主管部门应当派员进驻展会现场开展专利监管,现场受理专利纠纷。展会主办方应当为专利行政主管部门提供办公场地等便利条件。

第四章 专利管理

第三十条 省、设区的市人民政府应当将专利指标和专利工作发展纳入国民经济和社会发展统计内容。

第三十一条 省、设区的市专利行政主管部门应当建立专利公共信用信息系统,确定信用信息的目录、指标和内容。

第三十二条 省人民政府对属于高新技术、装备制造、能源化工、中医药等重点领域、优势产业的核心技术和关键技术,有可能取得专利权的,确定省重大科学技术项目和省重点项目时,给予优先支持。

第三十三条 组织和参与实施省重大科学技术项目和省重点项目的部门和单位,应当将专利管理纳入项目实施全过程。掌握专利权动态,保护科技创新成果,明晰权利和义务,促进专利的申请和应用,全面提高专利的创造、保护和管理能力。

第三十四条 省人民政府有关部门对省重大科学技术项目和省重点项目中的专利问题进行统筹协调和指导,监督检查专利工作落实情况。

专利权情况应当作为省重大科学技术项目和省重点项目验收的重要内容之一。

第三十五条 省重大科学技术项目和省重点项目牵头组织单位应当组织开展专利权战略分析,制定专利管理制度,对可能产生专利权的问题进行预测评估,跟踪相关领域的知识产权及技术标准发展动态。项目实施单位发现知识产权受他人制约等情况而无法实现项目目标的,应当及时报告项目牵头组织单位。

第三十六条 省重大科学技术项目和省重点项目产生的专利权,其权属按照国家有关本条例第九条的规定,在项目任务书中事先作出明确约定。

第三十七条 省重大科学技术项目和省重点项目产生的专利权转让、许可出现下列情形之一的,应当报项目牵头组织单位批准:

(一)向境内单位或个人转让或者许可其独占实施;

(二)向境外组织或个人转让或者许可的;

(三)因并购等原因致使专利权人发生变更的。

第三十八条 省重大科学技术项目和省重点项目产生的专利权有下列情形之一的,项目牵头组织单位可以要求专利权人以合理的条件许可他人实施:

(一)为了本省经济社会发展和重大工程建设需要;

(二)对本省产业发展具有共性、关键作用需要推广应用;

(三)为了维护公共健康需要推广应用;

（四）对重大社会公共利益具有重大影响需要推广应用。

获得专利指定实施的单位不享有独占的实施权。取得有偿实施许可的，应当与专利权人商定合理的使用费。

第三十九条　县级以上人民政府及其有关部门建立专利审议机制，对与专利技术相关的重大经济活动进行审议，防止技术的盲目引进、重复研发、流失或者侵犯、滥用专利权。

下列与专利技术相关的经济活动，项目单位或者有关部门审批立项时，应当进行专利审议，并在可行性研究报告或者立项报告中对项目相关技术的专利权状况、专利侵权风险等作出评价：

（一）实施使用国有资金或者涉及国有资产数额较大的重大建设、重大并购、重点引进、重大高新技术产业化等项目；

（二）实施省重大科学技术项目和省重点项目、重点装备进口、核心技术转让、重大技术进出口等项目；

（三）其他对当地经济社会发展有重大影响的经济活动。

第四十条　省、设区的市专利行政主管部门建立专利预警机制，监测和通报重点行业、支柱产业国内外专利发展趋势、竞争态势等状况，制定应急预案，防范和化解专利风险。

第四十一条　国有企业事业单位建立健全专利管理制度，发生合并、分立、改制、清算、上市、投资、转让、质押等经济行为，涉及专利资产作价的，应当进行专利资产评估和备案。

第四十二条　企业事业单位在从事技术开发、进出口贸易或者以专利权作价出资以及设立合资或者合作企业前，应当自行或者委托专利中介服务机构开展相关的专利检索和评估。

第四十三条　以专利产品或者专利技术为主要项目内容，申请政府财政资金支持或者政府财政奖励，属于实用新型专利或者外观设计专利的，应当提交国务院专利行政主管部门出具的专利权评价报告；属于发明专利的，应当提交专利权属状态证明材料。有关行政主管部门对提交的相关材料进行查验，不符合要求的，不得给予资金支持或者奖励。

第四十四条　有下列情况之一的，有关单位或者个人应当提供专利权有效证明：

（一）组织标注专利标记的商品进入商场、超市等市场流通领域销售的；

（二）委托有关单位或者个人设计、制作、发布广告，内容标注专利标记的；

（三）进行专利资产评估的；

（四）办理专利权质押的；

（五）请求海关保护专利产品进出口的；

（六）其他需要确认的事项。

第五章 专利服务

第四十五条 省、设区的市和有条件的县级专利行政主管部门建立健全专利公共服务体系，设立展示与交易转化平台，支持建立专利交易机构，建立重点行业、支柱产业专利专业信息数据库，进行专利信息加工和战略分析，为专利创造和应用提供政策指导、展示交易、技术咨询、信息共享、市场开发等公共服务。

第四十六条 县级以上人民政府建立专利维权援助机制，设立专利维权援助机构，依法开展专利维权服务，为公民、法人和其他组织提供专利维权的法律、技术、信息等援助。

鼓励地方、企业、行业协会建立专利区域性、专业性维权组织和保护联盟，组织企业在对外贸易中开展集体维权，形成多元化的维权援助机制。

专利行政主管部门应当与重点企业建立专利保护工作联系制度，加强对重点出口企业、支柱和特色产业的专利保护及维权援助工作，提高企业应对专利纠纷与国际贸易壁垒的能力。

第四十七条 县级以上人民政府及其有关部门可以将外包的专利服务发包给专利中介服务机构或者专业服务企业，实现服务提供主体和提供方式多元化。

第四十八条 专利行政主管部门应当利用专业人才和信息资源优势，加强对企业事业单位专利工作的指导和服务。

专利行政主管部门应当指导和帮助企业、科研机构、高等院校等制定专利战略，建立专利技术转移机制，开展多渠道、多形式的合作，开发和转化实施专利技术，支持高技术企业在国内外获取专利权，实施标准战略，构建专利联盟。

第四十九条 从事代理、技术交易、资产评估、信息咨询、文献检索等专利中介服务机构，不得出具虚假报告或者资料，不得与当事人串通牟取不正当利益、损害专利权人以及其他当事人的合法权益或者社会公共利益。

第五十条 省专利行政主管部门应当加强对专利中介服务机构的指导与监管，建立专利中介服务机构及专利代理人服务评价机制，引导、支持专利中介服务机构向专业化、规范化、市场化、国际化发展，提高专利中介机构服务质量，提升服务能力与水平。

第五十一条　省人民政府及其有关部门应当制定和实施专利人才培养计划，加强对专利专业人才培养，建立企业事业单位专利经营管理人才及专利中介服务机构人才评价机制，推进专利工程师认证认可工作，促进专利人才向职业化、市场化和专业化方向发展。

省教育行政部门应当组织有条件的高等院校开设专利等知识产权专业或者课程。

第五十二条　县级以上人民政府应当制定优惠政策，鼓励企业事业单位、科研院所引进能够突破关键技术、发展高新技术产业、带动新兴学科的高层次人才，提高自主创新能力。

第六章 法律责任

第五十三条　违反本条例规定，假冒专利的，除依法承担民事责任外，由省或者设区的市专利行政主管部门责令改正，并予以公告。有违法所得的，没收违法所得，可以处违法所得二倍以下罚款；情节严重的，可以处违法所得二倍以上四倍以下罚款。没有违法所得的，可以处十万元以下罚款；情节严重的，可以处十万元以上二十万元以下罚款；构成犯罪的，依法追究刑事责任。

第五十四条　违反本条例规定，为明知是假冒专利的行为提供便利条件的，由县级以上专利行政主管部门责令停止违法行为。可以处二千元以上二万元以下罚款；情节严重的，可以处二万元以上五万元以下罚款。其他法律、法规有处罚规定的依照其规定处罚。

为假冒专利制作、发布广告的，按照《中华人民共和国广告法》的有关规定处罚。

第五十五条　违反本条例规定，单位或者个人弄虚作假，骗取政府专利资助、奖励的，三年内不得申报政府专利资助、奖励，专利行政主管部门或者有关行政管理部门应当收回资助资金、撤销奖励，并将其不良行为纳入专利公共信用信息系统；构成犯罪的，依法追究刑事责任。

第五十六条　违反本条例规定，从事专利代理、技术交易、资产评估、信息咨询、文献检索等专利中介服务机构，出具虚假报告或者资料，造成严重后果的，由省专利行政主管部门责令改正，予以警告，有违法所得的，没收违法所得，并处五千元以上三万元以下的罚款；没有违法所得的，并处二千元以上五千元以下罚款；给他人造成经济损失的，依法承担民事责任。其他法律、法规有处罚规定的依照其规定处罚。

第五十七条　国家工作人员玩忽职守、滥用职权、徇私舞弊，或者擅自披露知悉的商业秘密、技术秘密，侵犯当事人合法权益的，由其主管部门或者行政监察部门给予直接负责的主管人员和其他直接责任人行政处分；构成犯罪的，依法追究刑事责任。

第五十八条 违反本条例规定的其他行为，依照《中华人民共和国专利法》及其有关法律、法规处罚。

第五十九条 省、设区的市专利行政主管部门作出二万元以上处罚决定时，应当告知当事人有要求举行听证的权利。

第七章 附则

第六十条 本条例自2012年10月1日起施行。

第二章

专利行政纠纷案件判例

"喷墨打印设备及其墨盒"发明专利无效宣告请求案

一、案件提要

当事人

专利权人：精工爱普生株式会社

无效请求人：广东佛山凯德利办公用品有限公司、郑亚俐、深圳市易彩实业发展有限公司

专利复审委员会的无效宣告请求审查决定

决定号：WX第11291号

合议组成员：陈海平、崔峥、祁轶军

决定日：2008年4月15日

北京市第一中级人民法院的一审判决

案号：（2008）一中行初字第1030号

合议庭成员：任进、邢军、郝建欣

结案日期：2008年12月20日

北京市高级人民法院的二审判决

案号：（2009）高行终字第327号

合议庭成员：刘辉、岑宏宇、焦彦

结案日期：2009年10月13日

最高人民法院的再审裁决

案号：（2010）知行字第53号

合议庭成员：邰中林、朱理、秦元明

结案日期：2011年12月25日

涉及的法律规定

《专利法》第三十三条

判决要旨

1. 《专利法》第三十三条的立法目的在于实现专利申请人的利益与社会公众利益之间的平衡，一方面使申请人拥有修改和补正专利申请文件的机会，尽可能保证真正有创造性的发明创造能够取得授权和获得保护，另一方面又防止申请人对其在申请日时未公开的发明内容获得不正当利益，损害社会公众对原专利申请文件的信赖。对《专利法》第三十三条含义的理解，必须符合这一立法目的。

2. 原说明书和权利要求书记载的范围应该包括如下内容：一是原说明书及其附图和权利要求书以文字或者图形等明确表达的内容；二是所属领域普通技术人员通过综合原说明书及其附图和权利要求书可以直接、明确推导出的内容。只要所推导出的内容对于所属领域普通技术人员是显而易见的，就可认定该内容属于原说明书和权利要求书记载的范围。与上述内容相比，如果修改后的专利申请文件未引入新的技术内容，则可认定对该专利申请文件的修改未超出原说明书和权利要求书记载的范围。

3. 判断对专利申请文件的修改是否超出原说明书和权利要求书记载的范围，不仅应考虑原说明书及其附图和权利要求书以文字或者图形表达的内容，还应考虑所属领域普通技术人员综合上述内容后显而易见的内容。在这个过程中，不能仅仅注重前者，对修改前后的文字进行字面对比即轻易得出结论；也不能对后者作机械理解，将所属领域普通技术人员可以直接、明确推导出的内容理解为数理逻辑上唯一确定的内容。

4. 在专利授权程序中，相关法律已经赋予了申请人修改专利申请文件的权利，只要这种修改不超出原说明书和权利要求书记载的范围即可。对于社会公众而言，基于《专利法》第三十三条规定，应该预见到申请人可能对专利申请文件进行修改，其信赖的内容应该是原说明书和权利要求书记载的范围，即原说明书及其附图和权利要求书以文字或者图形等明确表达的内容以及所属领域普通技术人员通过综合原说明书及其附图和权利要求书可以直接、明确推导出的内容，而不是仅信赖原权利要求书记载的保护范围。因此，如果申请人对专利申请文件的修改符合《专利法》第三十三条的规定，禁止反悔原则在该修改范围内应无适用余地。

二、涉案专利的申请过程以及专利申请的有关内容

本案涉及名称为"喷墨打印设备及其墨盒"的第00131800.4号发明专利，其申请日为1999年5月18日，授权公告日2004年6月23日，专利权人为日本精工爱普生株式会社（下称"专利权人"）。

针对其喷墨打印设备及其墨盒，本案专利权人首先于1998年5月18日在日本提出了专利申请，随后以该日本案专利申请为基础，于1999年5月18日提交了PCT国际申请，其国际申请号为PCT/JP99/02579。该PCT国际申请进入中国国家阶段后成为99800780.3号发明专利申请，该申请要求享受在先日本专利申请的优先权，最早的优先权日为1998年5月18日。国家知识产权局于2000年11月1日公布了99800780.3号发明专利申请，公布的申请文本实际上是PCT国际申请的中文译文。99800780.3号发明专利申请的权利要求书共有75项权利要求，其中权利要求1-17请求保护的是"一种喷墨打印设备"；权利要求18-75请求保护的是"一种向打印头提供油墨的墨盒"。

专利权人以99800780.3号发明专利申请为基础，于2000年向国家知识产权局提交了分案申请，其申请号为00131800.4，申请日仍为1999年5月18日。该分案申请的说明书及其附图与99800780.3号发明专利申请完全相同，所不同的是各项权利要求请求保护的均为"一种用于通过供墨针向一喷墨打印设备的打印头供给油墨的墨盒"。

如00131800.4号发明专利申请的说明书所述，改善油墨的特性和改善适于油墨特性的打印头驱动方式均能提高喷墨打印机的打印质量。随着技术的发展，当作出上述两方面的改进时，应用于新制造的喷墨打印机是没有困难的，然而应用于已经售出的喷墨打印机却存在困难，因为客户必须将其购买的喷墨打印机带到厂家以更换记录控制数据的存储装置，这在现实中很难做到。

为了解决这一问题，一份在先日本案专利文献提出了一种解决方案，即在墨盒上设置半导体存储装置，并将其连接到墨盒上的一个电极，相对应地在喷墨打印设备的主体上也设置一组电极，用于读出存储在该半导体存储装置中的数据，按照这些数据来控制打印操作。这样，在不仅改善了油墨特性同时也改善了打印头驱动方式的情况下，由于附在墨盒上的半导体存储装置中记载了有关新的驱动方式的数据，通过所述电极将这些数据读出到喷墨打印机的主体，就能够在采用新墨盒的同时采用新的驱动方式，从而提高打印质量，无需将整个喷墨打印机带到厂家以更换控制数据。

然而，该日本案专利文献提出的解决方案仍然存在不足之处，由于用户装拆墨盒的粗糙操作或者由于喷墨打印机的托架与墨盒之间存在间隙，容易导致半导体存储装置的接触不良，因而经常发生禁止数据读出的现象，在最坏的情况下导致数据丢失并禁止打印操作。

本案专利就是针对上述不足而提出的发明，其目的在于提供一种喷墨打印设备，该设备能够防止存储在半导体存储装置中的数据丢失，并使数据的读出与装拆墨盒的不适当操作无关。

本案发明专利披露的喷墨打印设备如下面的附图1所示：

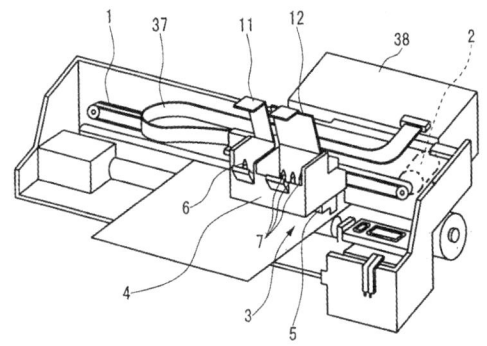

安装在喷墨打印设备上的墨盒如下面的附图3所示：

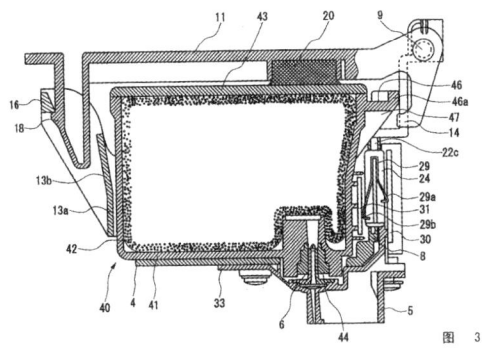

如附图3所示，墨盒40的竖直侧壁上安装了电路板31，触点形成件29的部件29a能够与电路板31上的触点形成电连接。

将喷墨安装在喷墨打印机上的方式如下面的附图9所示：

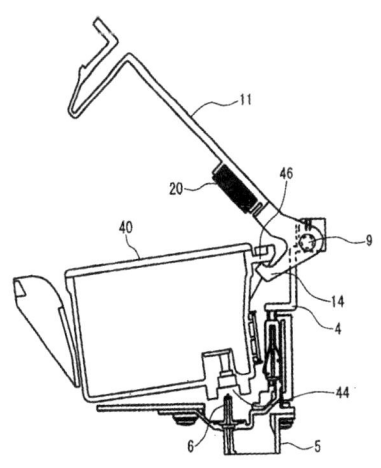

安装在墨盒上的电路板31如附图6（a）和附图6（b）所示：

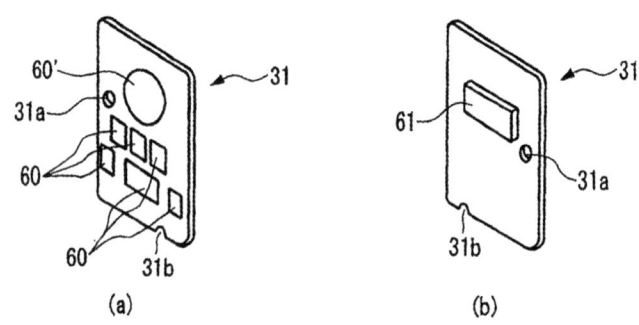

其中，附图标记61表示安装在电路板31上的半导体存储装置。

在审查过程中，专利权人依据《专利法实施细则》第五十一条第一款的规定对00131800.4号发明专利申请的说明书和权利要求书进行了主动修改。公告授权的本案专利权利要求1如下：

一种装于喷墨打印设备的托架上的墨盒，用于通过一供墨针向喷墨打印设备的打印头供应墨水，该墨盒包括：

多个外壁；

一供墨口，用于接纳所述供墨针，形成于多个壁的第一个上；

一存储装置，由所述墨盒支承，存储关于墨水的信息；

一电路板，安装在与所述多个壁中的第一壁交叉的所述第二壁上，所述电路板位于所述供墨口的中线上；和

多个接触点，形成在所述电路板的外露表面上，用于将所述存储装置连接到喷墨打印设备，所述触点形成多个列。

公告授权的本案专利权利要求8如下：

一种装于喷墨打印设备的托架上的墨盒，用于通过一供墨针向喷墨打印设备的打印头供应墨水，该墨盒包括：

多个外壁；

一供墨口，用于接纳所述供墨针，形成于多个壁的其中一个上；

一记忆装置，由所述墨盒支承，存储关于墨水的信息；

多个触点，用于将所述记忆装置连接到喷墨打印设备，所述触点形成多个列，所述列的其中之一比另外的列更靠近所述供墨口，最靠近所述供墨口的触点列比离所述供墨口最远的触点列长。

上述独立权利要求1和8分别包含"存储装置"和"记忆装置"的技术特征，然而其母案99800780.3号发明专利申请记载的都是"半导体存储装

置"。由此可知,"存储装置"和"记忆装置"均由母案记载的"半导体存储装置"修改而来。该修改是否符合《专利法》第三十三条的规定,成为本案争议的焦点问题。

三、专利复审委员会的无效宣告请求审查决定

针对本案专利,广东佛山凯德利办公用品有限公司(下称"第一无效请求人")于2006年1月17日向专利复审委员会提出了无效宣告请求,其理由是本案专利不符合《专利法》第二十二条第二、三款的规定,请求宣告本案专利全部无效;郑亚俐(下称"第二无效请求人")于2007年6月15日向国家知识产权局专利复审委员会提出了无效宣告请求,其理由是本案专利不符合《专利法》第三十三条和第二十六条第四款的规定,请求宣告本案专利全部无效;深圳市易彩实业发展有限公司(下称"第三请求人")于2007年10月31日以与第一请求人完全相同的理由和证据向国家知识产权局专利复审委员会提出了无效宣告请求。专利复审委员会对上述无效宣告请求合案进行审查。

专利复审委员会作出无效宣告请求审查决定的理由如下:

(一)关于无效宣告程序的审查文本

《专利法实施细则》第六十八条第一款规定:"在无效宣告请求的审查过程中,发明或者实用新型专利的专利权人可以修改其权利要求书,但是不得扩大原专利的保护范围。"《审查指南》第四部分第三章4.6规定无效宣告程序中修改权利要求书的具体方式一般限于权利要求的删除、合并和技术方案的删除。

在本案无效宣告请求审查程序中,专利权人修改了权利要求书,将授权公告的原权利要求17和19的附加技术特征加入到原权利要求12中,同时调整了相应权利要求的引用关系及编号。这相当于删除了原权利要求12和17,将原权利要求19作为新的独立权利要求12,并相应调整其从属权利要求的引用关系及编号。显然,上述修改符合《专利法实施细则》第六十八条第一款的规定,并且符合《审查指南》规定的修改方式。因此,专利复审委员会以专利权人提交的修改后的权利要求书作为本案的审查基础。

(二)关于专利法第三十三条

《专利法》第三十三条规定:"申请人可以对其专利申请文件进行修改,但是,对发明和实用新型专利申请文件的修改不得超出原说明书和权利要求书记载的范围,对外观设计专利申请文件的修改不得超出原图片或者照

片表示的范围。"

《专利法》第三十三条所称的"原说明书和权利要求书"是指申请日提交的说明书和权利要求书；对于分案申请，是指申请日提交的原申请的说明书和权利要求书；对于国际申请，是指原始提交的国际申请的说明书、权利要求书和附图。原说明书和权利要求书记载的范围包括原说明书和权利要求书文字记载的内容和根据原说明书和权利要求书文字记载的内容以及说明书附图能直接且毫无疑义地确定的内容。上述直接且毫无疑义地确定的内容对于本领域技术人员来说应当是确定无疑的，不包括从原说明书和权利要求书中推测出的技术内容。也就是说，专利申请文件经修改后，如果所属技术领域的技术人员认为修改后的说明书和/或权利要求书中存在着不能从原申请直接且毫无疑义地确定的内容，则应当认为修改超出了原说明书和权利要求书记载的范围。

本案专利是99800780.3号发明专利申请的分案申请，而99800780.3号发明专利申请是进入中国国家阶段的国际申请（PCT/JP99/02579）的中文译文。

本案专利权利要求1和40中记载的"存储装置"以及权利要求8、12和29中记载的"记忆装置"均由本案专利权人在实质审查阶段所作修改而来。在PCT/JP99/02579国际申请的申请文件以及99800780.3号发明专利申请的说明书和权利要求书中并没有"存储装置"和"记忆装置"的文字记载，只有"半导体存储装置"的文字记载。因此，判断本案专利在实质审查阶段所进行的上述修改是否超范围的关键在于："存储装置"和"记忆装置"是否属于可根据原说明书和权利要求书中记载的"半导体存储装置"直接且毫无疑义地确定的内容，即对于本领域技术人员来说，"存储装置"和"记忆装置"是否确定无疑就是原说明书和权利要求书中记载的"半导体存储装置"。

"存储装置"是用于保存信息数据的装置，除半导体存储装置外，其还包括磁泡存储装置、铁电存储装置等多种不同的类型。根据原说明书的记载，本发明专利是为了解决拆装墨盒时由于托架与墨盒之间存在间隙使半导体存储装置接触不好，信号可能在不适当的时候充电或施加，数据无法读出或者丢失的问题。因此，包括实施例在内的整个说明书都始终围绕着上述问题描述发明，即包括实施例在内的整个说明书始终针对半导体存储装置来描述发明。同样，原权利要求书要求保护的技术方案中亦针对的是半导体存储装置，原说明书和权利要求书中均未涉及其他类型的存储装置，也不能直接且毫无疑义地得出墨盒装有其他类型的存储装置。因此，"存储装置"并非确定无疑就是原说明书和权利要求书中记载的"半导体存储装置"，本领域技术人员不能从原说明书和权利要求书记载的"半导体存储装置"直接且毫无疑义地确定出"存储装置"。同理,"记忆装置"也不能从原说明书和权利要求书记载的"半导体存储装置"直接且毫无疑义地确定。专利权人在实质审查程序中将"半导体存储装置"修改为"存储装置"或"记忆装置"超出了原说明书和权利要求书记载的范围。因此,独立权利要求1、8、12、29和40均不符合《专利法》第三十三条的规定。

本案专利权人认为:原说明书背景技术部分记载有"这是因为,打印设备必需带到厂家,并且记录控制数据的存储装置必须更换"以及"其中在一个墨盒上设置了半导体存储装置和连接到存储装置的一个电极",因此原始申请文件明确记载了"存储装置",由此可以直接并毫无疑义地确定本案专利所述的"存储装置"是指"半导体存储装置"。

对此,专利复审委员会认为:上述内容均记载在原说明书的背景技术部分,是作出本发明的背景技术,而原说明书第1页倒数第1-3段的整体内容为:

> 如以上所述,当不仅改善油墨特性而是既改善油墨特性又改善打印头的驱动方法时,就可以提高打印设备的打印质量。虽然这样一种技术开发成果可以应用到新制造的喷墨打印设备上,但当考虑到成本、劳动力、和其它因素时,这个成果应用到已经从厂家运输的打印设备上实际上是不可能的。这是因为,打印设备必须带到厂家,并且记录控制数据的存储装置必须更换。
>
> 为了处理这个问题,例如,如在日本专利公开出版物第2594912中所公开的,提出了一种打印设备,其中在一个墨盒上设置了半导体存储装置和连接到存储装置的一个电极,在打印设备的主体上还设置了一组电极,读出存储在半导体存储装置中的数据,并且按照这些数据控制记录操作。
>
> 然而,存在的问题是,因为用户装、拆墨盒的粗糙操作,或因为在托架和墨盒之间存在间隙,经常使半导体存储装置的接触不好;因为信号可能在不适当的时刻充电或施加,所以经常发生禁止数据读出,并且在最坏的情况下,数据丢失并且禁止记录操作。

由此可见,所述"这是因为,打印设备必需带到厂家,并且记录控制数据的存储装置必须更换"针对的是现有技术中的打印设备,该"存储装置"亦为上述现有打印设备上的部件,而且这种打印设备在售出并使用后,想要利用既改善油墨特性又改善打印头驱动方法的技术获得较好的打印质量实际上是不可能的,因为必须将打印设备带到厂家并更换记录控制数据的存储装置。为了解决这一问题,第2594912号日本专利提出了一种打印设备,在墨盒上设置半导体存储装置和与之连接的电极,并在打印设备主体上设置一组电极,从而通过电极在墨盒的半导体存储装置和打印设备主体之间建立起通信联系，读出存储在半导体存储装置中的数据并按照这些数据控制记录操作，从而解决前述现有技术所存在的必须将打印设备带到厂家并更换记录控制数据的存储装置的技术问题。非常明确的是第2594912号日本专利打印设备的墨盒上安装的是"半导体存储装置"，在本专利原说明书第1页倒数第2段记载的"其中在一个墨盒上设置了半导体存储装置和连接到存储装置的一个电极"中，"存储装置"应当是"半导体存储装置"的简称，并非是指另外的技术特征。然而，第2594912号日本专利的打印设备还存在由于托架和墨盒之间存在间隙以及用户拆装墨盒操作不当经常使半导体存储装置接触不好容易丢失数据的问题，本专利就是针对该技术问题而提出的。可见，本专利是针对上述安装有半导体存储装置的墨盒作出的改进，针对的是"半导体存储装置"，而非"存储装置"和除"半导体存储装置"以外的其他存储装置。本专利的原说明书和权利要求书均未涉及"存储装置"和除"半导体存储装置"以外的其他存储装置。

本案专利权人还认为：相关权利要求中描述的"记忆装置"指原说明书中描述的"半导体存储装置"与"电路板"的组合。

对此，专利复审委员会认为："记忆装置"本身并无此含义，而且本案专利权利要求12中记载的是"记忆装置"，其从属权利要求13和14才分别对"记忆装置"作出了限定，即："所述记忆装置包括一个基片，在所述基片的一个面上设置有一个存储装置，在与所述基片的另外面上设置有多个端子""所述记忆装置包括一个基片，在所述基片的一个面上设置有一个存储装置，在与所述存储装置所在的面相同的面上设置所述多个端子"。可见，"记忆装置"并非如同本案专利权人所称是指"半导体存储装置"与"电路板"的组合。

综上所述，本案专利权人的前述主张均不能成立。

由于上述独立权利要求所包含的超出原说明书和权利要求书记载范围的技术特征"存储装置"或"记忆装置"同样也包含在相应的从属权利要求中，因此相应的从属权利要求也不符合《专利法》第三十三条的规定。

需要指出的是，从属权利要求4的附加技术特征"所述第二壁的宽度比所述壳体的其它壁窄"和从属权利要求34的附加技术特征"该侧壁的宽度比所述壳体的其它侧壁窄"既没有记载在原说明书和权利要求书中，也不能从原说明书和权利要求书中直接且毫无疑义地确定，因此也超出了原说明书和权利要求书记载的范围。

另外，包含技术特征"最靠近所述供墨口的触点列比离所述供墨口最远的触点列长"的权利要求8的整体技术方案同样也未记载在原说明书和权利要求书中。对附图6和7所示的实施例，虽然电路板上最下一列的触点列比上一列触点列长，即最靠近所述供墨口的触点列比离所述供墨口最远的触点列长，但这是针对电路板设置在与供墨口所在底壁相垂直的侧壁上的墨盒，而权利要求8并未对供墨口、记忆装置及触点的相对位置作出任何限定，使实质审查程序中修改的该权利要求所限定的技术方案既涵盖了附图6和7所示的电路板和触点所在的壁与供墨口所在的壁相垂直的墨盒，也涵盖了电路板、触点与供墨口位于同一壁等情况的墨盒，但后者并未记载在原说明书和权利要求书中，也不能从原说明书和权利要求书中直接且毫无疑义地确定，因此实质审查程序中对权利要求8的修改也超出了原说明书和权利要求书记载的范围。

基于上述理由，本案专利权利要求1-40均不符合《专利法》第三十三条的规定。鉴于已经认定本案专利不符合《专利法》第三十三条的规定，专利复审委员会无需对其它无效理由及证据再进行评述。

据此，专利复审委员会作出了宣告本案专利全部无效的无效宣告请求审查决定。

四、北京市第一中级人民法院的一审判决

本案专利权人不服专利复审委员会作出的无效宣告请求审查决定，向北京市第一中级人民法院（下称"一审法院"）提起行政诉讼。

本案专利权人诉称：

（1）专利复审委员会作出的无效宣告请求审查决定违反正当程序。专利复审委员会实质上仅使用第二无效请求人提出的无效理由来审查第一无效请求人和第三无效请求人提出的无效宣告请求，决定中的无效宣告请求人只有第一无效请求人。此外，无效宣告请求审查决定中认定的权利要求4、34、8的无效宣告事实和理由是第二无效请求人在口头审理中新增加的，专利复审委员会对该新增加的事实和理由应当不予考虑。

（2）本案无效宣告请求审查决定的相关认定背离客观事实。原告在实质审查阶段答复第一次审查意见通知书时已经将"存储装置"解释为"图7（b）所示的半导体存储装置61"，将"记忆装置"解释为"指说明书及附图中记载的电路板及设置在其上的半导体存储装置"。

（3）本案无效宣告请求审查决定对"存储装置"的解释观点与北京市高级人民法院相关判例中对功能性限定特征的解释标准相违背。

（4）本案专利的从属权利要求4、34中相关附加技术特征在原说明书附图6（a）、附图26等图中均有反映，并未超出原始公开的范围。对于权利要求8的技术方案，本案专利权人在答复第一次审查意见通知书中指出"该权

利要求涉及附图6和7",不应当被解释为涵盖了两种不同的墨盒;即使如此理解,本领域技术人员在附图6、7所示墨盒的基础上也能够显而易见的得出后一种结构的墨盒,属于等同替代方式或明显变型方式,并未超出原说明书公开的范围。

基于上述理由,本案专利权人认为专利复审委员会作出的无效宣告请求审查决定在审查程序和认定事实上存在严重错误,请求法院依法予以撤销。

专利复审委员会辩称:

(1)关于审查程序是否合法的问题:专利复审委员会对本案的审查程序符合《审查指南》第四部分第三章4.5节关于案件合并审理的规定。

(2)关于专利法第三十三条的适用的问题:第一,应当以"原说明书和权利要求书记载的范围"作为认定申请人的修改是否符合专利法第三十三条规定的基础,申请人在意见陈述书中对权利要求所作的解释不能作为认定的事实依据;第二,《审查指南》第二部分第二章3.2.1明确规定"对于权利要求中所包含的功能性限定的技术特征应当理解为覆盖了所有能够实现所述功能的实施方式";第三,关于对有关权利要求的具体意见,坚持无效宣告请求审查决定中的相关意见。

基于上述理由,专利复审委员会认为本案无效宣告请求审查决定认定事实清楚,适用法律法规正确,审理程序合法,请求法院予以维持。

一审判决的理由如下:

(一)关于程序问题

本案专利权人认为本案共有三个无效请求人,而专利复审委员会作出的本案无效宣告请求审查决定仅对第二无效请求人的无效理由和证据进行了审理,决定书也仅载明第二无效请求人,因而违反正当程序。另外,本案专利的从属权利要求4、34、8的附加技术特征超范围是第二无效请求人在口头审理中新增加的理由,在其无效请求书中没有提及,专利复审委员会不应予以考虑。

对此,一审法院认为,本案无效宣告请求审查决定符合《审查指南》关于合案审理的规定,决定书表格虽仅列出第二无效请求人,但决定书正文中已列明三个无效宣告请求人,并且本案专利权人当庭也认可其权利的行使未受到妨碍。关于权利要求4、34、8的无效理由,无效请求书中已包括上述权利要求不符合《专利法》第三十三条的理由,对于导致其不符合《专利法》第三十三条的具体理由专利复审委员会在行政过程中亦发表了意见,其权利未受到妨碍。因此对专利权人主张本案无效宣告请求违反正当程序的主张不予支持。

（二）关于修改超范围的问题

《专利法》第三十三条规定："申请人可以对其专利申请文件进行修改，但是，对发明和实用新型专利申请文件的修改不得超出原说明书和权利要求书记载的范围，对外观设计专利申请文件的修改不得超出原图片或者照片表示的范围。"

在本案中，权利要求1、40中记载的"存储装置"和权利要求8、12、29中记载的"记忆装置"均由实质审查阶段修改而来。本案专利权人认为其已在实质审查阶段答复审查意见通知书的意见陈述书中对"存储装置"和"记忆装置"作出明确限定，即对于"存储装置"，意见陈述书记载"申请人解释，'存储装置'是指图7（b）所示的'半导体存储装置61'"，且原说明书第1页倒数第2段记载"其中在一个墨盒上设置了半导体存储装置和连接到存储装置的一个电板"，这表明"存储装置"为"半导体存储装置"的简称；对于"记忆装置"，意见陈述书记载"申请人首先希望解释，该权利要求及其后的权利要求中所述的'记忆装置'是指说明书及附图中记载的电路板及设置在其上的半导体存储装置"。

一审法院认为，本案专利权利要求中修改而来的"存储装置"和"记忆装置"是清楚的术语，本领域技术人员公知"存储装置"不限于"半导体存储装置"，"记忆装置"也不等同于"电路板及设置在其上的半导体存储装置"，实质审查阶段将"半导体存储装置"修改为"存储装置"导致保护范围扩大到所有类型的存储装置，"记忆装置"在原说明书和权利要求书并未记载，本领域技术人员不能从原说明书和权利要求书中直接明确认定"记忆装置"的含义是"电路板及设置在其上的半导体存储装置"，因此本案无效宣告请求审查决定认定权利要求1、8、12、29、40不符合《专利法》第三十三条的规定并无不当。申请人在实质审查阶段答复审查意见通知书的意见陈述书中陈述的仅是对技术特征含义的解释，本案专利权人主张这种解释对权利要求具有限定作用。根据2000年修改的《专利法》第五十六条的规定，发明或者实用新型的保护范围以其权利要求的内容为准，说明书及附图可以用于解释权利要求，本案专利权人的上述主张于法无据，故不予支持。

本案专利权人还认为，本案无效宣告请求审查决定对"存储装置"这一修改特征的观点违反北京市高级人民法院相关判例中确定的对功能性限定特征的解释标准，即权利要求书中功能性限定特征的解释应当受专利说明书中记载的实现该功能的具体方式的限制，不应当解释为覆盖了能够实现该功能的任何方式，由于本案专利说明书仅公开了半导体存储装置，故权利要求书中的"存储装置"应解释为"半导体存储装置"。

北京市第一中级人民法院认为，本案涉及的是《专利法》第三十三条对于修改是否超范围的判断，其判断原则为修改后的特征是否能够从原说明书和权利要求书记载的范围直接地、毫无疑义地确定，不能直接地、毫无疑义地确定的修改即不符合《专利法》第三十三条的规定。本案专利权人引用的北京市高级人民法院对功能性限定特征的解释不能表明本案无效宣告请求审查决定对《专利法》第三十三条的判断有误，因此对本案专利权人的上述主张不予支持。

关于权利要求4、34记载的"所述第二壁的宽度比所述壳体的其他壁窄""该侧壁的宽度比所述壳体的其它侧壁窄"及权利要求8记载的"最靠近所述供墨口的触点列比离所述供墨口最远的触点列长"是否超范围的问题，本案专利权人主张权利要求4、34的附加技术特征在原说明书附图6（a）、附图26中有反映，权利要求8的附加技术特征在其意见陈述书中指出涉及附图6和7，虽然附图6、7中电路板、触电与供墨口位于不同壁，但电路板、触点和供墨口位于同一壁的结构的墨盒是其等同替代方式或明显变形方式。

北京市第一中级人民法院认为：对于权利要求4、34，附图6、26并不能直接地、毫无疑义地确定设置电路板、半导体存储装置的侧壁比其它壁都窄；对于权利要求8，将意见陈述书的解释用以限定权利要求于法无据，且附图6、7仅反映电路板、触电与供墨口位于不同壁的情形，对于电路板、触点和供墨口位于同一壁的墨盒并没有体现，也不能直接地、毫无疑义地确定这种结构的墨盒其触点列的长短布置，故本案无效宣告请求审查决定认定权利要求4、34、8不符合《专利法》第三十三条的规定并无不当，应予支持。

基于上述理由，一审法院认定专利复审委员会作出的本案无效宣告请求审查决定认定事实清楚，适用法律正确，审查程序合法，应予维持，故作出了维持本案无效宣告请求审查决定的一审判决。

五、北京市高级人民法院的二审判决

本案专利权人不服上述一审判决，向北京市高级人民法院（下称"二审法院"）提起上诉。

本案专利权人诉称：

（1）根据专利权利要求解释中公认的"禁止反悔原则"，本案应当根据专利权人在实质审查阶段为了获得授权而对技术术语的解释来确定其含义，也就是将"存储装置"解释为"图7（b）中所示的'半导体存储装置61'"，将"记忆装置"解释为"指说明书及附图中记载的电路板及设置在其上的半导体存储装置"。

（2）本案无效宣告请求审查决定对"存储装置"的解释观点与北京市高级人民法院相关判例中对功能性限定特征的解释标准相违背。

（3）从属权利要求4、34中相关附加技术特征在原说明书附图6（a）、附图26等图中均有反映，并未超出原始公开的范围。对于权利要求8的技术方案，本案专利权人在答复第一次审查意见通知书时也进行了解释，因此本案专利符合《专利法》第三十三条的规定。

二审法院查明：国家知识产权局于2002年11月8日就专利申请发出第一次审查意见通知书。针对该通知书，本案专利权人于2003年5月9日提交了意见陈述书，对原权利要求书作出修改。针对审查员指出的修改超范围问题，本案专利权人在意见陈述书第2.2项指出："权利要求23涉及附图6和附图7，申请人解释'存储装置'是指图7（b）所示的'半导体存储装置61'"；在意见陈述书第3.1项指出："申请人首先希望解释，该权利要求及其后的权利要求中所述的'记忆装置'是指说明书及附图中记载的电路板及设置在其上的半导体存储装置"。

二审法院认为：确定修改是否超范围的标准在于该修改是否"超出原说明书和权利要求书记载的范围"以及是否"超出原申请公开的范围"，即本领域普通技术人员在阅读了原说明书和权利要求书后，是否能够从该文件记载的内容中直接地、毫无疑义地确定所修改的内容。在判断修改是否超范围时，还要关注修改后的技术方案是否构成新的技术方案。此外，申请人在专利授权过程中的意见陈述可以作为判断修改是否超范围的参考，但该意见陈述不能作为判断修改是否超范围的唯一判断依据。

二审判决针对如下问题进行了论述：

（一）关于"存储装置"的修改是否违反《专利法》第三十三条的规定

技术术语和技术特征的理解应当从本领域技术人员的角度，考虑该技术术语或者技术特征所使用的特定语境。本案中，权利要求1、40中记载的"存储装置"和权利要求8、12、29中记载的"记忆装置"均由实质审查阶段修改而来。本案专利原始公开文本中相关权利要求记载有"半导体存储装置"及"存储装置"的内容。本案专利原说明书已经载明本案专利所要解决的技术问题是"打印设备必须带到厂家，并且记录控制数据的存储装置必须更换"，而且原说明书的背景技术部分也记载了"其中在一个墨盒上设置了半导体存储装置和连接到存储装置的一个电极"。除此之外，原说明书其他部分均使用"半导体存储装置"。本领域技术人员通过阅读原权利要求书及说明书可以毫无疑义地确定专利申请人在说明书中是在"半导体存储装置"

的意义上使用"存储装置"。另外,无论是修改前还是修改后的技术方案,"存储装置"实际上都是在"半导体存储装置"意义上使用,并未形成新的技术方案,本领域技术人员也不会将其理解为新的技术方案。本案专利权利人在实质审查阶段答复审查意见通知书的意见陈述书中对"存储装置"做出明确限定,即对于"存储装置",意见陈述书记载"申请人解释,'存储装置'是指图7(b)所示的'半导体存储装置61'",原说明书第1页倒数第2段记载"其中在一个墨盒上设置了半导体存储装置和连接到存储装置的一个电板",这表明"存储装置"为"半导体存储装置"的简称。

一审判决以及本案无效宣告请求审查决定认为本领域技术人员公知"存储装置"不限于"半导体存储装置",故本案专利权利人将"半导体存储装置"修改为"存储装置"不符合《专利法》第三十三条的规定,二审法院不同意这种观点。判断修改是否超范围的主体是本领域技术人员,他应当是具备专业知识背景的普通技术人员,能够理解所属领域的技术内容。"存储装置"虽然有更为普遍的含义,不仅包括半导体存储装置,还包括磁泡存储装置、铁磁存储装置等多种不同类型,但在本专利所属的打印机墨盒领域,背景技术中已经明确其所指为"半导体存储装置"的情况下,本领域技术人员不会将其理解为作为上位概念的"存储装置"。一审判决以及无效宣告请求审查决定关于"存储装置"的理解有误,应予纠正。本案专利权人关于"存储装置"的修改符合《专利法》第三十三条的规定的上诉主张有事实和法律依据,应予支持,专利复审委员会应当就此重新做出审查决定。

(二)关于"记忆装置"的修改是否违反《专利法》第三十三条的规定

本案专利权利要求中关于"记忆装置"的修改虽然也是由实质审查阶段修改而来,但这一修改不同于关于"存储装置"的修改。本案专利原权利要求书及说明书中从未有"记忆装置"的记载,该术语属于本案专利申请人新增加的内容。没有记载而新增加的内容不符合《专利法》第三十三条的规定。此外,虽然本案专利权人在实质审查阶段答复审查意见通知书的意见陈述书中对"记忆装置"作出限定,但如前所述,仅仅在意见陈述中作出的解释不能作为修改未超范围的依据。

据此,一审判决以及本案无效宣告请求审查决定关于"记忆装置"在原说明书和权利要求书并未记载,所属领域的技术人员不能从原说明书和权利要求书中明确认定"记忆装置"为"电路板及设置在其上的半导体存储装置"的认定正确,本案专利权人关于"记忆装置"的修改符合《专利法》第三十三条的上诉主张不能成立,应予驳回。

鉴于二审法院认定本案专利的部分独立权利要求不符合《专利法》第

三十三条的规定，从属于这些独立权利要求的从属权利要求也同样存在上述缺陷，因而也不符合《专利法》第三十三条的规定。无效宣告请求审查决定认定这些独立权利要求及其从属权利要求不符合《专利法》第三十三条规定是正确的，应予维持。

（三）关于利要求4是否符合专利法第三十三条规定的问题。

本案专利权利要求4中记载的"所述第二壁的宽度比所述壳体的其他壁窄"，既没有记载在原权利要求书及说明书中，也不能由原权利要求书及说明书毫无疑义地得出，因而不符合《专利法》第三十三条的规定。

说明书附图用于表示产品的形状、结构及位置关系，对于其他技术领域，说明书附图可以是电路图、化学结构式或反映方法过程的流程图。本案中，说明书附图并非标准的机械制图，其所体现的仅仅是本案专利技术方案的结构及位置关系，由附图并不能毫无疑义地确定"所述第二壁的宽度比所述壳体的其他壁窄"。无效宣告请求审查决定中认定权利要求4不符合《专利法》第三十三条规定是正确的。本案专利权人关于其说明书附图6能够反映本案专利权利要求4中"所述第二壁的宽度比所述壳体的其他壁窄"的技术特征，因而符合《专利法》第三十三条规定的上诉主张不能成立，不予支持。

基于上述理由，二审法院认定一审判决和本案无效宣告请求审查决定部分事实认定错误，适用法律不当，应予撤销；本案专利权人的上诉主张部分成立，故判决如下：撤销本案一审判决和无效宣告请求审查决定，由专利复审委员会重新做出无效宣告请求审查决定。

六、最高人民法院的再审裁定

本案第二无效请求人不服二审判决，向最高人民法院申请再审。

第二无效请求人申请再审称，二审判决认定事实不清，适用法律错误，请求依法撤销二审判决，维持一审判决，其主要理由是：

（1）二审判决关于本案专利的原始公开文本（即99800780.3号发明专利申请公开说明书）是在"半导体存储装置"意义上使用"存储装置"属于事实认定错误。原始公开文本的75项权利要求中没有提及墨盒上有"存储装置"，其说明书第1页第24-27行中两次提及"存储装置"，均出现在对现有技术介绍部分中。第一次提到的"存储装置"理应指打印装置上的存储装置，究竟是何种存储装置并无说明，但其与本案专利安装在墨盒上的"半导体存储装置"没有任何关联；第二次提到的"存储装置"可以理解为对说明书第1页第26行中的"半导体存储装置"的简称,这是在一句话中出现的先全称后简称的情况,这种形式的简称只能在该句话中适用,不能据此将简称的范围扩大。

(2)本案专利的修改因扩大了保护范围应予无效,二审判决将本专利的保护范围进行限缩解释是错误的。其一,二审判决关于《专利法》第五十六条的适用错误,该条有关"发明或者实用新型专利权的保护范围以其权利要求的内容为准"的规定不仅表明只有权利要求的内容是确定专利保护范围的依据,也告知申请人应对申请保护的内容进行选择,清楚地写入权利要求。"为准"的另一层含义是如果权利要求的概念与说明书中的相应概念在理解上有冲突时,应以权利要求中的概念内容为准。因为对权利要求中每一个术语概念的内涵和外延理解不同,会致使整体保护范围发生变化,故必须优先认定权利要求中的概念才能体现"为准"。"说明书及附图可以用于解释权利要求"的含义是指说明书及附图的地位只是为便于理解权利要求方案而给出的例子和说明。本专利独立权利要求1和40中的"存储装置"概念无须解释、非常清楚,是涵盖了声、光、磁、电的作为上位概念的存储装置。将这种清楚的上位概念理解为具体下位概念的条件是说明书中必须有明确定义,定义其为半导体存储装置。在说明书中没有给出明确定义的情况下,将其理解为上位概念是正确的,是维护权利要求严肃性的合法解读。二审判决将说明书中含义清楚的术语概念解释为与权利要求中记载的该术语概念的上位概念相同,违反了《专利法》第五十六条的规定。其二,在专利权无效行政纠纷案件中,不能用专利权人在授权确权程序中的意见陈述对权利要求所记载特征的含义进行解释。专利授权文本是向公众公开的,而专利审查过程中的意见陈述并没有出现在公开文本中,公众得到专利授权文本的公开信息后,权利要求表明的保护范围会对其要进行的后续行为产生影响。公众对权利要求的理解是基于权利要求中的文字意义,如果这种文字的真正意义要参照公众看不到的意见陈述,对公众是不公平的,反而会产生误导公众的严重问题。因此,用专利审查意见陈述书的内容对专利授权公开文本的权利要求中的明确概念进行解释的做法不可取。

本案专利权人答辩称,二审判决认定本案专利的独立权利要求1和40及其从属权利要求中记载的"存储装置"技术特征不存在修改超范围的情形,符合事实,于法有据,本案第二无效请求人的再审请求及其理由缺乏事实和法律依据,依法应予驳回,其主要理由是:

(1)本案专利授权文本记载的"存储装置"应解释为半导体存储装置。本案专利原始公开文本的权利要求2和说明书的现有技术部分所记载的"存储装置"术语均系半导体存储装置的简称,根据同一术语在同一专利中应当具有相同含义的解释原则，"存储装置"在本案专利中应仅指半导体存储装置。本领域的技术人员根据本案专利发明所要解决的技术问题也可以毫无疑义地将本案专利权利要求中记载的"存储装置"理解为半导体存储装置。根据本案专利的专利审查档案，也应当认定本专利权利要求中记载的"存储装置"是指半导体存储装置。专利复审委员会作出的无效宣告请求审查决定仅从相关术语的字面含义出发，将本案专利权利要求中记载的"存储装置"解释为具有信息数据存储功能的各种存储装置不符合本案专利的客观事实，也违背了正确的权利要求解释方法。

（2）基于专利权的确定性原则，就同一项专利权而言，无论在侵权程序还是在确权程序中，对其权利要求的解释标准均应保持统一，以使其保护范围保持一致。如果在侵权程序和确权程序中分别适用不同的权利要求解释标准，对同一项专利权解释出不同的保护范围，会对公众或者专利权人造成不公平的法律后果。

（3）专利审查档案应该作为解释本案专利权利要求1和40中记载的"存储装置"的依据，其理由在于：

其一，根据最高人民法院《关于审理侵犯专利权纠纷案件应用法律若干问题的解释》第三条的规定，专利审查档案不仅可以用作解释权利要求的依据，具有与说明书及附图、权利要求书中的相关权利要求同等的解释效力，而且具有优先于工具书、教科书等公知文献以及本领域普通技术人员的通常理解的解释效力。本案中，对"存储装置"这一术语，不仅原说明书的背景技术部分及原权利要求2已在"半导体存储装置"的意义上记载过该术语，而且专利审查档案亦已明确将该术语在本案专利中的技术含义限定为"半导体存储装置"。在此情况下，应将"存储装置"解释为"半导体存储装置"。由于运用专利审查档案已能明确本案专利权利要求中记载的"存储装置"这一技术特征的含义，不应再结合工具书、教科书等公知文献以及本领域普通技术人员的通常理解对"存储装置"的含义进行字面解释。本案无效宣告请求审查决定违反了有关解释依据的效力顺序，应予纠正。

其二，由于专利审查档案对"存储装置"所作的限定性解释在专利侵权程序中对于解释权利要求具有当然的约束力，故如果在本案的专利确权程序中排除专利审查档案的解释作用，将会对专利权人造成极不公平的法律结果。如果发生涉及本案专利的侵权纠纷，在侵权诉讼程序中对本案专利权利要求中记载的"存储装置"进行解释时，无论依据前述司法解释第三条关于权利要求解释依据的规定，还是依据该司法解释第六条关于禁止反悔的规定，法院都会将"存储装置"的含义解释为"半导体存储装置"。在专利侵权程序中，本案专利权人不可能将除半导体存储装置之外的其他存储装置纳入本案专利的保护范围,或者说在侵权程序中不可能请求保护使用其他存储装置的墨盒。因此,如果在确权程序中采取相反的权利要求解释方法,将其解释为包括半导体存储装置在内的各种存储装置,并以此认定本专利存在修改超范围情形,将其宣告全部无效,这种做法实质上就是将本案专利在侵权程序中不可能获得保护的技术方案强行"塞进"本专利的保护范围。这种做法及其结果对专利权人来说显失公平。

其三,不能以专利审查档案的公示作用弱于权利要求书和说明书为由,否定其对权利要求书具有的解释作用。专利审查档案是向公众开放的,也具有公示作用,故在相关司法解释已经明确将其列为权利要求解释依据的情况下,不能以公示作用的强弱来否定其解释效力。

其四,专利申请人对其主动修改的权利要求所作的限缩性解释对于确定该权利要求的保护范围具有约束效力,应当依据该限缩性解释来确定该权利要求的保护范围。本案中,尽管专利权人在实质审查阶段对"存储装置"这一技术特征的修改系一种主动修改行为,但其在专利审查档案中针对该项主动修改特征所作出的限缩性解释已被审查员接受并成为本专利的授权基础,故不宜以"存储装置"的修改属于主动修改为由,否定专利审查档案中记载的关于"存储装置"这一技术特征的限缩性解释对解释本案专利权利要求具有的法律约束力。

(4)按照《专利法》第三十三条的立法本意,修改超范围所导致的无效应当是超出原始公开范围的那部分修改方案的无效,不应当导致未超出原始公开范围的原有技术方案也一并无效。本案中,在按照法定的、正确的权利要求解释方法能够将本专利中的"存储装置"解释为未超出原始公开范围的"半导体存储装置"的情况下,专利复审委员会作出的无效宣告请求审查决定将"存储装置"解释为超出原始公开范围的各种存储装置,并据此宣告本专利全部无效,这种做法已完全背离了《专利法》第三十三条的立法本意。

专利复审委员会陈述意见称,二审判决事实认定不清,法律适用不当,应予撤销,专利复审委员作出的本案无效宣告请求审查决定应予维持,其主要理由为:

(1)二审判决对"半导体存储装置"与"存储装置"含义的事实认定错误。根据专利复审委员会提交的证据,存储器包括半导体存储器、磁芯存储器、光电存储器等。根据所属领域技术人员的理解,"半导体存储装置"与"存储装置"含义不同,"半导体存储装置"仅为"存储装置"中的一种。本案专利原始公开文本对于技术方案的描述全部采用"半导体存储装置","存储装置"这一术语仅出现在"背景技术"中,共有两处,经分析可以知道这两处所述"存储装置"实际上都是指"半导体存储装置"。

（2）二审判决对《专利法》第三十三条的立法本意理解有误。该条的立法本意在于保障先申请原则，鉴于存在以申请日区分现有技术的规定，专利申请人不能在确定申请日之后再对申请文件载明的技术方案内容作出变动。修改专利申请文件的情形，根据修改时机可以分为主动修改和被动修改，根据修改内容可以分为澄清性修改和调整性修改。被动修改可以体现为澄清性修改和调整性修改，而主动修改仅体现为调整性修改。对调整性修改而言，需要结合修改时机和修改内容来考虑禁止反悔原则的适用，避免所采用的权利要求保护范围解释方式使当事人"两头获利"，损害专利权的公示作用。就本案专利申请的修改情况而言，专利申请人将原始申请文件中的"半导体存储装置"修改为"存储装置"是在提交分案申请时主动进行的修改，并非在实质审查过程中根据审查员的要求进行的澄清性修改。专利申请人将"半导体存储装置"主动修改为"存储装置"，应当认定为表明"半导体存储装置"和"存储装置"具有含义不同的意思表示，否则该修改就失去了实际意义；然而专利权人在无效程序中又主张"半导体存储装置"与"存储装置"含义相同，显然属于反悔行为。在这种情况下，不应再通过对权利要求的解释认定其符合《专利法》第三十三条的规定。

（3）二审判决对解释权利要求保护范围的时机和方法均存在错误。其一，关于解释权利要求保护范围的时机，权利要求书作为一份确定专利权保护范围的法律文件，应当尽可能做到不依赖其他文件即可根据其自身表述清楚、明确地限定具有确定性的保护范围。出于保护专利权的公示作用，通常不应当对于权利要求保护范围加以解释。只有在权利要求的术语存在说明书中明确记载的特定含义、说明书明确放弃某些技术方案、权利要求所涵盖的某些技术方案无法实现、或者权利要求的术语存在多种含义等情况下，才需要对权利要求进行解释。本案中，"存储装置"对于所属领域技术人员而言具有明确的含义，并且在说明书中并未作出特定解释。在这种情况下，二审判决对该权利要求的解释不符合解释权利要求保护范围的时机要求。其二，关于权利要求保护范围的解释方法，参照最高人民法院《关于审理侵犯专利权纠纷案件应用法律若干问题的解释》第三条的规定，对权利要求保护范围的解释而言，说明书及附图、权利要求书中的相关权利要求、专利审查档案等作为内部证据是相对优先的解释依据。就当事人意见陈述和本领域惯常理解而言，在说明书没有明确界定的情况下，应当优先考虑本领域的惯常理解。从解释权利要求保护范围涉及的两大基本价值取向而言，上述观点旨在保障专利权的公示作用，同时兼顾专利权人合法利益的保障。如果根据说明书中没有记载的当事人意见陈述，对权利要求保护范围作出与本领域惯常理解不同的解释限定,则显然有损专利权的公示作用。就本案而言,说明书中的表述对"存储装置"和"半导体存储装置"有所区分,结合该分案申请所属母案的情况以及当事人主动修改的情况,客观上应当认定为"存储装置"和"半导体存储装置"含义不同。二审判决将"存储装置"解释为"半导体存储装置"的简称,这一解释在说明书中没有任何依据,也与本领域技术人员的普遍理解不同,显然损害了专利权的公示作用,导致社会公众对专利权的保护范围缺乏预期。

最高人民法院认为,本案的焦点问题在于有关"存储装置"的修改是否符合《专利法》第三十三条的规定。最高人民法院将这一问题分解为四个相关问题,逐一进行了论述。

(一)二审判决对本案专利原始公开说明书中使用的"存储装置"的解释是否正确

二审判决认定本案专利原始公开说明书中是在"半导体存储装置"意义上使用"存储装置"这一术语,应当将"存储装置"理解为"半导体存储装置"的简称。

最高人民法院查明,本案专利原始公开文本涉及"存储装置"的部分有三处:一是权利要求2中记载的"所述多个触点在装、拆所述墨盒的过程中在不同的时间连接到所述外部存储装置";二是说明书第1页第23-24行记载的"打印设备必须带到厂家,并且记录控制数据的存储装置必须更换";三是说明书第1页第26-27行中记载的"其中在一个墨盒上设置了半导体存储装置和连接到存储装置的一个电极"。此外,本案专利权人针对国家知识产权局第一次审查意见通知书提交的意见陈述书第2.2项记载了"权利要求23涉及附图6和附图7,申请人解释,'存储装置'是指图7(b)所示的'半导体存储装置61'"。

对上述三处有关"存储装置"的记载,最高人民法院具体分析评判如下:

1. 关于本专利原始公开说明书中第一处和第三处"存储装置"用语的字面含义

首先,关于第一处"存储装置"。权利要求2中并未出现独立的"存储装置"用语,而是使用了"所述外部存储装置"的称谓。结合权利要求1提及的"从所述外部控制装置经所述触点访问所述半导体存储装置"的表述,显然权利要求2中的"所述外部存储装置"应是权利要求1中提及的"所述半导体存储装置"的代称。

其次,关于第三处"存储装置"。最高人民法院查明,说明书第1页第

26-27行中"其中在一个墨盒上设置了半导体存储装置和连接到存储装置的一个电极"这一中文译文不确切,应该翻译为"其中在一个墨盒上设置了半导体存储装置和连接到它的一个电极"。因此,此处采用"存储装置"一词实际上系误译所致,在本案专利的PCT国际申请文件中并不存在。

2. 关于本专利原始公开说明书中第二处"存储装置"用语的字面含义

首先,关于此处"存储装置"的字面含义。对于所属领域普通技术人员而言,"存储装置"是用于保存信息数据的装置,是包含磁芯存储器、半导体存储器、光电存储器、磁膜、磁泡和其他磁表面存储器以及光盘存储器等的上位概念。这一含义是清楚、明确的。

其次,关于第此处"存储装置"的上下文。说明书第1页第23-24行记载的"打印设备必须带到厂家,并且记录控制数据的存储装置必须更换"是说明书中第一次出现独立使用的"存储装置"用语。在使用这一用语之前,说明书介绍了现有技术,指出"既改善油墨特性又改善打印头的驱动方法时,就可以提高打印设备的打印质量",但是在应用这一技术成果时,"考虑到成本、劳动力和其他因素时,这个成果应用到已经从厂家运输的打印设备实际上是不可能的",并没有涉及存储装置的类型。在第一次使用独立的"存储装置"用语之后,说明书才以示例的方式提出日本第2594912号专利采用了半导体存储装置。可见,此处说明书的上下文没有明确或者隐含排除其他类型的存储装置,也未对"存储装置"作出不同于通常理解的特殊限定。

最后,说明书发明目的部分的内容对"存储装置"含义的影响。说明书对发明目的的介绍较为简单,虽然在发明目的部分明确提及了半导体存储装置的数据丢失等问题,但是在说明书的上下文没有明确或者隐含排除其他类型的存储装置,也未对"存储装置"给出不同于通常理解的特殊限定的情况下,仅凭这一点尚不足以认定此处的"存储装置"是指"半导体存储装置"。因此,对于所属领域普通技术人员而言,此处"存储装置"用语应当理解为作为通常含义的泛指而非特指半导体存储装置。

3. 关于本案专利权人在意见陈述书中对"存储装置"的解释应该如何理解

本案专利权人在答复国家知识产权局第一次审查意见通知书的意见陈述书中指出:"权利要求23涉及附图6和附图7,申请人解释,'存储装置'是指图7(b)所示的'半导体存储装置61'"。

首先,关于意见陈述书的作用。通常情况下,审查档案中保存的专利申请人的意见陈述可以作为理解说明书以及权利要求书含义的参考,其参考价值的大小则取决于该意见陈述的具体内容及其与说明书和权利要求书的关系。

其次，本案专利权人在意见陈述书中对"存储装置"作出的解释的特点。从该解释的内容看，本案专利权人结合附图，将"存储装置"这一上位概念解释为"半导体存储装置"这一下位概念。当将某一上位概念解释为被该上位概念所包含的下位概念时，可能存在两种理解：一是这种解释仅仅是一种示例，即表示该下位概念属于该上位概念；二是这种解释是一种特指，即该上位概念等同于该下位概念。因此，本案专利权人在意见陈述书中对"存储装置"作出的解释究竟具有何种含义，需结合解释的缘由、修改过程、本专利原始公开说明书等作综合判断。

再次，本案专利权人在意见陈述书中对"存储装置"作出解释的缘由。在意见陈述书中，本案专利权人将原权利要求23修改为新的权利要求1。原权利要求23并未记载"存储装置"这一特征，而是该次修改时引入新的权利要求1的，本案专利权人需要对此作出解释以说明其由来。从这一角度来看，本案专利权人通过意见陈述对"存储装置"一词作出特指性定义的可能性不大。

又次，本案专利权人对"存储装置"一词的修改过程。在本专利原始公开文件中，除了说明书中出现过一次独立使用的"存储装置"用语外，权利要求书和说明书的其他部分通篇使用的都是"半导体存储装置"的用语。在原始公开文件的权利要求书中，使用"半导体存储装置"的地方多达10余处。在修改后的权利要求书中，相应地修改为"存储装置"，且使用多达8次。显然，这种有意修改表明本案专利权人认为"存储装置"与"半导体存储装置"具有不同含义。

最后，本专利原始公开说明书对"存储装置"一词的使用。前已述及，本专利原始公开说明书中存在将"存储装置"作为泛指性的上位概念的用法。仅仅根据本案专利权人在意见陈述中的解释，就将"存储装置"理解为特指"半导体存储装置"，说服力不足。因此，本案专利权人在意见陈述书中对"存储装置"的解释应理解为包含"半导体存储装置"的上位概念而不是特指性的"半导体存储装置"。

综上所述，本案专利原始公开说明书提及的第一处"存储装置"是"所述半导体存储装置"的代称，第二处"存储装置"是包含半导体存储装置的上位概念，第三处"存储装置"实际上系误译所致，本案专利权人在意见陈述书中对"存储装置"的解释并非特指半导体存储装置。因此，二审判决认定本专利原始公开说明书是在"半导体存储装置"意义上使用"存储装置"，"存储装置"为"半导体存储装置"的简称，认定事实不妥，应予纠正。本案第二无效请求人关于二审判决对"存储装置"含义的认定错误的申请再审理由成立。

(二)本案专利权利要求关于"存储装置"的修改是否违反《专利法》第三十三条的规定

《专利法》第三十三条规定:"申请人可以对其专利申请文件进行修改,但是,对发明和实用新型专利申请文件的修改不得超出原说明书和权利要求书记载的范围,对外观设计专利申请文件的修改不得超出原图片或者照片表示的范围。"

判断本案专利权利要求关于"存储装置"的修改是否违反《专利法》第三十三条的规定,需要正确理解《专利法》第三十三条的含义。

1. 关于《专利法》第三十三条的立法目的

正确理解《专利法》第三十三条的含义,需要结合考虑该条的立法目的。

《专利法》第三十三条包括两层含义:一是允许申请人对专利申请文件进行修改,二是对专利申请文件的修改进行限制。

之所以允许申请人对专利申请文件进行修改,其主要理由在于:一是申请人的表达和认知能力的局限性。申请人将自己的抽象技术构思形诸于语言文字,体现为具体的技术方案时,由于语言表达的局限,往往有词不达意或者言不尽意之处。同时,申请人撰写专利申请文件时,由于对现有技术以及发明创造等的认知局限,可能错误理解发明创造。在专利申请过程中,随着对现有技术和发明创造等的理解程度的提高,特别是审查员发出审查意见通知书之后,申请人往往需要根据对发明创造和现有技术的新的理解对权利要求书和说明书进行修正。二是提高专利申请文件质量的要求。专利申请文件是向公众传递专利信息的重要载体,为了便于公众理解和运用发明创造,促进发明创造成果的传播运用,客观上需要通过修改提高专利申请文件的准确性。

在允许申请人对专利申请文件进行修改的同时,《专利法》第三十三条也对专利申请文件的修改作了限制,即发明和实用新型专利申请文件的修改不得超出原说明书和权利要求书记载的范围。这一限制的理由在于:一是通过将修改限制在原说明书和权利要求书记载的范围之内,促使申请人在申请阶段充分公开其发明,保证授权程序顺利开展;二是防止申请人将申请时未完成的发明内容随后补入专利申请文件中,从而就该部分发明内容不正当地取得先申请的利益,保证先申请原则的实现;三是保障社会公众对专利信息的信赖,避免给信赖原申请文件并以此开展行动的第三人造成不必要的损害。

可见，《专利法》第三十三条的立法目的在于实现专利申请人利益与社会公众利益之间的平衡，一方面使申请人获得修改和补正专利申请文件的机会，尽可能保证真正有创造性的发明创造能够取得授权并获得保护，另一方面又防止申请人对其在申请日时未公开的发明内容获得不正当利益，损害社会公众对原专利申请文件的信赖。对《专利法》第三十三条含义的理解必须符合这一立法目的。

2. 关于"修改不得超出原说明书和权利要求书记载的范围"的理解

基于前述立法目的，对"原说明书和权利要求书记载的范围"，应该从所属领域技术人员的角度出发，以原说明书和权利要求书所公开的技术内容来确定。凡是原说明书和权利要求书已经披露的技术内容，都应理解为属于原说明书和权利要求书记载的范围。既要防止对记载的范围作过宽解释，乃至涵盖了申请人在原说明书和权利要求书中未公开的技术内容，又要防止对记载的范围作过窄解释，对申请人在原说明书和权利要求书中已披露的技术内容置之不顾。从这一角度出发，原说明书和权利要求书记载的范围应该包括如下内容：一是原说明书及其附图和权利要求书以文字或者图形等明确表达的内容；二是所属领域技术人员通过综合原说明书及其附图和权利要求书可以直接、明确推导出的内容。只要所推导出的内容对所属领域技术人员而言是显而易见的，就可认定该内容属于原说明书和权利要求书记载的范围。与上述内容相比，如果修改后的专利申请文件未引入新的技术内容，则可认定对该专利申请文件的修改未超出原说明书和权利要求书记载的范围。

由此可见，判断对专利申请文件的修改是否超出原说明书和权利要求书记载的范围，不仅应考虑原说明书及其附图和权利要求书以文字或者图形表达的内容，还应考虑所属领域技术人员综合上述内容后显而易见的内容。判断时，不能仅仅注重前者，对修改前后的文字进行字面对比即轻易得出结论；也不能对后者作机械理解，将所属领域普通技术人员可以直接、明确推导出的内容理解为数理逻辑上唯一确定的内容。

3. 关于本案"存储装置"的修改是否违反《专利法》第三十三条的规定的具体判断

《专利法》第三十三条所称的原说明书和权利要求书是指申请日提交的说明书和权利要求书；对于分案申请，是指申请日提交的原申请的说明书和权利要求书；对于国际申请，是指原始提交的国际申请的说明书和权利要求书。由于本案专利是99800780.3号发明专利申请的分案申请，99800780.3号发明专利申请又是进入中国国家阶段的PCT国际申请（PCT/JP99/02579）的中文文本，因此判断本案专利在其申请阶段关于"存储装置"的修改是否违反《专利法》第三十三条的规定，应以PCT国际申请（PCT/JP99/02579）记载的内容为准。

根据PCT国际申请（PCT/JP99/02579）及其中文翻译件（即99800780.3号发明专利申请的原始申请文件）的记载，既改善油墨特性又改善打印头的驱动方法可以提高打印设备的打印质量，但是这个成果难以应用到已经售出的打印设备，因为必须将该打印设备带到厂家，而且记录控制数据的存储装置必须更换。为此，现有技术提出了在墨盒上设置半导体存储装置并将其连接到墨盒的电极，同时在打印设备的主体上设置一组电极，读出存储在半导体存储装置中的数据，并且按照这些数据控制记录操作的技术方案。由于该现有技术打印设备存在接触不好、数据丢失等技术问题，本案专利提出在墨盒侧壁安装电路板，电路板外面设置触点，触点可以连接到外部控制装置，从而实现外部控制装置通过触点访问半导体存储装置的技术效果。对所属领域的技术人员而言，通过综合该原始专利申请公开说明书、权利要求书和附图的内容，很容易想到可以用其他存储装置替换半导体存储装置，并推导出该技术方案同样可以应用于使用非半导体存储装置的墨盒。本案专利权人在提出分案申请时主动将原权利要求书中的"半导体存储装置"修改为"存储装置"。将修改后的独立权利要求与所属领域技术人员综合该原始专利申请说明书、权利要求书和附图的记载能够直接、明确推导出的内容相比，并未引入新的技术内容。因此，本案专利权利要求关于"存储装置"的修改并未超出原专利申请文件记载的范围，符合《专利法》第三十三条的规定。

（三）专利申请文件的修改限制与专利保护范围的关系

本案第二无效请求人认为，对本案专利的修改因扩大了保护范围应予无效。这涉及专利文件的修改限制与专利保护范围的关系。

《专利法实施细则》第五十一条规定，发明专利申请人在提出实质审查请求时以及在收到国务院专利行政部门发出的发明专利申请进入实质审查阶段通知书之日起的3个月内，可以对发明专利申请主动提出修改；申请人在收到国务院专利行政部门发出的审查意见通知书后对专利申请文件进行修改的，应当按照通知书的要求进行修改。《专利法实施细则》第六十八条规定，在无效宣告请求的审查过程中，发明或者实用新型专利的专利权人可以修改其权利要求书，但是不得扩大原专利的保护范围。《专利法》第五十六条第一款规定，发明或者实用新型专利权的保护范围以其权利要求的内容为准，说明书及附图可以用于解释权利要求。

根据上述规定，结合《专利法》第三十三条的规定，可知专利申请文件的修改限制与专利保护范围之间既存在一定的联系，又具有明显差异。其主要差异在于，专利申请文件的修改以原说明书和权利要求书记载的范围为界，其记载的范围越广，披露的技术内容越多，允许的修改范围就越大；发明或者实用新型专利权的保护范围以其权利要求的内容为准，说明书及附图可以用于解释权利要求，权利要求记载的技术特征越多，其保护范围就越小。专利申请人根据《专利法实施细则》第五十一条的规定进行主动修改时，只要不超出原说明书和权利要求书记载的范围，在修改原权利要求书时既可以扩大其请求保护的范围，也可以缩小其请求保护的范围。

对专利文件的修改限制与专利保护范围的联系在于，根据《专利法实施细则》第六十八条的规定，在无效宣告请求的审查过程中，发明或者实用新型专利的专利权人修改其权利要求书时要受原专利的保护范围的限制，不得扩大原专利的保护范围。

本案专利权人将原权利要求书中记载的"半导体存储装置"修改为"存储装置"的行为发生于提出分案申请之时，而非无效宣告请求审查之时，该修改是否合法与原专利申请文件请求保护的范围大小没有关联性。因此，第二无效请求人有关本案专利的修改因扩大了保护范围应予无效的申请再审理由不能成立，故不予支持。

（四）专利申请文件的修改限制与禁止反悔原则关系

在专利授权确权程序中，专利权人需要遵循诚实信用原则，信守诺言，诚实不欺，不得出尔反尔，损害第三人对其行为的信赖。作为诚实信用原则的体现和要求，禁止反悔原则在专利授权确权程序中应予适用。但是，禁止反悔原则在专利授权确权程序中的适用并非是无条件的，要受到自身适用条件的限制以及与之相关的其他原则或者法律规定的限制。禁止反悔原则的适用应以行为人出尔反尔的行为损害第三人对其行为的信赖和预期为必要条件。同时，法律的明确规定以及其他同等重要的原则也有限制禁止反悔原则适用的作用。在专利授权确权程序中适用禁止反悔原则必须综合考虑上述因素。

根据《专利法》第三十三条以及《专利法实施细则》第六十八条的规定，在专利授权程序中，专利申请人可以对其专利申请文件进行修改，但是对发明和实用新型专利申请文件的修改不得超出原说明书和权利要求书记载的范围；在专利确权程序中，专利权人可以修改其权利要求书，但是不得扩大原专利的保护范围。因此，在专利授权程序中，相关法律已经赋予申请人修改专利申请文件的权利，只要这种修改不超出原说明书和权利要求书记载的范围即可。对于社会公众而言，基于《专利法》第三十三条规定，应该预见到专利申请人可能对专利申请文件进行修改,其信赖的内容应该是原说明书及其附图和权利要求书记载的范围,即原说明书及其附图和权利要求书以文字或者图形等明确表达的内容以及所属领域技术人员通过综合原说明书及其附图和权利要求书可以直接、明确推导出的内容,而不是仅信赖原权利要求书限定的保护范围。因此,如果申请人对专利申请文件的修改符合《专利法》第三十三条的规定,禁止反悔原则在该修改范围内应无适用余地。

就本案而言,由于所属领域技术人员综合原始专利申请公开说明书及其附图和权利要求书的记载,可以推导出该专利申请的技术方案同样可以应用于使用非半导体存储装置的墨盒,本案专利权人在提出分案申请时主动将原权利要求书中的"半导体存储装置"修改为"存储装置"并未超出原说明书和权利要求书记载的范围,这种修改对于公众而言是可以预见的,社会公众不会因为该修改而导致信赖利益受损。因此,本案专利权人在本案中有关"存储装置"的修改不存在适用禁止反悔原则的问题。

专利复审委员会称,专利权人在专利申请过程中实际上认为"半导体存储装置"和"存储装置"二者含义不同,而在无效程序中又主张两者含义相同,属于反悔行为,应予禁止。这一主张混淆了《专利法》第三十三条和禁止反悔原则的关系。如前一再述及,根据《专利法》第三十三条的规定,专利申请文件的修改是否超范围,应以原说明书和权利要求书记载的范围为界,在此范围内并无禁止反悔原则的适用余地。专利复审委员会的上述主张实际上是以申请人在修改完成后的无效程序中的解释为准来判断专利申请文件的修改是否超范围,本质上是以禁止反悔原则取代《专利法》第三十三条。对此,最高人民法院不予支持。

综上,虽然二审判决对于"存储装置"含义的认定不妥,申请再审的部分理由成立,但是二审判决关于本案专利权人对"存储装置"的修改符合《专利法》第三十三条的裁判结果是正确的,应予维持,故裁定驳回第二无效请求人的再审申请。

七、评析

本案主要涉及《专利法》第三十三条的理解和适用,这是业内广为关注且争议较多的一个热点问题。最高人民法院作出的再审裁定不仅受到我国专利学术界和专利实务界的高度重视,也引起了国际社会的高度关注。

通过案情介绍,可以看出本案双方当事人(及其专利代理人)都有很强的争辩能力,而且越到后面的审级展现得越是充分,体现了较高的专业水准;专利复审委员会的无效宣告请求审查决定和北京市第一中级人民法院、北京市高级人民法院判决翔实细致，无论是否获得在后审判机关的支持，均体现了一丝不苟的敬业精神；最高人民法院的再审裁定澄清了我国专利实践中存在的一些重要问题，充分发挥了我国最高司法审判机关的应有作用。与我国20世纪80年代的诉讼文件和裁判文书相比，可以看出我国的专利从业水平已经有了突飞猛进的提高，这是令人十分欣喜的事情。

下面，就本案涉及的一些问题进行讨论。

（一）关于《专利法》第三十三条的立法本意

《专利法》第三十三条规定：

> 申请人可以对其专利申请文件进行修改，但是，对发明或者实用新型专利申请文件的修改不得超出原说明书和权利要求书记载的范围，对外观设计专利申请文件的修改不得超出原图片或者照片表示的范围。

最高人民法院的再审裁定首先论证了《专利法》第三十三条的立法目的，这对正确理解和适用该条规定具有指导意义。

专利复审委员会向最高人民法院陈述的意见指出：

> 二审法院对《专利法》第三十三条的立法本意理解有误，该条的立法本意在于保障先申请原则。

专利复审委员会所言实际上仅为该条规定后半部分的立法本意，而非该条整个规定的立法本意。如最高人民法院再审裁定所述，《专利法》第三十三条首先明确规定允许专利申请人对其专利申请文件进行修改，然后才对专利申请文件的修改提出必要的限制条件。该条文层次表明该条规定的立法本意在于实现专利申请人利益和公众利益之间的合理平衡，即一方面明确了专利申请人享有完善其申请文件的权利，以保障专利申请人的合法权益；另一方面又防止申请人通过修改在原申请文件中加入新的内容，以保障公众和其他专利申请人的合法权益。

在授予专利权之前，我国《专利法实施细则》为专利申请人提供了诸多修改其专利申请文件的机会，不仅包括在初步审查阶段和实质审查阶段的修改，还包括在复审阶段的修改，这是专利复审程序区别于一般行政复议程序的重要特点。在授予专利权之后，专利权人还可以在无效宣告请求程序中修改其专利文件。除上述修改机会之外，许多国家的专利法还规定专利权人在授权之后的一定期限内可以主动修改其专利文件，例如美国的再颁专利程序、日本的专利订正程序等。这表明，即使经过专利主观部门的严格审查，专利文件仍可能存在需要完善之处。几次修改《专利法》时，我国国内都有不少人呼吁增加类似规定，为专利权人提供在授予专利权之后进一步完善其专利文件的专门程序。

这种制度安排是与专利制度的本质特点相适应的，因为发明和实用新型专利权的权利客体是过去不曾有过的技术方案，其中至少有一部分内容不存在现成文献记载可供参考借鉴，需要申请人自己"创作"对该部分的文字解说。用语言文字表述一种新的技术方案常常不是一件轻松的事情，难免有不够准确、词不达意之处。为专利申请人、专利权人提供必要的完善其专利申请文件、专利文件的机会，不仅有利于发明创造的实施应用和技术信息的准确传播，也有利于专利权的行使和保护，符合《专利法》第一条规定的立法宗旨。理解《专利法》第三十三条关于修改限制条件的规定应当基于这一立法背景，其适用不应不合理地妨碍专利申请人和专利权人完善其专利申请文件和专利文件的正当权利。

（二）关于对修改限制条件的理解

如何理解《专利法》第三十三条所述的"原说明书和权利要求书记载的范围"，这是本案涉及的基本问题。

《专利审查指南2010》第二部分第八章5.2.1.1规定：

原说明书和权利要求书记载的范围包括原说明书和权利要求书文字记载的内容和根据原说明书和权利要求书文字记载的内容以及说明书附图所能直接地、毫无疑义地确定的内容。

最高人民法院再审裁定指出：

原说明书和权利要求书记载的范围应该包括如下内容：一是原说明书及其附图和权利要求书以文字或者图形等明确表达的内容；二是所属领域普通技术人员通过综合原说明书及其附图和权利要求书可以直接、明确推导出的内容。只要所推导出的内容对于所属领域普通技术人员是显而易见的，就可认定该内容属于原说明书和权利要求书记载的范围。与上述内容相比，如果修改后的专利申请文件未引入新的技术内容，则可以认定对该专利申请文件的修改未超出原说明书和权利要求书记载的范围。

关于"原说明书及其附图和权利要求书以文字或者图形等明确表达的内容"的含义，基本上不存在分歧意见，因为这属于"白纸黑字"的范畴，比较容易判断。但是，《专利法》第三十三条规定的"原说明书和权利要求记载的范围"不应被理解为仅仅限于原申请文件以文字或者图形方式已经明确表达的内容，否则只要略作变动就可能被认定为修改超范围，使该条规定的"申请人可以对其专利申请文件进行修改"成为一句空话。"原说明书和权利要求书记载的范围"还应当包括对原申请文件以文字或者图形方式所明确表达内容的适度外延。能够外延到何种程度？这是适用《专利法》第三十三条规定最为关键的问题。对此，《专利审查指南2010》和最高人民法院裁定的表述有所不同：前者是"所能直接地、毫无疑义地确定的内容"；后者是"可以直接、明确地推导出的内容"。

需要讨论的问题在于：

第一，是"确定的内容"还是"推导出的内容"更为可取？

既然上述外延并非严格拘泥于原申请文件以文字或者图形方式明确表达的内容，应当认为采用"推导出的"比"确定的"更为可取，因为"推导出的"表明其结论的得出在一定程度上依赖判断者的推测，比较符合适用该条规定的实际状况。我国的《专利审查指南2010》深受欧洲专利局审查指南的影响，而欧洲专利局审查指南的相应规定采用的英文表述是"derivable"，其含义就是"可引出的""可推论的"，可见采用"可推导出的"这一表述方式与欧洲专利局审查指南规定的含义更为接近。❶

第二，是"毫无疑义地"还是"确定地"更为可取？

《专利审查指南2010》中的"毫无疑义地"一词由欧洲专利局审查指南中采用的"unambiguously"一词而来，其含义为"明白地""不含糊地""无歧义地"等。《专利审查指南2010》采用了其中语气最为强硬的一种表述方式。可以认为，"毫无疑义地"这一措辞表达了要有百分之百的确定性，在任何人看来都会得出相同结论的意思。慢说这一表述所针对的是推导出的内容，即使就说明书和权利要求以文字或者图形方式明确表达的内容而言，也难免出现一词多义的情况，不同人看了可能会有不同理解，未必能"毫无疑义地"确定其含义，这种情况在本书介绍的案例中不乏其例。所以，笔者认为采用"确定地"的措辞更为合适。

由于《专利审查指南2010》存在"直接地、毫无疑义地确定的内容"的规定以及一些其他原因，导致国家知识产权局的审查员有时会对专利申请人提出的修改采取一种过于严格的限制立场。一些人实际上将允许修改的条件理解为"申请文件中存在的缺陷必须是所属领域的技术人员能够识别出的，而且对其的修改必须是所属领域的技术人员从申请文件整体所能看出的唯一正确的答案"。采用这种观点的结果是：凡是允许修改的缺陷都是实际上不

---

❶ *Guidelines for Examination in the European Patent Office (2012)*，Part H- Chapter IV-1，2，2 An amendment should be regarded as introducing subject-matter which extends beyond the content of the application as filed, and therefore unallowable, if the overall change in the content of the application (whether by way of addition, alteration or excision) results in the skilled person being presented with information which is not directly and unambiguously derivable from that previously presented by the application, even when account is taken of matter which is implicit to a person skilled in the art.

需要修改的缺陷，因为所属领域的技术人员依据整个申请文件已经能够看出正确的答案，即使不改也应无妨；凡是真正需要修改的缺陷，也就是不修改就有可能导致理解偏差的缺陷，都是不允许进行修改的缺陷。不少专利申请人对此立场颇有微词。笔者赞成最高人民法院裁定的有关论述，即：

> 判断对专利申请文件的修改是否超出原说明书和权利要求书记载的范围，不仅应考虑原说明书及其附图和权利要求书以文字或者图形表达的内容，还应考虑所属领域的技术人员综合上述内容后显而易见的内容。在这个过程中，不能仅仅注重前者，对修改前后的文字进行字面对比即轻易得出结论；也不能对后者作机械理解，将所属领域普通技术人员可以直接、明确推导出的内容理解为数理逻辑上唯一确定的内容。

采用这一立场有利于纠正上述过于严格的限制作法，在修改问题上为专利申请人适度松绑。

第三，应当采用何种判断标准？

最高人民法院裁定认为：

> 判断对专利申请文件的修改是否超出原说明书和权利要求书记载的范围，不仅应考虑原说明书及其附图和权利要求书以文字或者图形表达的内容，还应考虑所属领域普通技术人员综合上述内容后显而易见的内容。

大家知道，"显而易见"已经成为判断一项发明创造是否具备创造性的专用术语。当认定一项发明创造与现有技术相比具备创造性，亦即"非显而易见"时，则表明该发明创造已经具有足够的"发明高度"，与所有现有技术相比都存在较大距离。"显而易见"是"非显而易见"的反义词，相对于说明书和权利要求书以文字或者图形方式记载的内容来说"显而易见"的内容既包括与之十分接近、区别较小的内容，也包括与之有一定距离、区别较大的内容。因此，用"显而易见"作为修改是否允许的判断标准可能会导致过于宽松的问题。

欧洲专利局审查指南规定，在判断修改是否允许时，也可以考虑原申请文件中以未予明言的方式向所属领域普通技术人员披露的内容（implicit disclosure）。欧洲专利局审查指南指出：所谓"以未予明言的方式披露的内容"不应超过"清楚并确定"的限度，尽管在判断时应当考虑普通常识（common general knowledge），但是不应囊括相对于该普通常识而言显而

易见的内容。❶

究竟采用何种判断标准更为合适？欧洲专利局审查指南提出了一种观点，即："至少对增补类型（by way of addition）的修改而言，是否允许修改的判断标准通常对应于新颖性的判断标准"。❷众所周知，尽管新颖性的判断比创造性的判断更为严格，但仍然不要求两者雷同，而是允许有必要的灵活性。具体说来，欧洲专利局审查指南上述规定的含义是指可以将原申请文件看作一份现有技术，判断修改后的专利申请文件与之相比是否具备新颖性，如果具备新颖性，则该修改不能允许。欧洲专利局审查指南的这一论述值得我们参考借鉴。

笔者注意到最高人民法院再审裁定和北京市高级人民法院二审判决认定将原权利要求中记载的"半导体存储装置"修改为"存储装置"没有违反《专利法》第三十三条的规定，一个共同的理由就在于该修改"并未引入新的技术内容"。这实际上与欧洲专利局审查指南的上述规定不谋而合。

---

❶ *Guidelines for Examination in the European Patent Office (2012)*，Part H- Chapter IV-1，2.3，Under Art. 123（2），it is impermissible to add to a European application subject-matter which is not directly and unambiguously derivable from the disclosure of the invention as filed，also taking into account any features implicit to a person skilled in the art in what is expressly mentioned in the document. The term "implicit disclosure" means no more than the clear and unambiguous consequence of what is explicitly mentioned in the application as filed. Whilst common general knowledge must be taken into account in deciding what is clearly and unambiguously implied by the explicit disclosure of a document，the question of what may be rendered obvious by that disclosure in the light of common general knowledge is not relevant to the assessment of what the disclosure of that document necessarily implies（T 823/96）.

❷ *Guidelines for Examination in the European Patent Office (2012)*，Part H- Chapter IV-1，2.2，At least where the amendment is by way of addition，the test for its allowability normally corresponds to the test for novelty given in G-VI，2（see T 201/83）.

"食品包装袋"外观设计专利
无效宣告请求案

一、案件提要

当事人

专利权人：陈朝晖

无效请求人：河南省正龙食品有限公司

专利复审委员会无效宣告请求审查决定

决定号：WX第14261号

合议组成员：徐清平、尹春霞、王美芳

决定日：2009年12月8日

北京市第一中级人民法院一审判决

案号：（2010）一中知行初字第1242号

合议庭成员：芮松艳、殷悦、韩涛

结案日期：2011年9月20日

北京市高级人民法院二审判决

案号：（2011）高行终字第1733号

合议庭成员：莎日娜、周波、万迪

结案日期：2012年5月16日

涉及的法律规定

2000年修改的《专利法》第二十三条

判决要旨

1. 确定某一外观设计是否与他人在先取得的合法权利相冲突，首先需要确定某一权利相对于该外观设计而言是否属于《专利法》第二十三条第三款所述的"已经取得的权利"。此时，应以"专利申请日"、而非"授权公告日"为"在先取得"的时间起算点。

2. 合法权利不仅包括法律已明确规定的法定权利，也包括依据法律规定享有并且在涉案专利申请日仍然有效的各种权利和利益。商标申请权能够对注册商标申请人的商标申请注册行为产生实质影响并可以由注册商标申请人在法律允许的范围内自行处分,因而应将其作为合法权利给予保护。由此可知,在确定某一外观设计专利是否与他人在先取得的注册商标专用权相冲突时,应当对该商标的"商标申请权"是否早于该外观设计专利的"专利申请日"进行判断。

3. 只有当外观设计专利授权后的正常使用行为构成侵犯他人在先注册商标专用权的行为时,才可能产生两个权利的冲突,故判断外观设计专利权是否与在先注册商标专用权产生冲突应当依据《商标法》中有关侵犯注册商标专用权行为的规定进行判定。

二、专利复审委员会的无效宣告请求审查决定

该案涉及名称为"食品包装袋"的外观设计专利,其专利号为00333252.7,申请日为2000年10月16日,授权公告日为2001年5月2日,专利权人为陈朝晖(下称"专利权人")。

本案外观设计专利所保护的"食品包装袋"的主视图和后视图如下:

2009年8月4日,河南省正龙食品有限公司(下称"无效请求人")针对本案专利向专利复审委员会提出无效宣告请求,其理由是本案专利与其在先

注册的第1506193号"白象"商标专用权相冲突，因而不符合2000年修改的《专利法》第二十三条的规定。该商标专用权的申请日为1997年12月12日，初审公告日为2000年10月14日，核准注册日为2001年1月14日，注册商标专用权期限至2011年1月13日，核定使用商品为"方便面、挂面、豆沙、谷类制品、面粉、面条、豆粉"。该注册商标专用权于2004年5月10日转让给本案无效请求人，其商标标识如下：

专利复审委员会于2009年12月8日作出无效宣告请求审查决定，维持本案专利有效，其理由在于：第1506193号"白象"商标的核准注册日为2001年1月14日，在本案专利申请日2000年10月16日之后；在判断该商标是否构成在先取得的合法权利时，应当以其核准注册日而非申请日作为判断基准，因此该商标不属于《专利法》第二十三条规定的在先权利。基于上述理由，专利复审委员会认为本案专利与他人在先取得的合法权利相冲突的主张不能成立。

三、北京市第一中级人民法院的一审判决

无效请求人不服专利复审委员会作出的无效宣告请求审查决定，向北京市第一中级人民法院（下称"一审法院"）提起行政诉讼，主张本案专利与其在先取得的注册商标专用权相冲突，故本案专利不符合2000年修改的《专利法》第二十三条的规定。

经审理，一审法院认为：

（1）本案专利的申请日及授权日均在2009年10月1日前，因此本案应适用2000年修改的《专利法》进行审理。

（2）在确定他人的合法权利相对于外观设计专利权而言是否属于"在

先取得"的权利时,应以外观设计专利的"授权公告日"而非"专利申请日"作为判断在先权利的时间标准,即在外观设计专利的"授权公告日"之前已合法产生的权利或者权益即构成该外观设计专利权的在先权利。本案专利的授权公告日为2001年5月2日,无效请求人主张的注册商标专用权的核准注册日为2001年1月14日,早于本案专利的授权公告日,因此本案无效请求人享有该注册商标专用权的时间早于本案专利,该注册商标专用权构成本案专利的在先权利。专利复审委员会作出的无效宣告请求审查决定以专利申请日作为认定在先权利的时间点有误。

(3)只有当外观设计专利授权后的正常使用行为构成侵犯他人在先注册商标专用权的行为时,才可能产生两个权利的冲突,故判断外观设计专利权是否与在先注册商标专用权产生冲突应当依据《商标法》中有关侵犯注册商标专用权行为的规定进行判定。具体到本案,判定如下:

首先,由本案专利的图片可以看出,"白家"字样显著标识于产品左上方,因本案专利的名称为"食品包装袋",而这一标示方式系包装袋上商标的常用标示方式,故相关公众会认为其指代的是该产品的商标,故本案专利图片中"白家"字样的使用属于商标意义上的使用行为。

其次,将本案专利图片中使用的"白家"标识与无效请求人在先注册商标"白象"相比可以看出,二者在文字构成、排列方式以及表达形式上均较为近似,故二者属于近似商标。

再次,虽然本案专利名称为"食品包装袋",但该专利产品在实践中通常会附着于某一特定产品,不会直接向最终消费者销售。鉴于本案专利图片中明确且显著地标有"酸辣粉丝"字样,故本案专利最终使用的商品为酸辣粉丝。这一商品与无效请求人在先注册商标核准使用的商品"方便面、挂面、面条"等在功能、用途以及消费对象、销售渠道等方面均较为相近,故上述商品构成类似商品。

综合考虑上述因素,本案专利的使用会使相关公众误以为该产品来源于无效请求人,从而产生混淆误认,本案专利的使用行为构成了侵犯无效请求人注册商标专用权的行为,因此本案专利与无效请求人的在先注册商标专用权相冲突。

基于上述理由,一审法院认定本案专利不符合2000年修改的《专利法》第二十三条的规定,应被宣告无效,无效请求人的起诉理由成立,本案无效宣告请求审查决定适用法律错误,依法予以撤销,由专利复审委员会重新作出无效宣告审查决定。

四、北京市高级人民法院的二审判决

专利复审委员会不服一审判决，向北京市高级人民法院（下称"二审法院"）提起上诉，请求撤销一审判决，维持本案无效宣告请求审查决定，其理由如下：

（1）一审判决对2000年修改的《专利法》第二十三条适用法律适用错误。该判决关于确定他人合法权利相对于外观设计专利权而言是否属于"在先取得"的权利应以外观设计专利权的"授权公告日"而非"专利申请日"作为判断在先权利的时间标准的观点是错误的。

（2）一审判决撤销本案无效宣告请求审查决定适用法律错误。根据最高人民法院《关于执行中华人民共和国行政诉讼法若干问题的解释》第五十六条的规定，被诉具体行政行为合法但存在合理性问题的，人民法院应当判决驳回原告的诉讼请求。本案中，无效宣告请求审查决定严格依据2000年修改的《专利法》第二十三条的规定和司法惯例认定本案注册商标专用权不属于在先权利。一审判决只是以申请日为时间标准不能防止外观设计专利申请人不正当申请专利，存在合理性问题为由就判决撤销本案无效宣告请求审查决定，违反了上述司法解释的规定，属于适用法律错误。

（3）一审判决认定本案专利与涉案注册商标专用权构成权利冲突超出了本案的审理范围。判断外观设计专利权是否与在先注册的商标专用权相冲突包括两个步骤，即首先判断注册商标专用权是否相对于本案专利权属于在先权利；在此基础上才进而判断本案专利的实施是否构成侵犯注册商标专用权的行为。本案无效宣告请求审查决定仅对第一个步骤进行了审查，认为该注册商标专用权不属于在先权利，据此维持本案专利权有效。本案专利权是否与该商标专用权相冲突并不属于本案无效宣告请求审查决定的审查范围。一审法院在开庭审理时也只是对本案无效宣告请求审查决定涉及的有关事实和适用法律进行了审理，对本案专利的实施是否会构成侵犯涉案注册商标专用权的行为，从而构成冲突的问题，一审法院没有听取专利复审委员会和第三人的意见陈述就径行作出判决，明显超出了原先的审理范围，违反了法定程序，影响了案件的正确裁判。

本案无效请求人服从一审判决结论，但答辩称：

（1）申请权应当属于"在先取得的合法权利"，因为在先申请权同样具有实质性权利，同样是在先取得的合法权利。仅以授权日确定"在先取得的合法权利"于法不符，有悖公平。

（2）依照本案无效宣告请求审查决定，专利能以申请日确认其享有的在先权利，而商标却只能以注册日确认其享有的在先权利，商标申请无任何实质权利，其结果明显不对等，是对法律的错误理解和错误适用。

（3）本案无效宣告请求审查决定在实践中将带来十分有害甚至恶劣的后果，为专事不正当竞争者提供可乘之机。

经审理，二审法院认为：

（1）一审判决关于选择适用新旧法律的意见正确，本案应当适用2000年修改的《专利法》第二十三条的规定。

（2）从2000年修改的《专利法》的体系化规定来看，第四十二条规定："发明专利权的期限为20年，实用新型专利权和外观设计专利权的期限为10年，均自申请日起计算。"即获得授权的外观设计专利权的有效期是自其申请日起计算的10年，而非自授权公告日起算。从《专利法》条文演进过程来看，2008年修改的《专利法》第二十三条第三款规定："授予专利权的外观设计不得与他人在申请日以前已经取得的合法权利相冲突。"即2008年修改的《专利法》已将"在先取得"明确为"在申请日以前已经取得"。从现行相关规定来看，《专利审查指南2010》第四部分第五章7规定："一项外观设计专利权被认定与他人在申请日（有优先权的，指优先权日）之前已经取得的合法权利相冲突的，应当宣告该项外观设计专利权无效。"从修改前后《专利法》立法资料文献看，相关法律草案的起草机关对"在先取得"的时间起算点也均持"专利申请日"的观点。因此，应当以"专利申请日"为"在先取得"的时间起算点，一审判决关于应以外观设计专利权的"授权公告日"而非"专利申请日"作为判断在先权利的时间标准的观点错误，故予以纠正。具体就本案而言，由于本案专利的申请日为2000年10月16日，故本案专利是否违反《专利法》第二十三条的规定，构成与他人在先取得的合法权利相冲突的情形，关键在于确定本案专利是否与他人在2000年10月16日之前取得的合法权利相冲突。

（3）最高人民法院《关于审理专利纠纷案件适用法律问题的若干规定》第十六条规定："专利法第二十三条所称的在先取得的合法权利包括：商标权、著作权、企业名称权、肖像权、知名商品特有包装或者装潢使用权等。"现行法律、司法解释并未将《专利法》第二十三条所称的"合法权利"限定为法律已明确规定的法定权利，而将其他法律上的合法权益排除在外。故《专利法》第二十三条中所称"合法权利"包括依照法律法规享有并在涉案专利申请日仍然有效的各种权利或者利益。

就注册商标申请方面的相关权益而言，在"商标权"之外还存在"与商标评审有关的权利"。结合《商标法》第二十九条的规定，注册商标申请方面的相关权益或者说商标申请权包含在"与商标评审有关的权利"之中，能够对注册商标申请人的商标申请注册行为产生实质影响并可以由注册商标申请人在法律允许的范围内自行处分，因而应当作为《专利法》第二十三条所述的"合法权利"给予保护。

鉴于本案无效请求人主张的在先取得的合法权利的重点为其基于商标在先申请而享有的商标申请权，故审查本案专利是否违反《专利法》第二十三条的规定应当对无效请求人主张的商标申请权是否早于本案专利申请日进行判断，并在此基础上判断本案专利是否与该商标申请权相冲突。二审法院查明本案无效请求人的涉案注册商标的申请日为1997年12月12日，早于本案专利的申请日2000年10月16日，因此本案无效请求人基于涉案注册商标而享有的商标申请权构成《专利法》第二十三条规定的"在先取得的合法权利"。

（4）本案专利是否违反《专利法》第二十三条的规定，与该在先取得的合法权利相冲突，属于专利复审委员会应当审查的范围。本案无效宣告请求审查决定将在先合法权利的范围仅仅局限于注册商标专用权，未将商标申请权纳入在先合法权利的范围，遗漏了本案无效请求人的重要请求内容，违反了《专利法》第四十六条关于"专利复审委员会对宣告专利权无效的请求应当及时审查和作出决定，并通知请求人和专利权人"的规定，依法应予撤销，由专利复审委员会在重新作出决定时对本案专利与无效请求人在先获得的商标申请权是否冲突加以认定，人民法院在行政机关未对此作出具体行政行为之前不宜在本案行政诉讼中直接作出认定。

（5）最高人民法院《关于执行行政诉讼法若干问题的解释》第五十六条第（二）项规定，被诉具体行政行为合法但存在合理性问题的，人民法院应当判决驳回原告的诉讼请求。然而在本案中，专利复审委员会未将无效请求人主张的注册商标申请权纳入在先权利的范围，错误地将在先取得的合法权利局限于注册商标专用权，违反了《专利法》第四十六条的相关规定，故专利复审委员会关于一审判决违反上述司法解释规定的上诉理由亦不能成立，故不予支持。

（6）在本案无效宣告请求审查决定对本案专利与涉案注册商标专用权是否构成权利冲突未予认定的情况下，一审判决在行政诉讼中直接加以认定的做法确有不妥，应予纠正；专利复审委员会的该项上诉理由成立，应予支持。

基于上述理由，二审法院认定一审判决在事实认定和法律适用方面均存在错误，但判决结果正确，故在纠正一审判决相关错误的基础上对其结论予以维持；专利复审委员会的部分上诉理由成立，但其上诉请求缺乏事实和法律依据，故对其上诉请求不予支持。据此，二审法院判决维持一审判决。

五、评析

北京市中级人民法院和北京市高级人民法院本案判决对适用现行《专利法》第二十三条第三款的规定具有重要意义,体现在如下两个方面。

(一)关于判断权利冲突的时间基点

2000年修改前的《专利法》第二十三条规定:

授予专利权的外观设计不得与他人在先取得的合法权利相冲突。

由于该法律条文采用了"在先取得"的措辞,因此在适用该规定时不可避免地会遇到如何确定有关时间基点的问题,其中涉及两方面的时间基点:一是外观设计专利的时间基点;二是他人取得在先权利的时间基点。2000年修改的《专利法》第二十三条对两者均未作出明确规定,因此必然会带来适用法律上的不确定因素。

2008年修改的《专利法》第二十三条第三款将原先的条文修改为:

授予专利权的外观设计不得与他人在申请日之前已经取得的合法权利相冲突。

修改后的条文部分地消除了上述不确定因素,表明在适用该款规定时,对一项外观设计专利而言,判断的时间基点应当是该专利的"申请日"。然而,对他人的相关合法权利而言,判断的时间基点仍不十分明确。一种观点认为,"在申请日之前已经取得的合法权利"表明所述合法权利应当是指在外观设计专利的申请日之前已经获得或者成立的权利。因此,《专利审查指南》第四部分第五章7规定:

在申请日以前已经取得(以下简称在先取得),是指在先合法权利的取得日在涉案专利申请日之前。

依照《立法法》第八十四条的规定,最高人民法院和国家知识产权局分别制定了施行2008年修改的《专利法》的过渡办法。目前,无论是专利复审委员会还是全国各地的法院,在审理专利纠纷案件时首先要确定的问题就是应当适用2008年修改前的《专利法》还是适用2008年修改后的《专利法》。一审法院和二审法院均认定审理本案应当适用修改前的《专利法》第二十三条的规定,对此没有意见分歧,然而对时间基点的认定却存在不同观点。

一审判决认为:

在判断他人的合法权利相对于外观设计专利权而言是否属于"在先取得"的权利时,应以外观设计专利权的"授权公告日"而非"专利申请日"作为判断在先权利的时间基点。

二审判决指出：

> 从修改前后《专利法》立法资料文献看，相关法律草案的起草机关对"在先取得"的时间起算点持"专利申请日"的观点，故应以"专利申请日"为"在先取得"的时间起算点。原审判决关于应以外观设计专利权的"授权公告日"而非"专利申请日"作为判断在先权利的时间标准的观点错误，本院予以纠正。

两者相比，笔者认为二审判决的结论是正确的，因为查阅修改《专利法》的立法记录可以知道，2008年修改《专利法》时之所以对第二十三条的规定作出调整，其目的在于澄清原规定存在的不确定因素，而并非要改变原规定的含义。如果采用一审判决的观点，就会使涉及权利冲突纠纷的司法裁判在适用2008年修改前后的《专利法》时产生明显不同，形成两种截然不同的判断标准，其结果将不利于修改前后的《专利法》的平稳衔接。

（二）关于"在先权利"的类型和范围

修改前后的《专利法》第二十三条均没有表明"他人在先取得的合法权利"以及"他人在申请日之前已经取得的合法权利"究竟包含哪些权利。对此，2001年颁布的最高人民法院《关于审理专利纠纷案件适用法律问题的若干规定》第十六条规定：

> **专利法第二十三条所称的在先取得的合法权利包括：商标权、著作权、企业名称权、肖像权、知名商品特有包装或者装潢使用权等。**

在上述规定列举的权利中，有些权利需要经国家有关主管部门审查批准后才能取得，例如商标权；有些权利不需要国家有关主管部门审查批准就能取得，例如著作权、肖像权等。在涉及权利冲突的纠纷案件中，判断外观设计专利是否与这两种不同类型的在先权利相冲突的方式应有所不同。最高人民法院司法解释上述规定最后以"等"字结尾，表明其所列权利仅为例举而非穷举，不排除外观设计专利还存在与未列出的其他合法权利产生权利冲突的可能。

二审判决认为，《专利法》第二十三条所述在先合法权利包括依照法律法规享有并且在涉案专利申请日仍然有效的各种权利，其中包括商标申请权，其理由是商标申请权能够对注册商标申请人的商标注册行为产生实质影响，并可以由注册商标申请人在法律允许的范围内自行处分，因此应当作为《专利法》第二十三条中所述的"合法权利"给予保护。这是该判决中十分引人注目的论述，因为其结果扩大了最高人民法院司法解释列举的范围，使之不但包括商标权还包括商标申请权。采取这种立场能够更好地防止不同权利之间出现权利冲突问题，更为彻底地杜绝在后申请外观设计专利的人蓄意损害在先注册商标的权利人合法利益的不良现象。

由于商标权需要经国家主管部门审查批准才能取得，任何商标权的取得都有一个从提出申请到获得注册的过程，也就是权利人首先取得的是商标申请权，其商标申请随后经审查被认定符合《商标法》规定的才能取得商标权。一个值得讨论的问题在于：就商标而言，能够对在后外观设计专利权的有效性产生影响的应当是商标权还是商标申请权？

以不符合现行《专利法》第二十三条第三款规定为由宣告一项外观设计专利权无效应当满足两个条件：一是在先合法权利在外观设计专利的申请日之前已经取得；二是被授予的外观设计专利权存在与在先合法权利产生权利相冲突的可能性。对于商标申请权而言，只要商标申请日早于外观设计专利的申请日，上述第一个条件自然已经满足；然而上述第二个条件是否也能满足则有必要进行讨论。

如一审判决所述：

> 只有外观设计专利授权后的正常使用行为将会侵犯他人在先的注册商标专用权时，才可能产生该两种权利的冲突，故判断外观设计专利权是否与在先注册商标专用权产生冲突应依据商标法中有关侵犯注册商标专用权行为的相应规定予以判定。

类似地，《专利审查指南2010》第四部分第五章7规定：

相冲突，是指未经权利人许可，外观设计专利使用了在先合法权利的客体，从而导致专利权的实施将会损害在先权利人的相关合法权利或者权益。

商标申请权的权利内容主要体现为：第一，依照原《商标法》第二十九条的规定，在先提出商标注册申请的人享有一种优先地位，可以对抗在后就用于同一或者类似商品的相同或者近似商标提出商标注册申请的人；第二，申请人享有处分其商标注册申请的权利，例如转让其申请、放弃其申请等。使用或者实施在后授予的外观设计专利的行为不大可能妨碍商标注册申请人行使其上述权利，因而也就难以认定与商标申请权相冲突。

一审判决认定本案外观设计专利与无效请求人在先注册的商标专用权相冲突，其理由在于：

> 本案专利的使用会使相关公众误以为其产品来源于无效请求人，从而产生混淆误认，本案专利的使用行为构成对无效请求人注册商标专用权的侵犯。

依照原《商标法》第五十条和第五十二条的规定，侵犯注册商标专用权的行为只能针对已经注册的商标而言，不可能针对商标注册申请而言。

归纳起来：

第一，商标权作为在先权利的时间基点应当是其商标申请日，而不是商标注册公告日。尽管权利人在商标申请日取得的权利还只是商标申请权而非商标权，但商标申请的提出已经表明权利人对其商标提出了获得商标权的主张，只要其申请日早于外观设计专利的申请日，就应当在权利冲突纷纷中占据有利地位。《专利法》第二十三条已经明确规定外观设计专利权在产生权利冲突纠纷时的时间判断基点为其申请日而非授权公告日。注册商标专用权和外观设计专利权都属于需要经国家主管部门审查批准才能取得权利，在适用关于权利冲突的法律规定时应当采取一致的立场。如果以申请日作为时间基点，则两者均应以申请日为准；如果以授权公告日作为事件基点，则两者均应当以授权公告日为准，否则就会产生不尽合理的结果。

第二，以被授予的外观设计专利与在先商标权相冲突为理由请求宣告该外观设计专利无效时，无效请求人所依据的在先合法权利应当是已经注册并保持有效的商标权，而不是仍然保留在未获注册状态、前途未卜的商标申请权。换言之，如果在先权利尚处于提出商标申请的阶段，即使商标申请人认为被授予的外观设计专利权有可能与其即将获得的商标权相冲突，也只能等到获得注册之后才能提出请求宣告外观设计专利无效的请求。

"快进慢出型弹性阻尼体缓冲器"实用新型专利无效宣告请求案

一、案件提要

当事人

专利权人：北京市捷瑞特阻尼体技术研究中心

无效宣告请求人：北京市金自天和缓冲技术有限公司

专利复审委员会无效宣告请求审查决定

决定号：WX第14603号

合议组成员：张琪、关山松、郭晓立

决定日：2010年3月18日

北京市第一中级人民法院一审判决

案号：（2010）一中知行初字第2005号

合议庭成员：邢军、张晰昕、汪妍瑜

结案日期：2010年12月17日

北京市高级人民法院二审判决

案号：（2011）高行终字第213号

合议庭成员：刘辉、岑宏宇、石必胜

结案日期：2011年9月28日

最高人民法院再审裁定

案号：（2012）知行字第3号

合议庭成员：王永昌、宋淑华、李剑

结案日期：2012年4月20日

涉及的法律规定

《专利法》第二十二条第三款

判决要旨

引用对比文件判断发明或者实用新型的新颖性和创造性等时，应当以对比文件公开的技术内容为准；该技术内容不仅包括明确记载在对比文件中的内容，而且包括对于所属技术领域的技术人员来说，隐含的且可直接地、毫无疑义地确定的技术内容。但是，不得随意将对比文件的内容扩大或缩小。

二、涉案专利介绍

本案涉及名称为"快进慢出型弹性阻尼体缓冲器"的第01274761.0号实用新型专利，其申请日为2001年12月28日，授权公告日为2002年12月18日，专利权人为北京市捷瑞阻尼技术研究中心（下称"专利权人"）。

本案专利涉及一种活塞式正反行程不同阻尼值的缓冲器。

如本案专利说明书所述：当前用于一般工业生产线上或者机械中的缓冲装置大多采用气动式、空气油液式、液压式、全油液式等，其用途在于吸收机械件的冲击能量，以保护设备和降低噪音。选择何种形式的缓冲器取决于吸收能量的大小、行程的大小、机械的结构形式等因素。现有的缓冲器存在结构比较复杂，使用、安装和维修均不方便，容易损坏等问题。当前工业发展讲究产品的质量、可靠性、使用寿命以及维修方便性，因而有必要改进现有缓冲装置。

本案专利的目的是提供一种快进慢出型阻尼体缓冲器，当受到冲击载荷时，该缓冲器能够迅速吸收大部分冲击能量，有效保护设备；然后该缓冲器缓慢稳定地回复，以避免弹跳、保护设备并降低噪音。

如附图1所示，该快进慢出型阻尼体缓冲器主要由套筒座1、承撞头2、活塞3、弹性阻尼体4和密封装置5组成。其中，承撞头2的内腔22中装入弹性阻尼体4，活塞3与活塞杆31相连接，装入承撞头2的内腔22之中，将缸盖21与承撞头2连接成一整体，沿活塞3圆周部位设置有单向限流装置32，压缩行程时该单向限流装置32打开，回复行程时该单向限流装置关闭，活塞3的外径与内腔22之间留有间隙。弹性阻尼体4为单一的具有高粘性、特殊化学惰性、良好热稳定性、可压缩的半流体高分子材料。

如附图2所示，当上述缓冲器受到外部冲击载荷F时，承撞头2在冲击载荷F的方向产生移动，内腔22内填充的弹性阻尼体4受到压缩（压缩行程或者正行程），部分弹性阻尼体4通过活塞3上的单向限流装置32单向打开的孔径以及内腔22与活塞3外径之间的间隙由B区流向A区，在活塞3相对于内腔22相对运动时弹性阻尼体4吸收了大部分冲击能量，同时由于在正行程中B区的弹性阻尼体受到压缩而产生动态力。外部撞击停止之后，承撞头2开始回复（回复行程或者反行程），此时在动态力的作用下关闭了单行限流装置的孔径，弹性阻尼体只能通过内腔22与活塞3外径之间的间隙缓慢从A区流向B区，使承撞头2慢慢地回复到原始状态。

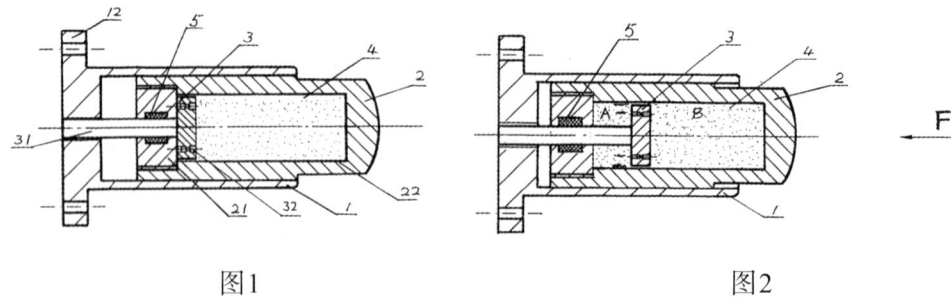

图1　　　　　　　　　　　　图2

本案专利权利要求书如下：

1. 一种快进慢出型阻尼体缓冲器，主要由套筒座（1）、承撞头（2）、活塞（3）、弹性阻尼体（4）和密封装置（5）组成。其中，承撞头（2）的内腔（22）中装入弹性阻尼体（4），活塞（3）与活塞杆（31）相连接，装入承撞头（2）的内腔（22）之中，将缸盖（21）与承撞头（2）连接成一整体，沿活塞（3）圆周部位设置有单向限流装置（32），压缩行程时该单向限流装置（32）打开，回复行程时该单向限流装置关闭，活塞（3）的外径与内腔（22）之间留有间隙。

2. 根据权利要求1所述的快进慢出型阻尼体缓冲器，其特征在于：弹性阻尼体（4）为高粘性、可压缩半流体高分子材料。

3. 根据权利要求1所述的快进慢出型阻尼体缓冲器，其特征在于：套筒座（1）的安装方式根据安装场合的不同有多种形式，其中常用的有法兰安装方式（12）和螺纹安装方式（11）。

三、专利复审委员会的无效宣告请求审查决定

针对本案专利，北京市金自天和缓冲技术有限责任公司（下称"无效请求人"）于2009年11月12日向专利复审委员会提出无效宣告请求，请求宣告该实用新型专利的权利要求1-3全部无效，

无效请求人提供了如下证据：

证据1为2001年1月20日出版的《国外铁道车辆》2000年第1期登载的"俄罗斯货车用弹性胶泥缓冲器的研究"一文；

证据2为授权公告号为CN2239532Y的中国实用新型专利说明书，其公告日期为1996年11月6日；

证据3为公告号为2048913U的中国实用新型申请说明书，其公告日为1989年12月6日；

证据4为上述案实用新型的专利检索报告以及该案专利权人针对该检索报告的意见陈述书。

无效请求人认为，本案专利权利要求1-3相对于证据1与证据2的结合或者证据1与证据3的结合或者证据1与公知常识的结合不具备《专利法》第二十三条第三款规定的创造性。

专利复审委员会作出本案无效宣告请求审查决定的理由如下：

证据1公开了一种带单向阀的弹性胶泥缓冲器，具有套筒座、壳体（位于缓冲器端部，为冲击承受部件，相当于本案专利的承撞头）、活塞、弹性胶泥和密封圈，壳体和内腔中装入弹性胶泥，活塞与活塞杆相连接，装入壳体的空腔中，将缸盖与壳体连成一个整体，活塞外径与内腔之间留有间隙。另外，尽管证据1没有明确记载其弹性胶泥缓冲器的单向阀的设置位置，但是该证据记载："带单向阀的缓冲器和带高压室的缓冲器结构方案的主要区别是活塞压缩后返回初始位置的原理不同。在第一种方案（图1（a））采用单向阀，第二种方案（图1（b））采用预设高压室。"证据1还记载："研制的加料设备可给缓冲器填装弹性胶泥材料，使其达到预定的初始压力。"本领域技术人员根据证据1记载的上述内容和本领域的常识能推断出：图1（b）所示缓冲器回程依靠高压室，高压室的作用是增加因承受撞头受撞击使得活塞杆进入弹性胶泥腔内通过压缩弹性胶泥而产生的反力，该反力使得活塞回程；图1（a）所示缓冲器回程依靠单向阀，其单向阀的设置位置与活塞杆进程依靠的活塞外径与内腔之间留有的间隙位置相应，也就是安装在活塞圆周部位上，活塞杆压缩时单向阀关闭，活塞杆回程时单向阀打开，以促进弹性胶泥的流动。也就是说，证据1隐含公开了沿活塞圆周部位设置单向限流装置的技术特征。

权利要求1所要求保护的技术方案与证据1公开的技术内容相比的区别在于：压缩行程时单向限流装置打开，回复行程时单向限流装置关闭，其所要实际解决的技术问题是通过单向限流装置与在活塞外径与内腔之间留有的间隙相配合，实现缓冲器的快进慢出。合议组认为，证据1中公开的缓冲器是慢进快出型缓冲器，而当设计例如用于高温工况的缓冲器时，本领域的技术人员都知道，高温工况下的弹性胶泥缓冲器在压缩之后的回程过程中，高温膨胀会使反力急剧增大，容易损坏装置和缓冲器本体，因此本领域技术人员容易想到将单向限流装置反装，即进程打开，回程关闭，使活塞上的限流装置配合活塞外径与内腔之间留有的间隙实现缓冲器的快进慢出,从而有效保护设备及缓冲器,解决高温膨胀使反力急剧增大的问题。本领域技术人员无需创造性劳动就能想到为解决该技术问题而采用上述技术手段。

综上所述,在证据1的基础上结合本技术人员的常规设计,提出权利要求1所要求保护的技术方案对于本领域技术人员来说是显而易见的,因此权利要求1所要求保护的技术方案不具备实质性特点和进步,因而不具备创造性。

从属权利要求2的附加技术特征是将阻尼体进一步限定为"高粘性、可压缩半流体高分子材料"。证据1记载了弹性胶泥缓冲器的特性为"高粘性、体积可压缩的流体",胶泥实际上就是高粘性、可压缩的半流体高分子材料,因此选择具有高粘性并可压缩的半流体高分子材料作为弹性阻尼体对于本领域技术人员而言的显而易见的,无需付出创造性劳动,因此在认定权利要求1不具备创造性的情况下,同样应当认定从属权利要求2也不具备创造性。

从属权利要求3的附加技术特征是对套筒座的安装方式进行了限定,然而套筒座无论是法兰安装还是螺纹安装,都是本领域技术人员的常规设计,并未取得意料不到的技术效果,因此在认定权利要求1不具备创造性的情况下,同样应当认定权利要求3也不具备创造性。

基于上述理由,专利复审委员会作出了本案专利全部无效的无效宣告请求审查决定。

四、北京市第一中级人民法院一审判决

本案专利权人不服本案无效宣告请求审查决定,向北京市第一中级人民法院(下称"一审法院")提起行政诉讼,其主要理由是:

(1)无效宣告请求审查决定认定证据1"隐含公开了沿活塞圆周部位设置有单向限流装置"的技术特征没有事实依据。证据1公开的技术方案是在弹性胶泥缓冲器的壳体上设置单向阀,其作用是填充弹性胶泥,并为壳体内的弹性胶泥预置压力。通过证据1的图1(a)可知,其公开的带单向阀缓冲器的活塞杆回程是依靠"活塞外径与内腔之间留有的间隙",因此无效宣告请求决定关于依靠单向阀使活塞杆回程的推断是错误的。

(2)本案专利权利要求1与证据1的区别是:第一,本案专利的单向限流装置设置在"沿活塞圆周部位",而证据1的单向阀位于壳体上;第二,本案专利限定了"压缩行程时单向限流装置打开、回复行程时单向限流装置关闭",而证据1并未公开此特征;第三,本案专利的缓冲器具有"承撞

头"，而证据1披露的缓冲器仅有"壳体"。上述区别特征在证据1中均未公开，也非本领域技术人员的公知常识，因此权利要求1的技术方案具有创造性。

专利复审委员会基请求法院维持其作出的无效宣告请求审查决定，主要理由是：

（1）认定证据1隐含公开了"沿沿活塞圆周部位设置有单向限流装置"有事实依据，具体参见无效宣告请求审查决定中的论述。

（2）权利要求1与证据1的区别仅在于"压缩行程时单向限流装置打开、回复行程时单向限流装置关闭"，但该技术特征是本领域技术人员基于证据1和所要解决的技术问题容易想到的，故权利要求1保护的技术方案不具有创造性。

一审法院指出，本案的争议焦点是权利要求1所要求保护的技术方案是否具有创造性，其作出一审判决的理由是：

《专利法》第二十二条第三款规定："创造性是指同申请日以前已有的技术相比，该发明有突出的实质性特点和显著的进步，该实用新型具有实质性特点和进步。"

《审查指南》第二部分第三章第2.3节规定："引用对比文件判断发明或者实用新型的新颖性和创造性等时，应当以对比文件公开的技术内容为准。该技术内容不仅包括明确记载在对比文件中的内容，而且包括对于所属技术领域的技术人员来说，隐含的且可直接地、毫无疑义地确定的技术内容。但是，不得随意将对比文件的内容扩大或缩小。另外，对比文件中包括附图的，也可以引用附图。审查员在引用附图时必须注意，只有能够从附图中直接地、毫无疑义地确定的技术特征才属于公开的内容，由附图中推测的内容，或者无文字说明、仅仅是从附图中测量得出的尺寸及其关系，不应当作为已公开的内容。"

证据1的附图1（a）没有表明单向阀的具体形状和位置，无效宣告请求审查决定对此也予以认可，本院对此予以确认。根据上述规定，本案专利采用的单向阀的形状和位置不能够从证据1附图中直接地、毫无疑义地确定。证据1的文字部分仅仅提到图1（a）所示为带单向阀的缓冲器，也没有描述单向阀的形状和位置的文字说明。本案无效宣告请求审查决定认定证据1隐含公开了沿活塞圆周部位设置有单向限流装置的技术特征，该结论系从证据1附图中推测得出，缺乏事实依据，且与《审查指南》相关规定相悖。

基于上述理由，一审法院认为专利复审委员会作出的无效宣告请求审查决定主要证据不足，应依法予以撤销。

五、北京市高级人民法院二审判决

专利复审委员会不服一审判决,向北京市高级人民法院(下称"二审法院")提起上诉,请求撤销一审判决,维持专利复审委员会作出的无效宣告请求审查决定,其理由是本领域技术人员基于证据1中记载的内容和所掌握的知识,能够推断出证据1隐含公开了沿活塞圆周部位设置有单向限流装置的技术特征。

本案无效请求人也向北京市高级人民法院提起上诉,请求撤销一审判决,维持专利复审委员会作出的无效宣告请求审查决定,其理由是本领域技术人员在阅读证据1后能够直接、毫无疑义地得出证据1的附图1(a)披露了单向阀设置在活塞周围的技术方案。

二审法院作出二审判决的理由是:

《审查指南》第二部分第三章第2.3节规定,"引用对比文件判断发明或者实用新型的新颖性和创造性等时,应当以对比文件公开的技术内容为准;该技术内容不仅包括明确记载在对比文件中的内容,而且包括对于所属技术领域的技术人员来说,隐含的且可直接地、毫无疑义地确定的技术内容。但是,不得随意将对比文件的内容扩大或缩小。另外,对比文件中包括附图的,也可以引用附图。审查员在引用附图时必须注意,只有能够从附图中直接地、毫无疑义地确定的技术特征才属于公开的内容,由附图中推测的内容,或者无文字说明、仅仅是从附图中测量得出的尺寸及其关系,不应当作为已公开的内容。"

证据1的图1(a)没有表明单向阀的具体形状和位置,本案专利权利要求1中关于单向阀安装位置的技术特征不能够从证据1的图1(a)中直接地、毫无疑义地确定,而证据1的文字部分仅仅提及图1(a)所示为带单向阀的缓冲器,没有说明此处的单向阀是否与本案专利所采用的单向阀具有相同的安装位置和作用,因此无效宣告请求审查决定认定证据1隐含公开了沿活塞圆周部位设置有单向限流装置缺乏事实依据,一审判决认定本案无效宣告请求审查决定主要证据不足应予撤销,并无不当。

基于上述理由,二审法院认定上诉理由不成立,对上诉请求不予支持;一审判决认定事实清楚,适用法律正确,故判决驳回上诉,维持一审判决。

六、最高人民法院的行政裁定

专利复审委员会不服北京市高级人民法院的二审判决,向最高人民法院提出再审申请。

专利复审委员会申请再审称：本案无效宣告请求审查决定认定"证据1隐含公开了沿活塞圆周部位设置有单向限流装置"，并非仅仅基于证据1图1（a）所示内容以及文字部分记载的"图1（a）所示为带单向阀的缓冲器"作出的，而是结合证据1中相关的文字内容，即"两种（带单向阀的缓冲器和带高压室的缓冲器）缓冲器结构方案的主要区别在于活塞杆压缩后返回到初始位置的原理不同。第一种结构方案中（图1a）为此采用单向阀；第二种结构方案中（图1b）为此预设高压室"以及"研制的加料设备可给缓冲器填装弹性胶泥材料，使其达到给定的初始压力"作出的，二审判决仅仅考虑了无效宣告请求审查决定中引用的证据1的文字内容，就认定该审查决定关于证据1"隐含公开了沿活塞圆周部位设置有单向限流装置的技术特征"缺乏事实依据，显然是不妥的。实际上，弹性胶泥缓冲器在装配时均需通过设置在缓冲器壁上的单向阀以及相应的加料设备来预先填装具有一定初始压力的弹性胶泥材料。证据1图1（a）和图1（b）所示的两种不同的弹性胶泥缓冲器中均存在用来填装弹性胶泥所需的单向阀。因此，证据1图1（a）的缓冲器中为了使活塞杆压缩后返回到初始位置而专门设置的单向阀显然不是设置在缓冲器壁上用于填充弹性胶泥的单向阀，而是另外设置的单向阀。本领域技术人员根据证据1公开的内容可以直接地、毫无异议地确定证据1图1（a）中的单向阀只能设置在活塞上，即证据1隐含公开了"沿活塞圆周部位设置有单向限流装置"这一技术特征。在一审和二审期间，本案专利权人均主张证据1中记载的"使活塞杆压缩后返回到初始位置"过程中起作用的单向阀就是设置在缓冲器壁上的用来预先填充弹性胶泥的单向阀，一审法院和二审法院均认可了上述观点，并据此撤销了专利复审委员会作出的无效宣告请求审查决定，但专利权人的这一观点是不正确的。据此，专利复审委员会请求最高人民法院撤销二审判决，维持本案无效宣告请求审查决定。

本案专利权人陈述意见称：证据1图1（a）缓冲器结构方案中的单向阀是设置在缓冲器壳体上的，其作用是给壳体内的弹性胶泥充压，使其达到给定的初始压力。专利权人补充提交的弹性胶泥缓冲器实物证明，在壳体上设置单向阀是本技术领域的惯用技术；《城市轨道车用弹性胶泥缓冲器及其应用》一文所载的图1中的充料阀即为单向阀，位置正在壳体上。本案专利权利要求1中记载的单向阀设置在"沿活塞圆周部位"，作用是实现活塞杆的"快进慢出"。因此，权利要求1中记载的单向阀与证据1公开的单向阀相比，位置、作用均不相同，专利复审委员会关于证据1"隐含公开了沿活塞圆周部位设置有单向限流装置"的认定是错误的。

最高人民法院认为，本案争议的焦点问题在于证据1是否公开了本案专利权利要求1中记载的技术特征"沿活塞圆周部位设置有单向限流装置"，这涉及本案专利的创造性评判问题。

围绕这一问题，最高人民法院行政裁决的理由是：

《专利审查指南2010》第二部分第三章第2.3节规定，引用对比文件判断发明或者实用新型的新颖性和创造性等时，应当以对比文件公开的技术内容为准；该技术内容不仅包括明确记载在对比文件中的内容，而且包括对于所属技术领域的技术人员来说，隐含的且可直接地、毫无疑义地确定的技术内容。但是，不得随意将对比文件的内容扩大或缩小。

本案专利涉及一种快进慢出型弹性阻尼体缓冲器，根据权利要求书和说明书的记载，单向限流装置（即单向阀）的作用在于调节缓冲器内腔内填充的弹性阻尼体的流量。在压缩行程（正行程）时，由于单向阀打开，阻尼体的流量增大，从而减小阻尼；在回复行程（反行程）时，由于单向阀关闭，阻尼体的流量减小，从而增大阻尼，通过单向阀的这种调节作用实现承撞头的快进慢出，达到保护设备和降低噪音的目的。

证据1公开了一种带单向阀的弹性胶泥缓冲器，其图1（a）没有公开单向阀的具体形状和设置位置，其文字部分的表述内容是："图1（a）所示为带单向阀的方案。两种缓冲器结构方案的主要区别是，活塞杆压缩后返回到初始位置的原理不同。第一种结构方案中（图1a）为此采用单向阀；第二种结构方案中（图1b）为此预设高压室。""研制的加料设备可给缓冲器填装弹性胶泥材料，使其达到给定的初始压力。"由此可见，在证据1公开的技术方案中，单向阀的作用是使压缩后的活塞杆返回到初始位置。

由于证据1中单向阀的作用不同于本案专利权利要求1中单向限流装置的作用，故本案专利权利要求1中记载的"沿活塞圆周部位设置有单向限流装置"这一技术特征并不能从证据1中直接地、毫无异议地确定。专利复审委员会在其决定中认定证据1隐含公开了沿活塞圆周部位设置有单向限流装置的技术特征没有事实依据，一审法院据此判决撤销该无效宣告请求审查决定，并要求专利复审委员会重新作出决定；二审法院判决予以维持，是正确的。

基于上述分析，最高人民法院认定专利复审委员会的再审申请不符合有关法律规定的再审条件，故裁定驳回国家知识产权局专利复审委员会的再审申请。

七、评析

在本案中，专利复审委员会作出的无效宣告请求审查决定认为证据1隐含公开了权利要求1中记载的"沿活塞圆周部位设置单向限流装置"这一技术特征。这一认定是否正确成为一审、二审和再审程序中争议的核心问题。

《专利审查指南2010》第二部分第三章第2.3节规定

> **对比文件是客观存在的技术资料。引用对比文件判断发明或者实用新型的新颖性和创造性等时，应当以对比文件公开的技术内容为准；该技术内容不仅包括明确记载在对比文件中的内容，而且包括对于所属技术领域的技术人员来说，隐含的且可直接地、毫无疑义地确定的技术内容。但是，不得随意将对比文件的内容扩大或缩小。**

众所周知，新颖性和创造性的判断不能仅凭判断者的主观臆断，而是必须建立在对权利要求所要求保护的技术方案与现有技术进行对比的基础之上。无论在实质审查程序中还是在专利权无效宣告程序中，证明存在相关现有技术最为常见的方式都是举证相关对比文件。如何确定一份对比文件披露了哪些内容，对新颖性和创造性的判断有重要影响。《专利审查指南2010》的上述规定表明，一份对比文件披露的内容不仅包括已经明确记载在该对比文件中的技术内容，还包括其隐含的对所属领域的技术人员来说可以直接地、毫无疑问地确定的技术内容。

需要指出的是，对比文件隐含的"对所属领域的技术人员来说可以直接地、毫无疑问地确定的技术内容"应当属于该对比文件已经披露的技术内容，其含义在于：如果一份对比文件已经明确记载的技术内容以及其隐含的对所属领域的技术人员来说可以直接地、毫无疑问地确定的技术内容合在一起覆盖了权利要求记载的全部技术特征，就可以得出该权利要求与该对比文件相比不具备新颖性的结论；如果没有覆盖权利要求记载的全部技术特征，可以将该对比文件所公开的技术内容（包括其明确记载的技术内容以及其隐含的对所属领域的技术人员来说可以直接地、毫无疑问地确定的技术内容）与其他对比文件相结合，进一步评判该权利要求的创造性。

应当注意不要对这里所说的"一份对比文件隐含的技术内容"与"公知常识"产生混淆，后者一般只用于创造性的判断，也就是当权利要求记载的技术方案与一份对比文件相比存在区别，判断者认定该区别属于公知常识的，可以认为该对比文件给出了将区别特征应用于该对比文件以解决其存在的技术问题的启示，从而得出该权利要求不具备创造性的结论。《专利审查指南2010》给出了所谓"公知常识"的一些例子，例如所属领域解决某一技术问题的惯常手段、教科书、工具书等披露的解决该技术问题的技术手段等。可以看出，这里所说的"公知常识"是指披露最接近现有技术的那份对比文件之外的技术知识，并不需要由该对比文件"直接地、毫无疑义地确定"。所以，应当注意不要将所属领域的技术人员可以从一份对比文件中

"直接地、毫无疑问地确定的技术内容"与该对比文件之外的"公知常识"混淆起来。

本案中，与证据1明确记载的技术方案相比，本案专利权利要求1所保护的技术方案存在两个区别特征：一是"沿活塞圆周部位设置有单向限流装置；二是"压缩行程时该单向限流装置打开，回复行程时该单向限流装置关闭"。专利复审委员会作出的无效宣告请求审查决定认为第一个区别特征已经被证据1隐含披露，第二个区别特征属于该领域的常规设计，亦即属于"公知常识"的范畴，从而得出该权利要求不具备创造性的结论。正是由于对第一个区别特征的认定被一审、二审和再审法院认定为违反《专利审查指南》的上述规定，所以导致该无效宣告请求审查决定被撤销。

"移动式通讯装置"外观设计专利无效宣告请求案

一、案件提要

当事人

专利权人：苹果公司

无效请求人：上海罗恩网络信息有限公司

专利复审委员会的无效宣告请求审查决定

决定号：WX第13757号

合议组成员：吴赤兵、程华、吴佳

决定日：2009年7月30日

北京市第一中级人民法院一审判决

案号：（2010）一中知行初字第1274号

合议庭成员：侯占恒、李冰青、董伟

结案日期：2010年12月213日

北京市高级人民法院二审判决

案号：北京市高级人民法院（2011）高行终字第832号

合议庭成员：莎日娜、周波、钟鸣

结案日期：2011年10月19日

涉及的法律规定

2000年修改的《专利法》第二十三条、2001年修改的《专利法实施细则》第十三条

判决要旨

1. 对于便携式移动设备，产品的正面属于这类产品在使用状态下一般消费者最关注的部位，一般消费者会更加关注该产品正面即主视图上设计的变化。本外观设计专利与现有设计在主视图即正面的差别使二者存在明显

差异，对整体视觉效果具有显著影响。因此，根据整体观察、综合判断的原则，本外观设计专利与请求人所提交的现有设计所示产品属于不相近似的外观设计。

2. 建立外观设计专利制度和授予外观设计专利权的主要目的在于促进产品外观的改进，增强产品的市场竞争力，美化生活或者工作的环境和氛围。在外观设计领域，始终存在着追求样式新颖、风格时尚、美观大方、赏心悦目的发展趋势，故是否符合相关领域产品外观设计的基本趋势不是判断某一产品外观设计是否应当授予专利权的衡量因素。

3. 鉴于请求人所述的导致本外观设计专利不符合《专利法实施细则》第十三条第一款规定的两项外观设计专利已被国家知识产权局专利复审委员会作出并已生效的决定宣告为无效，《专利法实施细则》第十三条第一款所述的重复授权的情形已不存在，故本外观设计专利符合《专利法实施细则》第十三条第一款的规定。

二、专利复审委员会的无效宣告请求审查决定

本案涉及名称为"移动式通讯装置"的第200730148719.0号外观设计专利，其申请日为2007年6月29日，授权公告日为2008年6月4日，专利权人是美国苹果公司（下称专利权人）。

针对上述外观设计专利权，上海罗恩网络信息有限公司（下称"无效请求人"）于2008年11月21日向专利复审委员会提出了无效宣告请求，其无效理由为本案外观设计专利分别相对于附件1至附件4不符合《专利法》第二十三条的规定；分别相对于附件5、附件6不符合《专利法实施细则》第十三条第一款的规定。

专利复审委员会作出无效宣告请求审查决定的理由如下：

（一）关于请求人的主体资格问题

专利权人认为：本案无效请求人没有在其工商登记的地址营业，同时工商登记的档案机读材料显示该公司在2006年之后就没有再进行年检，也没有2006年之后的工商年检审计报告，这表明无效宣告请求的请求人实际并不存在。

专利复审委员会认为：专利权人在答复无效宣告请求受理通知书时提交的附件1-18仅能表明本案无效请求人2005年度的工商年检情况，不能证明按照相关的法律规定本案无效请求人的营业执照已被吊销，其作为企业法人的主体资格不适格。本案无效请求人于2009年2月26日提交了其企业法人营业

执照公证书，以证明请求人具有企业法人资格。本案专利权人的代理人亲自到专利复审委员会核实上述文件，并对其内容无异议。

基于上述理由，对专利权人提出的本案无效请求人不具有合法主体资格的主张，专利复审委员会不予支持。

（二）关于是否符合《专利法》第二十三条的规定

2000年修改的《专利法》第二十三条规定："授予专利权的外观设计，应当同申请日以前在国内外出版物上公开发表过或者国内公开使用过的外观设计不相同和不相近似，并不得与他人在先取得的合法权利相冲突。"

1. 本案外观设计专利

本案专利公开了一种名称为"移动式通信装置"的外观设计，有8幅视图，包括两幅立体图及六面视图。

从主视图观察，整体轮廓类似长方形，四角呈圆弧状，四周有一与设备整体轮廓相适应的边框线，上部中间位置有一小的矩形方框，下部有一条横线以区分显示区域与输入区域，显示区域在正面占据较大比例，输入区域正中间有一圆形图案。

从后视图观察，整体轮廓类似长方形，四角呈圆弧状，左上角有一较小的圆形图案。后视图在靠近下部的位置有一条直线将设备的背面分割成

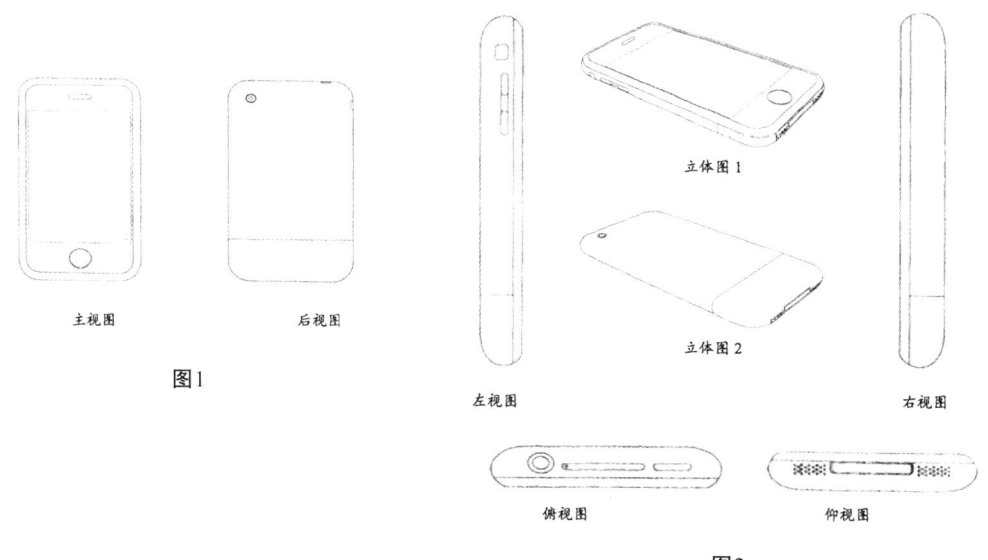

上下两部分。

与其对应地,右视图和左视图下部靠近背面的位置上有一线段,右视图和左视图靠近显示屏的一侧有一条边框线。

2. 与附件1所公开在先设计的比较

附件1公开的是LG公司生产的一款DMB MP3播放器FM35,该产品可以播放MP3、WMA、OGG等传统音频格式文件,还可以收看DMB节目和广播等内容,与本外观设计专利所示移动式通信装置均具有数据处理功能,即附件1公开的产品与本外观设计专利的部分用途相同,属于相近类别的产品,可对二者进行相同和相近似比较。

从附件1所示产品(下称"在先设计1")的主视图观察,整体轮廓为四角呈圆弧状的长方形,在中间偏上的位置上设计有长方形的显示区,在显示区域下方设计有圆形的输入部件,在显示区域上方设计有音乐符号。后视图为一个竖置的长方形,左视图和右视图均为竖置的四角圆弧状的长方形。在左视图、俯视图和仰视图上均有一些功能性的附加设计。

 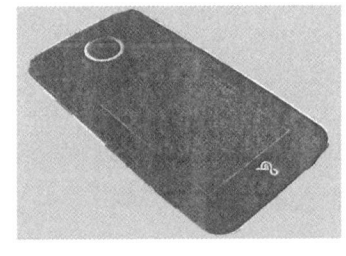

在先设计1

将在先设计1与本案专利相比较可知,二者的不同点在于:

(1)在先设计1所示产品的显示区域相对较小,下部的输入区域相对较大,本外观设计专利具有较大的显示区域以及下部的较小输入区域,在先设计1与本案专利显示区域与输入区域之间的比例关系具有明显的差异;

(2)在先设计1所示产品没有显示出围绕着上部区域、显示区域以及输入区域的边框线,从本案专利主视图观察可知其主体正面四周有一与设备整体轮廓相适应的边框线;

(3)在先设计1所示产品在显示区域上方设计有音乐符号,本案专利在显示区域上方中间位置设计有一小的矩形方框。

由于上述区别均涉及产品的正面，属于这类产品在使用状态下一般消费者最关注的部位，一般消费者会更加关注该产品正面即主视图设计的变化。本案外观设计专利主视图显示具有较大的显示区域以及较小的输入区域，显示区域与输入区域之间的比例差异大，同时在四周设计有一与设备整体轮廓相适应的边框线，二者在显示区域上方的设计也不同。上述区别使二者存在明显差异，对整体视觉效果具有显著影响。因此，根据整体观察、综合判断的原则，本案专利与在先设计1属于不相近似的外观设计。

3. 与附件2所公开在先设计的比较

附件2所示产品为多普达818智能手机（下称"在先设计2"），与本案专利产品属于同类产品，可对二者进行相同和相近似比较。

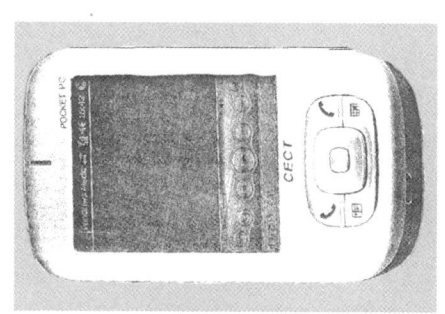

在先设计2

从主视图上观察，在先设计2所示产品整体轮廓为四角圆弧过渡的长方形，正面设计有长方形的显示区域，在显示区域上方中间位置设计有窄小的竖置条形框，下方设计有具有四角弧形过渡的扁长状的输入区域；显示的后试图的上半部分有一条直线，直线上方设计有圆形的功能部件。

将在先设计2与本案专利相比较可知，二者的不同点在于：

（1）本案专利具有较大的显示区域以及下部的较小的输入区域，在先设计2与本案专利显示区域与输入区域之间的比例关系具有明显的差异；

（2）在先设计2所示产品没有显示出围绕着上部区域、显示区域以及输入区域的边框线，从本案专利主视图观察可知主体正面四周有一与设备整体轮廓相适应的边框线。

上述区别均涉及产品的正面，属于这类产品在使用状态下一般消费者最关注的部位，一般消费者会更加关注该产品正面即主视图上设计的变化。本案外观设计专利主视图显示具有较大的显示区域以及较小的输入区域，显示区域与输入区域之间的比例差异大，同时在四周设计有一与设备整体轮廓相适应的边框线。上述区别使二者存在明显差异，对整体视觉效果具有显著影响。因此，根据整体观察、综合判断的原则，本案专利与在先设计2属于不相近似的外观设计。

4. 与在先设计3与在先设计4的比较

附件3所示产品（下称"在先设计3"）以及附件4所示产品（下称"在先设计4"）均为多普达828+智能手机，为同一产品的外观，与本案外观设计专利产品属于同类产品，故可对二者进行相同和相近似比较。

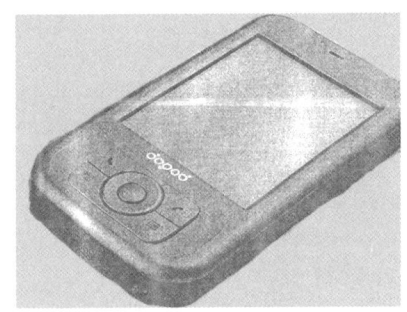
在先设计3

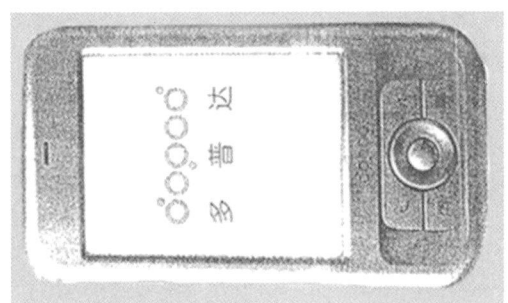
在先设计4

附件3与附件4仅显示了其产品的正面。从主视图上观察，在先设计3与在先设计4所示产品整体轮廓为四角圆弧过渡的长方形，正面设计有长方形的显示区域，在显示区域上方中间位置设计有窄小的横置条形框，下方设计有具有四角弧形过渡的扁长状的输入区域，在输入区域的外圈还设计有与输入区域形状相适应的边框线，在显示区域与输入区域之间设计有象征多普达的图案。

将在先设计3、在先设计4所示的同一产品与本案专利相比较可知，二者的不同点在于：

（1）本案专利具有较大的显示区域以及下部的较小的输入区域，在先设计3、在先设计4所示产品与本案专利显示区域与输入区域之间的比例关系具有明显的差异。

（2）在先设计3、在先设计4所示产品没有显示出围绕着上部区域、显示区域以及输入区域的边框线，从本案专利主视图观察可知主体正面四周有一与设备整体轮廓相适应的边框线。

（3）本案专利主视图在输入区域的外圈没有设计与输入区域形状相适

应的边框线，显示区域与输入区域之间也没有图案图形设计。

对于上述区别均涉及产品的正面，属于这类产品在使用状态下一般消费者最关注的部位，一般消费者会更加关注该产品正面即主视图上设计的变化。本案外观设计专利主视图显示具有较大的显示区域以及较小的输入区域，显示区域与输入区域之间的比例差异大，同时在四周设计有一与设备整体轮廓相适应的边框线，在显示区域与输入区域之间也没有图案设计。上述区别使二者存在明显差异，对整体视觉效果具有显著影响。因此，根据整体观察、综合判断的原则，本案专利与在先设计3、在先设计4所示产品属于不相近似的外观设计。

综上所述，本案专利与在先设计1-4所示产品属于不相近似的外观设计，符合专利法第二十三条的规定。

（三）关于是否符合《专利法实施细则》第十三条第一款规定的问题

2001年修改的《专利法实施细则》第十三条第一款规定："同样的发明创造只能被授予一项专利权。"

除本案外观设计专利之外，本案专利权人还于同日向国家知识产权局提交了另外两份外观设计专利申请，分别是名称为"数据处理装置"的第200730148767.x号外观设计专利申请以及名称为"声音或图像的记录或复制设备"的第200730148751.0号外观设计专利申请，于2008年7月16日和2008年6月4日分别被公告授予外观设计专利权。上述三份外观设计专利的图片完全相同。本案无效请求人认为上述三份外观设计专利的授予不符合《专利法实施细则》第十三条第一款的规定，以此为理由请求专利复审委员会宣告本案外观设计专利无效。

专利复审委员会指出，基于专利复审委员会作出的第13149号和第13150号无效宣告请求审查决定，附件5所示第200730148751.9号外观设计专利与附件6所示第200730148767.x号外观设计专利已被宣告无效。上述两份无效宣告请求审查决定均已生效，被宣告无效的专利视为其自始即不存在。因此对本案专利而言，《专利法实施细则》第十三条第一款所述的重复授权情形已不存在，故本案外观设计专利符合《专利法实施细则》第十三条第一款的规定。

基于上述理由，专利复审委员会作出了维持本案外观设计专利权有效的无效宣告请求审查决定。

三、北京市第一中级人民法院的一审判决

本案无效请求人不服专利复审委员会作出的无效宣告请求审查决定，向

北京市第一中级人民法院提起行政诉讼。

无效请求人原告诉称：

（1）专利复审委员会在对附件1-4和本案专利进行比较时，认定事实不清，存在错误。对照附件1，其正面同样具有相对较大的显示区域和相对较小的输入区域，而且作为移动通讯装置，具有相对较大的显示区域和相对较小的输入区域是惯常设计。此外，参照本案专利的立体图和主视图以及左、右视图，可以明显看出主视图所示边框以及左右视图上的边框线实际上是从该产品显示屏一侧的正面向四周侧面过渡时形成的过渡段。从附件1的立体图中可以明显看出，从其显示屏侧的正面向四周侧面过渡时同样具有过渡段，其主视图上同样形成沿四边设置的边框，与本案专利完全相同。附件2在其主视图上同样形成沿其四边设置的边框，其正面同样具有一个较大的显示区域和一个较小的输入区域，与本案专利相同。附件3和4同样形成沿其四边设置的边框，同样具有一个较大的显示区域和一个较小的输入区域，与本案专利完全相同。

（2）专利复审委员会适用法律不正确。本案无效请求人于2008年11月21日同时向专利复审委员会提出三份无效宣告请求，分别针对本案专利权人的三项外观设计专利。在本案专利权人明确坚持不放弃其中任一项权利的情形下，专利复审委员会主动为其选择保留本案专利，适用法律不正确。

基于上述理由，无效请求人请求法院撤销本案无效宣告请求审查决定，判令专利复审委员会重新作出决定。

专利复审委员会辩称：

（1）关于《专利法》第二十三条，根据整体观察、综合判断的原则，涉案专利与附件1、附件2、附件3、附件4所示的产品均属于不相近似的外观设计。本案无效请求人对其主张的"作为移动通信装置，具有相对较大的显示区域和相对较小的输入区域为产品的惯常设计"并未提交相关的证据予以支持，同时在无效宣告审查过程中也未提出该主张。依据无效请求人在无效阶段提交的证据，也不能支持其上述主张。

（2）关于《专利法实施细则》第十三条第一款，对于本案来讲，《专利法实施细则》第十三条第一款所述的重复授权的情形已不存在，故本外观专利符合《专利法实施细则》第十三条第一款的规定。依据《专利法实施细则》第十三条第一款，用已经被无效的专利再来无效其他的专利，没有法律依据。

基于上述理由，专利复审委员会认为本案无效宣告请求审查决定认定事实清楚、适用法律法规正确、审理程序合法、审查结论正确，无效请求人的诉讼理由不能成立，请求法院予以维持。

专利权人作为诉讼第三人述称：

（1）第三人怀疑本案起诉日期超出了诉讼时效，请求法院予以核实。

（2）本案专利外观设计与附件1、附件2、附件3-4所示产品的外观设计存在多处显著差别，因此属于不相同也不相近似的外观设计。

（3）无效请求人关于"专利复审委员会主动为专利权人选择保留本案专利"的主张缺乏事实和法律依据，认为在作出本案无效宣告请求审查决定时，已不存在违反《专利法实施细则》第十三条第一款的重复授权情形，因而不存在主动选择一说。

一审法院作出一审判决的理由如下：

（一）关于本案专利是否符合《专利法实施细则》第十三条第一款的规定

《专利法实施细则》第十三条第一款规定："同样的发明创造只能被授予一项专利权。"

就外观设计而言，为防止外观设计专利权之间的相互冲突，无论是相同的外观设计，还是相近似的外观设计，也不论是否为同一申请人，均应按照上述行政法规的规定仅仅授予一项专利权。参照《审查指南》的相关规定可知，任何人认为属于同一专利权人的具有相同申请日的两项专利权不符合《专利法实施细则》第十三条第一款规定的，可以请求专利复审委员会宣告其中一项专利权无效。此时，专利权人可以通过选择放弃另一项专利权来维持被请求宣告无效的专利权有效。因此，若本案外观设计专利与专利人拥有的其他两项外观设计专利均为相近似的外观设计，应当维持其中一项外观设计专利有效，而非将其三项外观设计专利全部宣告无效。

本案中，鉴于专利复审委员会已另案作出第13149号、第13150号无效宣告请求审查决定且均已生效，本案无效请求人提供的附件5所示的第200730148751.9号外观设计专利与附件6所示的第200730148767.X号外观设计专利已被宣告无效。由于被宣告无效的专利视为其自始即不存在，故不应当将第200730148751.9号与第200730148767.X号外观设计专利作为判断本案专利是否重复授权的依据。因此，本案专利符合《专利法实施细则》第十三条第一款的有关规定。无效请求人关于"在本案专利权人不放弃任一项权利的情况下，专利复审委员主动为其选择保留本案专利的作法没有法律依据"的主张缺乏事实与法律依据，故不予支持。

（二）关于本案专利是否符合《专利法》第二十三条的规定

《专利法》第二十三条规定："授予专利权的外观设计，应当同申请日以前在国内外出版物上公开发表过或者国内公开使用过的外观设计不相同和不相近似，并不得与他人在先取得的合法权利相冲突。"

本案专利共有8幅视图，包括两幅立体图及六面视图。从主视图观察，整体轮廓类似长方形，四角呈圆弧状，四周有一与设备整体轮廓相适应的边框线，上部中间位置有一小的矩形方框，下部有一条横线以区分显示区域与输入区域，显示区域在正面占据较大比例，输入区域正中间有一圆形图案。从后视图观察，整体轮廓类似长方形，四角呈圆弧状，左上角有一较小的圆形图案。后视图在靠近下部的位置有一条直线将设备的背面分割成上下两部分，与其对应地，右视图和左视图下部靠近背面的位置上有一线段，右视图和左视图靠近显示屏的一侧有一条边框线。从俯视图、仰视图观察，在俯视图靠近下部边线的位置、仰视图靠近上部边线的位置上均有一条直线。在左视图、俯视图和仰视图上均有一些功能性的附加设计（详见本案专利附图）。如果一般消费者经过对比，认为本案专利与被比设计的差别对于产品的整体视觉效果具有显著的影响，则二者既不相同、也不相近似。

对附件1所示产品（即在先设计1）的主视图进行观察，其整体轮廓为四角呈圆弧状的长方形，在中间偏上的位置上设计有长方形的显示区，在显示区域下方设计有圆形的输入部件，在显示区域上方设计有音乐符号。后视图为一个竖置的长方形，左视图和右视图均为竖置的四角圆弧状的长方形。在左视图、俯视图和仰视图上均有一些功能性的附加设计。

将在先设计1的主视图与本案专利的主视图相比较可知，本案专利与在先设计1都具有显示区域和输入区域，且都呈现出显示区域比输入区域大的特点，但二者的不同点在于：（1）就显示区域与输入区域的比例关系而言，在先设计1所示产品的显示区域与输入区域的比例相对较小，本案专利的显示区域与输入区域的比例相对较大，二者具有明显的差异；（2）在先设计1所示产品没有显示出围绕着上部区域、显示区域以及输入区域的边框线，从本案专利主视图观察可知主体正面四周有一与设备整体轮廓相适应的边框线；（3）在先设计1所示产品在显示区域上方设计有音乐符号，本案专利在显示区域上部中间位置设计有窄小的横置条形框。

上述区别均涉及产品正面，属于此类产品在使用状态下一般消费者最关注的部位，一般消费者会更加关注该产品正面即主视图所示设计的变化。在本案专利的主视图中，显示区域与输入区域之间的比例差异大，同时在四周边缘设计有一与设备整体轮廓相适应的边框线，二者在显示区域上方的设计也不同。由于此类产品整体形状基本相同，其设计空间有限，因此本案专利与在先设计1相比存在的上述区别对产品的整体视觉效果能够产生显著的影响。因此，根据整体观察、综合判断的原则，本案专利与在先设计1属于不相同也不相近似的外观设计。

对附件2所示产品（即在先设计2）的主视图进行观察，其整体轮廓为四角圆弧过渡的长方形，正面设计有长方形的显示区域，在显示区域上方中间位置设计有窄小的竖置条形框，下方设计有具有四角弧形过渡的扁长状的输入区域；如先设计2的后视图所示，其上半部分有一条直线，直线上方设计有圆形的功能部件。

将在先设计2的主视图与本案专利的主视图相比较可知，本案专利与在先设计2都具有显示区域和输入区域，且都呈现出显示区域比输入区域大的特点，但二者的不同点在于：（1）就显示区域与输入区域的比例关系而言，在先设计2所示产品的显示区域与输入区域的比例相对较小，本案专利的显示区域与输入区域的比例相对较大，二者具有明显的差异；（2）在先设计2所示产品没有显示出围绕着上部区域、显示区域以及输入区域的边框线，而本案专利主视图观察可知主体正面四周有一与设备整体轮廓相适应的边框线。

上述区别均涉及产品正面，属于此类产品在使用状态下一般消费者最关注的部位，一般消费者会更加关注该产品正面即主视图的设计变化。如本案专利的主视图所示，显示区域与输入区域之间的比例差异大，同时在四周设计有一与设备整体轮廓相适应的边框线。由于此类产品整体形状基本相同，其设计空间有限，本案专利与在先设计2相比存在的上述区别对产品的整体视觉效果能够产生显著的影响。因此，根据整体观察、综合判断的原则，本案专利与在先设计2属于不相同也不相近似的外观设计。

在先设计3与在先设计4仅显示产品的正面。从最接近主视图的图片观察，在先设计3与在先设计4所示产品其整体轮廓为四角圆弧过渡的长方形，正面设计有长方形的显示区域，在显示区域上方中间位置设计有窄小的横置条形框，下方设计有具有四角弧形过渡的扁长状的输入区域，在输入区域的外圈还设计有与输入区域形状相适应的边框线，在显示区域与输入区域之间设计有象征多普达的图案。

将在先设计3、在先设计4的主视图与本案专利的主视图相比较可知，本案专利与在先设计3、在先设计4都具有显示区域和输入区域，且都呈现出显示区域比输入区域大的特点，但二者的不同点在于：（1）就显示区域与输入区域的比例关系而言，在先设计3、在先设计4所示产品的显示区域与输入区域的比例相对较小，本案专利的显示区域与输入区域的比例相对较大，二者具有明显的差异；（2）在先设计3、在先设计4所示产品没有显示出围绕着上部区域、显示区域以及输入区域的边框线，从本案专利的主视图观察可知其主体正面四周有一与设备整体轮廓相适应的边框线；（3）本案专利主视图在输入区域的外圈没有设计与输入区域形状相适应的边框线，显示区域与输入区域之间也没有图案图形设计。

上述区别均涉及产品正面，属于此类产品在使用状态下一般消费者最关注的部位，一般消费者会更加关注该产品正面即主视图上设计的变化。本案专利主视图中，显示区域与输入区域之间的比例差异大，同时在四周设计有一与设备整体轮廓相适应的边框线，在显示区域与输入区域之间也没有图案设计。由于此类产品整体形状基本相同，其设计空间有限，本案专利与在先设计3、在先设计4相比存在的上述区别对产品的整体视觉效果能够产生显著的影响。因此，根据整体观察、综合判断的原则，本案专利与在先设计3、在先设计4所示产品属于不相同也不相近似的外观设计。

此外，对无效请求人关于本案专利的外观设计特征属于同类产品的"惯常设计"的主张，因其未提交相关证据予以证明，故不予支持。

综上，本案专利与在先设计1-4所示产品均不属于相近似的外观设计，因而符合《专利法》第二十三条的规定。无效请求人关于本案专利与在先设计1-4相近似的主张缺乏事实和法律依据，不予支持。

基于上述理由，一审法院认定专利复审委员会作出的本案无效宣告请求审查决定认定事实清楚，适用法律正确，程序合法，应予维持；无效请求人的诉讼请求不能成立，不应支持，故判决维持专利复审委员会作出的本案无效宣告请求审查决定。

四、北京市高级人民法院的二审判决

本案无效请求人不服一审判决，向北京市高级人民法院（下称"二审法院"）提出上诉，请求撤销一审判决，判令专利复审委员会重新作出无效审查决定，其理由为：

（1）一审判决认定事实不清，存在错误。虽然外观设计相似性判断以整体观察、综合判断为原则，但是对整体外观具有显著影响的设计特征仍然是判定无效或者侵权的重要因素。本案中，专利权人无论是在无效宣告请求的口头审理程序中还是在提交给法庭的《意见陈述书》关于本案专利与对比设计1-4进行具体比对的列表中，均强调本案专利仅需考虑的显著设计特征在于"较大的显示区域，较小的输入区域，围绕主体周围的边框"，即专利权人承认本案专利其他设计特征对整体视觉效果不具有显著影响。附件1-4中的各在先外观设计以及本案专利的显示区域、输入区域在整个机身中所占比例分别为：附件1中的显示区域占比为51.6%，输入区域占比为39.7%；附件2中的显示区域占比为55.1%，输入区域占比为32.2%；附件3、4中的显示区域占比为60%，输入区域占比为28%；本案专利的显示区域占比为65%，输入区域占比为15%。由此可见，在本案专利的申请日之前，本领域产品的外观设计趋势是显示区域越做越大，输入区域越做越小。本案专利仅仅是在这样的趋势下，稍稍增大了显示区域，缩小了输入区域。专利复审委员会一直强调以目测方式确定"较大""较小"，相对于附件3、4，本案专利的显示区域仅仅大了5%，以目测方式基本已经看不出区别。附件1-4中显示区域均超过50%，而输入区域均小于50%，按照普通公众的理解，因此上述对比设计均具有"较大的显示区域、较小的输入区域"的外观特征。非常明显，本案专利的重要的、显著的外观特征在申请日之前早已存在，本案专利并不是一项新设计，不符合《专利法》第二十三条的规定。

（2）原审判决适用法律不正确。无效请求人于2008年11月21日同时向专利复审委员会提出了三份无效宣告请求，分别针对本案专利权人拥有的三项外观设计专利，即专利号为200730148767.X、名称为"数据处理装置"的外观设计专利；专利号为200730148751.9、名称为"声音或图像的记录或复制设备"的外观设计专利以及本案专利，专利复审委员会分别受理了上述三份无效宣告请求并在同一天进行了口头审理，但是专利复审委员会首先作出宣告其中两项外观设计专利权无效的无效宣告请求审查决定，待该两项无效宣告请求审查决定生效后才作出维持本案专利有效的无效宣告请求审查决定。专利复审委员会的行为实际上就是替本案专利权人选择了保留一项权利。《专利法实施细则》第十三条第一款规定"同样的发明创造只能被授予一项专利"。按照最高人民法院的相关判决，对这类申请多项相似外观设计的情况而言，专利权人可以选择保留其中的一项专利，在其作出选择的情况下应该至少维持一项专利权有效。然而，最高人民法院的判决并没有指出如果专利权人拒绝进行选择应该如何处理。在本案专利的无效宣告请求审查程序中，专利复审委员会多次告知本案专利权人可以进行选择，但是该专利权人一再拒绝选择。同时，专利复审委员会也拒绝接受专利权人附条件放弃其专利权的声明，并且在无效宣告请求审查决定中也没有提及专利权人提交了放弃声明。基于专利权的私权性质，专利复审委员会作为行政机关无权替专利权人进行选择。专利复审委员会无法解释为什么维持本案专利权有效而宣告另两项专利无效，而不是宣告本案专利无效，维持另一项专利有效。因此，专利复审委员会替专利权人选择保留某项专利权的行为没有法律依据。一审判决认为在专利权人拒绝作出选择的情形下，行政机关可以替权利人选择一项外观设计专利权维持其有效，属于适用法律不当。

专利复审委员会、专利权人均表示服从原审判决。

二审法院作出判决的理由如下：

2008年修改的《专利法》于2009年10月1日起施行，但由于本案专利的申请日在2009年10月1日之前，故本案审理仍应适用2000年修改的《专利法》。该《专利法》第二十三条规定："授予专利权的外观设计，应当同申请日以前在国内外出版物上公开发表过或者国内公开使用过的外观设计不相同和不相近似，并不得与他人在先取得的合法权利相冲突。"

外观设计应当采用整体观察、综合判断的方式进行相同或者相近似的判断，即由被比设计的整体来确定是否与在先设计相同或者相近似，而不能从外观设计的部分或者局部出发得出与在先设计相同或者相近似的结论。

本案中，由本案外观设计的图片可知，本案专利所保护的外观设计的主要特征在于"较大的显示区域，较小的输入区域，围绕主体周围的边框"，附件1-4所示的在先设计虽然分别就其自身的显示区域与输入区域比例关系而言，也存在"较大的显示区域，较小的输入区域"的特征，但将本案专利所保护的外观设计分别与附件1-4所示的在先设计相比较，本案专利所保护的外观设计显示区域相对于输入区域更大，显示区域与输入区域的对比关系更加明显。就"围绕主体周围的边框"而言，附件1-4所示的在先设计1-4均没有本案专利外观设计所具有的该边框。因此，本案专利所保护的外观设计与附件1-4所示的在先设计属于不相同也不近似的外观设计。

建立外观设计专利制度和授予外观设计专利权的主要目的在于促进产品外观的改进，增强产品的市场竞争力，美化生活或者工作的环境和氛围。在外观设计领域，始终存在着追求样式新颖、风格时尚、美观大方、赏心悦目的发展趋势，故是否符合相关领域产品外观设计的基本趋势不是判断某一产品外观设计是否应当授予专利权的衡量因素。无效请求人关于在本案专利的申请日之前本领域产品就存在显示区域越做越大、输入区域越做越小的外观设计趋势，本案专利仅仅是在这样的趋势下稍稍增大了显示区域、缩小了输入区域，因而本案专利不符合《专利法》第二十三条规定的上诉理由不能成立，故不予支持。

根据《审查指南》的相关规定，任何人认为属于同一专利权人的具有相同申请日的两项以上专利权不符合《专利法实施细则》第十三条第一款关于"同样的发明创造只能被授予一项专利"规定的，可以请求专利复审委员会宣告其中一项专利权无效。专利权人可以通过选择放弃另一项专利权来维持被请求宣告无效的专利权有效。因此，若本案外观设计专利与其专利权人拥有的其他两项外观设计专利均为相近似的外观设计，则应当维持其中至少一项外观设计专利有效，而非将该三项外观设计专利全部宣告无效。根据《专利法》第四十七条第一款的规定，被宣告无效的专利权视为自始即不存在，不应当再将其作为判断是否重复授权的对比文件。在专利权人拥有的第200730148751.9号外观设计专利和第200730148767.X号外观设计专利被专利复审委员会作出的第13149号决定和第13150号无效宣告请求审查决定宣告无效且上述无效宣告请求审查决定已经生效的情况下,《专利法实施细则》第十三条第一款所述的重复授权的情形已不存在,故本案专利符合《专利法实施细则》第十三条第一款的规定。相关法律法规并没有对专利复审委员会在审理涉及《专利法实施细则》第十三条第一款重复授权情形的多个专利如何处理作出明确规定,作为行政机关的专利复审委员会有权在法律规定的职责和权限范围内根据实际情况作出相应的具体行政行为。无效请求人关于专利复审委员会作为行政机关无权替本案专利权人进行选择,且其维持本案专利权有效而宣告200730148751.9号和200730148767.X号专利无效的做法没有法律依据的上诉理由,缺乏法律依据,故不予支持;一审判决适用法律并无不当,应予维持。

基于上述理由,二审法院认定一审判决以及本案无效宣告请求审查决定认定事实清楚,适用法律正确,程序合法,予以维持;无效请求人的上诉理由不能成立,对其上诉请求不予支持,故判决驳回上诉,维持原判。

五、评析

本案专利权人就同样的外观设计方案,同日向国家知识产权局提交了三份外观设计专利申请,结果均被国家知识产权局授予外观设计专利权。按照申请号进行排列,这三份外观设计专利分别是:

(1)名称为"移动通讯装置"的第200730148719.0号外观设计专利(即本案专利),其授予公告日为2008年6月4日;

(2)名称为"声音或图像的记录或复制设备"的第200730148751.9号外观设计专利,其授权公告日为2008年7月16日;

(3)名称为"数据处理装置"的第200730148767.X号外观设计专利,其授权公告日为2008年6月4日。

专利复审委员会作出的本案无效宣告请求审查决定指出,该三份外观设计专利的图片完全相同。

本案无效请求人认为,专利权人就同样的外观设计方案获得三项外观设计专利不符合2001年修改的《专利法实施细则》第十三条第一款的规定,同日向专利复审委员会提出了三份无效宣告请求,分别请求宣告上述三份外观设计专利无效。

专利复审委员会分别受理了上述三份无效宣告请求并在同一天进行了口头审理。其后,专利复审委员首先作出宣告其中两项外观设计专利权无效的无效宣告请求审查决定,待该两项无效宣告请求审查决定生效后才作出维持本案专利有效的无效宣告请求审查决定。

对专利复审委员会的上述做法，本案无效请求人向二审法院上诉时诉称：

> 按照最高人民法院的相关判决，对这类申请多项相似外观设计的情况而言，专利权人可以选择保留其中的一项专利，在其作出选择的情况下应该至少维持一项专利权有效。在本案专利的无效宣告请求审查程序中，专利复审委员会多次告知本案专利权人可以进行选择，但是该专利权人一再拒绝选择。同时，专利复审委员会也拒绝接受专利权人附条件放弃其专利权的声明，并且在无效宣告请求审查决定中也没有提及专利权人提交了放弃声明。基于专利权的私权性质，专利复审委员会作为行政机关无权替专利权人进行选择。专利复审委员会无法解释为什么维持本案专利权有效而宣告另两项专利无效，而不是宣告本案专利无效，维持另一项专利有效。因此，专利复审委员会替专利权人选择保留某项专利权的行为没有法律依据。一审判决认为在专利权人拒绝作出选择的情形下，行政机关可以替权利人选择一项外观设计专利权维持其有效，属于适用法律不当。

二审法院对本案无效请求人上述主张的回应是：

> 根据《审查指南》的相关规定，任何人认为属于同一专利权人的具有相同申请日的两项以上专利权不符合《专利法实施细则》第十三条第一款关于"同样的发明创造只能被授予一项专利"规定的，可以请求专利复审委员会宣告其中一项专利权无效。专利权人可以通过选择放弃另一专利权来维持被请求宣告无效的专利权有效。因此，若本案外观设计专利与其专利权人拥有的其他两项外观设计专利均为相近似的外观设计，则应当维持其中至少一项外观设计专利有效，而非将该三项外观设计专利全部宣告无效。根据《专利法》第四十七条第一款的规定，被宣告无效的专利权视为自始即不存在，不应当再将其作为判断是否重复授权的对比文件。在专利权人拥有的第200730148751.9号外观设计专利和第200730148767.X号外观设计专利被专利复审委员会作出的第13149号决定和第13150号无效宣告请求审查决定宣告无效且上述无效宣告请求审查决定已经生效的情况下，《专利法实施细则》第十三条第一款所述的重复授权的情形已不存在，故本案专利符合《专利法实施细则》第十三条第一款的规定。相关法律法规并没有对专利复审委员会在审理涉及《专利法实施细则》第十三条第一款重复授权情形的多个专利如何处理作出明确规定，作为行政机关的专利复审委员会有权在法律规定的职责和权限范围内根据实际情况作出相应的具体行政行为。无效请求人关于专利复审委员会作为行政机关无权替本案专利权人进行选择，且其维持本案专利权有效而宣告200730148751.9号和200730148767.X号专利无效的做法没有法律依据的上诉理由，缺乏法律依

据，故不予支持。

上述论述表明，二审法院认为在同一专利权人获得了多项属于重复授权的专利权的情况下，当有人提出无效宣告请求而专利权人拒绝选择保留哪项专利权时，由于相关法律法规没有明确规定，因此专利复审委员会有权自行选择维持哪项专利权有效，进而宣告其余各项专利权无效。

2006年修改的《审查指南》第四部分第七章2.2规定：

> 任何人认为属于同一专利权人的具有相同或者不同申请日的两项专利权不符合专利法实施细则第十三条第一款规定的，可以请求专利复审委员会宣告其中一项专利权无效。
>
> 在这种情况下，专利权人欲通过放弃另一项专利权的方式来维持该项专利权有效的，应当向专利复审委员会提交自申请日起放弃另一项专利权的书面声明，由专利局予以登记和公告。自申请日起放弃专利权的，该专利权视为自始不存在。在不存在其他无效宣告理由或者其他理由不成立的情况下，专利复审委员会应当维持该项专利权有效。
>
> 专利权人欲放弃被请求宣告无效的专利的，应当向专利复审委员会提交自申请日起放弃该项专利权的书面声明，专利复审委员会根据当事人处置原则终止该无效宣告程序，并向双方当事人发出结案通知书，由专利局予以登记和公告。
>
> 专利权人未进行选择的，专利复审委员会应当宣告被请求宣告无效的专利权无效。

上述规定存在不甚明确之处。

首先，任何人认为同一专利权人的具有相同日的两项专利权不符合《专利法实施细则》第十三条第一款规定的，"可以请求专利复审委员会宣告其中一项专利权无效"，这是否意味着无效请求人只能请求宣告其中一项专利权无效？

所谓"重复"是一种相互意义上的概念，A专利与B专利相重复，就意味着B专利也与A专利相重复，从公众的角度来看两项专利都不符合《专利法实施细则》第十三条第一款的规定。诚如专利复审委员会所述，存在重复授权问题时，只需采取消除重复，仅留一项专利权的作法，即可符合2001年修改的《专利法实施细则》第十三条第一款的规定，然而这是指经过审查之后的结果而言，并不意味着无效请求人只能请求宣告其中一项专利权无效。本案无效宣告请求人同日提出三份无效宣告请求，请求宣告所有三项专利权无效，专利复审委员会采取了全部予以受理的作法，而不是仅受理其中一个请求，对其余请求不予受理的作法，这表明专利复审委员会并不认为无效请求人只能请求宣告其中一项专利权无效。

其次，"专利权人欲通过放弃另一项专利权的方式来维持该项专利权有效的，应当向专利复审委员会提交自申请日起放弃另一项专利权的书面声明"是否意味着专利权人不一定要声明放弃其中某项专利权，"欲"者可以声明放弃，"不欲"者可以不声明放弃？

《审查指南》上述规定最后一款指明："专利权人未进行选择的，专利复审委员会应当宣告被请求宣告无效的专利权无效"。根据这一规定，在无效请求人针对两项专利权均提出无效宣告请求的情况下，如果专利权人不进行选择，其结果应当是宣告所有的专利权无效，而不是由专利复审委员会替代专利权人进行选择。

从这一点来看，专利复审委员会在本案中采取"首先作出宣告其中两项外观设计专利权无效的无效宣告请求审查决定，待该两项无效宣告请求审查决定生效后才作出维持本案专利有效的无效宣告请求审查决定"的作法，存在是否符合《审查指南》上述规定的疑问。

2010年修改的《专利审查指南》第四部分第七章2.2规定：

> **任何单位或者个人认为属于同一专利权人的具有相同申请日（有优先权的，指优先权日）和相同授权公告日的两项专利权不符合专利法第九条规定的，可以请求专利复审委员会宣告其中一项专利权无效。**
>
> **无效宣告请求人仅针对其中一项专利权提出无效宣告请求的，专利复审委员会经审查后认为构成同样的发明创造的，应当宣告被请求宣告无效的专利权无效。**
>
> **两项专利权均被提出无效宣告请求的，专利复审委员会一般应合并审理。专利复审委员会经审查认为构成同样的发明创造的，应当告知专利权人选择仅保留其中一项专利权。专利权人选择仅保留其中一项专利权的，在不存在其他无效宣告理由或者其他理由不成立的情况下，专利复审委员会应当维持该项专利权有效，宣告另一项专利权无效。专利权人未进行选择的，专利复审委员会应当宣告两项专利权无效。**

修改后的《专利审查指南2010》基本上消除原《审查指南》前述规定存在的不甚明确之处，笔者的上述观点与修改后的规定是一致的。

"双级过滤式自动清洗过滤器"
实用新型专利无效宣告请求案

一、案件提要

当事人

专利权人：赵清娥

无效请求人：孙雅申

专利复审委员会的无效宣告请求审查决定

决定号：WX第14860号

合议组成员：刘犟、程华、李德宝

决定日：2010年4月28日

北京市第一中级人民法院的一审判决

案号：（2010）一中知行初字第3007号

合议庭成员：邢军、袁伟、张中

结案日期：2010年12月20日

北京市高级人民法院的二审判决

案号：（2011）高行终字第509号

合议庭成员：张冰、刘晓军、谢甄珂

结案日期：2011年5月31日

涉及的法律规定

《专利法》第四十六条、《专利法实施细则》第八十六条

判决要旨

虽然《审查指南》规定无效宣告请求程序可以因相关专利权权属纠纷而中止审查，但同时规定中止期限不超过一年，且无效宣告程序中专利复审委员会指定的期限不得延长。《审查指南》在给专利复审委员会的无效审查工作带来规范、高效、便捷等利益的同时，也要求专利复审委员会承受相应的风险。因此，《审查指南》的前述规定虽然保障了无效审查程序的效率，但

相应的无效审查决定亦可能因为专利复审委员会未延长中止期限导致专利权人的合法利益受到损害而被撤销。

二、本案专利介绍

本案涉及2007年11月14日授权公告的名称为"双级过滤式自动清洗过滤器"的第200520093109.0号实用新型专利权,其申请日为2005年11月2日,授权时的专利权人为周惠臣,随后将其专利权转让给赵清娥。

该案专利涉及一种在水处理系统中用于清除废水或者其他杂质,从而保证主体设备安全运行的双级过滤式自动清洗过滤器。

已有的单筒自清洗过滤器仅有一套精过滤滤芯,直接对污水或者液体进行一次性过滤,其缺点在容易损坏、可靠性低、不够安全。

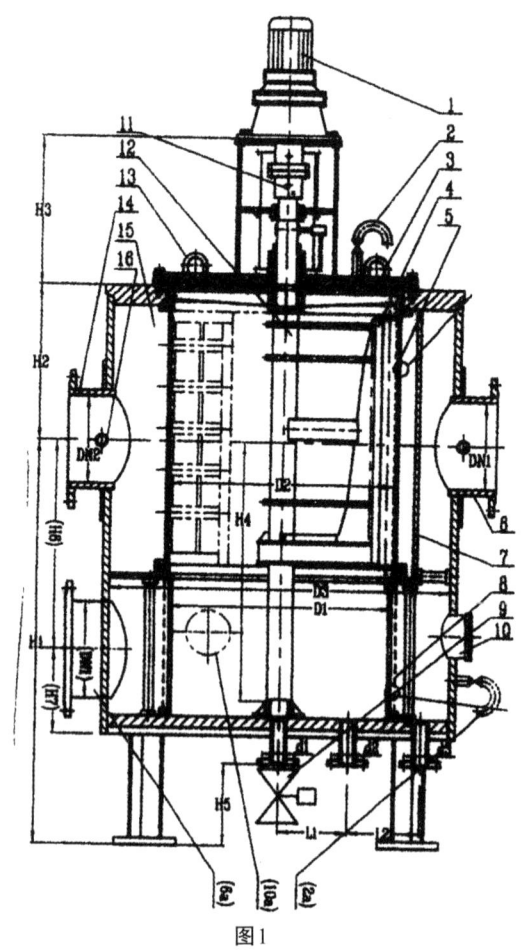

图1

本案实用新型提供了一种有粗、细分工的双级过滤式自动清洗过滤器，其坚固的粗过滤大孔滤芯只对大杂质和块状杂物起拦截作用，精过滤是带有自清洗功能的最终过滤。一般情况下，由于块状大杂物极少，为简化结构，粗过滤不设自清洗机构，只设人工清理手孔即可。本案专利的过滤器能够克服原有自清洗过滤器的缺点，成为一种可保证精滤芯长期安全自动工作不损坏的新型过滤器。

图1是本案实用新型的双级过滤式自动清洗过滤器的结构示意图。包括电机减速器1、排气阀2、端盖3、反洗吸嘴4、精滤心5、污水入管口6、导水板7、粗滤心8、自动排污阀9、手孔10、联轴器11、空心轴12、吊耳13、净水出管口14、机壳15、差压检测管口16。

本案实用新型专利授权公告时的权利要求1如下：

一种双级过滤式自动清洗过滤器，其包括电机减速器（1）、排气阀（2）、端盖（3）、反洗吸嘴（4）、精滤芯（5）、污水入管口（6）、导水板（7）、粗滤芯（8）、自动排污阀（9）、手孔（10）、联轴器（11）、空心轴（12）、吊耳（13）、净水出管口（14）、机壳（15）、差压检测管口（16），其特征在于：在所述的导水板（7）一端与粗滤芯（8）相连接，另一端与污水入管口（6）相连接，粗滤芯（8）和手孔（10）设置在过滤器的底部。

三、专利复审委员会的无效宣告请求审查决定

针对本案实用新型专利权，孙雅申（下称"无效请求人"）于2009年7月17日向专利复审委员会提出无效宣告请求，认为本案实用新型专利权的利要求1相对于附件1-11不符合专利法第二十二条第二、三款的规定。

专利复审委员会于2010年4月1日举行口头审理，双方当事人均参加了口头审理。口头审理中，无效请求人明确其使用的证据为附件1、4、8、9、10和11，其它证据予以放弃。具体的无效理由是权利要求1不具备新颖性和创造性，因而不符合《专利法》第二十二条第二款和第三款的规定。

本案专利权人对附件1、4、8、9、10和11的真实性和公开性均无异议。

无效请求人认为，附件1、4和8公开的过滤器属于相同的产品，其中附件1可以证明机电一体化高精度自清洗过滤器技术早在本案专利申请日前已经被公开；附件4可以证明自清洗过滤器自2002年以来在国内就已经被公开生产和销售；附件8可以证明附件1、4中的自清洗过滤器与本案专利的双级过滤式自动清洗过滤器在结构、工作原理等方面相同，该附件的部件标号1-16分别对应本案专利的附图标记1-16，其所述导水板7的一端与粗滤芯8相连接，另一端与污水入管口6连接，粗滤芯8和手孔10设置在过滤器的底

部，其它各个部件的位置关系也与权利要求1中所述一致，因此权利要求1相对于附件1、4、8不具备新颖性。另外，附件9、10和11也分别公开了采用粗、细过滤技术进行过滤，虽然它们未公开本案专利权利要求1记载的导板、手孔及其设置位置，但是这些内容是本领域的公知常识。

本案专利权人认为，附件1、4、8中所述的过滤器确实为同一产品，该产品与本案专利权利要求1记载的内容相同，并且在本案专利申请日之前已经在国内公开生产、销售，但认为附件9、10、11仅公开了本案专利权利要求1记载的部分技术特征。

专利复审委员会作出无效宣告请求审查决定的理由如下：

（一）关于证据和使用方式

本案无效请求人最终确定使用的证据为附件1、4、8、9、10和11，专利权人对上述附件的真实性均无异议，因此，专利复审委员会对上述附件的真实性予以认可。

无效请求人主张通过附件1、4、8的结合评述本案专利权利要求1的新颖性，认为附件1、4、8公开的过滤器是相同产品，附件1、4可以证明该产品在本案专利申请日之前已经在国内公开生产和销售，专利权人对此均予以了确认。据此，专利复审委员会认定附件8所述的产品已于本案专利申请日之前在国内公开使用，可以采用其公开的内容评价本案专利权利要求1的新颖性。

（二）关于《专利法》第二十二条第二款

2000年修改的《专利法》第二十二条第二款规定："新颖性，是指在申请日以前没有同样的发明或者实用新型在国内外出版物上公开发表过、在国内公开使用过或者以其他方式为公众所知，也没有同样的发明或者实用新型由他人向国务院专利行政部门提出过申请并且记载在申请日以后公布的专利申请文件中。"

如果一项专利的权利要求所保护的技术方案与该专利申请日前在国内公开使用的产品实质上相同，且能解决相同的技术问题、获得相同的技术效果，则该项权利要求所保护的技术方案不具备新颖性。

本案权利要求1请求保护一种双级过滤式自动清洗过滤器，附件8中公开了一种自清洗过滤器，其包括电机减速机1（相当于权利要求1记载的电机减速器）、排气阀2（相当于权利要求1记载的排气阀）、端盖3（相当于权利要求1记载的端盖）、反洗吸嘴4（相当于权利要求1记载的反洗吸嘴）、精滤芯5（相当于权利要求1记载的精滤芯）、污水入管口6（相当于权利要求1

记载的污水入管口）、导水板7（相当于权利要求1的记载导水板）、粗滤芯8（相当于权利要求1记载的粗滤芯）、自动排污阀9（相当于权利要求1记载的自动排污阀）、手孔10（相当于权利要求1记载的手孔）、联轴器11（相当于权利要求1记载的联轴器）、空心轴12（相当于权利要求1记载的空心轴）、吊耳13（相当于权利要求1记载的吊耳）、净水出管口14（相当于权利要求1记载的净水出管口）、机壳15（相当于权利要求1记载的机壳）、差压检测管口16（相当于权利要求1记载的差压检测管口）。从附件8的图中还可以看出，其导水板7也是一端与粗滤芯连接，另一端与污水入管口连接，且粗滤芯和手孔均设置在过滤器的底部。由此可见，本案专利权利要求1所要求保护的双级过滤式自动清洗过滤器与附件8中公开的自清洗过滤器完全相同，且能解决相同的技术问题、获得相同的技术效果，因此本案专利权利要求1请求保护的技术方案不具备新颖性。

鉴于本案专利权利要求1相对于附件1、4、8的结合不具备新颖性，应予无效，专利复审委员会认为对无效请求人提出的其它无效理由无需再予评述。

基于上述理由，专利复审委员会作出了宣告本案实用新型专利全部无效的无效宣告请求审查决定。

四、北京市中级人民法院的一审判决

丹东北方环保工程有限公司（下称"丹东北方公司"）不服专利复审委员会作出的上述专利无效宣告请求审查决定，向北京市第一中级人民法院（下称"一审法院"）提起行政诉讼。

丹东北方公司诉称，该公司才是本案专利的合法专利权人，因为该专利权的归属已由辽宁省沈阳市中级人民法院（2009）沈中民四初字第11号民事判决和辽宁省高级人民法院（2009）民三终字第224号民事判决予以确认。丹东北方公司在办理本案专利著录项目变更过程中发现判归其所有的专利权已被专利复审委员会作出的无效宣告请求审查决定认定为全部无效，遂与专利复审委员会交涉索要该无效宣告请求审查决定并要求查阅卷宗材料，其要求均被专利复审委员会拒绝。

北京市第一中级人民法院受理了诉讼请求，并通知本案无效请求人作为第三人参加诉讼。

丹东北方公司提起行政诉讼的理由是：

（1）专利复审委员会作出的本案无效宣告请求审查决定没有告知合法的专利权人，违反了《专利法》第四十六条关于"专利复审委员会对宣告专利权无效的请求应当及时审查和做出决定,并通知请求人和专利权人"的规定。

(2)专利复审委员会在该公司持有本案专利著录项目变更的合法手续向其索要无效宣告请求权审查决定并要求查阅卷宗材料时以种种借口拒绝是十分错误的,侵害了丹东北方公司的合法权益。

(3)该公司拥有的"双级过滤式自动清洗过滤器"专利填补了国家有关技术领域的空白,有理由怀疑别有用心的人出于不可告人的目的恶意提出无效宣告请求,给该公司甚至国家造成了经济损失。

基于上述理由,丹东北方公司请求一审法院撤销专利复审委员会作出的本案无效宣告请求审查决定。

专利复审委员会辩称:该委员会于2010年5月24日针对本案专利作出无效宣告请求审查决定时,在国家知识产权局登记备案的合法专利权人为赵清娥,专利复审委员会将审查决定寄给专利权人赵清娥并无不妥。关于本案专利是否具备新颖性,该无效宣告请求审查决定已作了详细评述,在此不再赘述。专利复审委员会认为丹东北方环保工程有限公司的诉讼理由不能成立,请求法院判决驳回其诉讼请求,维持该无效宣告请求审查决定。

本案无效请求人诉称:专利复审委员会作出的本案无效宣告请求审查决定认定事实清楚,适用法律正确,请求一审法院判决驳回丹东北方的诉讼请求,维持本案无效宣告请求审查决定。

一审法院查明:辽宁省沈阳市中级人民法院于2009年9月14日作出(2009)沈中民四初字第11号民事判决书,确认本案专利归丹东北方公司所有。当时的专利权人周蕙臣不服一审判决提出上诉;辽宁省高级人民法院于2009年12月17日作出(2009)辽高民三终字第224号终审判决书(简称第224号判决),维持辽宁省沈阳市中级人民法院的一审判决。丹东北方公司主张其于2009年12月底收到辽宁省高级人民法院的第224号判决。丹东北方公司于2010年5月19日依据第224号判决向国家知识产权局提出著录项目变更请求。国家知识产权局于2010年6月18日,发出视为未提出通知书,认为丹东北方公司的著录项目变更请求不符合《专利法实施细则》的相关规定,缺少新专利权人地址编码,视为未提出。丹东北方公司于2010年6月25日再次向国家知识产权局提出著录项目变更请求,国家知识产权局于2010年7月21日向丹东北方公司发出手续合格通知书,告知丹东北方公司已将本案专利的专利权人变更为丹东北方公司。

一审法院认为,本案审理的焦点问题在于专利复审委员会作出无效宣告请求审查决定的程序是否合法。

一审法院作出一审判决的理由如下:

本案中，虽然专利复审委员会在受理无效宣告请求后向本案专利权人赵清娥送达了相关的请求书和证据材料，并对本案进行了口头审理，上述程序没有违反法律规定。但是由于辽宁省高级人民法院作出的第224号判决已经终审确认本案专利的专利权人应当为丹东北方公司，赵清娥在收到第224号判决后既未告知丹东北方公司其专利正在无效宣告行政程序中，也未通知专利复审委员会，以至于专利复审委员会在无效宣告请求审查决定中将赵清娥认定为本案专利权利人，并向赵清娥送达了该无效宣告请求审查决定，造成本案的主要证据不足。由于赵清娥并未向专利复审委员会如实陈述本案专利权经司法程序已经确认归丹东北方公司所有，致使真正的专利权人并未参加包括口审在内的全部行政程序，造成专利复审委员会作出的无效宣告请求审查决定存在程序错误。鉴于赵清娥作为本案专利的专利权人在无效宣告程序中未依法履行保护本案专利的权利，未针对无效请求人提出的无效宣告理由和事实发表意见，从而放任本案专利权利丧失。依据《专利法》第一条规定的立法宗旨以及《审查指南》第四部分第一章2.5的规定，专利复审委员会应当在听取丹东北方公司的意见后再作决定。

基于上述理由，一审法院认定专利复审委员会作出的本案无效宣告请求审查决定主要证据不足，故判决：

（1）撤销专利复审委员作出的本案专利无效宣告请求审查决定；

（2）责成专利复审委员会就本案无效请求人提出的无效宣告请求重新作出审查决定。

五、北京市高级人民法院的二审判决

专利复审委员会和本案无效请求人不服一审判决，向北京市高级人民法院（下称"二审法院"）提起上诉。

专利复审委员会的主要上诉理由是：

（1）专利复审委员会在作出本案无效宣告请求审查决定时，本案专利的专利权人是赵清娥而不是丹东北方公司，故专利复审委员会未向丹东北方公司送达相关无效审查文件并无不当。

（2）丹东北方公司在被司法判决确认为本案专利的专利权人后，未及时主张著录变更，故丹东北方公司未收到专利复审委员会的材料系由其自身原因造成的，专利复审委员会作出的本案无效宣告请求审查决定不存在程序违法问题，故不应承担一审诉讼费用。

（3）专利复审委员会在本案无效宣告请求审查决定中仅以本案专利不具有新颖性宣告本案专利权无效，对新颖性的审查是一个相对客观的过程，一审法院在未审查本案专利到底是否具有新颖性的情况下，判决专利复审委员会重新作出审查决定，可能导致增加当事人的诉累，拖长本案专利审查程序的后果。

本案无效请求人的主要上诉理由是：

（1）一审判决认定事实不清，赵清娥在第14860号决定作出之前并未收到辽宁省高级人民法院的第224号判决，即使其收到第该判决也无义务通知专利复审委员会。

（2）专利复审委员会在依法变更本案专利的专利权人之前就已作出了本案无效宣告请求审查决定，其审查程序完全合法。

（3）本案的争议焦点是专利复审委员会作出其无效宣告请求审查决定的行为是否恰当，而不是赵清娥的行为是否失当。

二审法院查明：针对丹东北方公司提出的中止程序请求，国家知识产权局于2009年4月17日作出《中止程序请求审批通知书》并于2009年4月24日发文，其中记载：本案专利的中止程序请求人丹东北方公司于2009年3月31日提出的中止程序请求符合有关法律规定，专利局自2009年3月31日起至2010年3月31日对该专利申请或专利执行中止。针对丹东北方公司提出的延长期限请求，国家知识产权局作出《延长期限审批通知书》并于2010年4月16日发文，其中记载：不同意延长国家知识产权局于2009年4月24日发出的《中止程序请求审批通知书》中规定的期限，理由是本案专利处于无效宣告程序中，中止期限已届满。此外，丹东北方公司向本院提交了加盖有辽宁省高级人民法院档案馆印章的辽宁省高级人民法院《送达回证》，其中记载丹东北方公司于2010年5月7日收到第224号判决。丹东北方公司在一审诉讼中认可于2009年12月底收到第224号判决是基于推断，并无相应证据，根据上述《送达回证》，丹东北方公司于2010年5月7日收到第224号判决。上述事实有《中止程序请求审批通知书》、《延长期限审批通知书》、辽宁省高级人民法院《送达回证》及当事人陈述、询问笔录等证据佐证。

二审法院认为：

虽然《审查指南》规定无效宣告请求程序可以因相关专利权属纠纷而中止审查，但同时规定中止期限不超过一年，且无效宣告程序中专利复审委员会指定的期限不得延长。《审查指南》在给专利复审委员会的无效审查工作带来规范、高效、便捷等利益的同时，也要求专利复审委员会承受相应的风险。《审查指南》的前述规定虽然保障了无效审查程序的效率，但相应的无效审查决定亦可能因为专利复审委员会未延长中止期限导致专利权人的合法利益受到损害而被撤销。

本案专利在无效审查程序中虽已有生效司法判决确认丹东北方公司为本

案专利的专利权人，但专利复审委员会在作出本案无效宣告请求审查决定时并不知道相关司法裁判情况，且本案专利的专利权人变更也发生在本案无效宣告请求审查决定作出之后。因此，一审法院以赵清娥未告知专利复审委员会相关司法裁判情况导致丹东北方公司未参加无效审查程序为由，认定专利复审委员会作出本案无效宣告请求审查决定的程序违法缺乏依据，应予纠正。专利复审委员会以及本案无效请求人有关无效宣告请求审查决定程序合法的上诉理由成立，应予支持。

但是，由于本案无效宣告请求是在辽宁省沈阳市中级人民法院一审判决本案专利归丹东北方公司所有后才由无效请求人向专利复审委员会提出的，且在专利复审委员会的无效审查程序中，辽宁省高级人民法院已终审判决确认本案专利归丹东北方公司所有。虽然本案无效宣告请求审查决定仅以不具有新颖性为由宣告本案专利权无效，但辽宁省高级人民法院的第224号判决在本案无效宣告请求审查决定作出后才送达丹东北方公司，且本案专利的原专利权人赵清娥亦未及时告知专利复审委员会有关本案专利权属问题的终审判决内容，并鉴于本案专利的真正专利权人丹东北方公司并未参加相应的无效审查程序，一审法院为切实保护丹东北方公司的合法利益，判决专利复审委员会在保障各方当事人合法权利的基础上重新作出无效宣告请求审查决定并无不当，因此专利复审委员会及本案无效请求人的相应上诉理由不能成立，不予支持。此外，鉴于本案无效宣告请求审查决定应予撤销，由专利复审委员会负担案件受理费并无不当。专利复审委员会有关其不应承担诉讼费用的主张于法无据，不予支持。

基于上述理由，二审法院认定虽然专利复审委员会及本案无效请求人有关作出本案无效宣告请求审查决定的程序合法的上诉理由成立，但鉴于本案专利的真正专利权人未能参加相应的无效审查程序，一审法院判决专利复审委员会重新作出审查决定并无不当，因此专利复审委员会和本案无效请求人的上诉请求因缺乏依据不能成立，不予支持；一审判决认定事实基本清楚，判决结果正确，应予维持；故判决驳回上诉，维持一审判决。

六、评析

本案涉及专利权权属争议纠纷与专利权有效性争议纠纷之间的关联问题，现实中很少遇到这种类型的案例。正因为如此，本案审理结果对我国专利制度的运作有较为重要的意义。

1984年制定的《专利法》和《专利法实施细则》规定，专利申请人依照《专利法》第六条、第八条和第十八条的规定无权申请专利的，他人可以对公告后的专利申请提出异议，也可以对授权后的专利提出无效宣告请求。这表明按照当时的规定，专利申请人无权提出专利申请的是请求宣告专利权无效的理由之一，亦即无效宣告请求程序也可以用于解决专利权权属纠纷。

1992年修改的《专利法》和《专利法实施细则》改变了上述做法，专利申请人无权申请专利的不再是请求宣告专利权无效的理由。此后，专利无效宣告请求的理由仅限于所要求保护的客体以及专利文件的撰写不符合《专利法》和《专利法实施细则》有关规定的情形，不再涉及专利主体的权属纠纷。

对《专利法》作出上述调整是合理的，因为当事人之所以产生权利归属争议，潜台词就是专利申请或者专利所涉及的发明创造对当事人而言具有价值，值得申请获得专利，其争议仅仅在于专利申请权或者专利权应当归属何人。如果原专利权人实属无权申请专利却获得了专利权，而真正有权申请获得专利权的人只能通过启动无效宣告请求程序将已经授予的专利权无效掉，其结果就是两败俱伤，不仅有损于真正权利人的合法权益，对国家来说也没有什么益处。

当事人对专利申请权或者专利权产生权属纠纷的，有四种解决途径可供选择：一是当事人协商解决，达成协议；二是依据《最高人民法院关于审理专利纠纷案件适用法律问题的若干规定》（2001年）第一条的规定，请求法院受理专利申请权纠纷案件或者专利权权属纠纷案件；三是依据《专利法实施细则》第八十五条规定，请求管理专利工作的部门对专利申请权和专利权的归属纠纷进行调解；四是通过仲裁方式解决专利申请权或者专利权的权属纠纷。

由此可见，自1992年修改《专利法》之后，专利权权属纠纷与专利权有效性纠纷的解决途径已经"分道扬镳"，不再"掺合"在一起。尽管如此，仍不能认为专利权权属纠纷与专利权有效性纠纷截然无关，本案便是一个例证。

下面仅就专利权权属纠纷的审理结果认定原先的专利权人（下称原专利权人）无权获得专利，应当将专利权转移给另一当事人（下称合法专利权人）的情形展开讨论。

应当注意的是，专利权的转移并非一旦在专利权权属纠纷处理过程中达成协议或者作出生效判决就能自动实现，因为专利权是国家知识产权局授予的权利，其法律状态需要以公示方式告知公众，也就是以国家知识产权局登记簿的记录为准。专利权发生转移的，需要按照《专利审查指南》第一部分第一章6.7的规定，向国家知识产权局办理有关著录事项变更手续，专利申请权或者专利权的转移自登记之日起生效。所谓"登记之日"，是指国家知识产权局专利局作出的手续合格通知书的发文日。即使法院就专利权权属纠纷作出的判决已经生效，在国家知识产权局发出著录事项变更的手续合格通知书之前，有权处置该专利权并办理有关事宜的仍然是原专利权人。

从启动专利权权属纠纷处理程序到当事人达成协议或者由法院作出生效判决需要一定时间，从达成协议或者由法院作出生效判决到合法专利权人在国家知识产权局成功办理著录事项变更手续也需要一定时间，总的所需时间可能较长。不难想象，在此期间如果对原专利权人享有的处置其专利权的权利不加任何限制，就有可能发生损害合法专利权人利益的事情。例如，在专利权权属纠纷的处理过程中，在感到有关证据对其不利，处理结果有可能导致专利权转移的情况下，原专利权人有可能采取不按时缴纳专利年费的做法，让该专利权被视为放弃，使合法专利权人即使在权属纠纷诉讼中胜诉也落得"竹篮打水一场空"的结局；原专利权人也有可能采取将该专利权转让给他人的做法，使合法专利权人随后办理著录事项变更手续时遭遇新的麻烦。

为了防止上述情形发生，《专利法实施细则》专门作了有关规定。其第八十六条规定：

> 当事人因专利申请权或者专利权的归属发生纠纷，已请求管理专利工作的部门调解或者向人民法院起诉的，可以请求国务院专利行政部门中止有关程序。
>
> 依照前款规定请求中止有关程序的，应当向国务院专利行政部门提交请求书，并附具管理专利工作的部门或者人民法院的写明申请号或者专利号的有关受理文件副本。
>
> 管理专利工作的部门作出的调解书或者人民法院作出的判决生效后，当事人应当向国务院专利行政部门办理恢复有关程序的手续。自请求中止之日起1年内，有关专利申请权或者专利权归属的纠纷未能结案，需要继续中止有关程序的，请求人应当在该期限内请求延长中止。期满未请求延长的，国务院专利行政部门自行恢复有关程序。

第八十七条规定：

> 人民法院在审理民事案件中裁定对专利申请权或者专利权采取保全措施的，国务院专利行政部门应当在收到写明申请号或者专利号的裁定书和协助执行通知书之日中止被保全的专利申请权或者专利权的有关程序。保全期限届满，人民法院没有裁定继续采取保全措施的，国务院专利行政部门自行恢复有关程序。

第八十八条规定：

> 国务院专利行政部门根据本细则第八十六条和第八十七条规定中止有关

程序，是指暂停专利申请的初步审查、实质审查、复审程序，授予专利权程序和专利权无效宣告程序；暂停办理放弃、变更、转移专利权或者专利申请权手续，专利权质押手续以及专利权期限届满前的终止手续等。

由《专利法实施细则》第八十八条的规定可以知道，"中止有关程序"也包括中止专利权无效宣告程序，其理由在于：尽管专利权无效宣告程序是对被授予专利权的客体以及专利文件的撰写是否符合《专利法》和《专利法实施细则》的有关规定作出客观评价，看似与专利权主体是谁无关，但在合法专利权人不能参与专利权无效宣告程序，因而不能充分陈述其意见的情况下，其合法权益有可能无法得到保障。

然而事情总是两面的，任凭以存在权利归属争议为由不断请求中止专利权无效宣告程序，也有可能产生不良后果。例如，在被诉侵权人启动的专利权无效宣告程序中，如果专利权人感到证据对其不利，其专利权有可能最终被宣告无效的情况下，就有可能采取找人不断启动专利权权属纠纷程序，致使专利权无效宣告程序始终处于中止状态的做法，导致被诉侵权人长期无法摆脱被指控侵犯他人专利权的阴影，使其正常的生产经营活动受到不合理干扰。为了防止中止程序的滥用，《专利审查指南2010》第五部分第七章7.4.1规定：

对于专利申请权（或专利权）权属纠纷的当事人提出的中止请求，中止期限一般不得超过一年，即自中止请求之日起满一年的，该中止程序结束。

有关专利申请权（或专利权）权属纠纷在中止期限一年内未能结案，需要继续中止程序的，请求人应当在中止期满前请求延长中止期限，并提交权属纠纷受理部门出具的说明尚未结案原因的证明文件。中止程序可以延长一次，延长的期限不得超过六个月。不符合规定的，审查员应当发出延长期限审批通知书并说明不予延长的理由；符合规定的，审查员应当发出延长期限审批通知书，通知权属纠纷的双方当事人。

7.4.3规定：

对于涉及无效宣告程序中的专利，应权属纠纷当事人请求或者应人民法院要求协助执行财产保全的中止，中止期限不超过一年，中止期限届满专利局将自行恢复有关程序。

7.4.3的上述规定表明，在专利权无效宣告程序中对中止程序有更为严格的限制，即中止程序的期限不得超过一年，且不能请求延长中止程序。

本案的有关事件包括：

（1）国家知识产权局于2007年11月17日授予本案实用新型专利权，当时的专利权人为周惠臣；

（2）周惠臣于2007年11月28日将专利权人变更为赵清娥；❶

（3）丹东北方公司于2009年3月31日向国家知识产权局提出中止程序请求；

（4）国家知识产权局国家知识产权局于2009年4月24日发出《中止程序请求审批通知书》，同意自2009年3月31日起至2010年3月31日对该实用新型专利执行中止。

（5）针对本案专利，孙雅申于2009年7月17日向专利复审委员会提出无效宣告请求；

（6）辽宁省沈阳市中级人民法院于2009年9月14日作出一审民事判决，认定本案实用新型专利归丹东北方公司所有，该民事诉讼案件的被告仍为周惠臣；

（7）辽宁省高级人民法院于2009年12月17日作出维持辽宁省沈阳市中级人民法院一审民事判决的二审民事判决；

（8）丹东北方公司向国家知识产权局提出中止程序延长期限请求（日期不详）；

（9）国家知识产权局于2010年4月16日发出《延长期限审批通知书》，指出不同意延长中止程序期限，理由是本案专利处于无效宣告程序中，中止期限已届满；

（10）专利复审委员会于2010年4月28日作出本案无效宣告请求审查决定；

（11）丹东北方公司于2010年5月7日收到辽宁省高级人民法院作出的二审民事判决；

（12）丹东北方公司于2010年5月19日向国家知识产权局提出著录项目变更请求；

（13）国家知识产权局以著录项目变更请求缺少新专利权人地址编码，不符合相关规定为由，于2010年6月18日发出视为未提出通知书；

（14）丹东北方公司于2010年6月25日再次向国家知识产权局提出著录项目变更请求；

（15）国家知识产权局于2010年7月21日发出手续合格通知书，告知本案专利专利权人已变更为丹东北方公司。

从以上事件的发生顺序以及具体案情来看，可以得出如下结论：

第一，丹东北方公司在整个案件过程中是认真负责的，体现在：就专利

---

❶ 这一变更日期系从国家知识产权局网站查得，无效宣告请求审查决定、一审判决、二审判决均未提及。

权权属纠纷向沈阳市中级人民法院提起民事诉讼后，该公司及时向国家知识产权局提出了中止程序请求；❶ 在收到辽宁省高级人民法院就专利权权属纠纷作出的终审民事判决书之后，该公司及时向国家知识产权局提出著录事项变更请求。上述事实表明该公司十分重视本案实用新型专利。

第二，在丹东北方公司向沈阳市中级人民法院提起民事诉讼时，赵清娥已被变更为本案实用新型专利的专利权人，但该民事诉讼仍以本案实用新型专利授权时的原专利权人周惠臣为被告而不是以赵清娥为被告，因此赵清娥应当知晓涉及本案专利权的权属纠纷诉讼案件及其审理结果，理应在专利权无效宣告程序中告知专利复审委员会。针对本案无效请求人提出的本案实用新型专利不具备新颖性的主张，赵清娥基本上持全盘承认、不予争辩的态度，这在正常情况下相当罕见，实属反常。

第三，在本案无效请求人向专利复审委员会提出无效宣告请求之前，丹东北方公司已经向国家知识产权局提出中止程序请求并已获得国家知识产权局准许，在电子办公系统已经相当完备的情况下，专利复审委员会理应查明国家知识产权局是否作出同意对涉案专利执行中止的通知。专利复审委员会作出本案无效宣告请求审查决定的日期恰好在中止期限届满之日的一个多月后，这表明专利复审委员会事实上已经履行了国家知识产权作出的在2010年3月31日之前执行中止的承诺。

从现有法律法规和部门规章的角度来看，专利复审委员会在专利权无效宣告程序上似无不当之处，这一点也得到了北京市高级人民法院的认同。尽管如此，二审判决指出：

虽然《审查指南》规定无效宣告请求程序可以因相关专利权权属纠纷而中止审查，但同时规定中止期限不超过一年，且无效宣告程序中专利复审委员会指定的期限不得延长。《审查指南》在给专利复审委员会的无效审查工作带来规范、高效、便捷等利益的同时，也要求专利复审委员会承受相应的风险。因此，《审查指南》的前述规定虽然保障了无效审查程序的效率，但相应的无效审查决定亦可能因为专利复审委员会未延长中止期限导致专利权人的合法利益受到损害而被撤销。

北京市高级人民法院认为，在本案的具体案情下，专利复审委员会应当考虑到宣告本案实用新型全部无效可能对丹东北方公司的利益产生负面影响，即使其依据的现有技术属实，能够否定本案专利的新颖性，在作出决定

---

❶ 该公司就专利权权属纠纷提起民事诉讼的日期无法得知，沈阳市中级人民法院作出一审判决的日期为2009年9月14日作出一审判决，从我国法院采用的一审周期不应长于6个月的一般规则来看，起诉日期应为2009年3月左右。

之前听取民事终审判决认定的合法专利权人的意见陈述也是更为可取、更为合理的做法，因此作出了由专利复审委员会重新作出无效宣告请求审查决定的二审判决。

北京市高级人民法院认为专利复审委员会恪守《专利审查指南2010》的上述规定在某些情况下存在其决定被法院撤销的风险，这表明《专利审查指南2010》的有关规定还存在不够完善之处。为了进一步规范国家知识产权局中止程序的具体做法，有必要在《专利审查指南2010》中增加必要的规定。

本案提出了一个值得讨论的问题，这就是"中止"的含义，亦即国家知识产权局应当暂停哪些作为。《专利审查指南2010》第五部分第七章7.2规定："中止的范围是指（1）暂停专利申请的初步审查、实质审查、复审、授予专利权和专利权无效宣告程序；"所谓"暂停专利权无效宣告程序"的含义需要进一步明确。例如对本案而言，专利复审委员会在中止期间仍举行了由原专利权人参加的口头审理，这是否符合"暂停专利权无效宣告程序"的规定？众所周知，口头审理在专利权无效宣告程序中具有十分重要的作用，对审查结论会产生举足轻重的影响。如果"暂停专利权无效宣告程序"仅仅意味着在中止期间不作出无效宣告请求审查决定，而口头审理和其他审查工作仍然可以按部就班地照常举行，一旦中止期限届满就可以径直作出决定，那么"中止"的意义何在？

"握力计"实用新型专利无效宣告请求案

一、案件提要

当事人

专利权人：张如一、赵东红

无效请求人：邹继豪

专利复审委员会的无效宣告请求审查决定

决定号：WX第12613号

合议组成员：宋瑞、刘亚斌、关刚

决定日：2008年11月6日

北京市第一中级人民法院的一审判决

案号：（2009）一中行初字第466号

合议庭成员：张杰、何君慧、殷悦

结案日期：2009年12月15日

北京市高级人民法院的二审判决

案号：（2010）高行终字第811号

合议庭成员：景滔、朱海宏、刘行

结案日期：2010年12月17日

最高人民法院的再审裁定

案号：（2011）知行字第19号

合议庭成员：王永昌、秦元明、李剑

结案日期：2012年1月19日

涉及的法律规定

《专利法》第二十二条第三款

判决要旨

1.专利法规定的实用新型专利的创造性标准低于发明专利的创造性标

准。判断发明创造是否具有创造性，应当基于所属技术领域的技术人员的知识和能力，并通过将发明创造的技术方案与现有技术进行比对来判断。发明专利和实用新型专利的创造性标准有所不同，因此技术比对时所考虑的现有技术领域也应当有所不同，这是体现发明专利和实用新型专利创造性标准差别的一个重要方面。

2. 技术领域，应当是要求保护的发明或者实用新型技术方案所属或者应用的具体技术领域，而不是上位的或者相邻的技术领域，也不是发明或者实用新型本身。技术领域的确定，应当以权利要求所限定的内容为准，一般根据专利的主题名称，结合技术方案所实现的技术功能、用途加以确定。专利在国际专利分类表中的最低位置对其技术领域的确定具有参考作用。相近技术领域一般指与实用新型专利产品功能以及具体用途相近的领域，相关技术领域一般指实用新型专利与最接近的现有技术的区别技术特征所应用的功能领域。

3. 由于技术领域范围的划分与专利创造性要求的高低密切相关，考虑到实用新型专利创造性标准要求较低，因此在评价其创造性时所考虑的现有技术领域范围应当较窄，一般应当着重比对实用新型专利所属技术领域的现有技术。但是在现有技术已经给出明确的技术启示，促使本领域技术人员到相近或者相关的技术领域寻找有关技术手段的情形下，也可以考虑相近或者相关技术领域的现有技术。所谓明确的技术启示是指明确记载在现有技术中的技术启示或者本领域技术人员能够从现有技术直接、毫无疑义地确定的技术启示。

二、本案专利介绍

本案涉及名称为"握力计"的第97216613.0号实用新型专利，其申请日为1997年5月28日，授权公告日为1998年9月23日，专利权人为张如一、赵东红（下称"专利权人"）。

该实用新型专利的说明书指出：以往的握力计大多为机械式，采用弹簧或者椭圆环承受握力，通过齿轮带动指针，从刻度盘上进行读数。这种机械式握力计受到机械结构的限制，线性和重复性都很差，读出检测结果也很不方便；现有的数字显示式握力计虽然读出检测结果方便，但结构过于复杂，成本较高。因此，本案实用新型的目的是提供一种检测准确、结构简单、操作方便的握力计。

本案专利的附图如下：

如附图1所示，本案实用新型专利的握力计包括外握柄1、内握柄2、定

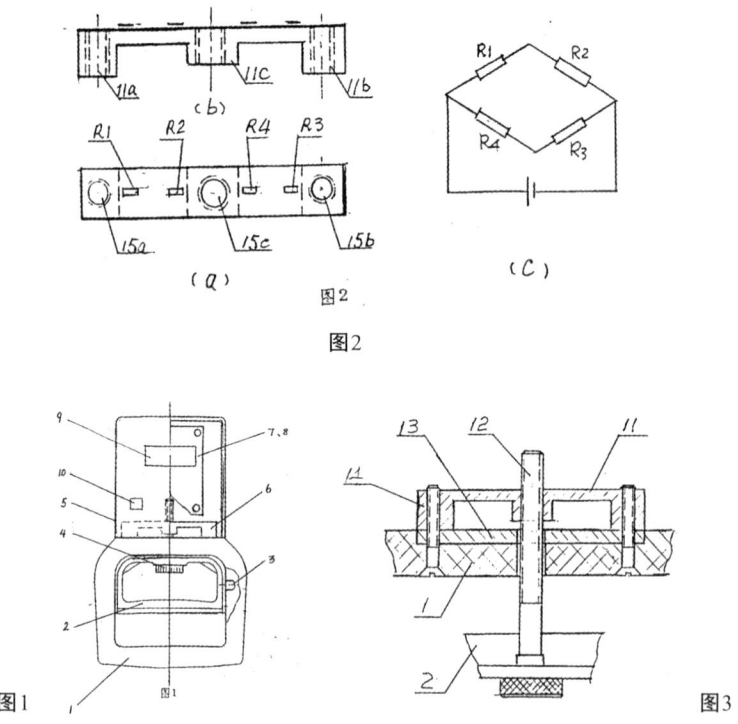

图2

图1   图3

位凸台3、握力调整装置4、外壳5、测力传感器6、检测电路板7、显示器8、显示窗9、开关10。

如附图1和附图3外握柄1是一个略呈"口"字型环形刚性体体,其左右两侧边框的内侧各设置一个滑动槽,其上边框设有握距调整装置4。握距调整装置4是具有调距手轮的力杆12,该力杆12穿过外握柄1,连接内握柄2和测力传感器11。转动力杆12端部的旋钮可以调解外握柄1与内握柄2之间的距离。内握柄2嵌装在外握柄1之内,呈扁平"口"字型环形体,其左右两边框外侧各自设有一个定位定位凸台3,该定位凸台3安装在外握柄1的滑动槽内并可以在其内平滑移动。

附图2(a)和2(b)为本案专利握力计采用的测力传感器11的俯视图和正视图,附图2(c)为电阻应变片的连接关系图。测力传感器11由承力板13、弹性体梁14和电阻应变片R1-R4构成。弹性体梁14由弹性材料制成,其一侧粘贴有四个电阻应变片R1、R2、R3、R4,其另一侧侧设有三个凸台,分别为位于两端的左定位凸台11a和右定位凸台11b以及位于中部的中央凸台

11c。位于两端的左右凸台11a和11b比位于中央的中央凸台更为突出。承力板13是一个长方形板条，其大小与测力传感器11的俯视图尺寸相同，其上设有通孔15a、15b、15c，分别与位于弹性体梁14的三个凸台中央的螺孔11a、11b、11c相对应。采用螺钉穿过所述通孔旋入所述螺孔，可以将弹性体梁14连同承力板13一起固定安装在外握柄1上。

外握柄1与内握柄2的上边框中部以及承力板13的中部各设有一个贯通孔，这些贯通孔彼此同轴。握距调整装置4具有滚花调距手轮和与其相连接的力杆12，该力杆12穿过内握柄2中部的贯通孔15c以可转动方式固定在内握柄2的上边框上，力杆12再穿过外握柄1和承力板13的通孔后，拧入测力传感器11的弹性体梁14的螺孔中，转动滚花调距手轮就可以调整内握柄2相对于外握柄1的距离。

对弹性体梁14施加一个朝下的力，受弯矩的影响，弹性体梁的某些部位受拉力作用，某些部位受压力作用，导致电阻应变片的阻值产生变化，电桥失去平衡，输出一个与所施加力成正比的电压信号U。测量该电压信号，就可以准确地测量出握力。

本案实用新型专利的权利要求书如下：

1. 一种握力计，具有：外握，安装于外握柄内的内握柄，与内握柄相连接的测力传感器，以及安装于外壳内的检测显示装置，其特征是，上述测力传感器是具有多个凸台的弹性体梁，上述弹性体梁通过握距调整装置与上述内握柄相连接。

2. 根据权利要求1所述的握力计，其特征是，上述弹性体梁具有三个凸台，且两端凸台比中部的凸台伸出高。

3. 根据权利要求1或者2所述的握力计，其特征是，上述弹性体梁的图台侧设有承力板。

4. 根据权利要求3所述握力计，其特征是，上述弹性体梁与承力板是形成一个整体的框架结构。

5. 根据权利要求1、2或者4任一项所述的握力计，其特征是，上述握距调整装置是具有调距手轮的力杆，上述力杆穿过外握柄，连接内握柄和测力传感器。

6. 根据权利要求3所述的握力计，其特征是，上述内握柄的两侧边框的外侧设有定位凸台，上述定位凸台与安装在上述外握柄的滑动槽内。

三、专利复审委员会的无效宣告请求审查决定

针对本案专利，邹继豪（下称"无效请求人"）于2008年4月28日向专利复审委员会提出无效宣告请求，其理由是本案专利不符合专利法第二十二条第三款、第二十六条第三款以及《专利法实施细则》第二十条第一款、第

二十一条第二款的规定。

无效请求人的具体无效理由是：

（1）权利要求1-6相对于证据1和证据2不具备创造性，不符合《专利法》第二十二条第三款的规定。

（2）权利要求1-6缺少多个凸台的弹性体梁与外握柄连接关系的必要技术特征，不符合《专利法实施细则》第二十一条第二款的规定。

（3）权利要求1-6对弹性体梁与外握柄连接关系、弹性体梁测力传感器与检测显示装置连接关系及作用关系描述不清楚，不符合《专利法实施细则》第二十条第一款的规定。

（4）本案专利说明书没有对弹性体梁测力传感器与检测显示装置连接关系及作用关系作出清楚的描绘，也没有对传感器传出的信号如何处理转换成能够显示符合要求的信号的说明，不符合《专利法》第二十六条第三款的规定。

经形式审查合格，专利复审委员会依法受理了上述无效宣告请求，于2008年4月28日向请求人和专利权人发出无效宣告请求受理通知书，同时将专利权无效宣告请求书及其证据的副本转给专利权人，要求其在一个月内对该无效宣告请求陈述意见。专利权人在指定期限内未答复。

专利复审委员会作出无效宣告请求审查决定的理由如下：

（一）关于证据

证据2是授权公告日为1996年9月4日、授权公告号为CN2234609Y的实用新型专利说明书，证据5是本案专利的授权公告文本，专利权人对证据2和证据5的真实性没有异议。

证据7是一份日本公开特许公报，无效请求人提交了证据7的中文译文。本案专利权人认为该日本案专利文献字迹模糊难以辨认，并声称从日本特许厅的网站数据库中并未查询到相关文件，因此对证据7的真实性及其中文译文的准确性有异议。本案专利权人还认为证据7属于在日本形成的证据，但无效请求人未提交公证认证的证明手续，也未提交从专利局获得的专利文件，由此请求不予考虑该证据。

专利复审委员会认为，证据7是在本案专利申请日之前公开的日本案专利文件，任何人在我国国内通过因特网查询日本特许厅的官方网站都可以获得该文件，因此证据7属于《审查指南》第四部分第八章第2.2.2节规定的第（1）种情形，不需办理相关的证明手续。经专利复审委员会确认，从日本特许厅的官方网站上能够查询到证据7的全文文本且与请求人提交的文本一致，因此对证据7的真实性予以认可。此外，专利复审委员会认为请求人提交的证据7字迹清晰可辨，不存在难以辨认之处，且本案无效请求人也未具体指出证据7中哪些部分难以辨认，故证据7可以作为本案的证据使用，其上记载的内容构成本案专利的现有技术，其文字部分的内容以请求人提交的中文译文为准。

综上所述，证据2、5、7可以作为本案的证据使用，证据2和证据7中记载的内容构成本案专利的现有技术，证据7文字部分的内容以其中文译文为准。

（二）关于创造性

《专利法》第二十二条第三款规定："创造性，是指同申请日以前已有的技术相比，该发明有突出的实质性特点和显著的进步，该实用新型有实质性特点和进步。"

如果一项权利要求的技术方案与一份证据披露的现有技术相比存在区别技术特征，而该区别技术特征被属于相同技术领域的另一份证据披露的现有技术公开，且该特征在该另一份证据中所起的作用与本案专利中的作用相同，则该权利要求不具备创造性。

具体到本案，本案专利权利要求1要求保护一种握力计，其所要解决的技术问题是提供一种检测准确、结构简单、操作方便的握力计。该权利要求1的技术方案为：一种握力计，具有：外握柄，安装于外握柄内的内握柄，与内握柄连接的测力传感器以及装于外壳内的检测显示装置，其特征是，上述的测力传感器是具有多个凸台的弹性体梁，上述的测力传感器通过握距调整装置与上述内握柄连接。

证据7公开了一种体力测定器，具体公开了如下内容：该体力测定器包括外握部3（对应于本案专利的外握柄），安装于外握柄内的中握部2（对应于本案专利的内握柄），压缩螺杆4（对应于本案专利中的握距调整装置）的一端通过调节手轮13与中握部2连接并可以自由转动，另一端螺插于在压缩弹簧5的压缩板6的基端处设置的圆筒体7内，压缩板6和齿条10以齿条杆9为媒介连接成一体，齿条10与固定在回转式编码器11的回转轴11a上的小齿轮12啮合（压缩弹簧5、压缩板6、圆筒体7、齿条杆9、齿条10、回转式编码器11、小齿轮12构成的整体对应于本案专利的测力传感器）；测定时，被测定人握紧中握部2和外握部3后，弹簧5通过压缩板6被压缩下降的同时，契合在压缩板6上的齿条杆9就产生移动，与之连动的齿条10也随之下降，与齿条10啮合的小齿轮12在回转式编码器11的回转轴11a上回转，该回转角度与握力成比例增加，由此在回转式编码器11中产生与角度成比例的方形波脉冲，该方形波脉冲被传送到对肌力测定进行数字显示的装置（对应于本案专利的检测显示装置）中，从而完成测定握力。

由上可知，本案专利权利要求1的技术方案与证据7公开的内容相比，其区别在于：（1）本案专利权利要求1的测力传感器是具有多个凸台的弹性体梁，而证据7是利用由压缩弹簧5、压缩板6、齿条杆9、齿条10、回转式编码器11、小齿轮12构成的整体来实现测力传感器的功能；（2）本案专利权利要求1中的检测显示装置安装于外壳内，而证据7没有明确记载显示装置的安装位置。

证据2公开了一种手提式数字显示电子秤，其中具体公开了该电子秤包括称重挂钩3、挂环5、外壳1、称重传感器10，称重传感器10是由金属弹性体加工的重心在中间的M型传感器，由其附图4可知，该M型传感器具有竖直向下伸出的三个腿状结构（相当于本案专利所述测力传感器具有的多个凸台），其中两侧的腿状结构与一底板形成为一体，中间的腿状结构较短且不与底板接触，该M型传感器表面还贴有4片电阻应变片，该外壳1上设有显示屏2，用于被外壳1内的多个电器元件驱动而显示被称重物的重量。

由此可见，证据2已经公开了具有竖直向下伸出的三个腿状结构的M型传感器10，且该M型传感器由金属弹性体加工而成，必然具有弹性，相当于公开了本案专利的具有多个凸台的弹性体梁；证据2中的显示屏2和驱动该显示屏2的电路元件相当于公开了本案专利所述的装于外壳内的检测显示装置，因此上述区别技术特征（1）和（2）均已被证据2公开。证据2与本案专利、证据7同属于测力装置技术领域，证据2中测重力与本案专利、证据7中测握力的不同仅在于重力是由被称重的物体施加而握力是由被测人的手施加，但施加的重力和握力的方向均是垂直向下，也就是证据2中的重力与本案专利、证据7中的握力仅仅是施力对象不同，不会对该重力和握力的测量造成实质性影响，即该重力和握力的测量原理基本相同；此外，在测力装置的实际设计中，测重力装置和测握力装置均采用测力领域中常用的压力传感器或拉力传感器来实现，对本领域技术人员来说，用测重力装置中的压力传感器来替换测握力装置中的传感器不需要付出创造性劳动。因此，本领域技术人员在证据7的基础上，很容易想到采用证据2中的M型传感器来替换证据7中用于实现传感器功能的多个部件并将显示装置安装于外壳内，从而得到本案专利权利要求1的技术方案，即组合证据7与证据2得到本案专利权利要求1的技术方案对于本领域技术人员来说是显而易见的，因此本案专利权利要求1相对于证据7和证据2的结合不具备创造性，不符合《专利法》第二十二条第三款的规定。

本案专利权人认为证据2与本案专利不属于同一技术领域，是用来称重的，没有给出与证据7相结合的启示，证据2的附图4只有一个凸台，证据7中没有描述握距，因此本案专利权利要求1具备创造性。

对此，专利复审委员会认为：如前所述，证据2与本案专利、证据7同属于测力装置技术领域，证据2中的重力与本案专利、证据7中的握力仅仅是施力对象不同，不会对该重力和握力的测量造成实质性影响，即该重力和握力的测量原理并没有实质性不同，因此本领域技术人员有动机将证据2与证据7结合；证据2中的M型传感器的竖直向下伸出的三个腿状结构相当于本案专利所述的多个凸台；证据7中虽然没有明确记载压缩螺杆4是用于调整握距的，但是根据证据7说明书中对于压缩螺杆4和调节手轮13的描述并结合其附图1可以确定，通过转动调节手轮13使压缩螺杆4转动，进而带动内握柄上升或下降就可以调节内握柄与外握柄之间的握距，因此证据7中的压缩螺杆4实际上已经公开了本案专利所述的握距调整装置。综上所述，专利权人的主张不能成立。

本案专利权利要求2是引用权利要求1的从属权利要求，其附加技术特征是"上述弹性体梁具有三个凸台，且两端凸台比中部的凸台伸出高"，从证据2的附图4可以看出，该M型传感器两侧的腿状结构比中间的腿状结构长，从而使该中间的腿状结构悬空，因此该特征也已被证据2所公开，且其在证据2中所起的作用也与本案专利权利要求中相同，在认定权利要求1不具备创造性的情况下，其从属权利要求2相对于证据7和证据2的结合也不具备《专利法》第二十二条第三款规定的创造性。

本案专利权利要求3是引用权利要求1或2的从属权利要求，其附加技术特征是"上述弹性体梁的凸台侧设有承力板"。从证据2的附图4中可以看出，该M型传感器的腿状结构底部有一与M型传感器两侧的腿状结构承接的底板（相当于本案专利权利要求3所述的承力板），因此该特征也已被证据2所公开。在认定权利要求1或2不具备创造性的情况下，其从属权利要求3相对于证据7和证据2的结合也不具备《专利法》第二十二条第三款规定的创造性。

权利要求4是引用了权利要求3的从属权利要求，其附加技术特征是"上述弹性体梁与承力板是形成一个整体的框架结构"。从证据2的附图4中可以看出，该M型传感器的腿状结构与底板形成为一体，因此该特征也已被证据2所公开，在权利要求3不具备创造性的情况下，其从属权利要求4相对于证据7和证据2的结合也不具备专利法第二十二条第三款规定的创造性。

本案专利权利要求5是引用权利要求1、2或4中任一项的从属权利要求，其附加技术特征是"上述握距调整装置是具有调距手轮的力杆，上述力杆穿过外握柄，连接内握柄与测力传感器"。证据7中公开了压缩螺杆4（相当于权利要求5所述的力杆）和设置在压缩螺杆4前端的调节手轮13（相当于权利要求5所述的调距手轮），该压缩螺杆4穿过外握部3，连接中握部2和压缩板6上设置的圆筒体7（由前面对于本案专利权利要求1的评述可知，压缩板6和其上的圆筒体7是证据7中用于实现传感器功能的一部分部件，从而相当于公开了权利要求5所述的连接关系），因此上述附加技术特征也已被证据7公开，在认定权利要求1、2或4不具备创造性的情况下，从属权利要求5相对于证据7和证据2的结合也不具备《专利法》第二十二条第三款规定的创造性。

　　本案专利权利要求6是引用权利要求3的从属权利要求，其附加技术特征是"上述内握柄的两侧边框的外侧设有定位凸台，上述定位凸台安装在外握柄的滑动槽内"。上述附加技术特征所起的作用是通过定位凸台与滑动槽的卡合来使得内握柄只能在滑动槽的方向上移动，本领域技术人员为了使内握柄在受力时沿着与外握柄在同一平面内的方向朝外握柄下端移动，防止因发生偏斜而产生测量误差，能够想到采用在外握柄上设置滑动槽并在内握柄两侧边框上设置定位凸台的措施，从而使得内握柄卡合在外握柄的滑动槽内以避免发生偏斜运动，这是本领域的常用技术手段。因此在认定权利要求3不具备创造性的情况下，从属权利要求6相对于证据7、证据2和公知常识的结合也不具备《专利法》第二十二条第三款规定的创造性。

　　基于上述理由，专利复审委员会认定本案专利权利要求1－6均不具备创造性，不符合《专利法》第二十二条第三款的规定。由于已经得出了本案专利的全部权利要求均不具备创造性的结论，因此不必再对请求人提出的其他证据和理由进行评述。据此，专利复审委员会作出了宣告本案专利全部无效的无效宣告请求审查决定。

四、北京市第一中级人民法院的一审判决

　　本案专利权人不服专利复审委员会作出的无效宣告请求审查决定，向北京市第一中级人民法院（下称"一审法院"）提起行政诉讼。

　　一审法院同意专利复审委员会的相关事实认定，并对专利复审委员会作出的无效宣告请求审查决定的审查程序合法性予以确认。

　　一审法院作出一审判决的理由如下：

　　本案专利权利要求1的技术方案与证据7公开的内容相比，其区别在于：（1）本案专利权利要求1中的测力传感器是具有多个凸台的弹性体梁，而证据7中是利用由压缩弹簧5、压缩板6、齿条杆9、齿条10、回转式编码器11、小齿轮12构成的整体来实现测力传感器的功能；（2）本案专利权利要求1中的检测显示装置安装于外壳内，而证据7中没有明确记载显示装置的安装位置。

证据2公开了一种手提式数字显示电子秤，具体公开了该电子秤包括称重挂钩3、挂环5、外壳1、称重传感器10，称重传感器10是由金属弹性体加工的重心在中间的M型传感器，由其附图4可知，该M型传感器具有竖直向下伸出的三个腿状结构（相当于本案专利所述测力传感器具有的多个凸台），其中两侧的腿状结构与一底板形成为一体，中间的腿状结构较短且不与底板接触，该M型传感器表面还贴有4片电阻应变片，该外壳1上设有显示屏2，用于被外壳1内的多个电器元件驱动而显示被称重物的重量。

由此可见，证据2已经公开了具有竖直向下伸出的三个腿状结构的M型传感器10，且该M型传感器由金属弹性体加工而成，必然具有弹性，这相当于公开了本案专利的具有多个凸台的弹性体梁；证据2中的显示屏2和驱动该显示屏2的电路元件相当于公开了本案专利所述的装于外壳内的检测显示装置，因此上述区别技术特征（1）和（2）均已被证据2公开；证据2与本案专利、证据7同属于测力装置技术领域，证据2中测重力与本案专利、证据7中测握力的不同仅在于重力是由被称重的物体施加而握力是由被测人的手施加，但施加的重力和握力的方向均是垂直向下，也就是证据2中的重力与本案专利、证据7中的握力仅仅是施力对象不同，不会对该重力和握力的测量造成实质性影响，即该重力和握力的测量原理基本相同；此外，在测力装置的实际设计中，测重力装置和测握力装置均采用测力领域中常用的压力传感器或拉力传感器来实现，对本领域技术人员来说，用测重力装置中的压力传感器来替换测握力装置中的传感器结构不需要付出创造性劳动。因此，本领域技术人员在证据7的基础上，很容易想到采用证据2中的M型传感器来替换证据7中用于实现传感器功能的多个部件并将显示装置安装于外壳内，从而得到本案专利权利要求1的技术方案，即组合证据7与证据2得到本案专利权利要求1的技术方案对于本领域技术人员来说是显而易见的，因此本案专利权利要求1相对于证据7和证据2的结合不具备创造性，不符合《专利法》第二十二条第三款的规定。

基于上述理由，一审法院判决维持专利复审委员会作出的无效宣告请求审查决定。

五、北京市高级人民法院的二审判决

本案专利权人不服一审判决，向北京市高级人民法院（下称"二审法院"）提起上诉。

本案无效请求人诉称：

（1）专利复审委员会在本案无效请求人没有申请的情况下自行调查取

证并剥夺专利权人对调取证据的申辩权，违反了行政听证原则。

（2）专利复审委员会认定授权公告日为1996年9月4日、授权公告号为CN2234609Y的中国实用新型专利（即被控决定中的证据2）与本案专利属于相同技术领域，并以此为据认定本案专利不具备创造性缺乏事实依据。

基于上述理由，本案专利权人认为无效宣告请求审查决定认定事实不清，行政程序违法，一审法院判决维持错误，请求二审法院撤销一审判决和无效宣告请求审查决定。

专利复审委员会辩称，本案无效宣告请求审查决定认定正确，程序合法，一审判决维持该无效宣告请求审查决定事实清楚，适用法律正确，请求二审法院驳回上诉，维持一审判决。

二审法院作出二审判决的理由如下：

本案专利与授权公告日为1996年9月4日、授权公告号为CN2234609Y的实用新型专利（即无效宣告请求审查决定采用的证据2）属于不同的技术领域，且两者的发明目的以及传感器受力方向均存在差异，本领域技术人员不能轻易想到将其他技术领域中的传感器运用到本领域。

判断实用新型专利权是否具有创造性，一般着重于考虑该实用新型专利所属的技术领域。本案专利要求保护的是一种握力计，所要解决的技术问题是提供一种检测精确、结构简单、操作方便的握力计，证据2公开的是一种手提式数字显示电子秤，是一种测重力装置，二者的发明目的以及传感器受力方向均存在差异，属于不同技术领域，本领域技术人员不能轻易想到将其他技术领域中的传感器运用到本领域。而且，专利复审委员会先前作出的另一无效宣告请求审查决定（即第11088号无效宣告请求审查决定）已经明确认定本案专利与证据2"属于不同的技术领域"，在第11088号决定的效力未经任何法定程序予以否定的情况下，专利复审委员会针对同一事实作出不同的判断，有悖不得反复无常的依法行政原则。因而，本案无效宣告请求审查决定将证据7与不属于同一技术领域的证据2的结合否定本案专利的创造性，属认定事实错误；一审判决认定本案专利与证据2属于相同技术领域并在此基础上判决维持本案无效宣告请求审查决定错误，应予纠正。

基于上述理由，二审法院认定专利复审委员会作出的无效宣告请求审查决定认定事实错误，一审判决维持错误，应予撤销；本案专利权人的上诉请求成立，应予支持，故判决如下：

（1）撤销北京市第一中级人民法院的一审判决；

（2）撤销专利复审委员会作出的本案无效宣告请求审查决定；

（3）专利复审委员会对本案重新作出无效宣告请求审查决定。

六、最高人民法院的行政裁定

专利复审委员会不服二审判决,向最高人民法院申请再审。

专利复审委员会称二审判决认定事实不清,适用法律错误,其主要理由是:

(1)关于技术领域,根据《专利审查指南2010》第四部分第六章第4节的规定,对于实用新型专利而言,一般着重于考虑实用新型专利所属的技术领域。但是现有技术给出明确的启示,例如现有技术中有明确的记载,促使本领域的技术人员到相近或者相关的技术领域寻找有关的技术手段的,可以考虑其相近或者相关的技术领域。本案专利要求保护的是一种握力计,用于测量人手的握力;证据2公开的是一种手提式数字显示秤,二者的传感器的受力方向相同、传感器的结构相同,区别仅在于测力时的施力对象不同,广义上都属于测力装置这一技术领域。从二者的最终产品形态考虑,二者也应当属于相近的技术领域,在测力装置的实际设计中,测重力装置和测握力装置均是采用测力领域中常用的压力传感器或拉力传感器,对本领域技术人员来说,很容易想到进行传感器的替换,无需付出创造性的劳动。

(2)专利复审委员会主动纠正在先决定的错误认定,符合依法行政的原则和精神。

最高人民法院认为:

《专利法》的立法宗旨是保护专利权人的合法权益,鼓励发明创造,推动发明创造的应用,提高创新能力,促进科学技术进步和经济社会发展。可见,专利制度不仅要维护专利权人的合法权益,还要充分考虑社会公众的合法权益,进而实现两者之间的平衡。为了实现上述平衡,需要设置合理的专利授权标准。对于发明或者实用新型专利而言,需要设立合理的创造性判断标准。如果创造性标准设置得太低,就会导致创新程度不高的专利申请较容易获得授权或者很难被宣告无效,势必会限制技术的传播和利用,不利于科技进步和社会发展,损害社会公众利益;如果创造性标准设置得太高,专利申请获得授权的难度就会大大提高,将会减损专利法对技术创新的激励作用。《专利法》第二十二条规定,发明的创造性,是指与现有技术相比,该发明具有突出的实质性特点和显著的进步;实用新型的创造性,是指该实用新型具有实质性特点和进步。《专利法》规定的实用新型专利的创造性标准低于发明专利的创造性标准。判断发明创造是否具有创造性,应当基于所属技术领域的技术人员的知识和能力,并通过将发明创造的技术方案与现有技术进行比对来判断。发明专利和实用新型专利的创造性标准有所不同,因此技术比对时所考虑的现有技术领域也应当有所不同,这是体现发明专利和实用新型专利创造性标准差别的一个重要方面。

  技术领域，应当是要求保护的发明或者实用新型技术方案所属或者应用的具体技术领域，而不是上位的或者相邻的技术领域，也不是发明或者实用新型本身。涉案专利是名称为"握力计"的实用新型专利，判断其是否具有创造性，首先应当确定握力计所属的技术领域以及相关和相近的技术领域。技术领域的确定，应当以权利要求所限定的内容为准，一般根据专利的主题名称，结合技术方案所实现的技术功能、用途加以确定。专利在国际专利分类表中的最低分类位置对其技术领域的确定具有参考作用。相近技术领域一般指与实用新型专利产品功能以及具体用途相近的领域，相关技术领域一般指实用新型专利与最接近的现有技术的区别技术特征所应用的功能领域。涉案专利技术功能属于测力装置，具体用途为测人手的握力。

  由于技术领域范围的划分与专利创造性要求的高低密切相关，考虑到实用新型专利创造性标准要求较低，因此在评价其创造性时所考虑的现有技术领域范围应当较窄，一般应当着重比对实用新型专利所属技术领域的现有技术。但是在现有技术已经给出明确的技术启示，促使本领域技术人员到相近或者相关的技术领域寻找有关技术手段的情形下，也可以考虑相近或者相关技术领域的现有技术。所谓明确的技术启示，是指明确记载在现有技术中的技术启示或者本领域技术人员能够从现有技术直接、毫无疑义地确定的技术启示。

  本案专利权利要求1的技术方案与最接近的现有技术证据7（一种体力测定器）公开的内容相比，区别技术特征在于测力传感器不同，测力传感装置为涉案专利的相关技术领域。为了评价测力传感器的创造性，专利复审委员会考虑了证据2（手提式数字显示电子秤，用于测重力），将其测力传感器与本案专利的传感器进行比对。虽然握力计和电子秤都是测力装置，但二者具有不同的用途。同时，重力和人手的握力相比较，施力对象不同，施力方向也不同，重力单纯向下，人手的握力不是单纯向下而是从四周向中心，所以二者不属于相同技术领域。但本案专利与手提式数字显示电子秤功能相同，用途相近，二者测力传感器的测力原理基本相同，可以将手提式数字显示电子秤视为涉案专利的相近技术领域。但是，由于现有技术并未给出明确的技术启示，专利复审委员会在评价本案专利的创造性时考虑手提式电子秤的测力传感器属于适用法律错误。

  基于上述理由，最高人民法院裁定驳回专利复审委员会的再审申请。

"精密旋转补偿器"
实用新型专利无效宣告请求案

一、案件提要

当事人

专利权人：洪亮

无效请求人：宋章根

专利复审委员会的无效宣告请求审查决定

决定号：WX第13091号

合议组成员：高栋、吴佳、向琳

决定日：2009年3月20日

北京市第一中级人民法院的一审判决

案号：（2009）一中行初字第1356号

合议庭成员：刘海旗、佟姝、刘世昌

结案日期：2009年10月19日

北京市高级人民法院的二审判决

案号：（2010）高行终字第500号

合议庭成员：刘辉、岑宏宇、石必胜

结案日期：2010年6月9日

最高人民法院的再审判决

案号：（2011）行提字第13号

合议庭成员：金克胜、罗霞、杜微科

结案日期：2012年5月11日

涉及的法律规定

《专利法》第二十六条第四款

判决要旨

1. 专利复审委员会在专利权无效宣告程序中通常仅针对当事人提出的无效宣告请求的范围、理由和提交的证据进行审查，不承担全面审查专利有效性的义务，但在有些情况下可以依职权进行审查。如果请求人提出的无效宣告理由明显与其提交的证据不相对应，专利复审委员会可以告知其有关法律规定的含义，并允许其变更为相对应的无效宣告理由，或者在请求人未变更的情况下依职权变更为相对应的无效宣告理由。

2. 《专利法实施细则》第六十六条规定"在专利复审委员会受理无效宣告请求后，请求人可以在提出无效宣告请求之日起的一个月内增加理由或者补充证据。逾期增加理由或者补充证据的，专利复审委员会可以不予考虑"，该条款是对无效请求人增加理由或者补充证据的约束，防止无效请求人进行突然袭击，专利复审委员会依职权引入新的无效宣告理由不受此限。

3. 在无效宣告请求的审查过程中，如果不对权利要求中的明显错误作出更正性理解，而是"将错就错"地径行因明显错误的存在而一概以不符合《专利法》第二十六条第四款的规定为由宣告专利权无效，就会造成《专利法》第二十六条第四款成为一种对权利要求撰写不当的惩罚，导致专利权人获得的利益与其对社会作出的贡献明显不相适应，有悖于《专利法》第二十六条第四款的立法宗旨。

4. 无论是判断权利要求是否符合《专利法》第二十六条第四款的规定，还是判断权利要求中是否存在明显错误，判断主体都是所属领域的技术人员，而非一般公众。由于所属领域的技术人员在阅读权利要求时能够立即发现该明显错误，并且能够从说明书的整体及上下文立即看出其唯一的正确答案，此时所属领域的技术人员在再现该发明或者实用新型的技术方案时，不会教条地"照搬错误"，而是必然会在自行纠正该明显错误的基础上理解发明创造的技术方案。

二、本案专利介绍

本案涉及的名称为"精密旋转补偿器"的第200720128801.1号实用新型专利，其申请日为2007年5月28日，公告授权日为2008年6月25日，专利权人为洪亮（下称"专利权人"）。

本案实用新型专利涉及一种热网管道，更具体地说涉及一种具有扭转装置的旋转补偿器。

本案实用新型专利的说明书指出，热网管道输送有温差的介质会引起管道的热涨冷缩，导致轴向、横向推力和位移。中国实用新型专利022587098号提供了一种经过改进的旋转补偿器，在压紧法兰与内管之间增加位于法兰凹槽内的钢球,以减少阻力,便于旋转,同时将内管延伸到外管后端变径管(锥形管)的中后部,以减少介质运动中的涡流,对提高补偿器的性能有很大作用。然而,上述旋转补偿器仍然如下不足之处:

(1)产品使用时,管道会产生轴向和横向两种位移,其中横向位移量尽管较小,但产生的横向推力不可忽视,如果管道补偿器对横向推力没有定位就会引起管道的横向偏离,引发管道的安全问题。上述旋转补偿器在压紧法兰与内管之间设有位于法兰环形槽内的钢球,虽能纠正一些同心度,但还存在间隙,会影响管道的横向稳定,因为管道在使用状态下均为承压管道,压紧法兰与内管之间的间隙容易因管道冲击力和内压力而造成填料外泄,且加工工艺复杂,装配繁琐。

(2)虽将内管伸至外观后端变径管(锥形管)的中后部,以减少介质运动产生的涡流,但仍然存在涡流问题,会使管道终端运行压力降低,介质流速减慢,影响管道输送的经济利益。现在城市集中供热都已经实行联网,要求管道内的介质能够双向流动,而上述经过改进的旋转补偿器无法实现这一点。

针对上述问题,本案实用新型的目的在于提供一种精密旋转补偿器,以解决现有旋转补偿器的同心度不准确问题以及对横向管道移动的定位问题,同时解决内压力和冲击力带来的填料外泄问题。

本案实用新型专利的附图1如下:

附图1是本案实用新型专利的精密旋转补偿器的结构示意图,其中:附图标记1为内管、2为压料法兰、3为螺栓、4为外套管、5为延伸管、6为内套管外凸环、7为钢球、8为外套管内凸环、9为柔性石墨填料。

本案实用新型专利说明书记载的具体实施方式是:在内管1与外套管4之

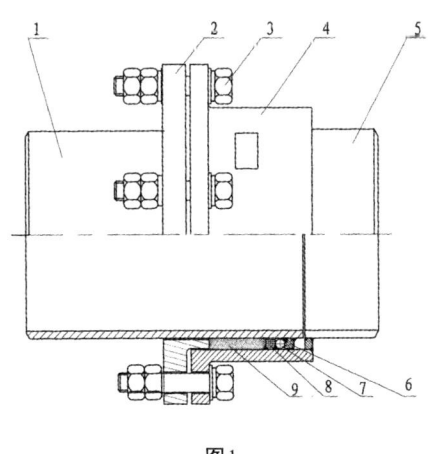

图1

间装有柔性石墨填料9，柔性石墨管端面有压料法兰2，压料法兰与外套管之间有螺栓3连接，外套管内凸环8和内套管外凸环6之间设有钢球7，外套管外侧是直通延伸管5，与内管1内径相等，延伸管5与内管1之间留有适当间隙（1-10mm），间隙的大小可根据管道的长短、运输介质以及环境等因素确定。

本案实用新型专利的权利要求书（只有一项独立权利要求）如下：

> 1. 一种精密旋转补偿器，包括外套管、内管、压料法兰、延伸管和密封材料，内管与外套管之间装有柔性石墨填料，柔性石墨填料的端面装有压料法兰，压料法兰与外套管一端的法兰之间由螺栓连接，外套管内凸环和内套管外凸环之间设有钢球，所述外套管的另一端与延伸管连接，两者之间有间隙，其特征在于：所述延伸管为与内套管内径相同的直管，两者同轴对应，所述压料法兰的外侧与外套管的内侧紧密配合。

三、专利复审委员会的无效宣告请求审查决定

针对本案实用新型专利权，宋章根（下称"无效请求人"）于2008年11月20日向专利复审委员会提出了无效宣告请求，同时提交了以下证据材料：

证据1：专利号为200520074933.1的中国实用新型专利说明书，其授权公告日为2006年9月6日；

证据2：专利号为02258709.8的中国实用新型专利说明书，其授权公告日为2003年12月3日。

无效请求人所提出的无效理由是：

（1）权利要求1相对于证据1和2的结合不具备创造性，不符合《专利法》第二十二条第三款的规定；

（2）本案专利说明书不符合《专利法》第二十六条第三款的规定；

（3）权利要求1的保护范围不清楚，不符合《专利法实施细则》第二十条第一款的规定。

经形式审查合格，专利复审委员会受理了上述无效宣告请求，并于2009年2月26日对本案无效宣告请求进行了口头审理。在口头审理过程中，无效请求人明确其无效理由为：

（1）本案专利说明书不符合《专利法》第二十六条第三款的规定，体现为说明书记载压料法兰与外套管内侧依靠"精密加工"实行紧密配合，然而本案专利说明书没有给出精密加工手段，因此所属领域技术人员无法实现压料法兰与外套管的紧密配合；

（2）本案专利权利要求1第1行提到"内管"，而第5行却描述为"内套

管"，互相矛盾；权利要求1第4-5行记载"外套管的另一端与延伸管连接，两者之间留有间隙"，然而外套管与延伸管之间是固定连接，不可能有间隙，与说明书的记载相矛盾，从而导致权利要求1的保护范围不清楚，不符合《专利法实施细则》第二十条第一款的规定；

（3）权利要求1相对于证据1和2的结合不具备创造性。

本案专利权人认为：

（1）精密加工技术手段是所属领域的公知常识，因此本案实用新型专利的说明书符合《专利法》第二十六条第三款的规定；

（2）所属领域技术人员可以理解内管也称为内套管，"两者之间留有间隙"是打字错误，属于漏打，应该是"延伸管与内管之间留有间隙"。

（3）权利要求1与证据1和证据2的结合相比至少存在两个区别：一是延伸管与内套管"两者同轴对应"，二是"压料法兰的外侧与外套管的内侧紧密配合"，因此本案实用新型专利的权利要求1相对于证据1和证据2的结合具有创造性。

除了无效请求人主张的无效宣告理由之外，专利复审委员会在口审过程中依职权引入了《专利法》第二十六条第四款的无效理由，因为权利要求1中记载的是"外套管的另一端与延伸管连接，两者之间留有间隙"，而说明书记载的是"外套管外侧是直通延伸管5，与内管1内径相等，延伸管5与内管1之间留有适当间隙"，说明书没有记载也不能概括得出外套管的另一端与延伸管之间留有间隙的技术方案。

对此，本案专利权人认为其说明书有与权利要求1相同的记载，因此权利要求1符合专利法第二十六条第四款的规定；权利要求1存在明显的漏打问题，属于笔误。专利权人要求口头审理之后针对《专利法》第二十六条第四款的问题进行书面答辩。

本案专利权人于2009年3月3日提供了如下书面答辩意见：

（1）权利要求1记载的"两者之间留有间隙"在说明书中有相同的记载，同时从说明书记载的实施例和附图中都可以看出所谓"两者之间留有间隙"是指"延伸管5与内管1之间留有适当间隙"，《专利法》第二十六条第四款中所述的"以说明书为依据"既包括具体实施方式在内的全部文字内容，也包括说明书附图。

（2）所属领域的技术人员均了解介质输送管道不允许存在导致传输介质外泄的缝隙，通过阅读本案专利说明书和附图，只能得出具体、确定、唯一的解释，即"内管与延伸管之间留有间隙"，应当允许对明显的打字错误作修正性解释。

专利复审委员会作出无效宣告请求审查决定的理由如下：

（一）关于依职权引入

根据《审查指南》第四部分第三章第4.1节1的规定，请求人提出的无效宣告理由明显与其提交的证据不相对应的，专利复审委员会可以告知其有关法律规定的含义，并允许其变更为相对应的无效宣告理由。

本案无效请求人提出的本案专利不符合《专利法实施细则》第二十条第一款的无效宣告理由是权利要求1与说明书相矛盾，该无效宣告理由适用的法条应为《专利法》第二十六条第四款，专利复审委员会当庭将上述事实告知请求人，并依职权引入了《专利法》第二十六条第四款的无效理由。

（二）关于《专利法》第二十六条第四款

《专利法》第二十六条第四款规定："权利要求书应当以说明书为依据，说明要求专利保护的范围。"

《审查指南》第二部分第二章第3.2.1节最后一段规定："但是权利要求的技术方案在说明书中存在一致性的表述，并不意味着权利要求必然得到说明书的支持。只有当所属技术领域的技术人员能够从说明书充分公开的内容中得到或概括得出该项权利要求所要求保护的技术方案时，记载该技术方案的权利要求才被认为得到了说明书的支持。"

权利要求1中记载的技术特征"外套管的另一端与延伸管连接，两者之间留有间隙"与说明书中的相应描述不一致，说明书中记载的是"外套管外侧是直通延伸管5，与内管1内径相等，延伸管5与内管1之间留有适当间隙"。外套管和延伸管之间是固定连接的，不可留有间隙，应该是延伸管5与内管1之间留有间隙，因此权利要求1的技术方案不能从说明书公开的内容得到或概括得出，得不到说明书的支持，不符合《专利法》第二十六条第四款的规定。

关于专利权人在意见陈述书中陈述的理由，专利复审委员会认为：

（1）虽然说明书中有与权利要求1相同的记载，但是本案专利说明书发明内容部分只是与权利要求1有一致性的表述，不能因此说明权利要求得到说明书的支持，同时专利权人也承认，根据说明书提供的实施例和附图所公开的内容都可以看到外套管和延伸管之间不可能留有间隙，根据说明书的记载，应该是延伸管5与内管1之间留有间隙，由此可以证明权利要求记载的技术方案与说明书记载的技术方案是完全矛盾的。

（2）明显的打字错误仅限于明显的错别字和标点符号的错误，权利要求1中的特征"外套管的另一端与延伸管连接，两者之间留有间隙"，其表达的含义是非常明确的，即外套管和延伸管之间留有间隙，对于含义明确的描述不能认为是明显的打字错误。

基于上述理由，专利复审委员会对专利权人提到的上述理由不予支持。

（三）关于其他无效理由

鉴于已经得出本案专利权利要求1不符合专利法第二十六条第四款规定的结论，因此对本案无效请求人提出的其他无效宣告理由无需赘述。

据此，专利复审委员会作出了宣告本案实用新型专利全部无效的无效宣告请求审查决定。

四、北京市第一中级人民法院的一审判决

本案专利权人不服专利复审委员会合议组作出的无效宣告请求审查决定，向北京市第一中级人民法院（下称"一审法院"）提起行政诉讼。

本案专利权人诉称：

（1）关于依职权引入的问题。在专利复审委员会的本案无效宣告请求审查程序中，无效请求人提出的无效理由之一是本案实用新型专利不符合《专利法实施细则》第二十条第一款的规定，即权利要求1的保护范围不清楚，所依据的证据是本案实用新型专利的授权公告文本，二者之间是完全对应的，且无效请求人也并没有提出变更无效理由的请求，在此情况下专利复审委员会主动引入《专利法》第二十六条第四款作为无效理由进行审查不符合《审查指南》所规定的依职权引入的条件。

（2）关于《专利法》第二十六条第四款规定的问题。本案专利说明书中存在与权利要求1中相同的记载，即"外套管的另一端与延伸管连接，两者之间留有间隙"，专利复审委员会认定权利要求1不符合《专利法》第二十六条第四款的规定结论错误。

基于上述理由，本案专利权人认为专利复审委员会认定事实不清，适用法律错误，程序违法，因此请求一审法院撤销专利复审委员会作出的无效宣告请求审查决定，维持本案专利权有效。

专利复审委员会辩称：

（1）关于依职权引入。本案无效请求人提出的本案专利不符合《专利法实施细则》第二十条第一款的无效宣告理由是权利要求1与说明书相矛盾，与该无效宣告理由对应的法律规定应当是《专利法》第二十六条第四款。鉴于这一缺陷将导致无法针对无效请求人提出的无效宣告理由进行审查，专利复审委员会将上述事实告知第三人并依职权引入《专利法》第二十六条第四款作为无效理由符合法律规定。

（2）关于《专利法》第二十六条第四款。权利要求书中的技术方案在

说明书中存在一致表述并不意味着权利要求必然得到说明书的支持。只有当所属技术领域的技术人员能够从说明书充分公开的内容中得到或概括得出该项权利要求所要保护的技术方案时，记载该技术方案的权利要求才被认为得到了说明书的支持。本案专利的权利要求1的技术方案不能从说明书公开的内容得到或者概括得出，因而得不到说明书的支持，不符合《专利法》第二十六条第四款的规定。

基于上述理由，专利复审委员会请求一审法院维持其作出的无效宣告请求审查决定。

一审法院作出一审判决的理由如下：

（一）专利复审委员会依职权引入《专利法》第二十六条第四款作为无效理由的做法是否正确

《专利法》第二十六条第四款规定："权利要求书应当以说明书为依据，说明要求专利保护的范围。"《专利法实施细则》第二十条第一款规定："权利要求书应当说明发明或者实用新型的技术特征，清楚、简要地表述请求保护的范围。"

上述两条法律规定虽然都是请求宣告一项发明或者实用新型专利权无效的法律依据，但在内涵上存在一定差别。《专利法》第二十六条第四款是对权利要求书与说明书关系的要求，即权利要求书应当得到说明书的支持；《专利法实施细则》第二十条第一款主要是对权利要求书本身在撰写上的要求，即权利要求书应当清楚地表明专利权的保护范围。

具体到本案而言，本案无效请求人提出无效宣告请求时虽然是以本案专利权利要求1不符合《专利法实施细则》第二十条第一款作为无效理由，但是在口头审理过程中，无效请求人将其理由具体解释为：从权利要求书的文字上看，外套管和延伸管之间留有间隙，但这一描述没有得到说明书的支持。因此，从本案无效请求人对其无效理由的进一步解释来看，其强调的是权利要求书与说明书之间的关系问题，而非权利要求书本身的撰写是否清楚的问题。参照《审查指南》第四部分第三章第4.1节1.的规定，当无效请求人提出的无效宣告理由明显与其提交的证据不相对应的，专利复审委员会可以告知其有关法律规定的含义，并允许其变更为相对应的无效宣告理由。因此，专利复审委员会在本案无效请求人未对《专利法》第二十六条第四款和《专利法实施细则》第二十条第一款的含义作出正确理解的情况下，依职权引入《专利法》第二十六条第四款作为无效理由的做法并无不当。更为重要的是，专利复审委员会在口审程序中已经将依职权引入的法律条款告知了双方当事人，本案专利权人和无效请求人均未表示异议，本案专利权人还向专利复审委员会提出了给予书面答辩机会的要求。上述事实可以充分证明本案专利权人已经了解并同意专利复审委员会依职权引入的法律条款作为本案进行审查的基础，本案专利权人于诉讼过程中对此又提出相反主张的做法缺乏事实与法律依据，故不予支持。

（二）本案专利权利要求1是否符合《专利法》第二十六条第四款的规定

如前所述，《专利法》第二十六条第四款是对权利要求书与说明书的关系所提出的要求，即权利要求书应当得到说明书的支持。根据已经查明的事实，在本案专利权利要求1记载的技术特征包括外套管和延伸管之间留有间隙，虽然在说明书的发明内容部分也有相同的表述，但在具体实施方式部分却记载为："外套管外侧是直通延伸管5，与内管1内径相等，延伸管5与内管1之间留有适当间隙。"由于外套管与延伸管之间是固定连接关系，故二者之间不可能留有间隙。本案专利权人在庭审过程中也对这一事实予以确认，认为应当是内套管与延伸管之间留有间隙。由此可见，权利要求1的技术方案不能从说明书公开的内容中毫无异议地得出，本案专利权利要求1没有得到说明书的支持，不符合《专利法》第二十六条第四款的规定。

一审法院注意到本案专利权人在专利权无效宣告程序和一审程序中均提出权利要求1中的表述错误系打字错误所致，但在说明书的摘要和发明内容部分也出现了相同的错误，因此本案专利权人所称的打字错误已经不能对此作出合理的解释。据此，对本案专利权人所提相关主张不予支持。

基于上述理由，一审法院认定专利复审委员会的无效宣告请求审查决定认定事实清楚，适用法律法规正确，审查程序合法，应当予以维持，故判决维持专利复审委员会作出的无效宣告请求审查决定。

五、北京市高级人民法院的二审判决

本案专利权人不服一审判决，向北京市高级人民法院（下称二审法院）提出上诉，其上诉理由是：专利复审委员会依职权引入《专利法》第二十六第四款作为无效审查的基础违反法定程序，系超越职权的行为；虽然本案专利权利要求1和说明书出现了打字错误，但本领域技术人员不会误认为外套管与延伸管之间留有间隙，因此本案专利符合《专利法》第二十六条第四款的规定。

二审法院作出二审判决的理由如下：

《审查指南》第四部分第三章4.1规定，请求人提出的无效宣告理由明显与其提交的证据不相对应的，专利复审委员会可以告知其有关法律规定的含义，并允许其变更为相对应的无效宣告理由。在专利复审委员会的口头审理过程中，本案无效请求人认为本案专利的外套管与延伸管之间是固定连接，不可能有间隙，但权利要求1的文字表述为两者之间留有间隙，该表述没有得到说明书的支持。本案无效请求人提出的这一请求宣告无效的理由所涉及的明显应当是《专利法》第二十六条第四款的规定，在此情况下专利复审委员会依职权告知应当依据的法律条款并没有超出其行政职权范围，本案专利权人和无效请求人对此均未表示异议，而且本案专利权人还向专利复审委员会提出了给予书面答辩机会的要求，并在专利复审委员会规定的期限内提交了书面意见。因此，专利复审委员会在本案中的作法没有影响专利权人在程序和实体上的权利，并无违法之处。

《专利法》第二十六条第四款规定："权利要求书应当以说明书为依据，说明要求专利保护的范围。"就本案专利权利要求1记载的外套管和延伸管之间留有间隙而言，虽然说明书的发明内容部分也有相同的表述，但在具体实施方式部分却记载为"外套管外侧是直通延伸管5，与内管1内径相等，延伸管5与内管1之间留有适当间隙"，由于外套管与延伸管之间是固定连接关系，故二者之间不可能留有间隙，因此本案专利权利要求1的技术方案不能从说明书公开的内容中毫无疑义地得出，权利要求1没有得到说明书的支持，不符合《专利法》第二十六条第四款的规定。《审查指南》所指出的"明显错误"是指不正确的内容可以从原说明书、权利要求书的上下文中清楚地判断出来，没有作其他解释或者修改的可能性。本案专利说明书的发明内容部分与权利要求1的表述既有一致的地方，也有不一致的地方，使本领域技术人员无法作出清楚、正确的判断，故本案专利权人所称为打字错误的解释过于牵强，其上诉主张不能成立。

基于上述理由，二审法院认为本案专利权人的上诉理由缺乏事实和法律依据，故不予支持；一审判决认定事实清楚，适用法律正确，故判决驳回上诉，维持原判。

六、最高人民法院的再审判决

本案专利权人不服二审判决，向最高人民法院申请再审。最高人民法院于2011年7月6作出行政裁决，决定提审本案。

本案专利权人再审诉称：

（1）专利复审委员会依职权引入《专利法》第二十六条第四款作为无效理由于法无据，违背了请求原则，变相延长了无效请求人的增加理由期限，违背了《专利法实施细则》第六十六条关于增加理由期限的规定，系超越职权的违法行为，严重侵害了本案专利权人的合法权利。

（2）专利复审委员会依职权引入新的理由后仅给本案专利权人3日的答复期限，明显违反了《审查指南》规定的答复期限为1个月的规定，违反法定程序，客观上限制了本案专利权人充分陈述意见的权利。本案专利权人作为行政相对人对专利复审委员会作出的依职权引入行为只能且必须遵从，其答辩行为是行使申辩权，一审判决将该答辩视为了解并同意该行政行为，二审判决认为本案专利权人没有异议并提交书面意见因此专利复审委员会无违法之处的观点错误。

（3）本领域的技术人员可以准确得出所称"间隙"是指延伸管与内管之间的结论，本领域技术人员对间隙所在位置的理解与本案专利说明书实施例的解释以及附图的明确标示完全一致，应当认为权利要求1得到了说明书的实质性支持。

（4）假设外套管与延伸管之间留有间隙的技术方案不能实施，也属于《专利法》第二十二条第四款规定的实用性问题，而不是《专利法实施细则》第二十条第一款或者《专利法》第二十六条第四款的问题。

（5）本案专利权利要求1记载"所述外套管的另一端与延伸管连接，二者之间留有间隙"中的"二者"属于可以依据专利文件准确判断出来并允许确认纠正的明显错误。

基于上述理由，本案专利权人请求最高人民法院予以改判，撤销一审判决、二审判决以及无效宣告请求审查决定，宣告本案专利权有效。

最高人民法院再审认为，本案的焦点问题在于专利复审委员会作出的无效宣告请求审查决定是否存在程序违法以及本案专利权利要求1是否符合《专利法》第二十六条第四款的规定。对上述问题，最高人民法院的再审判决作了如下论述：

（一）关于依职权引入无效宣告理由是否违法的问题

专利复审委员会在专利权无效宣告程序中通常仅针对当事人提出的无效宣告请求的范围、理由和提交的证据进行审查，不承担全面审查专利有效性的义务，但在有些情况下可以依职权进行审查。如果请求人提出的无效宣告理由明显与其提交的证据不相对应，专利复审委员会可以告知其有关法律规定的含义，并允许其变更为相对应的无效宣告理由，或者在请求人未变更的情况下依职权变更为相对应的无效宣告理由。

本案无效请求人提出的无效宣告理由之一是本案专利不符合《专利法实施细则》第二十条第一款的规定，该条款涉及权利要求的保护范围是否清楚的问题，而本案无效请求人提出的具体事实是权利要求书的内容与说明书的内容不一致，属于权利要求是否得到说明书支持，涉及《专利法》第二十六条第四款的问题。鉴于本案无效请求人所提出的无效宣告理由与其提交的证据不相对应，专利复审委员会在口头审理中当庭告知双方当事人有关法律规定的含义后，在无相反意见的情况下，依职权引入了《专利法》第二十六条第四款作为无效宣告的理由并无不当。据此，对本案专利权人关于专利复审委员会违法依职权进行审查的主张不予支持。

专利复审委员会在口头审理时已将依职权引入《专利法》第二十六条第四款的理由告知双方当事人，本案专利权人对此未提出异议，同时要求口头审理之后就是否符合《专利法》第二十六条第四款规定的问题进行书面答辩。上述事实表明本案专利权人了解并同意专利复审委员会依职权引入《专利法》第二十六条第四款作为无效宣告的理由。《专利法实施细则》第六十六条规定："在专利复审委员会受理无效宣告请求后，请求人可以在提出无效宣告请求之日起的一个月内增加理由或者补充证据。逾期增加理由或者补充证据的，专利复审委员会可以不予考虑。"该条款是对无效请求人增加理由或者补充证据的约束，防止无效请求人进行突然袭击，专利复审委员会依职权引入新的无效宣告理由不受此限。况且，本案中专利复审委员会仅仅是在具体事实未发生变化的基础上采用更为适当的法律条款，不属于《专利法实施细则》第六十六条规范的情形。专利复审委员会在口头审理后给予了当事人答辩期限，并未对当事人的实体权利造成损害。据此，对本案专利权人关于专利复审委员会存在逾期引入无效宣告理由以及变相延长无效请求人增加理由期限的主张不予支持。

（二）关于答复期限是否违反法定程序的问题

《审查指南》第四部分第四章5.2规定：合议组应当给予首次得知所述理由的对方当事人选择当庭口头答辩或者以后进行答辩的权利。《审查指南》并未规定在当事人选择进行书面答辩方式时的具体答复期限，旨在使专利复审委员会根据案件具体情况指定答复期限。本案中，专利复审委员会考虑到口头审理中变更后的无效宣告理由所依据的事实在本案无效请求人提出无效宣告请求时已经提出，并已随受理通知书传送本案专利权人，后者已得知无效请求人提出无效宣告请求的事实依据是权利要求书的内容与说明书的内容不一致，仅就法条变更给予三日的答复期限并不违反法定程序，没有限制本案专利权人充分陈述意见的权利。本案专利权人接受三日的答辩期限并及时提交了书面答辩意见，表明其亦同意依职权引入行为，专利复审委员会的上述作法没有违反听证原则。据此，对本案专利权人就此提出的再审主张不以支持。

（三）关于权利要求1是否符合《专利法》第二十六条第四款的问题

1. 《专利法》第二十六条第四款的立法宗旨

《专利法》第五十九条规定："发明或者实用新型专利权的保护范围以其权利要求的内容为准，说明书及附图可以用于解释权利要求的内容。"权利要求书的作用在于界定专利权的保护范围。在授予专利权之前，该界限表明申请人请求获得保护的范围，如果该范围包括了已知技术或者相对于已有技术而言显而易见的技术方案，就会因为不符合《专利法》关于新颖性和创造性的规定，导致国家知识产权局驳回专利申请。在授予专利权之后，该界线表明专利权依法受保护的范围，如果他人未经专利权人许可而实施的技术方案落入权利要求的保护范围，就构成了侵权行为。因此，权利要求既为专利权人提供了独占权的法律保护，又确保了公众享有实施已知技术的自由，使公众能够清楚知道实施什么样的行为会构成侵犯专利权的行为。无论对申请获得专利权还是对行使专利权而言，权利要求的内容对都至关重要。

权利要求书应当以说明书为依据，清楚、简要地限定要求保护的范围。之所以要求权利要求要得到说明书的支持，是由说明书与权利要求书的内在联系决定的。说明书是申请人必须向国家知识产权局提交的公开其发明或者实用新型的申请文件之一，《专利法》对专利说明书的基本要求是说明书的撰写应当达到使所属领域的技术人员能够实施发明或者实用新型的程度。为了对发明或者实用新型的技术方案作出清楚、完整的公开，使所属领域的技术人员能够实施该发明创造，说明书需要提供大量信息，包括技术领域、背景技术、发明内容、具体实施方式等。这些信息是为了帮助理解和实施发明创造而撰写的，也是进行专利审查工作的基础。在授予专利权之后，特别是在发生专利侵权纠纷时，说明书可以用来解释权利要求书，因此有人称"说明书是权利要求的辞典"。权利要求是对说明书记载的发明创造的实质和核心的"提炼总结"，是在说明书所记载内容的基础上，用构成发明或者实用新型的技术方案的技术特征来定义专利权的保护范围。虽然权利要求书作为界定专利权保护范围的载体，其详细程度不同于为公众提供实施发明或者实用新型所需具体技术信息的说明书，但权利要求的内容不能与说明书的内容相互脱节，权利要求应当以说明书为依据，要得到说明书的支持。

作为"以公开换取保护"的专利制度，获得专利权的前提条件是申请人必须向公众充分公开其发明创造的内容，专利权人所获得的权利必须与向公众公开的内容相适应，这样才能实现有利于发明创造的推广利用、促进科学技术的进步和创新的立法宗旨。权利要求书以说明书为依据，就是要求权利要求所要求保护的技术方案应当是所属领域的技术人员能够从说明书充分公开的内容中得到或者概括得出的技术方案，并且不得超出说明书公开的内容。权利要求书作为界定专利独占权的范围，让公众能够清楚知道实施什么样的行为会侵犯他人专利权的一种法律文件，必须达到对每一项权利要求所要求保护的技术方案都在说明书中得到清楚、充分公开的程度。如果权利要求书中某一项权利要求或者多项权利要求所要求保护的技术方案是所属领域的技术人员不能从说明书充分公开的内容中得到或者概括得出的技术方案，或者权利要求所要求保护的技术方案超出了说明书公开的范围时，就应当认为权利要求没有以说明书为依据。

由此可见，权利要求概括的范围应当与说明书公开的范围相适应，不宜过大也不能过小。如果权利要求概括的范围过大，将公众已知的技术方案或者将申请人尚未完成的技术方案记载在权利要求的保护范围之内，这种权利要求就将会损害公共利益，该专利申请或者专利权可能会因此而被驳回或者被宣告无效。反之，如果权利要求记载的范围过小，则意味着申请人在说明书中公开的某些技术方案没有纳入权利要求中受到保护，亦即将这样的技术方案捐献给了公众，他人可以无偿地实施该技术方案，这对申请人而言可能是不公平的。因此，《专利法》第二十六条第四款的立法宗旨在于：权利要求概括的范围应当与说明书公开的范围相适应，该范围既不应宽到超出说明书所公开的发明创造的范围，也不应窄到有损于申请人因公开其发明创造而应当获得的利益。

2. 权利要求书存在错误是否必然导致违反《专利法》第二十六条第四款的规定

如何将说明书中公开的技术内容写入权利要求书予以保护，对于发明人本人以及专利代理人而言，由于语言表达的局限性以及撰写和代理水平的客观限制，权利要求书在撰写过程中难免出现用词不够严谨或者表达不够准确等缺陷。为了提高专利申请文件质量，便于公众理解应用发明创造，《专利法》规定申请人可以对其专利申请文件进行修改。

根据撰写缺陷的性质和程度不同，权利要求书的撰写错误可以分为明显错误和非明显错误。所谓"明显错误"，是指对所属领域的技术人员来说，根据其具有普通技术知识，在阅读权利要求后能够立即发现某一技术特征存在错误，同时在阅读说明书及其附图的相关内容后能够立即确定其唯一的正确答案。

权利要求书的作用在于界定专利权的保护范围，这种边界会随着权利要求中技术特征和技术术语含义的改变而发生变化。如果对所属领域技术人员来说，权利要求中的技术特征和技术术语的含义是确定的，专利权人的私权和公有领域的边界就是清晰的，公众知道实施什么样的行为会侵犯他人的专利权。反之，如果权利要求中的技术特征和技术术语的含义是模糊不清的，则对该技术特征和技术术语的不同理解势必会影响专利权的保护范围，损害权利要求的公示性、稳定性和权威性。

专利权的保护范围是界定在所属领域的技术人员对发明创造理解的范围之内的。判断一项权利要求能否得到说明书的支持之前，首先要确定权利要求所要保护的技术方案，对于权利要求中存在的明显错误，如上所述，由于该错误的存在对所属领域的技术人员而言是如此"明显"，即在阅读权利要求时能够立即发现其存在的错误，同时，更正该错误的答案也如此"确定"，结合其普通技术知识和说明书能够立即得出其唯一的正确答案，所以本领域技术人员必然以该唯一的正确解释为基础理解技术方案，明显错误的存在并不会导致权利要求的边界模糊不清。这也是在授予专利权之前专利申请人可以通过提交修改文本的方式对明显错误进行修正的原因。

然而在专利实践中，常常出现明显错误未被审查员发现，导致在授权公告的专利文件中也存在明显错误的现象，尤其是对实用新型专利来说，我国实行初步审查制度，这种现象更加难以避免。根据《专利法》、《专利法实施细则》，尤其是《审查指南》的规定，在授予专利权之后，专利权人发现其授权公告文件中存在明显错误的，没有机会再通过提交修改文本的方式进行更正。此时，在无效宣告请求的审查过程中，如果不对权利要求中的明显错误作出更正性理解，而是"将错就错"地径行因明显错误的存在而一概以不符合《专利法》第二十六条第四款的规定为由宣告专利权无效，就会造成《专利法》第二十六条第四款成为一种对权利要求撰写不当的惩罚，导致专利权人获得的利益与其对社会作出的贡献明显不相适应，有悖于《专利法》第二十六条第四款的立法宗旨，不仅不利于鼓励发明创造，保护发明创造者的利益，而且会降低发明人"以公开换取保护"的积极性。更何况，权利要求书记载到何种程度才够清楚、能起到划界的作用，与阅读者的水平有关。无论是判断权利要求是否符合《专利法》第二十六条第四款的规定，还是判断权利要求中是否存在明显错误，判断主体都是所属领域的技术人员，而非一般公众。由于所属领域的技术人员在阅读权利要求时能够立即发现该明显错误，并且能够从说明书的整体及上下文立即看出其唯一的正确答案，此时所属领域的技术人员在再现该发明或者实用新型的技术方案时，不会教条地"照搬错误"，而是必然会在自行纠正该明显错误的基础上理解发明创造的技术方案。尤其是对该明显错误的更正性理解并不会导致权利要求的技术方案在内容上发生变化，进而损害社会公众的利益和权利要求的公示性、稳定性和权威性。

因此,从保护发明创造专利权、鼓励发明创造的基本原则出发,一方面应当允许对授权后的专利权利要求中存在的明显错误予以正确解释;另一方面也要防止专利权人对这一解释的滥用。要准确界定明显错误,以适应《专利法》促进科技进步与创新的立法本意。

如果对明显错误进行更正性理解后的权利要求所保护的技术方案能够从说明书充分公开的内容中得到或者概括得出,没有超出说明书公开的范围,则应当认定权利要求能够得到说明书的支持,符合《专利法》第二十六条第四款的规定。

3. 对本案专利权利要求1的分析判断

本案专利提供了一种用于热网管道的旋转补偿器。如说明书的背景技术部分所述,通过其内外套管的旋转来吸收热网管道的推力和位移,解决已有旋转补偿器的同心度不准确、对横向管道位移的定位问题、以及内压力和冲击力引起的填料外泄问题。作为用于压力管道的旋转补偿器,产品需要符合焊缝检验、耐压试验、气密试验等测试,确保焊缝和密封填料处无渗漏现象,因此所属领域的技术人员知晓外套管与延伸管之间必须是无间隙连接,不允许出现导致传输介质外泄的现象。本案专利权利要求1记载:"在所述的外套管的另一端与延伸管连接,两者之间留有间隙"。对所述"两者之间留有间隙"中的"两者",各方当事人各执己见。由于本案专利权利要求1保护的旋转补偿器包括外套管、内管、压料法兰、延伸管和密封填料,其中外套管的一端经过法兰与内套管连接,另一端与延伸管连接,由于该旋转补偿器通过内外套管的旋转来吸收热网管道的轴向推力和位移,因此内管与外套管之间以及外套管与延伸管之间不可能既连接又留有间隙。权利要求1中所述的"两者之间留有间隙"中的"两者"不可能是指外套管与延伸管,只可能是内管与延伸管。这种解释也与本案专利说明书中记载的"外套管4外侧是直通延伸管5,与内管1的内径相等,延伸管5与内管1之间留有间隙1-10mm"相一致。而且,专利说明书附图亦明确标注了相符的位置。因此,所属领域的技术人员基于其具有的普通技术知识,能够知道权利要求1存在撰写错误,通过阅读说明书及其附图可以直接地、毫无疑义地确定"两者之间留有间隙"中的"两者"应当是指延伸管与内管,不会误认为是指外套管与延伸管之间留有间隙。"两者之间"应当属于明显错误。尽管本案专利的撰写有可能使得一般读者根据阅读习惯,误认为"两者之间留有间隙"是指所述的外套管与延伸管之间留有间隙,但是对"两者之间"的"两者"的理解主体是所属领域的技术人员,而非不具有所属领域普通知识的一般读者。由于所属领域的技术人员能够清楚准确地得出唯一的正确解释，得知"两者之间留有间隙"是指内管与延伸管之间留有间隙，这与说明书公开的内容相一致。因此，本案专利权利要求1所要求保护的技术方案能从说明书公开的内容中得出，得到了说明书的支持，符合《专利法》第二十六条第四款的规定，本案专利权人关于"两者之间"的撰写属于明显错误以及权利要求1能够得到说明书支持的申请再审理由应予支持。

基于上述理由，最高人民法院认为本案一审和二审判决脱离了所属领域技术人员的认知水平，对本案专利权利要求记载的技术特征机械地从文字表述上进行理解，没有结合本案专利的具体情况，将理解技术方案的主体与所属领域技术人员的知识水平割裂开来，错误地认定权利要求1记载的"两者之间留有间隙"是指外套管与延伸管之间留有间隙，以至于得出权利要求记载的内容与说明书记载的内容不一致，没有得到说明书的支持，从而维持专利复审委员会对本案作出的无效宣告请求审查决定，适用法律有误，应当予以纠正。

据此，最高人民法院判决撤销北京市高级人民法院的二审判决和北京市第一中级人民法院的一审判决以及专利复审委员会作出的无效宣告请求审查决定。

七、评析

本案中，专利复审委员会的无效宣告请求审查决定、北京市第一中级人民法院的一审判决、北京市高级人民法院的二审判决、最高人民法院的再审判决均围绕权利要求是否得到说明书支持的问题进行审查和审理，这在我国以往的专利行政案例中还不多见。

2008年修改的我国《专利法》第二十六条第四款规定：

权利要求书应当以说明书为依据，清楚、简要地限定要求专利保护的范围。

一些国家和地区的专利法将上述规定中提及的"权利要求书应当以说明书为依据"表述为"权利要求书应当得到说明书的支持"[1]，这一表述方式在我国也十分常用。

上述规定的必要性是显然的。权利要求书采用经过概括的技术特征来限定要求保护的技术方案，其作用是确定专利权的保护范围；说明书提供对发

---

[1] 例如《欧洲专利公约》第84条规定：The claims shall define the the matter for which protection is sought .They shall be clear and concise and supported by the description.

明或者实用新型的背景、目的、构成、效果等的详细说明，其作用是充分公开发明或者实用新型的技术信息，使所属领域的技术人员能够实施应用发明创造。关于权利要求书和说明书的作用，《专利法》第五十九条第一款作了明确规定，即"发明或者实用新型的保护范围以权利要求的内容为准，说明书及附图可以用于解释权利要求"。现实中，鲜有仅仅通过阅读权利要求书便能准确理解所要求保护的技术方案的例子，绝大多数情况下都需要结合阅读其说明书才能明了。既然权利要求所要保护的技术方案需要由说明书给出详细介绍，而且说明书可用于解释权利要求，因此权利要求书的内容与说明书的内容不能彼此脱节，各说一套，否则日后公众就会不知所云，势必影响专利制度的正常运作。正因为如此，各国专利法中无不包含上述规定，并且明确该规定不仅是实质审查过程中驳回专利申请的法律依据之一，也是授予专利权之后请求宣告专利权无效的法律依据之一。

权利要求未得到说明书支持的情况大致有如下三种类型：一是权利要求中记载的某些技术特征在说明书中未作记载，亦即不符合《专利审查指南》第二部分第二章3.2.1关于"权利要求不得超出说明书公开的范围"的规定；二是权利要求记载的技术特征在说明书中虽有记载，但是两者存在不相一致或者相互矛盾之处；三是权利要求对说明书记载的一个或者多个实施例的概括不当。

其中，第一种类型和第二种类型比较容易判断，而第三种类型判断起来困难一些，因此《专利审查指南》第二部分第二章3.2.1着重对第三种类型作出规定，对前两种类型基本上没有展开论述。本案涉及权利要求未得到说明书支持的问题属于第二种类型。

由于有了《专利法》第二十六条第四款的规定，专利申请人，尤其是专利代理人十分普遍地采用了一种策略，这就是在撰写说明书发明内容部分的发明或者实用新型的技术方案时几乎完全照搬权利要求书的内容。不仅我国专利申请人如此，其他国家的专利申请人也基本如此，其原因不外乎是使权利要求的内容原样不动地出现在说明书中，从而确保表明其权利要求书能够得到说明书的支持。本案专利权人在本案各程序中多次以此为由争辩其权利要求符合《专利法》第二十六条第四款的规定。

采取上述策略，充其量只能防止出现上述第一种类型的不支持缺陷，并不能防止出现上述第二种和第三种类型的缺陷。对此，《专利审查指南》第二部分第二章3.2.1规定：

> **但是权利要求的技术方案在说明书中存在一致性的表述，并不意味着权利要求必然得到说明书的支持。只有当所属技术领域的技术人员能够从说明书充分公开的内容中得到或者概括得出该项权利要求所要求保护的技术方案时，记**

载该技术方案的权利要求才被认为得到了说明书的支持。

上述规定表明，判断权利要求是否得到说明书的支持不能仅仅依据说明书发明内容部分关于发明或者实用新型技术方案的记载，而是需要将说明书作为一个整体与权利要求书进行对照分析。所谓"将说明书作为一个整体"，不仅包括发明或者实用新型的实施例部分以及说明书附图，还包括说明书的其他部分。如果对照分析的结果认定权利要求所要求保护的技术方案与说明书公开的发明或者实用新型技术方案之间存在不相一致或者相互矛盾的缺陷，即使在说明书的发明内容部分照抄了权利要求书的内容，仍然不能免除权利要求未得到说明书支持的缺陷。非但如此，还会导致说明书本身也不清楚，因为如此撰写的说明书也必然存在前后不一致或者前后矛盾的问题，可以认为不符合《专利法》第二十六条第三款的规定。本案一审判决指出："一审法院注意到本案专利权人在专利权无效宣告程序和一审程序中均提出权利要求1中的表述错误系打字错误所致，但在说明书的摘要和发明内容部分也出现了相同的错误，因此本案专利权人所称的打字错误已经不能对此作出合理的解释。"其实，本案专利说明书的发明内容部分和摘要之所以出现同样的错误，原因就在于其撰写者采用了将权利要求书的内容"拷贝"到说明书发明内容部分和摘要的简便撰写方式。

如此看来，采用上述撰写策略确保权利要求书得到说明书支持的作用甚微，其结果是使说明书的相当一部分内容成为对权利要求记载内容的赘述，不具有信息价值，是对宝贵的专利信息资源的一种浪费，实不可取。

对发明专利申请而言，如果国家知识产权局的审查员在实质审查过程中指出权利要求存在得不到说明书支持的缺陷，申请人有机会通过修改专利申请文件予以纠正，例如可以适当修改权利要求中记载的技术特征，使之概括得当或者与说明书的记载一致；也可以适当修改说明书，例如补充原先仅仅记载在权利要求书中而未记载在说明书中的内容。总之，不支持的缺陷在申请阶段不难克服。

然而，一旦在授予专利权之后发现权利要求仍然存在得不到说明书支持的缺陷，专利权人要想克服就难了，因为《专利法》和《专利法实施细则》没有设置授予专利权之后的更正程序，《专利审查指南2010》规定专利权人在无效宣告请求审查程序中不能修改其专利说明书，也不允许修改权利要求书记载的技术特征或者措辞。此时如果持严厉立场，即只要认定涉案专利的权利要求书存在与说明书不相一致之处就认定权利要求未得到说明书的支持，进而认定应当宣告该专利权无效，则不支持的缺陷就成了发明或者实用新型专利无可救药的"硬伤"。这一问题对不经过实质审查就授权的实用新型专利来说尤为突出。

最高人民法院对本案作出的再审判决认为，授权专利的权利要求并非只要存在与说明书不相一致的错误就必然导致得出该权利要求不符合《专利法》第二十六条第四款规定的结论。最高人民法院认为，如果权利要求存在的错误属于"明显错误"，也就是所属领域的技术人员根据其应当具备的专业知识，通过阅读权利要求书就能看出权利要求的表述存在错误，而且通过阅读专利说明书就能足够确定地、唯一地明了正确的表述应当是什么，则可以对权利要求的明显错误作更正性理解，进而维持专利权有效。最高人民法院的这一立场为一部分存在不支持缺陷的授权专利开辟了一条"生路"，这是本案再审判决的突出意义之所在。

最高人民法院再审判决关于"明显错误"的论述与《专利审查指南2010》第二部分第二章5.2.2.2列举的允许修改的第（11）种类型基本相同，即：

修改由所属技术领域的技术人员能够识别出的明显错误，即语法错误、文字错误和打印错误。对这些错误的修改必须是所属技术领域的技术人员能从说明书的整体及上下文看出的唯一正确的答案。

可能有人会提出疑问：在授权之前的专利审查阶段，发现专利申请文件存在错误的，即使属于《专利审查指南2010》指出的上述"明显错误"，为了确保向公众提供正确的信息，国家知识产权局仍会通知申请人对其申请文件进行修改，不修改的就不能被授予专利权；最高人民法院对本案的再审判决既认定授权专利的权利要求书存在明显错误，又认定无需修改亦可维持专利权有效，这相当于允许该专利"带病运行"，两种做法是否不相一致？事实上，既然将"明显错误"定义为所属领域技术人员能够识别出来、同时又能从说明书的整体及上下文看出唯一正确答案的类型，可以认为该错误不改也应无妨。

然而需要指出的是：本案专利权利要求1记载的存在错误的技术特征是"所述外套管的另一端与延伸管连接，二者之间留有间隙"，其正确的表述应当是"所述外套管的另一端与延伸管连接，**延伸管与内管**之间留有间隙"。改正该错误需要删除"二者"两字，增加"延伸管与内管"六字，显然比《专利审查指南》列举的语法错误、文字错误、打印错误更为严重一些。最高人民法院本案再审判决将该错误认定为"明显错误"，这也是该再审判决有所突破之处。

"逻辑编程开关"外观设计专利无效宣告请求案

一、案件提要

当事人

专利权人：张迪军

无效请求人：慈溪市鑫隆电子有限公司

专利复审委员会的无效宣告请求审查决定

决定号：WX第13912号

合议组成员：吴大章、张雪飞、沙柏青

决定日：2009年9月15日

北京市第一中级人民法院的一审判决

案号：（2010）一中知行初字第533号

合议庭成员：彭文毅、苏杭、李轶萌

结案日期：2010年10月14日

北京市高级人民法院的二审判决

案号：（2010）高行终字第1459号

合议庭成员：张冰、刘晓军、谢甄珂

结案日期：2011年3月17日

最高人民法院的再审判决

案号：（2012）行提字第14号

合议庭成员：金克胜、朱理、杜微科

结案日期：2012年6月29日

涉及的法律规定

2000年修改的《专利法》第二十三条

判决要旨

1. 所谓整体观察、综合判断的方法，是指在判断外观设计专利与在先设计是否相同或者相近似时，应当从外观设计专利产品的一般消费者的知识水平和认知能力出发，综合判断两者的相同点和不同点对整体视觉效果的影响，在此基础上对二者的整体视觉效果是否相同或者相近似作出判断。在此过程中，既要注意二者的相同点对整体视觉效果的影响，又要注意二者的区别点对整体视觉效果的影响。实际上，只要把外观设计专利与在先设计是否相同或者相近似的判断落脚在二者整体视觉形象的相同或者相近似上，就必然需要对两者的相同点和不同点对整体视觉效果的影响程度进行综合考量。

2. 产品设计特征的功能性或者装饰性通常是相对而言的，绝对地区分功能性设计特征和装饰性设计特征在大多数情况下是不现实的。只有在特殊的情形下，某种产品的某项设计特征才可能完全由装饰性或者功能性所决定。

3. 如果把功能性设计特征仅仅理解为实现某种功能的唯一设计，则会过分限制功能性设计特征的范围，把具有两种或者两种以上替代设计的设计特征排除在外，进而使得外观设计申请人可以通过对有限的替代设计分别申请外观设计专利的方式实现对特定功能的垄断，不符合外观设计专利保护具有美感的创新性设计方案的立法目的。

4. 功能性与装饰性兼具的设计特征对整体视觉效果的影响需要考虑其装饰性的强弱，其装饰性越强，对整体视觉效果的影响可能相对较大一些，反之则相对较小。一种设计特征对于外观设计产品整体视觉效果的影响最终需要结合案件具体情况进行综合评判。

二、专利复审委员会的无效宣告请求审查决定

本案涉及名称为"逻辑编程开关（SR14）"的第200630128900.0号外观设计专利，其申请日是2006年8月4日，授权公告日为2007年6月6日，专利权人是张迪军（下称"专利权人"）。

针对本案专利，慈溪市鑫隆电子有限公司（下称无效请求人）于2009年5月31日向专利复审委员会提出无效宣告请求，其理由是本案专利不符合《专利法》第二十三条的规定，其证据7是国家知识产权局2000年10月25日公告授权的第00302321.4号外观设计专利的公开文本复印件，其名称是"家电制品的旋转开关"。

下面分别是本案外观设计专利的图片以及在先设计的图片：

专利复审委员作出本案无效宣告请求审查决定的理由如下：

证据7公开了一款旋转式开关的外观设计（下称"在先设计"）。从图片上观察，在先设计的上部基本形状为上细下粗的近似阶梯状圆柱体，细柱

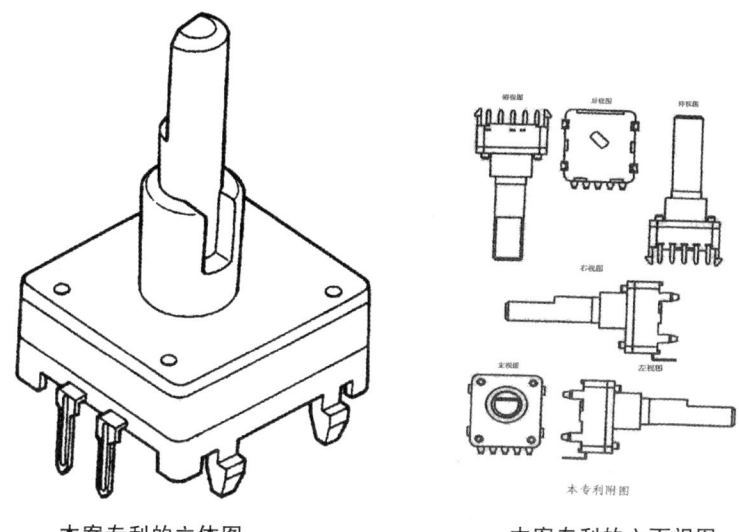

本案专利的立体图　　　　本案专利的六面视图

在先设计附图

上部一侧剖切，粗柱一侧有矩形凹槽；下部基本形状为近似扁方柱体，两对侧各有两只卡脚，另两对侧分别有三只引脚和两只引脚。

本案专利也是开关的外观设计，其上部基本形状为上细下粗的近似阶梯状圆柱体，细柱上部一侧剖切；下部基本形状为近似扁方柱体，两对侧各有两只卡脚，另两对侧中一侧有五只引脚，一侧无引脚。

本案专利和在先设计均为开关的外观设计，用途相同，属于相同类别的产品，具有可比性。

将本案专利与在先设计相比较，其主要的不同点为：在先设计上部的粗柱多了矩形凹槽设计，且二者下部的引脚位置不同。

从整体视觉观察，虽然二者存在不同点，但由于本案专利较在先设计简化的凹槽设计相对于整体形状而言仅属于局部的细微变化，且二者引脚位置的差别属于由连接功能所限定的局部位置变化，均对二者的整体外观设计不具有显著的影响，同时二者其他更为细微的差别也明显不足以对整体视觉效果产生显著的影响，本案专利和在先设计主要形状构成的具体设计及其结合方式均是相同或者相近似的，因此二者应属于相近似的外观设计。

由于本案专利申请日以前已有与其相近似的外观设计在出版物上公开发表过，因此本案专利不符合《专利法》第二十三条的规定。

基于上述理由，专利复审委员会作出了宣告本案专利权全部无效的无效宣告请求审查决定。

三、北京市第一中级人民法院的一审判决

本案专利权人不服专利复审委员会作出的无效宣告请求审查决定，于2009年12月21日向北京市第一中级人民法院（下称"一审法院"）提起行政诉讼。

本案专利权人诉称：本案专利与在先设计既不相同，也不相近似，因为外观设计相同和相近似的判断原则在于被比设计与在先设计的差别对产品外观设计的整体视觉效果是否具有显著的影响，如果一般消费者会将被比设计与在先设计误认、混同，则说明二者的差别不具有显著的影响，否则说明二者的差别对产品的整体视觉效果具有显著的影响，二者既不相同也不相近似。本案专利是逻辑编程开关的外观设计，在先设计是家电制品的旋转式开关的外观设计，对这两类产品而言，引脚的数量和位置分布直接影响到该产品是否能够与相应电子产品的PCB板相适配，因此引脚的数量和位置分布是区别这类产品差异的主要部分，也就是说引脚的位置分布不同对于该产品而言具有显著的影响。本案专利产品与在先设计产品虽然都有五只引脚，但本案专利产品的引脚对设置在底座的一个侧面上，而在先设计产品只有三只引脚设置在底座的一个侧面上，另外两只引脚设置在底座的另一个相对的侧面上。一般消费者在选择时产品，会注意到二者引脚位置分布的不同，不会产生误认、混同。

基于上述理由，本案专利权人认为本案专利与在先设计相比既不相同也不近似，因而符合《专利法》第二十三条的规定，请求一审法院依法撤销专利复审委员会作出的本案无效宣告请求审查决定。

专利复审委员会辩称：本案专利和在先设计是相近似的外观设计，本案无效宣告请求审查决定认定事实清楚，适用法律适当，程序合法，本案专利权人的诉讼理由不能成立，请求北京市第一中级人民法院维持其无效宣告请求审查决定。

本案无效请求人述称：判断近似的方法是根据外观设计的特征，以其整体视觉效果进行综合判断，而影响整体视觉效果的因素包括产品正常使用时容易被直接观察到的部位、区别于现有设计的特征设计，而主要由技术功能决定的设计特征及对整体视觉效果不产生影响的材料、内部结构等特征不应作为判别近似的因素。根据上述判断原理，本案专利与在先设计高度近似。一般消费者最易观察到的是两者的上部柱体和下部扁方柱体，而两者的上部形状均为上细下粗的近似阶梯的圆柱体，下部均为近似扁方的柱体，上下部最直观的部分完全相同。本案专利简化的凹槽是细微变化，不足以影响一般公众对产品的整体视觉感观；本案专利引脚上的变化由技术功能决定，不能作为近似性判断的对象。据此，请求北京市第一中级人民法院维持专利复审委员会作出的无效宣告请求审查决定决定，驳回本案专利权人的诉讼请求。

一审法院认为：判断外观设计是否构成相同或近似，相关领域的判断主体对判断结论的可观认定具有重要作用。本案专利与在先设计均系电器元件，其相关消费者应为电器产品专业生产和采购人员，对此类电器元件产品具有较专业的认知能力，客观上熟知此类产品的外观功能，具有非该领域其他消费者所不具有的知识水平和认知能力，因此是该类产品的相关普通消费者。根据当事人无争议的陈述及查明的事实，本案专利与在先设计相比较，在先设计的上部粗柱有矩形凹槽，而本案专利没有；两者下部的引脚位置不同，本案专利五只引脚均在底座的一个侧面上，而在先设计只有三只引脚设置在底座的一个侧面上，另外两只引脚设置在底座的另一个相对侧面上。本领域的相关消费者在选择此类产品时，会施以较大注意力关注该产品的上述部位，因此上述部位的差别对整体视觉效果产生了显著的影响，不会造成两者的混淆误认。

基于上述理由，一审法院认定本案无效宣告请求审查决定的主要证据不足，判决撤销专利复审委员会于作出的本案无效宣告请求审查决定，对本案无效请求人提出的无效宣告请求重新作出审查决定。

四、北京市高级人民法院的二审判决

专利复审委员会和本案无效请求人不服一审判决，向北京市高级人民法院（下称"二审法院"）提起上诉。

专利复审委员会请求撤销一审判决的主要上诉理由为：一审判决对判定主体以及本案专利与在先设计的差别判断有误，本案专利与在先设计在引脚方面的差异属于由连接功能限定的局部位置变化。

本案无效请求人请求撤销一审判决的主要上诉理由为：本案专利与在先设计的差别属于细微差别，两者在引脚方面的差异属于技术性设置，本案专利与在先设计容易导致一般消费者的混淆，已构成相似设计。

二审法院作出二审判决的理由如下：

《专利法》第二十三条的规定："授予专利权的外观设计应当同申请日以前在国内外出版物上公开发表过或者国内公开使用过的外观设计不相同和不相近似，并不得与他人在先取得的合法权利相冲突。"

在判断外观设计与在先设计相比是否相近似时，首先要确定判断主体。不同的判断主体由于对被比设计产品的知识水平和认知能力存在差异，在判断两项外观设计是否相近似时可能得出不同的结论。根据《审查指南》的规定，在判断外观设计是否相近似时，应当基于被比设计产品的一般消费者的知识水平和认知能力进行评价。这里所述的"一般消费者"是具体的，不同类别的被比设计产品具有不同的消费者群体。

本案中，在先设计的公开日早于本案专利的申请日，且二者属于同一类别产品，可以用于评判本案专利是否符合《专利法》第二十三条的规定。本案专利与在先设计均系电器元件，相关产品的生产和采购人员对此类电器元件产品具有一定的认知能力，客观上熟知此类产品外观功能，一审法院将其作为该类产品的"一般消费者"并无不当，专利复审委员会有关一审法院确定"一般消费者"的判定主体错误的上诉理由不能成立，故不予支持。

将本案专利与在先设计进行比较，在先设计的上部粗柱有矩形凹槽，而本案专利没有；本案专利五只引脚均在底座的一个侧面上，在先设计只有三只引脚设置在底座的一个侧面上，另外两只引脚设置在底座的另一个相对的侧面上。在一般消费者看来，本案专利与在先设计的上述差别能够对二者的整体视觉效果产生显著影响，一般消费者在选择此类产品时也会施以较大注意力关注该产品的上述部位，不会造成一般消费者对二者的混淆误认。一审法院有关二者不构成相同或者类似外观设计的认定并无不当，专利复审委员会以及本案无效请求人关于本案专利与在先设计属于相同或类似外观设计的上诉理由不能成立，故不予支持。

基于上述理由，二审法院认定专利复审委员会和本案无效请求人的上诉理由因依据不足均不能成立，对其上诉请求不予支持；一审判决认定事实基本清楚，适用法律正确，依法应予维持，故判决驳回上诉，维持原判。

五、最高人民法院再审判决

专利复审委员会不服二审判决，向最高人民法院申请再审。最高人民法院于2011年11月29日作出行政裁决，决定提审本案。

专利复审委员会申请再审的主要理由为：

（1）二审判决关于判断方法的适用存在错误。二审判决并非基于整体观察、综合判断的方法得出结论，而是仅观察了不同点对整体带来的视觉效果，对相同点对整体视觉效果的影响视而不见。

（2）本案专利产品的"一般消费者"应当是电子元器件的采购者和使用者，应当了解这类产品个部分的功能和使用环境，能够分辨哪些设计是受功能限定的特定形状。相对于惯常设计，只有可变内容和对整体视觉效果具有显著影响的设计内容才为一般消费者所关注。从一般消费者的角度出发，本案专利与在先设计的区别均为功能性和技术性的，对整体视觉效果不具有显著影响，两者的整体视觉效果相近似，体现在：

a. 本案专利在在先设计的区别是技术性的。一般而言，当某一区别的作用是基于产品功能、性能、经济性、便利性、安全性等方面的技术性要求而设计，则该区别应当被认为是功能性的；当某一区别的作用是为了使产品达到视觉效果美观、特别、引人注目，则该区别应当被认为是装饰性的。本案专利和在先设计的产品的引脚都是插入电路板中，与其他电子元件相连接，引脚的不同设置方式是基于电路板上不同的电路布局需要，也是基于对产品功能、便利性的要求而设定。本案专利产品不具有在先设计产品中部环形轴的缺口，是单轴结构，只有上部具有缺口的圆柱形轴可以旋转，调节输出信号；而在先设计是双轴结构，上部和中间轴都可以进行旋转，进行信号输出。两者只是信号控制方式不同，本案专利只能通过上部轴对脉冲相位进行控制，在先设计既能通过上部轴对脉冲相位进行控制，也能通过通过中部轴对脉冲幅值进行调节，这是基于产品功能和性能的不同需要而设计的。

b. 本案专利和在先设计的区别所达到的效果是客观的。技术性特征实现的效果是技术性的，可以通过实验、推理等客观手段进行验证或者预测；装饰性特征实现的效果是审美的，不同主体因不同的审美取向、社会文化等因素得到不同的主观感受。本案专利产品与在先设计产品不同的引脚布置方式实现的效果是为不同的电路提供线路布局，满足电子配件的标准化应用；是否在中间环形轴上设置缺口，是为了实现不同的信号控制功能。上述区别实现的效果都是客观的，不受主体的审美取向、社会文化感受的影响。

c．从设计特征的可选择性看，本案专利和在先设计的可选择性被功能或者技术所限定。装饰性特征不受功能或者技术的制约，由于审美的不确定性而具有具有可选择性；功能性设计则受到产品功能或者技术条件的限制，不具有可选择性或者选择性受到功能需求或者技术规格的限定。作为标准化生产的电子配件，本案专利产品和在先设计产品的引脚设置方式是由技术规格限定的，中部环形柱上的凹槽是为了与开关的驱动装置啮合，凹槽的形状和大小也由技术规格所限定。

（3）外观设计专利保护的客体是装饰性（即具有美感）的设计，排除了对功能性、技术性特征的保护。对于电子元器件等在产品最终使用中不可见的零部件的形状设计均出于配合关系的考虑，而非出于美感的考虑，不应受到外观设计专利的保护。如果一项功能性的设计不符合发明或者实用新型专利的授权标准，而获得了外观设计专利保护，则权利人实质上是通过外观设计专利制度实现了对没有创新性的功能性形状的垄断，偏离了专利保护的立法宗旨。

本案专利权人提交意见认为，本案二审判决的判断方法正确，关于一般消费者认知水平的认定正确，专利复审委员会关于本案专利与在先设计的区别属于功能性、技术性的区别缺乏依据。本案专利产品的设计空间很小，现有技术均将引脚设置在底座的相对两侧，本案专利将引脚全部设置在底座的一侧，起到了显著改变产品整体视觉效果的作用。对于中部环形柱上的凹槽，有的产品有，有的产品没有，表明凹槽并非由产品的功能所唯一限定，不能将其视为由产品的功能所决定。由于在先设计的凹槽占据了中部环形柱体的四分之三左右，不能将本案专利中部环形柱体上缺少凹槽视为微小变化。

本案无效请求人认可专利复审委员会的再审请求和理由，认为二审判决认定事实和适用法律均有错误，本案专利和在先设计的区别属于局部的细微区别，并且明显属于功能设计。

最高人民法院认为，本案专利的申请日为2009年10月1日之前，应当适用2000年修改的《专利法》以及2001修改的《专利法实施细则》的规定。结合本案申请再审人、本案专利权人的答辩意见以及庭审情况，最高人民法院针认为本案的焦点在于：二审判决是否违背了整体观察、综合判断的判断方法；技术性设计特征和装饰性设计特征是否可分以及区分条件和作用；本案专利与在先设计的区别设计特征是否属于功能性设计特征；本案专利与在先设计是否相同或者相近似。

最高人民法院对上述焦点问题论述如下：

（一）关于二审判决是否违背了整体观察、综合判断的判断方法

所谓整体观察、综合判断的方法，是指在判断外观设计专利与在先设计是否相同或者相近似时，应当从外观设计专利产品的一般消费者的知识水平和认知能力出发，综合判断两者的相同点和不同点对整体视觉效果的影响，在此基础上对二者的整体视觉效果是否相同或者相近似作出判断。在此过程中，既要注意二者的相同点对整体视觉效果的影响，又要注意二者的区别点对整体视觉效果的影响。实际上，只要把外观设计专利与在先设计是否相同或者相近似的判断落脚在二者整体视觉形象的相同或者相近似上，就必然需要对两者的相同点和不同点对整体视觉效果的影响程度进行综合考量。

本案二审判决在对比本案专利与在先设计的基础上，认定了两者之间存在两点设计区别，进而认定上述区别能够对二者的整体视觉效果产生显著影响。可见，虽然二审判决将重点放在两者的区别对整体视觉效果的影响上，但是并非没有注意二者的相同点对整体视觉效果的影响。专利复审委员会主张二审判决仅观察了不同点对整体带来的视觉效果，而对相同点对整体视觉效果的影响却视而不见，这一主张不能成立，故不予支持。

（二）关于技术性设计特征与功能性设计特征是否可分以及区分标准和作用

专利复审委员会认为，外观设计的设计特征可以区分为功能性特征和装饰性特征。功能性特征基于对对产品功能、性能、经济性、便利、安全性等方面的技术性要求而设计；装置性特征则基于对产品的视觉效果美观而设计。功能性特征所表达的效果是客观的，不受主体的审美取向、社会文化感受的影响；装置性特征实现的是效果是审美的，不同主体因不同的审美取向、社会文化等因素得到不同的主观感受。功能性设计特征受到产品功能或者技术条件的限制，不具有可选择性或者其选择性受到功能需求或者技术规格的限定；装饰性特征不受功能或者技术的制约，由于审美的不确定性而具有可选择性。这就带来了一个问题，即功能性设计特征和装饰性设计特征是否可分、如何区分以及区分的意义何在等问题。

首先，关于功能性设计特征与装饰性设计特征的区分。任何产品的外观设计通常都需要考虑两个基本要素：功能因素和美学因素。即产品必须首先要实现其功能，其次还要在视觉上具有美感。可以说，大多数产品都是功能性和装饰性的结合。就某一外观设计产品的某一具体设计特征而言，同样需要考虑功能性和装饰性的双重需求，这是技术性与装饰性妥协和平衡的产

物。因此,产品设计特征的功能性或者装饰性通常是相对而言的,绝对地区分功能性设计特征和装饰性设计特征在大多数情况下是不现实的。只有在特殊的情形下,某种产品的某项设计特征才可能完全由装饰性或者功能性所决定。因此,至少存在三种不同类型的设计特征:功能性设计特征、装饰性设计特征以及功能性与装饰性兼具的设计特征。

其次,关于功能性设计特征的区分标准。功能性设计特征是指那些在该外观设计产品的一般消费者看来,由所要实现的特定功能所唯一决定而并不考虑美学因素的设计特征。功能性设计特征与该设计特征的可选择性存在一定的关联性。如果某种设计特征是由某种特定功能所决定的唯一设计,则该种设计特征不存在考虑美学因素的空间,显然属于功能性设计特征。如果某种设计特征是实现特定功能的有限的设计方式之一,则这一事实是证明该设计特征属于功能性特征的有力证据。不过,即使某种设计特征仅仅是实现某种特定功能的多种设计方式之一,只要该设计特征仅仅由所要实现的特定功能所决定而与美学因素的考虑无关,仍可认定其属于功能性设计特征。如果把功能性设计特征仅仅理解为实现某种功能的唯一设计,则会过分限制功能性设计特征的范围,把具有两种或者两种以上替代设计的设计特征排除在外,进而使得外观设计申请人可以通过对有限的替代设计分别申请外观设计专利的方式实现对特定功能的垄断,不符合外观设计专利保护具有美感的创新性设计方案的立法目的。从这个角度而言,功能性设计特征的判断标准并不在于该设计特征是否因功能或技术条件的限制而不具有可选择性,而在于在一般消费者看来,该设计特征是否仅仅由特定功能所决定,从而不需要考虑该设计特征是否具有美感。

最后,关于区分不同类型设计特征的意义。不同类型的设计特征对于外观设计产品整体视觉效果的影响存在差异。功能性设计特征对于外观设计的整体视觉效果通常不具有显著影响;装饰性特征对于外观设计的整体视觉效果一般具有影响;功能性与装饰性兼具的设计特征对整体视觉效果的影响则需要考虑其装饰性的强弱,其装饰性越强,对整体视觉效果的影响可能相对较大一些,反之则相对较小。当然,以上所述仅仅是一般原则,一种设计特征对于外观设计产品整体视觉效果的影响最终需要结合案件具体情况进行综合评判。

(三)本案专利与在先设计的区别设计特征是否属于功能性设计特征

本案无效宣告请求审查决定以及一审和二审判决均认定本案专利与在先设计相比存在两点区别:一是在先设计的上部粗柱有矩形凹槽,而本案专利没有;二是二者下部的引脚位置不同,本案专利五只引脚均在底座的一贯侧面上，在先设计有三只引脚设置在底座的一个侧面上，另外两只引脚设置在底座的另一个相对的侧面上。本案各方当事人对上述区别无异议，最高人民法院予以认可。

关于区别特征1，首先，由于在先设计的专利文件本身并未对专利产品是单轴结构还是双轴结构、是否能够双轴旋转、矩形凹槽具有何种作用等进行说明，在此情况下难以判断在先设计的结构以及矩形凹槽的功能。其次，本案无效宣告请求审查决定本身并未认定在先设计上部粗柱的矩形凹槽属于功能性设计特征，专利复审委员会仅在本案申请再审阶段才提出矩形凹槽属于功能性设计特征的主张。对此，专利复审委员会应当提供充分证据予以证明。最后，专利复审委员会提交给最高人民法院作为参考的名称为"一种双轴编码器"的中国实用新型专利的申请日晚于本案专利的申请日，且其权利要求6记载的外轴芯上的凹槽的功能系便于与外部电器连接安装，与专利复审委员会的主张不一致，难以据此判断在先设计的上部粗柱上的矩形凹槽的功能。因此，基于本案现有证据，无法确定在先设计产品是双轴可旋转的编程开关，亦无法确定其矩形凹槽用于与旋钮配合实现调节信号行输出。专利复审委员会关于在先设计在中间环形轴上设置缺口是为了实现不同的信号控制功能，区别特征1是功能性设计特征的主张证据不足，故不予支持。

关于区别特征2，本案各方当事人均确认本案专利产品涉及的编程开关的引脚数量是确定的，其分布需要与电路板上的节点相匹配。可见，引脚的数量以及位置分布是由与之相配合的电路板所确定，以便实现与电路板上的连接点相适配。在本案专利的一般消费者看来，无论引脚的位置是分布在底座的一个侧面上还是分布在两个相对的侧面上，都是基于与之相配合的电路板布局的需要。因此，区别特征2是功能性特征，其对于本案专利产品的整体视觉效果并不产生显著影响。专利复审委员会关于区别特征2是功能性设计特征的申请再审理由成立，应予支持。

（四）本案专利与在先设计是否相同或者相近似

如前所述，本案专利与在先设计相比存在两项区别特征，其中区别特征2属于功能性设计特征，对本案专利产品和在先设计产品的整体视觉效果不具有显著影响。对于区别特征1而言，现有证据不能证明在先设计上部粗柱上具有矩形凹槽属于功能性设计特征，同时该矩形凹槽比较明显，与整体设计相比并不属于细微变化。尽管如此，结合最高人民法院查明的事实，编程开关上部粗柱无矩形凹槽是一种普通的常见设计。作为一种普通的、常规的设计，本案专利产品的上部粗柱无矩形凹槽对于整体视觉效果不具有显著影响，不足以导致本案专利与在先设计在整体视觉效果上出现明显差异。

在两项区别设计特征对于本案专利的整体视觉效果均无显著影响的情况下，本案专利与在先设计的相同之处对于整体视觉效果的影响更大，二者构成相近似的外观设计。本案一审和二审判决认定二者不构成相同或者相近似外观设计，适用法律不当，应予纠正；专利复审委员会的相应申请再审理由成立，应予支持。专利复审委员会作出的本案无效宣告请求审查决定认为本案专利与在先设计的区别特征1相对于整体形状而言属于局部的细微变化，认定事实虽有失当，但关于本案专利与在先设计构成相近似的外观设计的结论正确，应予维持。

基于上述理由，最高人民法院判决撤销北京市高级人民法院的二审判决和北京市第一中级人民法院的一审判决，维持专利复审委员会作出的本案无效宣告请求审查决定。

六、评析

（一）关于功能性设计特征

本案涉及外观设计专利设计方案中功能性设计特征的认定，这是外观设计专利无效宣告程序中一个十分重要的问题。

TRIPS第25条规定了对工业品外观设计的保护要求，包括：

各成员可以规定，这种保护不应延及实质上由技术或者功能所决定的外观设计。[1]

我国《专利法》和《专利法实施细则》均没有写入TRIPS的上述规定。2008年第三次修改《专利法》时，最高人民法院曾积极建议增加这一规定，但最后没有被全国人大常委会采纳。尽管如此，我国专利实践中还是采用了认定外观设计中的功能性设计特征对整体视觉效果不具有显著影响的立场，《专利审查指南》第四部分第五章6.1规定：

由产品的功能唯一地限定的特定形状对整体视觉效果通常不具有显著的影响。例如，凸轮曲线形状是由所需要的特定运动行程唯一限定的，其区别对整体视觉效果通常不具有显著影响；汽车轮胎的圆形形状是由其功能唯一限定的，其胎面上的花纹对其整体视觉效果更具有显著影响。

关于功能性设计特征有如下需要讨论的问题。

第一，哪些设计特征应当被认定为功能性设计特征？

---

[1] Members may provide that such protection shall not extend to designs dictated essentially by technical or functional considerations.

2008年修改的《专利法》第二条第四款规定：

外观设计，是指对产品的形状、图案或者其结合以及色彩与形状、图案的结合所作出的富有美观并适于工业应用的新设计。

依据上述规定，外观设计包含三种类型的设计要素，即产品的形状、图案和色彩。其中，只有形状和图案能够单独构成外观设计的设计特征；色彩不能单独构成外观设计的设计特征，只能与形状、图案相结合才能构成外观设计的设计特征。

进一步分析，在形状、图案、色彩这三种设计要素中，哪些能够构成功能性设计特征？一般说来，图案设计特征和色彩设计特征与产品的功能无关，通常不会构成功能性设计特征，只有形状特征特征可能构成功能性设计特征。

由于外观设计专利的保护客体是"适于工业应用"的产品，而非诸如雕塑、绘画之类的纯艺术作品，因此其形状一般都与该产品的用途相关，或多或少都涉及该产品的功能。以饭桌的外观设计为例，一个饭桌至少由桌面和桌腿组成，其中桌面具有摆放物品的功能，桌腿具有支撑桌面的功能，饭桌的外观设计方案不可能脱离这些功能，否则就不成其为饭桌了。然而，桌面和桌腿具有技术意义上的功能并不排除它们同时也能够产生装饰性效果，因为桌面和桌腿的形状有诸多方案可供选择，这种选择大多是出于装饰目的而非技术功能目的。正如最高人民法院本案再审判决所述：

大多数产品的形状外观都是功能性和装饰性的结合，要想绝对地区分功能性设计特征和装饰性设计特征在大多数情况下是不现实的。

《专利审查指南》的上述规定采用了"由产品的功能唯一地限定的特定形状"的表述方式。然而，现实中符合这一定义的情形很少，除了车轮的圆形形状、齿轮的齿面形状、凸轮曲线形状之外，很难想出更多的例子。因此，如果严格遵从《专利审查指南》的上述规定，就会大大限制对功能性设计特征的认定。正因为如此，最高人民法院本案再审判决指出：

如果把功能性设计特征仅仅理解为实现某种功能的唯一设计，则会过分限制功能性设计特征的范围，把具有两种或者两种以上替代设计的设计特征排除在外，进而使得外观设计申请人可以通过对有限的替代设计分别申请外观设计专利的方式实现对特定功能的垄断，不符合外观设计专利保护具有美感的创新性设计方案的立法目的。

其次，区分不同类型的设计特征意义何在？

既然大多数产品的形状设计特征都是功能性和装饰性的结合，人们会问区分不同类型的设计特征具有何种意义。最高人民法院的再审判决指出：

> 不同类型设计特征对于外观设计产品整体视觉效果的影响存在差异。功能性设计特征对于外观设计的整体视觉效果通常不具有显著影响；装饰性特征对于外观设计的整体视觉效果一般具有影响；功能性与装饰兼具的设计特征对整体视觉效果的影响则需要考虑其装饰性的强弱，其装饰性越强，对于整体视觉效果的影响可能相对较大一些，反之则相对较小。

笔者理解，上述论述的含义是指在判断某一形状特征对产品外观整体视觉效果的影响时，可以视该形状特征功能属性的强弱确定一个加权系数。对单纯起装饰性作用的产品形状特征而言，其加权系数为1，也就是完全不削弱其对整体视觉效果的影响；对由功能唯一确定的产品形状特征而言，其加权系数为0，也就是该形状特征对整体视觉效果不产生影响；对功能性和装饰性兼具的产品形状特征而言，其加权系数为0至1之间，视具体案情而定。

当然，在实际案件中针对具体设计特征如何适用最高人民法院提出的判断方式，也就是如何确定上述加权系数的大小并非一件容易事情，需要逐渐积累经验，形成必要规则。但是，最高人民法院本案再审判决的意义在于明确了并非只有对单纯起功能性作用的形状设计特征，也就是由某种功能所唯一决定的形状设计特征才应排除其对产品整体视觉效果的影响，对功能性和装饰性兼具的设计特征也应适当地限制其功能性选择对产品整体视觉效果的影响。

（二）关于整体视觉效果的判断方式

《专利审查指南2010》第四部分第五章5.2.4规定：

> 对比应当采取整体观察、综合判断的方式。所谓整体观察、综合判断是指由涉案专利与对比设计的整体来判断，而不从外观设计的部分或者局部出发得出判断结论。

在本案中，专利复审委员会申请再审的理由之一是：

> 二审判决关于判断方法的适用存在错误，因为二审判决并非基于整体观察、综合判断的方法作出结论，而是仅观察了不同点对整体带来的视觉效果，对相同点对整体视觉效果的影响视而不见。

针对专利复审委员会的上述主张，最高人民法院的再审判决作了如下论述：

> 所谓整体观察、综合判断的方法，是指在判断外观设计专利与在先设计是否相同或者相近似时，应该从外观设计专利产品的一般消费者的知识水平和认

知能力出发，综合评估两者的相同点和区别点对整体视觉效果的影响，在此基础上对两者的整体视觉效果是否相同或者相近似作出判断。在这个过程中，既要注意二者的相同点对整体视觉效果的影响，又要注意二者的区别点对整体视觉效果的影响。实际上，只要把外观设计专利与在先设计是否相同或者相近似的判断落脚到二者整体视觉形象的相同或者相近似上，就必然需要对两者的相同点和不同点对整体视觉形象的影响程度进行综合考量。本案中，原二审判决在对比本专利与在先设计的基础上，认定了二者存在两点设计区别，并进而认定上述区别能够对二者的整体视觉效果产生显著影响。可见，虽然原二审判决将重点放在了两者的区别对整体视觉效果的影响上，但是并非没有注意二者的相同点对整体视觉效果的影响。专利复审委员会主张，原二审判决仅观察了不同点对整体带来的视觉效果，而对相同点对整体视觉效果的影响却视而不见，这一主张不能成立，本院不予支持。

在笔者看来，专利复审委员会的上述争辩理由似乎是无所不在的，因为当审理机关认定外观设计专利权与现有设计相比符合《专利法》第二十三条规定的授权条件时，无效请求人总是可以争辩该判断结论仅观察了专利设计与现有设计相比的不同点对整体带来的视觉效果，而对两者的相同点对整体视觉效果的影响视而不见，因而有违于整体观察、综合判断的判断方式；当审理机关认定外观设计专利权与现有设计相比不符合《专利法》第二十三条规定的授权条件时，专利权人也总是可以争辩该判断结论仅观察了专利设计与现有设计相比的相同点对整体带来的视觉效果，而对两者的不同点对整体视觉效果的影响视而不见，因而有违于整体观察、综合判断的判断方式。

由此而带来的问题在于：究竟应当如何对相同点和不同点进行"整体观察、综合判断"？

2000年修改的《专利法》第二十三条前半部分规定：

授予专利权的外观设计，应当同申请日以前的在国内外出版物上公开过或者国内公开使用过的外观设计不相同和不相近似。

2008年修改的《专利法》第二十三条第一款和第二款规定：

授予专利权的外观设计，应当不属于现有设计；也没有任何单位或者个人就同样的外观设计在申请日以前向国务院专利行政部门提出过申请，并记载在申请日以后公告的专利文件中。

授予专利权的外观设计与现有设计或者现有设计特征的组合相比，应当具有明显区别。

依据2008年修改的《专利法》的上述规定，可以认为判断一项外观设计是否符合第二十三条的规定包括两个步骤，即：

第一，判断该外观设计是否属于现有设计，如果认定与某一现有设计相比不存在区别，则该外观设计不具备新颖性，不符合《专利法》第二十三条第一款的规定；

第二，仅仅认定该外观设计与有关现有设计相比存在区别还不足以得出能够授予专利权的结论，还要进一步判断该区别是否明显，如果认定虽有区别但不明显，则该外观设计不具备创造性，不符合《专利法》第二十三条第二款的规定。

判断区别是否"明显"，应当采用"整体观察、综合判断"的判断方式，更具体地说就是不能将注意力仅仅局限于构成区别的一个或者多个设计特征上，而是应当判断该一个或者多个区别设计特征对该外观设计整体视觉效果带来的影响。如果认定该产品的外观设计从整体来看与一份现有设计或者现有设计特征的组合相比产生显著不同的视觉效果，则应当认定符合授予外观设计专利权的条件，反之则应当认定不符合授予外观设计专利权的条件。

由此可见，判断一项外观设计是否符合授予外观设计专利权条件的关键在于正确认定不同点并进而正确评价不同点对整体视觉效果的影响，其中后一认定要遵循"整体观察、综合判断"的判断方式。只要采取这种判断方式，实际上就已经包含了对相同点的考量，不必另行再对相同点进行单独的分析判断。最高人民法院对本案的再审判决指出"实际上，只要把外观设计专利与在先设计是否相同或者相近似的判断落脚到二者整体视觉形象的相同或者相近似上，就必然需要对两者的相同点和不同点对整体视觉形象的影响程度进行综合考量""虽然原二审判决将重点放在了两者的区别对整体视觉效果的影响上，但是并非没有注意二者的相同点对整体视觉效果的影响"，上面的分析正是笔者对最高人民法院上述论述的解读。

尽管上述观点所依据的是2008年修改的《专利法》第二十三条的规定，但是就外观设计专利授权条件的判断方式而言，与2000年修改的《专利法》第二十三条的规定并没有什么本质上的不同，因为可以认为2008年修改的《专利法》第二十三条第一款的规定基本上对应于先前规定的"不相同"，第二款的规定基本上对应于先前规定的"不相近似"。

在判断一项外观设计与在先设计相比是否符合授权条件时，应当将重点放在不同点的分析上，这一结论符合2008年修改的《专利法》第二十三条的规定，因为该条第二款明确指出需要判断的是"具有明显区别"。

可以类比的是发明或者实用新型的创造性判断。《专利审查指南2010》第二部分第三章3.1规定了创造性的审查原则，其中包括：

在评价发明是否具备创造性时，审查员不仅需要考虑发明的技术方案本身，而且还要考虑发明所属技术领域、所要解决的技术问题和所产生的技术效果，将发明作为一个整体看待。

上述"将发明作为一个整体看待"，与外观设计判断的"整体观察、综合判断"实为异曲同工。《专利审查指南2010》第二部分第四章3.2.1.1同时又规定了创造性的判断方法，也就是所谓的"三步法"，即：第一，确定最为接近的现有技术；第二，确定发明的区别特征和发明实际解决的技术问题；第三，判断要求保护的发明对本领域的技术人员来说是否显而易见。由此可知，判断发明和实用新型的创造性，重点也是在于发明或者实用新型与现有技术之间的区别。

为什么对发明、实用新型、外观设计都应当将判断的重点放在不同点上？这是由专利权保护客体的性质所决定的。专利权保护的是"发明创造"，其含义是指过去不曾有过的新的技术方案或者新的设计方案，与现有技术或者现有设计雷同以及与之区别不大的都不能被授予专利权，因此判断是否符合授予专利权条件应当将重点放在不同点上。从这种意义上说，专利权与商标权有显著不同，其目的不在于防止消费者对产品或者服务的来源产生混淆和误认，因此在判断是否符合授权条件时不宜采取"重点比较相同点"和"比同不比异"的判断方式。

"裁剪机磨刀机构中斜齿轮组的保油装置"
实用新型专利无效宣告请求案

一、案件提要

当事人

专利权人：曹忠泉
无效请求人：上海精凯服装机械有限公司

专利复审委员会的无效宣告请求审查决定

决定号：WX第13216号
合议组成员：张琳、程华、邢文飞
决定日：2009年4月14日

北京市第一中级人民法院的一审判决

案号：（2009）一中行初字第1326号
合议庭成员：赵静、姜庶伟、郝志国
结案日期：2009年12月18日

北京市高级人民法院的二审判决

案号：（2010）高行终字第634号
合议庭成员：刘辉、岑宏宇、石必胜
结案日期：2010年7月6日

最高人民法院的再审判决

案号：（2012）行提字第7号
合议庭成员：王永昌、宋淑华、李剑
结案日期：2012年5月3日

涉及的法律规定

《专利法》第二十二条第三款

判决要旨

1. 创造性是发明创造的本质特性，是对发明创造相较于现有技术的创新高度要求。我国专利法对实用新型创造性的要求是同申请日以前已有的技术相比，具有实质性特点和进步。在评价发明创造是否具备创造性时，不仅要考虑发明创造的技术方案本身，还要考虑发明创造所属的技术领域、所解决的技术问题和所产生的技术效果，将其作为一个整体看待，即应从发明创造的技术原理、技术构思、技术效果等方面综合认定。

2. 根据《行政诉讼法》第五十四条第（二）项的规定，人民法院在判决撤销或者部分撤销被控具体行政行为时，可以判决被告重新作出具体行政行为，但是否判决被告重新作出具体行政行为要视案件的具体情况而定。

3. 人民法院在审查专利复审委员会作出的无效宣告请求审查决定时，对于专利复审委员会认为专利权有效，而人民法院认为专利权无效的情况，在判决撤销被控决定的同时，应一并判决专利复审委员会重新作出决定；对于专利复审委员会认为专利权无效的，人民法院在判决撤销被控决定时，是否一并判决专利复审委员会重新作出决定，要区分如下两种情况：专利复审委员会针对无效宣告请求人所提出的无效理由和证据全部作出评述，而人民法院认为专利权有效的，不必再判决专利复审委员会重新作出决定；专利复审委员会没有对无效宣告请求人所提出的无效理由和证据全部作出评述，而依据部分理由及相应证据作出的无效决定不能成立的，人民法院应一并判决专利复审委员会针对无效宣告请求人所提出的其他无效理由和证据重新作出决定。

二、本案专利介绍

本案涉及发明名称为"裁剪机磨刀机构中斜齿轮组的保油装置"的第200520014575.5号实用新型专利，申请日为2005年9月1日，授权公告日为2006年10月4日，专利权人是曹忠泉（下称"专利权人"）。

本案专利涉及服装机械，特别是自动磨刀布料裁剪机内的磨刀机构斜齿轮组的保油结构。

如本案专利说明书所述，已有的自动磨刀裁剪机在需要磨刀时扳动斜齿轮传动机匣，使摩擦轮与主动带轮贴合，动力通过与摩擦轮同轴的位于机匣内的斜齿轮啮合中间齿轮再与传动杆齿轮啮合，以传递磨刀动力。现有技术是定期向斜齿轮组的齿隙中滴润滑油。在实际使用中，由于上述齿轮组的高速旋转，润滑油很快被甩至磨刀机匣内各处，导致的问题在于：一是不能保持斜齿轮组的良好润滑，过快磨损，噪音很大；二是被甩出的润滑油容易从磨刀机匣向外渗漏,甚至会污染被裁剪的布料。

本案专利的目的是为自动磨刀裁剪机的斜齿轮组提供保油装置,使斜齿轮组润滑良好,降低噪音,减少磨损。

磨刀机匣1同时构成自动磨刀裁剪机的前端面罩,其后视图如图1所示,图中标记2为与摩擦轮轴连的斜齿轮位置,标记3为中间斜齿轮位置,标记6为传动杆位置,标记5为装于传动杆6顶端的并与中间齿轮啮合的斜齿轮位置,标记1.1为与图2所示围壁4吻合的凹槽。

参照图2、图3,斜齿轮传动机匣8具有扳柄9,用于扳动机匣摩擦轮与主动带轮贴合。在机匣内的斜齿轮位置2′和与其啮合的中间斜齿轮位置3′周围与机匣一体制有围壁4,该围壁可与磨刀机匣1中的凹槽1.1凹凸配合,使润滑油不被外甩而保存在围壁内。当然,凹槽1.1和围壁4位置可互换,即制造时将围壁4与磨刀机匣1一体制成,效果相同。

参照图4、图5,为了防止传动杆齿轮将围壁内的润滑油甩出,在该齿轮位置5处上方设置一弧面盖板7,其直角边7.1上开有通孔7.3,供与磨刀机匣体或斜齿轮机匣体螺钉连接;其弧面处7.2罩住传动杆齿轮。在传动杆齿轮与中间齿轮交接处的围壁4部位开有缺口(图中未标出),使两齿轮可啮合。

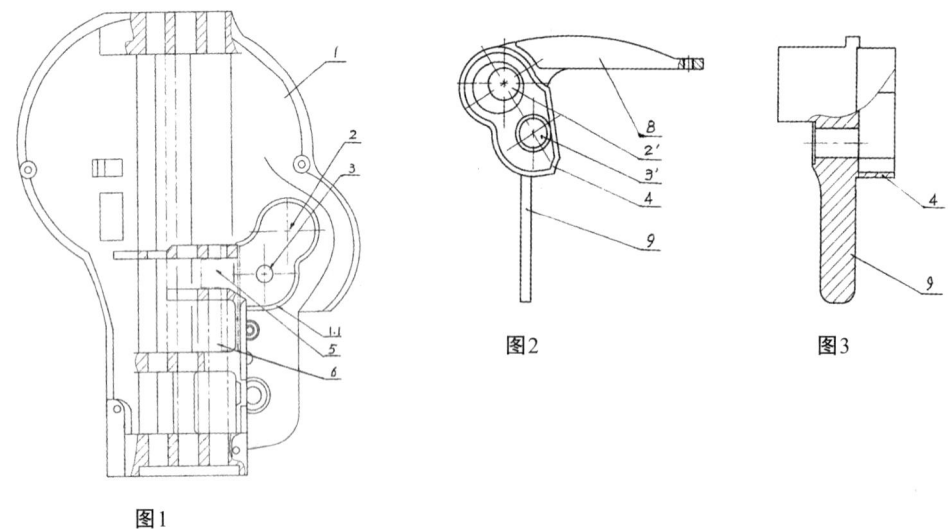

图1

图2

图3

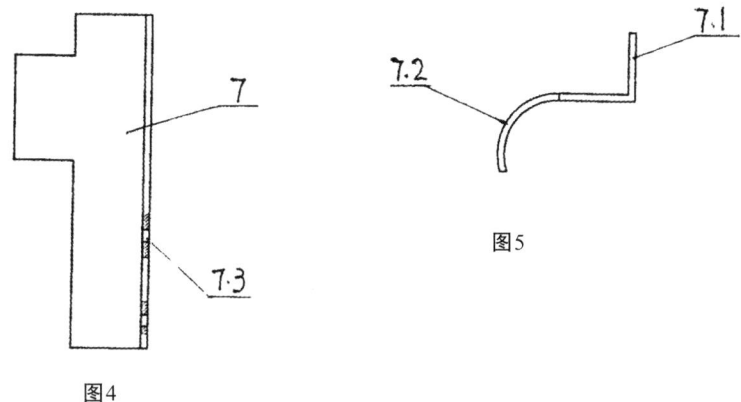

图4　　　　　　图5

本案实用新型专利的权利要求书如下：

1. 一种裁剪机磨刀机构中斜齿轮组的保油装置，其特征在于在斜齿轮位置（2）和中间齿轮位置（3）的周围位置设有挡油围壁（4）。
2. 根据权利要求1所述的保油装置，其特征在于围壁（4）上留有供其内的中间齿轮与其外的传动齿轮啮合的缺口。
3. 根据权利要求2所述的保油装置，其特征在于围壁（4）与斜齿轮机匣（8）或磨刀机匣（1）制成一体。
4. 根据权利要求1所述的保油装置，其特征在于围壁（6）外的传动齿轮位置（5）上设置弧形盖板（7）。

三、专利复审委员会的无效宣告请求审查决定

针对上述专利权，上海精凯服装机械有限公司（下称"无效请求人"）于2008年11月27日向国家知识产权局专利复审委员会提出无效宣告请求，其理由是本案专利不符合《专利法》第二十六条第三、四款、《专利法实施细则》第二十条第一款、《专利法实施细则》第二十一条第三款、《专利法》第二十二条第二、三款的规定。

请求人认为：

（1）本案专利权利要求1相对于附件1不具备新颖性；

（2）权利要求2的附加技术特征在所属领域的技术人员看来是必然推知的，另外在附件2中也公开了该附加技术特征，因此权利要求2不具备创造性；

（3）本案专利未指明具体如何形成权利要求3所述的"制成一体"，因此权利要求3的技术方案公开不充分；此外，无论哪种连接方式均起到固定作用，对所属领域的技术人员而言都是显而易见的，因此权利要求3也不具

备创造性；

（4）从本案专利的所有图来看，无法得知部件7即盖板的位置、功用、优点，所属领域的技术人员无法予以实施，因此权利要求4不符合《专利法实施细则》第二十条第一款以及专利法第二十六条第三、四款的规定；权利要求4所述盖板已经脱离了权利要求1所述的围壁的范畴，描述的是围壁以外的范畴，不符合《专利法实施细则》第二十一条第三款的规定。

本案专利权人2009年2月27日提交了修改的权利要求书：

1. 一种裁剪机磨刀机构中斜齿轮组的保油装置，其特征在于在斜齿轮位置（2）和中间齿轮位置（3）的周围位置设有挡油围壁（4），围壁（4）上留有供其内的中间齿轮与其外的传动齿轮啮合的缺口。

2. 根据权利要求1所述的保油装置，其特征在于围壁（4）与斜齿轮机匣（8）或磨刀机匣（1）制成一体。

3. 根据权利要求1所述的保油装置，其特征在于围壁（6）外的传动齿轮位置（5）上设置弧形盖板（7）。

专利复审委员会指出：本案专利权人2009年1月4日提交的意见陈述书明确了对其权利要求书的具体修改方式是：删除授权公告文本中的权利要求1，将授权公告文本中的权利要求2上升为修改后的权利要求1，同时将授权公告文本中的权利要求2、权利要求4合并而成修改后的权利要求3。本案专利权人于2009年2月27日提交了依据上述修改的正式修改文本。鉴于本案无效请求人对专利权人所作的上述修改无异议，专利复审委员会在本案专利权人2009年2月27日提交的修改的权利要求1-3的基础上进行审查。

本案无效请求人提交的附件5-1是第3672586号美国专利，其授权公告日为1972年6月27日，在本案专利的申请日之前。本案专利权人对该附件的真实性以及中文译文的准确性均无异议，因此附件5-1可以作为评价本案专利的新颖性和创造性的现有技术。

上述美国专利涉及一种绕线机，其附图1、附图2和附图3如下：

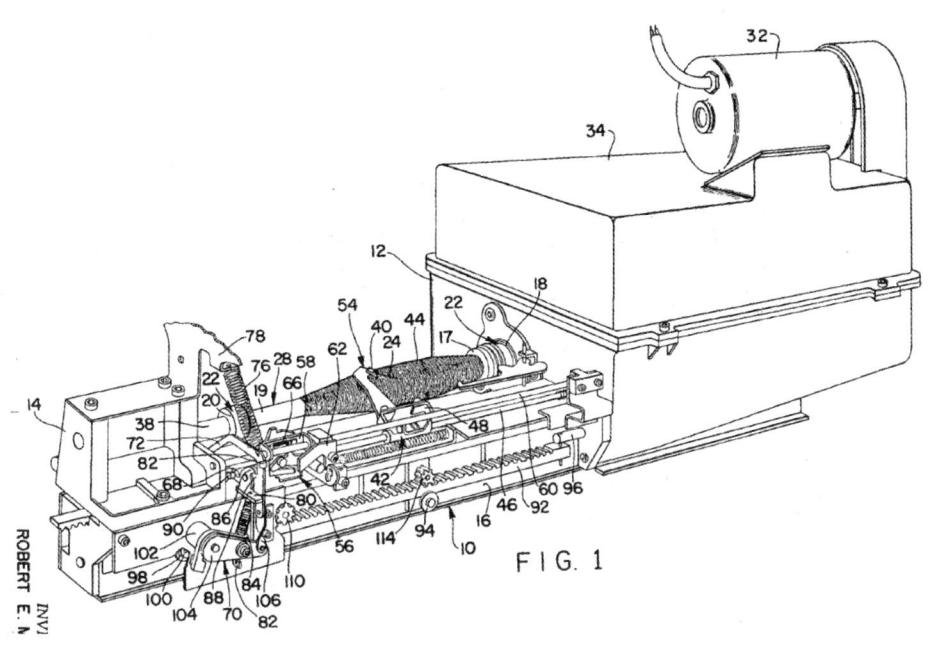

FIG. 1

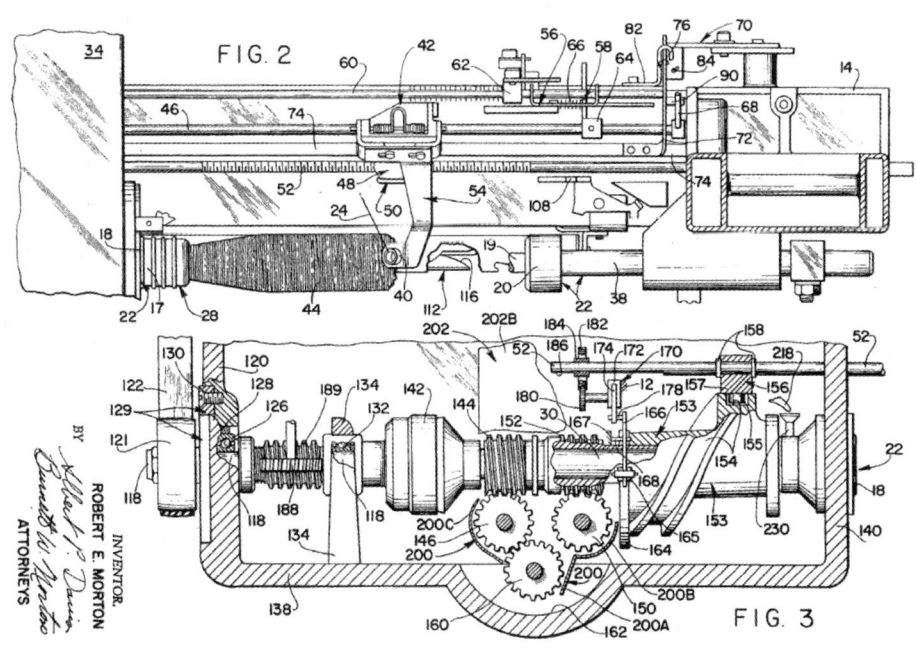

FIG. 2

FIG. 3

专利复审委员会作出的无效宣告请求审查决定的理由如下:

(一) 权利要求1的创造性

《专利法》第二十二条第三款规定:创造性,是指同申请日以前的已有的技术相比,该发明有突出的实质性特点和显著的进步,该实用新型有实质性特点和进步。

本案专利权利要求1请求保护一种裁剪机磨刀机构中斜齿轮组的保油装置,包括如下技术特征:(1)在斜齿轮位置(2)和中间齿轮位置(3)的周围位置设有挡油围壁(4);(2)围壁(4)上留有供其内的中间齿轮与其外的传动齿轮啮合的缺口。

附件5-1公开了绕线机中的齿轮润滑部分,具体披露了如下技术内容:抛油环160通过与齿轮146匹配驱动,并且通过护罩200(图3至6)封闭,其限定了从机油箱162获得的润滑剂并且反映了润滑剂旋转式喷洒齿轮146及150,并且因此向上移动。更特别的是,该护罩200适宜且严格地与基架支撑物198(图4)固定起来,并且沿着抛油环160有直接向前部分200A扩展至机油箱162中,该抛油环带有圆柱形部件200B,从部件200A向上伸展,并且从齿轮150封闭隔开。护罩200也有一通用的圆柱形向后的圆弧片200C,可从抛油环160向外扩展,并且接近齿轮146空隙。抛油环160,齿轮146及150,以及扩罩200提供了操作工具,从由机油箱162供应源中获得润滑油,并且以喷雾状态喷出润滑剂,或者注入抛油环或通过第一输送管202发出喷雾润滑剂。

通过对比分析可知,附件5-1中护罩200的正前部200A、圆柱部200B、后圆弧部200C共同包裹其内的齿轮组,防止齿轮上的润滑油飞溅四散,相当于权利要求1中的"挡油围壁";齿轮146相当于权利要求1中的"中间齿轮";齿轮160相当于权利要求1中的"斜齿轮";圆柱部200B的上顶点和后圆弧部200C的上顶点之间存在开口,使齿轮和螺纹联接,从附件5-1的译文及附图可以确定上述螺纹是螺杆上带有的螺纹,该开口相当于权利要求1中的缺口。

权利要求1的技术方案与附件5-1的区别在于:(1)权利要求1的技术方案针对的是裁剪机磨刀机构,附件5-1技术方案的应用环境是绕线机;(2)权利要求1记载的中间齿轮是与外部的传动齿轮啮合,而附件5-1中的齿轮146是与带有螺纹的传动螺杆相配合工作的。

专利复审委员会认为,涡轮蜗杆传动、圆柱齿轮传动、斜齿轮传动、圆锥齿轮传动等方式均是所属领域的惯用技术手段。裁剪机磨刀机构和绕线机均为机械设备,二者均涉及齿轮组保油润滑问题。根据实际需要,采用斜齿轮传动替代附件5-1中的螺杆传动并将绕线机中齿轮组保油润滑技术应用于裁剪机磨刀机构,从而得到权利要求1的技术方案对所属领域的技术人员来说是很容易想到和实现的。因此,权利要求1相对于附件5-1不具备实质性特点和进步,不符合《专利法》第二十二条第三款的规定。

本案专利权人认为:附件5-1所示的是下面有进口,避免将油甩出去的装置,本案专利是将油围在挡油围壁里面。附件5-1是上部出油和下部进油的设置,本案专利的围壁没有进口和出口,附件5-1中输油装置开口目的是将油甩出去,与本案专利缺口的作用不同。

专利复审委员会认为:权利要求1并未具体限定围壁的形状和结构,其主要作用就是将润滑油保持在齿轮组周围,使斜齿轮组润滑良好,降低噪音,减少磨损;附件5-1中护罩200的正前部200A、圆柱部200B、后圆弧部200C共同包裹其内的齿轮组,也能起到防止齿轮上的润滑油飞溅四散,将润滑油保持在齿轮组周围的作用,相当于权利要求1记载的"挡油围壁";此外,为了给齿轮组提供润滑油,也需要提供润滑油的进出途径。根据本案专利权利要求1的记载,缺口的作用是提供中间齿轮与传动齿轮啮合的空间,附件5-1圆柱部200B的上顶点和后圆弧部200C的上顶点之间存在的开口可以实现使齿轮和带有的螺纹的传动螺杆联接的作用。

(二)关于权利要求2的创造性

权利要求2记载的附加技术特征具体限定了围壁(4)与斜齿轮机匣(8)或磨刀机匣(1)制成一体。附件5-1公开了将护罩200适宜且严格地与基架支撑物198固定起来的技术内容,即已经给出了将相当于围壁的护罩与支撑物相固定的启示,制成一体属于所属领域的公知常识,结合上述公知常识,将围壁(4)与斜齿轮机匣(8)或磨刀机匣(1)制成一体,从而得到权利要求2的技术方案对所属领域的技术人员来说是显而易见的,权利要求2的技术方案相对于附件5-1不具备实质性特点和进步,不符合《专利法》第二十二条第三款的规定。

关于专利权人提出的"权利要求2的制成一体是斜齿轮机匣或磨刀机匣制成一体,是特定的两个匣体,附件5-1中没有予以公开"的意见陈述,专利复审委员会认为:斜齿轮机匣和磨刀机匣是裁剪机中特定的两个匣体,在附件5-1已经给出将相当于挡油围壁的护罩与支撑物固定连接这一启示的情况下,结合所属领域中制成一体的公知常识,将裁剪机中的挡油围壁与斜齿轮机匣或磨刀机匣制成一体对所属领域的技术人员来说是显而易见的。

(三)关于权利要求3的创造性

权利要求3的附加技术特征进一步限定了围壁外的传动齿轮位置上设置弧形盖板。附件5-1公开了以下技术内容:由于润滑剂向上经过第一输送管202和挡板206中的出入口204,该挡板形成了第二个输送管210接收部分208的底壁。在第二个输送管210内部,润滑剂滴在挡板206上,挡板206降至前侧壁202A并且移向挡板之间的第一通道214,通道214也降至前侧壁202A。通过焊接,挡板及通道以任意合理方式固定在顶壁212上。

经对比分析可知,附件5-1中的挡板206位于齿轮组和带有螺纹的螺杆上方,其与相当于"挡油围壁"的护罩200的正前部200A、圆柱部200B、后圆弧部200C相互配合,客观上可以起到将润滑油保持在齿轮周围。权利要求3记载的弧形盖板的主要作用是与围壁相互配合,将飞溅的润滑油保留在斜齿轮的周围。因此,附件5-1中的挡板206相当于权利要求3中的弧形盖板。因此,附件5-1已经公开了权利要求3的附加技术特征,在其引用的权利要求1相对于附件5-1不具备创造性的情况下,权利要求3的技术方案相对于附件5-1不具备实质性特点和进步,不符合《专利法》第二十二条第三款的规定。

基于上述分析,专利复审委员会认为本案专利权利要求1-3相对于附件5-1不符合专利法第二十二条第三款的规定;由于已经认定本案专利权利要求1-3不符合《专利法》第二十二条第三款的规定,对于请求人提出的其他无效理由不再作出评述。据此,专利复审委员会作出了宣告本案实用新型专利权全部无效的无效宣告请求审查决定。

四、北京市第一中级人民法院的一审判决

本案专利权人不服专利复审委员会作出的无效宣告请求审查决定,向北京市第一中级人民法院(下称一审法院)提起行政诉讼。

本案专利权人诉称:附件5-1与本案专利不属于相近或相关技术领域。本案专利设置的挡油围壁保油装置可以将每次滴注的润滑油保持在围壁内,延长滴注的保养周期,防止润滑油渗漏污染布料,围壁并没有进出口;附件5-1所示装置没有"保油"功能,两者是不同概念的技术方案。本案专利的"挡油围壁"的形状和结构是清楚的,结合说明书及其附图,普通技术人员自然会理解这是有一缺口的四周封闭的形状和结构。此外,本案专利在商业上取得了巨大成功。

基于上述理由,本案专利权人请求一审法院撤销专利复审委员会作出的无效宣告请求审查决定。

在一审法院的开庭审理中，本案专利权人明确认可如果2009年2月27日修改的权利要求1不具备创造性，则权利要求2也不具备创造性，但权利要求3具备创造性。本案专利权人当庭指出无效请求人在无效宣告程序中提交的附件5-1译文不准确，其中"通过护罩200封闭"应该译为通过护罩200对润滑油进行"导向"或者"环绕"，并表示其在无效宣告程序中没有仔细看该译文，所以当时的意见陈述不准确。

专利复审委员会辩称：本案专利与附件5-1均为机械设备，均涉及齿轮组保油润滑问题，即两者解决的是相同的技术问题，因此属于相同或相近的技术领域。附件5-1中护罩200的正前部200A、圆柱部200B、后圆弧部200C共同包裹其内的齿轮组，防止齿轮上的润滑油飞溅四散，相当于本案专利权利要求1中记载的"挡油围壁"；本案专利是使润滑油不被外甩而保存在围壁内，因此附件5-1与本案专利采用的相应结构的作用都是防止润滑油的飞溅。附件5-1中护罩200的正前部200A、圆柱部200B、后圆弧部200C共同包裹其内的齿轮组形成的"挡油围壁"与本案专利的"挡油围壁"没有区别。本案专利权利要求1的技术方案并未具体限定围壁的形状和结构，只能看出围壁上留有缺口。此外，本案专利权人在无效宣程序中并未提交证据证明本案专利在商业上获得了成功。基于上述理由，专利复审委员会请求一审法院维持其无效宣告请求审查决定。对于本案专利权人当庭新提出的附件5-1译文准确性问题，专利复审委员会认为本案专利权人在无效宣告程序已经认可相关译文的准确性，所以专利复审委员会只依据译文进行审查。

一审判决的理由如下：

本案专利与附件5-1都属于机械设备，均涉及齿轮组保油润滑问题，即两者都可以解决相同的技术问题，因此属于相同或者相近的技术领域，本案专利权人有关二者不属于相近或相关技术领域的主张于法无据，故不予支持。

本案专利权人在专利复审委员会举行的口头审理中已经表示对附件5-1真实性以及中文译文的准确性均无异议，而且附件5-1的相关附图对其护罩200的形态已有清晰呈现，因此本案专利权人在一审程序中当庭提出的对该附件译文准确性的异议没有依据，亦不予支持。

综上，专利复审委员会以附件5-1的专利说明书及其中文译文作为评价本案专利创造性的现有技术并无不当。

附件5-1公开了绕线机中的齿轮润滑部分，其中具体披露了抛油环160通过与齿轮146匹配驱动，并且通过护罩200封闭，其限定了从机油箱162获得的润滑剂并且反映了润滑剂旋转式喷洒齿轮146及150，并且因此向上移动。而且护罩200适宜且严格地与基架支撑物198固定起来，并且沿着抛油环160

有直接向前部分200A扩展至机油箱162中，该抛油环带有圆柱形部件200B，从部件200A向上伸展，并且从齿轮150封闭隔开。护罩200也有一通用的圆柱形向后的圆弧片200C，可从抛油环160向外扩展，并且接近齿轮146空隙。抛油环160，齿轮146及150，以及扩罩200提供了操作工具，从由机油箱162供应源中获得润滑油，并且以喷雾状态喷出润滑剂，或者注入抛油环或通过第一输送管202发出喷雾润滑剂。

本案专利权利要求1所要求保护的技术方案并未具体限定挡油围壁的形状和结构，其主要作用就是将润滑油保持在齿轮组周围，使斜齿轮组润滑良好、降低噪音、减少磨损，同时明确了该围壁上留有缺口；附件5-1中护罩200的直接向前部分200A、圆柱形部件200B、后圆弧片200C共同包裹其内的齿轮组，其作用也是防止齿轮上从机油箱获得的润滑油飞溅四散，将润滑油保持在齿轮组周围，同时为了给齿轮组提供润滑油，也需要提供润滑油的进出途径。因此，附件5-1中的护罩200相当于本案专利权利要求1中的"挡油围壁"。本案专利权人对此予以否认没有事实依据，故不予支持。

附件5-1的齿轮146相当于本案专利权利要求1记载的"挡油围壁"内的"中间齿轮"；齿轮160相当于权利要求1记载的"挡油围壁"内的"斜齿轮"。根据本案专利权利要求1的记载，其缺口的作用是提供中间齿轮与传动齿轮啮合的空间；附件5-1圆柱形部件200B的上顶点和后圆弧片200C的上顶点之间存在开口，从而使齿轮和螺杆上带有的螺纹联接，也可以实现联接作用，相当于本案专利权利要求1记载的缺口。

本案专利权利要求1所要求保护的技术方案与附件5-1的主要区别在于：前者针对裁剪机磨刀机构，后者的应用环境是绕线机；前者中间齿轮是外部的传动齿轮啮合，而后者齿轮146与带有螺纹的传动螺杆相配合。

蜗轮蜗杆传动、圆柱齿轮传动、斜齿轮传动、圆锥齿轮传动等方式均是所属领域的惯用技术手段，所属领域的技术人员会根据设计需要选择其传动方式，不需付出创造性劳动。裁剪机磨刀机构和绕线机均涉及齿轮组保油润滑的问题，根据整体方案的实际需要，在传动方式上采用齿轮替代附件5-1的螺杆，且将绕线机齿轮组保油润滑技术应用于裁剪机磨刀机构，从而得到权利要求1所要求保护的技术方案对所属领域的技术人员来说是容易想到和实现的。因此，专利复审委员会认定本案专利权利要求1相对于附件5-1不具备实质性特点和进步，不符合2001年修改的《专利法》第二十二条第三款的规定，并无不当。

本案专利权利要求3的附加技术特征进一步限定了围壁外的传动齿轮位置上设置弧形盖板。附件5-1公开了润滑剂向上经过第一输送管202，经过挡板206中的出入口204，该挡板形成了第二或底部输送管210接收部分208的底壁。在第二输送管210内部，润滑剂滴在挡板206上，挡板206降至前侧壁202A并且移向挡板之间的第一通道214。通道214也降至前侧壁202A。通过焊接，挡板及通道以任意合理方式固定在顶壁212上。因此，附件5-1的挡板206位于齿轮组和带有螺纹的螺杆上方，与相当于"挡油围壁"的护罩200的直接向前部分200A、圆柱形部件200B、后圆弧片200C相互配合，客观上可以起到将润滑油保持在齿轮周围的作用。本案专利权利要求3记载的弧形盖板的主要作用也是与围壁相互配合，将飞溅的润滑油保留在斜齿轮周围。由此可知，附件5-1的挡板206相当于本案专利权利要求3的弧形盖板。据此，附件5-1已经公开了本案专利权利要求3的附加技术特征。专利复审委员会认定在其引用的权利要求1相对于附件5-1不具备创造性的情况下，权利要求3的技术方案相对于附件5-1也不具备实质性特点和进步，不符合《专利法》第二十二条第三款的规定，并无不当。

本案专利权人主张本案专利在商业上取得了巨大成功，可以从侧面证明本案专利具有创造性。鉴于本案专利权人并未提交能证明本案专利取得商业成功的证据，其主张缺乏事实根据，故不予支持。

此外，本案专利权人已经认可如果本案专利权利要求1不具备创造性，则权利要求2作为从属权利也不具备创造性。据此，专利复审委员会认定于2009年2月27日修改的本案专利权利要求1-3均不符合《专利法》第二十二条第三款的规定，并无不当。

基于上述理由，本案专利权人请求撤销专利复审委员会作出的无效宣告请求审查决定缺乏事实和法律依据，故不予支持。本案无效宣告请求审查决定认定事实清楚，适用法律正确，程序合法，应予维持。据此，一审法院判决维持被告国家知识产权局专利复审委员会作出的无效宣告请求审查决定。

五、北京市高级人民法院的二审判决

本案专利权人不服一审判决，向北京市高级人民法院（下称"二审法院"）提起上诉，请求撤销一审判决以及专利复审委员会作出的无效宣告请求审查决定，其上诉理由是：

（1）本案无效请求人针对修改后的权利要求2提出相对于附件5-1不具备创造性的无效理由超过了法定期限，专利复审委员会对此进行审理属于程序违法。

（2）一审判决认定事实有误。专利复审委员会对本案专利所要解决的技术问题认定不清，混淆了"保油装置"和"润滑装置"的概念。本案专利是在斜齿轮位置和中间齿轮位置的周围设置挡油围壁，仅在与传动齿轮啮合处开有缺口，从而实现保油的目的；附件5-1是在齿轮组两侧设置分立的两片导向板，形成上下开口，使下方油池的润滑油从下开口进入并从上开口甩出，从而实现润滑其他部件的目的。本案专利权利要求3中记载的弧形盖板与围壁一起形成封闭空间将油保持在齿轮组周围，防止裁剪的布料被污染；附件5-1披露的是抛油装置，挡板与护罩配合不能起到将润滑油保持在齿轮周围的作用。因此，本案专利与附件5-1相比具备创造性。

二审法院二审判决的理由如下：

无效请求人在提出无效宣告请求之日起一个月之后增加无效宣告理由的，专利复审委员会一般不予考虑，但是针对专利权人以合并方式修改的权利要求，无效请求人可以在专利复审委员会指定期限内增加无效宣告理由并作具体说明。本案中，专利权人在无效宣告程序中以合并方式修改了权利要求，本案无效请求人提出采用附件5-1来评价修改后的权利要求2的创造性，属于在专利复审委员会规定期限内增加的无效理由，且在口头审理中本案专利权人针对该无效理由充分陈述了意见并表示不再补充书面意见。因此，专利复审委员会在程序上和实体上充分保障了专利权人与无效请求人双方的权利，并无违法之处。

本案专利请求保护的是一种对裁剪磨刀机构中的斜齿轮组的保油装置，附件5-1公开了一种对绕线机中的齿轮组的润滑装置，虽然二者应用的机械设备不同，但均涉及机械设备中齿轮组的保油润滑问题，属于相同技术领域。本案专利权人认为本案专利涉及的是"保油装置"，而附件5-1涉及的是"润滑装置"，两者并不相同。对此，二审法院认为本案专利说明书中记载本案实用新型的目的是使斜齿轮组润滑良好、降低噪音、减少磨损，同时还可以防止被裁剪的布料被污染，所以润滑作用也是本案专利的发明目的。

附件5-1具体披露了抛油环160通过与齿轮146匹配驱动，并且通过护罩200封闭，其限定了从机油箱162获得的润滑剂并且反映了润滑剂旋转式喷洒齿轮146及150，并且因此向上移动。更为特别的是，护罩200适宜且严格地与基架支撑物198固定起来，并且沿着抛油环160由直接向前部分200A扩展至机油箱162中，该抛油环带有圆柱形部件200B，从部件200A向上伸展，并且从齿轮150封闭隔开。护罩200也有一通用的圆柱形向后的圆弧片200C，可从抛油环160向外扩展，并且接近齿轮146空隙。抛油环160，齿轮146及150，以及扩罩200提供了操作工具，从机油箱162供应源中获得润滑油，并且以喷雾状态喷出润滑剂，或者注入抛油环或通过第一输送管202发出喷雾润滑剂。本案专利权利要求1未具体限定"挡油围壁"的形状和结构，所属领域的技术人员能够理解其主要作用是将润滑油保持在齿轮组周围，使斜齿轮组润滑良好，降低噪音，减少磨损，同时明确了该围壁上留有缺口；附件

5-1中护罩200的直接向前部分200A、圆柱形部件200B、后圆弧片200C共同包裹其内的齿轮组,其作用也是防止齿轮上由机油箱获得的润滑油飞溅四散,将润滑油保持在齿轮组周围,同时为了给齿轮组提供润滑油,需要提供润滑油的进出途径。因此,专利复审委员会及一审法院认定附件5-1中的护罩200相当于本案专利权利要求1中记载的"挡油围壁"是正确的。附件5-1的齿轮146相当于本案专利权利要求1中"挡油围壁"内的"中间齿轮";齿轮160相当于权利要求1中"挡油围壁"内的"斜齿轮"。根据本案专利权利要求1的记载,其缺口的作用是提供中间齿轮与传动齿轮啮合的空间;附件5-1圆柱形部件200B的上顶点和后圆弧片200C的上顶点之间存在开口,使齿轮和螺杆上带有的螺纹联接,也可以实现联接作用,相当于本案专利权利要求1中记载的缺口。

根据以上分析,齿轮传动方式的不同构成了本案专利权利要求1的技术方案与附件5-1的区别,但涡轮蜗杆传动、圆柱齿轮传动、斜齿轮传动、圆锥齿轮传动等方式均是所属领域中的惯用技术手段,所属领域技术人员根据设计需要选择上述传动方式不需付出创造性劳动。将附件5-1绕线机中齿轮组的保油润滑技术应用于裁剪机磨刀机构,得到本案专利权利要求1所要求保护的技术方案对所属领域的技术人员来说是显而易见的,因此本案专利权利要求1相对于附件5-1不具备创造性。

本案专利权利要求2进一步限定了围壁(4)与斜齿轮机匣(8)或磨刀机匣(1)制成一体;附件5-1公开了将护罩200适当且严格地与基架支撑物198固定起来的内容,给出了将相当于围壁的护罩与支撑物相固定的技术启示,而制成一体技术属于本领域的公知常识,所属领域的技术人员将二者相结合,容易得到本案专利权利要求2的技术方案。因此,在认定本案专利权利要求1不具备创造性的基础上,本案专利权利要求2也不具备创造性。

本案专利权利要求3记载的附加技术特征进一步限定了在围壁外的传动齿轮位置上设置弧形盖板,主要作用是与围壁相互配合,将飞溅的润滑油保留在斜齿轮周围。附件5-1的挡板206位于齿轮组和带有螺纹的螺杆上方,与相当于"挡油围壁"的护罩200的直接向前部分200A、圆柱形部件200B、后圆弧片200C相互配合,同样也可以起到将润滑油保持在齿轮周围的作用。因此,附件5-1已经公开了本案专利权利要求3记载的附加技术特征,在认定本案专利权利要求1不具备创造性的基础上,本案专利权利要求3也不具备创造性。

基于上述理由,二审法院认定本案专利权人的上诉请求缺乏事实和法律依据,故不予支持;一审判决认定事实清楚,适用法律正确,故判决驳回上诉,维持原判。

六、最高人民法院的再审判决

本案专利权人不服二审判决,向最高人民法院申请再审。最高人民法院于2011年12月21日作出行政裁定,提审本案。

本案专利权人申请再审的理由在于:

(1)本案无效请求人2009年2月25日口头审理时当庭提交了意见陈述书,声明撤回2009年2月9日寄出的意见陈述书。附件5-1等作为2月9日意见陈述书不可分割的组成部分,应视为一并撤回,因此附件5-1应视为在口头审理日当庭提交,超出了法律规定的举证期限。

(2)本案无效请求人2008年12月29日提交的附件5-1的译本为12页,而专利复审委员会采用的是7页译本,该译本有多处修改,尤其将原译文记载的"护罩200也有一通用的圆柱形后方象限器200C"改为"护罩200也有一通用的圆柱形向后的圆弧片200C",这种翻译不准确,却被无效宣告请求审查决定和一审、二审判决所认可。

(3)《审查指南》关于创造性判断方法中的技术启示要求对比文件披露的技术手段与区别特征所起的作用相同,否则不能认为提供了技术启示。本案专利权利要求1的特征部分是"在斜齿轮位置(2)和中间齿轮位置(3)的周围位置设有挡油围壁(4)",其作用是将润滑油保持在斜齿轮组的周围,防止裁剪的布料被污染;附件5-1公开的装置具有上下敞开的护罩200,将润滑油自底部的机油箱162喷洒到护罩200外的上方,起"送油"作用,而不是将润滑油保留在护罩200内部,因此二者的作用完全不同。本案专利的修改后的权利要求3的特征部分是"围壁(6)外的传动齿轮位置(5)上设置弧形盖板(7)",其作用是将润滑油直接保持在传动齿轮周围;附件5-1中挡板206的作用是接收自下而上喷洒上来的润滑油并输送到其他需要润滑的部件,起"接收"的作用,二者的作用也完全不同,故不能认定提供了技术启示。专利复审委员会作出的无效宣告请求审查决定认定的本案专利与附件5-1的两个区别特征是错误的,该区别特征在无效宣告程序中均未提及,也没有进行听证。本案专利和附件5-1与所要解决的技术问题紧密相关的区别特征是:权利要求1将齿轮组包围的"围壁"和附件5-1公开的在齿轮组两侧设置的"护罩200A、200B和200C"。无效宣告请求审查决定认定本案专利与对比文件"二者均涉及齿轮组保油润滑的问题"以及"将润滑油保持在齿轮组周围的作用,相当于权利要求1中的挡油围壁",显然与事实不符,附件5-1的"护罩200"与本案专利的"围壁"不同,"挡板206"也不同于本案专利的"弧形盖板"。附件5-1的美国专利的国际分类号是B65H,而本案专利的国际分类号是D06H和F16N,二者显然不是相近或者相关的技术领域。专利复审委员会不顾是否存在技术启示,仅凭据两者"均为机械设备"就予以认定,显然有违于《审查指南》的有关规定以及《专利法》第二十二条第三款关于实用新型专利创造性标准应当低于发明专利创造性标准的立法本意。

基于上述理由,本案专利权人请求撤销一审判决、二审判决以及专利复审委员会作出的无效宣告请求审查决定。

专利复审委员会辩称:本案专利权人对附件5-1的真实性以及中文译文的准确性均无异议,因此该附件可以作为评价本案专利权利要求新颖性和创造性的现有技术。将本案专利权利要求1与附件5-1进行对比分析可知,权利要求1相对于附件5-1不具备实质性特点和进步,不符合《专利法》第二十二条第三款的规定。本案无效宣告请求审查决定对"挡油围壁"和"弧形盖板"的认定是客观的。虽然本案专利与附件5-1所示美国专利的国际分类号不同,但二者均为机械设备,且均涉及齿轮组保油润滑的问题,二者要解决的技术问题是相同的,故属于相同的技术领域。对本案专利权人在再审申请书中提出的问题,专利复审委员会不予认同,坚持其无效宣告请求审查决定的观点。

最高人民法院再审查明一审和二审法院查明的事实属实,并查明本案无效请求人2008年12月26日提交了意见陈述书以及包括附件5-1在内的证据。该无效请求人在2009年2月9日的意见陈述书中明确将先前提交的附件5-1作为对比文件。2009年2月25日口头审理时,该无效请求人当庭提交了意见陈述书,声明撤回其于2009年2月9日提交的意见陈述书,但没有同时撤回附件5-1。专利复审委员会提交的口头审理记录表记载,本案专利权人在口头审理时的发言提到附件5-1中文译文的相关内容,该内容与附件5-1的7页中文译本相符。

另外,本案专利说明书在"发明内容"部分载明:"本实用新型由于在斜齿轮组的周围设置了围壁,将飞溅的润滑油保留在斜齿轮的周围,使斜齿轮组保持了良好的润滑,磨刀噪音明显降低,同时降低了能源损耗,延长斜齿轮的使用寿命,还可防止被裁剪的布料被污染。"在"具体实施方式"部分载明:"为了防止传动杆齿轮将围壁内的润滑油甩出,在该齿轮位置5处上方设置一弧面盖板7"。

最高人民法院认为本案争议的焦点问题是:无效请求人提交附件5-1是否超出法律规定的举证期限;附件5-1的译本提交问题;本案专利与附件5-1相比是否具有创造性。

对上述焦点问题,最高人民法院逐一分析如下:

(一)无效请求人提交附件5-1是否超出法律规定的举证期限

根据2002年修订的《专利法实施细则》第六十六条的规定,在专利复审委员会受理无效宣告请求后,请求人可以在提出无效宣告请求之日起1个月内增加理由或者补充证据。逾期增加理由或者补充证据的,专利复审委员会可不予考虑。

本案中,无效请求人在专利复审委员会受理无效宣告请求后1个月内补充提交了附件5-1,符合法律规定。虽然该无效请求人在口头审理时提交的意见陈述书中声明撤回其2009年2月9日提交的意见陈述书,但该声明仅表示撤回相关的意见陈述,并不代表将作为该意见陈述书对比文件的附件5-1也一并撤回,该无效请求人没有必要在口头审理当庭撤回意见陈述书后又重新提交附件5-1,而且该无效请求人一直将附件5-1作为对比文件,本案专利权人也针对该对比文件多次陈述了意见。因此,本案专利权人关于附件5-1应视为与意见陈述书一并撤回,无效请求人在口头审理时当庭提交附件5-1已经超出法律规定的举证期限的主张没有事实和法律依据,故不予支持。

(二)关于附件5-1译本的提交问题

本案专利权人主张无效请求人于2008年12月29日提交的附件5-1的译本为12页,而专利复审委员会采用的是被修改的7页译本,该译本有多处修改且不准确。

最高人民法院认为,本案的对比文件是附件5-1而非其译文,对附件5-1的真实性本案专利权人并无异议。因此,附件5-1公开的内容是客观存在的,并不因译文的改变而改变。本案专利权人所指出的两译本差异之处仅为用语不同,对实质内容并无影响;且专利复审委员会口头审理记录记载,双方当事人在口头审理时所使用的附件5-1的译本即为7页译本,专利权人明确表示对该译文的准确性没有异议,并针对7页译本进行了发言。因此,专利复审委员会在7页译本基础上描述附件5-1公开的内容并无不妥。

(三)关于本案专利的创造性

创造性是发明创造的本质特性,是对发明创造相较于现有技术的创新高度要求。我国专利法对实用新型创造性的要求是同申请日以前已有的技术相比,具有实质性特点和进步。在评价发明创造是否具备创造性时,不仅要考虑发明创造的技术方案本身,还要考虑发明创造所属的技术领域、所解决的技术问题和所产生的技术效果,将其作为一个整体看待,即应从发明创造的技术原理、技术构思、技术效果等方面综合认定。

1. 关于技术领域

本案专利权人主张本案专利与附件5-1引证的美国专利的国际分类号不同，二者既不属于相同的技术领域，也不属于相近或相关的技术领域，因此附件5-1不能作为评判本案专利创造性的对比文件。

最高人民法院认为认为，技术领域是要求保护的发明或者实用新型所属或者应用的具体技术领域，既不是上位的或者相邻的技术领域，也不是发明或者实用新型本身。确定发明或者实用新型所属的技术领域，应当以权利要求所限定的内容为准，一般根据专利的主题名称，结合技术方案所实现的技术功能、用途加以确定。附件5-1公开的技术内容涉及绕线机润滑系统的润滑问题，本案专利的技术方案是要解决裁剪机斜齿轮组的保油润滑问题。虽然绕线机属于纺织机械，裁剪机属于服装机械，二者在应用环境上有区别，但本案专利和对比文件的技术方案均涉及机械系统的润滑问题，属于相同的技术领域。因此，专利复审委员会将附件5-1作为判断本案专利创造性的对比文件并无不妥。

2. 关于技术特征

本案专利为一种裁剪机磨刀机构中斜齿轮组的保油装置，根据本案专利权利要求书和说明书，为了实现其发明目的，本案专利在斜齿轮位置和中间齿轮位置的周围设置了挡油围壁，将飞溅的润滑油保留在斜齿轮的周围，在围壁外的传动齿轮位置上设置了弧形盖板，防止围壁内的润滑油甩出。从附件5-1公开的润滑系统的技术特征来看，与本案专利实际要解决的技术问题以及所产生的技术效果并不相同。附件5-1中由抛油环160，齿轮146、150，护罩200以及挡板206等构成的润滑系统的主要作用是从机油箱162获取润滑油，并将润滑油输送到需要润滑的部件，设置护罩200的直接向前部分200A、圆柱形部件200B、后圆弧片200C以及挡板206的主要目的就是为上述技术功能服务的。为此，护罩200设置了进油口，以从机油箱获取润滑油，挡板206设置了出油口204以接收润滑油。由于本案专利与附件5-1所要解决的技术问题不相同，因此所达到的技术效果也不同，本案专利的技术特征所达到的技术效果是将润滑油保持在齿轮周围不外漏，实现齿轮的良好润滑并防止润滑油污染布料；附件5-1公开的护罩200和挡板206所达到的技术效果是将润滑油输送出去，而不是保持在齿轮周围不外漏。

3. 关于技术启示

附件5-1公开的润滑系统的技术方案所要解决的主要技术问题是有效输送润滑油，以实现对绕线机的内部构件进行润滑，而不是防止润滑油飞溅污染布料。对于本领域技术人员来说，在附件5-1所公开的技术方案的基础上，无动机将其润滑系统中的护罩200和挡板206的技术特征加以改进后应用到裁剪机磨刀机构中，以解决本案专利所要解决的防止润滑油飞溅，将润滑油保持在斜齿轮周围的技术问题。因此，附件5-1对于本领域技术人员来说不存在促使其获得本案专利所请求保护的技术方案和技术效果的技术启示。

基于上述理由，本案专利权利要求1请求保护的技术方案相对于对比文件附件5-1并非显而易见，具有实质性特点和进步，具备《专利法》第二十二条第三款规定的创造性。由于本案专利权利要求1具备创造性，其从属权利要求2、3亦具备创造性。本案一审、二审判决认定本案专利相对于附件5-1不具备创造性，从而维持专利复审委员会作出的无效宣告请求审查决定，适用法律错误，应予纠正。

根据《行政诉讼法》第五十四条第（二）项的规定，人民法院在判决撤销或者部分撤销被控具体行政行为时，可以判决被告重新作出具体行政行为，但是否判决被告重新作出具体行政行为需要视案件的具体情况而定。人民法院在审查专利复审委员会作出的无效宣告请求审查决定时，对于专利复审委员会认为专利权有效，而人民法院认为专利权无效的情况，在判决撤销被控决定的同时，应一并判决专利复审委员会重新作出决定；对于专利复审委员会认为专利权无效，人民法院在判决撤销被控决定时，是否一并判决专利复审委员会重新作出决定，要区分如下两种情况：专利复审委员会针对无效宣告请求人提出的无效理由和证据全部作出评述，而人民法院认为专利权有效的，不必再判决专利复审委员会重新作出决定；专利复审委员会没有对无效宣告请求人提出的无效理由和证据全部作出评述，而依据部分理由及相应证据作出的无效决定不能成立的，人民法院应一并判决专利复审委员会针对无效宣告请求人所提出的其他无效理由和证据重新作出决定。

本案中，无效请求人针对本案专利向专利复审委员会提出的无效理由是权利要求1、2、3不符合《专利法》第二十二条第二款、第三款，第二十六条第三款、第四款，《专利法实施细则》第二十条第一款的规定；权利要求3不符合《专利法实施细则》第二十一条第三款的规定。无效请求人还提交了包括附件5-1在内的多份对比文件来评价本案专利权利要求的新颖性和创造性。专利复审委员会在作出本案无效宣告请求审查决定时依据附件5-1对本案专利权利要求作出了不具备创造性的评价，并据此宣告本案专利权全部无效，对无效请求人提出的其他无效理由和证据没有作出评述。有鉴于此，在最高人民法院判决撤销专利复审委员会作出的无效宣告请求审查决定后，专利复审委员会应针对本案无效请求人提出的其他无效理由和证据重新作出决定。

基于上述理由，最高人民法院判决如下：

（1）撤销本案二审判决和一审判决；

（2）撤销专利复审委员会作出的无效宣告请求审查决定；

（3）专利复审委员会针对本案无效请求人对本案实用新型专利提出的其他无效理由和证据重新作出决定。

"女性计划生育手术B型超声监测仪"实用新型专利无效宣告请求案

一、案件提要

当事人

专利权人：胡颖

无效请求人：深圳市恩普电子技术有限公司

专利复审委员会无效宣告请求审查决定

决定号：WX第12728号

合议组成员：高桂莲、周航、刘畅

决定日：2008年12月19日

北京市第一中级人民法院的一审判决

案号：（2009）一中行初字第911号

合议庭成员：赵静、司品华、郝志国

结案日期：2009年9月23日

北京市高级人民法院的二审判决

案号：（2009）高行终字第1441号

合议庭成员：刘辉、岑宏宇、焦彦

结案日期：2010年6月13日

最高人民法院的再审判决

案号：（2012）行提字第8号

合议庭成员：王永昌、李剑、宋淑华

结案日期：2012年4月13日

涉及的法律规定

《专利法》第二十二条第三款

判决要旨

1. 对技术方案创造性的评价，一般会从对现有技术作出贡献的角度出发，采取相对客观的"三步法"判断方式，判断要求保护的技术方案是否对现有技术构成了实质性贡献，从而决定是否对其授予专利权。当采取"三步法"难以判断技术方案的创造性或者得出技术方案无创造性的评价时，从社会经济的激励作用角度出发，商业上的成功就会被纳入创造性判断的考量因素。

2. 当一项技术方案的产品在商业上获得成功时，如果这种成功是由于其技术特征直接导致的，则一方面反映了该技术方案具有有益的效果，同时也说明了其是非显而易见的，该技术方案即具有创造性。但是，如果商业上的成功是由于其他原因所致，例如销售技术的改进或者广告宣传等，则不能作为判断创造性的依据。因此，商业上的成功是当技术方案本身与现有技术的区别在构成可授予专利权的程度上有所欠缺时，如有证据能够证明该区别技术特征在市场上取得了成功，则从经济激励的层面对其予以肯定。商业成功是创造性判断的辅助性因素，与相对客观的"三步法"而言，对于商业上的成功是否确实导致技术方案达到被授予专利权的程度，应当持相对严格的标准。

3. 当申请人或专利权人主张其发明或者实用新型获得了商业上的成功时，应当审查：（1）发明或者实用新型的技术方案是否真正取得了商业上的成功；（2）该商业上的成功是否源于发明或者实用新型的技术方案相比现有技术做出改进的技术特征，而非该技术特征以外的其他因素所导致的。

二、本案专利介绍

本案涉及于名称为"女性计划生育手术B型超声监测仪"的第200420012332.3号实用新型专利，其申请日是2004年8月11日，授权公告日为2005年8月17日，专利权人为胡颖（下称"专利权人"）。

本案专利涉及一种B型超声监测仪，尤其是指用于女性计划生育手术、人工流产术、放置或取出宫内节育器的B型超声监测仪。

如本案专利说明书所述，长期以来，女性计划生育手术不能在直视下进行，完全靠操作医生的手感，不可避免会出现医疗事故及其纠纷。为了提高手术质量，增加手术的直观性是一种重要手段。宫内窥镜式手术监测仪已经出现，使用这种装置虽然直观性极好，但采用光学镜头在使用中仍有较大的不足：一是镜头在术中容易被污染而影响观察效果；二是是成本较高，会增加医院和患者的负担；三是由于光学镜头不能被阻隔，不宜采用一次性的外阻隔材料对手术监视仪进行保护，若多次消毒可能导致昂贵的监视仪受损，若消毒不彻底又会导致疾病的交叉感染。

本案专利的有关附图如下：

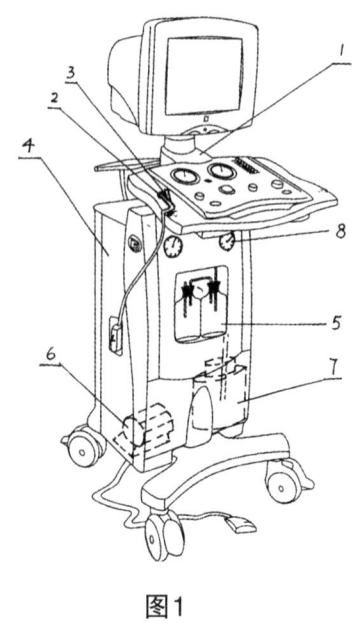

图1

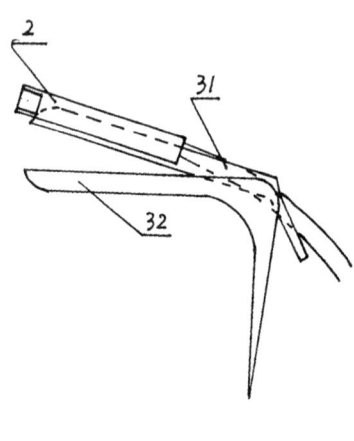

图2

本案专利的女性计划生育手术B型超声监测仪包括：现有的B型超声仪1，阴道窥器3的前页31外侧开有槽，相应的B超探头2上设有与该槽配合的凸出，将该探头2固定卡在该槽内，探头2采用广角辐射B性超声探头，其工作面厚度为10毫米、宽度为20毫米；一个负压吸引器，该负压吸引器的电机6和泵7分别固定连接在主机4内部，该主机4的前表面内部活动连接负压吸引器的吸液瓶5，该负压吸引器的仪表8固定连接在主机4的表面上。

本案专利权利要求书如下：

1. 一种女性计划生育手术B型超声监测仪，包括现有的B型超声仪（1），其特征在于：该B型超声仪的探头（2）与阴道窥器（3）卡接。

2. 根据权利要求1所述的女性计划生育手术B型超声监测仪，其特征在于：还包括一个负压吸引器，该负压吸引器的电机（6）和泵（7）分别固定连接在主机（4）内部，该主机（4）的前表面内部活动连接负压吸引器的吸液瓶（5），该负压吸引器的仪表（8）固定连接在主机（4）的表面上。

3. 根据权利要求1或2所述的女性计划生育手术B型超声监测仪，其特征在于：阴道窥器（3）的前页（31）外侧与B超探头（2）固定连接。

4. 根据权利要求1或2所述的女性计划生育手术B型超声监测仪，其特征在于：阴道窥器（3）的前页（31）内侧与B超探头（2）固定连接。

5. 根据权利要求1或2所述的女性计划生育手术B型超声监测仪，其特征在于：阴道窥器（3）的后页（32）内侧与B超探头（2）固定连接。

6. 根据权利要求1或2所述的女性计划生育手术B型超声监测仪，其特征在于：阴道窥器（3）的后页（32）外侧与B超探头（2）固定连接。

三、专利复审委员会的无效宣告请求审查决定

针对本案专利，深圳市恩普电子技术有限公司（下称"无效请求人"）于2008年5月16日向专利复审委员会提出了无效宣告请求，其理由是基于所提交的附件1，本案专利权利要求1-6不符合《专利法》第二十二条第三款的规定，请求宣告本专利全部无效。

本案无效请求人于2008年6月16日向专利复审委员会补充提交了意见陈述书和附件2-5作为证据。

在口头审理中，本案无效请求人放弃了以附件1作为证据使用，并明确其无效宣告请求的理由和范围是：

（1）本专利权利要求1-6所对应的说明书相关内容不清楚，不符合《专利法》第二十六条第三款的规定；

（2）本专利权利要求1-6不符合《专利法》第二十二条第三款有关创造性的规定，其中权利要求1相对于附件2与附件4的结合或者附件3与附件4的结合不具备创造性，权利要求2-6相对于附件2、4、5的结合或者附件3、4、5的结合不具备创造性。

此外，无效请求人还认为本案专利权利要求1中关于"卡接"的表述含糊不清，说明书中也没有充分公开，实施例1中"外侧固定在该槽内"的配合关系是不清楚，不能实现。

在口头审理中，针对本案无效请求人提出的说明书相关内容是否公开充分的问题，本案专利权人认为所谓"卡接"是指凸起和槽的配合，属于公知常识，并当场演示了阴道窥器的内外侧卡接部位。关于本专利相对于附件2、4、5组合的创造性问题，专利权人认为：权利要求1与附件2的区别在于所使用的探头不同，同时附件2也没有公开卡接方式，上述区别使得二者所要解决的技术问题不同，即本案专利是对宫腔手术的观测，而附件2是对宫颈的观察，附件2的机构更为复杂；附件4虽然公开了超声探头，但探头与夹持器具之间的配合结构与本专利有很大差异；附件5中虽然公开了负压吸引装置的一些部件，但没有公开本专利权利要求2中的具体位置关系，如固定连接、活动连接等；权利要求3-6中关于探头固定位置的限定是根据患者身

体结构的差异进行选择的，具有一定技术效果，请求人提供的证据中对此并没有公开。

专利复审委员会作出无效宣告请求审查决定的理由如下：

（一）关于证据

本案无效请求人在无效宣告程序中共提交了6份附件，即附件1-6，在口头审理当庭明确表示放弃附件1作为证据使用；附件6为请求人在提出无效宣告请求之日起一个月后补充提交的无原文的中文译文复印件，并且未对附件6的使用方式做出任何说明，因此合议组对附件6不予考虑。

附件2、附件3、附件4、附件5为专利文献，本案专利权人对其真实性均无异议，专利复审委员会认为可以作为本案证据使用。附件2、附件3、附件4、附件5的公开日期均在本案专利的申请日之前，构成本案专利的现有技术，可以用于评价本案专利的创造性。

（二）关于《专利法》第二十六条第三款

《专利法》第二十六条第三款规定："说明书应当对发明或者实用新型作出清楚、完整的说明，以所属技术领域的技术人员能够实现为准。"

本案无效请求人认为本案专利权利要求1中关于"卡接"的表述含糊不清，说明书中也没有充分地公开，实施例1中所述"外侧固定在该槽内"的配合关系不清楚，不能实现。

专利复审委员会认为：

（1）根据本领域的常识，"卡接"是指一种凸起和凹槽之间通过相互配合而实现的固定连接方式。在本案中，权利要求书和说明书中所记载的超声仪探头与阴道窥器的卡接是指超声仪探头与阴道窥器之间通过其上分别设置相配合的凸起和凹槽而固定连接在一起，这是机械领域甚至日常生活中都是十分常见的部件连接方式，因此本案专利关于"卡接"的描述对本领域技术人员来说是清楚并能够实现的。

（2）本案专利说明书在实施例1中记载："阴道窥器3的前页31外侧开有槽，相应的B超探头2上设有与该槽配合的凸出，将该探头2固定卡在该槽内。"根据本领域的常识，阴道窥器具有上下两个可以开合的叶片，也称为前页和后页，两个叶片相对的一侧为内表面，相背的另一面为外表面，所谓前页外侧显然是指上叶片的外表面一侧，上述内容还清楚表明B超探头是通过槽和凸出的配合而卡接在阴道窥器前页外侧上的，因此实施例1的上述内容已经描述了B超探头在阴道窥器上的设置部位和连接方式，对本领域技术人员来说是清楚并能够实现的。

综上所述，本案无效请求人认为本专利不符合《专利法》第二十六条第三款的理由不能成立，故不予支持。

(三) 关于《专利法》第二十二条第三款

《专利法》第二十二条第三款规定："创造性，是指同申请日以前已有的技术相比，该发明有突出的实质性特点和显著的进步，该实用新型有实质性特点和进步。"

本案中无效请求人认为本案专利权利要求1相对于附件2和4的结合不具备创造性，其中附件2是最接近的对比文件，附件4给出了将超声观测元件用于观察宫腔内部并且与夹持器具相结合的启示，权利要求2-6相对于附件2、4、5的结合不具备创造性。

1. 关于权利要求1

本案专利权利要求1涉及一种女性计划生育手术B型超声监测仪，包括现有的B型超声仪（1），其特征在于该B型超声仪的探头（2）与阴道窥器（3）卡接。

附件2公开了一种安装有子宫颈视频窥镜V的阴道扩张器S，该扩张器包括一个下固定叶片10和一个上枢接叶片14，视频窥镜V包括一个安装于下固定叶片10的视频摄像单元32，视频摄像单元32包括摄像头、光学器件以及配光系统，该视频摄像单元32通过纵向导向件34固接于下固定叶片10。

通过对比可知，附件2公开的阴道扩张器S相当于本专利权利要求1中的阴道窥器3，二者都是在手术时插入阴道并用于扩张阴道的器具；附件2中的视频摄像单元32与本案专利权利要求1中的B型超声仪的探头2都是用于手术时探测体内情况的部件，但二者的探测原理不同，一个是光学探测元件，一个是超声探测元件。另外，附件2和本案专利权利要求1中用于扩张阴道的器具与探测体内情况的部件之间的连接方式都是固定连接，只不过附件2中是通过一纵向导向件34连接，而本专利权利要求1中是卡接。因此，本案专利权利要求1与附件2公开的技术方案的区别在于：（1）探测元件类型不同；（2）固定连接的方式不同。

对于区别（1），专利复审委员会认为：光学探测元件和超声探测元件都是外科手术中用于观测体内情况的常用器具，二者在观测效果、成本、操作方面程度等方面各有优缺点，是本领域技术人员根据手术需要进行的常规选择，例如附件4就公开了将超声探测元件用于观测宫腔、宫颈和输卵管的方案。具体而言，附件4涉及一种妇科手术时用于指引和监控子宫、宫颈和输卵管的手术作业装置，其中包括一个可置入患者阴道内的超声波发射器

12，一个用于夹持宫颈的宫颈夹持器14，一个用于使超声波发射器12与宫颈夹持器14互相联接的连接器20。因此，在附件2公开了阴道扩张器具与内窥器具相结合的方案的基础上，本领域技术人员根据需要很容易将其中具体使用的光学内窥探测元件替换为附件4中使用的超声内窥元件，这种替换没有带来意想不到技术效果，因此该区别不能给本案专利权利要求1的技术方案带来实质性特点和进步。

对于区别（2），专利复审委员会认为：正如上面中关于《专利法》第二十六条第三款的论述中所述，卡接是一种机械领域甚至日常生活中都很常见的部件固定连接方式，因此在附件2已经给出了将阴道扩张器具与内窥器具组合成一体使用的启示的情况下，选用卡接连接方式对本领域技术人员来说容易想到和实现的，上述区别也不能给本案专利权利要求1的技术方案带来实质性特点和进步。

本案专利权人强调上述区别使本专利具备创造性的理由在于：附件2中使用的光学视频摄像单元是对宫颈内的观察，容易受到污染，而本专利中使用的超声探头是对宫腔手术的观察，不易受到污染物的影响；附件2和附件4都没有公开卡接的固定方式，其部件之间的连接需要复杂的机构，很占空间，而本专利中的卡接方式简单易实现，能够产生有益的技术效果。

专利复审委员会认为：首先，超声探头和光学内窥元件均为外科手术或诊断监测领域广泛使用的元件，这两类元件的内窥探测原理、优缺点和具体使用条件及方式对本领域技术人员而言都是公知的，因此专利权人强调的上述区别所带来的效果是本领域技术人员意料之中的，对这两类元件的选择属于本领域的常规选择，不能为本案专利权利要求1的技术方案带来实质性特点和进步。其次，尽管在附件2和4文字描述和附图所示的内容中，其采用的固定机构较为复杂，但由于卡接这种固定连接方式本身非常常见，是将两个部件之间固定连接起来的常规手段，综合考虑本案专利权利要求1的技术方案，其实质上是将现有技术中的阴道窥器与B超探头简单组合在一起使用，而现有技术（附件2和附件4）已经给出了将具有类似功能的器件组合在一起以方便使用的启示，因而本领域技术人员很容易想到使用卡接这种常规手段来实现这种组合，组合后的方案并没有取得预料不到的技术效果，因此该组合后的方案相对于上述现有技术来说是显而易见的。

基于上述理由，专利复审委员会认为本案专利权人的上述争辩理由不成立，本案专利权利要求1相对于附件2和4的结合不具备《专利法》第二十二条第三款规定的创造性。

2. 关于权利要求2

本案专利权利要求2从属于权利要求1，其附加技术特征进一步包括一个负压吸引器，并对该负压吸引器的组成进行了限定。

附件5涉及一种特别使用于洗胃、吸痰机的负压吸引器，包括箱体3、电器控制盘7、电机2、负压泵1和负压贮液瓶13。

通过对比可知，附件5公开的负压吸引器中的电机、负压泵、负压贮液瓶和电器控制盘分别对应于权利要求2中负压吸引器的电机6、泵7、吸液瓶5和仪表8，附件5的负压吸引器本身相当于权利要求2中的主机4。

本案专利权人认可附件5与本专利权利要求2中负压吸引器部件的上述对应关系，但认为附件5中没有记载这些部件的具体安装部位以及固定连接或者活动连接方式，并认为附件5没有披露将负压吸引器固定在实人工流产手术的超声主监测仪的特征。

专利复审委员会认为：人工流产手术中通常要将负压吸引器与内窥探测装置组合使用，虽然附件5中披露的负压吸引器主要用在洗胃、吸痰等仪器中，其中也没有具体记载部件的连接关系和设置部位，但由于人工流产手术中使用的负压吸引器与附件5中披露的洗胃、吸痰机中的负压吸引器在工作原理、主要部件等方面均基本上相同，是一种常用的医疗器械，且其部件构成、安装部位和安装方式都是公知的，并非本案专利对现有技术的改进之处，因此本案专利权利要求2的附加技术特征属于本领域技术人员的常规选择和公知常识，在附件2、4、5公开内容的基础上，将超声探头、阴道窥器和负压吸引器结合在一起构成的方案属于显而易见的组合，没有取得意想不到的技术效果，因此权利要求2相对于附件2、4、5的结合不具备《专利法》第二十二条第三款规定的创造性。

3. 关于权利要求3-6

本案专利权利要求3-6从属于权利要求1或2，其附加技术特征分别限定了B超探头固定在阴道窥器上的具体位置，即分别在前页外侧、前页内侧、后页内侧和后页外侧。

本案专利权人认为，本案无效请求人提出的证据都没有公开本案专利权利要求3-6的附加技术特征表述的多种位置关系，而针对不同情况的患者将探头固定在阴道窥器的适当部位上才能探测到正确部位，因此上述附加技术特征具有一定的技术效果。

专利复审委员会认为，将内窥装置固定在阴道窥器的不同部位上确实具有专利权人所述的技术效果，但医生针对患者个体的情况选择用于诊断或治疗的具体成像实施方案是本领域的惯常和必要的做法，因此根据患者情况选择具体的固定部位的上述附加技术特征是本领域的常规技术手段，其效果并非意料之外，在其引用的权利要求不具备创造性的情况下，本案专利权利要求3-6也不具备《专利法》第二十二条第三款规定的创造性。

此外，本案无效请求人还主张附件3能够以与附件2相同的使用方式影响本专利权利要求的创造性。专利复审委员会认为，附件3公开的内容与附件2的相应部分相同，因此请求人的上述主张成立，在此不再详细说明。

基于上述理由，专利复审委员会认定本案专利的全部权利要求均不具备创造性，不符合《专利法》第二十二条第三款的规定，因此作出了宣告本案专利权全部无效的无效宣告请求审查决定。

四、北京市第一中级人民法院的一审判决

本案专利权人不服专利复审委员会作出的本案无效宣告请求审查决定，向北京市第一中级人民法院（下称"一审法院"）提起行政诉讼。

本案专利权人诉称：

（1）本案专利的阴道窥器3只用了两个零件，而附件2的阴道扩张器S具有至少8个零件，本案无效宣告请求审查决定没有对阴道窥器3和阴道扩张器S进行全面的技术特征分析，就认定本专利的阴道窥器3相当于附件2中的阴道扩张器S，事实认定错误。

（2）本领域技术人员不能很容易将其中具体使用的光学内窥探测元件替换为例如附件4中所使用的超声内窥元件。

（3）本案专利没有用于固定探头2的特有零件，而附件2设有固定视频摄像单元32的纵向导向件34，这是本案专利的一个显著进步。

（4）本案专利的B型超声探头2与阴道窥器3卡接，而附件2中的视频摄像单元32是通过纵向导向件34固接于下固定叶片10，在连接关系上本案专利具有实质性特点和进步。

（5）权利要求2要求保护的是一种组合技术方案，并不是本领域技术人员在附件2、4、5公开内容的基础上不付出创造性劳动就能得到的。

（6）权利要求3-6的技术方案是从繁杂方案中巧妙地提炼出一个最简单的方案，本身就需要付出巨大的创造性劳动。

基于上述理由，本案专利权人认为本案无效宣告请求审查决定认定事实不清、适用法律不当，请求一审法院予以撤销。

专利复审委员会答辩称：

（1）关于本案专利的阴道窥器和附件2的阴道扩张器，本案专利权人认

为二者具有结构差异故不能认定等同是从附图出发得出的结论，由于本案专利权利要求中并未体现出这种结构差异，故其诉讼理由不成立。

（2）关于探测元件类型和卡接方式，本案专利相对于现有技术的改进之处不在于探测元件的选择，因为超声和视频都是成熟的技术，而在于选择卡接这种连接方式，本案无效宣告请求审查决定的依据在于该方式属于常规选择，不能使方案达到创造性的高度，至于卡接这种连接方式本身所具有的特点也是十分公知的，对于上述区别点的具体评述坚持无效宣告请求审查决定的相关部分。

（3）关于权利要求2-6的创造性坚持决定中相关部分的评述。

基于上述理由，专利复审委员会主张其作出的无效宣告请求审查决定认定事实清楚、适用法律正确、审理程序合法，本案专利权人的诉讼理由不能成立，请求一审法院驳回其诉讼请求，维持本案无效宣告请求审查决定。

一审法院作出一审判决的理由如下：

（一）关于本案专利权利要求1的创造性

经过对比可知，本专利权利要求1与附件2公开的技术方案的区别在于：

（1）探测元件类型不同，本专利权利要求1采用B型超声仪探头，附件2采用视频摄像单元；

（2）扩张阴道的器具与探测元件的具体连接方式不同，本专利权利要求1采用卡接，附件2通过纵向导向件34固定连接。

关于本案的权利要求1创造性的争议焦点主要集中在以下三个方面：

1. 附件2中的阴道扩张器能否相当于本案专利中的阴道窥器

首先，二者的结构基本相同，根据本专利说明书的记载，阴道窥器3包括前页31和后页32，附件2的阴道扩张器S包括一个下固定叶片10和一个上枢接叶片14，其中前页31相当于上枢接叶片14，下固定叶片相当于后页32。

其次，二者的工作原理和作用相同，二者均是将前页（或者上枢接叶片）与后页（或者下固定叶片）枢接，能相互打开或者闭合，用于女性计划生育手术时插入阴道并扩张阴道。

因此，附件2中的阴道扩张器与本专利中的阴道窥器没有本质区别，专利复审委员会认定阴道扩张器相当于阴道窥器并无不当。对于本案专利权人主张的本案专利阴道窥器3只用了两个零件而附件2中的阴道扩张器S具有至少8个零件，由于本案专利权利要求1并没有体现出二者在结构上的这种差别，原告的主张没有事实依据，故不予支持。

2. 将附件2的视频摄像单元替换为附件4的超声波发射器是否容易想到

本案专利权利要求1采用的探测元件是B型超声仪探头,而附件2中的探测元件是视频摄像单元。采用该区别技术特征所要解决的技术问题是通过B型超声仪探头使医生可在仪器屏幕上图像的正确引导下进行各项手术操作。附件4公开了一种妇科手术时用于指引和监控子宫、宫颈和输卵管的手术作业装置,与本专利属于相同的技术领域,该装置包括一个可置入患者阴道内的超声波发射器12,一个用于夹持宫颈的宫颈夹持器14和一个用于使超声波发射器12与宫颈夹持器14互相联接的连接器20,该装置采用超声波发射器12所起的作用是可实时监控子宫内的、宫颈的或输卵管的手术作业,与上述区别技术特征在本案专利权利要求1中所起的作用相同,因此附件4给出了将超声波发射器12应用到附件2中的技术启示,在附件2和附件4的基础上,本领域的技术人员容易想到将附件2中的视频摄像单元替换为附件4中的超声波发射器,这种替换不需花费创造性劳动。

3. B型超声探头与阴道窥器卡接是否为本领域公知常识

本案专利权利人主张本案专利的B型超声探头2与阴道窥器3卡接,无特有零件;而附件2中设有固定视频摄像单元32的纵向导向件34。本案专利权利人的这一主张实质上是对B型超声探头与阴道窥器卡接是否为本领域公知常识提出的异议。卡接是指一种凸起和凹槽之间通过相互配合而实现的固定连接方式,是日常生活中常见的部件固定连接方式,属于本领域的公知常识。因此,在附件2与附件4结合的基础上,本领域的技术人员容易想到使用卡接来实现超声波探测元件与阴道扩张器的固定连接,不需花费创造性劳动。

基于上述理由,在附件2和附件4的基础上得到本案专利权利要求1的技术方案对于本领域的技术人员来说是显而易见的,因此权利要求1不具备创造性。

(二)关于权利要求2的创造性

本案专利权利要求2是对权利要求1的进一步限定。附件5公开了一种特别使用于洗胃、吸痰机的负压吸引器,该负压吸引器中的电机、负压泵、负压贮液瓶和电器控制盘分别对应于权利要求2中负压吸引器的电机6、泵7、吸液瓶5和仪表8,附件5的负压吸引器本身相当于权利要求2中的主机4。

虽然附件5中公开的负压吸引器主要用在洗胃、吸痰等仪器中,其中也没有具体记载各部件的连接关系和设置部位,但由于女性计划生育手术中使用的负压吸引器与附件5中公开的洗胃、吸痰机中的负压吸引器在工作原理、主要部件构成方面基本上相同,其相应的连接关系和设置部位均属于本领域公知常识。在附件2、4、5公开内容的基础上，为了能在可视的情况下进行女性计划生育手术，将超声探头、阴道窥器和负压吸引器结合在一起的方案对于本领域的技术人员来说是显而易见的，因此在其引用的权利要求1不具备创造性的情况下，权利要求2也不具备创造性。

（三）关于权利要求3-6的创造性

本案专利权利要求3-6从属于权利要求1或2，其附加技术特征分别限定了B型超声探头固定在阴道窥器上的具体位置，即分别在前页外侧、前页内侧、后页内侧和后页外侧。本领域的技术人员会根据患者个体的情况以及手术的不同部位，来选择B型超声探头相对于阴道窥器前页和后页的位置，因此上述附加技术特征属于本领域的常规技术手段，在权利要求1、2不具备创造性的情况下，权利要求3-6也不具备创造性。

基于上述理由，一审法院认定本案专利权利要求1-6均不具备创造性，本案专利不符合《专利法》第二十二条第三款的规定，专利复审委员会作出的本案无效宣告请求审查决定认定事实清楚，适用法律正确，审理程序合法，依法应当予以维持；本案专利权人的诉讼理由不能成立，对其诉讼请求不予支持，故判决维持被告国家知识产权局专利复审委员会作出的本案无效宣告请求审查决定。

五、北京市高级人民法院的二审判决

本案专利权人不服一审判决，向北京市高级人民法院（下称"二审法院"）提起上诉。

本案专利权人诉称：

（1）本案专利的所属技术领域是女性计划生育手术领域，附件2的所属技术领域是用于宫颈的检查及录影，附件4的所属技术领域是监控子宫内的、宫颈的和输卵管的手术领域，因此附件2的技术领域与本案专利完全不同，附件4的技术领域与本案专利不完全相同。

（2）原审判决未关注技术方案的整体，简单割裂技术特征进行比对，违背了创造性的判断方法。

（3）本案专利的阴道窥器3只用了两个零件，而附件2中的阴道扩张器S具有至少8个零件，因此一审判决认定本专利的阴道窥器3与附件2中的阴道扩张器S没有区别是错误的。

（4）本领域技术人员不能很容易将附件2具体采用的光学内窥探测元件替换为附件4中所使用的超声内窥元件。

（5）本案专利的B型超声探头2与阴道窥器3卡接，而附件2中的视频摄像单元32是通过纵向导向件34固接于下固定叶片10，在连接关系上本案专利具有实质性特点和进步。

（6）本专利具有有益的技术效果，取得了商业上的成功，因而具备创造性。

为证明本专利已经取得商业上成功，本案专利权人在二审期间向二审法院提交了以下证据：

新证据1：中国人民解放军成都军区联勤部机关医院谭昌琴等11位专家提供的专家证言，证明新技术"经阴道超声介入性计划生育手术"解决了现有技术中如何提高人工流产手术的成功率，减少手术并发症的发生，以及如何解决妇产科医生在盲视下手术的问题。

新证据2：湖北省计生服务站医疗设备政府采购订货合同，河南省人口与计划生育委员会医疗器械采购项目合同、黑龙江省政府采购合同，涉及购买数量不等的无锡贝尔森影像技术有限公司生产的B超监视妇产科手术仪。

新证据3：中华医学会电子音像出版社出具的证明及出版证书，证明该社联合贝尔森影像技术有限公司于2008年出版了"经阴道超声介入女性计划生育手术"DVD光盘，并向全国发行。

新证据4：国家知识产权局于2005年12月31日出具的检索报告，载明本专利权利要求1-6具备新颖性和创造性。

二审法院作出二审判决的理由如下：

按照《专利法》的规定，实用新型是指对产品的形状、构造或者其结合所提出的适于实用的新的技术方案。实用新型的创造性是指同申请日以前已有的技术相比，该实用新型有实质性特点和进步。本案的焦点问题在于附件2和4的组合是否能够破坏本案专利权利要求1的创造性。在创造性判断过程中，应当考虑该实用新型的技术效果，从整体技术方案进行考虑，不能机械地将技术特征进行分割。如果该实用新型的技术效果直接导致该实用新型取得商业上的成功，则该实用新型具备创造性。

本案专利要解决的技术问题是"对女性计划生育手术中的人工流产手术、放置节育器及取出节育器手术可在直视下进行"；附件2是用于宫颈的检查及录影设备，所解决的技术问题是通过视频录影观察宫颈的病变从而进行诊断及后续治疗；附件4是用于监控子宫内的、宫颈的和输卵管的手术设备，所解决的技术问题是在手术中防止对宫颈造成损伤的情况下进行可视监控。附件2和附件4均不能用于人工流产手术以及放置、取出节育器的手术，也均没有给出将B型超声仪探头与扩张阴道的器具进行卡接进行女性计划生育手术的技术启示。

需要指出的是，本专利为实用新型。实用新型是对现有技术的技术方案在形状、构造上进行简单的改进，其创造性的要求低于发明专利。本案专利将B型超声仪探头与阴道窥器通过卡接方式连接，操作简单、准确直观、节省空间，大大提高了计划生育手术的效率，减小了医生盲视状态下仅仅凭借经验操作导致失误的风险，产生了显著的效果。本专利申请日之前的现有技术均没有解决这一问题，本专利的提出克服了现有技术中的缺点与不足，解决了长期以来女性计划生育手术中的人工流产手术、放置、取出节育器不能在直视下进行、容易发生意外的问题。

在本案二审审理期间，本案专利权人提交的新证据1、3能够证明本专利以及依照本专利的技术方案生产的B超监视妇产科手术仪解决了现有技术中如何提高人工流产手术的成功率，减少手术并发症的发生，解决妇产科医生在盲视下手术的问题；新证2、3能够证明依照本专利的技术方案生产的B超监视妇产科手术仪已经在全国广为推广并通过政府采购占有一定的市场份额。上述证据可以证明本专利已经取得商业上的成功，而且这种成功是由于该实用新型的技术特征直接导致的。

基于上述理由，北京市高级人民法院认定本案专利权人关于本案专利权利要求1相对于附件2和4的组合具备创造性的主张应予支持，本案一审判决以及专利复审委员会作出的本案无效宣告请求审查决定关于本案专利权利要求1相对于附件2和4的组合不具备创造性的认定不妥，应予纠正。在认定本案专利权利要求1具备创造性的基础上，其从属权利要求2-6也具备创造性。据此，北京市高级人民法院判决撤销北京市第一中级人民法院作出的本案一审判决，撤销专利复审委员会作出的本案无效宣告请求审查决定，由专利复审委员会对本案专利重新作出无效宣告请求审查决定。

六、最高人民法院的再审判决

专利复审委员会不服二审判决，向最高人民法院申请再审。最高人民法院于2011年12月13日作出（2011）知行字第49号行政裁定，提审本案。

专利复审委员会申请再审的理由如下：

（1）二审判决关于"本专利解决了长期未解决的技术问题"的认定存在事实认定和法律适用错误，体现在：第一，本案专利权人在二审中提交的证人证言并未结合任何本专利或者某产品的技术内容进行分析，也未说明其言及的产品与本专利有何种关系，且出具上述证言的人也并未出庭从技术层面接受任何质询，二审判决在此基础上直接认定本专利解决了长期以来未解决的技术问题存在事实认定错误；第二，创造性判断中解决的技术问题是指在判断了涉案专利技术方案与现有技术的区别后，确定该区别所实际起的作用，二审判决脱离本专利与现有技术的区别，认定本专利解决了长期未解决的技术问题，属于对创造性判断的误解和明显适用错误。

（2）二审判决关于本案专利取得"商业上的成功"的认定存在事实认定和法律适用错误，体现在：第一，二审判决仅以政府采购合同以及发行光盘而直接认定该产品取得商业上的成功，既没有考虑光盘出版行为是否属于"类似于单方的广告行为"的性质，也没有考虑销售合同的订立是否基于技术因素，因此在事实认定上存在错误；第二，在创造性的判断中，"商业上的成功"系从对社会经济刺激作用的角度对一项发明是否能获得相应垄断地位进行考量和评价，该判断方式应当是在采用三步法难以判断得出清晰结论甚至判断得出否定性结论时才发挥作用。适用这一判断方式应当遵循的原则包括：（a）导致商业上成功的必须是某个区别于现有技术的特征，而非现有技术中已有的技术方案；（b）商业上的成功必须是由该区别特征而不是由于销售策略、销售手段等因素导致；（c）商业上的成功不仅要求某一技术方案所对应的产品能够被销售出去，而且要求由于涉案技术方案对现有技术的改进而使得其在商业上明显优于已有产品。二审判决未考察本专利与现有技术是否存在区别特征，也未考察新证据3中的购销合同本身是否是由区别特征带来的，就笼统认定"本专利取得了商业上的成功"，未考虑政府采购行为受制于多种因素，也未考虑医疗器械在我国进行销售的特殊性，直接将"政府采购"、"购销合同"认定为专利法的"商业上的成功"，属于适用法律错误。

（3）二审判决关于"技术启示"的认定存在适用法律错误。创造性判断中的"技术启示"是指在找出本专利与一项现有技术的区别特征之后，判断其他现有技术中是否披露了该特征或者公知常识中是否存在该特征，如果存在则认为给出了"技术启示"。二审判决没有将本专利与现有技术进行比较找出区别特征就直接认为现有技术"没有给出技术启示"，显然属于法律适用错误。

基于上述理由，专利复审委员会请求撤销二审判决，维持本案无效宣告请求审查决定。

本案专利权人陈述意见认为本案专利具有创造性，二审判决认定事实清楚，适用法律正确，其理由是：

（1）关于本专利的创造性：第一，本案无效宣告请求审查决定完全没有考虑发明所属技术领域、所解决的技术问题和所产生的技术效果，仅仅从技术方案这一方面判断创造性，没有将发明作为一个整体看待，违背了应整体判断创造性的审查原则；第二，附件2解决的技术问题是通过视频录影观察宫颈的病变从而进行诊断及后续治疗，该技术问题与本案专利完全不同；附件4解决的是可视监控子宫内、宫颈和输卵管手术，防止在上述手术中对宫颈造成的损伤，该技术问题虽然与本案专利相近，但结构方法不同；本专利利用机械领域最简单、最实用的方案，将阴道窥器与超声探头直接卡接，解决了医学领域人们一直渴望解决而没有解决的人工流产和放置、取出节育器等手术不能在可视下进行的技术问题。

（2）关于商业上的成功。新证据2的采购合同表明涉案专利产品在市场上具有一定的占有率；新证据1表明医学领域确实存在长期以来人们渴望解决而一直没有解决的医学难题，通过本专利产品确实解决了这个技术难题，并且其中购买并使用的确实是与本案专利技术特征一致的产品，因此本案专利取得了商业上的成功，且该商业上的成功是由本案专利的技术特征所直接导致。

最高人民法院认为本案的争议焦点在于：第一，本案专利权利要求1是否具备创造性；第二，本案专利的产品是否获得商业上的成功。对上述争议焦点，最高人民法院论述如下：

（一）关于本案专利权利要求1是否具备创造性

本案专利权利要求1记载："一种女性计划生育手术B型超声监测仪，包括现有的B型超声仪（1），其特征在于：该B型超声仪的探头（2）与阴道窥器（3）卡接。"

附件2公开了一种可用于检查宫颈及阴道癌变和其他异常的宫颈摄影机，其与本案专利权利要求1的区别技术特征在于：

（1）探测元件类型不同，权利要求1中为超声探测元件（B超探头），附件2中为光学探测元件；

（2）探测元件与阴道扩张器的连接方式不同，权利要求1中为卡接，附件2中是通过一纵向导向件34连接；

（3）监测部位不同，权利要求1中用于监测子宫，附件2中用于监测宫颈及阴道。

B超监测是妇科检查中最常用的检测方法，尤其是用于检测子宫内的状况。附件4中公开了一种用于子宫内、宫颈和输卵管手术作业的阴道内实时超声描记指引装置，其中通过超声探测元件的定位而实现对妇科手术作业的实时监控，避免仅仅靠医生的手感和经验进行外科手术的相关风险。所述手术作业包括但不限于，（i）刮削和排空子宫内腔，（xiv）堕胎（参见附件4说明书）。由此可见，附件4公开了上述区别特征（1）和（3）。由于附件2和4均用于妇科部位的可视监测，当本领域技术人员要解决子宫内状况的可视监测问题时，有动机将附件2所述的探测元件更换为更常用于子宫内监测的B超探头，而且所述B超探头在附件4中所起的作用与其在本专利中所起的作用相同。因此，现有技术中给出了引入区别技术特征（1）和（3）的技术启示。

对于区别技术特征（2），本案专利权利要求1的特征部分记载："其特征在于该B型超声仪的探头（2）与阴道窥器（3）卡接。"在说明书实施例1中对权利要求1所述的"卡接"作了具体描述，即："阴道窥器（3）的前页（31）外侧开有槽，相应的在B超探头（2）上设有与该槽配合的凸出，将该探头（2）固定卡在该槽内"。庭审中，本案专利权人陈述通过简洁的卡接方式使得本专利产品体积较小，在计划生育有限的手术空间内能同时放置手术器械和探测元件，实现手术时对子宫状况的实时可视监测。附件2是对宫颈及阴道癌变和其他异常进行检查的设备，不需要在检查的同时放入手术器械，其探测元件与阴道扩张器通过一纵向导向件34连接；附件4中没有阴道窥器，其超声探测元件与宫颈夹持器通过一个兼具定位功能的连接器连接。因此，附件2和附件4均没有公开本专利所述的B超探头与阴道窥器的卡接方式。本案无效宣告请求审查决定对区别技术特征（2）的认定是："卡接是一种机械领域甚至日常生活中常见的部件固定连接方式，因此在附件2已经给出了将阴道扩张器具与内窥器具组合成为一体使用的启示之下，具体选用卡接的固定连接方式对本领域技术人员来说很容易想到和实现的，上述区别也不能给权利要求1的技术方案带来实质性特点和进步。"由此可见，本案无效宣告请求审查决定既未对"卡接"在机械领域的具体含义进行查明，也没有就"卡接"属于公知常识进行举证或者充分说理，更没有结合本专利所要解决的技术问题和产生的技术效果对"卡接"进行具体分析，在技术事实尚未查明的情况下即得出权利要求1不具有创造性的结论，难以令人信服。专利复审委员会应当对区别技术特征（2）所涉相关技术事实进一步查明，在技术事实认定清楚的基础上，再就本案无效宣告请求作出审查决定。

（二）本专利产品是否获得商业上的成功

对技术方案创造性的评价，一般会从对现有技术作出贡献的角度出发，采取相对客观的"三步法"判断方式，判断要求保护的技术方案是否对现有技术构成了实质性贡献，从而决定是否对其授予专利权。当采取"三步法"难以判断技术方案的创造性或者得出技术方案无创造性的评价时，从社会经济的激励作用角度出发，商业上的成功就会被纳入创造性判断的考量因素。

当一项技术方案的产品在商业上获得成功时，如果这种成功是由于其技术特征直接导致的，则一方面反映了该技术方案具有有益的效果，同时也说明了其是非显而易见的，该技术方案即具有创造性。但是，如果商业上的成功是由于其他原因所致，例如销售技术的改进或者广告宣传等，则不能作为判断创造性的依据。因此，商业上的成功是当技术方案本身与现有技术的区别在构成可授予专利权的程度上有所欠缺时，如有证据能够证明该区别技术特征在市场上取得了成功，则从经济激励的层面对其予以肯定。商业成功是创造性判断的辅助性因素，与相对客观的"三步法"相比，对于商业上的成功是否确实导致技术方案达到被授予专利权的程度，应当持相对严格的标准。

当申请人或专利权人主张其发明或者实用新型获得了商业上的成功时，应当审查：（1）发明或者实用新型的技术方案是否真正取得了商业上的成功；（2）该商业上的成功是否源于发明或者实用新型的技术方案相比现有技术做出改进的技术特征，而非该技术特征以外的其他因素所导致的。

商业上的成功体现的是一项发明或者实用新型被社会认可的程度。理论上讲，成功与否应当由该发明或者实用新型所代表的技术或产品相比其他类似的技术或产品在同行业所占的市场份额来决定，单纯的产品销售并不能代表已经取得商业上的成功。一项发明或者实用新型获得商业上的成功所基于的直接原因应当是创造性判断的重点。导致商业上取得成功的，必须是发明或者实用新型的技术方案相比现有技术做出改进的技术特征，而非该技术特征之外的其他因素。因此，必须对导致商业成功的原因进行详细分析，从而排除技术特征之外的其他因素对取得商业成功的影响。

本案专利权人在无效程序中没有主张本案专利在商业上获得了成功，也没有提交关于本案专利在商业上成功的证据。因此，专利复审委员会在对本专利进行创造性判断时没有考虑商业成功的因素并无不当。专利权人在二审阶段提交证据证明其专利产品获得了商业成功。新证据1是11所医院的医生提供的证言，其中记载了这些医院采用"经阴道超声介入性计划生育手术"技术产生的效果；新证据2是湖北、河南、黑龙江省人口与计划生育委员会分别就Belson-700A、Belson-700D、Belson-700C产品与无锡贝尔森影像技术有限公司签定的政府采购合同；新证据3是中华医学会电子音像出版社出具的关于出版"经阴道超声介入性计划生育手术技术"DVD光盘的证明。但是，上述证据中载明湖北、河南、黑龙江省人口与计划生育委员会采购了116台本专利产品，从产品的销售量来看，尚不足以证明本专利产品达到商业上成功的标准。因此，二审判决基于新证据2和3得出"本专利已经取得商业上的成功"，证据不足，故不予支持。

基于上述理由，最高人民法院认定专利复审委员会作出的本案无效宣告请求审查决定依据的相关事实证据不足，应予撤销，重新作出审查决定；一审判决错误地维持该决定，应当相应予以撤销；二审判决对本案专利取得商业上的成功的事实认定不清，适用法律错误，应予撤销，故判决如下：

（1）撤销二审判决和一审判决；

（2）撤销专利专利复审委员会员会对本案作出的无效宣告请求审查决定；

（3）专利专利复审委员会员会对本案专利重新作出无效宣告审查决定。

七、评析

最高人民法院对本案的再审判决着重论述了判断一项发明或者实用新型的创造性时应当如何考虑该发明或者实用新型取得"商业上的成功"这一因素，对协调统一我国的专利确权标准具有重要意义。

下面主要就本案专利权利要求1是否具备创造性的问题进行一些讨论。

最高人民法院再审判决认为，与附件2公开的"可用于检查宫颈及阴道癌变和其他异常的宫颈摄影机"相比，本案专利权利要求1所要求保护的"女性计划生育手术B型超声监测仪"的区别技术特征在于：

（1）探测元件类型不同，权利要求1中为超声探测元件（B超探头），附件2中为光学探测元件；

（2）探测元件与阴道扩张器的连接方式不同，权利要求1中为卡接，附件2中是通过一纵向导向件34连接；

（3）监测部位不同，权利要求1中用于监测子宫，附件2中用于监测宫颈及阴道。

经分析，最高人民法院认为上述区别特征（1）和（3）无助于表明权利要求1所要求保护的技术方案具备创造性，而对区别特征（2）提出了与专利复审委员会不同的观点，认为：

> 本案无效宣告请求审查决定既未对"卡接"在机械领域的具体含义进行查明，也没就"卡接"属于公知常识进行举证或者充分说理，更没有结合本专利所要解决的技术问题和产生的技术效果对"卡接"进行具体分析，在技术事实尚未查明的情况下即得出权利要求1不具有创造性的结论，难以令人信服。

本案专利权利要求1的内容是：

> 一种女性计划生育手术B型超声监测仪，包括现有的B型超声仪（1），其特征在于：该B型超声仪的探头（2）与阴道窥器（3）卡接。

按照最高人民法院再审判决的分析结论，B超探头与阴道窥器的连接方式，亦即"卡接"是决定该权利要求所要求保护的技术方案是否具备创造性的决定性因素。

对权利要求1中出现的"卡接"这一限定特征，本案专利说明书实施例

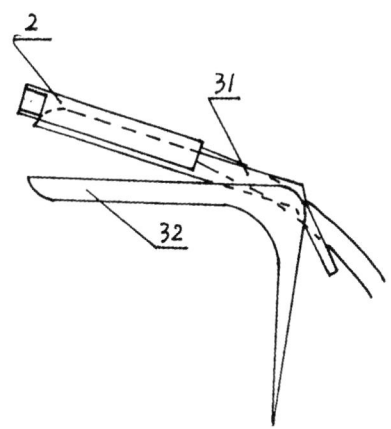

部分的说明是"阴道窥器3的前页31外侧开有槽,相应的B超探头2上设有与该槽配合的凸出,将该探头2固定卡在该槽内"。与上述说明相对应的是本案专利说明书附图2:

由说明书的上述说明可知,权利要求1所述的"卡接"是指相连接的两个部件中的一个设有凹槽,另一个设有凸出,将凸出"卡"在凹槽内,这是对所谓"卡接"简单得不能再简单的表述。附图2仅为示意图且极为粗略,也没有显示实际采用的"卡接"连接固定方式的进一步技术细节。基于说明书和附图提供的上述信息,只能认为权利要求1所述的"卡接"就是最为普通的榫合式装配方式。基于这一事实,专利复审委员会的无效宣告请求审查决定认为"卡接是一种机械领域甚至日常生活中常见的部件固定连接方式,在附件2已经给出了将阴道扩张器具与内窥器具组合成为一体使用的启示之下,具体选用卡接的固定连接方式对本领域技术人员来说很容易想到和实现的,上述区别特征不能给权利要求1的技术方案带来实质性特点和进步"似乎并无不当。

事实上,"卡接"也可以有种种不同的实现方式,以满足具体应用环境的需要。本案专利涉及一种对人体进行手术的手术器具,其中B超探头2与阴道窥器3的"卡接"一方面必须牢固可靠,以防止手术过程中B超探头2从阴道窥器3上脱落下来,造成手术事故;另一方面又要便于将B超探头2与阴道窥器3拆分开来,以便分别进行清洗消毒。为此,本案专利所述采用的"卡接"完全可以也应当采用必要技术手段,使所采用的"卡接"适应作为手术器具的特定要求。假若本案专利的发明人采用了某种特定连接方式并将其写入权利要求1,满足创造性的要求当不成问题。

值得注意的是,本案无效请求人提出的无效宣告理由包括本案专利说明书不符合《专利法》第二十六条第三款的规定。无效请求人指出"权利要求

1中关于卡接的表述含糊不清,说明书中也没有充分地公开"。对此,本案专利权人在专利复审委员会口头审理过程中争辩"所谓卡接是指凸起和槽的配合,属于公知常识",据此争辩本案专利说明书不存公开不充分的缺陷,因为无需对"卡接"这一公知常识作进一步说明。专利复审委员会接受了专利权人的这一观点,其无效宣告请求审查决定指出:

> 根据本领域的常识,"卡接"是指一种凸起和凹槽之间通过相互配合而实现的固定连接方式,在本案中,本申请权利要求书和说明书中所记载的超声仪探头与阴道窥器的"卡接"就是指超声仪探头与阴道窥器之间通过其上分别设置相配合的凸起和凹槽而固定连接在一起,这也是机械领域甚至日常生活中常见的部件连接方式,因此本申请中关于所述部件之间的"卡接"描述对本领域技术人员来说是清楚并能够实现的。

本案专利权人为了争辩其说明书满足充分公开的要求,强调权利要求1所述的"卡接"属于公知常识,也就是没有什么特殊之处,即使在说明书及其附图中不作详细说明显示,所属领域的技术人员也能理解,不会妨碍其专利技术的实施;为了争辩其权利要求1满足创造性的要求,又强调权利要求1所述的"卡接"构成使要求保护的技术方案具备实质性特点和进步的技术特征,所属领域的技术人员不容易想到,这岂非自相矛盾?专利复审委员会在本案专利说明书是否符合《专利法》第二十六条第三款规定的问题上以及权利要求1是否具备创造性的问题上均认定"卡接"属于公知常识,这是前后一致的立场。

由此可知,将《专利法》第二十六条第三款关于说明书充分公开的规定和第二十二条第三款关于创造性的规定关联起来予以适用,在有些情况下能够防止专利权人采取出尔反尔立场,产生与"禁止反悔"原则相类似的作用。

笔者注意到最高人民法院对本案的再审判决并没有得出本案专利权利要求1具备创造性的结论,只是认为专利复审委员会的无效宣告请求审查决定的论述还不够充分,因此发回专利复审委员会重新作出决定。这表明,最高人民法院对本案专利的创造性判断也持慎重立场。

本案揭示了我国专利制度一直存在的一个问题,这就是不少授权专利的说明书及其附图,尤其是实用新型专利的说明书及其附图过于简单,披露的技术信息十分有限,影响了专利权的有效保护以及专利技术的传播应用。这一问题不仅见诸于本案专利,在本书介绍的不少案例中也有体现。相比之下,美国、欧洲、日本的专利文件详实得多,其中美国专利文件的撰写质量,尤其是附图的绘制质量堪称上乘。笔者将本案中的证据2(一份美国专利)的说明书附图附录于后,将本案专利的附图与之相比,不难看出两者之间的显著差距。除了说明书附图,该美国专利的说明书也比本案专利说明书详细数倍。"世界上怕就怕认真二字",美国专利文件的撰写质量体现了其

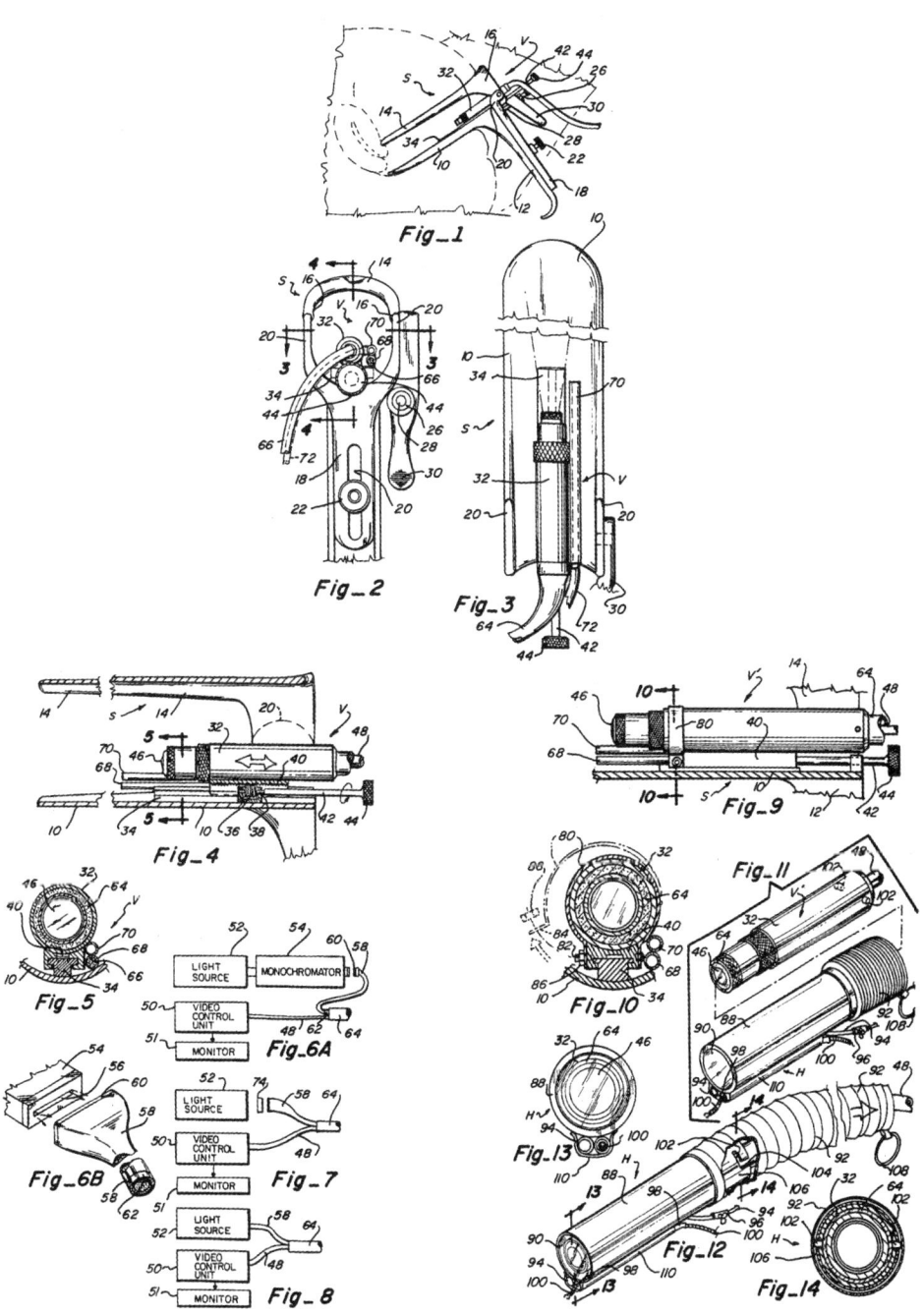

国民做事的认真态度，这是美国能够长期保持其世界霸主地位的重要原因之一；我国许多专利申请文件的撰写差就差在不够认真上。

建立专利制度的目的不仅在于为专利权人提供可靠法律保护，更为重要的是向社会公众传播有用的专利技术信息，推动新技术的实施应用，从而促进科学技术进步和经济社会发展。因此，作为授予专利权的条件，专利文件需要披露足够的发明创造技术信息。在我国建立专利制度的初期，撰写出过于粗糙的专利申请文件或许尚情有可原，在建立专利制度近30年之后依然如此，就不能不说是我国专利制度存在的突出问题了。这种状况导致我国专利文件的技术信息含量明显低于发达国家，长此以往必将影响我国提高创新能力和建设创新型国家的步伐，应当引起足够的重视。

解决这一问题需要多方面的共同努力，其中十分关键的举措是国家知识产权局提高对专利申请文件的撰写要求，在授予专利权的环节更为严格地进行把关；同时专利复审委员会、北京市第一中级人民法院、北京市高级人民法院、最高人民法院通过专利确权案件的审理引导公众不断增强提高专利文件撰写质量的意识。

第三章

专利民事纠纷案件判例

"平滑型金属屏蔽复合带的制作方法"
发明专利侵权诉讼案

一、案件提要

当事人

专利权人：西安秦邦电信材料有限责任公司
被诉侵权人：无锡市隆盛电缆材料有效公司、上海锡盛电缆材料有限公司、古河电工（西安）光通信有限公司

西安市中级人民法院的一审判决
案号：（2006）西民四初字第53号
合议庭成员：（不详）
结案日期：（不详）

陕西省高级人民法院的二审判决
案号：（2008）陕民三终字第18号
合议庭成员：赵小平、同慧会、李咏
结案日期：2008年12月15日

陕西省高级人民法院的再审判决
案号：（2009）陕民再字第35号
合议庭成员：（不详）
结案日期：2011年3月20日

最高人民法院的再审判决
案号：（2012）行提字第3号
合议庭成员：金克胜、朱理、郎贵梅
结案日期：2012年4月13日

涉及的法律规定
2000年修改的《专利法》第五十六条

判决要点

1. 如果一种产品制造方法专利的技术方案给使用该专利方法制造的产品带来了区别于专利申请日前同类产品的新的结构特征,则使用该专利方法制造的产品可以认定为专利法第五十七条第二款意义上的新产品。

2. 根据2000年修改的《专利法》第五十七条第二款的规定,适用举证责任倒置需要具备两个条件:一是使用专利方法制造的产品属于新产品,二是使用被诉侵权方法制造的产品与使用专利方法制造的产品属于相同产品。专利权人对上述两个条件应承担举证责任。当产品制造方法专利的技术方案给使用该专利方法制造的产品带来了区别于专利申请日前同类产品的新的结构特征,并使其区别于已有产品时,权利人应该证明使用被诉侵权方法制造的产品具有该结构特征。

3. 判断被诉侵权技术方案是否落入专利权利要求保护范围,应该将专利权利要求记载的全部技术特征与被诉侵权技术方案的全部技术特征进行一一对比。凡是记载入专利权利要求的技术特征,均应进行对比。经过对比,如果被诉侵权技术方案的技术特征与专利权利要求记载的技术特征相同或者等同,则被诉侵权技术方案落入专利权的保护范围;如果被诉侵权技术方案缺少专利权利要求记载的一个以上的技术特征,或者有一个以上技术特征不相同也不等同,则不落入专利权的保护范围。

4. 在确定权利要求的术语的含义时,可以运用说明书及附图、权利要求书中的相关权利要求、专利审查档案进行解释,但应注意不能把包含专利所要克服的技术缺陷的技术方案纳入权利要求的保护范围。

5. 专利撰写人是专利申请文件用语的创作者,其可以选择本领域的通常用语,也可以根据实际需要创造自己认为合适的用语。确定专利撰写人创造的用语的含义,应该从本领域技术人员的角度出发,结合本领域技术人员在阅读权利要求书、说明书和附图后所理解的特殊含义进行,而不能简单地以该术语不属于本领域的通常用语为由,以本领域的通常用语取代专利撰写人的特殊用语。

6. 解释权利要求的术语的含义时,根据文本解释的一般原则,应当认为权利要求中使用的同一术语具有相同含义,不同术语具有不同含义;权利要求中的每一个术语均有其独立意义,不得解释为多余。其理由在于,专利申请的撰写者既然有意选择不同术语或者有意使用该术语,则表示该术语应有其不同含义或者独立含义,除非说明书对此给出了明确的、相反的指示。

二、本案专利介绍

本案涉及名称为"平滑型金属屏蔽复合带的制作方法"的第01106788.8号发明专利,其申请日为2001年3月7日,授权公告日为2004年1月28日,专利权人为西安秦邦电信材料厂(下称"专利权人")。

本案发明涉及一种用于光缆、电缆外面与最外层护套之间的金属屏蔽复合带的制作方法。

如本案专利说明书所述,制作光缆、电缆外层金属屏蔽复合带的方法大致有三种:一是流延图布复合法,二是干式复合法,三是热贴法。其中,流延涂布复合法是将塑料母粒经挤塑机加热、塑化后,通过模具涂塑挤压在金属箔带上,再经后处理使产品剥离强度达到要求,这种方法制作的复合带虽说是性能稳定可靠,不会有脱膜现象,但成本高,不易掌握,工艺复杂;干式复合法是采用粘合剂将事先做好的塑料薄膜粘接在金属箔带上,再经后处理使产品剥离强度达到要求,这种方法的缺点是粘合剂容易老化、失效,产品质量不能长期得到保障;热贴法也是将事先做好的塑料膜,通过金属箔带加热后和塑料膜挤压在一起,这种方法的缺点是质量不稳定,产量低。这三种工艺方法生产的金属屏蔽复合带存在的共同缺陷是塑料薄膜和金属箔带层是纯平面粘合,在使用中形成复合带表面与光缆、电缆纵包模具或定经模具之间的面接触,因而摩擦力大,容易造成光缆、电缆的起包、漏气、脱膜、断带等问题。

本案发明的目的是提供一种摩擦力小,可顺利通过光缆、电缆纵包模具或者定经模具,且无断带现象的金属屏蔽复合带制作方法。

本案专利说明书提供了四个实施例,其内容分别为:

实施例1

将乙稀—丙稀酸共聚物塑料颗粒,通过挤塑机加温从170到290℃,挤出塑料熔体,流入温度为80℃,直径为Φ240mm,目数为40目的粗糙面细目钢辊,与直径为Φ160mm的挤压辊之间,在铝箔带的表面热挤压上0.04mm厚,且被拉毛的凹凸不平粗糙面塑料薄膜,该薄膜铝箔带在线速度为10M/min导辊传动下,进入烘箱在250℃温度中进行后加热处理后,再冷却收卷。

实施例2

制作方法与实施例1相同,原料及工艺条件如下:
原料:甲基—丙稀酸共聚物塑料颗粒;
挤塑机出膜温度:170~290℃;

细目钢辊温度：60℃；
细目钢辊直径：Φ450mm；
细目钢辊目数：60目；
挤压辊直径：Φ480mm；
钢箔带热挤压塑料薄膜厚度：0.09mm；
导辊线速度：50M/min
后处理温度：380℃。

实施例3

原料：聚乙稀塑料颗粒；
挤塑机出膜温度：290~320℃；
细目钢辊温度：35℃
细目钢辊直径：Φ600mm；
细目钢辊目数：85目；
挤压辊直径：Φ300mm；
钢箔带热挤压塑料薄膜厚度：0.07mm；
导辊线速度：80M/min；
后处理温度：400℃。

实施例4

将0.05mm厚的塑料薄膜送入细目钢辊与挤压辊之间，使其在铝材或钢材上热挤压出被拉毛的粗糙面塑料薄膜层，再进行后加热处理，其工艺条件可分别与实施例1，实施例2，实施例3相同。

实施例5

对金属箔带单面采用上述前处理、复合、后加热处理后，再对另一面用同样的方法进行处理。

如本案专利说明书所述，本发明由于对塑料膜采用了拉毛以形成凹凸不平粗糙面的复合处理工序，因而使复合带与光缆、电缆的纵包模具和定经模具产生摩擦力很小的点接触，可光滑地通过模具，极大地降低了断带的可能性，提高了光缆、电缆的产品质量。实测表明，用本发明制作的复合带外观表面有可见的园弧形凹凸不平粗糙面（手感光滑、平整），各项技术指标均复合要求值。实用表明，使用本发明制作的复合带平直、平滑、无刀痕、无荷叶边、剥离强度优异、不起包、不分层，不断带，无脱膜、性能稳定。根据光缆、电缆的要求，可在复合带长度为500m~600m之间任选，无接头，被广泛用于全国70电缆生产单位。

本案专利授权时的权利要求书如下：

1. 一种平滑型金属屏蔽复合带的制作方法，是将塑料薄膜与金属箔带表面进行热挤压粘合，其特征在于塑料薄膜与金属箔带表面之间采用凹凸不平的粗糙面热挤压粘合，使复合带与光缆、电缆纵包模具或定经模具之间形成点接触，以减小摩擦力，避免电缆起包、漏气、脱膜及断带；工艺过程与条件如下：

（1）将原金属箔带开卷伸直，进行前预热处理；

（2）将塑料熔体或塑料膜通过温度为35℃~80℃，直径为Φ240~600mm，目数为40~85目的粗糙面细目钢棍，与直径为Φ160~480mm的挤压辊之间，相互转动，使塑料膜的表面形成0.04~0.09mm厚的凹凸不平粗糙面，热挤压在金属箔带一面的基材上；

（3）将带有塑料膜的金属箔，经过导辊、弹簧辊传动，再经倒向辊翻面，对另一面金属箔进行塑料膜热挤压复合处理；

（4）将复合处理后的复合带通过运行时线速度为10~80m/min的导辊进入加热烘箱，进行后加热处理，加热温度为250~400℃；

（5）根据传动线速度，调整加热温度，使复合带的粗糙度在后工序处理过程中破坏最小，并使拉毛的塑料表面形成新的带有圆弧过渡的凹凸不平粗糙面，以加强剥离强度和塑化定型；

（6）对后加热处理过的复合带进行冷却处理并收卷。

2. 根据权利要求1所述的方法，其特征在于后加热处理中，通过调节加热烘箱内的调节板距离，使复合带呈现反光度弱，手感光滑、平整的外表面。

三、西安市中级人民法院的一审判决

本案专利权人于2006年2月9日向西安市中级人民法院（下称一审法院）提起诉讼，指控上诉人无锡市隆盛电缆材料厂（下称"第一被诉侵权人"）、上海锡盛电缆材料有限公司（下称"第二被诉侵权人"）、古河电工（西安）光通信有限公司（下称"第三被诉侵权人"）侵犯了本案专利权。

本案第一被诉侵权人于2006年3月28日向专利复审委员会提出请求宣告本案专利无效的无效宣告请求。经审查，专利复审委员会于2007年9月3日作出第10449号无效宣告请求审查决定书，维持本案发明专利权有效。

本案专利权人于2006年9月14日提出对本案第一被诉侵权人、第二被诉侵权人生产、销售的铝塑复合带产品是否与其专利方法制造的产品相同进行鉴定。

本案第一被诉侵权人和第二被诉侵权于2006年9月25日提出的鉴定申请

称：如法庭认为本案专利所述的"平滑型金属屏蔽复合带"为新产品，本案专利权人提出证据证明本案第一被诉侵权人的产品与依本案专利方法直接获得的产品属同样产品或者提出对该问题的鉴定申请且被法庭接受，其申请对本案第一被诉侵权人生产的"铝塑复合带"的工艺方法与本案专利方法是否相同进行鉴定，即其所使用的将塑料复合在金属箔带上时，在塑料膜的表面所形成的凹凸不平的粗糙面的数值进行鉴定，看其是否与本案专利权利要求1中第（2）点载明的必要技术特征相同或者就其生产的铝塑复合带产品的塑料膜与金属箔带表面的粘合情况鉴定，看是否与权利要求1中所述的"塑料薄膜与金属箔带表面进行凹凸不平的非纯平面粘合"这一必要技术特征相同，鉴定机构应指定陕西省和江苏省之外的鉴定机构。

一审法院根据本案第一被诉侵权人、第二被诉侵权人、第三被诉侵权人提出的鉴定申请，委托陕西西安知识产权司法鉴定中心（下称鉴定中心）对本案第一被诉侵权人生产的铝塑复合带产品与本案专利方法涉及的产品是否为相同产品以及本案第一被诉侵权人生产的铝塑复合带产品工艺方法与本案专利权利要求书记载的必要技术特征是否相同或者等同进行鉴定。

该鉴定中心于2007年3月13日作出鉴定意见，认为：

本案专利权利要求1记载的技术特征（1）为"将原金属箔带开卷伸直，进行前预热处理"；本案第一被诉侵权人的产品生产方法为"将原铝箔带开卷伸直，进行前预热处理"，二者相同（本案第一被诉侵权人认可）。

本案专利权利要求1记载的技术特征（2）为"将塑料熔体或塑料膜通过温度为35℃~80℃，直径为Φ240~600mm，目数为40~85目的粗糙面细目钢辊，与直径为Φ160~480mm的挤压辊之间，相互转动，使塑料膜的表面形成0.04~0.09mm厚的凹凸不平粗糙面，热挤压在金属箔带一面的基材上"；本案第一被诉侵权人的产品生产方法为"将塑料熔体或塑料膜通过温度为X℃（本案第一被诉侵权人认可该特征相同），直径为Φ320mm的粗糙面细目钢辊，与周长为590mm（直径约等于188mm）的挤压辊之间，相互转动，使塑料膜的表面形成Ra 1.8~5μm（实测Ra 2.47~3.53μm）凹凸不平粗糙面，塑料膜的厚度为0.055~0.070mm，热挤压在金属箔带一面的基材上。"其中，除细目钢辊的粗糙度外，本案第一被诉侵权人生产工艺的其他参数均在本案专利权利要求1的方法步骤（2）的范围中。然而，细目钢辊的粗糙度决定了复合带塑料膜表面的粗糙度，通过复合带塑料膜表面的粗糙度可以间接推测出细目钢辊的粗糙度；当喷丸（喷沙）钢辊的粗糙度平均值为Ra 3.418μm时，喷丸（喷沙）目数为75~100，因此二者等同。

本案专利权利要求1记载的技术特征（3）为"将带有塑料膜的金属箔经过导辊、弹簧辊传动，再经倒向辊翻面，对另一面金属箔进行塑料膜热挤压复合处理"；本案第一被诉侵权人的产品生产方法为"将带有塑料膜的铝箔经过导辊、翻向辊，对另一面铝箔实现涂覆加工"。二者采用的技术手段基本等同，实现的功能基本相同，达到的效果基本相同，因此该技术特征等同。

本案专利权利要求1记载的技术特征（4）为"将复合处理后的复合带通过运行时线速度为10~80m/min的导辊进入加热烘箱，进行后加热处理，加热温度为250~400℃"；本案第一被诉侵权人的产品生产方法为"双面涂覆塑料的铝箔带进入后处理阶段，生产复合带线速度为8m/min，后热处理温度为184℃（但生产线仪表显示195℃）"。该工艺步骤的作用之一是增强金属基带与塑料膜间的结合强度和剥离强度，在保证复合带质量的前提下，生产复合带线速度与后热处理温度密切相关，提高线速度，则后热处理温度必须相应提高。采用现场勘验时本案第一被诉侵权人的工艺条件生产出的复合带的剥离强度未达到行业标准的技术要求。根据本案第一被诉侵权人的工艺流程单及产品样品，其生产复合带的线速度为29m/min时，自检产品的剥离强度合格。当生产复合带的线速度为29m/min时，后热处理温度应比线速度为8m/min时的后处理温度184℃有相当大的提高，因此二者等同。

本案专利权利要求1记载的技术特征（5）为"根据传动线速度，调整加热温度，使复合带的粗糙度在后工序处理过程中破坏最小，并使拉毛的塑料表面形成新的带有圆弧过渡的凹凸不平粗糙面，以加强复合带的剥离强度和塑料塑化的定型"；本案第一被诉侵权人的产品生产方法为"根据传动线速度，调整加热温度"。二者相同（本案第一被诉侵权人认可）。

本案专利权利要求1记载的技术特征（6）为"对后加热处理过的复合带进行冷却处理并收卷"；本案第一被诉侵权人的产品生产方法为"对后加热处理过的复合带进行冷却处理并收卷"。二者相同（本案第一被诉侵权人认可）。

该鉴定意见注明：本案专利权利要求1的前序部分记载的"将塑料薄膜与金属箔带表面进行凹凸不平的非纯平面粘合，使复合带与光缆、电缆纵包模具或定径模具之间形成点接触，以减小摩擦力，避免电缆起包、漏气、脱膜及断带"与本案第一被诉侵权人所称的"铝箔表面与塑料膜之间为传统工艺下的平面粘合"是双方对其产品制造方法的各自表述。从本案专利说明书的内容和其工艺步骤看，权利要求1前序部分所要实现的目的是在复合带塑料膜表面形成凹凸不平的粗糙面。从本案第一被诉侵权人的工艺步骤看，其目的也是为了在复合带塑料膜表面形成凹凸不平的粗糙面。

一审法院将上述鉴定报告送达本案专利权人以及本案第一、第二、第三被诉侵权人后，第一被诉侵权人对鉴定报告提出异议，认为认定其产品与本案专利方法生产的产品是同样产品及三个等同的结论没有依据。

鉴定中心对本案第一被诉侵权人提出的问题进行复议后，于2007年4月21日出具了"关于铝塑复合带的复议意见书"，载明：

（1）本案第一被诉侵权人与本案专利权人所生产的"铝塑复合带"是同样产品，其理由在于双方产品所用的原材料相同，包括铝箔和塑料；产品的结构相同，均采用流延工艺在铝箔两面复合乙烯—丙烯酸共聚物或乙烯—甲基丙烯酸共聚物；双方生产其产品所执行的标准相同。

（2）"非纯平面黏合"与"平面黏合"是双方当事人对其各自产品复合层结合面的各自表述。

（3）关于"粗糙度Ra"与"目数"的关系，在国家标准《表面粗糙度比较样块抛（喷）丸、喷砂加工表面》GB6260.5~88及其相关解释中有明确的阐述，即"目数为40~80目的粗糙面细目钢辊"是指经喷砂（40~80目）处理的钢辊；鉴定意见所说的Ra 3.418um是指细目钢辊表面的粗糙度测试平均值。

（4）"使塑料膜表面形成0.04~0.09mm厚的凹凸不平粗糙面"与"无锡隆盛厂此阶段样品的塑料膜表面形成的Ra 2.47μm的凹凸不平粗糙面"是两个不同的概念。

（5）本案第一被诉侵权人为专家组提供的生产现场线速度是8m/min，温度为184℃，这一数值不在专利保护范围之内，但经检测产品质量不合格。根据法院保全取得的本案第一被诉侵权人的《流延复合铝带生产工艺流程单》记载的生产复合带的线速度为29m/min，产品自检合格，这一数值已落入专利保护范围。生产线的线速度与后处理温度有密切联系，线速度提高，其后处理温度也要相应提高。

以上鉴定报告经当事人当庭质证和鉴定人出庭接受质询后，本案第一和第二被诉侵权人认为：鉴定专家与西安秦邦公司及其代理人有特殊关系，这种关系足以影响到鉴定行为的客观、公正，因此鉴定中心和鉴定专家应当回避未予回避，鉴定程序违法，故鉴定结论无效；鉴定内容不客观，缺乏科学性，未按鉴定要求对双方产品是否相同进行鉴定；鉴定依据适用法律错误，技术特征对比缺乏事实依据，取样及测试不符合标准，遗漏测试情况。同时，本案第一和第二被诉侵权人针对鉴定报告又提供证据证明：2005年10月12日北京邮电大学自动化学院（以下简称北京邮电大学）在举行教育基金颁奖大会暨校庆系列学术讲座报告会期间，上海网讯光缆材料有限公司及本案第一被诉侵权人的法人代表杭涛个人捐款5 000元；2006年第6、7期《光通讯》杂志上发表了北京邮邮电大学华飞研究所王振岳、本案第一被诉侵权人的法人代表杭涛合作撰写的《通讯光缆电缆用金属塑料复合带的试验研究与分析》一文；2007年4月13~14日由陕西省法学会科技法学研究会主办、西安交通大学知识产权研究中心和西安秦邦公司共同承办的"建设创新型陕西科技法学理论与实务高级研讨会"在西安召开，会议由陕西省法学会科技法学研究会会长马治国主持，鉴定中心侯在杰、本案第一被诉侵权人的法人代表杭涛在会上分别发言。

鉴定中心认为，王振岳参加鉴定是受其单位北京邮电大学指派，且在鉴定前已将鉴定人员告知当事人，本案第一被诉侵权人、第二被诉侵权人均表示不申请回避；至于王振岳是否与他人合作写文章，鉴定中心并不知悉；鉴定中心工作人员参加研讨会属正常的学术交流，并非回避的理由；同时鉴定中心还对相关技术问题进行了说明。

一审法院认为，根据各方当事人的诉辩主张，本案涉及的主要问题包括：

（1）本案应否中止诉讼；

（2）本案专利产品是否属于新产品，以及本案第一、第二和第三被诉侵权人生产、销售、使用的产品是否与本案专利产品相同；

（3）本案第一、第二和第三被诉侵权人生产、销售、使用的产品的制造方法是否侵犯了本案专利权。

对上述问题，西安市中级人民法院的理由和结论是：

（一）关于本案应否中止诉讼的问题

根据查明的事实，本案诉争专利是发明专利，系经国家专利行政部门实质审查授予的专利权；之后又经国家知识产权局专利检索咨询中心检索认为本案专利的权利要求1、2具备新颖性和创造性。

最高人民法院《关于审理专利纠纷案件适用法律问题的若干规定》第十一条规定："人民法院受理的侵犯发明专利权纠纷案件或者经专利复审委员会审查维持专利权的侵犯实用新型、外观设计专利权纠纷案件，被告在答辩期间内请求宣告该项专利权无效的，人民法院可以不中止诉讼。"因此，本案第一和第二被诉侵权人请求中止本案诉讼的主张法律依据不足，故不予支持。

（二）关于与本案发明专利相关的问题

1. 本案专利所涉及产品是否为新产品

2000年修改的《专利法》第五十七条第二款规定的新产品是指与市场上已销售产品不同的产品，该产品与专利申请日之前已有的同类产品相比，在产品的组份、结构或者其质量、性能、功能方面有明显区别。法院可根据案情作出是否新产品的认定。

一审期间，本案第一和第二被诉侵权人对本案专利权人的产品是否新产品提出质疑。根据查明的事实，诉争专利涉及一种用于光缆、电缆的金属屏蔽复合带制作方法，主要解决已有方法制作的屏蔽复合带与光缆、电缆纵包模具或定径模具之间接触面之间摩擦力大，易造成光缆、电缆起包、漏气、脱膜、断带等问题，本案专利制作方法提高了产品的质量，制作的铝塑复合带具有剥离强度好、不起包、不分层、不断带、无脱膜、性能稳定的优点。由此可以证明，本案专利的金属屏蔽铝塑复合带与已有产品相比较，其质量、性能、功能、生产方法等方面均有明显不同，符合上述"新产品"的标准；同时本案第一和第二被诉侵权人也未提供充分的反驳证据，因此可以认定本案专利涉及的产品属于《专利法》意义上的"新产品"。

2. 被诉侵权产品是否与本案专利方法生产的产品属于"同样产品"

判断是否为"同样产品"，应对被诉侵权产品与本案专利方法制造的产品在"组份、结构或者其质量、性能、功能"等方面是否相同进行综合考虑。

本案中，鉴定中心经鉴定认为：双方产品所用的原材料相同，包括铝箔和塑料；产品的结构相同，均采用流延工艺在铝箔两面复合乙烯—丙烯酸共聚物或乙烯—甲基丙烯酸共聚物；双方生产的产品执行标准相同。因此，本案被诉侵权产品与专利方法生产的产品属于"同样产品"。

鉴于鉴定报告程序合法，事实依据充分，故认定本案第一被诉侵权人生产的"铝塑复合带"与采用本案专利方法的所制造的产品为同样产品。本案第一和第二被诉侵权人认为鉴定报告未按鉴定要求对双方产品是否相同进行鉴定与事实不符，故不予支持。

（三）关于本案第一、第二和第三被诉侵权人生产、销售、使用的产品是否侵犯本案专利权的问题

1. 确定是否构成侵犯专利权行为首先应确定本案专利的保护范围

确定发明专利权的保护范围，应以国家知识产权局公告授权时的权利要求书文本为依据。《专利法》第五十六条规定："发明或者实用新型专利权的保护范围以其权利要求的内容为准，说明书及附图可以用于解释权利要求。"最高人民法院《关于审理专利纠纷案件适用法律问题的若干规定》第十七条第一款规定："专利法第五十六条第一款所称的'发明或者实用新型专利权的保护范围以其权利要求的内容为准，说明书及附图可以用于解释权利要求'是指专利权的保护范围应当以权利要求书中明确记载的必要技术

特征所确定的范围为准,也包括与该必要技术特征相等同的特征所确定的范围。"

2. 被诉侵权人生产、销售、使用"铝塑复合带"的行为是否构成侵犯专利权行为

《专利法》的立法目的在于通过赋予权利人专有垄断权,鼓励发明创造,促进科学技术进步和创新,维护公平的市场竞争秩序。判定侵犯专利权的基本方法是以专利权利要求记载的技术方案与被诉侵权产品生产的技术特征进行比较,应将本案专利权利要求书记载的技术特征与被诉侵权物的相应技术特征逐一进行对比。在适用全面覆盖原则判定被诉侵权物不构成相同侵权行为的情况下,应适用等同原则进行侵权判定。等同原则,是指被诉侵权物中有一个或者一个以上技术特征与专利权利要求保护的技术特征相比从字面上看不相同,但经过分析可以认定二者是相等同的技术特征。适用等同原则判定侵权仅适用于被诉侵权物中的具体技术特征与专利独立权利要求中相应的必要技术特征是否等同,而不适用于被诉侵权物的整体技术方案与独立权利要求所限定的技术方案是否等同。

根据《专利法》第五十七条第二款关于"专利侵权纠纷涉及新产品制造方法的发明专利的,制造同样产品的单位或者个人应当提供其产品制造方法不同于专利方法的证明"之规定,在本案专利权人已提供证据证明其制造的产品为新产品且本案第一被诉侵权人制造了同样产品的情况下,本案被诉侵权人应承担的举证责任是证明其产品所采用的制造方法不同于本案专利权利要求限定的制造方法,且以足以证明其所使用的生产方法本质上不同于本案专利方法为限,否则就不利于保护专利权人的商业秘密。换言之,鉴于本案专利方法包含多个技术特征,根据侵权判定中的"全面覆盖原则",本案第一被诉侵权人需举证证明其制造方法中至少有一个技术特征本质上不同于本案专利方法的相应技术特征,同时证明按照其不同于专利的制造方法可以生产出与涉案专利产品同样的合格产品,就完成了其相应的关于不侵权的举证责任。

根据一审法院查明的事实,鉴定中心鉴定认为本案专利权利要求1所述的方法由步骤(1)-(6)组成,分别概述为(1)预热处理;(2)单面复合;(3)翻面复合;(4)后热处理;(5)速度和温度调整;(6)冷却收卷。本案第一被诉侵权人的生产方法有三个步骤与本案专利权利要求1的步骤(1)、(5)、(6)相同;有三个步骤与本案专利权利要求的步骤(2)、(3)、(4)等同,并分别进行了技术特征比对。

本案第一和第二被诉侵权人对鉴定报告质证后,认为王振岳与本案专利权人法人代表合作写文章,鉴定中心的鉴定专家与本案专利权人及其代理人有着特殊关系，这种关系足以影响鉴定行为的客观公正，因此鉴定中心和鉴定专家应当回避未予回避，鉴定程序违法，鉴定结论无效；鉴定技术特征对比缺乏事实依据，取样及测试不符合标准，遗漏测试情况。

一审法院认为：

第一，本案第一和第二被诉侵权人在申请鉴定时虽提出应指定陕西省和江苏省之外的鉴定机构，但在西安市中级人民法院委托鉴定中心鉴定后以及鉴定专家前往本案第一被诉侵权人现场进行勘验期间，虽以未生产为由阻止鉴定专家进行现场勘验，但始终未对鉴定机构提出异议，同时还提出应邀请外地专家参与鉴定，此行为应视为其对鉴定中心鉴定的认可。

第二，鉴定中心根据本案第一被诉侵权人和第二被诉侵权人的请求，邀请了外埠专家参与鉴定，并就鉴定人回避等鉴定程序事宜告知了当事人，鉴定人也出庭接受了当事人的质询；

第三，鉴定中心指派专家进行鉴定是选择与诉争技术有关领域的专家参与，鉴定中心通过北京邮电大学指派专家时并不知悉王振岳与本案专利权人的法人代表合作写过文章，且鉴定专家参加本领域学术研讨会属正常交流，不足以此否认鉴定报告的客观性。

第四，鉴定中心接受委托后对本案第一被诉侵权人的生产现场进行了勘验，对相关数据进行了测试并对技术特征进行了逐一对比。

第五，本案第一和第二被诉侵权人未提供充分证据对鉴定结论进行反驳。根据最高人民法院《关于民事诉讼证据的若干规定》第七十一条关于"人民法院委托鉴定部门作出的鉴定结论，当事人没有足以反驳的相反证据和理由的，可以认定其证明力"之规定，本案鉴定程序合法，鉴定结论所依据的事实与理由充分，依法对技术鉴定结论予以采信。本案第一和第二被诉侵权人对鉴定结论提出质疑，事实和法律依据不足，故不予支持。

本案第一、第二和第三被诉侵权人生产、销售、使用的"铝塑复合带"的制备方法与本案专利权利要求1的步骤（1）、（5）、（6）相同；与其余三个步骤（2）、（3）、（4）从文字表述上看虽有不同，但对应的技术手段基本相同，实现的功能基本相同，达到的技术效果也基本相同，本领域技术人员无须经过创造性劳动就能实现。根据最高人民法院《关于审理专利纠纷案件适用法律问题的若干规定》第十七条第二款关于"等同特征是指与所记载的技术特征以基本相同的手段，实现基本相同的功能，达到基本相同的效果，并且本领域的普通技术人员无需经过创造性劳动就能够联想到的特征"之规定，本案第一被诉侵权人的"铝塑复合带"制备方法的技术特征与本案专利权利要求1记载的技术方案具有等同的技术特征，已落入了本案专利的保护范围。本案专利权人主张本案第一、第二和第三被诉侵权人侵犯了其发明专利权,应予支持。

至于本案第一和第二被诉侵权人在庭审中提出的专利复审委员会作出的无效审查决定书可以证明鉴定报告对本案权利要求1中有关技术特征的认识存在错误,技术对比方式和结论也存在问题的主张,一审法院注意到侵犯专利权的判定方法是将涉嫌侵权物(行为)与专利权利要求书中记载的技术方案进行比对,以确定是否落入专利权的保护范围;专利无效审查程序是将专利文件与现有技术比对,以确定争议专利是否具备创造性、新颖性和实用性等。二者的判定原则、比对客体、判定方法、对比时间点等均不相同,因此对本案第一和第二被诉侵权人的上述主张不予支持。

基于上述理由,一审法院判决:

(1)本判决生效后,本案第一和第二被诉侵权人立即停止侵犯本案发明专利权的行为;

(2)本判决生效后,本案第一被诉侵权人立即销毁侵权产品和用于生产侵权产品的设备(含生产模具);

(3)本判决生效后十日内,本案第一和第二被诉侵权人赔偿本案专利权人损失3000万元,上述被诉侵权人对上述损失赔偿承担连带责任;

(4)本判决生效后,本案第三被诉侵权人立即停止使用本案第一和第二被诉侵权人生产、销售的侵犯本案专利权的侵权产品;

(5)驳回本案专利权人的其余诉讼请求。

案件受理费191 800元(已由本案专利权人预交),证据保全费100元(已由本案专利权人预交),技术鉴定费150 000元(已由本案专利权人预交50 000元,本案第一被诉侵权人预交100 000元)、评估费55 000元(已由本案专利权人预交),共计396 900元,由本案第一和第二被诉侵权人负担。

四、陕西省高级人民法院的二审判决

本案第一和第二被诉侵权人不服一审判决,向陕西省高级人民法院(下称"二审法院")提出上诉,上诉的主要理由是:

(1)一审判决认定事实错误。

一审法院在涉及技术认定的"技术鉴定"程序的启动上不仅故意违反法律程序,而且采信鉴定程序不合法、鉴定内容违法的鉴定结论,导致对本案的事实认定错误。其具体理由是:

第一,本案专利说明书清楚载明:"使用本发明制作的复合带……被广泛用于全国70电缆生产单位的产品",一审法院居然毫无道理地将其认定为

"新产品",进而将本应由本案专利权人承担的证明被诉侵权人生产方法的举证责任转移给被诉侵权人,显然违反法律和司法解释的明确规定。

第二,鉴定中心组织的鉴定专家中有与本案专利权人的法定代表人共同合作的人员,在鉴定过程中,该鉴定中心负责人和本案专利权人的法定代表人一同出席由本案专利权人的代理律师主持召开的案例研讨会,共同发表主题谈话。对这些依法显然应当回避的情形,鉴定中心没有回避。

第三,在涉及技术问题的判断上,鉴定中心的鉴定报告存在一个根本性的事实认识错误,即没有对本案专利权利要求的技术内容进行正确的解释。

第四,鉴定报告在涉及到相关客观事实的认识和技术事实的比对上存在明显的错误。例如,鉴定报告中没有任何证据表明本案第一被诉侵权人生产铝塑复合带过程中塑料熔体或者塑料膜所通过的粗糙面细目钢辊的温度,也没有任何证据表明本案第一被诉侵权人生产过程中塑料膜表面"粗糙面厚度"的工艺技术特征参数。仅就上述这两个本案专利权利要求中明确记载的必要工艺技术参数特征而言,本案第一被诉侵权人的单面复合工艺阶段就不可能与本案专利权利要求1记载的步骤(2)形成法律上的可对比性。在缺少两个必要工艺技术参数特征的情况下,鉴定报告居然认定本案第一被诉侵权人的工艺步骤与本案专利权利要求1记载的步骤(2)的相"等同"。

第五,需要强调的是,在涉及本案专利的无效宣告请求审查程序中,专利委员会在审查决定中就有关技术特征进行了认定,这是对本案专利权利要求的权威解释。由专利复查委员会明确的关于本案专利技术特征的内容与一审技术鉴定的有关内容恰恰是不一致的。

(2)一审判决适用法律错误。

本案第一和第二被诉侵权人对一审判决关于等同原则的认识并无异议,被诉侵权人也认为等同原则应当仅适用于判断被诉侵权物中的具体技术特征与专利权利要求中相应的必要技术特征是否等同,而不应适用于被诉侵权物的整体技术方案与专利权利要求限定的技术方案是否等同。但是,一审法院在本案中对等同原则的适用以及对错误地适用了等同原则进行技术比对的鉴定报告的态度却与这一正确认识南辕北辙。鉴定报告中所进行的比较是在有很多技术特征不明确、不具体的情况下进行的,实际上并不具备进行比较的条件和基础。鉴定报告并未就有关技术特征之间进行比较,而是对工艺步骤(阶段)的整体进行比较,鉴定报告并没有给出"等同特征"关于三个判断要求的具体事实和内容。

二审中,本案第一和第二被诉侵权人向二审法院提出重新鉴定申请,其理由是:一审程序中鉴定机构的产生严重违反法律程序,依法应当回避的鉴定人员未回避,对鉴定报告进行复议的人员未事先告知申请人更未征询回避意见，鉴定书不符合法律规定的形式要件，不具有证据效力，鉴定报告不符合鉴定书的法定形式要件，鉴定对本案专利权利要求作出了根本错误的理解等。

经审理，二审法院作出二审判决的理由如下：

（一）关于鉴定机构的产生是否合法的问题

专利技术是多种多样的，不可能有一一相对应的专门鉴定机构，因此对专利技术的鉴定是一种特殊专业鉴定，一般需要具有资质的鉴定机构组织所属行业的专家组成专家组进行鉴定。

西安市科技局下设的西安知识产权司法鉴定中心是陕西省专门的知识产权鉴定机构，在没有多个专业鉴定机构并存的情况下，一审法院无法通过双方当事人进行协商和摇珠确定，并且一审法院在确定鉴定机构后告知了上诉人，上诉人并没有提出异议，只是要求聘请外地专家。因此，一审法院委托西安知识产权鉴定中心鉴定并无不妥，而该鉴定中心在鉴定时充分采纳了本案被诉侵权人的意见，聘请了北京、成都、郑州等外地专家组成了鉴定组。因此，鉴定机构的产生符合法律规定。

另外，专家鉴定组是鉴定机构组成的，鉴定组的意见就代表了鉴定机构的意见，因此上诉人关于专家组鉴定意见不符合鉴定书的法定形式要件，不能被采信的理由没有法律依据。

（二）关于鉴定程序是否合法的问题

鉴定中心接受委托后，于2006年12月25日向各方当事人送达了告知书，告知了鉴定机构的鉴定资质、鉴定采取秘密会议形式、当事人对选取专家的意见、与会人员的回避，保密要求、当事人的回避申请六项内容，本案第二被诉侵权人的法定代表施永强在告知书上签了"已获知上述内容"的字样，事后也一直未提出对鉴定机构和鉴定人员提出异议。

鉴定机构于2006年12月26日组织专家对本案专利权人的塑料复合带生产线进行了考察，于2007年1月20~21日又组织专家对本案第一被诉侵权人的生产线进行了实地勘验。鉴定机构于2007年3月10日组成专家组后将专家组名单告知了双方当事人，本案第二被诉侵权人的法定代表人施永强在名单上签署了"目前无回避申请"的字样。因此，鉴定机构的整个鉴定程序是合法的。

本案第一和第二被诉侵权人随后提出的北京邮电大学王振岳教授与本案专利权人的法定代表人共同发表过题为"通讯光缆电缆用金属塑料复合带的实验研究与分析"的文章，应当回避的意见是没有道理的。北京邮电大学是我国电信行业最有影响力的学院之一，王振岳教授是通讯行业的有名专家，本案被诉侵权人对此应当知晓。本案被诉侵权人在得知王振岳教授参加专家组时，并没有对其提出回避申请，并且鉴定结论是九人专家组集体作出的，并非王振岳教授一人的意见，鉴定结论依据的数据是由成都检验中心作出的。

本案被诉侵权人提出了宋志佗应回避的问题，认为名为《通讯电缆光缆用金属塑料复合带第2部分：铝塑复合带》（YD/T723.3-2007）的行业标准是北京通和公司和上海网讯共同起草的，宋志佗是主要起草人，而本案专利权人的法定代表人杭涛是上海网讯的股东和总经理，因此两者有特殊关系，宋志佗应该回避。本案被诉侵权人的这一意见也不能成立。同样，本案被诉侵权人应当行业标准的颁布，也应当知道宋志佗和上海网讯有关系，但在得知宋志佗参加鉴定组时并没有提出回避申请，并且行业标准完成时间是2006年12月，杭涛成为上海网讯公司的股东是2007年11月，都是在鉴定机构做出鉴定结论以后，本案被诉侵权人也没有直接证据证明宋志佗和杭涛之间有特殊关系，因此上诉人关于宋志佗应回避的理由也没有道理。

关于上诉人提出侯在杰应当回避的主张亦不能成立，侯在杰在参加西安交大举办的"创新型陕西科技法学理论与务实研讨会"时，鉴定结论已经作出，况且研讨会是正常的学术交流会，侯在杰的发言并未涉及本案的鉴定问题，也不会影响到鉴定复议意见，本案专利权人的法定代表人杭涛与鉴定机构人员参加同一研讨会，并不能证明两人有利害关系，因此上诉人这一回避理由也不能成立。

另外本案被诉侵权人关于本案专利不是新产品，不应由其承担举证责任的上诉理由也不符合法律规定。本案是发明专利之争，只要是专利有效，依照《专利法》第五十七条的规定，专利侵权纠纷涉及新产品制造方法的发明专利的，制造同样产品的单位或者个人应当提供其产品制造方法不同于专利方法的证明。因此，一审法院通过鉴定进行比对是符合法律规定的。

综上，一审法院委托鉴定程序合法，鉴定机构的鉴定程序合法，本案被诉侵权人关于重新进行鉴定的理由不能成立。

（三）关于鉴定结论是否正确的问题

首先，鉴定机构认定被一审法院保全的本案被诉侵权人生产的铝塑复合带与采用本案专利技术生产的铝塑复合带为相同产品。

其次，本案专利权利要求1记载了六个必要技术特征，可以概括为（1）预热处理；（2）单面复合；（3）翻面复合；（4）后热处理；（5）速度、温度调整；（6）冷却收卷。鉴定报告认为本案第一被诉侵权人的生产方法有三个技术特征与本案专利权利要求记载的技术特征（1）、（5）、（6）相同，有三个技术特征与本案专利权利要求1记载的技术特征（2）、（3）、（4）等同。

其中，认定相同的理由是专家组实地勘查，并且本案第一被诉侵权人对这三点放弃鉴定。该被诉侵权人在2006年9月25日向一审法院申请鉴定中表示：就被告将塑料复合在金属箔带上时，在塑料膜表面所形成的凹凸不平的粗糙面的数值情况进行鉴定，看其是否与本案专利权利要求1中第（2）点所载明的必要技术特征相同；或者就被告生产的铝塑复合带产品的塑料膜与金属箔带表面的粘合情况进行鉴定，看是否与本案专利权利要求1中所载明的"塑料膜与金属箔带表面进行凹凸不平的非纯平面粘合"这一必要技术特征相同。一审法院为了慎重起见，于2006年12月25日向本案第二被诉侵权人的法定代表施永强以及本案第一被诉侵权人的委托代理人进行了释明，明确告知"如果被告仅就其鉴定申请书内容所要求的两点请求进行鉴定，我们将视为被告生产该产品的方法除此两点外，与原告专利的必要技术特征相同或等同，如果将来鉴定认为被告申请鉴定的两点与本案专利的相关必要特征相同或等同，将视为被告的生产方法与本案专利的必要特征相同或等同，并且除此两点外，被告再提出关于是否侵权的其他鉴定申请，法院将不再接受。"本案第一被诉侵权人的委托代理人明确表示："经与法定代表人研究，我们除了仍坚持此前鉴定申请书所要求的两点外，还要求对本案专利权利要求1载明的（2）、（3）、（4）点必要技术特征与我们采用的生产方法是否相同或者等同进行鉴定。"，且同日又向法院递交了一份申请鉴定书和"铝塑复合带相关生产工艺段的说明"，申请书表示"就本案专利权项要求1中（2）、（3）、（4）项中载明的技术特征与本案第一被诉侵权人使用的工艺方法中相应的特征是否相同"进行鉴定；工艺段说明就本案第一被诉侵权人采用的生产方法与本案专利权利要求1中（2）、（3）、（4）载明的技术特征相比的不同点作了说明。因此，鉴定机构在本案第一被诉侵权人放弃鉴定的情况下，经勘查鉴定，认定这三点生产方法与专利技术相同是符合法律规定的。现在该被诉侵权人提出认定这三点相同是凭空捏造，不符合事实，二审法院对此不予采信。

鉴定机构认定三个等同的理由是经过鉴定、测试数值后推定等同的，其具体认定理由如下：

本案专利权利要求1的技术特征（2）载明将塑料熔体或塑料膜通过温度为35℃~80℃，直径为240~600mm，目数为40~80目的粗糙面细目钢辊，与直径160~480mm传动金属箔带的挤压辊，相互转动使塑料膜表面形成0.04~0.09mm后的凹凸不平粗糙面，挤压在金属箔带一面的基材上。鉴定专家检测本案第一被诉侵权人也是采取这一生产方法生产铝塑复合带,除了细目钢辊的粗糙度不能确定外,该被诉侵权人的细目钢辊直径和温度、传动金属箔带的挤压辊直径、塑料膜的厚度均在权利要求记载的数值范围以内。专家组认为细目钢辊的粗糙度决定了复合带塑料膜表面的粗糙度,因为塑料膜是经过细目钢辊的热挤压和铝基带粘合在一起的,所以可以通过复合带塑料膜表面的粗糙度间接推测出细目钢辊的粗糙度。这样,鉴定组对本案第一被诉侵权人生产的复合带取样,送西安航空发动机(集团)有限公司计量测试所进行检验,经检测该被诉侵权人生产的铝塑复合带塑料膜表面的粗糙度为Ra 2.47~3.53μm。实验表明当喷丸(喷砂)钢辊的粗糙度平均值为Ra 3.418μm时,喷丸(喷砂)目数为75~100。鉴定组认为,本案第一被诉侵权人承认其细目钢辊是喷砂形成,由该细目钢辊形成塑料膜的粗糙度,表明细目钢辊的目数为75~100,落入本案专利权利要求1载明的40~85目范围内,因此认定等同。

本案专利权利要求1的技术特征(3)载明采用与(2)同样的方法对铝基带另一面进行翻面塑料复合,本案第一被诉侵权人也是采取同样方法,因此专家组认定等同。

本案专利权利要求的技术特征(4)载明是将复合处理后的复合带通过运行时线速度为10m~80m/min的导辊进入加热烘箱,进行后加热处理,加热温度为250~400℃。专家组在本案第一被诉侵权人的现场进行检测时,其复合带线速度为8m/min,后热处理温度为184℃,但生产线仪表显示为195℃。然而,经检测在这种工艺条件下生产出的复合带剥离强度未达到行业标准,为不合格产品。一审法院保全的本案第一被诉侵权人的"生产工艺流程单"记载,生产线速度为29m/min,此时产品的剥离强度合格。基于这一事实,专家组认定本案第一被诉侵权人的真实生产线速度应为29m/min。专家组认为,当生产复合带线速度为29m/min时,后热处理温度应比线速度为8m/min时的后处理温度184℃有相当大的提高。因此认定两者等同。

本案第一被诉侵权人提出取样不符合标准,剥离强度合格的鉴定结论不能成立的理由显然是矛盾的,因而不能成立。该被诉侵权人提出的不符合标准的取样是其正常销售经闵行公证处公证的产品,取样是按其销售规格直接取样的,其产品如果不合格是不允许销售的。该被诉侵权人认为其已经出厂检验有合格证的产品为不合格,显然是违背事实的,并且检验中心并没有提出检材不合格的意见,否则就会拒绝进行检验。

本案被诉侵权人提出专利复审委员会对本案专利作出的第10449号无效宣告请求审查决定对什么是本案专利权利要求中的技术特征做出了清楚表述,这充分表明一审鉴定的比对不是建立在对具体技术特征的比较基础上,而是一种概括性比对。上述意见显然不符合客观事实。专利复审委员会作出的第10449号无效宣告请求审查决定的相关表述是："本专利权利要求1相对于对比文件1的区别技术特征在于：权利要求1要求保护的技术方案限定了细目钢辊的表面粗糙度的目数及温度范围，以及后加热处理的温度范围，后加热处理复合带线速度与温度的调节，从而获得具有特殊的表面效果的复合带。"该表述与本案专利技术权利要求1载明的技术特征（6）并不矛盾，只是本案专利权利要求1的（6）记载技术特征明确具体，无效宣告请求审查决定只是在对本案专利与其他文件进行对比时所作的对其技术特征的概括性和原则性表述。本案专利文件和所述无效宣告请求审查决定并不矛盾和冲突。

最高人民法院《关于审理专利纠纷案件适用法律问题的若干规定》第十七条规定："专利法第五十六条第一款所称的'发明或者实用新型专利权的保护范围以其权利要求的内容为准，说明书及附图可以用于解释权利要求'，是指专利权的保护范围应当以权利要求书中明确记载的必要技术特征所确定的范围为准，也包括与该必要技术特征相等同的特征确定的范围。"一审法院依照法律规定委托鉴定机构对上诉人本案第一被诉侵权人的生产方法与本案专利技术的必要技术特征进行比对是正确的，并不存在概括性比对问题。

综上，鉴定结论正确，应当采信。

基于上述理由，二审法院认定本案一审判决认定事实清楚，适用法律正确，唯判处部分不当应予纠正，故判决：

（1）维持一审判决第（1）、（3）、（4）、（5）项；

（2）将一审判决第（2）项"本判决生效后被告无锡隆盛厂立即销毁侵权产品和用于生产侵权产品的设备（含生产模具）更正为"本判决生效后被告无锡隆盛厂立即销毁侵权产品"。

五、陕西省高级人民法院的再审判决

本案第一和第二被诉侵权人不服二审判决，向最高人民法院申请再审。2009年3月9日，最高人民法院作出（2008）民申字第1395号民事裁定，指令陕西省高级人民法院再审本案。

陕西省高级人民法院再审认为：

（一）关于举证责任问题

经查，2004年1月28日，国家知识产权局授予本案专利权人名称为"平滑型金属屏蔽复合带的制作方法"的发明专利权，依据该专利生产的产品是由国家一级检索单位认可的新产品。虽然申请再审人曾请求宣告该专利无效，但专利复审委员会、北京市第一中级人民法院和北京市高级人民法院均作出维持本案专利的决定和判决，故本案专利仍合法有效。

根据《专利法》第五十七条第二款以及《最高人民法院关于民事诉讼证据的若干规定》第四条第一款的规定，二审法院要求本案被诉侵权人对其产品制造方法不同于专利方法承担举证责任是正确的。申请再审人对此申请再审的理由不能成立。

（二）关于本案鉴定程序是否公正合法的问题

经查，2006年9月14日，本案专利权人提出对本案第一和第二被诉侵权人生产、销售的铝塑复合带产品是否与其专利方法制造的产品相同进行鉴定。2006年9月25日，本案第一和第二被诉侵权人也提出鉴定申请。一审法院根据双方当事人提出的鉴定申请，于2006年10月20日发函告知双方当事人选定鉴定中心，但本案第一和第二被诉侵权人迟迟不到一审法院选定鉴定中心，一审法院遂指定西安知识产权司法鉴定中心对本案进行鉴定，并将指定的鉴定中心书面告知了本案第一被诉侵权人。2006年10月26日，本案第一和第二被诉侵权人函告一审法院同意由西安知识产权司法鉴定中心对本案进行鉴定，但要求鉴定中心从江苏、陕西两省以外聘请专家成立专家组。鉴定中心根据一审法院的委托于2006年12月25日向双方当事人送达了告知书，告知了鉴定中心的鉴定资质、鉴定采取秘密会议形式、当事人对选取专家的意见、与会人员的回避、保密要求以及当事人的回避申请六项内容，本案第二被诉侵权人法定代表施永强在告知书上签署"已获知上述内容"，事后一直未提出对鉴定中心和鉴定人员的异议。鉴定中心于2006年12月26日组织专家对本案专利权人的金属塑料复合带生产线进行了考察，于2007年1月20~21日又组织专家对本案第一被诉侵权人的生产线进行了实地勘验。2007年3月10日鉴定中心组成专家组后将专家组名单告知了双方当事人。本案第二被诉侵权人的法定代表人施永强在专家名单上签署了"目前无回避"。

专利技术是多种多样的，不可能有一一对应的专门鉴定中心，因此其鉴定是一种特殊专业鉴定，一般需要具有资质的鉴定中心组织这类行业的专家组成专家组进行鉴定。西安市科技局下设的鉴定中心是陕西省专门的知识产权鉴定中心，在没有多个专业鉴定中心并存的情况下，一审法院就无法由双方当事人进行协商和摇珠确定。一审法院在确定鉴定中心后告知了本案被诉侵权人，被诉侵权人没有提出异议，只是要求聘请外地专家。因此，一审法院委托西安知识产权司法鉴定中心鉴定并无不妥。鉴定中心在鉴定时充分采纳了本案被诉侵权人的意见，聘请北京邮电大学华飞研究所王振岳高级工程师、郑州大学王径武教授、成都邮电五所宋志佗高级工程师三名本行业的外地专家组成鉴定组参加本案鉴定。鉴定中心将该三名专家告知本案被诉侵权人，本案被诉侵权人表示同意，未提出回避申请。

鉴定中心将专家组对本案第一被诉侵权人实地采集的数据和样品送往成都国家信息产业部有线通信产品质量监督检验中心进行检测，其检测设备为拉力试验机（型号XL-50A）、电子数显千分尺（型号25mm），并根据检测结果对双方当事人生产的产品技术特征进行对比。在充分听取双方当事人陈述与答辩意见、审阅有关证据和资料、结合现场勘验及产品样品检验的基础上，以检测设备直接给出的数据为基准，专家组经过认真分析讨论形成鉴定结论。因此，鉴定中心的产生符合法律规定，本案第一和第二被诉侵权人对此申请再审的理由不能成立，本案二审判决认定鉴定中心的整个鉴定程序合法正确，应予支持。

（三）关于鉴定专家王振岳、宋志佗及鉴定中心侯在杰是否应当回避的问题

（1）王振岳是北京邮电大学校产集团的一个下属单位华飞研究所的副所长、高级工程师、硕士生导师、全国通信行业的著名专家，对此本案第一和第二被诉侵权人是应当知道的，但在得知王振岳参加专家组时并没有对王振岳提出回避申请，并且鉴定结论是九人专家组做了大量的现场取证和检测工作并通过国家权威检测中心对现场取样的材料进行检测，并且以检测设备检测出的数据作为鉴定结论的基础，最后通过专家组集体论证后得出的鉴定结果，并非王振岳一人意见，鉴定结论依据的数据也是成都检验中心作出，况且本案第一和第二被诉侵权人也没有证据证明王振岳与本案专利权人有利害关系。

（2）宋志佗与上海网讯公司及西安秦邦公司的苏朋恩、王占财参与起草过《通讯电缆光缆用金属塑料复合带》行业标准，制定行业标准是国家行为，由行业协会来决定何人参与。宋志佗虽然是主要起草人，但不能证明宋志佗与本案专利权人有法律意义上的利害关系，且在宋志佗参加鉴定专家组时，申请再审人并没有提出回避申请。

（3）2007年4月13日，由陕西省法学会科技法学研究会主办、西安交通大学知识产权研究中心和西安秦邦公司共同承办的"建设'创新型陕西'科技法学理论与实务高级研讨会"在西安召开，会议由陕西省法学会科技法学研究会会长马治国主持，鉴定中心侯在杰、本案专利权人的法定代表人杭涛在会上分别作了发言。侯在杰参会是受西安市科技局指派，且在参会时鉴定结论已经作出。本案专利权人的法定代表人杭涛是陕西省法学会科技法学研

究会会员，与鉴定中心人员参加同一研讨会进行学术交流，并不能证明二者有利害关系，且参会单位有陕西省人大内务司法委员会办公室、陕西省人民检察院、陕西省高级人民法院、陕西省教育厅、陕西省公安厅、西北政法大学等均是与陕西省法学会科技法学研究会等相关单位，因此该研讨会纯属正常学术交流，并不影响本案鉴定结论的客观公正。且王振岳、宋志佗、侯在杰作为鉴定专家的行为是经本案第一和第二被诉侵权人同意的，不属于《民事诉讼法》第五十四条第一款规定的回避情形。因此，本案第一和第二被诉侵权人要求王振岳、宋志佗及侯在杰回避的理由不能成立，二审判决对此认定正确，应予支持。

（四）关于鉴定结论是否客观正确的问题

本案司法鉴定报告有鉴定中心的司法鉴定专用章，该鉴定报告符合司法鉴定法律规定的形式要件，具有法律效力。鉴定报告中的技术特征比对是将本案方法专利按步骤分解后与被诉侵权物的相应技术特征进行对比，其技术对比符合法律规定。鉴定中心将双方生产工艺步骤分解后对相应的技术特征进行比对，且在经过充分论证的情况下得出相同或等同的结论，其结论是客观公正的。鉴定中心及专家组将专利权利要求1记载的六个必要技术特征与申请再审人生产铝塑复合带的方法的必要技术特征进行比对，在充分研究论证的基础上出具了鉴定报告。

鉴定报告认为：本案第一被诉侵权人的生产方法有三个技术特征与本案专利权利要求1记载的技术特征（1）、（5）、（6）相同，有三个技术特征与本案专利权利要求1记载的技术特征（2）、（3）、（4）等同。

认定三个相同的理由是专家组实地进行了勘验，而本案第一被诉侵权人对此表示放弃鉴定。该被诉侵权人在2006年9月25日向一审法院申请鉴定时表示，就其所使用的将塑料复合在金属箔带上时在塑料膜的表面所形成的凹凸不平的粗糙面的数值情况进行鉴定，看其是否与本案专利权利要求1中（2）载明的技术特征相同；或者就申请再审人生产的铝塑复合带产品，塑料膜与金属箔带表面的粘合情况进行鉴定，看是否与本案专利权利要求1中所述的"塑料膜与金属箔带表面进行凹凸不平的非纯平面粘合"这一必要技术特征相同进行鉴定。一审法院为了慎重起见，于2006年12月25日向本案第二被诉侵权人的法定代表人施永强及本案第一被诉侵权人的委托代理人进行了释明，明确告知"如果本案被诉侵权人仅就其鉴定申请书内容所要求的两点请求进行鉴定，我们将视为本案被诉侵权人的生产方法除此两点外，与原告专利的其余技术特征相同或等同，如果将来鉴定认为本案被诉侵权人申请鉴定的两点与本案专利的相关必要特征相同或等同，我们将视为本案被诉侵权人生产方法的所有技术特征与本案专利权利要求1记录的全部技术特征相同或等同,并且除此两点外,被诉侵权人再提出关于是否侵权的其他鉴定申请,法院将不再接受"。本案第一被诉侵权人的委托代理人明确表示:"我们经与法定代表人研究后,除仍坚持此前鉴定申请书所要求的两点外,还要求对本案专利的权利要求1中(2)、(3)、(4)记载的技术特征和我们的生产方法是否相同或等同进行鉴定"。同日,又向一审法院递交了一份申请鉴定书和"铝塑复合带相关生产工艺段的说明",其中申请书表示"就本案专利权利要求1中(2)、(3)、(4)载明的技术特征与本案第一被诉侵权人使用的工艺方法中相应的特征是否相同"进行鉴定,工艺段说明也就本案第一被诉侵权人的生产方法与本案专利权利要求1中(2)、(3)、(4)记载的技术特征的不同点作了说明。因此,鉴定中心在本案第一被诉侵权人放弃鉴定的情况下,经过勘验鉴定认定这三点生产方法与专利技术等同,符合法律规定。

鉴定中心认定三个等同的理由是经过鉴定、测试数值后推定等同的。本案专利权利要求1的技术特征(2)是"将塑料熔体或塑料膜通过温度为35~80℃,直径为240~600mm,目数为40~85目的粗糙面细目钢辊,与直径为160~480mm传动金属箔带的挤压辊,相互转动使塑料膜表面形成0.04~0.09mm厚的凹凸不平粗糙面,热挤压在金属箔带一面的基材上"。鉴定专家检测本案第一被诉侵权人也是采取这一生产方法生产铝塑复合带,除了细目钢辊的粗糙度不能确定外,本案第一被诉侵权人采用的细目钢辊直径和温度、传动金属箔带的挤压辊直径、塑料膜的厚度均在本案专利权利要求记载的数值范围之内。

专家组认为细目钢辊的粗糙度决定了复合带塑料膜表面的粗糙度,因为塑料膜是经过细目钢辊的热挤压和铝基带黏合在一起的,所以可以通过复合带塑料膜表面的粗糙度间接推测出细目钢辊的粗糙度。专家组经对本案第一被诉侵权人生产的复合带取样,送西安航空发动机(集团)有限公司计量测试所检验。经检测,本案第一被诉侵权人生产的铝塑复合带塑料膜表面的粗糙度为Ra 2.47~3.53μm。实验表明,当喷丸(砂)钢辊的粗糙度平均值为Ra 3.418μm时,喷丸(砂)目数为75~100目。专家组认为,本案第一被诉侵权人承认其细目钢辊是喷砂形成,而其细目钢辊形成塑料膜的粗糙度表明其目数为75~100目,落入了本案专利权利要求1记载的40~85范围内,因此认定等同。

本案专利权利要求1的技术特征(3)是采取与技术特征(2)相同的方法对铝基带另一面进行翻面塑料复合,本案第一被诉侵权人也采取了同样方法,因此专家组认定等同。

本案专利权利要求1的技术特征（4）是将复合处理后的复合带通过运行时线速度为10~80m／min的导辊进入加热烘箱，进行后加热处理，加热温度为250~400℃。专家组在本案第一被诉侵权人处进行检测时，其复合带线速度为8m/min，后热处理温度为184℃，但生产线仪表又显示为195℃。经检测，在该工艺条件下生产出的复合带的剥离强度未达到行业标准，为不合格产品。根据一审法院保全的本案第一被诉侵权人的生产工艺流程单记载的生产线速度为29m／min，且其产品剥离强度合格的事实，因此专家组认定本案第一被诉侵权人的真实生产线速度应29m／min。专家组认为，当生产复合带线速度为29m／min时，后热处理温度应比线速度为8m/min时的后处理温度184℃有相当大的提高，因此认定两者等同。

一审、二审法院依照法律规定委托鉴定中心对本案第一被诉侵权人的生产方法与本案专利技术的必要技术特征进行比对是正确的，鉴定报告是客观科学的。由于本案第一被诉侵权人已将一审法院查封保全的侵权证据全部转移，本案已无法再次进行鉴定。二审判决采信经双方质证并经专家出庭接受质询的鉴定报告，并无不当。本案二审判决依据鉴定报告认定本案第一被诉侵权人采用的"塑料薄膜层与铝箔带之间采用传统工艺下的平面粘合"与本案专利权利要求1记载的"塑料薄膜与金属箔带表面进行凹凸不平的非纯平面粘合"是同一种粘合方法。本案专利权利要求1记载的"使塑料膜的表面形成0.04~0.09mm厚的凹凸不平粗糙面"中所述"0.04~0.09mm"是指塑料膜的厚度。本案第一被诉侵权人主张其塑料膜层表面粗糙度为Ra 2.47~3.53μm，虽然该粗糙度与专利权利要求1"使塑料膜的表面形成0.04~0.09mm厚的凹凸不平粗糙面"不能相比，但经专家实测鉴定本案第一被诉侵权人的塑料膜厚度为0.055~0.07mm，其生产的铝塑复合带使塑料膜表面形成0.055mm~0.07mm厚的凹凸不平粗糙面落入了本案专利的保护范围。二审判决认定本案被诉侵权人使用的塑料膜层凹凸不平粗糙面的厚度与专利权利要求1"使塑料膜的表面形成0.04~0.09mm厚的凹凸不平粗糙面"等同，结论正确，本案第一被诉侵权人对此的申请再审理由不能成立。

（五）关于一审、二审判决确定的赔偿数额是否正确的问题

一审法院审理期间，本案专利权人于2006年2月9日请求认定本案第一和第二被诉侵权人连带赔偿1 000万元经济损失；2007年5月8日，本案专利权人以起诉时因调查取证困难低估了本案被诉侵权人的侵权所得，且本案被诉侵权人从未停止侵权，致使损失不断扩大为由，将原诉讼请求赔偿数额变更为2 100万元；2007年8月20日，本案专利权人再次将诉讼请求赔偿数额变更为3 000万元。

关于本案的赔偿数额问题，双方争议较大。本案专利权人认为本案第一和第二被诉侵权人给其造成的实际损失为78 051 157.89元，本案第一被诉侵权人对此不予认可；本案专利权人对本案第一被诉侵权人提供的财务凭证和部分报表的真实性不予认可。在双方当事人争执不下的情况下，一审法院根据本案专利权人的申请，委托高德公司对本案第一和第二被诉侵权人给本案专利权人造成的实际损失进行评估。一审法院和高德公司多次要求本案第一和第二被诉侵权人提供相关财务资料，但被诉侵权人拒不提交。一审法院只得用当时查封保全的本案第一和第二被诉侵权人2002年以来生产、销售铝塑复合带产品的财务账册、税务材料凭证、员工工资表等作为评估的相关材料，后经双方当事人当庭对评估资料进行质证，确定了经双方质证的评估资料交高德公司进行评估。高德公司于2007年10月23日作出陕高评报字〔2007〕121号评估报告书，确定本案第一被诉侵权人2004年2月至2007年8月的销售额是以该被诉侵权人的铝带销售发票为依据，确定本案第二被诉侵权人2004年2月至2007年8月的销售额是以其全部的销售收入为依据，然后根据两个同行业公司的利润率，测算出本案第一和第二被诉侵权人的销售利润为42 120 164.58元、营业利润为32 848 137.2元。这种测算符合会计标准，于法有据，应予支持。一审法院依据该评估报告，结合本案专利权人的诉讼请求，判处本案第一和第二被诉侵权人连带赔偿本案专利权经济损失3 000万是正确的。本案第一和第二被诉侵权人认为一审、二审判决确定赔偿数额缺乏事实依据的理由不能成立。

（六）关于本案第一和第二被诉侵权人是否应承担连带赔偿责任的问题

经查，2002年11月28日，本案第一被诉侵权人在给用户出具的《情况说明》中载明："由于市场经营需要，我厂于1998年10月份在上海开设了'上海锡盛电缆材料有限公司'作为本厂的销售公司，全权代理本厂的一切业务事宜，特此告知，……"。该《情况说明》经双方当事人进行了质证，本案第一被诉侵权人认可本案第二被诉侵权人是其关联公司，负责销售其制造的产品，由此足以认定本案第一被诉侵权人与第二被诉侵权人是一种合伙生产、销售行为，共同侵犯了本案专利权。二审判决认定本案第一和第二被诉侵权人负连带赔偿责任并无不当。本案第一和第二被诉侵权人的该项申请再审理由不能成立。

基于上述理由，陕西省高级人民法院认定本案一审法院和二审法院认定事实清楚，判处适当，应予维持，故判决维持本案二审判决。

六、最高人民法院的再审判决

本案第一被诉侵权人和第二被诉侵权人（下称"申请再审人"）不服陕西省高级人民法院作出的再审判决，向最高人民法院申请再审。

申请再审人申请最高人民法院再审称：

（1）陕西省高级人民法院作出的再审判决违反法定程序，剥夺当事人的辩论权利。该再审判决另查明的关于本案第二被诉侵权人和施永强、吕银萍之间的红利诉讼及款项执行的事实，关于本案第一被诉侵权人将一审法院查封保全的侵权证据生产设备全部转移的事实，关于本案第一被诉侵权人股权转让和法定代表人变更的事实，相关证据未经庭审质证和辩论，违反法定程序，剥夺当事人的辩论权利，直接导致事实认定错误。

（2）再审判决关于本案专利的举证责任分配错误。本案专利方法所生产的"平滑型金属屏蔽复合带"并非新产品，故不应适用举证责任的倒置。

（3）申请再审人提供的再审新证据足以推翻本案一审、二审判决，所述新证据包括：

（a）1999年第7期《产业用纺织品》中的"雕刻辊的设计与制造"一文，证明目数是雕刻辊的重要参数特征，反映了辊的表面结构特征。

（b）1998年第2期《塑料加工应用》中的"电线电缆用铝塑复合带的研制"一文，证明在生产铝塑复合带过程中使用的冷却辊分为光辊和毛辊两种，采用的目的是为了减轻塑料熔体的粘辊现象。

（c）1997年第2期《轻合金加工技术》中的"电缆用铝塑复合带挤压涂覆生产工艺"一文，证明铝塑复合带的基本生产工艺及相关工艺参数均为现有技术，再审判决对"塑料膜与金属箔带表面进行凹凸不平的非纯平面粘合"的技术特征认识错误，对"塑料膜"的表面形成0.04~0.09mm厚的凹凸不平粗糙面"是指"塑料膜的厚度"的技术特征认识根本错误。

（d）国家标准GB6060.5-88《表面粗糙度比较样块抛（喷）丸、喷砂加工表面》，证明粗糙度与目数为不同概念，两者之间不存在鉴定报告中所得出的等同或者相同关系。

（4）本案鉴定中心的鉴定程序违法，鉴定人员具有回避的法定情形却没有回避，鉴定结论不应采信，其理由在于：

（a）鉴定人王振岳应当回避而未回避。本案专利权人的法定代表人杭涛向鉴定人王振岳任职的北京邮电大学自动化学院教育基金捐款5 000元，还与王振岳共同发表"通讯光缆电缆用金属塑料复合带的实验研究与分析"一文。

（b）鉴定人宋志佗应当回避而未回避。宋志佗与本案被申请人的主要人员共同参与了本案产品相关标准的起草,与本案被申请人的股东及法定代表人有特殊关系。

(c)鉴定人侯在杰和鉴定中心应当回避而未回避。鉴定中心法定代表人、鉴定人侯在杰在鉴定期间参加由本案被申请人直接承办并提供费用的学术研讨会,应当回避而未回避。

(d)鉴定复议程序中更换的刘月娥、聂孟民、张广成三位鉴定人,未事先告知本案被诉侵权人,也未征求对其的回避意见。

(5)鉴定中心所作鉴定报告将由若干个技术特征组成的工艺阶段进行整体比对,不符合具体技术特征比对的原则。

(6)鉴定报告没有以实际勘验的客观结果为依据,鉴定结论存在根本错误,本案第一被诉侵权人的被诉侵权工艺方法没有落入本案专利权利要求1的保护范围,其理由包括:

(a)"将塑料薄膜与金属箔带表面进行凹凸不平的非纯平面黏合"是本案专利权利要求1记载的平滑型金属屏蔽复合带制作方法的必要技术特征。在本案被诉侵权人生产光缆电缆用铝塑复合带的工艺过程中,塑料膜与铝箔带表面之间为纯平面黏合,二者既不相同也不等同。鉴定报告将两种生产工艺在这一技术特征上的不同点说成是双方各自的表述不同,显然错误。

(b)本案专利权利要求1记载的"目数为40~85目的粗糙面细目钢辊"是指粗糙面细目钢辊轴向(横向)长度每一英寸(25.4mm)内有40~85个坑眼,是一种有序均匀分布排列的平面网状结构特征。鉴定报告将用于限定细目钢辊表面状况的"目数"修改为制造细目钢辊的"喷丸的目数",并在未检测本案第一被诉侵权人所使用的喷砂辊表面目数数值的情况下认定二者构成等同,缺乏依据。

(c)"塑料熔体或者塑料膜通过温度为35~80℃……的粗糙面细目钢辊"是本案专利权利要求1记载的必要技术特征。鉴定中心并未检测本案第一被诉侵权人生产工艺中塑料熔体或者塑料膜所通过的喷砂辊的温度,却以该被诉侵权人承认与本案专利权利要求1的相应特征相同为由作出认定,与事实不符。

(d)本案专利权利要求1记载的"使塑料膜的表面形成0.04~0.09mm厚的凹凸不平粗糙面"是指塑料膜表面凹凸不平粗糙层的厚度,即在塑料膜表面形成了0.04~0.09mm(40~90μm)的凹凸落差表面结构,而不是整个塑料膜的厚度。鉴定报告未涉及本案第一被诉侵权人有关塑料膜表面"粗糙面厚度"的技术特征,却认定二者构成等同,亦与事实不符。本案第一被诉侵权人生产铝塑复合带所用的塑料膜外表面粗糙度为Ra 2.47μm是指塑料膜外表面高低点之间算术平均值为2.47μm,与本案专利所述的塑料膜表面凹凸不平粗糙层的厚度40μm~90μm的特征相去甚远。而且，本案第一被诉侵权人的这一工艺特征并非是为实现与金属箔带层之间的非纯平面粘合，而是为了在挤压过程中不粘辊，二者采用的方法和手段不同，目的不同，实现的功能和达到的效果亦不相同。

（e）"将复合处理后的复合带通过运行时线速度为10~80m/min的导辊进入加热烘箱，进行后加热处理，加热温度为250~400℃"是本案专利权利要求1的必要技术特征。本案第一被诉侵权人复合处理后的复合带通过导辊进入加热烘箱的运行线速度为8m/min，加热板热源温度是一区184℃，二区124℃。鉴定报告以生产线速度为29m/min以及后处理温度有相当大的提高为由认定二者等同，明显错误。

（7）一审法院委托高德公司所作评估报告未能进行充分有效的质证，相关评估人员未出庭接受质询。该评估报告将本案第一被诉侵权人生产的钢带、铝带、字带三种产品的销售收入均作为铝带的销售收入，将"热贴法"和"流延法"两种工艺方法生产的铝带都算作流延法铝带产品，与事实不符。

（8）再审法院判决本案被诉侵权人承担连带赔偿责任缺乏事实依据。

基于上述理由，申请再审人请求最高人民法院提审本案，撤销陕西省高级人民法院作出的再审判决和陕西省高级人民法院作出的二审判决。

本案专利权人辩称：

（1）陕西省高级人民法院的再审判决认定事实清楚，适用法律正确，其理由是：

（a）本案被诉侵权人生产工艺中塑料膜层与铝箔带之间采用传统工艺下的平面粘合与本案专利权利要求1记载的"塑料薄膜与金属箔带表面进行凹凸不平的非纯平面粘合"只是文字表述不同，实质相同。根据公知常识，没有任何物体表面是纯平面的。

（b）由本案专利说明书实施例可知，专利权利要求1记载的"使塑料膜的表面形成0.04~0.09mm厚的凹凸不平粗糙面"，是指塑料膜的厚度，而非塑料膜表面凹凸不平粗糙面的厚度，本领域不存在"塑料薄膜表面凹凸不平粗糙面厚度"的说法，申请再审人所使用的塑料膜层的相应技术特征与本案专利权利要求记载的技术特征等同。

（c）本案被诉侵权人关于其生产铝塑复合带的线速度没有落入本案专利权利要求1所记载的线速度范围的说法不能成立。一审法院保全的本案第一被诉侵权人《流延复合铝带生产工艺流程单》清楚地记载线速度为29 m／min，在该速度下生产的产品合格，落入了权利要求1记载的"线速度为10~80m／min"的保护范围。虽然鉴定中心在申请再审人现场检测到的线速度为8m／min，但所生产的产品经检测不合格。

（d）目数在一般情况下是粗糙度的重要参数，与粗糙度存在对应关系。申请再审人所采用的细目钢辊系喷砂辊与本案专利权利要求1记载的"目数为40~85目的粗糙面细目钢辊"完全相同。

（2）陕西省高级人民法院再审判决另查明事实所依据的证据材料无需质证，程序合法。关于上海锡盛公司和施永强、吕银萍之间的红利诉讼及款项执行的事实，已为（2007）锡民二初字第299号民事调解书、（2007）锡民二初字第300号民事调解书以及（2007）锡执字第363号协助执行通知书所载明，上述法律文书已经生效，无需质证。关于本案第一被诉侵权人将一审法院查封保全的侵权证据生产设备全部转移的事实，已为一审法院执行部门对周榴真、吕银萍作的《谈话笔录》以及一审法院执行部门发送给本案专利权人的《告知函》所证明。关于本案第一被诉侵权人股权转让和法定代表人变更的事实，系再审法院依职权调查获知，亦无需质证。

（3）再审判决关于本案举证责任的分配符合法律规定。被申请人在一审过程中提交的陕西省知识产权服务中心的《科学技术项目查新报告》、陕西省科学技术信息研究所查新中心的《科技查新报告》以及国家知识产权局专利检索咨询中心的《检索报告》证明，利用本案专利方法所生产的产品属于新产品，应适用举证责任倒置。

（4）本案鉴定报告程序合法，结论正确，依法应予采信，其理由是：

（a）本案鉴定报告程序合法，鉴定人员王振岳、宋志佗和侯在杰与本案不存在利害关系，不属于应予回避的对象。鉴定复议程序中更换的刘月娥、聂孟民、张广成三位鉴定人，虽未事先告知申请再审人，但是根据《西安技术（纠纷）鉴定专家委员会鉴定规则（试行）》第三十一条的规定，复议程序中增加专家或者重新组成专家组均系对鉴定结论进行复议而不是重新鉴定，无需通知双方当事人。

（b）本案鉴定报告结论正确。体现在：第一，本案鉴定报告以本案专利权利要求记载的全部必要技术特征与被诉侵权方法的相应技术特征进行对比，不存在进行整体比对的情况。第二，鉴定中心的专家组于2007年1月20至21日到本案第一被诉侵权人的现场进行勘验和取样，现场勘验该被诉侵权人生产复合带的线速度为8m／min，后热处理温度为184℃，而生产线仪表又显示为195℃。经检测，在这种工艺条件下生产出的复合带的剥离强度未达到行业标准，为不合格产品。根据一审法院保全的本案第一被诉侵权人生产工艺流程单记载的复合带生产线速度为29m／min，且其剥离强度合格的事实，鉴定报告认定本案第一被诉侵权人真实的生产线速度应为29m／min，合理有据。第三，在该被诉侵权人真实的生产线速度为29m／min

的情况下，其后热处理温度应比线速度为8m／min时有相当大的提高。本案专利权利要求1记载的后热处理温度是指加热源温度，而不是指环境温度。鉴定报告认为本案第一被诉侵权人的后热处理工艺与本案权利要求1记载的相应技术特征等同是正确的。第四，目数与表面粗糙度之间存在对应关系，《抛（喷）丸、喷砂表面粗糙度比较样块国家标准介绍》表5记载，当喷丸（砂）的弹丸粒径为75~100目时，其所对应的表面粗糙度为Ra 3.418μm。本案专利权利要求1中记载的"目数为40~85目的粗糙面细目钢辊"所对应的塑料膜粗糙度为Ra 3.418~5.775μm。本案第一被诉侵权人生产的铝塑复合带塑料膜层的粗糙度值实测为Ra 2.47μm~Ra 3.53μm，由于塑料膜层的粗糙度决定于细目钢辊的粗糙度，故该被诉侵权人使用的细目钢辊表面粗糙度亦应为Ra 2.47~3.53μm。鉴定报告据此认定本案第一被诉侵权人使用的细目钢辊与本案专利权利要求1记载的相应技术特征等同，并无错误。第五，一审法院已向本案第一被诉侵权人释明，该被诉侵权人不申请鉴定的内容视为与本案专利权利要求1的相应技术特征相同或者等同。本案第一被诉侵权人未申请鉴定其生产工艺中塑料熔体或者塑料膜所通过的喷砂辊的温度，理应认为其承认与本案专利权利要求1的相应特征相同。

（5）高德公司所作评估报告书依法应予采信。在一审过程中，高德公司已经委派相关评估人员出庭接受质询。本案专利的技术方案既可生产铝塑复合带，也可生产钢塑复合带，既涵盖了"流延法"，也涵盖了"热贴法"，评估报告将本案第一被诉侵权人生产的钢带、铝带、字带三种产品的销售收入均作为铝带的销售收入并无不妥。

（6）陕西省高级人民法院的再审判决判令申请再审人承担连带赔偿责任，适用法律正确。申请再审人共同给用户出具的《情况说明》证明其存在关联关系。

基于上述理由，本案专利权人认为申请再审人的再审理由不成立，请求依法驳回其再审申请。

最高人民法院于2011年8月24日作出民事裁定，决定提审本案。

最高人民法院认为，本案侵权行为发生在2008年修改的《专利法》施行之前，应适用2000年修正的《专利法》。根据申请再审人的再审理由、本案专利权人的答辩以及庭审情况，本案双方当事人争议的主要问题是：

（1）再审判决是否违反法定程序，剥夺当事人的辩论权利；

（2）使用本案专利方法生产的平滑型金属屏蔽复合带是否为新产品及本案应否适用举证责任倒置；

（3）本案被诉侵权方法是否落入权利要求1的保护范围；

（4）本案鉴定意见是否程序违法以及可否采信；

（5）本案侵权损失评估报告是否程序违法以及可否采信；

（6）陕西省高级人民法院再审判决在认定侵权成立的基础上判令申请再审人承担连带赔偿责任是否妥当。

最高人民法院对上述争议问题逐一进行了分析判断，理由如下：

（一）再审判决是否违反法定程序，剥夺当事人的辩论权利

关于施永强、吕银萍与本案第一被诉侵权人之间的红利诉讼及款项执行的事实，有施永强和吕银萍落款日期为2007年11月8日的民事起诉状两份、江苏省无锡市中级人民法院2007年9月20日上午的谈话及调解笔录两份、（2007）锡民二初字第299号民事调解书、（2007）锡民二初字第300号民事调解书、（2007）锡执字第362号执行令、（2007）锡执字第362号-1民事裁定书、（2007）锡执字第363号执行令、（2007）锡执字第363号-1民事裁定书、（2007）锡执字第363号协助执行通知书、江苏省无锡市中级人民法院2007年12月7日下午的执行笔录等材料佐证。关于本案第一被诉侵权人将一审法院查封保全的侵权证据生产设备全部转移的事实，有一审法院执行部门对周榴真、吕银萍作的《谈话笔录》以及一审法院执行部门调查时拍摄的本案第一被诉侵权人的照片等证据佐证。关于本案第一被诉侵权人股权转让和法定代表人变更的事实，系陕西省该机人民法院再审期间依职权调查获知，该法院2009年6月30日对本案进行再审开庭时，法庭笔录中并未记载对上述事实进行了查明，亦未记载对相关证据进行了质证。

尽管（2007）锡民二初字第299号民事调解书、（2007）锡民二初字第300号民事调解书属于人民法院发生法律效力的裁判，但是上述裁判文书本身并未认定施永强、吕银萍与本案第一被诉侵权人之间的红利诉讼及款项执行的事实，而是以其记载的内容来证明案件事实。就施永强、吕银萍与本案第一被诉侵权人之间的红利诉讼及款项执行的事实这一证明对象而言，（2007）锡民二初字第299号民事调解书和（2007）锡民二初字第300号民事调解书属于证明案件事实的书证。上述证据应当在法庭上出示，由当事人质证，否则不能作为认定案件事实的依据。即使对于已为人民法院发生法律效力的裁判所确认的事实，也应该在庭审中提示该裁判文书，给予当事人以答辩和提交证据予以反驳的机会。一审法院执行部门对周榴真、吕银萍作的《谈话笔录》以及一审法院执行部门调查时拍摄的无锡隆盛厂的照片、再审法院依职权调查获知的证据材料等，同样应向当事人出示，给予其质证的机会。再审法院对于上述另查明的事实所依据的证据材料，未在法庭上出示，没有给当事人发表质证意见的机会，违反法定程序。

但是，再审判决所认定的上述事实对本案判决结果并无实质影响，即使

申请再审人对于认定上述事实的证据的辩论权被剥夺，也不影响再审判决结果。因此，对于申请再审人的上述申请再审理由不予支持。

（二）使用本案专利方法生产的平滑型金属屏蔽复合带是否为新产品及本案应否适用举证责任倒置

如果一种产品制造方法专利的技术方案给采用该专利方法制造的产品带来了区别于专利申请日前同类产品的新的结构特征，则使用该专利方法制造的产品可以认定为《专利法》第五十七条第二款意义上的新产品。

根据本案专利权利要求书和说明书的记载，本案专利提供了一种新的平滑型金属屏蔽复合带产品制造方法。这种新制造方法要求塑料薄膜与金属箔带表面之间进行凹凸不平的非纯平面结合，与现有技术采用的纯平面粘合有显著区别，导致使用该专利方法制造的平滑型金属屏蔽复合带形成了区别于本案专利申请日前同类产品的结构特征。这种新的结构特征导致使用本案专利方法制造的产品在质量和性能方面与本案专利申请日前的同类产品具有明显差别。因此，可以认定利用本案专利方法制造的平滑型金属屏蔽复合带属于专利法第五十七条第二款意义上的新产品。本案一审、二审、再审判决认定采用本案专利方法所生产的平滑型金属屏蔽复合带为新产品，并无不当。

根据《专利法》第五十七条第二款的规定，适用举证责任倒置需要具备两个条件：一是使用专利方法制造的产品属于新产品，二是使用被诉侵权方法制造的产品与使用专利方法制造的产品属于相同产品。专利权人对上述两个条件应承担举证责任。当产品制造方法专利的技术方案给使用该专利方法制造的产品带来了不同于专利申请日前同类产品的新的结构特征，使之有别于已有产品时，权利人应该证明使用被诉侵权方法制造的产品具有该结构特征。

本案专利方法给产品带来了的新结构特征，即塑料薄膜与金属箔带表面之间进行凹凸不平的非纯平面结合。鉴定中心的鉴定报告以本案双方当事人产品所用的原材料相同（均包括铝箔和塑料）、产品的结构相同（均采用流延工艺在铝箔两面复合乙烯—丙烯酸共聚物或者乙烯—甲基丙烯酸共聚物）、执行标准相同（均为YD/T723.1 723.3-94）为由，认定申请再审人生产的产品与使用本案专利方法生产的产品相同。该鉴定意见是本案专利权人实际生产的产品与使用被诉侵权方法生产的产品进行对比，并非以本案专利方法为基础，将使用该专利方法生产的产品与使用被诉侵权方法生产的产品进行对比，比对对象存在错误。同时，鉴定意见未考虑本案专利方法给产品带来的新结构特征，亦未考虑利用被诉侵权方法生产的产品是否具有该结构特征，有所不当。一审判决采信上述鉴定意见，认定使用本案被诉侵权方法制造的产品与使用本案专利方法制造的产品属于相同产品，进而认定应由本案申请再审人承担其铝塑复合带生产方法不同于本案专利方法的举证责任，本案二审判决和再审判决均认同上述结论，亦有不当。

（三）被诉侵权方法是否落入本案专利权利要求1的保护范围

判断被诉侵权技术方案是否落入专利权利要求保护范围，应该将专利权利要求记载的全部技术特征与被诉侵权技术方案的全部技术特征进行一一对比。凡是记载入专利权利要求的技术特征，均应进行对比。经过对比，如果被诉侵权技术方案的技术特征与专利权利要求记载的技术特征相同或者等同，则被诉侵权技术方案落入专利权的保护范围；如果被诉侵权技术方案缺少专利权利要求记载的一个以上的技术特征，或者有一个以上技术特征不相同也不等同，则不落入专利权的保护范围。

根据本案专利权利要求1的记载，本案专利方法的技术特征是：

（1）一种平滑型金属屏蔽复合带的制作方法，是将塑料薄膜与金属箔带表面进行凹凸不平的非纯平面粘合，使复合带与光缆、电缆纵包模具或定径模具之间形成点接触，以减小摩擦力，避免电缆起包、漏气、脱膜及断带；

（2）将原金属箔带开卷伸直，进行前预热处理；

（3）将塑料熔体或塑料膜通过温度为35~80℃，直径为240~600mm，目数为40~85目的粗糙面细目钢辊，与直径为160~480mm传动金属箔带的挤压辊，相互转动，使塑料膜的表面形成0.04~0.09mm厚的凹凸不平粗糙面，热挤压在金属箔带一面的基材上；

（4）将带有塑料膜的金属箔经过导辊、弹簧辊传动，再经倒向辊翻面，对另一面金属箔进行塑料膜热挤压复合处理；

（5）将复合处理后的复合带通过运行时线速度为10~80m／min的导辊进入加热烘箱，进行后加热处理，加热温度为250~400℃；

（6）根据传动线速度，调整加热温度，使复合带的粗糙度在后工序处理过程中破坏最小，并使拉毛的塑料表面形成新的带有圆弧过渡的凹凸不平粗糙面，以加强复合带的剥离强度和塑料塑化的定型；

（7）对后加热处理过的复合带进行冷却处理并收卷。

申请再审人对其被诉侵权方法是否与本案专利方法技术特征（1）、（3）、（5）相同或者等同有异议，对其被诉侵权方法与本案专利方法的其他技术特征相同或者等同无异议。

针对有异议的技术特征，最高人民法院分析如下：

1. 被诉侵权方法塑料薄膜与金属箔带表面的结合方式是否与本案专利权利要求1记载的"将塑料薄膜与金属箔带表面进行凹凸不平的非纯平面粘合"的技术特征相同或者等同

对此,首先需要确定专利权利要求这一技术特征的含义。在确定权利要求的术语的含义时,可以运用说明书及附图、权利要求书中的相关权利要求、专利审查档案进行解释,但应注意不能把包含专利所要克服的技术缺陷的技术方案纳入权利要求的保护范围。

结合本案专利说明书的记载,已有工艺方法的缺陷是塑料薄膜与金属箔带层采用纯平面粘合,即塑料薄膜与金属箔带粘合的一面以及金属箔带的表面均为平面。为克服这一缺陷,必然要求塑料薄膜与金属箔带结合的两个表面中至少有一个表面是凹凸不平的。因此,专利权利要求1记载的"将塑料薄膜与金属箔带表面进行凹凸不平的非纯平面粘合"的技术特征应该理解为塑料薄膜与金属箔带表面粘合的方式是"凹凸不平的非纯平面粘合",即塑料薄膜与金属箔带结合的两个表面中至少有一个面是凹凸不平的。

从本案查明的事实看,申请再审人生产的铝塑复合带,其塑料膜层与铝箔带之间采用传统工艺的平面粘合,即塑料薄膜与金属箔带粘合的那一表面以及金属箔带的表面均为平面,通过传送塑料膜的钢辊与传送金属箔带的挤压辊相互挤压粘合在一起。根据本案专利说明书对现有技术缺陷的描述,由于塑料薄膜与金属箔带表面采用纯平面粘合是本案专利所要克服的技术缺陷,而被诉侵权方法采用的是塑料膜层与铝箔带平面粘合的现有技术手段,因此与权利要求1记载的"将塑料薄膜与金属箔带表面进行凹凸不平的非纯平面粘合"的这一技术特征既不相同也不等同。

鉴定意见附件1-2虽然认定被诉侵权工艺中"铝箔表面与塑料薄膜之间为传统工艺下的平面粘合",但又以本案专利权利要求1和被诉侵权方法所实现的目的相同,都是为了在复合带塑料膜表面形成凹凸不平的粗糙面为由,认为二者是"对其产品的各自表述"。该鉴定意见实际上将复合带塑料膜表面的凹凸不平粗糙表面等同于塑料薄膜与金属箔带表面粘合的一面。该鉴定意见对"将塑料薄膜与金属箔带表面进行凹凸不平的非纯平面粘合"的解释实际上造成了对这一技术特征的忽略,进而把具有专利所要克服的技术缺陷的技术方案纳入权利要求的保护范围之内,结论有误。

本案专利权人辩称,根据公知常识,没有任何物体表面是纯平面的,被诉侵权方法中塑料膜层与铝箔带之间采用传统工艺下的平面粘合与本案专利权利要求1记载的"塑料薄膜与金属箔带表面进行凹凸不平的非纯平面粘合"实质上相同。

最高人民法院认为这种解释不能成立。本案专利说明书指出，现有技术的缺陷是塑料薄膜与金属箔带表面进行纯平面粘合，这是本案专利所要克服的缺陷。如果将任何物体表面都理解为凹凸不平的非纯平面，那么现有技术中塑料薄膜与金属箔带表面的粘合也属于凹凸不平的非纯平面粘合，现有技术的缺陷就不存在了。本案专利权人的上述主张不能成立，故不予支持。

综上所述，本案一审、二审以及再审判决基于鉴定意见，认定被诉侵权方法的这一技术特征与本案专利权利要求1记载的相应技术特征相同，结论有误。申请再审人关于该项技术特征的申请再审理由成立，应予支持。

2. 被诉侵权方法传送塑料膜的钢辊温度是否与本案专利权利要求1记载的相应技术特征"35~80℃"相同或者等同

首先，关于被诉侵权人是否对此问题提出过鉴定申请。尽管本案第一被诉侵权人和第二被诉侵权人在2006年9月25日的鉴定申请中没有提出就此问题进行鉴定，但是在2006年12月25日提交一审法院的鉴定申请中已经提出将本案专利权利要求1中第（2）、（3）、（4）项载明的技术特征与被诉侵权方法中相应的特征是否相同作为鉴定内容。这一事实有同日一审法院同被诉侵权人的谈话笔录为证。传送塑料膜的钢辊温度记载在本案专利权利要求1的步骤（2）中，应当认为被诉侵权人已经对被诉侵权方法中传送塑料膜的钢辊温度与本案专利权利要求1中记载的相应技术特征是否相同或者等同提出了鉴定申请。

其次，关于被诉侵权人提交的《铝塑复合带相关生产工艺段的说明》的内容。在2006年12月25日提交一审法院的《铝塑复合带相关生产工艺段的说明》中，本案第一被诉侵权人对被诉侵权方法的相关工艺段进行了说明。该说明既涉及被诉侵权方法与本案专利权利要求1的技术方案的不同之处，也涉及其与本案专利权利要求1的技术方案的一致或者相近之处。因此，应该认为，该说明仅仅是本案第一被诉侵权人对其被诉侵权方法相关工艺的介绍和澄清，为鉴定提供参考依据，而非一一列举其与本案专利技术方案的不同之处。

最后，关于被诉侵权人提交的《铝塑复合带相关生产工艺段的说明》能否证明其自认被诉侵权方法传送塑料膜的钢辊温度与本案专利权利要求1记载的相应技术特征相同或者等同。由于该《说明》仅仅是本案第一被诉侵权人对其被诉侵权方法相关工艺的介绍和澄清，而非一一列举其与本案专利技术方案的不同之处，因此仅凭该《说明》未提及被诉侵权方法传送塑料膜的钢辊温度这一事实，不足以证明被诉侵权人自认其生产工艺中传送塑料膜的钢辊温度与本案专利权利要求1记载的相应技术特征相同或者等同。况且，被诉侵权人已经提出将本案专利权利要求1中第（2）、（3）、（4）项载明的技术特征与被诉侵权方法中相应的特征是否相同作为鉴定内容。在此情况下，鉴定中心在实地勘测时未测量被诉侵权方法中传送塑料膜的钢辊温度，而以被诉侵权人承认其钢辊温度与权利要求记载的温度相同为由，认定二者相同，缺乏事实依据，结论过于草率。

因此，本案一审、二审、再审判决以被本案第一被诉侵权人认可两者的温度相同为由，认定被诉侵权方法的该项技术特征与本案专利权利要求1记载的相应技术特征相同，缺乏事实依据。申请再审人关于本项技术特征的申请再审理由成立，应予支持。

3. 被诉侵权方法中传送塑料膜的钢辊表面结构是否与专利权利要求1记载的相应技术特征"目数为40~85目的粗糙面细目钢辊"相同或者等同

首先，需要明确本案专利权利要求1的步骤（2）中记载的"目数为40~85目的粗糙面细目钢辊"的含义。根据《粉末冶金原理》第140页对"目"的定义，习惯上以网目数（简称目）表示筛网的孔径和粉末的粒度。所谓目数是筛网1英寸长度上的网孔数。"目"这一技术术语既可以表示筛网的孔径，也可以表示粉末的粒度。如果将"目"解释为筛网的孔径，则"目数为40~85目的粗糙面细目钢辊"应该解释为该钢辊的表面每英寸具有40个到85个网孔数。如果将"目"解释为粉末的粒度，则该技术特征应该解释为该钢辊的表面经由粒度为40~85目的砂粒或者丸粒喷射处理过。根据本案专利说明书第2页关于"细目钢辊的外表毛面结构"的描述，既然细目钢辊的外表呈毛面结构，则该细目钢辊的表面应经喷砂或者喷丸形成。结合《复合材料包装》第108页关于冷却辊的表面状态"呈毛玻璃状"的记载、《电线电缆用铝塑复合带的研制》第2.2.3节关于"一般冷却辊分为光辊和毛辊两种。在复合实验过程中，采用毛辊可以减轻粘辊现象"的记载以及《塑料机械的使用与维护》关于"涂覆在基材表面的薄膜会重现冷却辊的表面状态，冷却辊表面光洁程度有镜面，半镜面，喷砂表面，还有特殊花纹表面等……半镜面，表面粗糙度Ra为0.015~0.1μm；若生产不透明薄膜，应选用喷砂表面，表面粗糙度Ra为0.05~0.1μm"的记载可知，在本案专利所属的金属屏蔽复合带加工领域，使用毛辊是一种普遍做法。因此，本领域技术人员根据本案专利权利要求书和说明书的记载，可以理解"目数为40~85目的粗糙面细目钢辊"是指利用40~85目粒度的砂粒或者丸粒喷射处理过的毛面辊。

其次，关于被诉侵权方法使用的传送塑料膜的钢辊表面结构。鉴定中心在实地勘测时未测量被诉侵权方法使用的传送塑料膜的钢辊表面结构，而是通过一系列推理步骤推导出该钢辊表面结构特征。其推理过程是：先将使用被诉侵权方法制造的铝塑复合带塑料薄膜外表面的粗糙度等同于被诉侵权方法的钢辊表面粗糙度，然后再通过钢辊的表面粗糙度推导出喷砂（丸）的目数。铝塑复合带塑料薄膜的外表面经由传送该塑料薄膜的钢辊挤压形成，因此铝塑复合带塑料薄膜外表面的粗糙度与钢辊的表面粗糙度的确存在一定的对应关系。此外，根据《抛（喷）丸、喷砂表面粗糙度比较样块国家标准介绍》等文献的记载，目数和表面粗糙度之间亦存在一定的对应关系。因此，专家组根据使用被诉侵权方法生产的铝塑复合带塑料膜层的粗糙度值Ra 2.47~3.53μm，对照《抛（喷）丸、喷砂表面粗糙度比较样块国家标准介绍》表5，换算出被诉侵权方法细目钢辊喷砂（丸）的目数为75~100目，存在一定的合理性。

最后，关于被诉侵权方法细目钢辊喷砂（丸）的目数与专利权利要求1记载的相应技术特征是否相同或者等同。被诉侵权方法采用的细目钢辊喷砂（丸）的目数为75~100目，专利权利要求1记载的相应技术特征为"目数为40~85目的粗糙面细目钢辊"，二者存在重合部分。同时，由于在对细目钢辊进行喷砂（丸）处理时，所用砂（丸）的粒径不可能完全均匀统一，一般控制在一定数值范围内即可。从《抛喷丸、喷砂表面粗糙度比较样块国家标准介绍》表5可以看出，当砂（丸）的粒径控制在一定数值范围内，且其他工艺条件保持不变的情况下，砂（丸）粒径的小幅波动对于经喷砂（丸）处理的金属表面粗糙度的变化影响较小。因此，尽管与专利权利要求1记载的相应技术特征的数值范围相比，被诉侵权方法细目钢辊喷砂（丸）的目数稍有超出，但是这种超出并未对经喷砂（丸）处理的金属表面粗糙度的变化造成显著影响。二者以基本相同的手段，完成基本相同的功能，实现的效果也基本相同，本领域普通技术人员非经创造性劳动即可联想到。因此，被诉侵权方法细目钢辊喷砂（丸）的目数与本案专利权利要求1记载的相应技术特征构成等同。

综上，鉴定意见认定被诉侵权方法细目钢辊喷砂（丸）的目数与专利权利要求1记载的相应技术特征构成等同，一审、二审及再审法院采信该结论并无明显不当。但应指出的是，喷砂（丸）目数和表面粗糙度之间的对应关系要受到一系列因素如喷丸空气压力、抛丸器叶轮转速、弹丸材质、工件材质等的影响，利用表面粗糙度推导喷砂（丸）的目数难免存在一定误差。不过，这种误差对于喷砂（丸）目数的测定而言仍属合理范围，是可以接受的。此外，鉴定结论在认定被诉侵权方法细目钢辊喷砂（丸）的目数与本案的专利权利要求1记载的相应技术特征构成等同时，并未给出充分的分析和说理，结论草率，有失严谨。

4. 关于被诉侵权方法所使用的塑料膜表面凹凸不平粗糙面的厚度与权利要求1记载的相应技术特征"使塑料膜的表面形成0.04~0.09mm厚的凹凸不平粗糙面"是否等同

鉴定意见认为,权利要求1记载的"使塑料膜的表面形成0.04~0.09mm厚的凹凸不平粗糙面"应当解释为塑料膜本身的厚度,因为专利说明书实施例记载的0.04mm、0.09mm和0.07mm均为塑料膜的厚度,与本案第一和第二被诉侵权人使用的塑料膜表面粗糙度Ra 1.8μm~5μm(实测为Ra 2.47μm~3.53μm)没有可比性,因为本案第一和第二被诉侵权人使用的塑料膜的厚度为0.055mm~0.070mm,故二者等同。对于该项技术特征的比较,分析评判如下:

(1)关于权利要求1记载的"使塑料膜的表面形成0.04~0.09mm厚的凹凸不平粗糙面"的含义。

该技术特征含义的解释涉及其用语与本领域通常用语的关系、其与本案专利说明书实施例中提及的塑料膜的厚度的关系、专利权人在无效宣告过程中的陈述、权利要求解释的界限等问题。

第一,权利要求1记载的"使塑料膜的表面形成0.04~0.09mm厚的凹凸不平粗糙面"的用语与本领域通常用语的关系。专利申请文件的撰写人是专利申请文件用语的创作者,他可以选择本领域的通常用语,也可以根据实际需要创造自己认为合适的用语。确定专利申请文件撰写人创造的用语的含义,应该从本领域技术人员的角度出发,结合本领域技术人员在阅读权利要求书、说明书和附图后所理解的特殊含义进行,而不能简单地以该术语不属于本领域的通常用语为由,以本领域的通常用语取代专利撰写人的特殊用语。就"使塑料膜的表面形成0.04~0.09mm厚的凹凸不平粗糙面"这一用语而言,本领域普通技术人员可以理解其含义是指塑料膜表面凹凸不平粗糙面的厚度为0.04~0.09mm,即塑料膜表面形成0.04~0.09mm(40μm~90μm)的凹凸落差表面结构,这一含义是清楚、确定的。本案专利权人以本领域不存在"塑料薄膜表面凹凸不平粗糙面厚度"的说法为由,否定其在权利要求中所采用的特殊用语的含义,依据不足。

第二,权利要求1记载的"使塑料膜的表面形成0.04~0.09mm厚的凹凸不平粗糙面"与本案专利说明书实施例中提及的塑料膜厚度的关系。解释权利要求中术语的含义时,根据文本解释的一般原则,应当认为权利要求中使用的同一术语具有相同含义,不同术语具有不同含义;权利要求中的每一个术语均有其独立意义,不得解释为多余。其理由在于,专利申请文件的撰写者既然有意选择不同术语或者有意使用该术语,则表示该术语应有其不同含义或者独立含义，除非说明书对此给出了明确的和相反的指示。当然，上述原则只是一种指引而非一成不变的规则。在解释权利要求用语的含义时，需要结合本领域技术人员在阅读权利要求书、说明书和附图后的通常理解进行。本案专利权利要求1使用了"使塑料膜的表面形成0.04~0.09mm厚的凹凸不平粗糙面"的表述，这一表述强调了塑料膜表面凹凸落差的表面结构及其数值，与实施例中采用的"塑料薄膜厚度"的说法存在区别，在说明书未给出进一步的解释和说明的情况下，应该认为两者具有不同含义。此外，如果将"使塑料膜的表面形成0.04~0.09mm厚的凹凸不平粗糙面"的表述解释为"塑料膜的厚度为0.04~0.09mm"，则该表述中的"表面"以及"粗糙面"等用语实际上成为多余。

第三，专利权人在本案专利无效宣告过程中的陈述。在本案专利的无效宣告程序中，本案第一被诉侵权人主张，根据本案专利所记载的工艺流程，即以40~85目的粗糙面细目钢辊与挤压辊相互转动，在满足把塑料膜或塑料熔体粘压在一起，且使塑料膜保持在0.04~0.09mm厚度情况下，无法实现金属箔带与塑料薄膜表面凹凸不平的非纯平面粘合的技术目的，以此主张本案专利不具备实用性。对此，本案专利权人在陈述意见时明确否定本案专利说明书中有"塑料膜保持在0.04~0.09mm的厚度"的记载，表明在无效宣告程序中其自身也不认为"使塑料膜的表面形成0.04~0.09mm厚的凹凸不平粗糙面"是指"塑料膜厚度为0.04~0.09mm"。

第四，权利要求解释的界限。根据《专利法》第五十六条的规定，发明或者实用新型专利权的保护范围以其权利要求的内容为准，说明书及附图可以用于解释权利要求。因此，权利要求内容的确定应当根据权利要求的记载，结合本领域普通技术人员阅读说明书及附图后对权利要求的理解进行。但是，当本领域普通技术人员对权利要求相关表述的含义可以清楚确定，且说明书又未对权利要求的术语含义作特别界定时，应当以本领域普通技术人员对权利要求自身内容的理解为准，而不应当以说明书记载的内容否定权利要求的记载，从而达到实质上修改权利要求的结果，使专利侵权诉讼程序对权利要求的解释成为专利权人额外获得修改权利要求的机会。否则，权利要求对专利保护范围的公示和划界作用就会受到损害，专利权人因此不当获得了权利要求本不应该涵盖的保护范围。当然，如果本领域技术人员阅读说明书及附图后可以立即获知权利要求采用的特定用语存在明显错误，并能够根据说明书和附图的相应记载明确、直接、毫无疑义地修正权利要求的该特定用语的含义，则可以根据说明书或附图修正权利要求用语的明显错误。本案专利权利要求的用语并不属于存在明显错误的情形。本案专利权利要求1记载的"使塑料膜的表面形成0.04~0.09mm厚的凹凸不平粗糙面"的含义是清楚、完整的，是指塑料膜表面凹凸不平粗糙面的厚度为0.04~0.09mm。本案专利说明书对于技术方案的描述过于简单，既未对"使塑料膜的表面形成0.04~0.09mm厚的凹凸不平粗糙面"进行详细说明，又未对塑料膜厚度的含义进行限定和解释，仅仅在实施例中提及了塑料膜的厚度分别为0.04mm、0.09mm和0.07mm。在此情况下，本领域普通技术人员在阅读权利要求书和说明书之后，难以形成权利要求1中"使塑料膜的表面形成0.04~0.09mm厚的凹凸不平粗糙面"这一表述实际上应为"塑料膜厚度为0.04~0.09mm"的认识。虽然"使塑料膜的表面形成0.04~0.09mm厚的凹凸不平粗糙面"这一表述中"0.04~0.09mm"的数值范围与实施例中塑料膜厚度数值之间较为接近并存在重叠，但是简单地以此为由认为该表述存在明显错误，并进而将塑料膜表面凹凸不平粗糙面的厚度修正为塑料膜的厚度，依据不足。因此，本案专利权利要求1中"使塑料膜的表面形成0.04~0.09mm厚的凹凸不平粗糙面"，其含义是指塑料膜表面凹凸不平粗糙面的厚度为0.04~0.09mm，即塑料膜表面形成0.04~0.09mm（40μm~90μm）的凹凸落差表面结构，而非塑料膜的厚度为0.04~0.09mm。

（2）被诉侵权方法中塑料膜表面粗糙度与权利要求1记载的"使塑料膜的表面形成0.04~0.09mm厚的凹凸不平粗糙面"是否构成相同或者等同

根据《表面粗糙度、术语、表面及其参数》（GB3505-83）的记载，表面粗糙度是指加工表面上具有的较小间距和峰谷所组成的微观几何形状特性，通常以取样长度内轮廓峰高绝对值的平均值与轮廓峰谷绝对值的平均值之和表示。本案被诉侵权人使用的塑料膜表面粗糙度为Ra 1.8~5μm（实测为Ra 2.47~3.53μm）。这与本案专利权利要求1所要求的塑料膜表面形成0.04~0.09mm（40~90μm）的凹凸落差表面结构相差很大，与本案专利方法既不相同，也难以认定等同。

综上，鉴定意见对"使塑料膜的表面形成0.04~0.09mm厚的凹凸不平粗糙面"这一技术特征的解释错误，在此基础上认为被诉侵权方法的相应技术特征与该项技术特征构成相同或等同，结论有误。一审、二审及再审判决对此予以采信，结论亦有误。申请再审人关于本项技术特征的申请再审理由成立，应予支持。

5. 被诉侵权方法生产铝塑复合带的线速度和后加热处理温度与专利权利要求1分别记载的相应技术特征"10m~80m／min"和"250~400℃"是否等同

本案鉴定中心在实地勘测时对被诉侵权方法生产铝塑复合带的线速度进行了勘测，其现场生产速度为8m／min，后处理温度为184℃（生产仪表显示195℃）。经检测，在这种工艺条件下生产出的复合带的剥离强度未达到行业标准。相反，一审法院保全的本案被诉侵权人的《流延复合铝带生产工艺流程单》记录的线速度是"29m／min"，且其记载该生产条件下的产品合格。

《流延复合铝带生产工艺流程单》记录的线速度是本案第一被诉侵权人生产铝塑复合带的原始记录，反应了其正常情况下的生产工艺参数，真实可信。在此情况下，鉴定意见不以实地勘测的线速度作为比较依据，而以《流延复合铝带生产工艺流程单》记录的线速度为比较依据，并进而认定被诉侵权方法生产铝塑复合带的线速度落入本案专利权利要求1的相应技术特征"10~80m／min"的范围之内，并无不当。

在保证铝塑复合带质量的前提下，生产铝塑复合带的线速度与后加热处理温度存在密切关联。提高线速度，后加热处理温度应有相应提高。由于被诉侵权方法正常生产铝复合带的线速度29 m／min比实地勘测时的线速度8m／min有相当大的提高，根据科学经验和常识，被诉侵权方法正常生产时的后加热温度亦应比实地勘测时的现场后加热温度有相应提高。所以，鉴定意见不以现场测试的后加热温度184℃为比较依据，而是根据科学经验和常识，推断线速度在29 m／min的情况下其后加热温度要有相应提高，并进而认为被诉侵权方法的后加热温度与本案专利权利要求1记载的后加热温度等同，具有合理性。

因此，生产铝塑复合带的线速度与本案专利权利要求1记载的相应技术特征构成相同，被诉侵权方法生产铝塑复合带的后加热处理温度与专利权利要求1记载的相应技术特征构成等同，申请再审人关于上述两项技术特征既不相同也不等同的再审理由不能成立。

综上，被诉侵权方法技术方案中塑料薄膜与金属箔带表面的结合方式与本案专利权利要求1记载的"将塑料薄膜与金属箔带表面进行凹凸不平的非纯平面黏合"的技术特征既不构成相同，也不构成等同；被诉侵权方法技术方案中塑料膜表面凹凸不平粗糙面的厚度与本案专利权利要求1记载的相应技术特征"使塑料膜的表面形成0.04~0.09 mm厚的凹凸不平粗糙面"既不构成相同，也不构成等同；鉴定意见认定该上述两项技术特征相同或者等同结论有误；认定被诉侵权方法中传送塑料膜的钢辊的温度与专利权利要求1记载的相应技术特征"35~80℃"构成相同缺乏事实依据。

由于被诉侵权方法技术方案有一项以上的技术特征与本案专利权利要求1的相应技术特征既不相同也不等同，被诉侵权方法技术方案没有落入本案专利权利要求1的保护范围。一、二审判决及再审判决认定被诉侵权方法技术方案落入专利权利要求1的保护范围结论有误。

(四)本案鉴定意见是否程序违法以及可否采信

申请再审人提出,鉴定人王振岳、宋志佗和侯在杰应该回避而未回避,鉴定复议程序中更换的刘月娥、聂孟民、张广成三位鉴定人未进行事先告知,鉴定程序违法,不应采信。对此,最高人民法院分析如下:

1. 鉴定人王振岳和宋志佗是否应当回避

首先,王振岳是北京邮电大学的高级工程师,其与本案专利权人的法定代表人杭涛曾共同发表《通讯光缆电缆用金属塑料复合带的实验研究与分析》一文,且杭涛曾向北京邮电大学自动化学院教育基金捐款5 000元。上述事实表明,本案专利权人的法定代表人杭涛与鉴定人王振岳存在相对密切的联系。

其次,宋志佗是北京通和实益电信科学技术研究所有限公司的工作人员,其所在公司与上海网讯公司共同参与起草了有关通信行业标准的制定。本案专利权人的法定代表人杭涛和该公司副总经理王占财均为上海网讯公司的股东,且杭涛还是该公司的总经理。由此可以推知,宋志佗与本案专利权人的主要管理人员较为熟悉。

最后,本案鉴定中心选择的上述两名外省专家其均与本案专利权人存在一定的关系,有可能影响鉴定意见的客观性和公正性。因此,鉴定人王振岳和宋志佗应该回避。

一审、二审以及再审判决以本案第一和第二被诉侵权人得知王振岳、宋志佗参加鉴定专家组时未提出回避申请,不能证明该两位鉴定人与本案专利权人有法律意义的利害关系等为由,认定王振岳、宋志佗不属于回避范围,适用法律错误。申请再审人的相应申请再审理由成立,应予支持。

2. 鉴定人侯在杰是否应当回避

2007年4月13日,鉴定中心的法定代表人、鉴定人侯在杰参加由陕西省法学会科技法学研究会主办,西安交通大学知识产权研究中心和本案专利权人共同承办的研讨会,侯在杰与本案专利权人的法定代表人杭涛在会上分别进行了发言。侯在杰参会系受西安市科技局的指派,本案专利权人的法定代表人杭涛系陕西省法学会科技法学研究会会员,并系该次研讨会承办单位之一,二人共同参加研讨会具有合理理由。而且,仅凭鉴定人侯在杰与本案专利权人的法定代表人杭涛共同参加由西安秦邦公司共同承办的研讨会这一事实并不足以证明侯在杰与本案专利权人存在一定的利害关系,也不足以证明可能影响本案鉴定意见的客观性和公正性。申请再审人仅以此为由主张鉴定人侯在杰应当回避依据不足,不予支持。

3. 鉴定复议程序中更换的刘月娥、聂孟民、张广成三位鉴定人是否存在程序违法

本案鉴定复议程序中，鉴定中心更换了刘月娥、聂孟民、张广成三位鉴定人，但并未事先告知本案被诉侵权人，程序上确实存在一定瑕疵。但是，本案被诉侵权人并无证据证明该三位鉴定人不具备相应的鉴定资格条件或者与本案具有某种关系并可能影响复议意见的客观性和公正性。申请再审人仅以鉴定复议程序的上述瑕疵为由，主张本案鉴定意见不应采信，依据不足，本院不予支持。

综上，由于本案鉴定人王振岳和宋志佗应当回避而未予回避，可能影响本案鉴定意见的客观性和公正性。而且，前述对本案鉴定意见的分析已经表明，本案鉴定意见在权利要求1相关技术特征含义的解释及技术特征对比中存在错误。因此，本案鉴定意见不应采信。一审、二审以及再审判决采信鉴定意见的结论并在此基础上作出判决，结论错误，应予纠正。申请再审人的部分申请再审理由成立，应予支持。

（五）本案侵权损失评估报告是否程序违法以及结论可否采信

1. 本案侵权损失评估报告是否程序违法

本案中，高德公司出具的侵权损失评估报告由该公司注册资产评估师冯武和闫国强作出。虽然该两位评估师并未出庭接受质询，但在2007年12月26日一审法院庭审过程中，高德公司已经委派该公司另外两位工作人员出庭接受质询，并当庭对本案双方当事人提出的质疑和问题进行了解释和说明。因此，申请再审人关于本案侵权损失评估报告未进行充分有效质证，相关评估人员未出庭接受质询的主张依据不足，本院不予支持。

2. 本案侵权损失评估报告的结论可否采信

首先，关于本案侵权损失评估报告确认侵权收入所依据的产品类别。从高德公司出具的侵权损失评估报告来看，本案第一被诉侵权人生产、销售的产品中确实包括钢带、铝带、字带等不同类别产品，但是本案侵权损失评估报告明确指出，其系根据本案专利权人提供的有关侵权产品类别，依据本案第一被诉侵权人提供凭证中发票品名为铝带、铝塑复合带的收入确认侵权收入。因此，本案侵权损失评估报告仅以本案第一被诉侵权人销售的铝带、铝塑复合带的收入确认侵权收入，并未包含所谓的钢带和字带的收入。申请再审人关于该评估报告书将钢带、铝带、字带三种产品的销售收入均作为铝带的销售收入的主张与事实不符，故不予支持。

其次，关于本案侵权损失评估报告确认侵权收入所依据的生产方法。本案中，申请再审人未提供充分证据证明其生产方法中既有"流延法"，又有"热贴法"，本案侵权损失评估报告未区分上述两种方法，而将全部的铝带和铝塑复合带的收入作为确认侵权收入的基础并无不当。申请再审人的相应申请再审理由不能成立。但应说明的是由于本案被诉侵权方法未落入专利保护范围，因此本案侵权损失评估报告已经失去法律基础。

（六）再审判决在认定侵权成立的基础上判令二申请再审人承担连带赔偿责任是否妥当

二申请再审人于2002年11月28日共同给用户出具的《情况说明》表明，本案第二被诉侵权人不仅由第一被诉侵权人设立，还全权代理后者的一切业务，二者之间存在密切的关联关系。其中第一被诉侵权人负责生产，第二被诉侵权人负责销售，两者共同实施了本案被诉侵权行为。一审、二审以及再审判决在认定本案被诉侵权方法落入专利保护范围、二申请再审人的行为构成侵犯本案专利权的基础上，判令其承担连带赔偿责任并无不当。申请再审人的相应申请再审理由不能成立。但是，鉴于本案被诉侵权方法未落入专利保护范围，二申请再审人的行为不构成侵犯本案专利权，一审、二审以及再审判决判令二申请再审人承担连带赔偿责任已经失去法律基础，应一并予以纠正。

基于上述理由，最高人民法院认定：申请再审人关于本案举证责任分配错误、被诉侵权方法未落入专利权利要求1的保护范围、鉴定意见程序违法等申请再审理由成立；本案被诉侵权方法技术方案有一项以上的技术特征与本案专利权利要求1的相应技术特征既不相同又不构成等同，因此被诉侵权方法未落入专利权利要求1的保护范围；本案第一和第二被诉侵权人制造并出售其铝塑复合带产品的行为不构成侵犯本案专利权的再因为，第三被诉侵权人使用第一和第二被诉侵权人生产的铝塑复合带产品的行为亦不构成侵犯本案专利权的行为；一审、二审以及再审判决认定被诉侵权方法落入本案专利权保护范围，本案第一和第二被诉侵权人生产、销售行为铝塑复合带产品的行为构成侵犯本案专利权的行为，第三被诉侵权人使用第一和第二被诉侵权人生产的铝塑复合带产品的行为构成侵犯本案专利权的行为，缺乏证据证明，适用法律错误，应予纠正。

据此，最高人民法院判决撤销陕西省高级人民法院作出的本案再审判决和二审判决以及西安市中级人民法院作出的一审；驳回本案专利权人的诉讼请求。

七、评析

本案涉及诸多事实和法律问题，西安市中级人民法院的一审判决、陕西省高级人民法院的二审判决、陕西省高级人民法院的再审判决以及最高人民法院的再审判决篇幅都相当长，总计达数十页之多，这在我国还是很少见的。鉴于最高人民法院再审判决最终认定本案专利侵权指控不成立，为了简明起见，介绍中省略了一审和二审判决关于赔偿数额和连带责任的论述。

（一）关于专利侵权诉讼中的鉴定问题

由于发明和实用新型专利侵权纠纷常常涉及较为复杂的技术问题，加之我国审理专利侵权纠纷案件的中级人民法院和高级人民法院的法官一般不具有高等院校理工科学历，因此在审理过程中常常会遭遇技术困难。在此情况下，法院经常采取委托有关鉴定机构对涉案技术问题进行鉴定的做法，在我国建立专利制度的初期尤其如此。

在委托鉴定的情况下，鉴定结论常常对法院的审判产生较大影响，因而经常导致当事人对其产生争议，本案就是一个相当典型的例子。对此，存在一些值得讨论的问题。

1.《民事诉讼法》有关规定的变化

2013年修改前的《民事诉讼法》第七十二条规定：

> 人民法院对专门性问题认为需要鉴定的，应当交由法定鉴定部门鉴定；没有法定鉴定部门的，由人民法院指定的鉴定部门鉴定。
>
> 鉴定部门及其指定的鉴定人有权了解进行鉴定所需要的案件材料，必要时可以询问当事人、证人。
>
> 鉴定部门和鉴定人应当提出书面鉴定结论，在鉴定书上签名或者盖章。鉴定人鉴定的，应当由鉴定人所在单位加盖印章，证明鉴定人身份。

2013年修改的《民事诉讼法》对上述规定作了重要调整，修改后的第七十六条规定：

> 当事人可以就查明事实的专门性问题向人民法院申请鉴定。当事人申请鉴定的，由双方当事人协商确定具备资格的鉴定人；协商不成的，由人民法院指定。
>
> 当事人未申请鉴定，人民法院对专门性问题认为需要鉴定的，应当委托具备资格的鉴定人进行鉴定。

第七十七条规定：

鉴定人有权了解进行鉴定所需要的案件材料，必要时可以询问当事人、证人。鉴定人应当提出书面鉴定意见，在鉴定书上签名或者盖章

第七十八条规定：

当事人对鉴定意见有异议或者人民法院认为鉴定人有必要出庭的，鉴定人应当出庭作证。经人民法院通知，鉴定人拒不出庭作证的，鉴定意见不得作为认定事实的根据；支付鉴定费用的当事人可以要求返还鉴定费用。

第七十九条规定：

当事人可以申请人民法院通知有专门知识的人出庭，就鉴定人作出的鉴定意见或者专业问题提出意见。

《民事诉讼法》的上述修改带来的变化包括：

第一，将鉴定主体定改为"鉴定人"，不再提及"鉴定部门"；鉴定意见由鉴定人签名或者盖章，不再要求由鉴定人所在单位加盖印章；需要鉴定时，由当事人协商确定鉴定人或者由法院委托鉴定人，不再需要由鉴定机构"指定"鉴定人。这些修改清楚表明修改后的《民事诉讼法》突出了鉴定主体的个人属性，否定了鉴定机构作为一个"部门"参与民事诉讼的必要性。

第二，将鉴定结果定性为"鉴定意见"，而不再是"鉴定结论"。这表明鉴定结果只是一种意见，与当事人陈述的意见相比没有本质性不同，不能将其当作一种"结论"。根据修改后的第七十八条的规定，鉴定意见只能作为认定事实的根据，因此鉴定意见不应涉及法律适用问题。

第三，在是否需要鉴定的问题上突出了当事人的支配作用，当事人未提出鉴定申请的，只有当法院认为有必要时才能由法院委托进行鉴定。值得注意的是将修改前的"交由鉴定部门鉴定"改为"委托鉴定人进行鉴定"，这表明即使进行了鉴定，对涉案"专门化问题"的事实认定也并非仅由鉴定意见说了算。

第四，赋予当事人对鉴定意见提出质疑意见以及申请另请有专门知识的人出庭对鉴定意见提出意见的权利，进一步完善了对鉴定意见的监督措施。

修改后的《民事诉讼法》的上述规定对规范鉴定行为、保障法院审理结果公正公平、防止鉴定程序的滥用具有十分突出的意义，对专利侵权纠纷案件的审理尤其如此。

尽管本案属于应当适用修改之前的《民事诉讼法》的民事诉讼案件，但是今后即使针对这类案件采取鉴定措施也应充分考虑修改后的《民事诉讼法》的上述规定，因为这些修改具有澄清和补充性质，其目在于保障当事人的合法权益而不是限制当事人的权利。

2. 鉴定的进行方式

何谓《民事诉讼法》所述的"查明事实的专门化问题"？这是进行鉴定的关键性问题之一。

本案专利的说明书和权利要求书采用了一些专业术语，例如复合带、乙稀-丙稀酸共聚物塑料颗粒、粗糙面细目钢棍、挤压辊、导辊、弹簧辊、线速度、塑料膜的凸凹不平粗糙面等。其中多数技术术语实际上都不难理解，并不需要高深的科技学识；只有钢辊表面粗糙度以及塑料膜表面粗糙度涉及比较专门化的技术概念。

首先，通过查阅有关专业技术手册或者国家标准就可以获知这两个技术概念的含义，这在搜索引擎已经相当完备的网络时代是很容易做到的事情；其次，本案专利权人和被诉侵权人都是制造所属领域有关产品的专门厂家，自然熟知上述两个技术概念的含义，只要充分发挥当事人的技术专长，就不至于遇到不可逾越的困难。因此，即使对上述两个较为专门化的技术概念，也并非一定要经过鉴定才能明了其含义。

本案专利权利要求1采用了一些技术参数，例如：钢辊的温度为35~80℃，钢辊的粗糙面为40~85目，钢辊直径为240~600mm，塑料膜的0.04~0.09mm厚的凹凸不平粗糙面，导辊的线速度为10~80m/min，后加热处理温度为250~400℃等。被诉侵权人的生产工艺参数是否落入本案专利权利要求1给出的参数范围不是通过简单观察就能确定的，需要采用专用测试仪器才能测出。因此，对某些参数可能需要通过鉴定才能确定。然而需要指出的是，并非所有技术参数都需要通过鉴定来确定，当事人能够举证证明且无争议的，法院可以直接采信，无需再作鉴定。

修改后的《民事诉讼法》第七十六条规定"当事人可以就查明事实的专门性问题向人民法院申请鉴定"，既然鉴定程序系由当事人申请而启动，因此当事人不仅有申请鉴定的权利，也有申请就哪些"专门化问题"进行鉴定的权利。当事人就此达成一致意见的，应当仅针对当事人协商确定的"专门化问题"进行鉴定；当事人存在分歧的，应当由法院根据实际需要确定需要对哪些"专门化问题"进行鉴定，并非只要当事人申请进行鉴定或者法院认定需要进行鉴定，就意味着必须对专利权利要求记载的所有技术特征统统进行鉴定。

如陕西省高级人民法院的再审判决所述，在本案一审程序中，在本案专利权人提出鉴定申请之后，被诉侵权人也提出了鉴定申请，其申请的鉴定范围是：

> 就被诉侵权人将塑料复合在金属箔带上时，在塑料膜的表面所形成的凹凸

不平的粗糙面的数值情况进行鉴定，看其是否与本案专利权利要求1中（2）所载明的必要技术特征相同；或者就被诉侵权人生产的铝塑复合带产品的塑料膜与金属箔带表面的黏合情况进行鉴定，看是否与专利权利要求1中所述的"塑料膜与金属箔带表面进行凹凸不平的非纯平面黏合"这一技术特征相同。

针对被诉侵权人提出的上述鉴定申请，一审法院释明：

> 如果被告仅就其鉴定申请书内容所要求的两点请求进行鉴定，我们将视为被告生产该产品的方法除此两点外，与原告专利的必要技术特征相同或等同。

由于本案被诉侵权人随后仍然坚持只对本案专利权利要求1中（2）、（3）、（4）记载的技术特征与被诉侵权人生产方法的相应技术特征是否相同或者等同进行鉴定，一审判决认定被诉侵权人的生产方法与本案专利权利要求1中（1）、（5）、（6）记载的技术特征相同，其理由就在于被诉侵权人对这些技术特征放弃了鉴定，因此认为无需进行事实调查和分析对比即可径直推定被诉侵权人的生产方法采用了本案专利权利要求中（1）、（5）、（6）记载的技术特征。这种推定难以令人信服，正如最高人民法院的再审判决所述：

> 在此情况下，鉴定中心在实地勘测时未测量被诉侵权方法中传送塑料膜的钢辊温度，而以被诉侵权人承认其钢辊温度与权利要求记载的温度相同为由，认定二者相同，缺乏事实依据，结论过于草率。

鉴定人对需要鉴定的"专门化问题"应当提供何种类型的鉴定意见，这也是关于鉴定的重要问题。

具体到本案，鉴定人只需提供有关数据，证明被诉侵权人的生产方法中采用的钢辊的温度、直径、线速度和表面粗糙度，塑料膜的表面粗糙度等事实即可。至于被诉侵权人的生产方法是否落入专利权的保护范围，其生产方法的技术特征是否与权利要求记载的相应技术特征相同或者等同，都属于《专利法》意义上具有特定含义的法律问题，不应也无需由鉴定人发表意见。委托鉴定人对这些法律问题进行鉴定，其结果无异于由鉴定机构代替法院进行审理，这有违于我国根本的司法制度。

（二）关于本案的有关事实认定问题

从本案的审理情况来看，权利要求1记载的"使塑料膜的表面形成0.04~0.09mm厚的凹凸不平粗糙面"这一技术特征是本案事实认定的争议焦点所在。

下面谈谈笔者对这一争议的看法。

本案专利技术涉及两种物体的表面粗糙度：一是钢辊的表面粗糙度，二是塑料膜的表面粗糙度。单纯从物理意义上看，上述两种粗糙度没有什么实质性不同，都是指物体表面的粗糙程度。但是，相关技术行业因为传统习惯的原因，对上述两种粗糙度采用了不同的计量单位，对前者采用"目数"来表述；对后者采用"Ra"来表述。根据有关技术标准和技术资料，这两种计量单位存在关联和对应关系。

首先，"目数"是外来技术术语"mesh number"的意译，其含义是指筛网的网眼大小，翻译后所采用的"目"字的含义与我国成语"纲举目张"中的"目"字相同。筛网的"目数"，是指该筛网在每英寸长度上的网眼数目。由此可知，筛网目数越大，该筛网的网眼就越小，筛网也就越密。其次，目数在传统上又被用来表示颗粒状物体的粒度。砂丸的"目数"是指在每一英寸的长度上可以并列的砂丸数目，之所以采用目数来表示砂丸的粒度不外乎是指该目数的砂丸可以通过具有相同目数的筛网。由此可知，砂丸目数越大，该砂丸就越小。再者，工业轧机通常采用钢辊进行轧制，为了达到某些预期效果有些钢辊需要采用经拉毛的粗糙表面，拉毛后的表面结构类似于毛玻璃的表面结构，通常采用喷射砂丸（或者砂粒）、钢丸（或者钢粒）的方式对钢辊表面进行处理而形成，使之由光滑表面变成粗糙表面。钢辊的粗糙面目数是指采用该数目的砂丸或者钢丸对钢辊表面进行喷射处理后形成的钢辊表面粗糙度。由此可知，粗糙面钢辊表面的目数越大，其表面粗糙度就越小。

Ra的学术名称是"轮廓的算术平均偏差"，其具体含义如下：

上面计算公式中的轮廓偏距yi是指在测量方向上某一轮廓峰点或者谷点与基准线之间的距离，该计算公式表明Ra是各峰值绝对值的平均值。Ra为世界各国目前所普遍采用，其概念比较直观，所需进行的运算比较简单，可以采用轮廓仪直接读出被测物体的表面粗糙值，所以在GB1031-83等国家标准中规定优先采用Ra作为表面粗糙度的计量参数。❶

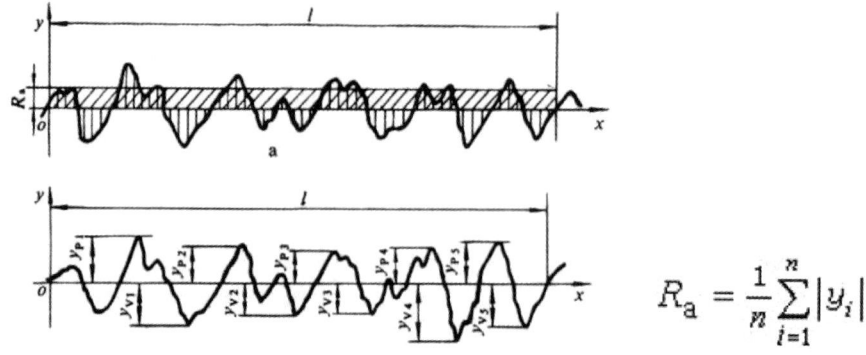

$$R_a = \frac{1}{n}\sum_{i=1}^{n}|y_i|$$

---

❶ GB/T 1031—2009《产品几何技术范（GPS）表面结构轮廓法表面粗糙度参数及其数值》介绍。

本案中，在分析对比被诉侵权方法和本案专利方法时，被诉侵权方法和本案专利方法各存在一个有疑难的问题。

对被诉侵权方法而言，在判断被诉侵权方法是否采用了本案专利权利要求1的（1）记载的"40~85目的粗糙面细目钢辊"这一技术特征时，鉴定人并未直接测量被诉侵权人所采用钢辊的表面粗糙度，而是将被诉侵权人生产的复合带样品送西安航空发动机集团有限公司计量测试所进行测量，测得其铝塑复合带塑料膜表面的粗糙度为Ra 2.47~3.53μm。由此带来的问题在于：如何将测得的塑料膜表面的粗糙度Ra值与钢辊表面粗糙度目数值挂起钩来。

对此，鉴定人采用了由塑料膜表面的粗糙度Ra值倒推被诉侵权人采用的钢辊表面粗糙度目数值的判断方式，其推定逻辑是：第一，有权威文献记载，当喷砂形成的钢辊表面粗糙度平均值为Ra 3.418μm时，砂丸目数应为75~100目；第二，本案被诉侵权人承认其细目钢辊的粗糙表面系经喷砂加工形成；第三，细目钢辊的表面粗糙度决定了由其轧制而成的塑料膜的表面粗糙度。采用上述推定逻辑，在测定被诉侵权人生产的铝塑复合带的塑料膜表面粗糙度为Ra 2.47~3.53μm的情况下，鉴定人反推被诉侵权人采用的钢辊目数为75~100目，进而认定这一数值落入了专利权利要求1记载的40~85目数值范围，构成等同技术特征。

应当认为这种推理并非直接查证，存在一定的不确定因素。既然进行了鉴定，为什么不直接鉴定被诉侵权人采用的钢辊目数，而要采取这种曲里拐弯的反推方式？估计其原因是从被诉侵权人的生产线拆下钢辊送审对被诉侵权人影响过大，无法做到，不得已而为之。最高人民法院作出的再审判决承认上述反推"存在一定的合理性"，接受其推理结论，支持本案专利权人关于被诉侵权方法采用的细目钢辊喷砂目数与专利权利要求1记载的相应技术特征构成等同的主张。

对本案专利方法而言，权利要求1记载了"使塑料膜的表面形成0.04~0.09mm厚的凹凸不平粗糙面"这一技术特征。由此带来的问题在于：该技术特征的含义是什么？是指整个塑料膜的厚度，还是仅指塑料膜的凹凸不平部分的落差？对此，本案双方当事人有很大分歧，各法院的观点也不相同。

本案专利权人在最高人民法院再审期间提出了如下争辩意见：

> 由本案专利说明书实施例可知，专利权利要求1记载的"使塑料膜的表面形成0.04~0.09mm厚的凹凸不平粗糙面"，是指塑料膜的厚度，而非塑料膜表面凹凸不平粗糙面的厚度，本领域不存在"塑料薄膜表面凹凸不平粗糙面厚度"的说法。

本案专利权人的上述主张得到了本案一审判决、二审判决和陕西省高级人民法院再审判决的认同和支持。然而，最高人民法院不支持这一主张，认为按照本案专利权利要求1的文字表述，其含义是指塑料膜表面凹凸不平粗糙面的厚度为0.04~0.09mm，即塑料膜表面形成了0.04~0.09mm的凹凸落差表面结构。最高人民法院得出上述结论的理由在于：

> 本案专利权利要求1使用了"使塑料膜的表面形成0.04~0.09mm厚的凹凸不平粗糙面"的表述，这一表述强调了塑料膜表面凹凸落差的表面结构及其数值，与实施例中所使用的塑料薄膜厚度的说法存在区别，在说明书未给出进一步的解释和说明的情况下，应该认为两者具有不同含义。此外，如果将"使塑料膜的表面形成0.04~0.09mm厚的凹凸不平粗糙面"的表述解释为塑料膜的厚度为0.04~0.09mm，则该表述中的"表面"以及"粗糙面"等用语实际上成为多余。

单从权利要求的文字角度进行分析，笔者赞成最高人民法院的上述论述。然而，如果不仅从权利要求的文字角度进行分析，还从技术角度进行分析，则存在值得商榷之处。

首先，虽然本案专利的权利要求1和权利要求2都没有记载采用本案专利方法所获得的铝塑复合带的塑料膜厚度，但是本案专利说明书给出的实施例1-4均给出了塑料膜厚度，分别为0.04mm、0.09mm、0.07mm和0.05mm。众所周知，被拉毛的塑料膜表面凹凸落差值应当远小于塑料膜的厚度。在本案专利说明书给出的塑料膜厚度为0.04~0.09mm的情况下，将权利要求1记载的"使塑料膜的表面形成0.04~0.09mm厚的凹凸不平粗糙面"理解为"使塑料膜表面形成0.04~0.09mm的凹凸落差表面结构"从技术上看是不可能的，因为如此之大的凹凸落差已经到了将塑料膜"刻穿"的地步，其结果不是将塑料膜"拉毛"而是将塑料膜"拉碎"了。

其次，应当注意的是本案专利的说明书和权利要求书都明确记载其采用的粗糙面细目钢辊的目数为40~85目。既然针对被诉侵权方法而言，可以由被诉侵权人生产的铝塑复合带塑料膜的表面粗糙度Ra值来反推其采用的粗糙面细目钢辊的目数，其推定结论已被最高人民法院采信；那么针对本案专利方法而言，同样也可以由专利方法采用的粗糙面细目钢辊的目数来正推其获得的铝塑复合带塑料膜表面的粗糙度Ra值，其推定结果也应当"存在一定的合理性"。如前所述，根据权威文献给出的目数与Ra之间的对应关系，当喷砂形成的钢辊表面粗糙度平均值为Ra 3.418μm时，砂丸目数应为75~100目。因此，当粗糙面细目钢辊的目数为40~85目时，该钢辊的表面粗糙度Ra值也应为Ra 3.418μm左右，由该钢辊轧制出来的铝塑复合带塑料膜表面的粗糙度Ra值也应与之相当，姑且认定为Ra 3.5μm，亦即Ra 0.0035mm。由于Ra是轮廓正负峰值绝对值的平均值，大约为轮廓凹凸落差值（亦即峰-峰值）的1/4，由此可以推定生产出来的铝塑复合带塑料膜表面的轮廓凹凸差值应为0.014mm左右。这样，如果采用最高人民法院的结论，将权利要求1记载的"使塑料膜的表面形成0.04~0.09mm厚的凹凸不平粗糙面"理解为"塑料膜表面形成了0.04~0.09mm的凹凸落差表面结构"，则与上面正推获得的数值相差数倍。

基于上述分析，笔者认为就本案专利而言，要么是其说明书中记载的塑料膜厚度有误，要么是权利要求1中记载的"使塑料膜的表面形成0.04~0.09mm厚的凹凸不平粗糙面"这一技术特征有误，两者必居其一。比较而言，应当认为权利要求1的记载有误的可能性更大一些，因为本案专利权人的上述争辩意见实际上已经承认其权利要求1撰写有误，只是不愿明说而已。无论从本案专利文件的内容来看还是从本案的争辩情况来看，都不能认为权利要求1存在的错误属于通过说明书进行解释就能予以克服的明显错误，因此应当认为本案专利的权利要求没有清楚表述请求保护的范围，不符合2001年修改的《专利法实施细则》第二十条第一款的规定。

凭据存在如此实质性缺陷的权利要求指控他人侵犯其专利权，如果法院还认定侵权指控成立，对公众来说就是不公平的。尽管按照我国现有专利制度，侵权审理法院应以被授予的专利权为有效专利进行审理，不得质疑其有效性，但是笔者注意到最高人民法院2012年对（2012）民申字第1544号民事裁决书指出：

> 本院认为，准确界定专利权的保护范围，是认定被诉侵权技术方案是否构成侵权的前提条件。如果权利要求的撰写存在明显瑕疵，结合涉案专利说明书、本领域的公知常识以及相关现有技术等，仍然不能确定权利要求中技术术语的具体含义，无法准确确定专利权的保护范围的，则无法将被诉侵权技术方案与之进行有意义的侵权对比。因此，对于保护范围明显不清楚的专利权，不应认定被诉侵权技术方案构成侵权。

笔者赞成最高人民法院的上述论述，进而赞同最高人民法院本案再审判决认定侵权指控不成立的结论。

最高人民法院本案再审判决还指出：

> 本案专利说明书对于技术方案的描述过于简单，既未对"使塑料膜的表面形成0.04~0.09mm厚的凹凸不平粗糙面"进行详细说明，又未对塑料薄膜的厚度进行限定和解释，而仅仅在实施例中提及了塑料薄膜的厚度分别为0.04mm、0.09mm和0.07mm。

笔者认为本案专利说明书的不足之处不仅在于"对技术方案的描述过于

简单",还在于没有提供任何附图。就本案专利涉及的技术方案而言,至少需要提供两幅附图:一是其制造方法的工艺流程图,二是采用该制造方法所获得的铝塑复合带的结构图,才能清楚完整地表述其技术方案。本书对"女性计划生育手术B型超声监测仪"实用新型专利权无效宣告请求案的评析指出我国许多专利文件存在撰写质量不高的问题,本案专利当为又一例证。

"一种舵机"实用新型专利侵权诉讼案

一、案件提要

当事人

专利权人：田瑜、江文彦
被诉侵权人：上海九鹰电子科技有限公司

上海市第二中级人民法院的一审判决

案号：（2009）沪二中民五（知）初字第167号
合议庭成员：李国泉、董文涛、胡宓
结案日期：2010年5月20日

上海市高级人民法院的二审判决

案号：（2010）沪高民三（知）终字第53号
合议庭成员：张晓都、王静、马剑峰
结案日期：2010年9月14日

最高人民法院的再审判决

案号：（2011）民提字第306号
合议庭成员：王永昌、李剑、宋淑华
结案日期：2012年4月12日

涉及的法律规定

2000年修改的《专利法》第五十六条

判决要点

1. 专利权保护范围是由权利要求包含的技术特征所限定的，故专利权保护范围的变化亦体现为权利要求中技术特征的变化。在专利授权或无效宣告程序中，专利权人主动或者应审查员的要求，可以通过增加技术特征对某权利要求所确定的保护范围进行限制，也可以通过意见陈述对某权利要求进行限缩性解释。禁止反悔原则适用于导致专利权保护范围缩小的修改或者陈述，亦即由此所放弃的技术方案。该放弃，通常是专利权人通过修改或意见陈述进行的自我放弃。

2. 若专利复审委员会认定独立权利要求无效、在其从属权利要求的基础上维持专利权有效，且专利权人未曾作上述自我放弃，则在判断是否构成禁止反悔原则中的"放弃"时，应充分注意专利权人未自我放弃的情形，严格把握放弃的认定条件。如果该从属权利要求中的附加技术特征未被该独立权利要求所概括，则因该附加技术特征没有原始的参照，故不能推定该附加技术特征之外的技术方案已被全部放弃。

二、本案专利介绍

本案涉及名称为"一种舵机"的第200720069025.2号实用新型专利，其申请日为2007年4月17日，授权公告日为2008年2月13日，专利权人为田瑜、江文彦（下称"专利权人"）。

本案专利涉及一种舵机，更具体地说涉及一种适用于模型飞机上使用的舵机，具有结构简单、重量轻、集成度高的特点。

如本案专利说明书所述，模型飞机飞行时的升降动作、转弯动作等都是各种通过对各种机翼的控制实现的，机翼的动作通常由舵机带动。在一些较大型的模型飞机中，由于动力较大，因此飞机的重量并不是主要问题，舵机的选用面很大。但是随着人们娱乐的需要，小型模型乃至微型模型正在快速发展。模型飞机的小型化对飞机的自身重量提出的很高要求。然而，由于目前的舵机结构比较复杂，有些舵机还包含有减速箱等结构，因此造成舵机的重量很难减轻，体积很难缩小，从而限制了模型飞机的进一步小型化。

本案实用新型的目的在于提供一种结构简单、重量更轻的舵机。

在本实用新型的舵机中，不采用传统舵机中使用的现成电位器，也取消了减速箱，而且省略了传统舵机的控制电路板，将该电路板和电位器中的碳膜集成到了原有舵机驱动电路板上，因此结构上得到了简化，集成度更高，重量更轻，对于模型飞机的小型化起到了很大的促进作用。

本案专利的说明书附图如下：

如图1和图2所示，本案专利的舵机包括支架10、电机20、丝杆30和滑块40。

参见图3，支架10由两个部分构成：电机座11和滑块座12。电机座11成一圆箍结构，电机20穿设于其中，并固定于其上。滑块座12与电机座11成平行结构，两者整体形成，滑块座12的两端面开设有丝杆孔14，丝杆30穿过两端面上的丝杆孔14，纵向穿过滑块座12。滑块40穿在所述丝杆30上，并设置于滑块座12中。

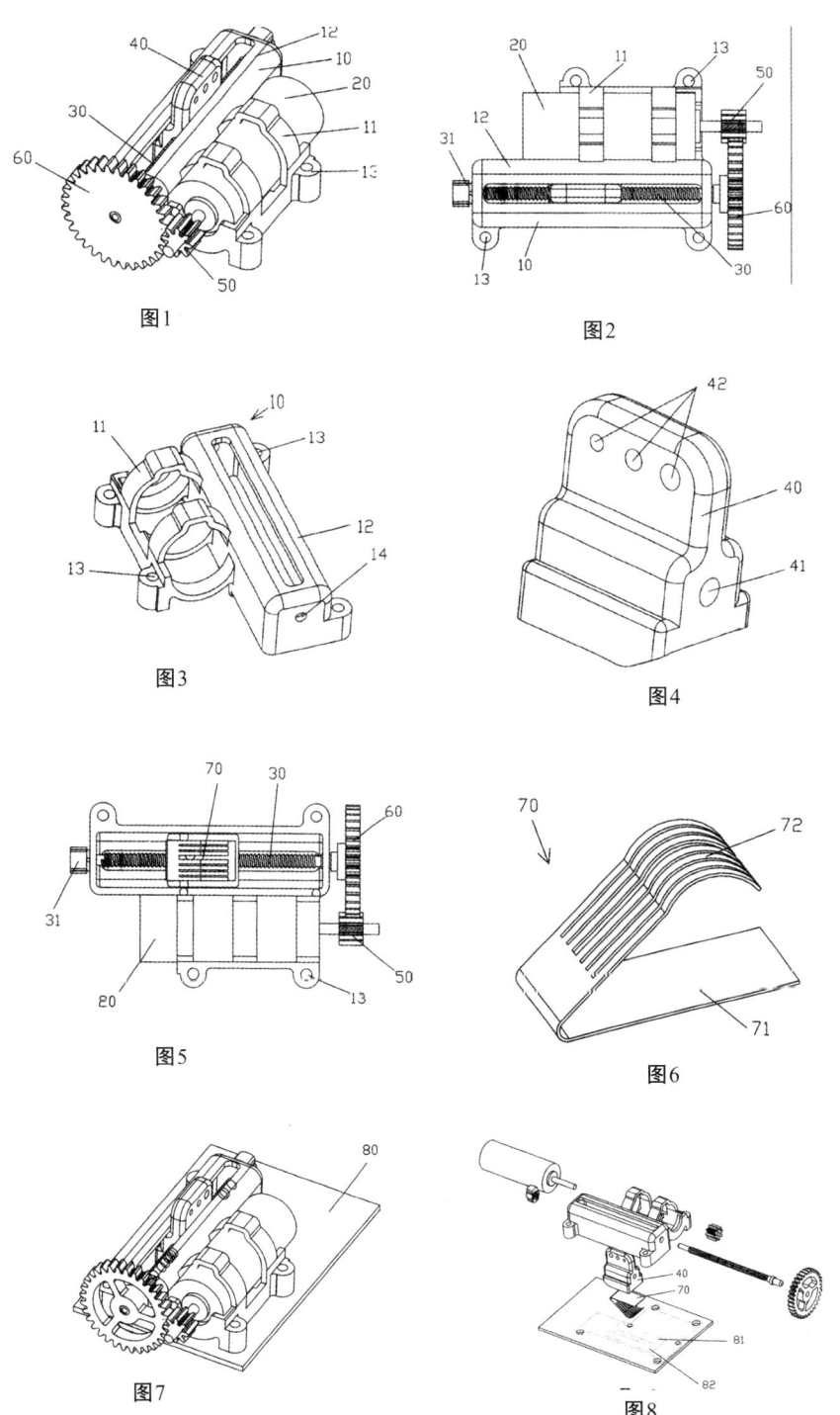

参见图4，滑块40的纵向开设有一带螺纹的滑块孔41，丝杆30旋入滑块孔41，使滑块40设置于滑块座12中，并且滑块40的上部伸出滑块座12。在滑块40的上端开设有三个小孔42，用于与连杆钢丝（图中未示）等部件连接，用于对机翼进行操纵。这里的小孔42的数量和直径可以根据需要设定。

回到图1和图2，电机20的轴出端上设置有一主动齿轮50，在丝杆30的一端设置有从动齿轮60。主动齿轮50与从动齿轮60相互啮合设置。主动齿轮50较小，从动齿轮60较大，起到减速的目的。为了防止丝杆30滑脱，可以在丝端30的另一端固定设置一个端面盖31。

参见图5，本案专利的舵机还可以包括一个电刷70。电刷70的结构如图6所示，它包括连接面71和电刷面72，该两个面成一夹角。电刷70采用铜片等有弹性的导电材料制成。连接面71固定到滑块40的底面，使电刷面72向下伸出。

如图1和图2所示，在支架10的四周，设置有固定孔13。同时参见图7和图8，通过该些固定孔13，可以把支架10固定到舵机驱动电路板80上。为了使电刷70能起到定位的作用，在舵机驱动电路板80上固定支架10的相应位置上，印制一条形的碳膜81和银膜82，使滑块40底面上的电刷70的电刷面72与碳膜81和银膜82相接触，从而构成一个类似于滑动电位器的结构。

本案专利的权利要求书如下：

1. 一种模型舵机，其特征在于，包括支架、电机、丝杆和滑块，所述支架包括电机座和滑块座，所述电机设置于所述电机座内，在所述电机的一端设置有一主动齿轮，所述丝杆纵向穿过所述滑块座，在所述丝杆的一端设置有一从动齿轮，所述主动齿轮和所述从动齿轮相互啮合，所述滑块穿在所述丝杆上，并且所述滑块伸出所述滑块，在所述滑块底面设置有一电刷。

2. 如权利要求1所述的舵机，其特征在于，在所述支架上，设置有固定到一舵机驱动电路板上的固定孔。

3. 如权利要求2所述的舵机，其特征在于，在所述舵机驱动电路板上，印制有一条形的碳膜和银膜，所述支架通过其上的固定孔固定到所述舵机驱动电路板上，且所述滑块底面上的电刷与该碳膜和银膜相接触。

4. 如权利要求1所述的舵机，其特征在于，在所述丝杆的另一端设置有一端面盖。

5. 如权利要求1所述的舵机，其特征在于，所述滑块的纵向开设有一带螺纹的滑块孔，所述丝杆旋入该滑块孔中。

6. 如权利要求1所述的舵机，其特征在于，所述滑块的上部开设有多个小孔。

三、上海市第二中级人民法院的一审判决

上海市第二中级人民法院（下称"一审法院"）于2009年8月3日受理了中誉电子（上海）有限公司（下称"中誉公司"）起诉上海九鹰电子科技有限公司（下称"被诉侵权人"）侵犯本案实用新型专利权一案。

中誉公司称其于2009年2月10日与本案专利权人签订了专利实施许可合同，约定中誉公司享有独占实施本案实用新型专利的权利，独占许可有效期至2017年4月17日止。该许可合同于2009年3月24日在国家知识产权局备案。

2009年2月，中誉公司在德国纽伦堡国际春季玩具展览会上发现本案被诉侵权人在该展会上宣传一种型号为"Free Spirit Micro NE R/C 210A"的航模。中誉公司将该航模所用舵机的技术描述、结构特征与中誉公司独占享有实施权的专利的保护范围相比较，发现该航模所用舵机落入本案专利的保护范围。中誉公司委托律师发函至本案被诉侵权人要求其立即停止侵权行为，被告置之不理。

2009年6月，中誉公司在第六届上海航模展会上发现本案被诉侵权人在国内展出并以远低于中誉公司专利产品成本的价格批量销售侵权产品。此外，本案被诉侵权人还通过其公司网站、产品目录等多种途径对其侵权产品进行宣传推广。

中誉公司认为，本案被诉侵权人未经中誉公司许可，擅自使用本案实用新型专利并低价销售侵权产品，对侵权产品长时间持续宣传，严重损害了中誉公司的合法权益，故请求一审法院判令本案被诉侵权人：

（1）立即停止、销售侵权产品，回收全部侵权产品并予以销毁；

（2）销毁用于制造侵权产品的模具、书面宣传材料并删除网站中侵权产品的信息；

（3）赔偿中誉公司包括合理费用在内的经济损失人民币5 000 000元。

本案被诉侵权人辩称：其产品所使用的技术与现有技术和公知常识相同或者无实质性差异，不构成侵犯本案专利权的行为，故请求一审法院驳回中誉公司的诉讼请求。

2009年4月20日，本案被诉侵权人以本案实用新型专利不具创造性为由，向专利复审委员会提出无效宣告请求，并提交了2005年第4期《航空模型》、西安交通大学出版社2006年出版的《机械工程基础》、国防工业出版社1984年出版的《电位器基础及其应用》作为证据。专利复审委员会于2009年7月22日作出第13717号无效宣告请求审查决定，宣告本案实用新型专利的权权利要求1、2、4、5、6无效，仅在权利要求3的基础维持专利权有效。本

案专利权人不服专利复审委员会作出的无效宣告请求审查决定,向北京市第一中级人民法院提起行政诉讼。北京市第一中级人民法院于2010年3月10日作出(2009)一中知行初字第2726号行政判决,维持专利复审委员会的第13717号无效宣告请求审查决定。

一审法院在审理中根据本案被诉侵权人的申请,2009年11月11日委托科学技术部知识产权事务中心就本案被诉侵权人生产、销售的航模舵机的技术特征与中誉公司享有独占被许可权的本案专利权利要求3记载的技术特征是否相同或等同,以及本案被诉侵权人生产、销售的航模舵机的技术特征是否属于现有技术进行鉴定。

科学技术部知识产权事务中心(下称"鉴定机构")于2010年3月16日出具国科知鉴字[2010] 09号《司法鉴定意见书》,鉴定意见为:

(1)被诉侵权产品的技术特征a-f与本案专利权利要求3所记载的技术特征A-F相同,被诉侵权产品的技术特征g与涉案实用新型专利权利要求3所记载的技术特征G等同。

(2)被诉侵权产品的技术特征a与现有技术(德国WES–Technik生产的LS系列比例控制舵机)的技术特征A'相同,均为"包括支架、电机、丝杆、滑块和含有舵机驱动电路的电路板";现有技术的技术特征B'仅能看出所述支架包括滑块座,未发现有明显的电机座构造,也未发现所述含有舵机驱动电路的电路板上设置有固定孔,但这种支架在电路板上设置方式的区别属于所属领域惯用手段的直接置换,即被诉侵权产品的技术特征b与现有技术的技术特征B'无实质性差异;被诉侵权产品技术特征c中,所述电机通过电机座设置在电路板上,现有技术方案的技术特征C'中,所述电机直接设置在电路板上,这种电机设置方式的区别属于所属领域惯用手段的直接置换,即被诉侵权产品技术特征c与现有技术方案的技术特征C'无实质性差异;被诉侵权产品技术特征d与现有技术方案的技术特征D'相同,均为"所述丝杆纵向穿过所述滑块座,在所述丝杆的一端设置有一从动齿轮";被诉侵权产品技术特征e与现有技术方案的技术特征E'相同,均为"所述主动齿轮和所述从动齿轮相互啮合";被诉侵权产品的技术特征f包含"在所述滑块底面设置有一电刷",而现有技术方案的技术特征F'虽未直接披露,但所属领域技术人员根据现有技术文件直接记载的内容和公知常识,可以很容易联想到现有技术方案隐含了"在所述滑块底面设置有一电刷"的技术特征,因此被诉侵权产品技术特征f与现有技术方案的技术特征F'无实质性差异;被诉侵权产品技术特征g为"在所述含有舵机驱动电路的电路板上,印制有一条形的碳膜和镀金铜条,且所述滑块底面上的电刷与该碳膜和镀金铜条相接触",现有技术文件未直接记载该项技术特征,但隐含包含了直线型电位器，而这种直线型电位器的具体结构属于公知常识，因此被诉侵权产品技术特征g与公知常识无实质性差别，所属领域技术人员无需经过创造性劳动，就能够在现有技术方案隐含包含的直线型电位器中采用与公知常识无实质性差别的特定具体结构。

一审法院认为，中誉公司是本案专利的独占许可使用权人，其拥有的专利独占许可使用权依法受法律保护。本案的争议焦点是被诉侵权人提出的现有技术抗辩是否成立。

中誉公司认为，本案鉴定机构的鉴定超出规定的期限，鉴定意见书采用的"隐含"等不符合逻辑的措辞以及"无实质性差异"等含糊其词的用语属于鉴定程序违法、鉴定方法错误、鉴定结论含混，且该鉴定意见与专利复审委员会作出的第13717号无效宣告请求审查决定书、北京市第一中级人民法院作出的（2009）一中知行初字第2726号行政判决书关于维持本案实用新型专利权利要求3有效的结论相矛盾。因此，中誉公司对鉴定机构作出的司法鉴定意见书中关于被诉侵权产品使用的技术方案是否属于现有技术的结论不予认可。

本案被诉侵权人认为：对本案鉴定机构依法定程序作出的司法鉴定意见书应予认可；专利复审委员会作出的第13717号无效宣告请求审查决定是关于本案专利权利要求3是否具有新颖性、创造性的审查结论，所依据的证据材料不包括英文原版的 *The Potentionmeter Handbook*，本案鉴定机构的鉴定意见是对被诉侵权技术与现有技术进行比较，依据的材料包括英文原版的 *The Potentionmeter Handbook*，因此两者所依据的证据材料不同，认定的事实也不同，不存在相互矛盾之处。

一审法院认为，应当从以下两方面来判断本案被诉侵权人的现有技术抗辩是否成立：

首先，确定被告提供的现有技术是否属于本案专利的现有技术，即是否属于在本案专利的申请日以前在国内外出版物上公开发表、在国内公开使用过或者以其他方式为公众所知的技术。被诉侵权人提供的德国WES-Technik生产的LS系列比例控制舵机在2005年第4期《航空模型》已公开发表，早于本案专利的申请日期，故本案被诉侵权人可以据此进行现有技术抗辩。

其次，对被诉侵权产品的技术特征与现有技术进行比较，比较时应限于一项现有技术方案，可以结合所属领域技术人员公知的技术常识。根据本案鉴定机构的司法鉴定意见书，被诉侵权产品的技术特征a、d、e分别与现有技术方案的技术特征A'、D'、E'相同；被诉侵权产品的技术特征b、c、f分别与现有技术方案的技术特征B'、C'、F'无实质性差异，被诉侵权产品的技术特征g与公知常识无实质性差别。

一审法院认为，中誉公司关于本案鉴定机构的鉴定程序违法、鉴定方法错误和鉴定结论含混的主张没有事实和法律依据，故不予认可；对本案鉴定机构的司法鉴定意见依法应予确认；被诉侵权产品的技术是一项现有技术方案，即德国WES-Technik生产的LS系列比例控制舵机与公知常识的简单组合，本案被诉侵权人的现有技术抗辩成立，其行为不构成侵犯本案专利权的行为。

基于上述理由，一审法院作出了驳回中誉公司诉讼请求的一审判决。

四、上海市高级人民法院的二审判决

中誉公司不服一审判决，于2010年7月1日向上海市高级人民法院（下称"二审法院"）提起上诉，请求撤销一审判决，改判支持其在一审中提出的全部诉讼请求，其主要理由是：

第一，不能确定《航空模型》杂志2005年第4期所刊载的"LS系列舵机"与涉案专利产品的结构是否一致。被诉侵权人在一审提供"LS系列舵机"样机的采购时间并不是在涉案专利的申请日之前，不能作为现有技术抗辩的证据予以采纳，一审法院认定现在技术抗辩成立的结论错误。

第二，本案鉴定机构关于现有技术抗辩相应鉴定结论错误。鉴定机构的《司法鉴定意见书》在进行被诉侵权产品技术方案与现有技术方案的对比分析时，仅仅凭借并不存在具体技术比对特征描述的《航空模型》杂志2005年第4期的介绍性文章，以"隐含推论"的方式主观臆断"LS系列舵机"存在与被诉侵权产品同样的技术特征，这种鉴定方法不尊重事实。在专利复审委员会对涉案专利的有效性已进行实质审查并认定涉案专利有效的前提下，一审法院应当优先采纳专利复审委员会的决定作为对被诉侵权产品是否使用"现有技术"的认定标准，不能使用以"隐含"推论为依据的鉴定结论。

本案被诉侵权人庭审中口头答辩称，一审法院认定载于2005年第4期《航空模型》上的德国WES-Technik生产的LS系列比例控制舵机为现有技术正确；本案鉴定机构依据该现有技术及其隐含披露的技术特征认定现有技术抗辩成立的结论客观公正，适用法律正确；本案鉴定机构认定现有技术是否成立的证据材料与专利复审委员会认定涉案专利权利要求3是否有效的证据材料不完全相同，本案鉴定机构关于现有技术抗辩成立的结论与专利复审委员会关于涉案专利权利要求3有效的结论并不矛盾。

二审中，中誉公司提供了3份证据材料：一是北京市高级人民法院于2010年7月23是作出的（2010）高行终字第705号行政判决，该终审判决维持北京市第一中级人民法院作出的（2009）一中知行初字第2726号行政判决；二是上海市知识产权司法鉴定中心出具的司法鉴定意见书；三是北京国威知识产权司法鉴定中心出具的司法鉴定（咨询）意见书。其中，后两份证据材料证明本案被诉侵权产品使用的技术方案不属于现有技术。经质证，本案被诉侵权人对第一份证据材料的真实性无异议，对第二和第三份单方委托鉴定的证据材料不予认可。

二审法院认为，由于中誉公司对北京市高级人民法院（2010）高行终字第705号行政判决的真实性无异议，本院对该份证据材料予以采信；由于第二及第三份证据材料均为中誉公司单方委托的技术鉴定机构出具的鉴定意见，且本案被诉侵权人对该两份鉴定意见不予认可，故对该第二及第三份证据材料不予采信。

二审中，本案被诉侵权人向提供了就本案专利再次向专利复审委员会提起无效宣告请求以及相关文件材料等证据材料，该些证据材料旨在证明其有理由相信本案专利的权利要求3不具有创造性，已向专利复审委员会请求宣告本案专利权利要求3无效。中誉公司经质证对该些证据材料的真实性没有异议，但认为涉案专利权利要求3现在仍然有效，这些证据材料与本案没有关联性。

二审法院认为，本案被诉侵权人就本案专利再次向专利复审委员会提出的无效宣告请求尚未作出决定，本案被诉侵权人并未提出中止本案诉讼的申请，且本案在现有证据基础上已经可以作出判决，也无需中止诉讼，本案专利的权利要求3目前仍然有效，因此对本案被诉侵权人提供的相应证据材料不予采纳。

本案鉴定机构出具的《司法鉴定意见书》将涉案实用新型权利要求3与被诉侵权产品的技术特征分解比对列表如下：

对比内容		本案专利权利要求3	被诉侵权产品中的舵机	对比结论
主题名称		一种模型舵机	微型遥控电动直升机航模舵机	相同
技术特征	A. 包括支架、电机、丝杆、滑块和舵机驱动电路板	a. 包括支架、电机、丝杆、滑块和含有舵机驱动电路的电路板	相同
	B. 所述支架包括电机座和滑块座,并通过其上的固定孔固定到所述舵机驱动电路板上	b. 所述支架包括电机座和滑块座,并通过其上的固定孔固定到所述含有舵机驱动电路的电路板上	相同
	C. 所述电机设置于所述电机座内,在所述电机的一端设置有一主动齿轮	c. 所述电机设置于所述电机座内,在所述电机的一端设置有一主动齿轮	相同
	D. 所述丝杆纵向穿过所述滑块座,在所述丝杆的一端设置有一从动齿轮	d. 所述丝杆纵向穿过所述滑块座,在所述丝杆的一端设置有一从动齿轮	相同
	E. 所述主动齿轮和所述从动齿轮相互啮合	e. 所述主动齿轮和所述从动齿轮相互啮合	相同
	F. 所述滑块穿在所述丝杆上,并且所述滑块伸出所述滑块(座),在所述滑块底面设置有一电刷	f. 所述滑块穿在所述丝杆上,并且所述滑块伸出所述滑块座,在所述滑块底面设置有一电刷	相同
	G. 在所述舵机驱动电路板上,印制有一条形的碳膜和银膜,且所述滑块底面上的电刷与该碳膜和银膜相接触	g. 在所述含有舵机驱动电路的电路板上,印制有一条形碳膜和镀金铜条,且所述滑块底面上的电刷与该碳膜和镀金铜条相接触	等同

关于本案专利的权利要求3中技术特征G与被诉侵权产品中技术特征g等同的理由,《司法鉴定意见书》记载:"被诉侵权产品的舵机采用直线型电位器作为反馈元件,技术特征g所述的'条形碳膜'是直线型电位器的电阻条,所述的'镀金铜条'是直线型电位器的导流条,所述滑块底面上的电刷是直线型电位器的滑动触点。被诉侵权产品技术特征g中的'镀金铜条'是对覆铜基材板进行蚀刻加工形成铜条后镀金形成的,与本案专利权利要求3记载的技术特征G中的'银膜'相比,二者均为条形、膜结构的导流条,二者的表面均与电刷接触,都有良好的导电性和抗氧化、耐腐蚀的特性,被诉侵权产品技术特征g是以基本相同的技术手段、实现基本相同的技术功能、达到基本相同的技术效果,并且是所属领域的技术人员通过阅读专利文件在当时无需经过创造性劳动就能联想到的技术特征,因此被诉侵权产品技术特征g与原告专利技术特征G等同。"

《司法鉴定意见书》将被诉侵权产品与德国WES–Technik生产的LS系列比例控制舵机的技术特征分解比对列表如下：

对比内容		现有技术方案	被诉侵权产品中的舵机	对比结论
主题名称		德国WES-Technik生产的LS系列比例控制舵机	微型遥控电动直升机航模舵机	相同
技术特征	A'.包括支架、电机、丝杆、滑块和含有舵机驱动电路的电路板	a.包括支架、电机、丝杆、滑块和含有舵机驱动电路的电路板	相同
	B'.所述支架包括滑块座，并固定到所述含有舵机驱动电路的电路板上	b.所述支架包括电机座和滑块座，并通过其上的固定孔固定到所述含有舵机驱动电路的电路板上	无实质性差异
	C'.所述电机直接设置于所述含有舵机驱动电路的电路板上，在所述电机的一端设置有一主动齿轮	c.所述电机设置于所述电机座内，在所述电机的一端设置有一主动齿轮	无实质性差异
	D'.所述丝杆纵向穿过所述滑块座，在所述丝杆的一端设置有一从动齿轮	d.所述丝杆纵向穿过所述滑块座，在所述丝杆的一端设置有一从动齿轮	相同
	德国WES-Technik生产的LS系列比例控制舵机	微型遥控电动直升机航模舵机	相同
	E'.所述主动齿轮和所述从动齿轮相互啮合；	e.所述主动齿轮和所述从动齿轮相互啮合；	相同
技术特征	F'.所述滑块穿在所述丝杆上，并且所述滑块伸出所述滑块座，（隐含：在所述滑块底面设置有一电刷）；	f.所述滑块穿在所述丝杆上，并且所述滑块伸出所述滑块座，在所述滑块底面设置有一电刷；	无实质性差异
	未直接记载对应技术特征，但现有技术方案中隐含包含直线型电位器。	g.在所述含有舵机驱动电路的电路板上，印制有一条形碳膜和镀金铜条，且所述滑块底面上的电刷与该碳膜和镀金铜条相接触。	技术特征g限定的直线型电位器具体结构与公知常识无实质性差别

关于被诉侵权产品技术方案中技术特征c与现在技术中技术特征C'无实质性差异的理由，《司法鉴定意见书》记载："被诉侵权产品技术特征c中，所述电机通过电机座设置在含有舵机驱动电路的电路板上；现有技术方案的技术特征C'中，所述电机直接设置在含有舵机驱动电路的电路板上。

鉴定专家认为，被诉侵权产品技术特征c与现有技术的技术特征C'间的区别主要在于电机在电路板上的设置方式，这种设置方式的区别属于所属技术领域惯用手段的直接置换，即：被诉侵权产品技术特征c与现有技术方案的技术特征C'无实质性差异。"

关于被诉侵权产品技术方案中技术特征f与现在技术中技术特征F'无实质性差异的理由，《司法鉴定意见书》记载："现有技术文件中未直接披露技术特征F'包含'在所述滑块底面设置有一电刷'的特征。对所属领域技术人员来说，在航模舵机中使用直线型电位器作反馈元件来实现比例控制属于一种公知常识，在直线型电位器中使用电刷作为滑动触点也属于公知常识。掌握上述公知常识的所属领域技术人员从现有技术文件中看到穿在丝杆上的滑块可在齿轮提供的旋转驱动力的驱动下沿直线滑动后，无需经过创造性劳动就能够获得以下技术启示：为实现现有技术文件明确要求的'比例控制'功能，可以'在所述滑块底面设置有一电刷'，将滑块带动下的电刷作为直线型电位器的滑动触点。即所属领域技术人员根据现有技术文件直接记载的内容和公知常识，可以很容易联想到现有技术方案隐含了'在所述滑块底面设置有一电刷'的特征。因此，现有技术方案的技术特征F'为'所述滑块穿在所述丝杆上，并且所述滑块伸出所述滑块座（隐含：在所述滑块底面设置有一电刷）'。被诉侵权产品技术特征f与现有技术方案的技术特征F'无实质性差异。"

关于被诉侵权产品技术方案中技术特征g与现在技术中技术特征G'（即《司法鉴定意见书》中所述现有技术方案中隐含包含的直线型电位器）无实质性差异的理由，《司法鉴定意见书》记载："被诉侵权产品技术特征g为'在所述含有舵机驱动电路的电路板上，印制有一条形的碳膜和镀金铜条，且所述滑块底面上的电刷与该碳膜和镀金铜条相接触'，反映了被诉侵权产品上直线型电位器的具体结构。现有技术文件未直接记载该技术特征。"

如上一部分所述，现有技术方案隐含了"在所述滑块底面设置有一电刷"的特征，即现有技术方案隐含包含了直线型电位器。

鉴定材料5（《电位器基础及其应用》中译本）第23页图2-7及第1段"有些电位器的结构采用两个并联的电气分路，其中一个分路是电阻元件，它与电位器的两终端引出端相连。另一个是低电阻导电环，它与电刷引出端相连，滑动触点（电刷）工作时是沿着两条分路滑动，因而与两者都接触"的文字记载，披露了一种直线型电位器具体结构。因此，这种直线型电位器的具体结构属于公知常识。在这种属于公知常识的直线型电位器具体结构中，导流条、电阻元件、陶瓷基体分别对应于被诉侵权产品技术特征g中的镀金铜条、碳膜和含有舵机驱动电路的电路板。因此，被诉侵权产品技术特征g与公知常识无实质性差别，所属领域技术人员无需经过创造性劳动，就能够在现有技术方案隐含包含的直线型电位器中采用与公知常识无实质性差别的特定具体结构。

二审判决的理由如下：

涉案权利要求1、2被宣告无效，在权利要求3的基础上维持本案专利权有效。从属权利要求3的保护范围由权利要求3附加的技术特征"在所述舵机驱动电路板上，印制有一条形的碳膜和银膜，所述支架通过其上的固定孔固定到所述舵机驱动电路板上，且所述滑块底面上的电刷与该碳膜和银膜相接触"，权利要求3所从属的权利要求2附加的技术特征"在所述支架上，设置有固定到一舵机驱动电路板上的固定孔"，以及权利要求2所从属的权利要求1记载的全部技术特征共同限定。

从属权利要求3被维持有效的原因，在于在权利要求1中增加了从属权利要求2以及从属权利要求3记载的附加技术特征，这实质上就是修改权利要求1，在权利要求1记载的技术方案中增加了从属权利要求2以及从属权利要求3记载的附加技术特征。因此，在界定本案专利权利要求3保护范围的技术特征中，"在所述支架上，设置有固定到一舵机驱动电路板上的固定孔"与"在所述舵机驱动电路板上，印制有一条形的碳膜和银膜，所述支架通过其上的固定孔固定到所述舵机驱动电路板上，且所述滑块底面上的电刷与该碳膜和银膜相接触"属于为维持本案专利权有效限制性修改权利要求而增加的技术特征。由此，可以认定本案权利要求3中技术特征G（即"在所述舵机驱动电路板上，印制有一条形的碳膜和银膜，且所述滑块底面上的电刷与该碳膜和银膜相接触"）属于为维持专利权有效限制性修改权利要求而增加的技术特征。

根据《最高人民法院关于审理侵犯专利权纠纷案件应用法律若干问题的解释》第六条关于禁止反悔原则的规定，专利权人在无效宣告程序中通过对权利要求的修改而放弃的技术方案，权利人在侵犯专利权纠纷案件中又将其纳入专利权保护范围的，人民法院不予支持。

本案中，技术特征G实质上是修改权利要求而增加的技术特征，该项技术特征将舵机驱动电路板上作为直线型电位器的导流条明确限定为"银膜"，该具体的限定应视为专利权人放弃了除"银膜"之外以其他导电材料作为导流条的技术方案。被诉侵权产品中技术特征g为"在所述含有舵机驱动电路的电路板上，印制有一条形碳膜和镀金铜条，且所述滑块底面上的电刷与该碳膜和镀金铜条相接触"，根据鉴定机构的鉴定意见，被诉侵权产品中技术特征g与涉案专利权利要求3中的技术特征G相等同，该项认定双方当事人均予认可，且无足以推翻该项认定的事实与理由，故予以采信。然而，尽管技术特征g与技术特征G等同，但依据禁止反悔原则，由于除"银膜"之外以其他导电材料为导流条的技术方案被视为是专利权人放弃了的技术方案，因此以技术特征g与技术特征G等同为由，认为被诉侵权产品构成等同侵权的结论不能成立。一审法院关于本案等同侵权成立的结论有误，应予以纠正。

现有技术抗辩是比较被诉侵权产品技术方案与现有技术方案，是否能够确定《航空模型》杂志2005年第4期所刊载的"LS系列舵机"与本案专利产品的结构的一致性，并不是现有技术抗辩所要关注的问题，本案被诉侵权人在一审阶段提供的"LS系列舵机"样机也并非本案一审认定现有技术抗辩成立所依据的现有技术，故中誉公司的第一条上诉理由不能成立。

一份现有技术文件所披露的技术内容应当以所属技术领域的技术人员从相应技术文件能够获知的技术内容为准，能够获知的技术内容不仅包括技术文件明确记载的技术内容，还包括所属领域技术人员根据该技术文件可以直接地、毫无疑问地确定的技术内容，这也就是《司法鉴定意见书》所说的现有技术文件"隐含"公开的技术内容。

尽管从2005年第4期《航空模型》公开舵机的照片及相应文字描述中不能直接看到舵机滑块底面设置有一电刷，但鉴定机构的鉴定专家依据所属领域技术人员的知识与经验（包括所属领域技术人员的公知常识），认为所属领域技术人员依据《航空模型》公开舵机的照片及相应文字描述，可以获知《航空模型》公开了舵机中舵机滑块底面设置有一电刷，亦即《航空模型》公开的技术方案隐含了"在所述滑块底面设置有一电刷"这一技术特征，从而进一步认定被诉侵权产品中技术特征f与现有技术方案中的技术特征F'无实质性差异，并无不当。

同样，尽管从2005年第4期《航空模型》公开舵机的照片及相应文字描述中不能直接看到舵机驱动电路板上构成直线型电位器所需的导流条与电阻条，但本案鉴定机构的鉴定专家依据所属领域技术人员的知识与经验（包括所属领域技术人员的公知常识），认为所属领域技术人员依据《航空模型》公开舵机的照片及相应文字描述，可以获知《航空模型》公开的舵机中存在一个直线型电位器，从而在事实上认定《航空模型》公开的舵机中，其驱动电路板上存在有作为构成直线型电位器所需的导流条与电阻条，且滑块底面上的电刷与该电阻条和导流条相接触，亦即《航空模型》公开的技术方案隐含有"在所述含有舵机驱动电路的电路板上，印制有一条形电阻条和导流条，且所述滑块底面上的电刷与该电阻条和导流条相接触"这一技术特征，并进一步认定被诉侵权产品技术方案中技术特征g与现有技术中技术特征G'无实质性差异，并无不当。中誉公司关于本案鉴定机构的鉴定方法不尊重事实，不能以"隐含"推论为依据的相应上诉理由不能成立。

在本案鉴定机构作出的《司法鉴定意见书》中，鉴定专家从所属领域技术人员的角度，依据2005年第4期《航空模型》公开舵机的照片及相应文字描述所披露的技术方案（包括不能直接看到，但所属领域技术人员根据其包括公知常识在内的知识与经验可以从照片及相应文字描述中直接地、毫无疑问地确定的技术内容），认定本案现有技术抗辩成立。但一审法院认为《司法鉴定意见书》依据2005年第4期《航空模型》公开舵机的照片及相应文字描述所披露的技术方案与所属领域公知常识的简单组合，认定现有技术抗辩成立，这与《司法鉴定意见书》的实际认定理由不一致，应予以纠正。

基于上述理由，中誉公司的上诉请求和理由没有事实和法律依据，应予驳回。况且，即使中誉公司关于现有技术抗辩不成立的上诉理由能够成立，本案也因禁止反悔原则的适用而不能认定构成等同侵权，中誉公司关于本案被诉侵权产品构成专利侵权的主张也不能成立，中誉公司的上诉请求也应予以驳回。

基于上述理由，二审法院判决驳回上诉，维持原判。

五、最高人民法院的再审判决

中誉公司不服二审判决，向最高人民法院申请再审。最高人民法院于2011年8月1日作出（2011）民申字第397号民事裁定，提审本案。

中誉公司申请再审的主要理由是：

（1）二审法院根据禁止反悔原则认定本案被诉侵权人不构成等同侵权属于适用法律错误。专利权人没有通过修改专利权利要求书放弃技术方案，也没有通过意见陈述放弃技术方案，且专利权人也没有在任何专利申请文件中表述过"在所述舵机驱动电路板上，只能用碳膜和银膜"。因此，中誉公司主张本案被诉侵权人侵犯本案专利权，并未违反禁止反悔原则。退一步说，即使专利权人曾放弃有关技术方案，也是仅仅放弃了除"碳膜和银膜直接印制在所述舵机驱动电路板上"以外的技术方案，并没有放弃本案专利权利要求3所限定的技术方案以及与"银膜"相等同的"镀金铜条"的技术方案。

（2）专利复审委员会作出的第13717号无效宣告请求审查决定与本案鉴定机构出具的《司法鉴定意见书》所依据的证据材料实质相同，唯一的区别是前者所引证据包括《电位器基础及其应用》，而后者所引证据是《电位器基础及其应用》的英文版本《The Potentionmeter Handbook》，二者之间是一一对应的翻译关系。因此，第13717号无效宣告请求审查决定认定本案专利权利要求3有效，并被此后的行政判决维持，证明本案专利权利要求3相对于现有技术具备新颖性和创造性;而一审法院却依据鉴定机构的鉴定结论认定与涉案专利权利要求3等同的被诉侵权技术方案构成现有技术,这导致对同一法律事实存在两个相互矛盾的认定。本案被诉侵权人在无效宣告程序中无法证明权利要求3无效的情况下,再用同样的证据来佐证现有技术抗辩,明显不能成立。

基于上述理由,中誉公司请求最高人民法院判令:(1)撤销一审判决;(2)责令本案被诉侵权人停止生产、销售侵权产品,回收全部侵权产品并销毁;(3)本案被诉侵权人赔偿中誉公司损失500万元;(4)本案被诉侵权人承担本案一审、二审诉讼费用。

本案被诉侵权人辩称:

(1)中誉公司已经在涉案专利无效宣告程序中通过意见陈述的方式将舵机驱动电路板上作为直线型电位器的倒流条明确限定为"银膜",专利复审委员会据此认为权利要求3具有创造性而作出了维持涉案专利权利要求3有效的决定,即涉案专利权人已经通过实质修改权利要求放弃了除"银膜"之外以其他导电材料作为导流条的技术方案。此外,专利权人已经在说明书中明确将直线型电位器的导流条限定为"银膜",从而使得涉案专利权利要求3获得授权,这一限定性表述与其在无效宣告程序中的表述一致,构成了涉案专利权利要求3具有创造性的基础。

(2)涉案专利的无效宣告程序与本案二审法院作出的民事判决属不同的法律事实和法律关系,且依据的证据材料不同。二审法院认定本案被诉侵权人的现有技术抗辩成立,并无错误。鉴定机构的《司法鉴定意见书》鉴定程序合法,鉴定结论正确,应予采信。"隐含推论"的鉴定方法符合相关法律法规的规定。

基于上述理由,本案被诉侵权人请求最高人民法院驳回中誉公司的再审申请。

最高人民法院提审认为,本案当事人争议的焦点问题是:(1)专利复审委员会决定在权利要求3的基础上维持涉案专利权有效,是否导致禁止反悔原则的适用;(2)本案被诉侵权人的现有技术抗辩是否成立。

最高人民法院作出再审判决的理由如下:

(一)关于第一个焦点问题

1. 禁止反悔原则的法理基础

诚实信用原则作为民法基本原则之一,要求民事主体信守承诺,不得损害善意第三人对其的合理信赖或正当期待,以衡平权利自由行使所可能带来的失衡。

在专利授权实践中，专利申请人往往通过对权利要求或者说明书的限缩以便快速获得授权，但在侵权诉讼中又试图通过等同侵权将已放弃的技术方案重新纳入专利权的保护范围。为确保专利权保护范围的安定性，维护社会公众的信赖利益，专利制度通过禁止反悔原则防止专利权人上述"两头得利"情形的发生。

故此，专利权人在专利授权或者无效宣告程序中通过对权利要求、说明书的修改或者意见陈述而放弃的技术方案，权利人在侵犯专利权纠纷案件中又将其纳入专利权保护范围的，人民法院不应支持。

2. 禁止反悔原则的适用条件

一般情况下，只有权利要求、说明书修改或者意见陈述两种形式才有可能产生技术方案的放弃，进而导致禁止反悔原则的适用。

本案中，独立权利要求1及其从属权利要求2均被宣告无效，在权利要求2的从属权利要求3的基础上维持涉案专利有效。问题在于，权利要求3是否仅仅因此构成对其所从属的权利要求1-2的限制性修改。

独立权利要求被宣告无效，在其从属权利要求的基础上维持专利权有效，该从属权利要求即实际取代了原独立权利要求的地位。但是，该从属权利要求的内容或者所确定的保护范围并没有因为原独立权利要求的无效而改变。因为每一项权利要求都是单独的、完整的技术方案，每一项权利要求都应准确、完整地概括申请人在原始申请中各自要求的保护范围，而不论其是否以独立权利要求的形式出现。正基于此，每一项权利要求可以被单独地维持有效或者被宣告无效。每一项权利要求的效力应当被推定为独立于其他权利要求项的效力。即使从属权利要求所从属的权利要求被宣告无效，该从属权利要求并不能因此被认为无效。所以，不应当以从属权利要求所从属的权利要求被无效而简单地认为该从属权利要求所确定的保护范围受到限制。

本案二审判决认为，从属权利要求3被维持有效的原因在于在权利要求1中增加了从属权利要求2以及从属权利要求3记载的附加技术特征，这实质上就是修改权利要求1，该认定有所不当。

3. 放弃的认定标准

专利权保护范围是由权利要求包含的技术特征所限定的，故专利权保护范围的变化亦体现为权利要求中技术特征的变化。在专利授权或者无效宣告程序中，专利权人主动或者应审查员的要求，可以通过增加技术特征对某权利要求所确定的保护范围进行限制，也可以通过意见陈述对某权利要求进行限缩性解释。禁止反悔原则适用于导致专利权保护范围缩小的修改或者陈述，亦即由此所放弃的技术方案。该放弃，通常是专利权人通过修改或意见陈述进行的自我放弃。

但是，若专利复审委员会认定独立权利要求无效、在其从属权利要求的基础上维持专利权有效，且专利权人未曾作上述自我放弃，则在判断是否构成禁止反悔原则中的"放弃"时，应充分注意专利权人未自我放弃的情形，严格把握放弃的认定条件。如果该从属权利要求中的附加技术特征未被该独立权利要求所概括，则因该附加技术特征没有原始的参照，故不能推定该附加技术特征之外的技术方案已被全部放弃。

本案被诉侵权人认为：因为权利要求1-2被宣告无效，而权利要求3是对其的进一步限定，故权利要求1-2与权利要求3之间的"领地"被推定已放弃。

本院认为，权利要求3中的"银膜"并没有被权利要求1-2提及，而且本案专利权人在专利授权程序和无效宣告程序中没有修改权利要求和说明书，在意见陈述中也没有放弃除"银膜"外其他导电材料作为导流条的技术方案。因此，不应当基于权利要求1-2被宣告无效，认为权利要求3的附加技术特征"银膜"不能再适用等同原则。

综上，专利复审委员会宣告涉案专利权利要求1-2、4-6无效，在权利要求3的基础上维持专利权有效，二审法院认为本案专利权利要求3中的技术特征G实质是修改权利要求而增加的技术特征，该技术特征将导流条明确限定为银膜，应视为专利权人放弃了除"银膜"之外其他导电材料作为导流条的技术方案，从而认定被诉侵权产品不构成等同侵权，存在错误，应予纠正。

（二）关于第二个焦点问题

将被诉侵权技术方案与2005年第4期《航空模型》杂志所刊载的"LS系列比例控制舵机"技术方案相比对，其区别在于：

（1）所述支架包括电机座；

（2）所述电机设置于所述电机座内；

（3）所述滑块底面设置有一电刷；

（4）在所述含有舵机驱动电路的电路板上，印制有一条形碳膜和镀金铜条，且所述滑块底面上的电刷与该碳膜和镀金铜条相接触。

对于区别技术特征（1）和（2），虽然从现有技术中未看出电机座，但使用电机座来固定电机是本领域的惯用手段，该两项技术特征与被诉侵权技术没有实质性差异。

对于区别技术特征（3），现有技术虽然没有披露该技术特征，但是在舵机的结构中，在滑块底部安装一个电刷作为电位器的滑动触点是本领域的惯用手段，且在《电位器基础及其应用》一书中也记载了一种具有电刷的电位器。因此，该项技术特征与被诉侵权技术没有实质性差异。

对于区别技术特征（4），现有技术没有公开这一具体电路板结构，虽然《电位器基础及其应用》一书的图2-7（a）公开了一种电位器结构，包括导流条、条形电阻元件、陶瓷基体，但从图片来看，导流条不能对应被诉侵权技术方案中的镀金铜条，且其电阻元件和导流条是固定在陶瓷基体上的。然而，被诉侵权产品没有独立的电位器，而是将碳膜和镀金铜条直接印制在驱动电路板上，其作用是提高舵机的集成度，简化舵机结构，减轻舵机重量，实现模型飞机的小型化。由此可见，该技术特征没有被对比技术公开，也不是本领域的普通技术人员基于公知常识能够从现有技术中直接或者毫无疑义得出的技术特征。因此，被诉侵权技术方案与现有技术方案具有实质性的不同，二审判决依据鉴定机构的鉴定意见认定本案被诉侵权人的现有技术抗辩成立，存在错误，应予纠正。

由于对被诉侵权技术方案与涉案专利的区别技术特征g与G，双方当事人均认可属于等同的技术特征，且本案不适用禁止反悔原则，故被诉侵权技术方案已落入专利权的保护范围。又因本案被诉侵权人的现有技术抗辩不能成立，故其行为构成侵犯本案专利的行为，依法应当承担停止侵权的民事责任。因中誉公司未举证证明其所受损失以及本案被诉侵权人因侵权所获利益，亦无专利许可费可以参照，故在综合考虑涉案专利系实用新型专利权、侵权行为持续时间有限、涉案专利在产品中的作用、以及中誉公司为调查、制止侵权所支付的合理费用等因素的基础上，酌定本案的赔偿数额为20万元。因中誉公司未举证证明被诉侵权产品的库存、生产专用模具以及书面、网站宣传材料等情况，故对其相关诉讼请求不予支持。

基于上述理由，最高人民法院认为二审判决认定本案被诉侵权人不构成对涉案专利权的侵犯，适用法律错误，应予纠正，故判决如下：

（1）撤销二审判决和一审判决；

（2）本案被诉侵权人于本判决送达之日起15日内赔偿中誉公司经济损失20万元；

（3）驳回中誉公司的其他诉讼请求。

六、评析

本案涉及对部分权利要求被宣告无效的发明或者实用新型专利权是否应当适用禁止反悔原则以及如何适用禁止反悔原则的问题。由于现实中专利复审委员会作出宣告部分权利要求无效的无效宣告请求审查决定的情形比较常见，上述问题在现实中经常会遇到，因此讨论这些问题具有现实意义。

（一）关于权利要求的撰写方式

本案实用新型专利授权时有6项权利要求，其中：权利要求1为独立权利要求，权利要求2从属于权利要求1，权利要求3从属于权利要求2，权利要求4-6均从属于权利要求1。经无效宣告程序，该专利的权利要求1-2，4-6均被宣告无效，仅在原权利要求3的基础上维持该专利权有效。

众所周知，权利要求可以分为独立权利要求和从属权利要求两种类型。所谓"从属权利要求"，只是权利要求的一种"缩略"撰写方式，通过采用"如权利要求1所述的XXX"之类的措辞，就可以将被从属的那一项权利要求记载的全部技术特征"援引"进来而不必重复记载，撰写者只需写入该从属权利要求附加的技术特征即可。这种"缩略"方式不仅能够方便权利要求的撰写，而且能够使人们更为清楚和容易地辨别不同权利要求之间的差别。应当指出的是，权利要求书中包含的每一项权利要求，不论是独立权利要求还是从属权利要求，都独立地限定了一种要求予以保护的技术方案，不同权利要求限定了不同的保护范围，从提供法律保护的角度来看，所有各项权利要求所要求保护的技术方案都是"独立"的，彼此之间并不存在"从属"关系。

为了更为清楚显示这一点，下面将以"缩略"方式撰写的本案专利权利要求1-3还原为以"全文"方式撰写的权利要求1-3：

1. 一种模型舵机，其特征在于包括支架、电机、丝杆和滑块，所述支架包括电机座和滑块座，所述电机设置于所述电机座内，在所述电机的一端设置有一主动齿轮，所述丝杆纵向穿过所述滑块座，在所述丝杆的一端设置有一从动齿轮，所述主动齿轮和所述从动齿轮相互啮合，所述滑块穿在所述丝杆上，并且所述滑块伸出所述滑块，在所述滑块底面设置有一电刷。

2. 一种模型舵机，其特征在于包括支架、电机、丝杆和滑块，所述支架包括电机座和滑块座，所述电机设置于所述电机座内，在所述电机的一端设置有一主动齿轮，所述丝杆纵向穿过所述滑块座，在所述丝杆的一端设置有一从动齿轮，所述主动齿轮和所述从动齿轮相互啮合，所述滑块穿在所述丝杆上，并且所述滑块伸出所述滑块，在所述滑块底面设置有一电刷，在所述支架上，设置有固定到一舵机驱动电路板上的固定孔。

3. 一种模型舵机，其特征在于包括支架、电机、丝杆和滑块，所述支架包括电机座和滑块座，所述电机设置于所述电机座内，在所述电机的一端设置有一主动齿轮，所述丝杆纵向穿过所述滑块座，在所述丝杆的一端设置有一从动齿轮，所述主动齿轮和所述从动齿轮相互啮合，所述滑块穿在所述丝杆上，并且所述滑块伸出所述滑块，在所述滑块底面设置有一电刷，在所述支架上，设置有固定到一舵机驱动电路板上的固定孔，在所述舵机驱动电路板上印制有一条形的碳膜和银膜，所述支架通过其上的固定孔固定到所述舵机驱动电路板上，且所述滑块底面上的电刷与该碳膜和银膜相接触。

如此撰写的上述三项权利要求都属于"独立权利要求"的类型。由于这三项权利要求记载的技术特征逐项增多，因此其限定的专利保护范围逐项缩小。显然，如果统统采用"全文"方式来撰写权利要求书，整个权利要求书就会变得繁复冗长，远不如采用"缩略"方式予以撰写的权利要求书简明，因而有可能被认为不符合2008年修改的《专利法》第二十六条第四款关于权利要求书应当"清楚、简明地限定要求保护的范围"的规定。

所谓"宣告权利要求1和权利要求2无效，在权利要求3的基础上维持专利权有效"，是指从权利要求书中删除权利要求1和权利要求2，只保留权利要求3。从上面还原的权利要求可以看出，无效宣告请求审查决定仅仅是将权利要求3原封不动地保留下来，并没有对其进行任何修改。

（二）禁止反悔原则是否能够适用于部分宣告无效的专利权

最高人民法院2009年颁布的《关于审理侵犯专利权纠纷案件应用法律若干问题的解释》第六条规定：

专利申请人、专利权人在专利授权或者无效宣告程序中，通过对权利要求、说明书的修改或者意见陈述而放弃的技术方案，权利人在侵犯专利权纠纷案件中又将其纳入专利保护范围的，人民法院不予支持。

在本案中，宣告权利要求1和权利要求2无效，在权利要求3的基础上维持专利权有效的无效宣告请求审查决定系由专利复审委员会作出，并非本案专利权人所为，专利权人没有修改权利要求3记载的技术特征。最高人法法院的再审判决指出：

> 一般情况下，只有权利要求、说明书修改或者意见陈述两种形式才有可能产生技术方案的放弃，进而导致禁止反悔原则的适用。

> 本案中，独立权利要求1及其从属权利要求2均被宣告无效，在权利要求2的从属权利要求3的基础上维持涉案专利有效。问题在于，权利要求3是否仅仅因此构成对其所从属的权利要求1-2的限制性修改。

> 独立权利要求被宣告无效，在其从属权利要求的基础上维持专利权有效，该从属权利要求即实际取代了原独立权利要求的地位。但是，该从属权利要求的内容或者所确定的保护范围并没有因为原独立权利要求的无效而改变。因为每一项权利要求都是单独的、完整的技术方案，每一项权利要求都应准确、完整地概括申请人在原始申请中各自要求的保护范围，而不论其是否以独立权利要求的形式出现。正基于此，每一项权利要求可以被单独地维持有效或者被宣告无效。每一项权利要求的效力应当被推定为独立于其他权利要求项的效力。

即使从属权利要求所从属的权利要求被宣告无效，该从属权利要求并不能因此被认为无效。所以，不应当以从属权利要求所从属的权利要求被无效而简单地认为该从属权利要求所确定的保护范围受到限制。

本案二审判决认为，从属权利要求3被维持有效的原因在于在权利要求1中增加了从属权利要求2以及从属权利要求3记载的附加技术特征，这实质上就是修改权利要求1，该认定有所不当。

禁止反悔原则适用于导致专利权保护范围缩小的修改或者陈述，亦即由此所放弃的技术方案。该放弃，通常是专利权人通过修改或意见陈述进行的自我放弃。

笔者认为，依据最高人民法院上述司法解释的规定，能否适用禁止反悔原则最为关键的条件是判断专利申请人或者专利权人在专利授权程序或者无效宣告程序中是否"放弃技术方案"，修改或者意见陈述只是放弃技术方案而采取的方式。本案涉及的一个问题在于：所谓"放弃"，是否必须是专利权人作出的"自我放弃"？

在专利审查过程中，专利申请人可以进行两种类型的修改：一是主动修改；二是被动修改。后者属于专利申请人应审查员要求而进行的修改，至少不能说是完全自愿的，在许多情况下是出于无奈，因为若非如此其专利申请就会遭致驳回。适用禁止反悔原则时不必区分这两种不同性质的修改，更不必追究审查员提出的要求是否正确是否必要，因为专利申请人不同意审查意见的，完全可以据理力争，不予接受；如果没有这样做，而是按照审查员的要求进行修改，则表明专利申请人已经接受认可该要求，理应对其日后行使其专利权的主张带来约束作用。

在专利无效宣告程序中，专利权人也可以通过两种方式缩小其专利权保护范围，以达到部分维持其专利权有效的结果：一是主动修改其权利要求书，删除保护范围过宽的权利要求，保留保护范围适当的权利要求；二是坐等专利复审委员会作出宣告保护范围过宽的权利要求无效，维持保护范围适当的权利要求有效的审查决定。在适用禁止反悔原则时，同样不必区分这两种不同的缩小其保护范围的方式，因为专利权人不同意专利复审委员会审查决定的，完全可以依法提起专利行政诉讼，寻求获得法院的救济；如果没有这样做，则表明专利权人已经接受认可该审查决定，理应对其日后行使其专利权的主张产生约束作用。

归纳起来，无论是专利申请人或者专利权人主动提出缩小其专利保护范围的主张，还是被动接受认可缩小其保护范围的审查意见或者决定，都有可能导致禁止反悔原则的适用。

就本案而言，一旦宣告权利要求1和权利要求2无效的无效宣告请求审查决定生效，就表明这两项权利要求不符合《专利法》规定的授予专利权的条件，并应视为自始即不存在。此后，本案专利权人既不能享有权利要求1所提供的最为宽泛的保护范围，也不能享有权利要求2提供的较为宽泛的保护范围，只能享有权利要求3提供的较为狭窄的保护范围。从保护的角度来看，专利权人所能享有的保护范围无疑被缩小了。既然缩小了专利权的保护范围，就必然存在被放弃的技术方案，从而对专利权人行使部分维持有效的专利权产生约束作用。这种约束作用体现在：假如该专利权人一开始获得的专利只有权利要求3，在其提出专利侵权指控时，通过适用等同原则将与原权利要求1或者权利要求2相接近的技术方案纳入权利要求3保护范围的主张或许能够得到法院的支持；然而在现在的情况下已经没有如此适用等同原则的可能性了，因为无效宣告请求审查决定已经明确表明权利要求1和权利要求2所限定的技术方案不能获得法律保护。这种约束作用正是禁止反悔原则所能发挥的作用。

依据《专利审查指南》的有关规定，本案专利权人在无效宣告程序中也有可能采取修改其权利要求书的作法，即删除权利要求1-2和权利要求4-6，仅保留权利要求3，然后由专利复审委员会在经修改的专利文件的基础上作出维持专利权有效的审查决定。采取这种作法与专利复审委员会直接作出在权利要求3的基础上维持本案专利有效的无效宣告请求审查决定相比没有什么实质性不同。如果认为前一种做法属于专利权人的"自我放弃"，因而应当适用禁止反悔原则；后一种做法不属于专利权人的"自我放弃"，因而不应适用禁止反悔原则，则将导致不一致的结果。事实上，专利权人采取前一种做法是值得鼓励的。在无效宣告请求人提出有力证据证明权利要求1不具备新颖性或者创造性的情况下，专利权人主动通过修改权利要求书限制其保护范围不失为明智之举，可以节约程序，对双方当事人和专利复审委员会均有好处。如果对禁止反悔原则的适用采取上述立场，专利权人为了避免对其产生不利影响，就会感到与其在无效宣告程序中主动限制其专利权保护范围，还不如"扛到底"，任凭专利复审委员会"发落"，其结果对专利制度的正常运作没有什么益处。

（三）如何认定"放弃的技术方案"

在认定应当适用禁止反悔原则之后，进一步的问题在于确定专利权人"放弃"了哪些技术方案，也就是哪些技术方案会因禁止反悔原则的适用而受到影响，不能通过适用等同原则纳入专利权的保护范围。该问题是一个不容易回答的问题，下面进行一些讨论。

为了便于表述，下面仅就一种比较简单的情况进行分析，即：原始授予的专利包括两项权利要求，权利要求1是独立权利要求，权利要求2是从属于权利要求1的从属权利要求；经无效宣告程序，权利要求1被宣告无效，在权利要求2的基础上维持该专利权有效。

为了便于读者理解，将权利要求1的文字所确定的保护范围比喻为整个一个鸡蛋，将权利要求2的文字所确定的保护范围比喻为该鸡蛋的蛋黄。

在无效宣告请求审查决定缩小了该专利权的保护范围的情况下，应当如何认定哪些技术方案被"放弃"了？

对此会有各种不同观点，如下是比较极端的两种观点：

一是认为适用禁止反悔原则的结果是将该专利权的保护范围严格限定在被维持的权利要求2的文字所确定的保护范围内，不允许通过适用等同原则对其作任何扩张。换言之，从该鸡蛋的蛋壳到蛋黄之间的所有蛋清部分都认定为被"放弃"了，不能再纳入专利权的保护范围，只剩下"光溜溜"的蛋黄。

二是认为适用禁止反悔原则的结果是仅仅排除了通过适用等同原则将权利要求1的文字所确定的那一技术方案纳入被维持的专利权的保护范围，对原权利要求1和权利要求2之间的区域仍可适用等同原则。换言之，认为被"放弃"的只是蛋壳，仍然允许通过适用等同原则将全部蛋清纳入专利权的保护范围。

上述两种观点都显得过于偏激了。前者对部分维持后的专利权保护范围的限制过于严厉，不利于保护专利权人合法权益；后者对部分维持后的专利权保护范围的限制过于宽松，大为削弱了禁止反悔原则应当发挥的作用。较为合理的是一种折中的观点，也就是所谓"适度禁止"的观点。按照这种观点，被"放弃"的不应仅仅是蛋壳，还应包括靠近蛋壳的一部分"已经坏死"的蛋清，亦即与权利要求1的文字表述的技术方案相比没有实质性不同的技术方案；被"保留"的也不应仅仅是蛋黄，还应包括靠近蛋黄的一部分"尚未坏死"的蛋清，亦即与权利要求2的文字所表达的技术方案相比没有实质性不同的技术方案。

比较起来：前述两种观点的缺点是过于偏激，不尽合理，但其优点是容易判断，公众容易预测法院的适用结果；折中观点的优点是较为合理，能够较为充分地发挥禁止反悔原则和等同原则各自应当发挥的作用，但其缺点是比较灵活，适用起来难度较大，公众难以预测法院的适用结果。

权衡利弊，何去何从？笔者还是比较倾向于采用折中观点，因为类似情形在我国专利制度中还有很多，例如在授予专利权的条件方面，新颖性当然更容易判断，创造性的判断则灵活得多，然而为了构建更为合理的专利制度，显然不能仅仅为了便于判断就只保留新颖性条件而摒弃创造性条件；又例如在专利权的保护方面，严格采用周边限定制当然更容易确定专利权的保护范围，采用折中限定制则灵活得多，然而为了构建更为合理的专利制度，显然也不能仅仅为了便于判断就选择过于严厉的周边限定制而摒弃折中限定制。

美国是首先创立并采用等同原则和禁止反悔原则的国家，经过上百年的实践已经积累了较为丰富的经验，然而在禁止反悔原则的适用尺度方面至今仍存在不同观点，其法院的判决也存在不尽一致的现象，因此还不能说已经到了尽善尽美的地步。对我国来说，更需要通过对具体案件的审判实践和讨论研究，不断总结经验，建立必要且合理的规则。

（四）对本案的具体分析

最后，讨论对包含本案权利要求3记载的"所述舵机驱动电路板上印制有一条形的碳膜和银膜"这一技术特征的技术方案应当如何适用禁止反悔原则的问题。

如最高人民法院再审判决所述，本案专利的说明书和原权利要求3记载了这一技术特征，而权利要求1和权利要求2均未提及该技术特征。因此就权利要求3记载的这一技术特征而言，宣告本案权利要求1和权利要求2无效的结果并没有导致放弃与该技术特征相近的技术方案。在此情况下，即使认定应当对被维持的权利要求3适用禁止反悔原则，也不应得出对权利要求3记载的这一技术特征完全不能适用等同原则的结论。

然而设想另一种情况，假如权利要求1记载了技术特征"所述舵机驱动电路板上印制有一条形碳膜和一条形贵金属膜"，❶原权利要求3进一步记载了附加技术特征"所述贵金属膜为银膜"。由于"贵金属膜"属于上位概念，"银膜"属于其下位概念，在这种情况下如果宣告权利要求1无效，在权利要求3的基础上维持该专利权有效，应当表明专利权人已经接受认可放弃采用"贵金属"这一上位概念表述的技术方案。此时，适用禁止反悔原则的结果就可能是认定不宜将采用金膜的技术方案纳入被维持的权利要求3的等同范围。假如这样，就难以得出认定本案被诉侵权人采用金膜的行为构成侵犯本案专利权行为的结论。

对上述假设情况的分析结果也是前面讨论结论的一个佐证，表明即使由专利复审委员会作出宣告部分权利要求无效的审查决定，而非由专利权人在无效宣告程序中主动对其权利要求书提出修改，也仍然存在适用禁止反悔原则的必要性。

---

❶ "贵金属"是金、银、铂、锇、铱、钌、铑、钯这八种金属的统称。

"小型计算机系统接口双向连接器"
实用新型专利侵权诉讼案

一、案件提要

当事人

专利权人：安费诺东亚电子科技(深圳)有限公司
被诉侵权人：深圳盛凌电子股份有限公司

深圳市中级人民法院的一审判决

案号：（2009）深中法民三初字第288
合议庭成员：于春辉、罗映清、祝建军
结案日期：2010年11月26日

广东省高级人民法院的二审判决

案号：（2011）粤高法民三终字第59号
合议庭成员：邓燕辉、李泽珍、欧丽华
结案日期：2011年3月29日

最高人民法院的再审裁定

案号：（2011）民申字第1318号
合议庭成员：金克胜、罗霞、朱理
结案日期：2012年2月15日

涉及的法律规定

2000年修改的《专利法》第五十六条、2000年修改的《专利法》第五十九条

判决要点

1. 除非说明书中有特别说明，说明书及附图对权利要求书内容的解释不能认为是采用说明书的具体实施方式，尤其是实施例的具体描述替换权利要求书中相应的技术特征，即说明书实施例可以用于支持和解释权利要求，但不能作为限制而将其读入权利要求中。

2. 我国专利法规定的许诺销售行为不仅包括作出销售要约的行为，也包括作出销售要约邀请的行为。

3. 通过对说明书附图进行测量得到的尺寸参数不能用于限定权利要求的技术特征，原因在于发明或者实用新型专利权的保护范围以其权利要求书的内容为准，说明书是权利要求书的依据，而权利要求是在说明书的基础上，用构成发明或者实用新型技术方案的技术特征来表明要求专利保护的范围。只有记载在权利要求书中的技术特征才会对该权利要求的保护范围产生限定作用，在说明书中予以描述而没有在权利要求书中予以记载的技术特征，不能用来限定权利要求保护范围。

二、本案专利介绍

本案涉及名称为"小型计算机系统接口双向连接器"第200520062594.5号实用新型专利，其申请日为2005年8月3日，授权公告日为2006年8月30，专利权人为安费诺东亚电子科技（深圳）有限公司（下称"专利权人"）

本案专利涉及的是计算机系统接口连接器，尤其是一种小型计算机系统接口双向连接器。

计算机系统接口连接器是一种专用于小型计算机系统设备间线缆连接的器件，它与相应的线缆组装后，与安装在PCB板端的插座端连接器插合，实现电信号的传输，并结合线缆的特点对电信号进行EMI屏蔽保护。计算机系统接口连接器为防止插接错误，通常采用梯形槽插结构，也就是说连接器的插口方向与设备的插口方向必须一致，否则就无法插接。

如本案专利的说明书所述，现有计算机系统接口插接器由两端设有螺钉孔的梯形槽框架，由通过绝缘体安装在梯形槽内的端子和壳体及端盖组成，所述端盖铆接在装有绝缘体和端子的梯形槽框一端，再与壳体相套后通过螺丝组装成一体。这种插接器与设备输出线缆的组装方向是唯一的，用线缆组件进行设备之间连接时线缆从设备出线的方向也是唯一的。这种唯一性给实际使用带来以下缺陷：（1）灵活性或适应性较差，设备的安装位置和空间利用率都会因插头连接器方向的唯一性受到限制；（2）设备安装和调试人员对设备的维护操作不便。

本案专利的目的是针对上述计算机系统接口连接器存在的缺陷，提供一种灵活性好，能满足设备线缆出线两个方向选择的小型计算机系统接口双向连接器。

本案专利说明书的附图如下，其中：

附图1是双向连接器结构示意图；

附图2是双向连接器的分解结构示意图；
附图3是双向连接器的端盖放大结构示意图；
附图4是双向连接器的端盖另侧放大结构示意图。

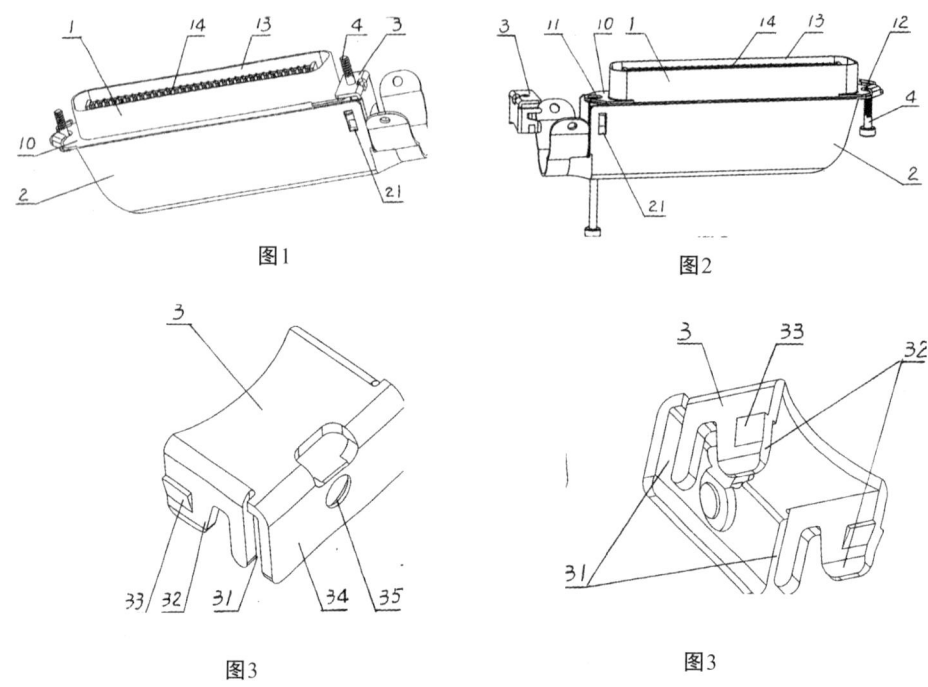

图1　　　　　　　　　　图2

图3　　　　　　　　　　图3

从图1和图2可以看出，小型计算机系统接口双向连接器由插接本体1、壳体2和端盖3组成。插接本体1由两端设有螺钉孔11、12的梯形槽框架10和通过绝缘体安装在梯形槽框架10之梯形槽13内的端子14组成。壳体2端两侧壁分别开设有扣孔槽21。

端盖3如图3、图4所示，端盖3设有可卡入梯形槽框架端的定位槽31，端盖3的两卡脚32外侧分别设有可卡入壳体2两侧壁扣孔槽21的止退凸33，端盖3的端面34设有与梯形槽框架10端螺孔11或12相对应的螺孔35。梯形槽框架10两端螺钉孔11、12配有用于与PCB板上插座端连接器插合的螺钉4。

小型计算机系统接口双向插接器的装配方法是：将端子14固定在绝缘体内，端子14尾部可刺破并固定夹紧线缆，将设有端子14的绝缘体置于梯形槽框架10之梯形槽13内并固定组成插接本体1。

进行线缆组装时，将每一根线缆压接在相应的端子14尾部，然后将插接本体1置于壳体2内，插接本体1端插入壳体2尾端的槽口22内，最后将端盖3的两卡脚32从壳体2的线缆接入端插入，端盖3插入到位时，端盖3的定位槽31将梯形槽框架10端固定，端盖3两卡脚32外侧止退凸33可分别卡入壳体2两侧壁扣孔槽21，即完成小型计算机系统接口双向插接器与线缆的装配。

本实用新型小型计算机系统接口双向连接器设计科学，结构简单、合理。使用时，可根据设备线缆的出线方向确定连接器的安装方向，既有利于设备之间的安装位置选择，也有利于空间利用率，同时大大方便了设备的安装和调试作业。

本案专利的权利要求书是：

    1. 一种小型计算机系统接口双向连接器，包括：由两端设有螺钉孔的梯形槽框架和通过绝缘体安装在梯形槽框架之梯形槽内的端子组成的插接本体、壳体和端盖，其特征在于：端盖设有可将插接本体之梯形槽框架端固定的定位槽，端盖与壳体间为卡扣连接。

    2. 根据权利要求1所述的小型计算机系统接口双向连接器，其特征在于：壳体(2)端两侧壁分别开设有扣孔槽(21)。

    3. 根据权利要求1所述的小型计算机系统接口双向连接器，其特征在于：端盖(3)的两卡脚(32)外侧分别设有可卡入壳体(2)两侧壁扣孔槽(21)的止退凸(33)。

三、深圳市中级人民法院的一审判决

本案专利权人于2009年8月31日向深圳市中级人民法院（下称"一审法院"）提起专利侵权诉讼，指控深圳盛凌电子股份有限公司（下称"被诉侵权人"）生产、销售、许诺销售了侵犯本案专利权的产品SCSI连接器，构成了侵犯本案专利权的行为，请求法院责令本案被诉侵权人：（1）立即停止侵权行为，即立即停止生产、销售、许诺销售侵权产品，并销毁库存侵权产品和模具；（2）赔偿本案专利权人经济损失人民币100万元；（3）承担本案诉讼费。

本案被诉侵权人辩称其产品未落入本案专利权保护范围，不构成侵犯本案专利权的行为。

本案专利权人提交了国家知识产权局2010年2月5日作出的专利检索报告，认定本案专利具备新颖性和创造性。本案被诉侵权人向专利复审委员会申请宣告本案专利无效，专利复审委员会于2010年3月23日做出第14589号无效宣告请求审查决定书，维持本案专利有效。

本案专利权人提交了深圳市公证处（2009）深证字第116994号公证书，

显示2009年7月30日，本案专利权人的委托代理人在深圳市公证处的电脑上通过互联网登录http：//www.shinning.com.cn网站（本案被诉侵权人的网站），该网站上有本案专利权人指控的型号为SCSI的被诉侵权产品的广告图片。本案专利权人认为，从该图片可以清晰看出该产品的技术特征，即一种小型计算机系统接口双向连接器，它由两端设有螺钉孔的梯形槽框架和通过绝缘体安装在梯形槽框架之梯形槽内的端子组成的插接本体、壳体和端盖，端盖设有可将插接本体之梯形槽框架端固定的定位槽，端盖与壳体间为卡扣连接。通过对比，该产品的技术特征与本案专利权利要求1记载的技术特征相同，落入了本案专利的保护范围。

本案被诉侵权人辩称其只是在其网页上展示了该产品的图片，并未生产、销售该产品，该展示行为不应被认作许诺销售行为。

本案专利权人曾向被诉侵权人发出停止侵犯其专利权的警告函，被诉侵权人于2010年4月8日的回函称其生产销售的"64Pin SCSI连接器"没有本案专利权。同时，被诉侵权人在回函中对其所称的"64Pin SCSI连接器"的技术特征通过绘图的方式进行了描述。本案诉讼过程中，专利权人申请对被诉侵权人生产、销售的被诉侵权产品进行证据保全，一审法院依其申请依法采取了证据保全措施。一审法院在本案被诉侵权人处保全的被诉侵权产品的技术特征与被诉侵权人在上述回函中通过绘图所描述的"64Pin SCSI连接器"的技术特征相同。一审法院保全的被诉侵权产品的技术特征为：该计算机系统接口双向连接器，由两端设有螺钉孔的梯形槽框架和通过绝缘体安装在梯形槽框架之梯形槽内的端子组成的插接本体、壳体和端盖，端盖与壳体间卡扣连接，但端盖上没有可将插接本体之梯形槽框架端固定的定位槽。

从本案专利说明书附图来看，该专利技术的端盖有一个定位柱，其与端盖顶部形成了定位槽，其功能是利用该定位槽的空隙将端盖与插接本体定位。一审法院保全的被诉侵权产品的端盖没有定位柱。

本案专利权人认为，专利说明书只是用来解释专利权利要求书，而不能用来限制权利要求书，故即使本案专利说明书附图有一个定位柱，其与端盖顶部形成了定位槽的技术特征，但不能得出只有该定位柱与端盖顶部之间的空间才形成定位槽，没有该定位柱，端盖顶部与端盖侧面部分仍形成了定位槽。

本案被诉侵权人不同意本案专利权人的这一主张，认为法院保全的被诉侵权产品没有定位柱，自然也就没有定位槽的结构特征，端盖顶部与端盖侧面部分不具有定位槽的技术特征。

一审法院认为，本案为侵犯实用新型专利权纠纷，涉及的被诉侵权产品分为两类：一类是一审法院在被诉侵权人处保全的被诉侵权产品；另一类是被诉侵权人在其网站上做广告的被诉侵权产品。

将一审法院保全的被诉侵权产品的技术特征与本案专利权利要求1描述的技术特征进行对比,因该被诉侵权产品缺乏定位槽的技术特征,故该被诉侵权产品未落入本案专利权的保护范围。本案专利权人主张:"专利说明书只是用来解释专利权利要求书,而不能用来限制权利要求书,故即使涉案专利说明书附图有一个定位柱,其与端盖顶部形成了定位槽的技术特征,也不能得出只有该定位柱与端盖顶部的空间才形成定位槽,没有该定位柱,端盖顶部与端盖侧面部分仍形成了定位槽"。一审法院认为本案专利权人的这一主张不成立,理由在于:只有端盖上有了定位柱并与端盖顶部之间形成了合适的空间才具有定位的功能,如端盖上没有定位柱,端盖顶部与端盖侧面部分无法形成适度的空间以起到定位的功能,故没有定位柱就不可能形成定位槽。因此,本案被诉侵权人生产、销售、许诺销售其上述产品的行为合法。

将本案被诉侵权人在其网站上做广告的被诉侵权产品的技术特征与本案专利权利要求1所描述的技术特征进行对比,二者的技术特征相同,该被诉侵权产品的技术特征落入了本案专利权的保护范围,但因本案专利权人无证据证明被诉侵权人有生产、销售该被诉侵权产品的行为,加之被诉侵权人又否认其生产、销售了该被诉侵权产品,故一审法院依法认定被诉侵权人以许诺销售的方式侵犯了本案专利权,应承担停止许诺销售专利产品的侵权责任。因本案专利权人提交的证据仅证明了本案被诉侵权人从事了许诺销售侵权行为,并无实际生产、销售行为,故对本案专利权人请求责令被诉侵权人停止生产、销售专利产品并赔偿经济损失的诉讼请求不予支持。本案专利权人的其他诉讼请求亦缺乏事实及法律依据,不予采信。

基于上述理由,一审法院判决:(1)本案被诉侵权人立即停止以许诺销售方式侵犯本案专利权的行为;(2)驳回本案专利权人的其他诉讼请求。

四、广东省高级人民法院的二审判决

本案专利权人和被诉侵权人均不服一审判决,向广东省高级人民法院(下称"二审法院")提起上诉。

本案专利权人上诉称:

(1)审判决认为法院保全的被诉侵权产品(下称"被诉侵权产品I")因缺乏定位槽的技术特征,未落入本案专利的保护范围,属于事实认定、适用法律错误,其理由在于:

(a)被诉侵权产品的端盖设有一"U形槽",且该"U形槽"的作用在于实现插接本体之梯形槽框架端的固定,更具体地说:第一,将被控产品的插接本体之梯形槽框架插入壳体中后,插接本体之梯形槽框架在下、右、前、后四个方向已被壳体限制,而在左、上两个方向上是自由的;第二,被诉侵权产品利用端盖的"U形槽"的顶壁来约束插接本体之梯形槽框向上的移动;第三,被诉侵权产品利用端盖的"U形槽"的左侧壁来约束插接本体之梯形槽框架往左的移动;第四,由于端盖设置有"U形槽",从而在端盖的前、后侧壁均形成一"避空位",使端盖与壳体间能够实现卡扣连接。综上所述,被诉侵权产品I的端盖由于设有"U形槽",使插接本体之梯形槽框架在上、下、左、右、前、后六个方向全部被约束,同时由于在端盖前、后侧壁形成"避空位",使得端盖与壳体间能够实现卡扣连接,进而实现对插接本体之梯形槽框架端的固定。由此可见,被诉侵权产品端盖上的"U形槽"结构就是用来固定插接本体之梯形槽框架端的,其设置目的系为了实现定位功能,属于"定位槽"。因此被诉侵权产品具有本案专利权利要求记载的"端盖设有可将插接本体之梯形槽框架端固定的定位槽"这一技术特征。

(b)一审判决认为"只有端盖上有了定位柱并与端盖顶部之间形成了合适的空间才具有定位的功能,没有定位柱不可能形成定位槽"是错误的论断,其理由在于:第一,所谓"定位柱"并不是专利权利要求记载的必要技术特征,且如前面所述,由于插接本体之梯形槽框架往下方向已被壳体所限制,因此实际上不必专门设置一"定位柱"来约束插接本体之梯形槽框架往下移动,由此可见是否具有"定位柱"对实现"插接本体之梯形槽框架端的固定"没有任何实质性影响;第二,在本专利中,如果单单依靠定位槽的作用而没有端盖与壳体之间的卡扣连接,插接本体之梯形槽框架端是无法固定的,即便是专利具体实施例中公开的具有"定位柱"的"定位槽"亦无法单独、直接将插接本体之梯形槽框架端固定,也就是说"定位槽"与"端盖与壳体之间的卡扣连接"二者必须进行配合设计,方能达到将插接本体之梯形槽框架端固定的目的,二者缺一不可,因此"定位槽"的概念应当从"定位槽"在本案专利权利要求记载的整个技术方案中所起的作用来理解和界定,不应当脱离技术方案的内容,简单、机械地从字面上进行理解;第三,通过以上分析可知,本案专利权利要求所述的"定位槽"包括说明书实施例中公开的型式(即专门设置一定位柱),也包括被诉侵权产品的"U形槽"结构型式,该两种定位槽的型式均落入专利的保护范围,也就是说本案专利说明书实施例中公开的定位槽只是权利要求书所述"定位槽"的一种型式,说明书公开的实施例不应当限制本案专利权利要求保护的范围。

综上所述,本案被诉侵权产品具有"定位槽"的技术特征,且被诉侵权产品I覆盖了本案专利权利要求1记载的全部技术特征,因而落入本案专利的保护范围，构成侵权行为。

（2）对本案被诉侵权人网站上的被诉侵权产品（下称"被诉侵权产品Ⅱ"），一审判决认定本案被诉侵权人以许诺销售方式侵犯了本案专利权，属于事实认定不清、适用法律错误，其理由在于：从深圳市公证处（2009）深证字第116994号公证书可清楚地看出本案被诉侵权人在网站上进行许诺销售，使用的是SCSI连接器产品的实物照片，而不是产品图纸，足以说明本案被诉侵权人实际上已经制造出被诉侵权产品Ⅱ，也即证明该被诉侵权人实施了生产行为。一审法院对上述事实未予认定，系遗漏重要事实。由此可见，本案被诉侵权人大肆生产、销售、许诺销售被诉侵权产品Ⅱ，获取高额非法利益，严重损害了本案专利权人的合法权益。

（3）一审审法院未判令本案被诉侵权人承担赔偿责任，属于事实认定、适用法律错误，其理由在于：第一，如前所述，本案被诉侵权人作为国内具有一定影响力和竞争力的连接器生产经营企业，大肆生产、销售、许诺销售侵犯本案专利权的产品，从中获取巨额非法利润，情节十分恶劣，给本案专利权人造成严重损害，理应承担赔偿损失的法律责任；第二，退一步讲，即使本案被诉侵权人是以许诺销售方式实施侵权行为，亦应当承担赔偿责任，且赔偿数额应考虑本案专利权人因调查、制止侵权所支付的合理费用。

归纳起来，本案专利权人的上诉请求是：

（1）认定法院保全的被诉侵权产品落入本案专利的保护范围；

（2）将一审判决第一项改判为：本案被诉侵权人立即停止生产、销售、许诺销售侵权产品，并销毁库存侵权产品和模具；

（3）撤销一审判决第二项；

（4）判令本案被诉侵权人赔偿专利权人经济损失（包含因调查、制止侵权所支付的合理费用）共计人民币100万元；

（5）由本案被诉侵权人承担一、二审诉讼费。

本案被诉侵权人上诉称：一审法院保全的被诉侵权产品不构成侵权，被诉侵权人在网页上展示产品图片的行为不构成许诺销售，具体理由如下：

（1）本案中，被诉侵权人仅在其网站的"产品中心"展示了产品的图片，该产品是外购的，然后再拍照得到网页上的图片，通过公司网页展示的目的是为了说明公司有生产这种产品的能力；本案被诉侵权人的网页中未出现与"销售"相关的字样，也没有价格、送货日期、数量、销售联系人等信息，可见并没有明确地作出销售该产品的意思表示。

（2）网页图片的产品并未处于能够销售的状态。根据有关案例，在判断是否构成许诺销售时，被诉侵权人不但应当具有即将销售侵权专利权产品的明确的意思表示，而且在作出意思表示之时其产品应当处于能够销售的状态。上述观点可参阅《人民法院案例选（2009年第1辑）》收录的案例"伊莱利利公司诉甘李药业有限公司侵犯专利权纠纷案"。与该案例相比，本案被诉侵权人从未生产过网页中展示的产品，没有该案例中向药监局提出审批请求等生产、销售前的准备行为；在本案专利权人发出侵权警告函之后，被诉侵权人已立即删除了该网页上的相关产品图片。

由上述两点的分析可以看出：第一，本案被诉侵权人实际并未生产过网页中展示的产品，只是在一小段时间内通过网页展示了产品图片；第二、本案被诉侵权人在网页上展示产品图片仅为了表示其生产能力，而不是作出销售商品的意思表示；第三、网页图片所对应的产品从未处于能够销售的状态。基于这些事实，再结合同类案件的审判实践，完全应当定本案被诉侵权人的行为不构成"许诺销售"行为。

归纳起来，本案被诉侵权人的上诉请求是：撤销一审判决，依法驳回本案专利权人的全部诉讼请求；判令本案专利权人承担本案全部诉讼费用。

二审法院另查明，本案被诉侵权人于2010年4月8日向本案专利权人发去了《关于我公司"64Pin SCSI连接器"不侵犯贵方专利权的声明》，其中称："贵方于2009年6月给我公司发来专利侵权警告函，其中提到我公司'64Pin SCSI连接器'涉嫌侵犯贵方实用新型专利。除上述侵权警告函之外，贵方还向华为技术有限公司等单位作了通报，导致这些客户以我公司产品侵权为由取消了从我公司购买该'64Pin SCSI连接器'的订单，给我公司造成了非常巨大的损失。关于我公司'64Pin SCSI连接器'的具体结构，请参阅附件。"该声明所附的被诉侵权产品的结构与一审法院在被诉侵权人处进行证据保全时所扣押的被诉侵权产品的结构相同。

二审法院认为，本案专利权人指控被诉侵权人侵犯本案专利权的行为有两个：一是2009年7月30日本案专利权人通过公证方式在被诉侵权人网站上发现被诉侵权产品，二是一审法院于2009年10月14日依申请在本案被诉侵权人处保全的被诉侵权产品，该两种被诉侵权产品是不同产品，上述被诉侵权行为分别发生在2009年10月1日前后。由于2008年修改的《专利法》自2009年10月1日起施行。根据最高人民法院《关于审理侵犯专利权纠纷案件应用法律若干问题的解释》的规定，被诉侵犯专利权行为发生在2009年10月1日以前的，人民法院适用修改前的《专利法》；发生在2009年10月1日以后的，人民法院适用修改后的《专利法》。因此，对本案前一被诉侵权行为应适用修改前的《专利法》，对后一被诉侵权行为应适用修改后的《专利法》。本案中，一审判决认定被诉侵权人在其网站上展示的被诉侵权产品落入了本案专利权的保护范围，双方当事人对此均没有异议，故予以维持。本案双方当事人在二审中的争议焦点是：

（1）一审法院查封的被诉侵权产品是否落入了本案专利权的保护范围；

（2）本案被诉侵权人在其网站上展示被诉侵权产品的行为是否构成许诺销售，被诉侵权人应承担何种民事责任。

二审判决的理由是：

（一）关于一审法院查封的被诉侵权产品是否落入了本案专利权保护范围的问题

本案专利权利要求1为："一种小型计算机系统接口双向连接器，包括：由两端设有螺钉孔的梯形槽框架和通过绝缘体安装在梯形槽框架之梯形槽内的端子组成的插接本体、壳体和端盖，其特征在于：端盖设有可将插接本体之梯形槽框架端固定的定位槽，端盖与壳体间为卡扣连接。"

根据说明书现实具体实施方式的附图3、4，在端盖两卡脚32与端盖顶部之间设有定位柱，从而形成定位槽，该定位槽是与螺钉配合用于固定端盖与插接本体1端。

本案被诉侵权人认为，本案专利只有端盖上有了定位柱并与端盖顶部之间形成了合适的空间才具有定位的功能，如果端盖上没有定位柱，端盖顶部与两卡脚之间就无法形成适度的空间以起到定位的功能，因此本案专利没有定位柱就不可能形成定位槽。

本案专利权人则认为，"定位柱"并不是本案专利权利要求记载的必要技术特征，本案专利说明书具体实施例中的定位槽只是权利要求书所述定位槽的一种型式，说明书公开的实施例不应当限制专利权利要求的保护范围，无论定位槽的型式作何变化，只要该定位槽的作用是为了实现对插接本体之梯形槽框架端的固定，就都属于本案专利的保护范围。

2008年修正的《专利法》第五十九条第一款规定："发明或者实用新型专利权的保护范围以其权利要求的内容为准，说明书及附图可以用于解释权利要求的内容。"

《专利法》并不要求申请人或专利权人在说明书中提供实施其发明或者实用新型专利的所有方式，只是要求申请人或专利权人提供他所知道和认为的优选实施方式，实施例只是对发明或者实用新型的优选实施方式的举例说明，界定发明或者实用新型专利权保护范围的依据是专利权利要求。说明书的实施例是申请人或专利权人所认为的实施其发明的优选实施方式，所记载的技术方案是具体的，其作用在于帮助所属技术领域的技术人员理解和再现发明或者实用新型的技术方案。权利要求书往往是在说明书充分公开的实施例的基础上概括而成的技术方案，其内容通常比说明书中的具体说明抽象、上位的概念，保护范围也相应是一个包含了多个实施例的集合。除非说明书中有特别说明，否则说明书及附图对权利要求书内容的解释不能认为是用说明书的具体实施方式尤其是实施例的具体描述来替换权利要求书中相应的技术特征，即说明书实施例可以用于支持和解释权利要求，但不能作为限制而将其读入权利要求中。此外，说明书虽进一步限定，但该限定是取得发明目的之外的额外的技术效果，如果没有说明书所作的进一步限定，权利要求的技术方案也能解决发明或者实用新型所要解决的技术问题，达到预期的技术效果，则说明书中的该种限定仅是优选技术方案。

　　本案中，权利要求1对"端盖设有可将插接本体之梯形槽框架端固定的定位槽"中的"定位槽"的含义没有作出解释，对其结构也没有作出进一步的限定。双方当事人对"定位槽"的含义有不同理解。根据说明书的记载，本实用新型小型计算机系统接口双向连接器的设计原理是：将现有接口插接器以铆接方式固定在梯形槽框架端的端盖改为与壳体活动连接的端盖，使梯形槽框架两端均可与端盖配合形成接口插接器的线缆接入口，进行线缆组装时，将每一根线缆压接在相应的端子14尾部，然后将插接本体1置于壳体2内，插接本体1端插入壳体2尾端的槽口22内，最后将端盖3的两卡脚32从壳体2的线缆接入端插入，端盖3插入到位时，端盖3的定位槽31将梯形槽框架10端固定，端盖3两卡脚32外侧止退凸33可分别卡入壳体2两侧壁扣孔槽21，即完成小型计算机系统接口双向插接器与线缆的装配。因此，权利要求1记载的定位槽是和螺钉配合用于固定端盖与插接本体之梯形槽框架一端的，权利要求1对该定位槽的结构、深浅、槽口的大小等均没有作出进一步的限定，故只要具备槽型结构并能起到与插接本体之梯形槽框架一端的固定作用，都属于本案专利的保护范围。在说明书的附图3、4中，在端盖两卡脚32与端盖顶部之间设有定位柱，从而形成定位槽，该定位槽在与螺钉配合用于固定端盖与插接本体之梯形槽框架一端的基础上，进一步通过定位柱与端盖顶部之间形成的适度空间来固定端盖与插接本体之梯形槽框架一端。显然，说明书附图3、4中的端盖即使没有定位柱，同样可以解决端盖与插接本体之梯形槽框架一端固定的技术问题，达到预期的技术效果，本案专利文件并没有明确指出说明书实施例是本实用新型专利唯一的实施例，也没有迹象表明说明书附图3、4所示的定位槽31是端盖设有定位槽以实现将插接本体之梯形槽框架端固定的唯一方式。因此，说明书附图对权利要求1中记载的"定位槽"所作的进一步限定不能读入权利要求1的保护范围。本案被诉侵权人认为本案专利只有端盖上有了定位柱并与端盖顶部之间形成了合适的空间才具有定位的功能，该主张不成立。

一审法院保全的被诉侵权产品亦为一种小型计算机系统接口双向连接器，包括由两端设有螺钉孔的梯形槽框架和通过绝缘体安装在梯形槽框架之梯形槽内的端子组成的插接本体、壳体和端盖，端盖设有可将插接本体之梯形槽框架端固定的定位槽，端盖与壳体间为卡扣连接。因此，被诉侵权产品全部覆盖了本案专利权利要求1的必要技术特征，落入了本案专利权的保护范围。被诉侵权人认为被诉侵权产品的"U"型结构的缺口很大，因此被诉侵权产品没有落入本案专利权利要求1的保护范围。对此二审法院认为，本案专利权利要求1对槽型结构、槽口大小等均没有作出进一步的限定，被诉侵权人的这一解释不成立，故不予支持。

（二）关于盛凌公司在其网站上展示被诉侵权产品的行为是否构成许诺销售的问题

无论是2000年修改的《专利法》还是2008年修改的《专利法》，其第十一条第一款均规定："发明和实用新型专利权被授予后，除本法另有规定的以外，任何单位或者个人未经专利权人许可，都不得实施其专利，即不得为生产经营目的制造、使用、许诺销售、销售、进口其专利产品，或者使用其专利方法以及使用、许诺销售、销售、进口依照该专利方法直接获得的产品。"

本案被诉侵权人上诉认为，其通过网页展示产品图片仅为了表示其生产能力，而不是作出销售商品的意思表示，网页图片所对应的产品从未处于能够销售的状态，因此本案被诉侵权人的行为不构成许诺销售。

二审法院认为，《合同法》第十四条规定："要约是希望和他人订立合同的意思表示，该意思表示应当符合下列规定：（一）内容具体确定；（二）表明经受要约人承诺，要约人即受该意思表示约束。"第十五条规定："要约邀请是希望他人向自己发出要约的意思表示。寄送的价目表、拍卖公告、招标公告、招股说明书、商业广告等为要约邀请。商业广告的内容符合要约规定的，视为要约。"最高人民法院《关于审理专利纠纷案件适用法律问题的若干规定》第二十四条规定："专利法第十一条、第六十三条所称的许诺销售，是指以做广告、在商店橱窗中陈列或者在展销会上展出等方式作出销售商品的意思表示。"因此，《专利法》规定的许诺销售行为不仅包括作出销售要约的行为，也包括作出销售要约邀请的行为。

本案中，被诉侵权人在其网页中展示了被诉侵权产品的图片，该图片是实物产品的照片，表明了该产品处于能够销售的状态。根据《合同法》的规定，被诉侵权人的该行为属于作出销售要约邀请的行为，亦属于我国《专利法》规定的许诺销售行为。本案与被诉侵权人所举的伊莱利利公司诉甘李药业有限公司侵犯专利权纠纷案的不同之处在于：所举案例的被诉侵权产品是药品，需要取得政府有关主管部门的批准才能销售，而当时甘李药业有限公司就被诉侵权产品正向国家食品药品监督管理局申请药品注册过程中，尚未取得药物注册批件，涉案药品还不具备上市条件，因此认定甘李药业有限公司在网站上进行宣传的行为不构成许诺销售。本案被诉侵权产品无需取得政府有关主管部门的批准就可以直接生产、销售，本案被诉侵权人在其网站上展示实物产品照片的行为足以表明其具有即将销售该产品的意思表示，该行为构成了许诺销售行为。由于双方当事人均确认本案被诉侵权人所展示的产品的技术特征全面覆盖了本案专利权利要求1的必要技术特征，因此被诉侵权人的行为构成了《专利法》第十一条第一款所述的许诺销售行为，应承担相应的侵权责任。

本案被诉侵权人认为该产品属于外购产品，而且网页中未出现与"销售"相关的字样，也没有价格、送货日期、数量、销售联系人等信息，可见被诉侵权人并没有明确地作出销售商品的意思表示。

对此二审法院认为：首先，被诉侵权人没有提供证据证明该产品是外购产品；其次，无论该产品是外购产品还是自己制造的产品，均不影响许诺销售的成立；再次，本案被诉侵权人没有在其网页中标示价格、送货日期、数量、销售联系人等信息，只能表明该行为不符合《合同法》规定的要约的构成要件，但不能因此否认该行为符合《合同法》规定的要约邀请的构成要件。因此，二审法院对本案被诉侵权人的主张不予支持。

（三）关于盛凌公司应承担何种民事责任的问题

本案证据证明本案被诉侵权人在网站上实施了许诺销售被诉侵权产品的行为；一审法院依据本案专利权人的申请在被诉侵权人处保全到被诉侵权产品，证明本案被诉侵权人实施了制造被诉侵权产品的行为；本案被诉侵权人2010年4月8日发给安费诺公司的《关于我公司"64Pin SCSI连接器"不侵犯贵方专利权的声明》称："贵方还向华为技术有限公司等单位作了通报，导致这些客户以我公司产品侵权为由取消了从我公司购买该'64Pin SCSI连接器'的订单给我公司造成了非常巨大的损失。"该声明所附的被诉侵权人产品的结构与一审法院保全的被诉侵权产品的结构一样，因此该声明证明被诉侵权人实施了销售被诉侵权产品的行为。综上，本案被诉侵权人未经专利权人许可，为生产经营目的实施了制造、销售、许诺销售侵犯本案专利权产品的行为，本案专利权人据此请求判令本案被诉侵权人停止上述侵权行为并销毁库存侵权产品，有充分的事实和法律依据，应予支持。本案专利权人没有提供证据证明被诉侵权人有专用的制造侵权产品的模具，而且判令盛凌公司停止制造、销售、许诺销售侵权产品亦达到了保护本案专利权的目的,因此对本案专利权人请求判令被诉侵权人销毁专用模具的诉讼请求不予支持。

关于安费诺公司请求判令盛凌公司赔偿经济损失的问题。《最高人民法院关于学习贯彻修改后的专利法的通知》规定:"对于发生在2009年10月1日以前且持续到2009年10月1日以后的被诉侵犯专利权行为,依据修改前和修改后的专利法侵权人均应承担赔偿责任的,适用修改后的专利法确定赔偿数额。"本案中,盛凌公司的侵权行为发生在2009年10月1日前后,因此本案应适用2008年修改的《专利法》确定赔偿数额。该《专利法》第六十五条规定:"侵犯专利权的赔偿数额按照权利人因被侵权所受到的实际损失确定;实际损失难以确定的,可以按照侵权人因侵权所获得的利益确定。权利人的损失或者侵权人获得的利益难以确定的,参照该专利许可使用费的倍数合理确定。赔偿数额还应当包括权利人为制止侵权行为所支付的合理开支。权利人的损失、侵权人获得的利益和专利许可使用费均难以确定的,人民法院可以根据专利权的类型、侵权行为的性质和情节等因素,确定给予一万元以上一百万元以下的赔偿。"

本案专利权人因被侵权所受到的损失,被诉侵权人因侵权所获得的利益均难以确定,也没有专利许可使用费可以参照,因此,本院综合考虑本案专利为实用新型专利,被诉侵权人制造、销售、许诺销售的行为,侵权持续时间,产品的价值,本案专利权人为调查、制止侵权行为所支付的合理开支等因素,确定本案被诉侵权人赔偿本案专利权人经济损失150 000元。

综上所述,广东省高级人民法院认定本案专利权人的上诉理由成立,予以支持;本案被诉侵权人的上诉理由不成立,予以驳回;一审判决认定事实部分不清,适用法律部分错误,应予纠正,故判决如下:

(1)撤销广东省深圳市中级人民法院作出的一审判决;
(2)本案被诉侵权人立即停止侵犯本案专利权的行为,即立即停止制造、销售、许诺销售侵权产品以及销毁库存侵权产品;
(3)本案被诉侵权人自本判决生效之日起10日内赔偿本案专利权人经济损失150 000元;
(4)驳回本案专利权人的其他诉讼请求;
(5)驳回本案被诉侵权人的上诉请求。

五、最高人民法院的再审裁定

本案被诉侵权人不服广东省高级人民法院的二审判决,向最高人民法院申请再审。本案被诉侵权人申请再审称:

（1）二审判决认定一审法院保全的被诉侵权产品落入了本案专利权的保护范围，缺乏证据证明且适用法律错误，其理由在于：

（a）本案专利是基于传统铆接式结构的改进，传统铆接式结构的端盖上没有定位槽，而是一个中缺口。本案专利是在缺口处增设了一个定位柱后，形成了宽度略等于梯形槽框架左端部厚度的定位槽，从而将铆接式结构改成了卡接式结构。无论从权利要求1的字面含义，还是从说明书的具体实施例，都可看出权利要求1中限定的定位槽是对梯形槽框架的端部起定位、固定作用，防止其上下移动，所以才将其命名为"定位槽"。一审法院保全的被诉侵权产品的端盖是大缺口"U形槽"结构，梯形槽框架的端部可在这个大缺口中有较大的上、下活动空间，没有被固定或定位。因此，被诉侵权产品对权利要求1没有构成字面侵权。

（b）权利要求1对端盖上所设的槽有特别的限定，包括"可将插接本体之梯形槽框架端固定"、"定位"，均属于用功能效果表述的技术特征。对于这一功能效果的技术特征，应当结合说明书和附图描述的具体实施方式及其等同的实施方式来确定该技术特征的内容。一审法院保全的被诉侵权产品的端盖上只有大缺口，该大缺口不具备"可将插接本体之梯形槽框架端固定"的功能或效果，也不具备"定位"的功能或效果。该被诉侵权产品中并不具有权利要求1中以功能或者效果表述的技术特征，二审判决忽略了由"可将插接本体之梯形槽框架端固定"以及"定位"这些功能效果所构成的技术特征，仅以"端盖设有槽"作为技术特征，扩大了本案专利权的保护范围，错误地作出了构成侵权的认定。

（c）对权利要求的内容存在不同理解时应根据说明书和附图进行解释。本案对"端盖设有可将插接本体之梯形槽框架端固定的定位槽"这一技术特征有不同的理解，所以应根据说明书和附图进行解释以确定权利要求1的保护范围。被诉侵权产品只有大缺口，该大缺口的宽度远大于梯形槽框架左端部的厚度，它对梯形槽框架左端部没有定位功能，更没有固定功能。由于没有采用"端盖设有可将插接本体之梯形槽框架端固定的定位槽"这一特征，而是使用了改进之前的传统大缺口结构，这种大缺口结构与本案专利的定位槽结构既不相同、也不等同。广东省专利信息中心知识产权司法鉴定所于2011年6月根据本案被诉侵权人的申请于2011年7月7日作出了粤知司鉴所[2011]鉴字第22号知识产权司法鉴定书，该鉴定意见认定，SCSI连接器的端盖上没有"可将插接本体之梯形槽框架端固定的定位槽"。因此，一审法院保全的被诉侵权产品没有落入本案专利的保护范围。

（2）二审判决认定盛凌公司实施了销售行为，该认定缺乏证据证明，且剥夺了当事人的辩论权利，其理由在于：

本案专利权人于2009年6月向被诉侵权人发过专利侵权警告函，指出盛凌公司网页上展示的产品涉嫌侵权。被诉侵权人收到警告函后，对产品结构做出改进以避免侵权，一审法院进行产品保全时被诉侵权人提供了试产样品。由于本案专利权人在此期间向案外人作了通报，导致定单被取消。一审法院保全的产品只能证明被诉侵权人有试产样品，没有证据证明有批量制造行为，更没有证据证明有销售行为。由于被诉侵权人认为一审法院保全的被诉侵权产品不构成侵权、且一审法院也认定不侵权，所以在二审中对于是否有销售行为的问题未提出来作为争议焦点，双方均未就此发表辩论意见。针对被诉侵权人是否有销售一审法院保全的被诉侵权产品的事实，二审判决在未进行辩论的情况下直接作出认定，违反法律规定，剥夺了当事人辩论权利，属于《民事诉讼法》第一百七十九条第一款第（十）项所列的情况，严重影响了案件的正确判决。

综上，本案被诉侵权人请求最高人民法院对本案进行再审，依法改判。

安费诺东亚公司提交书面意见认为：（1）二审判决认定的基本事实清楚、适用法律正确、证据确实充分。盛凌公司认为本案专利只有端盖上有了定位柱，并与端盖顶部之间形成合适的空间才具有定位功能的主张，不能成立。本案专利权利要求1对于定位槽的结构、大小、宽度、高度等参数并没有作出限定，凡是具备槽型并用于固定作用的结构都属于本案专利的保护范围。（2）二审法院给予了双方充分辩论的权利，双方当事人充分行使了辩论权。盛凌公司提及几家公司取消订单，恰恰证明其具备了实质的生产能力并且进行了销售，销售行为应当在订单确定时已经成立，订单取消的结果只能对赔偿造成影响，而不能否定销售行为的存在。

最高人民法院认为，本案当事人争议的主要焦点问题是：一审法院保全的被诉侵权产品是否落入了本案专利权的保护范围；二审法院认定盛凌公司实施了销售行为是否缺乏证据证明，是否剥夺了当事人的辩论权利。针对上述问题，最高人民法院论述如下：

（一）一审法院保全的被诉侵权产品是否落入本案专利权的保护范围

本案专利授权公告的权利要求1为：一种小型计算机系统接口双向连接器，包括：由两端设有螺钉孔的梯形槽框架和通过绝缘体安装在梯形槽框架之梯形槽内的端子组成的插接本体、壳体和端盖，其特征在于：端盖设有可将插接本体之梯形槽框架端固定的定位槽，端盖与壳体间为卡扣连接。

判断一审法院保全的被诉侵权产品是否落入了本案专利权的保护范围的关键在于被诉侵权产品是否具有"定位槽"这一技术特征。

《专利法》规定，发明或者实用新型专利权的保护范围以其权利要求的内容为准，说明书及附图可以用于解释权利要求的内容。本案专利权利要求1要求保护的技术方案中，端盖与壳体以及梯形槽框架三者的配合关系是，通过定位槽将插接本体中梯形槽框架的端部固定、端盖与壳体之间卡扣连接。权利要求1限定了通过该定位槽将端盖与梯形槽框架进行配合，并具有端盖能够与壳体卡扣连接的技术特征。至于定位槽的厚度以及梯形槽框架左端的厚度，没有予以限定。虽然本案专利说明书附图中所示的定位槽的宽度略等于梯形槽框架左端部的厚度，但是，通过对说明书附图进行测量得到的尺寸参数不能限定权利要求的技术特征。其原因是发明或者实用新型专利权的保护范围以其权利要求书的内容为准，说明书是权利要求书的依据，而权利要求是在说明书的基础上，用构成发明或者实用新型技术方案的技术特征来表明要求专利保护的范围。只有记载在权利要求书中的技术特征才会对该权利要求的保护范围产生限定作用，在说明书中予以描述而没有在权利要求书中予以记载的技术特征，不能用来限定权利要求保护范围。因此，权利要求的基本属性决定了权利要求所记载的技术特征越少，表达每一个技术特征所采用的措辞越是具有广泛的含义，该权利要求的保护范围也就越大。由于本案专利权利要求书中"定位槽"的含义是清楚、确定的，并且说明书也没有就"定位槽"的含义作特别界定，因此，应当以权利要求自身界定的内容为准，而不能以"说明书及附图可以用于解释权利要求的内容"为依据，以解释定位槽为借口，将权利要求中没有记载的内容纳入到权利要求中，将说明书附图中测量得到的定位槽的厚度读入到权利要求书，达到实质上以说明书来修改权利要求的目的。

  本案被诉侵权人主张本案专利是基于"背景技术"中铆接式结构的"上、下"方向可同时被固定的思路，才通过增设定位柱来形成与梯形槽框架的左端厚度相当的定位槽，以确保"上、下"方向的限制、固定的。

  经审查，本案专利说明书记载，现有计算机系统接口插接器由两端设有螺钉孔的梯形槽框架、通过绝缘体安装在梯形槽内的端子和壳体及端盖组成，所属端盖铆接在装有绝缘体和端子的梯形槽框一端，再与壳体相套后通过螺丝组装成一体。本案专利技术方案是针对背景技术的这种插接器与设备输出线缆的组长方向是唯一的，提供了灵活性好，能够满足设备线缆出线两个方向选择的小型计算机系统接口双向连接器。本案专利的贡献点并非是一定要在达到铆接的上下限制固定的状态下，再构造出一个与梯形槽框架的左端厚度相当的定位槽。权利要求1没有限定"定位槽"的厚度，说明书也没有对"定位槽"予以特别的定义，不能推导出定位槽的宽度是略等于梯形槽框架左端的厚度。本案专利说明书具体实施方式部分描述"端盖3设有可卡入梯形槽框架端的定位槽31"、"端盖3插入到位时，端盖3的定位槽31将梯形槽框架10端固定",指出了定位槽与其他结构之间的配合关系。使用"卡入"、"定位"、"固定"等词语是表明各个结构之间进行组配后形成的具体状态,并非必须是定位槽的厚度与梯形槽框架左端部的厚度大小相当才存在"卡入"和"固定"。综上,对本案被诉侵权人将说明书附图中的定位柱读入权利要求,提出定位槽的厚度略等于梯形槽框架左端部的厚度的主张不予支持。

本案被诉侵权人认为被诉侵权产品的端盖设有可将插接本体之梯形槽框架端固定的"U形槽"结构,这个"U形槽"结构缺口很大,与本案专利的"定位槽"既不相同也不等同。

事实上,被诉侵权产品是端盖通过其定位槽将插接本体中梯形槽框架的端部固定、端盖与壳体之间卡扣连接。由于被诉侵权产品部件之间的配合结构与本案专利权利要求1的技术方案相同,"U形槽"的顶壁限制了插接本体之梯形槽框架往"上"的移动,"U形槽"的左侧壁限制了插接本体之梯形槽框架往"左"的移动。正是端盖设置有"U形槽",从而在端盖的前、后侧壁形成了"避空位",使得端盖与壳体间能够实现卡扣连接。进而实现了对插接本体之梯形槽框架端的固定。本案被诉侵权人关于"避空位+定位柱"才属于"定位槽"的理由不能成立。还应说明的是,如果单单依靠定位槽的作用,而没有端盖与壳体之间的卡扣连接,插接本体之梯形槽框架端也是无法固定的。"定位槽"与"端盖与壳体之间的卡扣连接"二者必须进行配合设计,方能达到将插接本体之梯形槽框架端固定的目的,二者缺一不可。而被诉侵权产品就是卡扣连接。由于插接本体之梯形槽框架往"下"的移动已被壳体所限制,因此不必专门设置"定位柱"来约束插接本体之梯形槽框架往"下"的运动。"U形槽"结构就是用来固定插接本体之梯形槽框架端,实现定位功能的。本案专利权利要求1中没有记载定位柱这一技术特征,也没有对定位槽的厚度与梯形槽框架的厚度予以限定,"U形槽"结构就是"定位槽"。被诉侵权产品具有"端盖设有可将插接本体之梯形槽框架端固定的定位槽"这一技术特征。二审判决认定被诉侵权产品覆盖了专利权利要求1的全部技术特征,落入本案专利的保护范围,并无不当。本案被诉侵权人申请再审提交的鉴定报告系二审判决后单方委托形成的,其结论亦与事实不符,对此证据不予采纳。本案被诉侵权人关于二审判决认定被诉侵权产品落入了本案专利权的保护范围,缺乏证据证明以及适用法律错误的申请再审理由,故不予支持。

此外,本领域技术人员通过阅读本案专利权利要求、说明书及附图可以得出,权利要求1记载的"定位槽"是将插接本体之梯形槽框架端固定的起到定位的槽形结构。"定位槽"是本领域普遍知悉、约定俗成的概念,并非功能性技术特征。对本案被诉侵权人关于"定位槽"是功能性限定的技术特征的主张,亦不予支持。

(二)关于被诉侵权人是否具有销售行为以及二审法院是否剥夺了当事人进行辩论的权利

根据一审法院查明的事实,本案被诉侵权人于2010年4月8日发给本案专利权人的《关于我公司"64Pin SCSI连接器"不侵犯贵方专利权的声明》称:"……贵方还向华为技术有限公司等单位作了通报,导致这些客户以我公司产品侵权为由取消了从我公司购买该'64Pin SCSI连接器'的订单,给我公司造成了非常巨大的损失。"该声明所附的被诉侵权人的产品结构与一审法院保全的被诉侵权产品的结构一样。由于本案被诉侵权人与案外人订立购销合同后,被诉侵权人该就已经抢占了专利权人的市场份额。购销合同未能履行的原因是案外人得知所购产品涉嫌侵犯他人专利权而取消了订单。二审法院因销售合同已经依法成立,据此认定本案被诉侵权人的行为构成《专利法》第十一条规定的销售行为,并无不当。

《民事诉讼法》规定,人民法院审理民事案件时,当事人有权进行辩论。所谓辩论权利是一方当事人有权就对方当事人提出的事实主张、证据材料及法律主张进行反驳、答辩,发表自己意见和见解。《民事诉讼法》第一百七十九条第一款第(十)项规定的"剥夺当事人辩论的权利"是指,原审开庭过程中审判人员不允许当事人行使辩论权利,或者以不送达起诉状副本或上诉状副本等其他方式,致使当事人无法行使辩论权利的情形。本案二审法院在双方当事人参加法庭审理的情况下,征得双方同意,针对双方争议的事实总结了争议焦点,当事人就作为裁判基础的基本事实、主要证据材料和案件的法律问题进行了辩论,发表了陈述意见,并不存在二审法院剥夺本案被诉侵权人辩论权利的事实。对被诉侵权人关于二审判决程序违法的申请再审理由不予支持。

综上,本案被诉侵权人的再审申请不符合《民事诉讼法》第一百七十九条的规定,故裁决驳回其再审申请。

"防电磁污染确保人体健康的方法"实用新型专利侵权诉讼案

一、案件提要

当事人

专利权人：柏万清

被诉侵权人：成都难寻物品营销服务中心、上海添香实业有限公司

成都市中级人民法院的一审判决

案号：（2010）成民初字第597号

合议庭成员：徐秉晖、何苗、刘蓓

结案日期：2010年2月18日

四川省高级人民法院的二审判决

案号：（2011）川民终字第391号

合议庭成员：林涛、张良、周静

结案日期：2010年10月24日

最高人民法院的再审裁定

案号：（2012）民申字第1544号

合议庭成员：周翔、罗霞、杜微科

结案日期：2012年12月28日

涉及的法律规定

2008年修改的《专利法》第五十九条第一款

判决要点

1. 准确界定专利权的保护范围，是认定被诉侵权技术方案是否构成侵权的前提条件。如果权利要求的撰写存在明显瑕疵，结合涉案专利说明书、本领域的公知常识以及相关现有技术等，仍然不能确定权利要求中技术术语的具体含义，无法准确确定专利权的保护范围的，则无法将被诉侵权技术方案与之进行有意义的侵权对比。因此，对于保护范围明显不清楚的专利权，不

应认定被诉侵权技术方案构成侵权。

二、本案专利介绍

本案涉及名称为"防电磁污染服"的第200420091540.7号实用新型专利,其申请日为2002年5月8日,授权公告日为2006年12月20日,专利权人为柏万清(下称"专利权人")。

柏万清于2000年4月24日向国家知识产权局提交了名称为"防电磁污染确保人体健康的方法"的实用新型专利申请,以同样名称和内容再次提交实用新型专利申请,后以"防电磁污染服"和"防静电鞋"的名称提出分案申请。

本案专利涉及一种防电磁污染服,确切地说是一种防止人体周围高低频电磁波及其它射线和空中各种电磁辐射对人体伤害的保护服,包括上装和下装。

如本案专利的说明书所述,国外类似试制产品成本高、售价贵,保护范围单一。如日本大坂的郡是公司制成的"能防移动电话电波的T恤衫"只是使其避免移动电话在使用时产生的电波对心脏造成危害,免使心脏起搏器受到影响停振。该产品的外层由采用白银处理过的尼龙织成,内层由棉织成,售价约合人民币3910元,相当于本案专利产品上下一套价格的7.5倍,单独一件价格的15倍。

本案专利的目的在于克服已有技术的上述不足,提供一种成本低、保护范围宽、效果好的防电磁污染服。

本实用新型的目的是这样实现的,其特征在于所述服装在面料里设有由导磁率高而无剩磁的金属细丝或者金属粉末构成的起屏蔽保护作用的金属网或膜。所述的金属细丝可用市售5到8丝的铜丝等;所述的金属粉末可用如软铁粉末等。这种服装,由于能屏蔽各种电磁辐射,使人体免受危害,故实现了上述目的。

本案专利说明书的附图1和附图2如下:

上述附图1和附图2给出了本案专利的一种具体实施方式。如说明书所述,可以看出本案专利的"防电磁污染服"是在不改变已有服装样式和面料性能的基础上,通过在面料里织进导电金属细丝或者以喷、涂、扩散、浸泡和印染等任一方式的加工方法将导电金属粉末与面料复合,构成如图的带网眼2的网状结构1即可。

经试验得知,这样可以屏蔽掉99.7%以上的电磁辐射量,且在通常条件下,经96小时耐热、温湿和中性盐雾试验,其结果是屏蔽效率无所变化。

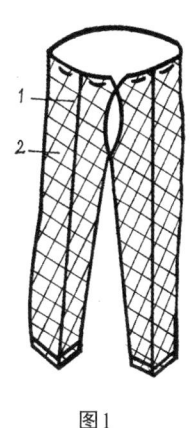

图1

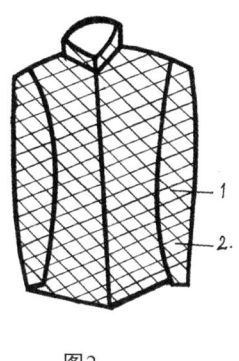

图2

本案实用新型与已有技术相比具有屏蔽范围宽、耐用性好、成本低廉和不影响服装性能及穿着舒适性等优点。

本案专利权的权利要求书如下:

1. 一种防电磁污染服,它包括上装和下装,其特征在于所述服装在面料里设有由导磁率高而无剩磁的金属细丝或者金属粉末构成的起屏蔽保护作用的金属网或膜。

三、成都市中级人民法院的一审判决

本案专利权人在成都难寻物品营销服务中心(下称"第一被诉侵权人")处购买了一件由上海添香实业有限公司(下称"第二被诉侵权人")生产销售的添香牌防辐射服。本案专利权人认为该服装的技术特征与本案专利相同,落入了其保护范围,故本案第一和第二被诉侵权人的行为构成侵犯本案专利权的行为,向成都市中级人民法院(下称"一审法院")起诉,请求判令本案第一被诉侵权人立即停止销售被诉侵权产品的行为;判令本案第二被诉侵权人立即停止生产销售被诉侵权产品的行为并赔偿经济损失100万元。

本案第一被诉侵权人辩称,本案第二被诉侵权人生产、销售防辐射服的日期早于本案专利权人申请专利的日期,即2002年5月8日,第一被诉侵权人合法经销第二被诉侵权人合法生产的防辐射服,有合法来源,其行为不构成侵犯专利权的行为,据此请求一审法院驳回本案专利权人的诉讼请求。

本案第二被诉侵权人辩称:(1)本案专利中关于导磁率高而无剩磁的技术特征的表述存在矛盾、缺乏科学依据,国家知识产权局不应当授予该

项专利；（2）本案被诉侵权产品所用金属为不锈钢，不属于导磁率高的金属，本案专利权人对此亦未举证，且防辐射技术早已是公知技术，本案第二被诉侵权人生产、销售的防辐射服系使用现有技术，不构成侵犯专利权的行为；（3）本案第二被诉侵权人在涉案专利申请日前就已开始制造防辐射服，故享有先用权；（4）本案专利权人的索赔金额无事实依据。基于上述理由，本案第二被诉侵权人请求法院驳回本案专利权人的诉讼请求。

庭审中，双方当事人陈述一致的事实为：2006年12月20日，国家知识产权局授予本案专利权人名称为"防电磁污染服"的第200420091540.7号实用新型专利；本案第二被诉侵权人系上海翰纳森制衣有限公司（以下简称翰纳森公司）的子公司，有权使用翰纳森公司注册的"添香"商标；上海华天防辐射材料有限公司（以下简称华天公司）系名称为"金属镀膜纤维屏蔽布"的第97234607.4号实用新型专利的专利权人，并于2005年6月13日许可翰纳森公司使用；2010年5月28日，本案专利权人购买了本案第二被诉侵权人销售的一件由该被诉侵权人生产、销售的添香牌防辐射服上装。

本案专利权利要求1记载的技术特征包括：（A）一种防电磁污染服，包括上装和下装；（B）服装的面料里设有起屏蔽作用的金属网或膜；（C）起屏蔽作用的金属网或膜由导磁率高而无剩磁的金属细丝或者金属粉末构成。

经查明，本案第一被诉侵权人于2010年5月28日销售了由第二被诉侵权人生产的添香牌防辐射服上装，该产品售价490元，其技术特征是：（a）一种防电磁污染服上装；（b）服装的面料里设有起屏蔽作用的金属防护网；（c）起屏蔽作用的金属防护网由不锈钢金属纤维构成。

一审法院认为，根据本案专利权人的起诉和第一、第二被诉侵权人的答辩，本案争议的主要问题为：（1）被诉侵权产品是否落入本案专利的保护范围；（2）本案第二被诉侵权人是否系使用现有技术；（3）被诉侵权产品是否在本案专利申请日前已生产、销售；（4）本案第二被诉侵权人是否应当承担赔偿100万元的责任。

一审法院认为，本案专利权人系第200420091540.7号实用新型专利的专利权人，其专利权受法律保护。专利的授予系行政程序，不属于一审法院的审理范围，故对本案第二被诉侵权人关于不应授予本案专利的辩称不予审理。

添香公司生产的添香牌防辐射服上装与诉争专利的"防电磁污染服"具有相同功能和使用目的，为相同产品。

比较本案专利与被诉侵权产品的技术特征，特征A与特征a是服装所具有的共同形态；特征b所采用的金属网形态，属于特征B表明的金属网或膜的形态的一种；特征C表明起屏蔽作用的金属网或膜由导磁率高而无剩磁的金属细丝或者金属粉末构成，但特征c表明起屏蔽作用的金属防护网所用特种金属纤维系不锈钢，而根据本案专利权人陈述，不锈钢并一定不是导磁率高而无剩磁的金属，其中铁的含量影响导磁率的高低，故在本案专利权人既未明确涉案专利技术特征中导磁率高低的区分标准，亦未证明被诉侵权产品所采用不锈钢丝的导磁率已达到上述"高"限的情况下，本案专利权人关于技术特征C与c相同的主张不能成立，故其所举证据材料不足以证明被诉侵权产品落入其专利保护范围。

综上，一审法院认定本案第二被诉侵权人生产销售的添香牌防辐射服没有侵犯本案专利，本案第一被诉侵权人销售上述非侵权产品的行为亦未侵犯本案专利，故对本案专利权人请求判令停止侵权、赔偿经济损失的主张不予支持，对本案第一和第二被诉侵权人的相反主张予以支持。此外，既然已经认定本案第二被诉侵权人没有作出侵犯本案专利的行为，故对本案第二被诉侵权人是否享有先用权、是否使用了现有技术及其赔偿责任问题以及双方当事人为证明上述主张所举证据材料不再审查认定。

基于上述理由，一审法院判决驳回本案专利权人的诉讼请求，本案案件受理费13 800元由本案专利权人承担。

四、四川省高级人民法院的二审判决

上本案专利权人不服一审判决，向四川省高级人民法院（下称"二审法院"）提起上诉。

本案专利权人诉称：根据已有证据，能够证明被诉侵权产品的技术特征c与本案专利权利要求1中记载的技术特征C相同；2007年至2010年被诉侵权产品的销售金额为22.35亿元，按该销售金额的最低提成率25%计算，本案第二被诉侵权人和第一被诉侵权人因直接侵权的非法获利为5.587 5亿元；本案第二被诉侵权人在《第一财经日报》上发表的文章表明其因间接侵权的非法获利远大于5.587 5亿元；第二被诉侵权人在销售产品之前未对该产品是否侵权进行调查分析，且拒绝与本案专利权人和解，构成恶意侵权，应按其直接和间接侵权获利之和的3倍惩罚，故请求二审法院撤销一审判决，判令本案第一和第二被诉侵权人赔偿柏万清直接侵权损失5.587 5亿元，本案第二被诉侵权人赔偿间接侵权损失5.587亿元以及恶意侵权损失33.525亿元。

本案第一被诉侵权人庭审中口头答辩称：该被诉侵权人是合法经营主体，经销产品有合法来源，其合法经营行为不构成侵权，请求驳回本案专利权人的上诉请求。

本案第二被诉侵权人庭审中口头答辩称：防辐射技术在1999年就已大规模使用于服装，该被诉侵权人早已生产销售案涉产品，本案专利技术属于已知技术，该被诉侵权人的行为不构成侵犯专利权的行为，故请求驳回本案专利权人的上诉请求。

二审诉讼的举证期限内，本案专利权人为证明被诉侵权产品的技术特征c（"起屏蔽作用的金属防护网由不锈钢金属纤维构成"）与本案专利权利要求1中记载的技术特征C"起屏蔽作用的金属网或膜由导磁率高而无剩磁的金属细丝或者金属粉末构成"为相同特征，提交了以下证据：

（1）对"对导磁率高而无剩磁"的附加说明（一）；
（2）对"对导磁率高而无剩磁"的附加说明（二）；
（3）对"对导磁率高而无剩磁"的附加说明（三）。

本案专利权人认为证据1-3可以证明以下事实：首先，要使防辐射服达到屏蔽效果，即屏蔽掉1KHz频率以下的磁场辐射波，防辐射服的金属材料的导磁率必须要高至14248以上，并且由于导磁率越高，用料也越少，因此被诉侵权产品为同时达到屏蔽效果好和用料少、降低成本的效果，其所选择材料的导磁率也必定在此范围内，故被诉侵权产品所选材料的导磁率必然落入了涉案专利权利要求1中导磁率高的范围内；其次，为了避免空气中的导电悬浮物不被剩磁吸引而脏污衣物，被诉侵权产品必然要选用无剩磁的材料；再次，添香公司在其官方网站上也登载了其屏蔽材料应选用导磁率较高的材料。故被诉侵权产品的技术特征c与涉案专利权利要求1中记载的技术特征C相同。

本案第一和第二被诉侵权人质证认为：本案专利权人提交的上述证据源于网络和本人的摘抄整理，对其真实性和证明力均不予认可。

二审法院认为：证据1、2系本案专利权人摘抄整理记录，未提供相应的原始材料，且其内容仅表明当采用具有高导磁率和无剩磁的金属材料时，可使防辐射服具有防辐射效果好、不污染服装的技术效果，但这并不当然表明被诉侵权产品具有此技术效果或者必然采取了上述技术手段，本案专利权人认为被诉侵权产品为达到上述技术效果必然要选用导磁率高无剩磁的不锈钢，这仅仅属一种推测，缺乏事实依据，故对证据1和2的真实性、合法性及证明力不予认可；证据3是本案专利权人从网页上下载的资料，鉴于网页资料修改的随意性及上载时间的不确定性等因素，其真实性难以确定，就其内容本身而言，虽然其载明添香防辐射服的屏蔽材料采用了磁导率较高的材料，但是无法证明其导磁率与本案专利权利要求书中记载的导磁率属同一范围，同时证据3也未就该材料有无剩磁的情况进行说明，故对证据3的证明力不予认可。

二审举证期限内，本案专利权人再次将请求赔偿金额变更为：判令本案第一和第二被诉侵权人赔偿柏万清直接侵权损失10.7亿元，本案第二被诉侵权人赔偿柏万清间接侵权损失10.7亿元及恶意侵权损失12.6亿元。对其增加的请求赔偿金额，本案专利权人提交了相应的损失计算依据，但未预交相应的诉讼费。

二审庭审中，二审法院就增加、变更后的诉讼请求是否进行审理征询本案第一和第二被诉侵权人意见，该被诉侵权人均明确表示不同意其增加、变更诉讼请求。鉴于对方当事人不同意对本案专利权人增加、变更后的诉讼请求进行审理，且该专利权人亦未交纳相应诉讼费用，故二审审理范围仍以专利权人一审诉讼请求的范围为准，对本案专利权人就其增加的诉讼请求所提交的相关证据材料不再审查认定。

二审法院认为：本案二审争议的焦点为本案第一和第二被诉侵权人生产、销售的被诉侵权产品是否侵犯了本案实用新型专利权并是否应当就此承担停止侵权及赔偿损失的民事责任。

根据《专利法》第五十九条第一款关于"发明或者实用新型专利权的保护范围以其权利要求的内容为准，说明书及附图可以用于解释权利要求的内容"的规定，本案专利权利要求1对其所要保护的"防电磁污染服"所采用的金属材料进行限定时采用了含义不确定的技术术语"导磁率高"，并且在其权利要求书的其他部分以及说明书中均未对这种金属材料导磁率的具体数值范围进行限定，也未对影响导磁率的其他参数进行限定；本案审理过程中，本案专利权人也未提供证据证明防辐射服的"导磁率高"在本领域中具有公认的确切含义，故本领域技术人员根据涉案专利权利要求书和说明书的记载无法确定权利要求1中记载的技术特征C中的高导磁率所表示的导磁率的具体数值范围。就被诉侵权产品的技术特征c而言，其仅仅是表明该防辐射服采用了不锈钢金属纤维材料，并未对不锈钢金属纤维的导磁率以及有无剩磁等情况进行说明，根据本案专利权人在一审庭审中的陈述，不锈钢并不一定是导磁率高而无剩磁的金属，故在本案专利权人既未举证证明本案专利权利要求记载的技术特征"导磁率高"所表示的导磁率的具体数值范围，也未举证证明被诉侵权产品所采用的不锈钢纤维的导磁率的数值范围属于其权利要求保护的范围且该不锈钢纤维具有无剩磁的特性的情况下，本案专利权人关于技术特征C与c相同的主张不能成立，故被诉侵权产品未落入涉案专利权利要求1的保护范围。本案第二被诉侵权人生产、销售的添香牌防辐射服以及本案第一被诉侵权人销售的上述产品均未侵犯本案专利权。

二审法院认定：因本案第二被诉侵权人和第一被诉侵权人的生产、销售行为未侵犯本案专利权，故本案专利权人要求本案第一被诉侵权人停止销售被诉侵权产品以及本案第二被诉侵权人停止生产、销售被诉侵权产品并赔偿损失的上诉主张不成立,故不予支持;一审判决认定事实清楚,处理结果正确,但适用法律时引用法条序号有误,所引用《专利法》第五十六条第一款应为2008年修改的《专利法》第五十九条第一款,故予以纠正。

基于上述理由,二审法院判决驳回上诉,维持原判;二审案件受理费13 800元,由柏万清负担。

五、最高人民法院的再审裁决

本案专利权人不服二审判决,向最高人民法院申请再审。

柏万清申请再审称:

(1)关于涉案专利权利要求1中的"导磁率高"的理解问题:

(a)解释权利要求时应当站在本领域技术人员立场上,结合工具书、教科书等公知文献以及本领域技术人员的通常理解进行解释。

(b)导磁率又称为磁导率,是国际标准的电磁学技术术语,包括相对磁导率与绝对磁导率。相对磁导率是磁体在某种均匀介质中的磁感应强度与在真空中磁感应强度之比值。绝对磁导率是在磁介质所在的磁场中某点的磁感应强度与磁场强度的比值。绝对磁导率更为常用,所以绝对磁导率在多数教科书与技术资料中简称为磁导率。

(c)导磁率是磁感应强度与磁场强度之比值,是一个与磁感应强度和磁场强度都相关联的物理量。在特定的物理条件下,导磁率是可以描述、测量出的数值,可以有大小高低之分。

(d)相关证据可以证明高导磁率是本领域普通技术人员公知的技术常识,国际标准单位意义上的高导磁率是国际公认的表达。相关现有技术中,从80高斯/奥斯特、1 850高斯/奥斯特到34×10^4高斯/奥斯特或者83.5×10^4高斯/奥斯特,分别代表了高、很高、特高(极高)三个不同级别,但都属于高导磁率范围,都属于本领域普通技术人员理解的高导磁率范围内。

(e)本案专利权利要求1中限定了防电磁污染即防电磁辐射用途,高导磁率具有特定的具体环境,可以具体确定其含义。现实中,可以大致确定人们对各种辐射的防范需求。对于不同的防辐射环境需要,本领域普通技术人员可以先测定出辐射数值,然后选择能够实现防辐射目的的导磁率材料。本案专利权利要求1中记载的"导磁率高"具有明确的含义,即首先确定出磁介质的导磁率数值的安全下限,然后高于这个下限数值的就是"导磁率高"。这个下限数值可以因使用环境不同而有所区别。

(2)被诉侵权产品中的磁介质导磁率与剩磁可以通过司法鉴定查明;在

当事人未申请司法鉴定的情况下，人民法院应当行使释明权。本案专利权人请求依法对被诉侵权产品进行司法鉴定。防范电磁辐射的产品应当无剩磁，或者有剩磁时进行退磁处理，直至无剩磁。因此，被诉侵权产品有明显的剩磁亦不合理。

本案专利权人向最高人民法院提交了以下证据：

（1）《现代汉语词典》；

（2）《中国大百科全书（物理学）》；

（3）《静噪声滤波器用高导磁率铁粉KIPMG207H的磁性能》，发表于《上海钢研》2000年第1期；

（4）《高磁通密度、高导磁率的新软磁材料》，发表于《电子技术》1991年第12期；

（5）《特宽恒导磁材料的研制》，发表于《上海钢研》1979年第2期；

（6）《用在静止气氛中冷却制造高导磁率含铜硅钢的工艺》，发表于《钢铁研究》1980年Z1期；

（7）《特高初导磁率极低损耗非晶态合金的研制》，发表于《仪表材料》1985年第16卷第3期；

（8）《人体防电磁辐射的安全限值》，发表于《环境技术》1999年第6期；

（9）《批量生产的高磁导率铁氧体材料与磁芯》，发表于《磁性材料与器件》2002年第4期。

本案专利权人以上述证据1、2证明磁导率的含义，以证据3至9证明本领域中高磁导率系频繁使用的技术术语，本领域技术人员能够理解其含义。

本案第二被诉侵权人提交意见认为：

（1）被诉侵权产品没有落入涉案专利权的保护范围。

（2）在本案专利之前已有防辐射服技术，本案专利不具有新颖性、创造性和实用性，该被诉侵权人实施现有技术不属于侵犯专利权的行为行为。

（3）对本案专利权人新提交的证据1至7的真实性没有异议，但认为不能支持其主张。

最高人民法院另查明：

关于磁导率与导磁率的含义，证据1"磁导率"词条记载："磁体在某种均匀介质中的磁感应强度与真空中磁感应强度的比值。也叫磁导系数或导磁率。"证据2"磁导率"词条记载："磁导率系表示物质磁性的一种磁学量，是物质中磁感应强度B与磁场强度H之比，$\mu=B/H$。但通常使用物质的相对磁导率μr，其定义是物质的磁导率μ与真空的磁导率（或称磁常数）$\mu 0$之比，即$\mu r = \mu/\mu 0$。""B与H之比的磁导率表示物质受磁（化）场H

作用时，其中磁场相对于H的增加（μr>1）或减少（μr<1）的程度"。在实际应用中，磁导率还因具体条件不同而分为多种，例如起始磁导率μi、微分磁导率μd、最大磁导率μm、复磁导率、张量磁导率等。该词条所示的"几种磁导率定义的示意图"显示磁导率并非常数。

关于高导磁率的含义，证据3中使用了"高导磁率铁粉"的表述。证据4中记载了"高导磁率的新软磁材料"、"导磁率为硅钢片的20倍"等内容。证据5中记载了"在非常高的磁场下（如100Oe）仍具有相当高的磁导率值（≥80Gs/Oe）"等内容。证据6中记载了"制造高导磁率含铜硅钢的工艺"、"导磁率在10奥斯特时至少为1850高斯/奥斯特的生产工艺"等内容。证据7中有"极高的初始导磁率及较低的损耗，其最佳性能$\mu 0.01$可达$34×10^4$ Gs/Oe，μm达$83.5×10^4$ Gs/Oe"等内容。证据8中，记载了人体防电磁辐照的（较为客观的）安全限值，但其中并没有记载与导磁率有关的内容。证据9中记载了"高磁导率铁氧体材料与磁芯"在频率为1-200KHz下μ分别为14248至7549等内容。

最高人民法院认为，准确界定专利权的保护范围，是认定被诉侵权技术方案是否构成侵权的前提条件。如果权利要求的撰写存在明显瑕疵，结合涉案专利说明书、本领域的公知常识以及相关现有技术等仍然不能确定权利要求中技术术语的具体含义，无法准确确定专利权的保护范围，则无法将被诉侵权技术方案与之进行有意义的侵权对比。因此，对于保护范围明显不清楚的专利权，不应认定被诉侵权技术方案构成侵权。

对本案专利权利要求1中记载的技术特征"导磁率高"，最高人民法院作了如下分析：

首先，根据本案专利权人提供的证据，虽然磁导率有时也被称为导磁率，但磁导率有绝对磁导率与相对磁导率之分，根据具体条件的不同还涉及起始磁导率μi、最大磁导率μm等概念，不同概念的含义不同，计算方式也不尽相同。磁导率并非常数，磁场强度H发生变化时，即可观察到磁导率的变化。但是在涉案专利说明书中，既没有记载导磁率在本案专利技术方案中是指相对磁导率还是绝对磁导率或者其他概念，也没有记载导磁率高的具体范围，亦没有记载包括磁场强度H等在内的计算导磁率的客观条件，因此本领域技术人员根据本案专利说明书难以确定涉案专利中所称的导磁率高的具体含义。

其次，从本案专利权人提交的相关证据来看，虽能证明有些现有技术中确实采用了高磁导率、高导磁率等表述，但根据技术领域以及磁场强度的不同，所谓高导磁率的含义十分宽泛，从80 Gs/Oe至$83.5×10^4$ Gs/Oe均被本案专利权人称为高导磁率。该专利权人提供的证据不能证明在本案专利所属技术领域中，本领域技术人员对高导磁率的含义或者范围有着相对统一的认识。

最后，本案专利权人主张根据具体使用环境的不同，本领域技术人员可以确定具体的安全下限，从而确定所需的导磁率。该主张实际上是将能够实现防辐射目的的所有情形均纳入本案专利权的保护范围，保护范围过于宽泛，亦缺乏事实和法律依据。

综上所述，根据本案专利说明书以及本案专利权人提供的有关证据，本领域技术人员难以确定权利要求1中技术特征"导磁率高"的具体范围或者具体含义，不能准确确定权利要求1的保护范围，无法将被诉侵权产品与之进行有意义的侵权对比。因此，对被诉侵权产品的导磁率进行司法鉴定已无必要。二审判决认定本案专利权人未能举证证明被诉侵权产品落入本案专利权的保护范围，并无不当。

基于上述理由，最高人民法院裁定驳回本案专利权人的再审申请。

"后换档器支架"发明专利侵权诉讼案

一、案件提要

当事人

专利权人：株式会社岛野
被诉侵权人：宁波市日骋工贸有限公司

宁波市中级人民法院的一审判决

案号：（2004）甬民二初字第240号
合议庭成员：王玉飞、张良宏、谢颖
结案日期：2005年3月15日

浙江省高级人民法院的二审判决

案号：（2005）浙民三终字第145号
合议庭成员：周平、方双复、高毅龙
结案日期：2005年10月28日

浙江省高级人民法院的再审判决

案号：（2009）浙民再字第135号
合议庭成员：王君、周萍、易斌
结案日期：2010年8月26日

最高人民法院的再审裁定

案号：（2012）民提字第1号
合议庭成员：金克胜、罗霞、朱理
结案日期：2012年12月28日

涉及的法律规定

2000年修改的《专利法》第五十六条第一款

判决要点

1. 使用环境特征是指权利要求中用来描述发明所使用的背景或者条件的

技术特征。

2. 使用环境特征对于保护范围的限定程度需要根据个案情况具体确定。一般情况下，使用环境特征应该理解为要求被保护的主题对象可以使用于该种使用环境即可，不要求被保护的主题对象必须用于该种使用环境。但是，如果本领域普通技术人员在阅读专利权利要求书、说明书以及专利审查档案后可以明确而合理地得知被保护对象必须用于该种使用环境，那么该使用环境特征应被理解为要求被保护对象必须使用于该特定环境。

二、本案专利介绍

本案涉及国家知识产权局授予的名称为"后换档器支架"第94102612.4号发明专利，其申请日为1994年2月3日，优先权日为1993年2月3日，授权公告日为2002年12月11日，专利权人为日本株式会社岛野（下称"专利权人"）。

本案专利涉及一种自行车后换档器支架，该支架利用自行车车架后叉端的一个安装换档器的延伸部上所形成的连接部，将后换档器固定到自行车车架上。

通常，具有一个包括后叉端的安装换档器的延伸部的车架的自行车，其后换档器支架是直接连接到该安装换档器的延伸部上所形成的一个连接部位，如开口的部位上的。后换档器通过后换档器支架安装到自行车车架上。

1952年前后，出现了首例后换档器直接安装在后叉端的安装换档器的延伸部上的自行车车架结构。从那时到现在，只要自行车车架带有安装换档器的延伸部，那么换档器无论其规格如何都被设计成直接连接到该延伸部上。这样直接连接后换档器一直是一种既定的做法。

某些类型的直接连到后叉端上的后换档器至今仍不太适合自行车架的结构形式，不能获得最佳的连接状态，结果造成换档不顺利。安装换档器时，其导向轮在自行车行进方向上的位置离后面的链轮比较远。为了使链条从一个链轮换到另一个链轮上，导向轮移到一个离链轮较远的旁边的位置上。这种后换档器的换档操作不能获得高效率的链条啮合和脱离，因此，后换档器的换档操作性能降低了。

如本案专利的说明书所述，该发明的一个目的是以一种确保任何规格的后换档器都有优良的链条换位特性和高换档效率的方式提供一种技术，将后换档器连接到具有供安装换档器的延伸部的车架上，该延伸部上形成一个连接部分。

本发明提供了一种用于将后换档器连接到自行车车架上的自行车后换档

器支架，所述后换档器具有支架件、用于支撑链条导向装置的支撑件、以及一对用于连接所述支撑件和所述支架件的连接件，所述自行车车架具有形成在自行车车架的后叉端的换档器安装延伸部上的连接结构，所述后换档器支架包括：一由大致L形板构成的支架体；设在所述支架体一端近旁，用于将所述后换档器的所述支架件连接到所述支架体上、可绕第一轴线枢转的第一连接结构；设在所述支架体另一端近旁，用于将所述支架体连接到所述自行车车架的所述连接结构上的第二连接结构；以及用于与所述换档器安装延伸部接触从而使所述后换档器相对于所述后叉端以一种预定的姿势定位的定位结构；其中，所述第一连接结构和所述第二连接结构的布置应使当所述支架体安装在所述后叉端上时，所述的第一连接结构提供的连接点是在所述第二连接结构提供的连接点的下方和后方。

在换挡器的规格不同，如形状和操作特性不同的情况下，换挡器相对于自行车车架的适宜的安装姿势各不相同，以保证良好的换挡性能，例如对链条有效地施加使之换位的力。考虑到这些因素，本发明提供一种支架，当被连接到安装换挡器的延伸部上时，该支架为将要安装在自行车车架上的换挡器提供一个适当的连接位置，这样被连接到该支架上的换挡器就易于呈现一个适当的安装姿势。

此外，由于定位机构的作用，该支架一预定姿势固定于自行车车架就易于得到保证。

有些换挡器的结构形式使它们在直接与后叉端部的安装换挡器的延伸部相连接时不能呈现适当的安装姿势，因此表现出换挡性能差。然而，通过使用本发明的支架，这样的换挡器也能有适当的安装姿势，从而改善换挡的性能。

定位机构使该支架易于被设置成上述预定姿势，这一点从支架的姿势确定这个角度来看是方便了安装作业。

在本发明的最佳实施例中，为了便于支架的制造，支架体做成一个大致呈L形的板，第一连接结构和第二连接结构取基本上圆的螺栓孔的形状。确定第二连接结构，即一个圆螺栓孔的连接位置的定位结构的位置最好邻近第二连接结构。

定位结构的形状最好是从形成支架体的板的表面基本上垂直地延伸的一个凸出部分。

本发明的其他特征和优点将在下面结合附图描述的最佳实施例中得以体现。

附图1是通过本发明的后换档器支架与自行车车架相连接的后换档器的侧视图；

附图2是通过本发明的后换档器支架与自行车车架相连接的后换档器的剖视图；

附图3是本发明的后换档器支架的正视图；

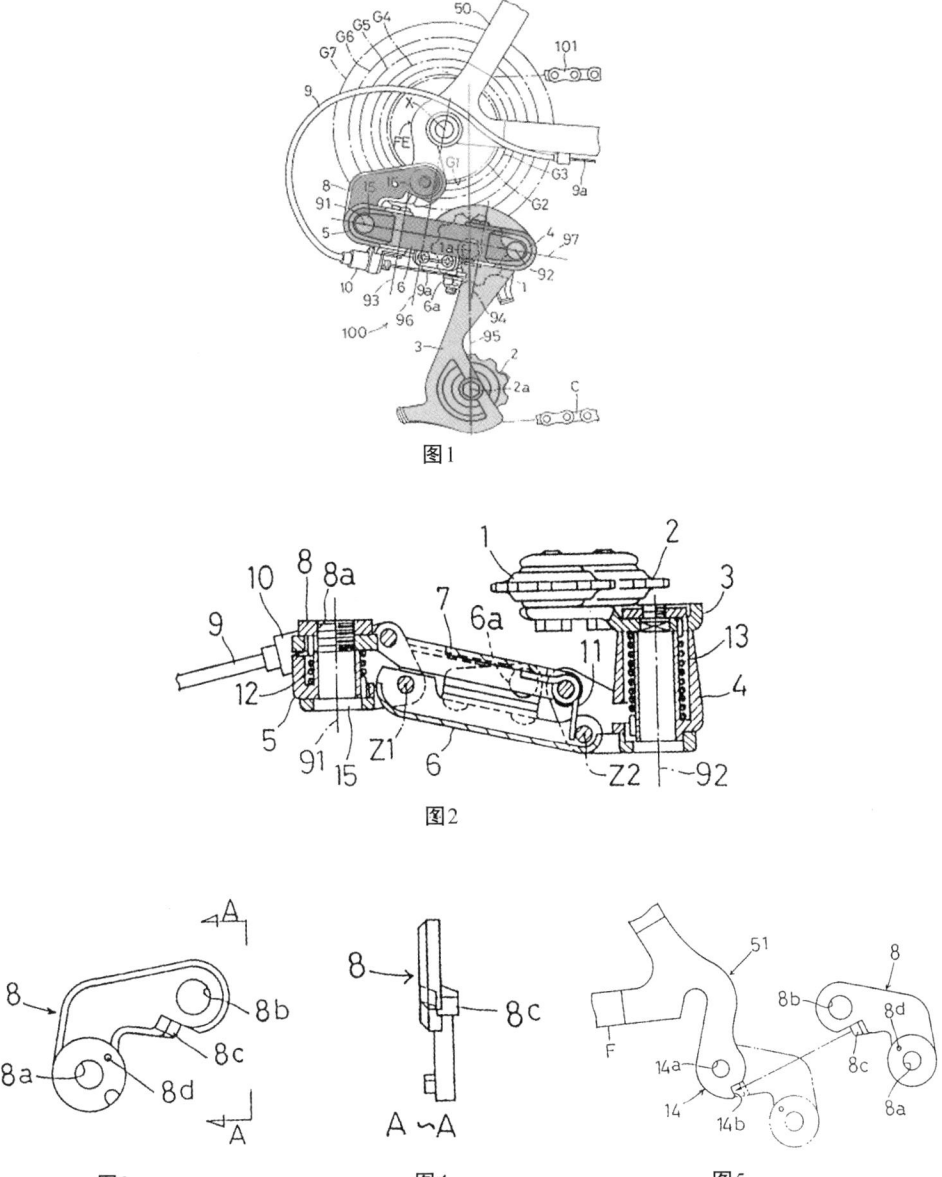

图1

图2

图3　　　　　　　　图4　　　　　　　　图5

附图4是从图3的A-A方向看的后换档器支架的侧视图；

附图5是表示将后换档器支架连接到自行车车架上的一种方式的示意图。

图1所示的是提供七种速度的自行车的后换档装置。如图所示，自行车车架50上有一个后轮毂，它具有七个直径不同的后链轮G1-G7。后换档器100通过支架8安装到自行车车架50上。后换档器100包括一个具有导向轮1和张紧轮2的链条导向装置3、一个用于支撑链条导向装置3的支撑件4、一个支架件5，以及一对用于连接支撑件4和支架件5的左右枢轴连接件6、7。

从换档控制器（未示出）伸出的控制缆绳9连接到一个与支架件5相连的外管夹10和一个与一枢轴连接件6相连的内线夹6上。当换档控制器拉动内线9a时，内线9a使枢轴连接件6和7相对于支架件5向自行车车架内转动，这时支撑件4也向内移动，于是导向轮1就将链条101从后链轮G1-G7中的较小的链轮向较大的链轮换档。反之，当换档控制器放松内线9a时，枢轴连接件6和7在复位弹簧11的作用下向自行车车架外侧方向转动，如图2所示。同时，支撑件4也向外移动，导向轮1就将链条101从后链轮G1-G7中较大的链轮向较小的链轮换档。

支架件5与支架8连接，以便可绕第一轴线91转动。这样，支撑件4便可绕轴线91相对于自行车车架作垂直转动。装在支架件5中的第一拉伸弹簧12，如图2所示，使支架件5绕第一轴线91相对于支架8偏转，于是支撑件4绕第一轴线91偏转，通过导向轮1和张紧轮2向链条101施加一个张紧力。链条导向装置3与支撑件4连接，以便可绕第二轴线92转动。这样，导向轮1和张紧轮2便可绕第二轴线92相对于支撑件4转动。装在支撑件4中的第二拉伸弹簧，如图2所示，使链条导向装置3相对于支撑件4偏转，于是导向轮1和张紧轮2相对于支撑件4偏转，从而对链条101施加一个张紧力。在这种结构中，当导向轮1相对于自行车车架侧移并将链条从一个链轮移到另一个链轮上时，支撑件4绕第一轴线91作垂直转动，而支撑导向轮1的导向装置3上的一部分则绕第二轴线92作垂直转动。结果，导向轮1既向侧边又垂直地移动到一个接近链轮G1-G7的范围内，使链条101高效地移位。无论链条101与链轮G1-G7中的哪一个相啮合，都保持了预定的张紧力。

如图3所示，从前面看，支架8是大致呈L形的板，它包括一个紧邻该支架8一端的第一圆形螺栓孔8a和一个紧邻支架8另一端的第二圆形螺栓孔8b。如图4所示，支架8还包括一个在它的邻近第二螺栓孔8b的表面上形成的台阶形的凸出部8c，由图4可见，台阶形凸出部8c的自由端形成一个接触面。如图5所示，自行车车架50包括一个与后叉端部51铸成一体的供安装换档器的延伸部14。后换档器100通过支架8安装到自行车车架50上。

具体地说，第一螺栓孔8a用于将后换档器100的支架件5连接到支架8上。如图2所示，第一螺栓孔8a中装有固定螺栓15，该螺栓与后换档器100的支架件5相连接。固定螺栓15和支架件5彼此可相对转动地连接，这样，支架8便通过螺栓15可转动地支撑支架件5，而支架件5连到支架8上便可绕第一轴线91转动。

第二螺栓孔8b用于将支架8连接到自行车车架50上。如图1所示，连接螺栓16穿过第二螺栓孔8b和位于安装换档器的延伸部14上的螺栓孔14a，拧紧螺栓16便使支架8和安装换档器的延伸部14刚性地连接在一起了。

凸台8c用于将支架8相对于后叉端51设置成预定的姿势，从而使后换档器100相对于自行车车架50保持一个合适的姿势。

如图5所示，支架8紧固到后叉端51上，支架8的凸台8c与同安装换档器的延伸部14铸成一体的止动部14b的接触面相接触。在这种状态下，凸台8c自由端上的接触面起着相对于止动部14b定位的作用，使支架8相对于安装换档器的延伸部14保持预定的姿势不变，如图5所示。一旦支架8相对于后叉端51按一预定姿势装配，由于支架8的形状以及螺栓孔8a和8b间的位置关系，后换档器100也就以一个合适的姿势装在了自行车车架50上，如图5所示。

在这种情况下，链条101绕过导向轮1和张紧轮2与有13个齿的后链轮G1啮合。若后链轮组没有13齿的链轮，就临时增加一个专用于确定装配位置的13齿辅助后链轮，使链条101与导向轮1、张紧轮2和有13齿的链轮相啮合。如果自行车车架具有若干前链轮，则链条101与最大的前链轮啮合。将自行车车架的前轮和后轮置于一水平地面，使链条101按以上所述与链轮G1、导向轮1和张紧轮2啮合，再使通过导向轮1的旋转轴线1a和张紧轮2的旋转轴线2a的第一点划线95垂直于水平面。在这个位置，平行于第一旋转轴线93和第二旋转轴线94并且穿过轮毂轴线X的第二点划线96，从轮毂轴线方向看，位于第一旋转轴线93和第二旋转轴线94之间。外枢轴连接件6可绕第一旋转轴线93相对于支架件5转动，并且可绕第二旋转轴线94相对于支撑件4转动。另外，从轮毂轴线方向看，导向轮1的旋转轴线1a位于第三点划线97的下方，该第三点划线97通过第一轴线91和第二轴线92。这个位置与上面提到的合适的姿势是相对应的。在这个适当的姿势中，支撑件4绕第一轴线91的垂直转动和链条导向装置3绕第二轴线92的垂直转动，会使导向轮1沿垂直于链轮G1-G7的方向和轮毂的轴线方向移动而不接触链轮G1-G7。这时，导向轮1以高效的方式沿垂直于链轮G1-G7的方向移动到一个接近链轮G1-G7的范围，随着导向轮1沿轮毂轴向的移动，换档力被有效地施加到链条101上。

当后换档器100处于合适的装配姿势时，导向轮1的旋转轴线1a可能会位于第三点划线97上。这时，当导向轮1相对于链轮G1-G7移动，而链条导向装置3相对于支撑件4绕第二轴线92转动时，导向轮1有一个对应于链条导向装置3的旋转角度的长的垂直行程。支架8上的凸台8c可以通过例如对支架8的背面进行模压使形成支架8的板的一部分凸起而制成。在第一螺栓孔8a旁形成的圆孔8d，用于接纳第一拉簧12的一端，以便将第一拉簧连接到支架8上。

支架8上的螺栓孔8a和8b可以用其他各种形式的结构代替。例如支架8可以有通至端部的开口孔，或者连接固定于其上的螺栓的开口孔。这样，螺栓孔和其他的结构在这里统称第一连接结构8a和第二连接结构8b。安装换档器的延伸部14上的螺栓孔14a则简单地称为连接结构14a。

可以用一个定位螺栓来代替凸台8c。凸台8c可以不是与止动14b接触，而与安装换档器的延伸部14上一个比螺栓孔14a更靠近其末端的部位相接触。这些结构统称为定位结构8c。

本案专利授权时的权利要求书如下：

1. 一种用于将后换档器（100）连接到自行车车架（50）上的自行车后换档器支架，所述后换档器具有支架件（5）、用于支撑链条导向装置（3）的支撑件（4）、以及一对用于连接所述支撑件（4）和所述支架件（5）的连接件（6、7），所述自行车车架具有形成在自行车车架的后叉端（51）的换档器安装延伸部（14）上的连接结构（14a），所述后换档器支架包括：

一由大致L形板构成的支架体（8）；

设在所述支架体（8）一端近旁，用于将所述后换档器（100）的所述支架件（5）连接到所述支架体（8）上、可绕第一轴线（91）枢转的第一连接结构（8a）；

设在所述支架体（8）另一端近旁，用于将所述支架体（8）连接到所述自行车车架（50）的所述连接结构（14a）上的第二连接结构（8b）；以及用于与所述换档器安装延伸部（14）接触从而使所述后换档器（100）相对于所述后叉端（51）以一种预定的姿势定位的定位结构（8c）；

其特征在于：所述第一连接结构（8a）和所述第二连接结构（8b）的布置应使当所述支架体（8）安装在所述后叉端（51）上时，所述的第一连接结构（8a）提供的连接点是在所述第二连接结构（8b）提供的连接点的下方和后方。

2. 根据权利要求1所述的自行车后换档器支架，其特征在于所述的第二连接结构（8b）的形式是一大致圆形孔。

3. 根据权利要求2所述的自行车后换档器支架，其特征在于，具有一连接螺栓（16），穿过所述大致圆形孔并被拧紧，以将所述支架体和所述后换档器安装延伸部（14）互相连接。

4. 根据权利要求1所述的自行车后换档器支架，其特征在于，所述的定位结构（8c）的位置邻近所述第二连接结构（8b）。

5. 根据权利要求2所述的自行车后换档器支架，其特征在于，所述的定位结构（8c）是从所述板的表面上延伸的一个凸台。

6. 根据权利要求5所述的自行车后换档器支架，其特征在于，所述的定位结构（8c）是通过压制形成的。

三、宁波市中级人民法院的一审判决

自2003年起，本案专利权人在内地市场发现宁波市日骋工贸有限公司（下称被"诉侵权人"）生产销售的RD-HG30A、RD-HG40A型自行车后拨链器，并在该被诉侵权人处购得了上述型号产品。经对比分析，本案专利权人认为RD-HG30A、RD-HG40A型自行车后拨链器采用的技术落入本案专利的保护范围，构成侵犯本案专利权的行为，于2004年8月27日向宁波市中级人民法院（下称"一审法院"）起诉，请求法院判令本案被诉侵权人：

（1）立即停止制造和销售侵犯本案专利权的产品；

（2）立即销毁所有剩余的侵权产品、侵权产品宣传资料以及制造侵权产品的专用模具，并删除互联网上有关侵权产品的广告；

（3）向本案专利权人赔偿经济损失人民币30万元。

本案被诉侵权人辩称：本案发明专利在审批过程中，原国家专利局发出的审查意见通知书的结论均为本专利全部权利要求缺乏新颖性和创造性。专利权人为获得专利权，针对审查意见通知书多次修改权利要求书的内容，其中最明确的在于增加了关于自行车车架后叉端延伸部的连接结构的技术特征，将该技术特征表述为："所述自行车车架具有形成在自行车车架的后叉端（51）的换档器安装延伸部（14）上的连接结构（14a）。"这表明自行车车架后叉端必须设有延伸部、延伸部上必须设有专门的连接结构，用于安装换档器。因此，本案专利权利要求1保护的是改进的车架后叉端、后拨链器及其它们的装配方案。被诉侵权产品根本不涉及自行车车架，缺乏前述增加的对应于车架的技术特征，显然不构成侵权产品。根据禁止反悔原则，本案专利权人无权对实审程序中增加的技术特征作任何省略或者等同的主张。有必要指出的是，本案专利仅限于将拨链器装配在特定结构的车架上，并非所有装配方式均落入其保护范围。作为通用的后拨链器，可以装配在各种形式和结构的常规自行车上，该通用产品本身不落入本案专利的保护范围。基于上述理由，本案被诉侵权人请求法院驳回本案专利权人的诉讼请求。

本案被诉侵权人在举证期限内提供如下证据：

（1）本案发明专利申请公开说明书复印件，旨在证明：第一，申请时原始权利要求及说明书的内容；第二，本案专利授权文本权利要求及说明书与原始专利申请相比存在多处差异；第三，授权文本的权利要求增加的各项技术特征是在实审程序中为获得专利权而增加的必要技术特征；第四，缺少上述任何一项必要技术特征的产品均不落入本案专利的保护范围。

（2）本案专利申请案卷复印件，旨在证明：第一，本案专利权人在实质审查程序中针对原专利局发出的审查意见通知书所作陈述；第二，本案专利对现有技术的改进体现在：（A）改进车架后叉端的安装延伸部的连接结构，（B）增设支架体，（C）通过支架体将后换档器连接在车架后叉端的安装延伸部上；上述三者缺一不可；第三，本案专利权人在侵权诉讼中对权利要求的解释与专利审批时对权利要求的限定应当一致，禁止反悔。

（3）被控被控产品使用状态照片原件，证明被控产品可以直接装在常规的自行车的后叉端上，不必借助后叉端的安装延伸部，即可以按照实审程序中引用的对比文件2或1的方式装配换档器，因而未落入本案专利的保护范围。

本案专利权人对上述证据提出如下质证意见：

（1）对证据1的真实性没有异议，但认为证据1与是否构成侵权没有直接关联，因为本案专利权人并未依据原始申请文本来主张专利的保护范围，因此这份证据不能采信。

（2）对证据2的真实性有异议，认为本案被诉侵权人错误理解了专利的技术特征；其次，被诉侵权人对"禁止反悔"原则理解有误，本案专利权人在实审程序中对权利要求所作的修改清楚地表述了专利的保护范围，并将本案专利与现有技术以及审查员引用的对比文件清楚区分开来，并无需要适用"禁止反悔"之处，因此认为证据2不能采信。

（3）对证据3的真实性有异议，认为没有任何证据表明该组照片所示的装有后拨链器支架的自行车的生产商名称，也没有任何证据表明采用这种安装后拨链器的方式所安装的自行车曾被实际投入使用，也没有按照这种方式安装后拨链器的操作手册证明这种方式是实际生产中允许的。

本案专利权人又提供了如下反驳证据：

（1）中国自行车工业行业标准QB1880-93，该行业标准图10所示的示意图可以清楚看出行业标准中的自行车车架具有本专利所述的延伸部，由此证明中国轻工业部发布的行业标准生产的自行车车架应当具有延伸部，被诉侵权产品安装在自行车上也必须借助该安装延伸部，因此被诉侵权产品的技术特征符合本案专利权利要求1的相应技术特征，落入本案专利的保护范围。

（2）（2004）沪黄一证经字第10116号公证书，内容为禧玛诺公司中国网站下载的后驱动系统技术说明书，证明后拨链器的安装过程以及结构和功能。

本案被诉侵权人对这两份证据的真实性没有异议，但认为与本案没有关联，因为轻工业部的标准不是专利说明书的组成部分，不能用于对专利权利要求的范围进行解释。更具体地讲：第一，其图10所示的自行车车架至少有三种，根本不能得出"自行车架上应当有延伸部"的结论，其中所示另外两种自行车的车架就没有延伸部；第二，本案被诉侵权人根本不制造车架，如果说有后拨链器被装配到车架上，也不是该被诉侵权人所为；第三，日常生活中存在许多非标产品，所提供的图只能表明现有技术中存在下垂式车架，但对该式样应当如何安装后拨链器没有提出任何要求和限定，在被告提供的美国专利中就有一种直接将后拨链器安装在下垂式延伸部支架上的方案，因此不能得出本案专利权人所得结论。禧玛诺公司网站上的内容与本案更没有关联性，是否落入本案专利的保护范围与禧玛诺公司自己产品怎样使用没有关联。

一审法院查明，本案专利权人申请时提交的权利要求书1如下：

1. 一种在自行车车架的后叉端的供安装换档器的延伸部上形成的连接结构将后换档器连接到自行车车架上的后换档器支架，该后换档器支架包括：

一个支架体；

设在该支架体一端近旁，用于将所述后换档器连接到该支架体上的第一连接结构；

设在该支架体另一端近旁，用于将该支架体连接到所述自行车车架的所述连接结构上的第二连接结构；和用于与所述供安装换档器的延伸部接触从而使后换档器相对于所述后叉端以一种预定的姿势定位结构。

在本案专利的审查过程中，原国家专利局认为已有对比文件公开了将自行车后拨链器安装于自行车后叉端的后拨链器安装支架，该对比文件公开了上述权利要求1的所有技术特征，专利申请的权利要求1限定的技术方案与对比文件相比不符合《专利法》第二十二条二款有关新颖性的规定。

根据上述审查意见，本案专利权人将其专利申请的权利要求1修改为：

一种用于将后换档器（100）连接到自行车车架（50）上的后换档器支架，所述自行车车架具有形成在自行车车架的后叉端（51）的换档器安装延伸部（14）上的连接结构（14a），所述后换档器支架包括：

一个支架体（8）；

设在所述支架体（8）一端近旁，用于将所述后换档器（100）连接到所述支架体（8）上的第一连接结构（8a）；

设在所述支架体（8）另一端近旁，用于将所述支架体（8）连接到所述自行车车架（50）的所述连接结构（14a）上的第二连接结构（8b）；以及用于与所述换档器安装延伸部（14）接触从而使所述后换档器（100）相对于所述后叉端（51）以一种预定的姿势定位的定位结构（8c）；其特征在于：所述第一连接结构（8a）和所述第二连接结构（8b）的布置应使当所述支架体（8）安装在所述后叉端（51）上时，所述的第一连接结构（8a）提供的连接点从所述后叉端（51）看是在第二连接结构（8b）提供的连接点的下方和后方。

本案专利权人在修改后的说明书中指出："本发明提供一种支架，当被连接到安装换档器的延伸部上时，该支架为将要安装在自行车车架上的换档器提供一个适当的连接位置，这样，被连接到该支架上的换档器就易于呈现一个适当的安装姿势。"

国家知识产权局发出"第二次审查意见通知书"，指出修改后的权利要求1仍不符合《专利法》第二十二条二款有关新颖性的规定。

本案专利权人作了如下意见陈述："申请人对新权利要求1作了进一步限定，更清楚地描述本发明与已有对比文件的自行车换档器的安装方式具有不同特征；对比文件公开的换档器是直接安装在自行车车架后叉端的换档器安装延伸部上，而本发明是将上述后换档器的上述支架件（5）连接到上述支架的支架体（8）的一端，然后再将上述支架体（8）的另一端连接至自行车车架后叉端（51）的换档器安装延伸部（14）上。

根据第二次审查意见通知书，本案专利权人再次对权利要求1作了修改，即修改为授权时的权利要求1。

本案专利权人认为，本案被诉侵权人在其企业产品样本中收录了RD-HG30A和RD-HG40A型自行车后拨链器，构成了许诺销售本案专利产品的行为。上海市黄浦区第一公证处应上海市华诚律师事务所申请，对上海市华诚律师事务所人员于2003年1月15日在本案被诉侵权人处购买RD-HG30A、RD-HG40A型自行车后拨链器的过程进行了证据保全公证，并对所购的被诉侵权产品进行了封存。因为被控产品尚未被安装在自行车上，因此没有权利要求1中记载的"所述自行车车架具有形成在自行车车架的后叉端(51)的换档器安装延伸部(14)上的连接结构（14a）"这一技术特征，也无法看出被诉侵权产品安装在自行车上的具体安装方式。

本案专利权人认为被诉侵权产品在使用过程中只能借助本案专利提供的安装方法安装在如本案专利权利要求1所述的自行车车架上，否则就不能使用；本案被诉侵权人认为被诉侵权产品因缺乏权利要求1中所述的自行车车架及其对应于车架的有关技术特征，因此不构成侵犯本案专利权的行为。

2004年9月9日，一审法院应本案被诉侵权人申请，前往其生产经营场所进行证据保全。经查看，未发现被诉侵权产品RD-HG30A、RD-HG40A型自行车后拨链器及制造被控产品的专用模具。

一审法院经审理认为：本案专利权人系本案专利的专利权人，该专利尚在有效期内，本案专利权人已履行了交纳专利年费的义务，因此该专利为有效专利，应当受法律保护。

对被控产品RD-HG30A、RD-HG40A型自行车后拨链器实物是否系本案被诉侵权人制造的问题，因被控产品系上海市华诚律师事务所人员到被诉侵权人生产经营场所购买，购买过程有上海市黄浦区第一公证处公证证明，该被控产品上有本案被诉侵权人的SUNRUN商标，因此可以认定该被控产品系本案被诉侵权人制造。

因被诉侵权人提供的被诉侵权产品尚未被安装在自行车上，因此自然不具备权利要求1中记载的"所述自行车车架具有形成在自行车车架的后叉端（51）的换档器安装延伸部（14）上的连接结构（14a）"这一技术特征，也不清楚其具体安装方式。本案专利权人认为被诉侵权产品在实际使用过程中必然要采用本案专利权利要求1记载的所有技术特征，而本案被诉侵权人对此予以否定，因此被诉侵权产品在使用中是否必然采用本案专利权利要求1记载的所有技术特征成为本案的焦点问题。

一审法院认为，比较本案专利的授权文本与原始申请文本中权利要求1的内容，可以清楚地看出本案专利权人为获得专利授权通过修改明显缩小了权利要求1的保护范围。原始申请文本的权利要求1对后换档器支架所安装的自行车车架结构及具体安装方式并没有作限定，修改后的权利要求1对后换档器支架所安装的自行车车架结构作了限定，即"所述自行车车架具有形成在自行车车架的后叉端（51）的换档器安装延伸部（14）上的连接结构（14a）"，亦即该后换档器支架一定要安装在具有权利要求1所述结构的自行车车架上才能构成侵犯本案专利权的行为，该特定的自行车车架结构构成了本案专利的必要技术特征之一，最后的授权文本除对上述自行车车架结构作同样的限定外，对具体的安装方式也作了限定，在此前提下本案专利权人才获得了本案专利的授权。因此本案专利权利要求书1所述的特定的自行车车架结构亦即特定安装方式是本案专利权利要求1的两个必要技术特征。

本案专利权人争辩，如果认为被诉侵权产品在实际使用过程中必然要具备本案专利所述的所有必要技术特征，那么专利权人在第一次撰写专利权利要求书时就会将所有的必要技术特征全部撰写清楚，否则就变成无法实施的专利。然而事实并非如此，在本案专利权人未对特定的自行车车架结构及特定安装方法作出限定前，国家专利局均认为该"后换档器支架"已属于现有技术，因缺乏新颖性而不能授予专利，这一方面表明该"后换档器支架"可以安装在其他结构的自行车车架上，否则就谈不上属于现有技术，另一方面也表明原始申请所述的安装"后换档器支架"的自行车车架范围较宽，只因无法获得专利授权所以才对该"后换档器支架"安装的自行车车架结构及安装方法作了限定。由此可见，本案专利权人认为被诉侵权产品在使用过程中只能采用本案专利提供的安装方法安装在具有权利要求1所述结构的自行车车架上，否则就不能使用之观点与事实不符，也与本案被诉侵权人在专利申请过程中的情况不符，故该观点不应采信。专利权利要求表述了由技术特征组成的完整技术方案，发明专利权的保护范围以其权利要求的内容为准，法院确定专利权保护范围必须严格依照权利要求，既不能任意减少权利要求记载的技术特征，扩大专利保护范围；也不能允许专利权人在申请专利时为了获得专利权而限制缩小其保护范围，获得专利权后又作出相反的解释。既然本案专利的后换档器支架可以安装在采用其他结构的自行车车架上，而被诉侵权产品尚未被安装在自行车上，其安装后是否会必然采用"所述自行车车架具有形成在自行车车架的后叉端（51）的换档器安装延伸部（14）上的连接结构（14a）"这一必要技术特征及安装方式并不清楚，因此该被诉侵权产品是否构成侵权产品的比对条件尚不具备，故本案专利权人上认为被诉侵权产品已构成侵权的诉请不成立，故不予支持。

基于上述理由，一审法院判决驳回本案专利权人的诉讼请求。

四、浙江省高级人民法院的二审判决

本案专利权人不服宁波市中级人民法院作出的一审判决，向浙江省高级人民法人提起上诉。

本案专利权人诉称：

（1）一审判决未对被诉侵权产品和本案专利进行技术对比分析，而是通过对本案专利申请过程中的审查意见通知书和答辩书进行分析后界定本案专利的必要技术特征不当。

（2）一审法院分析被诉侵权产品的安装方法时，无端割裂本案专利权人的证据链，错误地确认被控产品的安装方法，其具体理由是：

（a）为证明被诉侵权产品被设计成只能安装在具有连接结构（14a）的自行车架延伸部（14）上，本案专利权人提供了《行业标准——自行车工业标准——自行车 车架》（QB1880-93），根据该标准，不与该标准匹配的变挡器将无法安装在自行车上，然而一审法院却认为该证据与本案无关，不予采信。

（b）本案被诉侵权人在一审程序中提供的安装照片以及当庭演示过程

是通过增加"特定垫圈"来安装被诉侵权产品，一审法院却认定被诉侵权产品可以安装在其他结构的自行车车架上，明显偏袒本案被诉侵权人。

（c）双方当事人在一审庭审中均当庭演示了置备有支架体的变档器的自行车，但一审判决均未提及该证据，显失公正。

（3）对本案专利权人为制止侵权行为发生的合理费用的有关凭证，一审判决不顾律师计时服务的特定国际惯例，以没有委托合同为由予以否认，缺乏法律依据。

基于上述理由，本案专利权人请求二审法院撤销原判，判令本案被诉侵权人立即停止制造和销售侵犯本案专利的产品，销毁所有剩余的侵权产品、侵权产品宣传资料以及制造侵权产品的专用模具，删除互联网上有关侵权产品的广告，赔偿经济损失人民币30万元，并承担本案一审和二审诉讼费。

本案被诉侵权人辩称：

（1）被诉侵权产品缺乏本案专利权利要求记载的多项必要技术特征，并未落入专利保护范围，因为本案专利权利要求1保护的是改进的车架后叉端、后拨链器及其装配方案；而被诉侵权产品缺乏自行车车架和上述增加的设置于后叉端延伸部之连接结构的全部技术特征，因而不构成侵权产品。

（2）上诉人提供的自行车工业标准并非涉案专利的组成部分，也非被诉侵权产品的组成部分，既不具有解释本案专利权利要求的效力，又不能反映被诉侵权产品的结构，当然与本案缺乏关联，一审法院不予采信，正当合法。

（3）本案专利权人提出的其他上诉理由也无法成立。双方在一审庭审中演示自行车的目的仅在于说明产品的实际状态，一审判决未予以描述，并无不当。本案专利权人提供了律师服务收费收据，但未提供代理合同及收费标准备案证明，一审判决未予采信，合情合理。

据上，本案被诉侵权人认为一审判决正确，请求二审法院驳回上诉，维持原判。

根据双方的诉辩主张，本案二审双方当事人的争议焦点主要是被诉侵权产品是否落入本案专利的保护范围。为此，二审法院结合上诉理由，重点审查如下证据：

（1）一审期间，本案专利权人提供了《行业标准——自行车工业标准——自行车 车架》（QB1880-93），旨在证明根据行业标准生产的自行车车架应当具有本专利所述的延伸部，将被诉侵权产品安装在自行车上必须借助该安装延伸部，以此表明被诉侵权产品必然落入专利的保护范围。经一审庭审质证，本案被诉侵权人认为该行业标准不是专利说明书的组成部分，不能用于对专利权利要求的保护范围进行解释，与本案没有关联性。

二审法院院经审查认为，该行业标准提供了车架技术规范，不仅包括具有延伸部的车架，也包括了不具有延伸部的车架，即该行业标准并不要求所有的自行车架必须具有延伸部，不能得出将被控产品安装在自行车上必然落入专利的保护范围，更不能用于解释本案专利的保护范围。据此，一审法院采纳被上诉人的观点，认为该证据与本案没有关联性并无不当，本案专利权人提出的"原审法院认定上述证据与本案无关显属不当"的上诉理由不能成立。

（2）一审庭审中，本案被诉侵权人认为其生产的产品可以安装在没有延伸部的自行车车架上，并当庭进行了演示。本案专利权人认为被诉侵权人将其产品直接安装在没有延伸部的自行车上时增加了一个垫圈，属增加了技术特征，不能视为没有落入本案专利的保护范围，并要求对取消垫圈后的安装效果进行演示。对该庭审事实，一审法院没有在判决书中予以判定，存在不妥之处。

二审法院经审查认为，根据一审庭审的演示，被诉侵权产品可以通过增加垫圈的方式直接安装在没有支架延伸部的自行车上。增加垫圈的方式进行安装是一种常规机械安装技术，不能视为被诉侵权产品安装在没有支架延伸部的自行车上就不能正常使用。由此，一审判决认定被诉侵权产品可以安装在其他结构的自行车车架上并无不当。本案专利权人提出的"一审判决未对一审实物演示进行表述，属于不当"的理由成立，但其提出的"一审判决认定被控产品可以安装在其他结构的自行车车架上，有失公允"的上诉理由不能成立。

（3）二审庭审中，本案专利权人提供了两份证据保全公证文书：一是上海市黄浦区第一公证处2005年5月9日出具的公证，载明：上海市华诚律师事务所人员于2005年5月6日与公证员一起前往上海新国际博览中心举行的第十五届中国国际自行车展览会，取得了杭州骏骐车业有限公司自行车上使用的本案被诉侵权人生产的被诉侵权产品的安装状态实例，证明被诉侵权产品只能安装在特定的自行车车架上；二是杭州市拱墅区公证处2005年6月13日出具的公证书，载明：浙江天册律师事务所人员于2002年5月23日与公证人员一起到浙江自行车市场内，取得了杭州江凯五金交电化工有限公司出售的由深圳喜德胜自行车有限公司生产的山地自行车侵害了本案专利的状态实例，证明本案被诉侵权人生产的被诉侵权产品只能以本案专利说明书的实例表示的特定方式安装在该特定的自行车车架上。

经庭审质证，本案被诉侵权人认为：关于上述公证书一，杭州骏骐车业有限公司与本案被诉侵权人无关，其展示的自行车也与被诉侵权人无关，公证取证的照片不能反映后拨链器的结构，与本案专利技术无法对比，公证取证的自行车车架不是本案被诉侵权人生产，本案被诉侵权人也没有在其车架上安装后拨链器的行为；关于公证书二，不能反映深圳喜德胜自行车有限公司与本案被诉侵权人之间有关联，取证的照片不能看出后拨链器与车架的结构，车架也不是本案被诉侵权人生产，安装后拨链器的行为也不是本案被诉侵权人所为。

二审法院经审查认为，上述公证文书的真实性在本案被诉侵权人不能提供充分证据推翻的情况下予以认定；但两份公证文书公证的内容不能证明两个自行车生产厂商与本案被诉侵权人之间存在法律上的关联，也不能证明后拨链器与车架之间的安装行为系由本案被诉侵权人完成；从安装方式看，最多证明有两个自行车生产厂家将被诉侵权产品通过某一相同的方式将后换档器连接安装在自行车后车架的延伸部，不能证明将被诉侵权产品要与自行车后车架连结必须采取该方法，故上述两个证据尚不能证明本案被诉侵权人作出了侵犯本案专利权的行为。

（4）本案专利权人在上诉时向二审法院提出取证申请，要求二审法院到杭州骏骐车业有限公司对自行车整车的装配情况进行调查，查清被诉侵权产品的真实使用状态。

二审法院经审查认为，本案专利权人在二审庭审中已经通过公证取证的方式提供了该方面的证据，且该申请不符合最高人民法院《关于民事诉讼证据的若干规定》第十五条和第十七条的规定，故二审法院不予准许。

（5）本案被诉侵权人在二审期间没有提供新的证据。

据上，本案二审认定的事实与一审判决认定的事实一致。

二审法院认为，按照本案专利授权时的权利要求1，本案专利的主要技术特征包括结构特征和安装特征两部分。对此，本案专利权人持同意的观点。被诉侵权产品与本案专利产品的结构特征相比，两者属相同，双方对此亦无异议。争议的焦点是被控产品是否落入专利安装特征的保护范围。

对安装特征保护范围的界定，一审法院结合权利人在专利审批中为确保其专利具有新颖性，对专利权利要求的保护范围作了限制承诺的书面声明，界定本案专利的安装特征并无不当。根据本案专利权利要求1的内容及专利权人在专利审批时的书面声明，本案专利的安装特征是：所述自行车车架具有形成在自行车车架的后叉端（51）的换档器安装延伸部（14）上的连接结构（14a）；所述第一连接结构（8a）和所述第二连接结构（8b）的布置应使当所述支架体（8）安装在所述后叉端（51）上时，所述的第一连接结构（8a）提供的连接点是在所述第二连接结构（8b）提供的连接点的下方和后方。至少应当具备以下两个安装特征，即（1）具有后叉端的自行车车架；（2）安装在车架后叉端的延伸部上。本案被诉侵权人生产的被诉侵权产品仅具备专利权利要求中的结构特征,且本案被诉侵权人没有进行安装行为,被诉侵权产品不具有本案专利权利要求中的安装特征,因而没有落入本案专利的保护范围,不构成侵犯本案专利权的行为。

本案专利权人在二审庭审中进一步提出,虽然本案被诉侵权人自己没有进行安装,但他人要使用被诉侵权产品必然要按照本案专利的安装特征表述的方式进行安装,至少构成间接侵权。

二审法院认为,我国有关专利的法律法规尚没有关于构成专利间接侵权的规定,司法实践中要认定构成专利间接侵权也要以存在专利直接侵权为前提,本案不存在直接侵权的前提,故不能认定本案被诉侵权人构成间接侵权。

综上所述,本案专利权利要求包括结构特征和安装特征两部分,被诉侵权产品仅具备了本案专利的结构特征,本案被诉侵权人没有进行安装行为,且被诉侵权产品也可以采用专利权利要求限定方式之外的其他方式进行安装,故本案被诉侵权人的行为不构成侵犯本案专利权的行为。一审判决系在确定本案专利的保护范围后,将被诉侵权产品的技术特征与本案专利权利要求记载的技术特征进行对比后,得出了被诉侵权产品不构成专利侵权的结论,故本案专利权人提出的"原判未对被诉侵权产品和本专利进行技术对比分析"的上诉理由与事实不符。本案专利权人提出的"原判未对其为制止侵权行为发生的合理费用的有关凭证审查,因而不当"的上诉理由,由于本案被诉侵权人的行为不构成侵权行为,故二审法院对涉及经济赔偿数额认定方面的证据不予审查。由此,在本案专利权人提出的上诉理由中,除"原判未提及双方一审对实物演示的庭审事实有所不当"之外,其他上诉理由均不能成立。一审判决认定事实清楚,适用法律正确,故判决驳回上诉,维持原判,二审案件受理费人民币7010元由本案专利人承担。

五、浙江省高级人民法院的再审判决

本案专利权人不服二审判决,向最高人民法院申请再审。最高人民法院于2009年10月20日作出(2008)民监字第197号民事裁定,指令浙江省高级人民法院再审。

本案专利权人申请再审称:

(1)本案专利权利要求1为一项产品权利要求,对于一项含有用途特征和功能特征的产品权利要求,其保护主题仍然是产品,而不是这一产品的使用、安装行为,二审判决错误地理解本案专利权利要求1的必要技术特征,将该权利要求记载的技术特征划分为结构特征和安装特征,在此基础上认为本案被诉侵权产品虽然具备权利要求1中的结构特征，但本案被诉侵权人没有进行安装行为，故认定被诉侵权产品未落入该专利的保护范围也是错误的。

（2）原审过程中，本案专利权人提供了《中华人民共和国自行车行业标准》并当庭演示了采用被诉侵权产品的自行车，但二审判决对上述两份重要证据或者不予采信或者未进行质证，因此严重影响了本案的判决结果。

基于上述理由，本案专利权人请求撤销二审判决，并判令本案被诉侵权人停止侵害、消除影响、赔偿损失。

本案被诉侵权人辩称：

（1）将本案专利权利要求1用"安装特征"进行划分和说明是本案专利权人在专利审查程序中首先采用的，其在二审程序中也持相同观点，且本案专利权利要求1明确记载了"安装"一词，故二审判决以安装特征区分权利要求中记载的不同部分并据此进行相应对比合理合法。本案被诉侵权产品虽然包含权利要求1中记载的支架体和换挡器，但是没有自行车车架、形成于车架的后叉端结构以及将支架体安装在该后叉端上的全部技术特征，况且被诉侵权产品并非唯一或者必然采用本案专利限定的安装方式，故被诉侵权产品没有落入本案专利的保护范围。

（2）本案专利权人提供的《中华人民共和国自行车工业标准》与本案无关，其内容亦不能得出换挡器只能唯一地安装在声称的车架上的结论，二审判决对本案专利权人提供的自行车演示已经作了相应认定。

基于上述理由，本案被诉侵权人请求依法驳回本案专利权人的再审请求。

在再审阶段，双方当事人均未提交新证据。本案专利权人提出，被诉侵权产品的螺栓及8c部分与本案专利产品完全相同，二审法院认定的事实有所遗漏。对此，浙江省高级人民法院再审认为，二审法院已经认定被诉侵权产品与专利产品结构相同，双方当事人对此亦无异议，故本案专利权人对二审法院认定事实所提异议并不成立。本案再审认定的事实与二审认定的一致。

浙江省高级人民法院认为，本案再审争议焦点是被诉侵权产品是否落入本案专利的保护范围，现结合双方当事人的申请再审和答辩理由对本案争议焦点分析如下：

（一）关于二审判决对本案专利权利要求1技术特征的划分以及认定被诉侵权产品未落入专利保护范围是否妥当的问题

根据本案专利权利要求1的表述，其主要技术特征包括结构特征和安装特征两部分，其中体现安装特征的表述为："所述自行车车架具有形成在自行车车架的后叉端（51）的换档器安装延伸部（14）上的连接结构（14a）；所述第一连接结构（8a）和所述第二连接结构（8b）的布置应使当所述支架体（8）安装在所述后叉端（51）上时，所述的第一连接结构（8a）提供的连接点是在所述第二连接结构（8b）提供的连接点的下方和后方。"上述表述表明本案专利至少具备两个安装特征：（1）具有后叉端的自行车车架；（2）支架体安装在自行车后叉端上。

本案专利权人在再审阶段对上述本案专利技术特征的划分予以否认，这既不符合本案专利权利要求的表述，也与其在二审过程中认同这一划分的看法及申请专利时的明确陈述（即"本发明与对比文件3的自行车换挡器的安装方式是不同的特征"）自相矛盾。虽然被诉侵权产品结构特征与本案专利产品相同，但由于本案专利权利要求包括了具体的安装特征，而被诉侵权产品尚未被安装在自行车上，安装后是否必然具备专利权利要求所述安装特征尚不明确。

申请再审人认为被诉侵权产品实际使用中必然会具备本案专利所述的所有必要技术特征。但是一方面，在本案专利权人对特定的自行车车架结构及安装方法作出明确限定前，国家知识产权局认为后换挡器支架属已有技术，因而不具备新颖性，这表明该"后换挡器支架"不仅能安装在具有后叉端的自行车车架上，也可以安装在其他结构的自行车车架上；另一方面，本案被诉侵权人在一审法庭上演示了通过增加垫圈方式将被诉侵权产品直接安装在设有支架延伸部的自行车上，说明采用常规机械安装技术即可避免该被诉侵权产品落入专利保护范围，故本案专利权人的上述推论依据并不充分。该被诉侵权人尚无法证明本案被诉侵权人的行为构成侵犯本案专利权的行为。

（二）关于所称原审判决对两份重要证据或者不予采信或者未进行质证的问题

就本案专利权人提交的《中华人民共和国行业标准——自行车工业标准——自行车 车架》（QB1880-93）而言，该行业标准并不要求所有自行车架必须具有延伸部，不能用于解释本案专利的保护范围，更无法证明本案被诉侵权产品落入专利保护范围，二审判决对该证据不予采信并无不妥。

一审期间，当事人各自当庭演示了被诉侵权产品在自行车上的安装方式及其效果，一审判决未对该情况予以表述，但二审判决作了相应纠正。故本案专利权人的相关申请再审理由亦不能成立。

综上，浙江省高级人民法院再审认定本案专利的主要技术特征包括结构特征和安装特征，虽然本案被诉侵权产品具备了本案专利的结构特征，但由于本案被诉侵权人未实施安装行为，而本案专利权人无法证明被诉侵权产品必然具备本案专利权利要求1所述的安装特征，故本案被诉侵权人的被诉行为不构成侵犯本案专利权的行为；本案专利权人的申请再审理由不能成立，不应支持；本案二审判决认定事实及适用法律并无不当，应予维持，故再审判决维持本案二审判决。

六、最高人民法院的再审判决

本案专利权人不服浙江省高级人民法院作出的再审判决，向最高人民法院申请再审。最高人民法院于2011年12月9日作出（2011）民监字第151号民事裁定，决定提审本案。

本案专利权人申请再审的主要理由如下：

（1）再审判决关于本案专利保护范围的确定以及侵权判定适用法律错误。其具体理由包括：

（a）确定专利权保护范围的依据是权利要求书中明确记载的必要技术特征，而非权利要求书中的所有文字。权利要求中出现的说明性、用途性、描述性文字和语句能够起到帮助理解权利要求的作用，但不影响权利要求的保护范围。本案专利的主题是后换档器支架，而不是自行车或者后换档器，关于自行车后换档器支架的技术特征是本案专利的必要技术特征，而与其他产品有关的技术特征很明显并不构成本案专利的必要技术特征。技术特征"所述后换档器具有支架件（5）、用于支撑链条导向装置（3）的支撑件（4）、以及一对用于连接所述支撑件（4）和所述支架件（5）的连接件（6、7）"、"所述自行车车架具有形成在自行车车架后叉端（51）的换档器安装延伸部（14）上的连接结构（14a）"的作用在于对后换档器及自行车车架作出定义性的描述，从而明确二者的具体应用领域和使用范围，与本案专利的技术主题无关。上述两个技术特征并没有限定后换档器支架的部件或特征，只是限定了后换档器支架的用途。只要被诉侵权产品覆盖了所有必要技术特征，并可以被用于将后换档器连接到自行车车架上，即落入本案专利保护范围，并不需要被诉侵权产品实际安装在特定的自行车上。

（b）本案专利权利要求1为一项产品权利要求，对于一项包含有用途及功能特征的产品权利要求，其保护主题仍然是产品，而不是这一产品的使用、安装行为。再审判决错误地将权利要求1的技术特征划分为结构特征和安装特征两类，并进一步认定专利权利要求1至少具备两个安装特征：一是具有后叉端的自行车车架；二是支架体安装在自行车后叉端上。所谓安装特征是指行为人的安装行为。这一划分与认定明显于法无据、缺乏逻辑，违背了技术特征的基本含义。

（c）本案专利权利要求1中的技术特征"所述第一连接结构（8a）和所述第二连接结构（8b）的布置应使当所述支架体（8）安装在所述后叉端（51）上时，所述的第一连接结构（8a）提供的连接点是在所述第二连接结构（8b）提供的连接点的下方和后方"是对后换档器支架的一种功能性描述，只要具备本案专利权利要求1所限定的结构特征的后换档器支架就能够被安装在本案权利要求1限定的自行车车架上，其第一连接结构和第二连接结构的位置关系即呈现为该技术特征所描述的状态。

（d）被诉侵权产品RD-HG-40A的结构图与本案专利说明书附图1、附图5几乎完全相同，构成对本案专利的字面侵权。再审判决将本案专利的技术特征划分为结构特征和安装特征两类，从而导致对权利要求保护范围的错误理解。再审判决将行为人是否实施安装行为作为判定侵权的依据，明显违反《专利法》的规定。事实上，将本案专利权利要求1所限定的自行车配件安装于自行车，属于使用专利产品的行为。

（2）再审判决关于被诉侵权产品不仅可以安装在具有后叉端的自行车车架上，也可以安装在其它结构的自行车车架上的事实认定缺乏依据。其具体理由包括：

（a）被诉侵权产品也可以安装在其它结构的自行车车架上，是本案被诉侵权人的一家之言，没有任何事先存在的业已安装的实际产品，也没有相应的文献、第三方的证言等可以支持。

（b）本案被诉侵权人在一审庭审时演示了通过添加垫圈的方式将被诉侵权产品直接安装在没有后叉端换档器安装延伸部的自行车上。但是，这种安装并非工业化/产业化安装，只是暂时将被诉侵权产品安装在这样的自行车上。被诉侵权产品出售时并无垫圈，相反却有螺栓M10和定位结构8c。本案被诉侵权人采用垫圈恰恰是为了补偿被诉侵权产品上定位结构8c留出的空隙，加垫圈的安装方式无法准确定位后换挡器在车架上的位置，也不符合工业化生产的要求。

（3）再审判决关于本案专利审查档案对专利保护范围有所限制的认定缺乏事实依据。其具体理由包括：

（a）本案专利在审查过程中，第一次修改加入了附图标记并调整了描述方式，第二次修改将与该技术主题的用途相关的"后换挡器"进行了说明，这种用途限定并未对产品本身的结构产生影响。经审查，本案专利的后换挡器支架被认定在整体上具备新颖性和创造性，并未对权利要求的保护范围进行任何限制性修改或承诺。

（b）本案专利与现有技术的区别在于将后换挡器通过一个支架体8连接（安装）于具有后叉端换档器安装延伸部的自行车车架上。应该说，后换挡器和具有后叉端换档器安装延伸部的自行车车架都是本案专利申请日之前已经有的，而权利要求1中描述的后换挡器支架是本发明为了改进后换挡器换挡性能而提出的具有专利性的技术方案。国家知识产权局在审查本案专利申请时从未做出过"后换挡器支架属已有技术"的结论。

（4）再审判决关于证据的认定存在错误。其具体理由包括：

（a）本案专利涉及一种自行车工业生产的零部件，必须遵循一定的产业标准，否则无法安装匹配。《中华人民共和国行业标准——自行车工业标准——自行车车架》（QB1880-93）能够证明自行车车架可以具有延伸部，被诉侵权产品可以安装在这种自行车上。同时，该标准可以证明本案被诉侵权人加垫圈安装的行为没有产业标准依据。再审判决对于该份证据未予认定，存在错误。

（b）在本案一审及二审庭审过程中，本案专利权人当庭演示了将被诉侵权产品组配在自行车上，该证据恰恰能证明被诉侵权产品能够实现本案专利权利要求1所限定的后换挡器支架的用途，能够安装于被本案专利权利要求1所限定的自行车车架上，该产品具备权利要求1的全部技术特征。再审法院对此未进行认定，存在错误。

基于上述理由，本案专利权人请求撤销浙江省高级人民法院作出的本案再审判决、本案二审判决以及本案一审判决，改判支持其全部诉讼请求，诉讼费用由本案被诉侵权人承担。

本案被诉侵权人提交意见认为：

（1）专利权保护范围由记载在权利要求中的全部技术特征限定，凡是写入独立权利要求的技术特征，都是必要技术特征，均不应当被忽略。本案专利权利要求1记载的用途功能特征或者使用条件特征因为明确写入独立权利要求，均属于必要技术特征，在对比时均应纳入考虑之列。本案专利的保护对象不是后换挡器支架本身，也不是装配有支架体的后换挡器，而是后换挡器通过支架体安装于车架延伸部的装配方案。

（2）本案被诉侵权产品缺乏本案专利多项必要技术特征，不落入专利权保护范围。

本案被诉侵权产品不具有车架，没有形成支架体与车架的安装连接关系，没有体现后换挡器安装于车架后必然具有"所述的第一连接结构（8a）提供的连接点是在所述第二连接结构（8b）提供的连接点的下方和后方"这一预定姿势，因此不构成侵权。

（3）被诉侵权产品缺少的多项必要技术特征正是本案专利权人在专利授权程序中修改的技术特征，这些强调和增加的技术特征对专利保护范围具有实质性影响，限制了专利权利要求1的保护范围。

根据本案专利审查档案的记载，本案专利权人在本案专利实审过程中作了如下修改：

（a）将专利申请公开文本中权利要求1"后换挡器支架"名称前的定语内容调整修改为对车架结构予以明确限定的特征，以强调"后叉端的换挡器安装延伸部"与实质审查过程中引用的对比文件1的车架12的"垂直下降组件"是对应特征，从而使本案专利的"支架体8"不同于对比文件1的"悬挂构件18"。

（b）将"支架体8"划入前序部分作为与现有技术共有的特征，并将"支架体8"装配到车架上体现的"后方和下方"的预定姿态位置关系作为唯一的特征部分。其修改的理由是对权利要求1作进一步限定，更清楚地描述本发明与对比文件的自行车换挡器的安装方式是不同的特征。这表明，本案专利权人强调和确定"不同的安装方式"是本案专利的唯一区别特征。

（c）将本案专利申请公开文本中权利要求1记载的换挡器限定为"由支架件5、导向装置3、支撑件4、连接件6和7构成"，使"支架体8"区别于对比文件3的"基座件1"。这一修改表明，后换挡器及其支架体是现有技术，其本身不符合专利授权条件，只有将后换挡器利用支架体与特定的自行车车架装配才符合授权条件。

（4）本案专利权人以本案专利申请为母案申请了另一后换挡器分案专利，该分案专利由于在修改过程中删除自行车车架等有关技术特征被专利复审委员会以修改超范围为由宣告全部无效。因此，本案不应忽视自行车车架及安装结构特征。

（5）本案被诉侵权产品是通用的支架体，并非只能用于具有后换挡器安装延伸部的车架后叉端。

（6）本案专利存在多项可能被宣告无效的理由，应中止侵权审理。本案被诉侵权人已经向专利复审委员会提交了针对本案专利的无效宣告请求并被受理。

最高人民法院审理查明本案一审判决、二审判决及再审判决查明的事实属实；另查明在原一、二审及再审过程中，本案专利权人一直以本案专利权利要求1为依据主张权利。

为证明被诉侵权产品只能安装在本案专利限定的具有换挡器安装延伸部连接结构的自行车车架后叉端上，本案专利权人在一审、二审过程中提交了如下证据：本案被诉侵权产品RD-HG-30A、RD-HG-40A型自行车后换挡器及其支架实物（一审证据6）；《中华人民共和国行业标准——自行车工业标准——自行车 车架》（QB1880-93）（一审证据18）；本案专利权人当庭演示了将被诉侵权产品组配在具有换挡器安装延伸部连接结构的自行车车架后叉端上；（2005）沪黄一证经字第5137号公证书和（2005）杭拱证经字第475号公证书（二审补充证据）。

本案被诉侵权产品是一个大致呈L形的板，两端各有一个圆形的螺栓孔，其一端与自行车后换挡器连接，在远离后换挡器的螺栓孔位置附近有一个凸起部位，该凸起部位从板的表面向上延伸出来。可见，被诉侵权产品具有专利权利要求1关于支架体的结构特征，即一由大致L形板构成的支架体；设在所述支架体一端近旁，用于将所述后换挡器的所述支架件连接到所述支架体上、可绕第一轴线枢转的第一连接结构；设在所述支架体另一端近旁，用于将所述支架体连接到所述自行车车架的所述连接结构上的第二连接结构；以及用于与所述换挡器安装延伸部接触从而使所述后换挡器相对于所述后叉端以一种预定的姿势定位的定位结构。同时，与被诉侵权产品连接的后换挡器具有本案专利权利要求1中所述的特征，即该后换挡器具有支架件、用于支撑链条导向装置的支撑件以及一对用于连接所述支撑件和所述支架件的连接件。《中华人民共和国行业标准——自行车工业标准——自行车 车架》（QB1880-93）是我国原轻工业部发布的具有强制性的行业标准，该标准第7页图10显示了两种类型的自行车车架平插接片，其中一种具有后叉端延伸部，另一种没有后叉端延伸部。根据（2005）沪黄一证经字第5137号公证书的记载，2005年5月6日上海市华诚律师事务所人员与公证人员一起到上海新国际博览中心举行的第十五届中国国际自行车展览会会场，上海市华诚律师事务所人员从杭州骏骐车业有限公司的展位上取得该公司产品说明书一份，并在会展现场拍摄照片17张。该公证书所附照片显示，杭州骏骐车业有限公司生产的自行车的后叉端具有换挡器安装延伸部，被诉侵权产品连同后换挡器安装在该自行车后叉端上，与被诉侵权产品连接的后换挡器上标有本案被诉侵权人的"SUNRUN"商标。根据（2005）杭拱证经字第475号公证书的记载，2005年5月23日浙江天册律师事务所委托代理人杨磊与公证人员一起到浙江自行车市场内杭州江凯五金交电化工有限公司摊位，杨磊以普通消费者身份购买了深圳喜德胜自行车有限公司生产的山地自行车一辆，并对该自行车进行了拍照。该公证书所附照片显示，该山地自行车后叉端具有换挡器安装延伸部，被诉侵权产品连同后换挡器安装在该山地自行车后叉端上，与被诉侵权产品连接的后换挡器上标有本案被诉侵权人的"SUNRUN"商标。

为证明本案被诉侵权产品可以安装在不具有后换挡器安装延伸部的自行车车架后叉端上，本案被诉侵权人在一审庭审中进行了实际安装演示。在演示时，本案被诉侵权人通过在被诉侵权产品与车架后叉端之间增加一个垫圈的方式，弥补被诉侵权产品凸起部造成的间隙，从而将被诉侵权产品直接安装在没有后换挡器安装延伸部的自行车后叉端上。本案专利权人认为，需要通过垫圈弥补被诉侵权产品凸起部造成的间隙，恰恰说明该凸起部的对应部位是本专利限定的后叉端；加入垫圈不是正常的工业化生产方式，且不牢靠，并对取消垫圈后的安装效果进行演示。在本案再审过程中，最高人民法院要求本案被诉侵权人提交有关将被诉侵权产品安装在不具有后叉端延伸部上且在市场上已经商业流通的自行车的证据，该被诉侵权人终未能提供。

关于本案专利文件的修改过程，本院另查明如下事实：1997年5月22日，原国家专利局向株式会社岛野发出第一次审查意见通知书。该通知书引用本案专利优先权日前的US5082303号美国专利（对比文件1）和EP0013136欧洲专利（对比文件2），认为本案专利权利要求1不具备新颖性，权利要求2和3不符合创造性的要求，权利要求4不符合专利法第二十六条第四款的规定，因此该专利申请将被驳回。

该通知书正文记载了如下内容："权利要求4进一步限定了权利要求1的技术方案。但是，该权利要求因不符合《专利法》第二十六条第四款是不能被接受的。也就是讲，该权利要求由于得不到说明书的支持是不能被接受的。具体地讲，从其说明书实施例（例如图1）可以清楚地了解到，其第二连接结构提供的连结点从后叉端看时显然是位于第一连接结构提供的连结点的上方和后方，而并非是其下方和后方。因此，该权利要求由于得不到说明书的支持是不能被接受的。需要特别说明的是，即使申请人根据说明书的内容将其修改为'……上方和后方'使其符合专利法第二十六条第四款之规定，则这样的技术方案也将由于不符合《专利法》第二十二条三款有关创造性之规定，是不能被接受的。这是因为，根据实际需要设计两连接点的相对位置对于本领域普通技术人员是容易做到的。而且，对比文件2公开的后拨链器安装支架的两连接点即符合上述相对位置关系（参见对比文件1的图10）。同时，采用这种结构也并未产生任何新的意外效果。"

针对上述审查意见通知书，本案专利权人对权利要求书进行了修改，并提交了意见陈述书。

本次修改主要是将原权利要求1和4合并为新的权利要求1，对前序部分作文字修改，使权利要求1的主体更加明确，并对原权利要求2和3作个别文字修改。修改后的权利要求书记载了如下内容：

1. 一种用于将后换挡器（100）连接到自行车车架（50）上的后换挡器支架，所述自行车车架具有形成在自行车车架的后叉端（51）的换挡器安装延伸部（14）上的连接结构（14a），所述后换挡器支架包括：一个支架体（8）；设在所述支架体（8）另一端近旁，用于将所述后换挡器（100）连接到所述支架体（8）上的第一连接结构（8a）；设在所述支架体（8）另一端近旁，用于将所述支架体（8）连接到所述自行车车架（50）的所述连接结构（14a）上的第二连接结构（8b）；以及用于与所述换档器安装延伸部（14）接触从而使所述后换档器（100）相对于所述后叉端（51）以一种预定的姿势定位的定位结构（8c）；其特征在于：所述第一连接结构（8a）和所述第二连接结构（8b）的布置应使当所述支架体（8）安装在所述后叉端（51）上时，所述的第一连接结构（8a）提供的连接点从所述后叉端（51）看是在第二连接结构（8b）提供的连接点的下方和后方。

2. 如权利要求1所述的后换档器支架，其特征在于，所述支架体（8）是由一块大致呈L形的板构成的，所述的第一连接结构（8a）和第二连接结构（8b）的形式为基本上圆的螺栓孔，而所述的定位结构（8c）的位置邻近所述的第二连接结构（8b）。

3. 如权利要求2所述的后换挡器支架，其特征在于，所述的定位结构（8c）是从所述板的表面上延伸的一个凸出部。"

本案专利权人还在该次意见陈述书中陈述了如下意见：

（1）关于对比文件1，该对比文件所述的悬挂构件（18）是垂直下降组件的一个可更换部分。由于下述的原因，该对比文件1并没有建议或公开如本发明申请中记载的支架体（8）：

（a）该对比文件1的发明名称是"可更换的下降组件"，因此其只涉及垂直下降组件，其并不涉及本发明申请所述的支架构件（8）。

（b）该对比文件1的权利要求1中记载了"一种垂直下降组件"，包括：一垂直下降构件（16）；一悬挂构件（18）；一用于将悬挂构件连接至下降构件上的装置；……，这说明该对比文件1中的悬挂构件（18）是垂直下降组件的一部分。

（d）对比文件1的图2中所示的垂直下降组件的设计，与本申请中所述的带后拨链器安装延伸部（14）的后叉端（51）的设计相同，本申请的图5中已最清楚地显示了带后拨链器安装延伸部（14）的后叉端（51）的结构。

（e）对比文件1的图1中所示的后拨链器是直接装配型，其中，拨链器（50）被直接安装到垂直下降组件中，而没有使用如本申请所述的支架体（8）。

（f）对比文件1中没有提到或者公开用于将后拨链器（50）连接到悬挂构件（18）上的如本申请中所述的支架体（8）。

（g）过去，一直将垂直下降组件应用于直接装配型后拨链器，迄今尚未有将带有支架体的后拨链器连接至垂直下降组件上。本发明申请所述的支架体使得将后拨链器连接至垂直下降组件上成为可能。

（i）对比文件1的图3中所示的垂直下降构件（16）并没有公开或提到

将直接装配型后拨链器连接至其上。相反，所示出的是将拨链器安装至悬挂构件（18）上。这表明该垂直下降构件（16）并不是被配置成用来安装拨链器，并且该悬挂构件（18）需要被考虑作为有时要进行拆卸的下降构件（16）的一部分，而不是考虑作为一个支架。

……

（2）关于对比文件2（EP0013136），该对比文件所述的叉端是一个水平方向开槽的下降组件。对比文件2并没有公开或者提出本发明申请的技术特征，特别是支架体没有被连接至垂直下降（组件）或者L形板上。

（3）关于本发明，在修改的权利要求1的前序部分中提到："一种用于将后换档器（100）连接到自行车丰架（50）上的后换档器支架，所述自行车车架具有形成在自行车车架的后叉端（51）的换档器安装延伸部（14）上的连接结构（14a）。"可见本发明公开的支架体（8）是连接至垂直下降（组件）上的。因此，本发明关于支架体（8）的主体及特征是清楚的，具有新颖性和创造性。……本申请权利要求2中限定了"支架体（8）由一块大致呈L形的板构成"的特征。这是一项重要的特征，使支架体（8）能够连接至下降组件（悬挂构件18）上，同时保持后拨链器处于如说明书中所述的适当姿势。申请人相信，该附加特征也是具有新颖性和创造性的……。"

针对株式会社岛野的上述意见陈述书，国家知识产权局发出了第二次审查意见通知书，该通知书引用US4690663号美国专利作为对比文件3，认为本专利申请修改后权利要求1不具备新颖性，权利要求2不具备创造性。该审查意见通知书指出：修改后的权利要求1请求保护一种将后换档器连接到自行车车架上的后换档器支架，对比文件3公开了一种用于将后换挡器连接到自行车车架上的连接机构，具体披露了以下技术内容：基座件1（相当于本申请中的支架件8）的一端通过水平轴6和通孔11（相当于本申请中的第二连接结构8b）连接到自行车车架的后叉端的换挡连接器安装延伸部上的螺纹孔101b（相当于本申请中的连接结构14a）上，另一端通过销20、21及相应的销孔（相当于本申请中的第一连接结构8a）连接后换挡器，调整螺钉40（相当于本申请中的定位结构8c）的端部紧靠换挡器安装延伸部上的制动部101a从而使后换挡器相对于后叉端定位，并且从附图4上可以看出，销20、21及相应的销孔的位置是在通孔11的下方和后方。由此可知，对比文件3已经公开了权利要求1的全部技术特征，并且它们属于相同的技术领域。因此，权利要求1请求保护的技术方案相对于对比文件公开的现有技术不是新的，不符合《专利法》第二十二条第二款关于新颖性的规定。

针对第二次审查意见通知书，本案专利权人对权利要求书进行了进一步修改，并提交了第二次意见陈述书。

本次修改主要是对新权利要求1作了进一步限定，更清楚地描述本发明与对比文件3的自行车换挡器的安装方式是不同的特征，将权利要求2做文字修改并分拆出新从属权利要求4，补充了新从属权利要求3和6。

本案专利权人在第二次意见陈述书中陈述了如下意见：对比文件3是本申请的同一申请人的一份美国在先专利，其公开了一种自行车后换挡器，其中并没有公开如本申请中所记载的支架体（8）。该对比文件3中提到的"基座件1"实际上是换挡器四连杆机构之中的一个组成构件，其一端通过水平轴6和通孔11连接到自行车车架后叉端的换挡器安装延伸部上的螺纹孔101b。因此，该"基座件1"并不相当于本申请中的"支架体8"，可以说该对比文件3公开的换挡器是直接安装在自行车车架后叉端的换挡器安装延伸部上。与此不同，本发明公开的是一种将后换挡器（100）连接到自行车车架（50）上的自行车后换挡器支架，具体地说，所述后换挡器具有支架件（5）、用于支撑链条导向装置（3）的支撑件（4）以及一对用于连接所述支撑件（4）和所述支架件（5）的连接件（6,7），而本发明是将上述后换挡器的上述支架件（5）连接到上述支架的支架体（8）的一端，然后再将上述支架体（8）的另一端连接至自行车车架后叉端（51）的换挡器安装延伸部（14）上。

本次修改后该专利申请获得授权，其提交的二次修改后的权利要求书与授权文本中权利要求书一致。

在最高人民法院再审审理过程中，本案专利权人提交了两份新证据：国家知识产权局专利收费收据（2012年1月19日）（证据1）和（2011）京中信内经证字第6943号公证书（证据2）。其中，证据1用以证明本案专利仍处于有效状态；证据2用以证明被诉侵权产品图片出现在本案被诉侵权人于2011年在中国北方国际自行车电动车展览会上散发的产品宣传册中，表明该被诉侵权人仍在实施侵犯本案专利的行为，并请求在确定损害赔偿时考虑该情节。

本案被诉侵权人对上述两份证据的真实性均无异议，但对证据2的证明目的有异议，认为该证据不能实现本案专利权人的证明目的，因为被诉侵权人仅仅是许诺销售被诉侵权产品，并不能证明存在实际制造和销售行为。

对于上述两份证据，最高人民法院认证如下：关于证据1，本案专利权人提供了该证据的原件，本案被诉侵权人对该证据的真实性没有异议，本院予以采信；关于证据2，该证据是公证机关制作的公证书，本案被诉侵权人对该证据的真实性无异议，且与本案有关联，本院予以采信。

结合上述两份证据，最高人民法院查明如下事实：2011年3月31日，北京市磐华律师事务所委托代理人梁晨祺、王雪飞来到位于天津市西青区友谊南路与外环线交口西北角的天津梅江会展中心，在第十一届中国北方国际自行车电动车展览会本案被诉侵权人的5B36号展位前，由王雪飞以普通参观者身份对该展位进行了拍照，并从该展位处领取了标有"SUNRUN INDUSTRY&TRADE"字样的宣传册一本。北京市中信公证处的公证人员对上述过程进行了公证，并出具了（2011）京中信内经证字第6943号公证书。该公证书所附的本案被诉侵权人宣传册第32页和第33页分别载有本案被诉侵权产品RD-HG-30A、RD-HG-40A型自行车后拨链器图片。截至目前，本案专利仍处于有效状态。

在最高人民法院再审审理过程中，本案被诉侵权人提出中止本案诉讼的申请，并提交了专利复审委员会的无效宣告请求受理通知书、专利权无效宣告请求书及相关对比文件作为证据。经查，本案被诉侵权人公司已于2012年1月9日向专利复审委员会提出宣告本案专利权无效的请求并已被受理。在无效宣告程序中，本案被诉侵权人提交了US4690663号美国专利说明书（对比文件1）、EP0013136号欧洲专利公开说明书（对比文件2）和US4612004号美国专利说明书（对比文件3）三份对比文件，其主要的无效理由在于：本案专利权利要求1及引用权利要求1的权利要求2、3、4、5和6均缺乏必要技术特征，不符合《专利法实施细则》第二十一条第二款的规定；本案专利不符合《专利法》第三十三条规定，存在修改超范围的问题；本案专利不符合《专利法》第二十六条第四款的规定，权利要求书没有以说明书为依据；本案专利权利要求1是现有技术公开的技术特征的简单拼凑，不符合《专利法》第二十二条第三款的规定，缺乏创造性，权利要求2、3、4、5和6亦均缺乏创造性。

本案被诉侵权人在最高人民法院审理过程中还提出了现有技术抗辩，主张其被诉侵权产品利用的是现有技术。本案被诉侵权人主张的现有技术包括两种类型：一是其在无效宣告程序中提交的对比文件1（US4690663号美国专利）结合公知常识；二是《中华人民共和国轻工业行业标准——自行车拨链器》（QB/T 1895-1993）图2、图6、图10与《中华人民共和国行业标准——自行车工业标准——自行车 车架》（QB1880-93）图10的组合。

最高人民法院认为，本案被诉侵权行为发生在2008年修改的《专利法》施行之前，因此应适用2000年修改的《专利法》。结合本案当事人的申请再审理由、被申请人的答辩及本案事实，本案当事人争议的焦点问题在于：本案专利权利要求1中的使用环境特征对权利要求保护范围是否具有限定作用及其限定程度；本案被诉侵权产品是否必然用于本案专利权利要求1限定的自行车车架；本案被诉侵权产品是否落入本案专利保护范围；本案是否应中止诉讼；被申请人的现有技术抗辩是否成立；本案民事责任的承担。

对上述焦点问题，最高人民法院论述如下：

（一）关于本案专利权利要求1中的使用环境特征对权利要求保护范围是否具有限定作用及其限定程度

使用环境特征是指权利要求中用来描述发明所使用的背景或者条件的技术特征。

1. 关于使用环境特征对于保护范围的限定作用

凡是写入权利要求的技术特征，均应理解为专利技术方案不可缺少的必要技术特征，对专利保护范围具有限定作用，在确定专利保护范围时必须加以考虑。已经写入权利要求的使用环境特征属于权利要求的必要技术特征，对于权利要求的保护范围具有限定作用。

本案专利的保护主题是"自行车后换档器支架"，但是权利要求1在描述该后换挡器支架的结构特征的同时，也限定了该后换挡器支架用以连接的后换挡器以及自行车车架的具体结构。这些关于后换挡器支架所连接的后换挡器及自行车车架的特征实际上限定了后换挡器支架所使用的背景和条件，属于使用环境特征，对权利要求1所保护的后换挡器支架具有限定作用。

权利要求1保护的后换挡器支架所使用的自行车车架的特征是"所述自行车车架具有形成在自行车车架的后叉端（51）的换档器安装延伸部（14）上的连接结构（14a）"（简称使用环境特征1）；权利要求1所保护的后换挡器支架所使用的后换挡器的特征是"所述后换挡器具有支架件（5）、用于支撑链条导向装置（3）的支撑件（4）、以及一对用于连接所述支撑件（4）和所述支架件（5）的连接件（6、7）（简称使用环境特征2）。它们与权利要求1的其他特征一起，组成一个完整的技术方案，共同限定了权利要求1的保护范围。

2. 关于使用环境特征对于保护范围的限定程度

此处所述的限定程度是指使用环境特征对权利要求的限定作用的大小，具体地说是指该种使用环境特征限定的被保护的主题对象必须用于该种使用环境还是可以用于该种使用环境。

使用环境特征对于保护范围的限定程度需要根据个案情况具体确定。一般情况下，使用环境特征应该理解为要求被保护的主题对象可以使用于该种使用环境即可，不要求被保护的主题对象必须用于该种使用环境。但是，如果本领域普通技术人员在阅读专利权利要求书、说明书以及专利审查档案后可以明确而合理地得知被保护对象必须用于该种使用环境，那么该使用环境特征应被理解为要求被保护对象必须使用于该特定环境。

本案专利权利要求1对所保护的后换挡器支架限定了两个使用环境特征，分别分析如下：

(1) 关于使用环境特征1（即自行车车架的结构特征）

本案专利申请在实质审查过程中经过了多次修改。针对国家知识产权局第一次审查意见通知书所提到的对比文件1（US5082303号美国专利），为了将本专利申请所要求保护的后换挡器支架与该对比文件公开的悬挂构件（18）相区别，本案专利权人在意见陈述书中明确指出，对比文件1中所述的悬挂构件（18）是垂直下降组件一部分，由垂直下降构件（16）、悬挂构件（18）以及用于将悬挂构件（18）连接至下降构件上的装置（16）等组合起来才相当于本案专利申请中的带后拨链器安装延伸部（14）的后叉端（51）的结构。根据本案专利权人所述，本案专利所保护的后换挡器支架只能与带后拨链器安装延伸部的后叉端相连接，而不能成为自行车车架后叉端垂直下降组件的构成部分。针对国家知识产权局第一次审查意见通知书所提到的对比文件2（EP0013136号欧洲专利），为了将本专利申请所要求保护的后换挡器支架与该对比文件公开的下降组件相区别，本案专利权人在意见陈述书中明确指出，该对比文件所述的叉端是一个水平方向开槽的下降组件，该对比文件并没有公开或者提出本发明申请的特征，特别是支架体没有被连接至垂直下降组件或L形板上。这一意见表明，本专利所保护的后换挡器支架必须安装在具有换挡器安装延伸部的自行车车架后叉端上，而不能安装在具有水平方向开槽的下降组件的自行车车架后叉端上。因此，对使用环境特征1，应当理解为本案专利所保护的自行车后换挡器支架必须使用在具有使用环境特征1的自行车车架后叉端上。

(2) 关于使用环境特征2（即后换挡器的结构特征）

针对国家知识产权局第二次审查意见通知书所提到的对比文件3（US4690663号美国专利），为了将本专利申请所要求保护的后换挡器支架与该对比文件公开的基座件1相区别，本案专利权人再次修改了权利要求1，增加了关于后换挡器的结构特征。

本案专利权人在意见陈述书中明确指出，对比文件3提到的基座件1实际上是换挡器四连杆机构之中的一个组成构件，其一端通过水平轴6和通孔11连接到自行车车架后叉端的换挡器安装延伸部上的螺纹孔101b，故该基座件1并不相当于本申请中的支架体8。

本案专利权人还进一步指出，对比文件3公开的换挡器是直接安装在自行车车架后叉端的换挡器安装延伸部上；与此不同，本发明公开的是一种将后换挡器（100）连接到自行车车架（50）上的自行车后换挡器支架，后换挡器具有支架件（5）、用于支撑链条导向装置（3）的支撑件（4）以及一对用于连接所述支撑件（4）和所述支架件（5）的连接件（6，7），本发明是将上述后换挡器的上述支架件（5）连接到上述支架的支架体（8）的一端，然后再将上述支架体（8）的另一端连接至自行车车架后叉端（51）的换挡器安装延伸部（14）上。

根据本案专利权人的陈述，本专利所保护的后换挡器支架必须与后换挡器的支架件（5）相连接，而不能成为后换挡器自身的组成部分。可见，本专利所保护的后换挡器支架必须用于权利要求1所述的具有支架件（5）、用于支撑链条导向装置（3）的支撑件（4）以及一对用于连接所述支撑件（4）和所述支架件（5）的连接件（6，7）的后换挡器上。因此，对于使用环境特征2，应该理解为本案专利所保护的自行车后换挡器支架必须用于具有使用环境特征2的后换挡器上。

综上，本案专利的使用环境特征对于保护范围具有限定作用，本案专利所保护的自行车后换挡器支架必须用于该使用环境。本案专利权人关于本案专利权利要求中出现的使用环境特征不构成本案专利的必要技术特征，不影响权利要求的保护范围的申请再审理由不能成立，故不予支持。

（二）关于本案被诉侵权产品是否必然用于本案专利权利要求1限定的自行车车架

本案被诉侵权产品具有权利要求1关于支架体的结构特征和关于后换挡器的使用环境特征，双方当事人并无争议。同时，株式会社岛野提供的（2005）沪黄一证经字第5137号公证书、（2005）杭拱证经字第475号公证书等证据能够证明，被诉侵权产品也实际被应用在具有专利权利要求1所限定的自行车车架上。双方当事人对此亦无争议。双方争议的问题在于，本案被诉侵权产品是否必然用于本案专利权利要求1限定的自行车车架，或者说被诉侵权产品是否可以被应用于不具有本案专利权利要求1所述特征的自行车车架上。

对此分析如下：

首先，本案被诉侵权产品的特定结构决定了其与权利要求所述的自行车车架的特定匹配关系。根据查明的事实，被诉侵权产品在远离后换挡器的螺栓孔位置附近有一个从板的表面向上延伸出来的凸起部位。该凸起部位客观上需要与自行车车架后叉端的特定位置相配合，才能实现定位作用。

其次，本案当事人在一审庭审中的实际演示可以辅助说明被诉侵权产品的实际安装状态。为证明本案被诉侵权产品可以安装在不具有后叉端延伸部的自行车车架上，本案被诉侵权人通过在被诉侵权产品与车架后叉端之间增加一个垫圈的方式，弥补被诉侵权产品凸起部造成的间隙，从而将被诉侵权产品直接安装在没有后叉端延伸部的自行车车架上。但是，本案被诉侵权人对外销售被诉侵权产品时并没有附带垫圈，这种安装方式不是通常的工业化生产方式，且会影响定位效果。同时，针对最高人民法院关于提交有关将被诉侵权产品安装在不具有后叉端延伸部上且在市场上已经商业流通的自行车证据，日骋公司始终未能提供。

最后，关于自行车车架的有关行业标准可以辅助证明被诉侵权产品的实际安装状态。《中华人民共和国行业标准——自行车工业标准——自行车车架》（QB1880-93）是我国原轻工业部发布的具有强制性的行业标准，其公开了两种类型的自行车车架平插接片，其中一种具有后叉端延伸部，另一种没有后叉端延伸部。该具有后叉端延伸部的自行车车架具备专利权利要求1关于车架的限定特征。由于将被诉侵权产品安装在没有后叉端延伸部的自行车车架上并非通常的工业化生产方式，且影响定位效果，故将被诉侵权产品安装在具有后叉端延伸部的车架上几乎成为必然选择。

由此可见，将被诉侵权产品安装在具有后叉端延伸部的自行车车架上，是被诉侵权产品唯一合理的商业用途，在本案被诉侵权人未能提交进一步的有效反证的情况下，可以认为本案被诉侵权产品在商业上必然用于本案专利权利要求1限定的自行车车架。

（三）关于本案被诉侵权产品是否落入本案专利保护范围

首先，需要明确本案专利权利要求1的保护范围。

根据本案专利权利要求1的记载，其保护范围由以下必要技术特征所限定：

（1）使用环境特征，包括：一种用于将后换档器连接到自行车车架上的自行车后换档器支架，所述后换档器具有支架件、用于支撑链条导向装置的支撑件以及一对用于连接所述支撑件和所述支架件的连接件，所述自行车车架具有形成在自行车车架的后叉端的换档器安装延伸部上的连接结构。

（2）后换档器支架结构特征，包括：一由大致L形板构成的支架体；设在所述支架体一端近旁，用于将所述后换档器的所述支架件连接到所述支架休上、可绕第一轴线枢转的第一连接结构；设在所述支架体另一端近旁，用于将所述支架体连接到所述自行车车架的所述连接结构上的第二连接结构；以及用于与所述换挡器安装延伸部接触从而使所述后换档器相对于所述后叉端以一种预定的姿势定位的定位结构。

（3）后换挡器支架安装后的位置特征，包括：所述第一连接结构和所述第二连接结构的布置应使当所述支架体安装在所述后叉端上时，所述的第一连接结构提供的连接点是在所述第二连接结构提供的连接点的下方和后方。

其次，关于技术特征的对比。如前前述，本案被诉侵权产品在商业上必然用于本案专利权利要求1限定的自行车车架，因此被诉侵权产品具备权利要求1关于自行车车架的环境特征。同时，被诉侵权产品具有权利要求1关于支架体的结构特征和关于后换挡器的使用环境特征。因此，被诉侵权产品具备了权利要求1除后换挡器支架安装后的位置特征之外的全部特征。

最后，关于后换挡器支架安装后的位置特征。被诉侵权产品在远离后换挡器的螺栓孔位置附近有一个从板的表面向上延伸出来的凸起部位。由于本案被诉侵权产品在商业上必然用于本案专利权利要求1限定的自行车车架，当本案被诉侵权产品的凸起部位与权利要求所述的自行车车架安装匹配时，必然呈现出第一连接结构提供的连接点在所述第二连接结构提供的连接点的下方和后方这一位置关系特征。

因此，被诉侵权产品具备本案专利权利要求1的全部技术特征，落入本案专利权利要求1的保护范围。本案专利权人的相应申请再审理由成立，应予支持。

（四）关于被申请人的现有技术抗辩是否成立

本案被诉侵权人主张的现有技术包括两种类型：一是其在无效宣告程序中提交的对比文件1（US4690663号美国专利）所公开的悬挂构件结合公知常识；二是《中华人民共和国轻工业行业标准——自行车 拨链器》（QB/T 1895-1993）图2、图6、图10与《中华人民共和国行业标准——自行车工业标准——自行车 车架》（QB1880 93）图10的组合。

关于第一种现有技术抗辩。由于US4690663号美国专利所述的悬挂构件是垂直下降组件一部分，由垂直下降构件、悬挂构件以及用于将悬挂构件连接至下降构件上的装置等组合起来相当于本案专利申请中的带后拨链器安装延伸部的后叉端的结构，因此该悬挂构件与本案专利所保护的后换挡器支架不具有对应性。同时，即使认定该悬挂构件与本案专利所保护的后换挡器支架具有对应性，该专利也没有公开关于支架体呈L形等技术特征，本案被诉侵权人提交的证据也不能证明在本专利申请日前将支架体设计为L形属于本领域普通技术人员公知常识。因此，该现有技术抗辩不能成立。

关于第二种现有技术抗辩。《中华人民共和国轻工业行业标准——自行车 拨链器》（QB/T 1895-1993）图2、图6和图10公开了一款安装在不具有叉端延伸部上的换挡器接片,该接片与本案专利限定的使用环境不同,且没有公开本案专利有关后换挡器支架呈L形以及支架上的定位结构的特征。《中华人民共和国行业标准——自行车工业标准——自行车 车架》(QB1880-93)图10公开了一款具有后叉端延伸部的自行车车架。因此,即使把两者结合起来,仍然没有公开本案专利关于后换挡器支架呈L形以及支架上的定位结构的特征。因此,该现有技术抗辩亦不能成立。

(五)关于本案是否应中止诉讼

本案被诉侵权人在最高人民法院再审过程中请求中止本案审理。本案专利是发明专利,根据《最高人民法院关于审理专利纠纷案件适用法律问题的若干规定》第十一条的规定,法院可以不中止诉讼。同时,经过审理,最高人民法院已经查明了本案的事实和法律问题,可以作出结论,不需要以无效程序的结论作为本案依据,法院可以不中止诉讼。因此,对于本案被诉侵权人的上述主张不予支持。

(六)关于本案民事责任的承担

由于本案被诉侵权产品落入本案专利保护范围,本案被诉侵权人生产和销售被诉侵权产品的行为构成侵犯本案专利权,应当承担停止侵害、消除危险、赔偿损失的民事责任。

关于具体民事责任的承担方式,结合本案专利权人的诉讼请求,最高人民法院分析评判如下:

第一,本案证据表明,把你被诉侵权人制造和销售了侵权产品,且该制造和销售行为仍在继续,停止制造和销售侵权产品是停止侵害的必要措施之一,因此对于本案专利权人关于判令本案被诉侵权人立即停止制造和销售侵权产品的诉讼请求应予支持。

第二,销毁尚未售出的剩余侵权产品是消除危险的必要措施之一,可以防止侵权产品进入销售渠道。若本案被诉侵权人存在尚未售出的侵权产品,应当予以销毁。因此,对于本案专利权人关于判令本案被诉侵权人销毁所有剩余侵权产品的诉讼请求应予支持。

第三,一审法院曾应本案专利权人申请,赴本案被诉侵权人生产经营场所进行证据保全,但经查看未发现制造侵权产品RD-HG-30A、RD—HG-40A型自行车后拨链器的专用模具,本案现有证据不能证明制造侵权产品需要专用模具。因此,对于本案专利权人关于判令本案被诉侵权人销毁制造侵权产品专用模具的诉讼请求不予支持。

第四,本案被诉侵权人在其不同时期印制的产品宣传册中均印有侵权产品RD-HG-30A、RD-HG-40A型自行车后拨链器,此种行为属于许诺销售行为,销毁印有侵权产品的尚未发放的产品宣传资料是消除危险的必要措施之一。本案被诉侵权人若存有印有本案侵权产品的尚未发放的产品宣传资料,应当销毁。因此,对于本案专利权人关于判令本案被诉侵权人销毁剩余的印有侵权产品的宣传资料的诉讼请求应予支持;

第五,本案专利权人在本案中未提交证据证明本案被诉侵权人在互联网上发布有本案侵权产品的广告,被诉侵权人亦不承认其在互联网上发布有本案侵权产品的广告。因此,对于本案专利权人关于判令本案被诉侵权人删除互联网上有关侵权产品的广告的诉讼请求不予支持;

第六,本案专利权人在本案中没有提供充分证据证明其因侵权行为所受到的损失或者侵权人因侵权获得的利益,也没有专利许可使用费可以参照,本院根据专利权的类别、侵权人侵权的性质和情节等因素合理确定损害赔偿数额。本案专利权在一审过程中为本案已支出了购买本案侵权产品费用80元、证据保全费用1 000元、查阅工商行政档案费592.5元、翻译费750元、差旅费1 170.35元,共计3 592.85元,该笔费用均为调查和制止本案侵权行为所必需。本案专利权人在一审过程中还提交了律师服务费统计清单、律师代理费收费发票、中信实业银行出具的贷记通知等作为证据,以证明其为本案已经支付的律师费。根据株式会社岛野提交的律师服务费统计清单的记载,按照每位律师每小时3 000元计收,截至2004年7月,合计律师费共计442 500元。该笔费用的数额与律师代理费收费发票、中信实业银行出具的贷记通知相符,可以相互印证。本案被诉侵权人虽对上述律师费的数额提出质疑,但并未提出充分的事实和理由,且律师费以每小时3 000元计收并不违反有关法律、行政法规以及行政规章的规定,故予以支持。在本案二审过程中,本案专利权人为证明侵权产品只能安装在本案专利限定的具有换挡器安装延伸部的连接结构的自行车车架后叉端上,又以公证形式进行了证据保全。在本案再审审理过程中,本案专利权人为证明日骋公司的被诉侵权行为仍在继续,再次以公证形式进行了证据保全。本案专利权人虽未对其在一审结束后支出的证据保全费用提供相关票据作为证明,但是委托公证行为已经实际发生,客观上需要支付公证费用,因此在确定损害赔偿额时对此一并予以考虑。在最高人民法院的庭审中,本案专利权人主张其所谓的经济损失30万元包括了所支出的合理费用。鉴于本案专利权人为调查和制止本案侵权行为所支出的合理费用即已经超出了其诉讼请求的数额30万元,故对其请求判令本案被诉侵权人赔偿30万元的诉讼请求予以全额支持。

基于上述理由,最高人民法院认定本案被诉侵权产品落入本案专利保护范围,被诉侵权人生产和销售RD-HG-30A、RD-HG-40A型自行车后拨链器产品的行为侵犯了本案专利权。原审法院对本案事实的认定有所失误，适用法律亦有不当之处，应予纠正，故判决如下：

（1）撤销浙江省高级人民法院（2009）浙民再字第135号民事判决、（2005）浙民三终字第145号民事判决和浙江省宁波市中级人民法院（2004）甬民二初字第240号民事判决。

（2）本案被诉侵权人立即停止制造和销售落入ZL94102612.4号发明专利保护范围的RD-HG-30A、RD-HG-40A型自行车后拨链器，销毁剩余上述侵权产品及印有侵权产品的宣传资料。

（3）本案被诉侵权人于本判决送达之日起十五日内赔偿本案专利权人因本案侵权行为造成的损失以及为调查、制止本案侵权行为所支付的合理开支共计30万元。

（4）驳回本案专利权人的其他诉讼请求。

一审案件受理费7 010元，证据保全费1 000元，合计8 010元，二审案件受理费7 010元，均由本案被诉侵权人负担。

七、评析

本案涉及问题之多，各级法院判决篇幅之长，在本书所选专利案例中都十分突出。其中涉及两个核心问题：一是应当如何认定本案专利权利要求1所记载技术特征的属性及其对保护范围的限定作用；二是本案被诉侵权行为是否构成侵犯本案专利权的行为。

下面就这两个问题进行一些讨论。

（一）本案专利保护的发明创造是什么

要回答上述两个核心问题，笔者认为首先有必要明确本案专利的保护客体，也就是本案专利保护的发明创造是什么。一般情况下，通过授权专利权利要求的名称就可以清楚得知该专利的保护客体是什么；然而本案专利却并非如此，需要进行具体分析。

本案专利权利要求1的名称是"自行车后换档器支架"，其用途在于"将后换档器（100）连接到自行车车架（50）上"。如本案专利说明书的附图3所示，权利要求1所要求保护的"自行车后换档器支架"实际上是指如下部件：

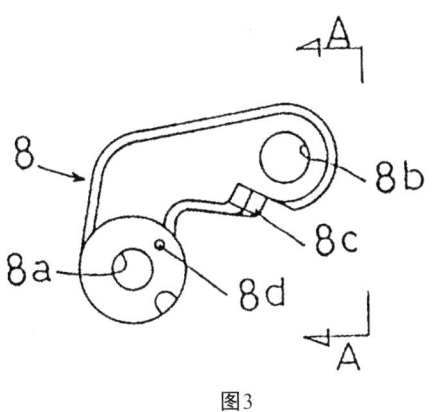

图3

如附图3和权利要求1可知,该"自行车后换档器支架"为一个大致L形板构成的支架体8,具有第一连接机构8a、第二连接机构8b、定位机构8c和圆孔8d(未写入权利要求1)。

众所周知,权利要求记载的技术特征越多,其限定的保护范围就越小,因此专利权人在撰写独立权利要求时总是尽可能避免写入可有可无、不该写入的技术特征。人们会很自然产生的一个疑问是:既然本案专利保护的产品是"自行车后换档器支架",而不是"装有后换挡器的自行车",为什么权利要求1除了关于该支架本身的技术特征之外,还要写入与该支架相连接配合的其他装置的诸多技术特征?

本案中,自行车车架是已知产品,后换挡器也是已知产品,而支架本身仅仅是如图3所示的一块L形板,单看该支架本身,很难想象何以能够被授予专利权。因此,对本案来说一个十分重要的问题在于:就本案专利说明书所披露的技术内容而言,值得被授予专利权的发明创造究竟是什么?对此,需要从本案专利的说明书中寻找答案。

本案专利说明书指出现有技术存在如下缺陷:

> 只要自行车车架带有安装后换档器的延伸部,那么后换档器无论其规格如何都被设计成直接连接到该延伸部上,这样直接连接后换档器一直是一种既定的做法。某些类型的直接连到后叉端上的后换档器至今仍不太适合自行车架的结构形式,不能获得最佳的连接状态,结果造成换档不顺利。

本案专利说明书记载了如下发明目的:

> 该发明的一个目的是以一种确保任何规格的后换档器都有优良的链条换位特性和高换档效率的方式提供一种技术,将后换档器连接到具有安装换档器的延伸部的车架上。

本案专利说明书在发明内容部分记载：

　　本发明提供一种支架，当被连接到安装后换挡器的延伸部时，该支架为将要安装在自行车车架上的后换挡器提供一个适当的连接位置，这样被连接到该支架上的后换挡器就易于呈现一个适当的安装姿势。

　　此外，由于定位机构的作用，该支架以预定姿势固定于自行车车架就易于得到保证。有些换挡器的结构形式使它们在直接与后叉端部的安装换挡器的延伸部相连接时不能呈现适当的安装姿势，因此表现出换挡性能差。然而，通过使用本发明的支架，这样的换挡器也能有适当的安装姿势，从而改善换挡的性能。

　　由说明书的上述记载可知，本案专利发明的核心在于通过采用一个后换挡器支架，为后换挡器提供一个适当的连接位置，使后换挡器易于相对于自行车车架呈现一个适当的安装姿势，以便更为顺利地进行换挡，提高可变挡自行车的性能。

　　所谓"适当的安装姿势"，就是权利要求1特征部分记载的：

　　所述第一连接结构（8a）和所述第二连接结构（8b）的布置应使当所述支架体（8）安装在所述后叉端（51）上时，所述的第一连接结构（8a）提供的连接点从所述后叉端（51）看是在第二连接结构（8b）提供的连接点的下方和后方。

　　上述适当的安装姿势如本案专利的附图4所示：

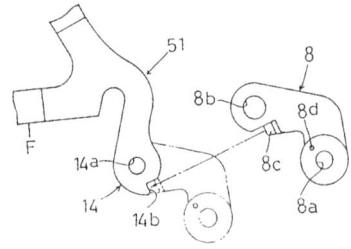

　　"自行车后换挡器支架"在可变挡自行车中的安装姿势如本案专利的附图1所示：

　　为了便于读者理解，采用不同颜色显示不同部件，其中白色部分表示自行车车架（图中仅示出车架的一部分），浅灰色部分表示后换挡器，深灰色部分显示后换挡器支架，亦即本案专利权利要求1的保护客体。

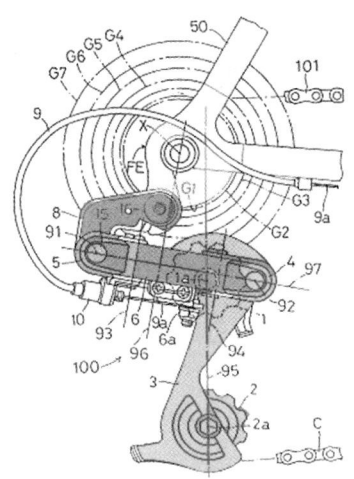

综合看待本案专利说明书、附图和权利要求书记载和显示的内容，可以看出本案专利要求保护的发明创造并不在于支架本身，而在于通过该支架，使后换挡器相对于自行车车架呈现出一种适当的安装姿势，这才是本案专利发明的创新之所在。由此可以明白，为什么权利要求1不能仅仅记载关于"后换挡器支架"本身的结构特征，而是还必须记载车架和后换挡器的相关结构特征，以体现后换挡器相对于车架的适当的安装姿势，因为若非如此就不能反映本案专利所要保护的发明创造，其结果非但不符合《专利法实施细则》关于权利要求撰写的有关规定，同时也不可能满足《专利法》关于新颖性和创造性的要求。本案专利申请阶段的实质审查过程清楚表明了这一点。

明确本案专利的发明创造是什么，对于回答前面提到的两个核心问题具有重要意义。

（二）关于权利要求1记载的技术特征的属性及其限定作用

针对本案发明，应当认为能够获得专利权的技术方案实际上是"一种将后换挡器安装在自行车后叉端的换挡器安装延伸部的安装方法"。本案专利权人不愿意申请获得一份方法专利权，而是希望申请获得一份产品专利权，因此将"后换挡器支架"作为其保护客体。本案专利权人一开始提交了权利要求保护范围较宽的专利申请，经国家知识产权局两次发出审查意见通知书提出反对意见，不得不进行较大修改，在权利要求1中补充写入诸多反映其安装方式的技术特征，才获得专利授权。正因为本案专利权利要求1采取了这种撰写方式，导致侵权审理机关对应当如何看待该权利要求中记载的这些技术特征产生了意见分歧。

本案专利权利要求1的技术特征分解表

特征序号	权利要求1记载的技术特征	技术特征的属性和作用
权利要求名称	一种自行车后换档器支架，用于将后换档器（100）连接到自行车车架（50）	表明权利要求1的保护客体是"后换挡器支架"，但附加了对该产品的用途限定
技术特征1（前序部分）	后换档器（100）具有支架件（5），用于支撑链条导向装置（3）的支撑件（4），以及一对连接件（6、7），用于连接支撑件（4）和支架件（5）	最高院认定属于有关后换挡器的使用环境特征
技术特征2（前序部分）	自行车车架（50）具有形成在自行车车架的后叉端（51）的换档器安装延伸部（14）上的连接结构（14a）	最高院认定属于有关自行车车架的使用环境特征
技术特征3（前序部分）	支架体（8），由大致L形板构成	最高院认定属于后换挡器支架的结构特征
技术特征4（前序部分）	第一连接结构（8a），设在支架体（8）一端近旁，可绕第一轴线（91）枢转，用于将后换档器（100）的支架件（5）连接到支架体（8）上	最高院认定属于后换挡器支架的结构特征，但实际上也包含与后换挡器相连接配合关系的限定
技术特征5（前序部分）	第二连接结构（8b），设在所述支架体（8）另一端近旁，用于将所述支架体（8）连接到自行车车架（50）的连接结构（14a）上，可绕第一轴线（91）枢转	最高院认定属于有关后换挡器支架的结构特征，但实际上也包含与自行车车架相连接配合关系的限定
技术特征6（前序部分）	定位结构（8c），用于与换档器安装延伸部（14）接触，从而使所述后换档器（100）相对于所述后叉端（51）以一种预定的姿势定位	最高院认定属于有关后换挡器的结构特征，但实际上也包含与后换挡器以及后叉端的配合关系
技术特征7（特征部分）	所述第一连接结构（8a）和第二连接结构（8b）的布置应使当支架体（8）安装在后叉端（51）上时，第一连接结构（8a）提供的连接点是在第二连接结构（8b）提供的连接点的下方和后方	最高院认定属于后换挡器安装后的位置特征

宁波市中级人民法院的一审判决、浙江省高级人民法院的二审判决以及再审判决认为本案专利权利要求1记载的技术特征可以分为两种类型：一是专利产品的结构特征，二是专利产品的安装特征；最高人民法院认为可以分为三种类型：一是专利产品的使用环境特征，二是专利产品的结构特征，三是专利产品使用后的位置特征。

为了更加清楚准确地进行分析，下面以列表方式对本案专利权利要求1记载的各技术特征进行分解，以显示其各个技术特征的类型和属性。其中，对各技术特征的表述方式略作改动，将专利文件采用的"倒装"表述方式改为将各零件的名称置于前面，然后再表述其作用或者连接关系，这样读起来更清楚一些。

可以看出，在权利要求1记载的技术特征中，真正涉及后换挡器支架本身结构的技术特征并不多，其表述只不过给出附图3标出的支架各部分的名称而已，大部分技术特征实际上都是表明该支架与车架和后换挡器之间连接关系或者安装姿势的技术特征。

笔者认为，将本案专利权利要求1记载的某些技术特征称为"安装技术特征"还是"使用环境技术特征"并不重要，重要的是这些技术特征是否属于反映发明技术方案，解决其所要解决的技术问题的必要技术特征。如前所述，本案专利保护的发明创造并不在于支架本身，而是在于通过该支架确保后换挡器能够相对于自行车车架以适当的姿势定位，因此在确定权利要求1的保护范围时，不能仅仅依据关于支架本身的技术特征，忽略其记载的关于支架与自行车车架以及后换挡器之间配合关系的技术特征。

本案专利权人在浙江省高级人民法院的再审程序中辩称：

> 本案专利权利要求1为一项产品权利要求，对于一项含有用途特征及功能特征的产品权利要求，其保护主题仍然是产品，而不是这一产品的使用、安装行为，二审判决错误地理解本案专利权利要求1的必要技术特征，将该权利要求记载的技术特征划分为结构特征和安装特征。

该专利权人在最高人民法院的再审程序中诉称：

> 确定专利权保护范围的依据是权利要求书中明确记载的必要技术特征，而非权利要求书中的所有文字。权利要求中出现的说明性、用途性、描述性文字和语句能够起到帮助理解权利要求的作用，但不影响权利要求的保护范围。

专利权人的上述争辩意见实质上都是主张在确定专利权保护范围时仅仅依据权利要求1记载的关于后换挡器支架本身的结构特征，忽略该权利要求记载的其他技术特征。

最高人民法院2009年《关于审理侵犯专利权纠纷案件应用法律若干问题的解释》第七条明确规定：

> 人民法院判定被诉侵权技术方案是否落入专利权的保护范围，应当审查权利人主张的权利要求所记载的全部技术特征。
>
> 被诉侵权技术方案包含与权利要求记载的全部技术特征相同或者等同的技术特征的，人民法院应当认定其落入专利权的保护范围；被诉侵权技术方案的

技术特征与权利要求记载的全部技术特征相比，缺少权利要求记载的一个以上的技术特征，或者有一个以上技术特征不相同也不等同的，人民法院应当认定其没有落入专利权的保护范围。

本案专利权人的上述主张不但明显违背最高人民法院司法解释的上述规定，同时也与其专利说明书中的明确记载自相矛盾，因此浙江省高级人民法院的二审判决和再审判决均不支持这一主张。

最高人民法院再审判决中最为引人注目的论述是：

> 关于使用环境特征对于保护范围的限定程度。此处的限定程度是指使用环境特征对权利要求的限定作用的大小，具体地说是指该种使用环境特征限定的主题对象必须用于该种使用环境还是可以用于公众使用环境也即可。使用环境特征对于保护范围的限定程度需要根据个案情况具体确定。一般情况下，使用环境特征应该理解为要求被保护的主题对象可以使用于该种使用环境即可，不要求被保护的主题对象必须用于该种使用环境。但是，如果本领域普通技术人员在阅读专利权利要求书、说明书以及专利审查档案后可以明确而合理地得知被保护对象必须用于该种使用环境，那么该使用环境特征应被理解为要求被保护对象必须使用于该特定环境。

在笔者看来，关于"一般情况下，使用环境特征应该理解为要求被保护的主题对象可以使用于该种使用环境即可，不要求被保护的主题对象必须用于该种使用环境"的论述包含了这样的含义，这就是即使被诉侵权人将被诉侵权产品用于不同的使用环境，仍有可能被认定落入该权利要求的保护范围，其结果与忽略"使用环境特征"没有什么不同。鉴于最高人民法院指明在"一般情况下"都应当采用这一判断立场，所带来的影响就更大了。在最高人民法院本案再审判决的指导下，今后下级法院在审理专利侵权纠纷案件时就有可能需要逐个甄别专利权利要求中记载的技术特征，判断它们属于"结构特征"还是属于"使用环境特征"，认定属于后者的，审理结论所就可能有所不同，从而在一定程度上会影响最高人民法院上述司法解释第七条规定的执行。

现实中存在各种各样的发明创造，其权利要求的撰写方式也需要随发明创造性质的不同而不同，不可能都采取同一种模式。现行《专利法实施细则》第十七条规定了专利说明书的一般撰写方式，第二十一条规定了独立权利要求的一般撰写方式，但这两条同时又都规定发明或者实用新型的性质不适于采用所述一般撰写方式表达的，可以采用其他方式撰写。就产品权利要求而言，其记载的技术特征一般应当反映其产品各个组成部分的结构以及相互连接配合关系的结构特征，但是视发明创造的性质而定，也允许采用整个装置或者零部件的性能参数特征、物理化学性质特征、制造方式特征等予以限定。对本案专利来说，必须对专利产品与其他相关装置的连接配合关系进行限定，否则既不能清楚表述其发明创造，也不能满足新颖性和创造性的要求。在授予专利之前的审查程序中，无论权利要求采用何种撰写方式，只要将发明创造表述清楚，符合《专利法》和《专利法实施细则》的有关规定，就可以授予专利权；在授予专利权之后的侵权纠纷审理程序中，无论权利要求采用何种撰写方式，对其记载的所有技术特征都应当按照最高人民法院上述司法解释第七条的规定进行判断，不应有什么例外。

本案中，最高人民法院的再审判决将权利要求1中记载的一部分技术特征认定为"使用环境特征1"（即关于自行车车架的结构特征），将另一部分技术特征认定为"使用环境特征2"（即关于后换挡器的结构特征），同时对其中每一个使用环境特征是否应当被理解为保护对象必须使用于该特定环境进行了分析判断，得出了"对使用环境特征1，应当理解为本案专利所保护的自行车后换挡器支架必须使用在具有使用环境特征1的自行车车架后叉端上"的结论（简称结论1）以及"对使用环境特征2，应当理解为本案专利所保护的自行车后换挡器支架必须使用在具有使用环境特征2的后换挡器上"的结论（简称结论2）。这表明，最高人民法院的再审判决认定"使用环境特征1"和"使用环境特征2"对权利要求1的保护范围均具有限定作用，不能将其忽略不计。上述结论本身无疑是正确的。

然而，最高人民法院是在综合分析本案专利权人在审查过程中陈述的有关意见以及与对比文件2进行对比的基础上才得出了结论1；在综合分析专利权人在审查过程中陈述的有关意见以及与对比文件3进行对比的基础上才得出了结论2。应当指出的是：依据本案专利的专利文本本身，公众既难以得知本案专利权人在审查过程中陈述的哪些意见有助于得出结论1和结论2，更难以得知审查过程中引用的哪些对比文件有助于得出结论1和结论2，因而公众即使能够判断权利要求中的哪些技术特征属于"使用环境特征"，也无从判断该"使用环境特征"属于可有可无的技术特征还是属于不可忽视的技术特征。这一结果会降低授权文本的法律确定性，有损于公众对授权文本的合理信赖。

（三）关于本案被诉侵权行为是否构成侵犯本案专利权的行为

本案各级法院作出的判决有一个共同的事实认定，这就是本案被诉侵权人仅仅进行了生产、销售了RD-HG30A、RD-HG40A型后换挡器的行为，并没有将其生产销售的后换挡器安装在自行车上，进而销售安装了其后换挡器的自行车。因此，本案被诉侵权产品本身不可能包括最高人民法院再审判决认定的关于自行车车架的"使用环境特征"，即"所述自行车车架具有形成在自行车车架的后叉端（51）的换档器安装延伸部（14）上的连接结构（14a）"；也不可能包括最高人民法院再审判决认定的"后换挡器安装后的位置特征"，即"所述第一连接结构（8a）和所述第二连接结构（8b）的布置应使当所述支架体（8）安装在所述后叉端（51）上时，所述的第一连接结构（8a）提供的连接点是在所述第二连接结构（8b）提供的连接点的下方和后方"。

然而，最高人民法院再审判决认为"由于本案被诉侵权产品在商业上必然用于本案专利权利要求1限定的自行车车架，因此被诉侵权产品具备权利要求1关于自行车车架的环境特征"以及"由于本案被诉侵权产品在商业上必然用于本案专利权利要求1限定的自行车车架，当本案被诉侵权产品的凸起部位与权利要求所述的自行车车架安装匹配时，必然呈现出第一连接结构提供的连接点在所述第二连接结构提供的连接点的下方和后方这一位置关系特征"。在此基础上，最高人民法院再审判决得出了"被诉侵权产品具备本案专利权利要求1的全部技术特征，落入本案专利权利要求1的保护范围"的结论。

依据最高人民法院上述司法解释第七条的规定，在被诉侵权产品与专利权利要求相比具有如此差别的情况下，不宜得出上述结论。显然，上述结论的得出与将本案专利权利要求1中记载的一些技术特征认定为"使用环境特征"、"安装后的位置特征"有一定关系。这足以证明，将权利要求中记载的某些技术特征认定为"使用环境特征"或者"安装后的位置特征"会对专利侵权的认定产生很大影响。

即使认定"本案被诉侵权人制造、销售的后换挡器只能采用本案专利权利要求1所述的安装方式安装在自行车车架上，因此只要实际使用该后换挡器就必然会落入本案专利权利要求1限定的保护范围，从而构成侵犯本案专利权的行为"，也只能得出本案被诉侵权行为构成间接侵犯本案专利权行为的结论，只有采用本案专利技术将本案被诉侵权人生产、销售的后换挡器实际装配在可变挡自行车上的行为才能构成直接侵犯本案专利权的行为。

本案专利权人在本案二审庭审中提出：

> 虽然本案被诉侵权人自己没有进行安装，但他人要使用被诉侵权产品必然要按照本案专利的安装特征表述的方式进行安装，至少构成间接侵权。

上述争辩意见表明，本案专利权人也感到难以追究本案被诉侵权人直接侵犯本案专利权的责任，转而主张追究被诉侵权人间接侵犯本案专利权的责任。

鉴于我国《专利法》和《专利法实施细则》以及最高人民法院的司法解释均没有关专利间接侵权的规定，因此追究本案被诉侵权人间接侵犯专利权行为的责任尚缺乏足够的法律依据。

"液压摇臂裁断机直联式液压控制装置"发明专利侵权诉讼案

一、案件提要

当事人

专利权人：盐城市泽田机械有限公司
被诉侵权人：盐城市格瑞特机械有限公司

江苏省盐城市中级人民法院的一审判决

案号：（2009）盐民三初字第0055号
合议庭成员：陈健、徐春霞、吴名
结案日期：2009年10月21日

江苏省高级人民法院的二审判决

案号：（2009）苏民三终字第0260号
合议庭成员：李红建、王天红、张长琦
结案日期：2010年9月19日

最高人民法院的再审裁定

案号：（2012）民申字第18号
合议庭成员：金克胜、朗贵梅、杜微科
结案日期：2012年7月11日

涉及的法律规定

2000年修改的《专利法》第五十九条第一款

判决要点

1. 在审查现有技术抗辩时，比较方法应是将被诉侵权技术方案与现有技术进行对比，而不是将现有技术与专利技术方案进行对比。审查方式则是以专利权利要求为参照，确定被诉侵权技术方案中被指控落入专利权保护范围的技术特征，并判断现有技术中是否公开了相同或者等同的技术特征。现有技术抗辩的成立，并不要求被诉侵权技术方案与现有技术完全相同，毫无区别,对于被诉侵权产品中与专利权保护范围无关的技术特征,在判断现有技术抗辩能否成立时应不予考虑。被诉侵权技术方案与专利技术方案是否相同或者等同,与现有技术抗辩能否成立亦无必然关联。因此,即使在被诉侵权技术方案与专利技术方案完全相同,但与现有技术有所差异的情况下,亦有可能认定现有技术抗辩成立。

2. 无效宣告程序与专利侵权诉讼中的现有技术抗辩制度各自独立,各自发挥其自身作用。二者相互协调、配合,有利于避免专利权的保护范围覆盖现有技术,侵入公共领域,从而更好地实现专利法保护和鼓励创新的立法目的。在无效程序中,系将专利技术方案与现有技术进行对比,审查现有技术是否公开了专利技术方案,即专利技术方案相对于现有技术是否具有新颖性、创造性。在侵权诉讼中,现有技术抗辩的审查对象则在于被诉侵权技术方案与现有技术是否相同或等同,而不在于审查现有技术是否公开了专利技术方案。因此,二者的审查对象和法律适用均有差异。

二、本案专利介绍

本案涉及两项实用新型专利。其中,第一项是名称为"液压摇臂裁断机的液压控制装置"的第200420109343.3号实用新型专利,其申请日为2004年12月2日,授权公告日为2005年11月23日;第二项是名称为"液压摇臂裁断机内置式可调液压缸"的第200420109342.9号实用新型专利,其申请日为2004年12月2日,授权公告日为2005年11月16日。两项专利的专利权人均为江苏省盐城泽田机械有限公司(下称"专利权人")。第二项专利保护的内置式可调液压缸是第一项专利保护的液压摇臂裁断机的液压控制装置的一个部件。

第200420109343.3号实用新型专利涉及一种液压摇臂裁断机的液压控制装置,尤其是一种液压摇臂裁断机直联式液压控制装置。

制鞋行业中,对皮革的裁断一般采用裁断机。裁断机的种类较多,液压摇臂裁断机是其中之一。液压摇臂裁断机主要由机架、摇臂、液压控制装置、成型刀模等组成,液压控制装置主要由液压缸、有杆活塞、电磁阀、油泵、电机、溢流阀、压力继电器、伺服阀组成,油泵与电磁阀之间通过一个体积较大的联接座和联接管使之相联,电磁阀与缸体通过联接管相联,伺服阀通过联接管与缸体相联并安装在缸体的外部。由于上述联接管在工作过程中长期受压极易造成泄漏,影响正常的生产;油泵与电磁阀之间的联接座不仅占用空间大,维修也不方便,而且浪费材料、增加生产成本。

该实用新型要解决的技术问题是提供一种液压摇臂裁断机液压控制装

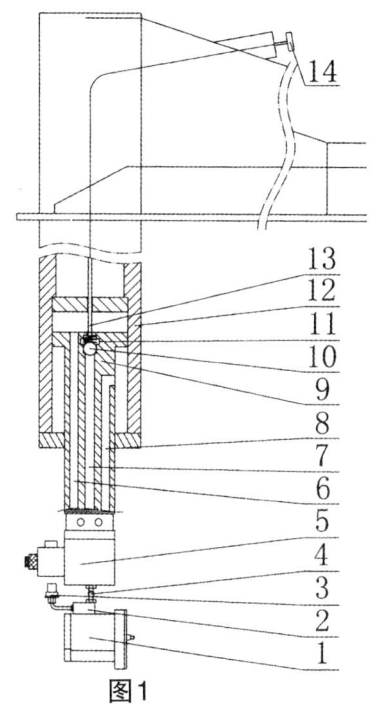

图1

置，不仅结构紧凑、占用空间小，而且制造简单、维修方便。

附图1是本实用新型液压摇臂裁断机直联式液压控制装置结构示意图。

附图1中：附图标记1为油泵，2为方形法兰，3为溢流阀，4为联接管，5为电磁阀，6为上油腔通道，7为卸荷通道，8为下油腔通道，9为有杆活塞，10为调节阀，11为调节阀腔，12为液压缸，13为挠性轴，14为手柄。

本实用新型包括液压缸12、有杆活塞9、电磁阀5、油泵1、溢流阀3、调节阀10、挠性轴1，有杆活塞9安装在液压缸12内。有杆活塞9上设有上油腔通道6、下油腔通道8、卸荷通道7，在卸荷通道7的上部设有调节阀腔11，调节阀10位于调节阀腔11内，调节阀10与挠性轴13的一端相联，挠性轴13的另一端设有手柄14，电磁阀5的出口直接与有杆活塞9的外端相联接，电磁阀5与油泵1之间通过方块法兰2和联接管4使之相联、方块法兰2的外侧面接有溢流阀3。工作时，油泵1输出的高压油在电磁阀5的控制下，同时通过有杆活塞9上的上油腔通道6和下油腔通道8分别向上油腔和下油腔提供高压油。由于上油腔的受压面积大于下油腔的受压面积，由于有杆活塞9固定在机架上，因此液压缸12相对于有杆活塞9向上运动。当液压缸12带动摇臂上升至最高位置时，旋转挠性轴13一端的手柄14，使调节阀10的阀芯向上拉移离开初始位置，这时上油腔与卸荷通道7相通，从而使液压缸12不可再上升，避免液压组件的损坏。当电磁阀5控制油泵1仅通过有杆活塞9的下油腔通道8向下油腔提供高压油时，上油腔通道6与油箱相通，从而液压缸12下降。

该实用新型专利只有一项独立权利要求，其内容是：

> 1. 一种液压摇臂裁断机的液压控制装置，它包括液压缸、有杆活塞、电磁阀、油泵、溢流阀，有杆活塞安装在液压缸内，其特征在于：还包括调节阀、挠性轴，有杆活塞上设有上油腔通道、下油腔通道、卸荷通道，在卸荷通道的上部设有调节阀腔，调节阀位于调节阀腔内，调节阀与挠性轴的一端相联，挠性轴的另一端设有手柄，电磁阀的出口直接与有杆活塞的外端相联接，电磁阀与油泵之间通过方块法兰和联接管使之相联、方块法兰的侧面接有溢流阀。

第200420109342.9号实用新型专利涉及一种液压摇臂裁断机的部件，尤其是一种液压摇臂裁断机内置式可调液压缸。

该实用新型要解决的技术问题是提供一种液压摇臂裁断机内置式可调液压缸，不仅结构简单紧凑，而且制造容易、操作方便。

该实用新型专利说明书的附图1是液压摇臂裁断机内置式可调液压缸结构示意图；附图2是图1中有杆活塞、调节阀及卸荷过渡管的结构放大示意图。

在上述附图中，附图标记1为卸荷通道，2为下油腔通道，3为下油腔，4为上油腔通道，5为有杆活塞，6为卸荷过渡管，7为台阶轴下部，8为卸荷孔，9为卡簧，10为弹簧，11为台阶轴上部，12为挠性轴，13为缸体，14为上油腔，15为上部凹面体，16为下部凹面体，17为中部凹面体，18为过渡孔，19为手柄。

在附图1和附图2中，该实用新型主要包括缸体13、有杆活塞5，还包括调节阀、挠性轴12、卸荷孔8、卸荷过渡管6，有杆活塞5安装在缸体13内，有杆活塞5固定在机架上，有杆活塞5上设有上油腔通道4、下油腔通道2、卸荷通道1，在卸荷通道1的上部设有调节阀腔，调节阀腔的上部为上部内凹面体15且在其内设有卡簧槽、中部为中部内凹面体17、下部为下部内凹面体16其内凹面上设有与上油腔通道4相通的卸荷孔8，调节阀位于调节阀腔内，调节阀由台阶轴、弹簧11和卡簧10组成，台阶轴设有通孔、弹簧10套在台阶轴上部11上，卡簧9设置在所述的卡簧槽内，挠性轴12的一端设有手柄19、另一端穿过台阶轴的通孔与卸荷过渡管6相联接，挠性轴12与台阶轴通孔之间液密封配合，挠性轴12可在台阶轴的通孔内滑动，所述台阶轴下部7的外表面与下部内凹面体16的内凹面之间液密封配合、台阶轴下部7可在下部内凹面体16内移动。工作时，油泵输出的高压油由电磁阀控制，同时通过上油腔

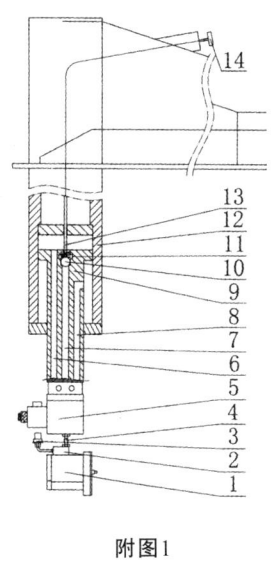

附图1

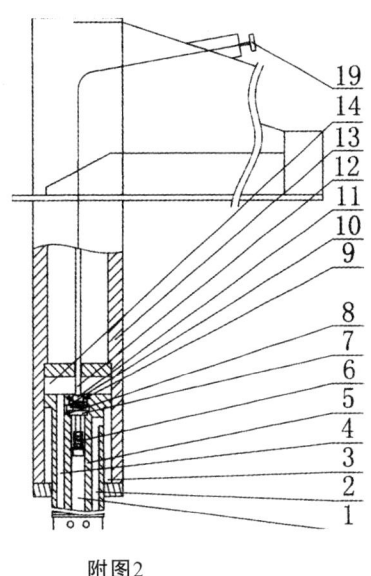

附图2

通道4和下油腔通道2分别向上油腔14和下油腔3提供高压油。由于上油腔14的受压面积大于下油腔3的受压面积，因此缸体13相对于有杆活塞5向上运动。当缸体13带动摇臂上升至最高位置时，旋转挠性轴12一端的手柄19，挠性轴12带动卸荷过渡管6向上移动，卸荷过渡管6的顶部带动台阶轴向上移动、使台阶轴离开初始位置，这时上油腔通道4的高压油经卸荷孔8、并通过卸荷过渡管6的过渡孔18进入卸荷通道1，从而使缸体13不可再上升，避免液压组件的损坏。当油泵输出的高压油在电磁阀控制下，仅通过下油腔通道2向下油腔3提供高压油时，同时上油腔通道2与油箱相通，从而缸体13下降。

该实用新型专利只有一项独立权利要求，其内容为：

一种液压摇臂裁断机内置式可调液压缸，它包括缸体、有杆活塞，其特征在于：还包括调节阀、挠性轴、卸荷孔、卸荷过渡管，有杆活塞上设有上油腔通道、下油腔通道、卸荷通道，在卸荷通道的上部设有调节阀腔，调节阀腔的上部为上部内凹面体且在其内设有卡簧槽、中部为中部内凹面体、下部为下部内凹面体其内凹面上设有与上油腔通道相通的所述卸荷孔，调节阀位于调节阀腔内，调节阀由台阶轴、弹簧和卡簧组成，台阶轴设有通孔、弹簧套在台阶轴上部，卡簧设置在所述的卡簧槽内，挠性轴的一端设有手柄、另一端穿过台阶轴的通孔与卸荷过渡管相联接，挠性轴与台阶轴通孔之间液密封配合，挠性轴可在台阶轴的通孔内滑动，所述台阶轴下部的外表面与下部内凹面体的内凹面之间液密封配合、台阶轴的下部可在下部内凹面体内移动，卸荷过渡管为中空结构、其上设有过渡孔，卸荷过渡管下部外表面与卸荷通道内表面之间液密封配合，卸荷过渡管下部外表面可在卸荷通道内滑动。

三、江苏省盐城市中级人民法院的一审判决

江苏省盐城市中级人民法院（下称"一审法院"）2009年4月30日受理了本案专利权人提出的专利侵权诉讼。该专利权人诉称：盐城市格瑞特公司（下称"被诉侵权人"）的法定代表人杨志斌曾为专利权人做过含本案专利的裁断机的外贸经销，该被诉侵权人后来未经专利权人许可生产侵犯本案专利的产品，导致本案专利权人销售不畅，造成经济损失，故请求法院依法判令该被诉侵权人立即停止侵权行为，销毁侵权产品，赔偿原告经济损失人民币50万元，并承担本案诉讼费。

本案专利权人为支持其主张提供了如下证据：证据1-7，用于证明原告是两项专利的合法权利人，该两项专利为有效专利；证据8和9用于证明本案被诉侵权人生产的裁断机侵犯了上述两项专利权；证据10和秋用于证明本案被诉侵权人应赔偿的数额。

本案被诉侵权人对本案专利权人享有上述两项专利权无异议，承认其生产产品的技术特征与本案专利权利要求的记载的技术特征相同，但认为本案专利技术在申请日前已经公开使用，依照《专利法》规定，被诉侵权人使用的是现有技术，不构成侵权。

为支持其答辩意见，本案被诉侵权人提交以下证据：

第一组证据包括1999年温州鞋机商会成立一周年会刊，2000年《北京皮革》第5、第6期杂志，2002年第七届、2003年第八届国际鞋类皮革制造技术和材料展览会会刊中，国内鞋机制造企业登载的液压摇臂式裁断机广告，用于证明本案专利所保护的技术在其申请日之前已在国内公开使用。

第二组证据包括浙江奇伟鞋业有限公司（下称"奇伟公司"）的书面证明、购机发票复印件、奇伟公司提供的液压摇臂式裁断机一台、永裕公司的产品说明书一份，证明2004年3月温州市永裕机器制造有限公司（下称"永裕公司"）生产并销售给奇伟公司的裁断机与本案被诉侵权产品在结构上完全相同，且与本案专利技术也完全相同。

经本案被诉侵权人申请，一审法院依职权调查取得以下证据：

（1）向奇伟公司负责人作的调查笔录一份；

（2）奇伟公司从永裕公司购买液压摇臂式裁断机的发票及银行转帐单据各一张；

（3）奇伟公司购自永裕公司的液压摇臂式裁断机实物一台，并作了调

取机器的现场笔录。

根据一审法院对证据的认定及双方当事人对部分事实的确认，一审法院查明以下事实：

2004年12月2日，本案专利权人向国家知识产权局申请名称为"液压摇臂裁断机直联式液压控制装置""液压摇臂裁断机内置式可调液压缸"的两项实用新型专利，并于2005年11月23日、11月16日分别获得国家知识产权局颁发的专利证书，专利号为200420109343.3和200420109342.9。国家知识产权局于2009年7月13日、2007年3月29日出具的检索报告认为上述两项专利具备新颖性和创造性。该两项专利现仍在专利保护期限内，为有效专利。多年来，本案专利权人生产的采用上述两项专利技术的液压摇臂式裁断机市场销售良好，采用专利技术的两大部件是液压摇臂式裁断机金属外壳内的主体结构。2008年，本案被诉侵权人的法定代表人杨志斌曾为原告销售过本案专利产品。2009年，本案被诉侵权人生产并销售与本案专利相同的液压摇臂式裁断机，本案专利权人遂向法院提起诉讼。

在本案一审过程中，为证明本案专利技术在其申请日之前已在国内同类产品上公开使用，属于现有技术，本案被诉侵权人自行到温州制鞋厂家奇伟公司取证，并向法庭提供了2004年3月温州鞋机厂家永裕公司生产并销售给奇伟公司的液压摇臂式裁断机一台。经比对，双方当事人确认被诉侵权人生产的裁断机以及被诉侵权人自行从奇伟公司取回的裁断机均与本案专利的技术特征一致，但由于该裁断机系本案被诉侵权人自行运回，本案专利权人对机器来源的真实性提出异议，本案被诉侵权人遂申请法院重新取证。本院依职权查明，2004年3月永裕公司曾生产并向奇伟公司出售四台F45型液压摇臂式裁断机，奇伟公司于2004年4月按每台16 000元的价格向永裕公司付款，并开具了发票。但本案被诉侵权人未能提供该机器出厂时的产品使用说明书、产品结构图纸等资料，无法证明该机器出厂时的技术特征。

本案的争议焦点为：（1）本案被诉侵权人的行为是否构成侵犯本案专利权的行为；（2）如果构成侵权行为，本案被诉侵权人应如何承担民事责任。

一审法院认为，专利权受国家法律保护，除法律特别规定的情况外，未经权利人许可，他人不得擅自实施其专利。本案专利权人是第200420109343.3号和第200420109342.9号实用新型专利的合法权利人，本案被诉侵权人未经许可擅自生产、销售专利产品，构成侵犯本案专利权的行为。本案被诉侵权人未能提供充分证据证明本案专利为现有技术，其关于现有技术抗辩的理由不能成立，故不予支持。本案被诉侵权人侵犯了本案专利权，依法应承担停止侵权、赔偿损失的民事责任。鉴于本案专利权人未能举证证明因被诉侵权行为造成的损失或者本案被诉侵权人的违法获利,应适用法定赔偿确定赔偿额,由一审法院综合涉案专利数目、专利类型、侵权行为性质、侵权情节、侵权持续时间等因素,酌情确定赔偿数额。

基于上述理由,一审法院判决如下:

(1)本案被诉侵权人立即停止侵犯本案两项专利权的行为;

(2)本案被诉侵权人自本判决生效后20日内赔偿本案专利权人人民币10万元。

四、江苏省高级人民法院的二审判决

本案被诉侵权人不服一审判决,向江苏省高级人民法院(下称"二审法院")提起上诉,其上诉主要理由为:

(1)一审判决认定事实不清,适用法律错误。一审判决指出:"本院依职权调查取得的证据可以反映永裕公司在专利申请日前生产并向奇伟公司销售液压摇臂式裁断机的事实,但仅凭奇伟公司负责人所作的陈述,尚不能证明出售给奇伟公司并已由本院调取的液压摇臂式裁断机自奇伟公司购买以来结构从未发生过修改,故对关联性不予认定"以及"本院依职权查明,2004年3月永裕公司曾生产并向奇伟公司出售四台F45型液压摇臂式裁断机,2004年4月,奇伟公司按每台16 000元的价格向永裕公司付款,并出具了发票。但泽田公司未能提供机器出厂时的产品使用说明书,产品结构图纸等资料,无法证明该机器出厂时的技术特征",属于认定错误,其理由在于:

第一,根据本案专利权人一审中提交法庭的证据可以证明永裕公司因与意大利阿利士公司曾经有过合作,该合作关系于2001年5月14日终止,该事实表明本案专利技术在意大利阿利士公司交给泽田公司之前曾经交给永裕公司制造并销售,在本案专利的申请日前已属于公知技术。奇伟公司负责人的证词也证明其不会去改动机器设备。结合格本案被诉侵权人提交的证明以及奇伟公司负责人的证词,可以证明一审法院调取的实物证据没有被改动的可能性。

第二,一审法院认可其调取的证据的生产日期及技术特征,只因为没有提供产品使用说明书、产品结构图纸等而被否定。本案被诉侵权人认为一审法院在调取相关证据时并未要求奇伟公司提供产品使用说明书及产品结构图纸,而且生产机械产品的厂家也不会在销售产品时提供产品结构图纸,通常只会提供产品使用说明书,而且要求奇伟公司提供已使用多年的机器设备的说明书也很困难。一审法院仅凭没有提供产品说明书及产品结构图纸这一理由就否定实物证据，是没有任何依据的推断。

第三，本案专利权人从未提出一审法院所调取的实物证据有可能被改动的意见陈述，也未举出被改动的证据，一审判决在无证据证明实物证据被改动的情况下，仅以"有可能被改动过"判决上诉人承担侵权责任是不公平的。

（2）本案被诉侵权人不应承担赔偿责任。被诉侵权人2009年初刚试生产涉案产品，事实上并没有形成销售利润，因此不可能产生所谓的侵权利润所得。

基于上述理由，本案被诉侵权人请求二审法院依法撤销一审判决，驳回本案专利权人的诉讼请求。

本案专利权人答辩认为，一审法院的判决认定事实清楚，适用法律正确，请求二审法院维持原判。

二审法院经审理查明，一审判决查明的事实，除了本案被诉侵权人对"但被告未能提供该机器出厂时的产品使用说明书、产品结构图纸等资料，无法证明该机器出厂时的技术特征"提出异议外，双方当事人对其余查明的事实均无异议，故对无异议事实部分予以确认。

二审过程中，在二审法院主持下进行了现场勘验，双方当事人对一审法院从奇伟公司调取的F45油压摇臂式裁断机与专利权利要求进行了技术比对。双方当事人对F45油压摇臂式裁断机的内置式可调液压缸与200420109342.9号实用新型专利的权利要求完全一致均予以确认。将F45油压摇臂式裁断机的液压控制装置与200420109343.3号实用新型专利的权利要求进行对比，本案专利权人认为除了F45油压摇臂式裁断机的电磁阀形状以及与油泵之间连接方向与第200420109342.9号实用新型专利附图及专利产品实物存在不同之外，二者的其他技术特征相同；本案被诉侵权人认为二者技术特征完全相同，F45油压摇臂式裁断机的液压控制装置具备第200420109343.3号实用新型专利权利要求中记载的所有技术特征，该权利要求并没有对电磁阀的形状和连接方式进行限定，因此该专利的附图以及专利实物所显示的电磁阀形状以及与油泵之间的连接方向并不构成限制第200420109343.3号实用新型专利保护范围的技术特征。

二审法院还查明，2004年4月6日，奇伟公司向永裕公司购得F45油压摇臂式裁断机四台，每台16 000元，永裕公司向奇伟公司出具发票一份。2009年9月11日，一审法院在调查永裕公司时，永裕公司副总经理石生林陈述F45油压摇臂式裁断机的内部结构没有改动过。

二审争议焦点为：（1）从奇伟公司调取的F45油压摇臂式裁断机与本案两项专利权利要求的技术特征是否相同；（2）本案被诉侵权人的现有技术

抗辩是否成立。

二审判决的理由如下：

（一）F45油压摇臂式裁断机与本案两项专利的权利要求记载的技术特征相同

专利权利要求书确定了专利权的保护范围，是判断被诉侵权产品与专利的技术特征是否相同的依据。

首先，双方当事人均认同F45油压摇臂式裁断机的内置式可调液压缸与第200420109342.9号实用新型专利权利要求记载的技术特征完全一致。其次，通过双方当事人现场对F45油压摇臂式裁断机的液压控制装置与第200420109343.3号实用新型专利的权利要求所要求保护的技术方案进行比较，本案专利权人认为除了电磁阀的形状以及与油泵之间连接方向与第200420109343.3号实用新型专利的附图和专利产品实物存在不同外，其他技术特征均相同。第200420109343.3号实用新型专利权利要求记载的电磁阀技术特征为"电磁阀的出口直接与有杆活塞的外端相联接，电磁阀与油泵之间通过方块法兰和联结管使之相联"，该权利要求并未对电磁阀的形状和连接方向进行限定，电磁阀的形状和连接方向并不影响第200420109343.3号实用新型专利的保护范围，不是判断F45油压摇臂式裁断机与第200420109343.3号实用新型专利权利要求是否相同需要考虑的技术特征。尽管F45油压摇臂式裁断机的液压控制装置中电磁阀的形状和连接方向虽与第200420109343.3号实用新型专利的附图和专利产品实物不同，但已经再现了第200420109343.3号实用新型专利权利要求记载的全部技术特征。因此，本案专利权人以F45油压摇臂式裁断机的电磁阀的形状及与油泵之间连接方向与第200420109343.3号实用新型专利的附图和专利产品实物不同为由否定二者技术特征相同的抗辩主张缺乏事实和法律依据，故不予采信。

（二）本案被诉侵权人的现有技术抗辩成立

首先，奇伟公司向法院提交的F45油压摇臂式裁断机生产商永裕公司出具的销售发票原件显示其销售时间为2004年4月6日，而本案专利的申请日为2004年12月2日，这表明F45油压摇臂式裁断机在本案专利的申请日之前已经生产并销售。

其次，奇伟公司的相关负责人证言证实该公司购买F45油压摇臂式裁断机后未曾对该机器的内部结构进行过改造或变动，且双方当事人在现场勘验过程中也未发现F45油压摇臂式裁断机的内部结构被变动的痕迹或者证据。

再者，如前文所述，F45油压摇臂式裁断机与本案两项专利的权利要求记载的技术特征相同。因此，在本案两项专利的申请日以前已经存在为公众所知的相同技术方案，该两项专利不属于依据《专利法》所应当保护的技术，一审判决以"格瑞特公司未能提供该机器出厂时的产品使用说明书、产品结构图纸等资料，无法证明该机器出厂时的技术特征"为由认定本案被诉侵权人的抗辩主张不成立不当，该被诉侵权人的现有技术抗辩成立，应予确认。

基于上述理由，二审判决认定一审判决认定事实不当，依法应予纠正；本案被诉侵权人的上诉理由成立，应予支持，故判决撤销一审判决，驳回本案专利权人的诉讼请求。

五、最高人民法院的的再审裁定

本案专利权人不服二审判决，向最高人民法院申请再审，其主要理由是：

（1）关于F45型液压摇臂式裁断机（下称"F45裁断机"）与涉案两项专利是否相同，应当委托具有司法鉴定资质的权威部门进行判定，二审法院依据双方当事人陈述以及相关物证进行判断，认定事实错误。

（2）被诉侵权产品具备涉案两项专利的全部技术特征，并与本案专利权人的专利产品完全相同，而被诉侵权产品中的电磁阀等诸多技术特征与F45裁断机不同。因此，二审判决认定现有技术抗辩成立错误。

（3）本案被诉侵权人提交的有关现有技术抗辩的证据不应采信。具体理由如下：

第一，浙江奇伟鞋业有限公司（下称"奇伟公司"）出具的书面证词具有明显的改动痕迹，本案被诉侵权人具有篡改证词的动机和手段。

第二，奇伟公司出具的销售发票系手写发票，与本案专利权人调取的同期浙江省销售发票明显不同，发票复印件上无发票编码，并且没有向本案专利权人出示过发票原件，因此该发票系伪造。

第三，F45裁断机的铭牌标注方式与习惯标注方式不同，存在作假的可能。

第四，奇伟公司与本案被诉侵权人在法院调查取证前进行过接触，同时本案被诉侵权人购买了奇伟公司的两台机械，双方存在利害关系；奇伟公司的负责人没有出庭接受质证，其证词不能作为认定事实的依据；因证人亦声称非专业人士不具有发现F45裁断机内部装置有无变动的能力，故应委托专业司法鉴定机构评定。

第五，经向温州市永裕机器制造有限公司（下称"永裕公司"）了解，永裕公司否认其生产过该类产品。

（4）专利复审委员会已作出第16612号和第17212号无效宣告请求审查

决定，维持本案两项专利权有效，足以证明二审判决认定事实错误。

基于上述理由，本案专利权人请求撤销二审判决，维持一审判决；或者依法改判，发回重审。

本案被诉侵权人辩称：

（1）本案专利权人是意大利ARES公司在国内的唯一合作伙伴，该专利权人亦提供了ARES公司与永裕公司合作的合同文本，该专利权人系使用现有技术申请专利。

（2）一审法院要求本案被诉侵权人就已使用多年的机器提供产品结构图纸以及产品说明书，实属强人所难，二审法院通过现场勘验，正确认定案件事实，判决结论正确。

（3）第16612号和17212号无效宣告请求审查决定认定事实错误。

最高人民法院查明如下事实：

（一）有关第16612号和17212号无效宣告请求审查决定的事实

针对本案专利权人的名称为"液压摇臂裁断机直联式液压控制装置"（下称"控制装置"）和名称为"液压摇臂裁断机内置式可调液压缸"（下称"液压缸"）的两项专利，本案被诉侵权人于2011年2月9日向专利复审委员会提出无效宣告请求，理由是该两项专利不具备新颖性和创造性。本案被诉侵权人仅向专利复审委员会提交了本案二审判决作为证据。

针对"控制装置"专利，第16612号决定认定："反证5（2009）苏民三终字第0260号民事裁定……虽然更正了证人石生林的身份，但是更正后的石生林与法院调查的主体'永裕公司'无关，二者存在明显抵触。""证据1（即本案二审判决）中针对证人出庭作证环节和证人证言的认定存在明显瑕疵，因此合议组对证据1中记载的与该证人有关的法院查明的事实均无法予以认可，不予考虑。""权利要求1中记载了'电磁阀的出口直接与有杆活塞的外端相联接，电磁阀与油泵之间通过方块法兰和联接管使之相联，方块法兰的侧面接有溢流阀'，上述技术特征已经清楚地描述、限定了电磁阀的连接关系，当然也表达了其连接方向的特征，上述特征属于专利权的保护范围，应当予以考虑。综上所述，无效宣告请求人提交的证据1所证明的事实不清，无法据此评价本专利权利要求的新颖性和创造性。"专利复审委员会据此维持"控制装置"专利权有效。

针对"液压缸"专利，第17212号决定认定："请求人未提交现有技术的直接证据。证据1中也没有具体记载F45裁断机的内置式可调液压缸的具体结构以及各组成部分分别对应于权利要求1的哪些技术特征，证据1无法反映现有技术公开的具体技术方案。在此基础上，本领域技术人员无法将请求人所主张的现有技术，即F45裁断机与本专利权利要求1请求保护的技术方案进行对比。"专利复审委员会据此维持"液压缸"专利权有效。

（二）与一审法院现场勘验有关的事实

根据本案一审法院2009年9月11日制作的现场勘验笔录，一审法院对奇伟公司生产车间内的5台F45裁断机进行了现场勘验。所述五台机器均贴有永裕机器标牌、设备保养卡。其中10号机器的基脚螺丝尚固定在水泥地面上。经奇伟公司同意，本案被诉侵权人将该台机器借用，由一审法院监督将该台机器运出奇伟公司。一审法院现场拍摄照片31张。其中包括：（1）编号为0238676的发票原件照片，出具时间为2004年4月6日，名称为"液压摇臂式裁断机"，规格为"F45"，单价为16 000元，其下方盖有永裕公司发票专用章。（2）编号为29的记账凭证原件照片，时间为2004年4月6日，内容为下料机4台，金额为64 000元。（3）编号为00626861的支票存根原件照片，收款人为永裕机器，金额为64 000元，用途为摇臂下料机4台。

（三）与一审法院谈话笔录和奇伟公司证言有关的事实

根据本案一审法院于2009年9月11日制作的谈话笔录，一审法院在奇伟公司副总经理办公室对该公司副总经理石生林进行了询问。

一审法院问："本案中，被告格瑞特机械公司认为从你们公司购买的F45裁断机已属于公知技术，因此特向你方调查相关情况。"石回答："当时我们一共进了至少十台，时间大概是2004年4月6日，实际上在3月份就试用了，试用了一个月后开票，机器上都有钢印时间。"

问："这张发票是否是你们公司开具的？"答："是的，原件在我们会计这里，不能让你们带走。但你们可以拍照，复印。"

问："请石总看看2009年5月的说明，是否是你公司出具的？"答："下面的笔迹粗黑的是我写的。上面的笔迹不是我写的，内容属实。"

问："使用的F45机器，内部结构有无改动过？"答："没有改动过，坏了都懒得修，也不会去改动。"

问："你们要想改内部结构可以改么？"答："应该不可以。"

2009年5月，奇伟公司出具书面证言称："我公司于2004年4月购进永裕机械公司液压下料机'F45'使用至今一直没有修理，效果很好，现转给盐城格瑞特机械公司，特此说明。"该证言下方盖有奇伟公司印章。

（四）与F45裁断机有关的事实

2010年1月18日，本案二审法院在本案专利权人处制作谈话笔录一份，并拍摄照片若干。其中包括被诉侵权产品以及F45裁断机中使用的电磁阀照片。

关于"控制装置"专利与F45裁断机的异同,本案专利权人在二审中主张F45裁断机的电磁阀部件与专利技术的电磁阀部件不同,因专利技术中的特殊连接要求,故委托加工商特制电磁阀。最高人民法院询问时,本案专利权人再次明确专利技术中使用的电磁阀是特定的电磁阀,其对电磁阀的内部结构以及出口进行了改进,故可以将电磁阀的出口与有杆活塞的外端直接相联接,省略联接管,使用普通电磁阀无法实现上述目的。关于F45裁断机中使用的电磁阀,双方当事人确认其包括电磁铁、包含有阀芯及弹簧的圆柱体部分,以及包含有连接管路及阀芯的圆台部分。所述三个部分相互配合,共同实现改变油路的作用。圆台部分的出口直接与有杆活塞的外端相联接。

关于"液压缸"专利,双方当事人在一、二审中确认被诉侵权产品与专利技术方案一致,专利技术方案亦与F45裁断机中的液压缸一致。

最高人民法院认为,本案焦点在于:(1)F45裁断机是否构成本案两项专利的现有技术;(2)本案被诉侵权人有关现有技术抗辩的主张能否成立。对上述问题,最高人民法院的再审裁定论述如下:

(一)关于F45裁断机是否构成本案两项专利的现有技术

根据本案一审法院制作的现场勘验笔录,一审法院在奇伟公司保全了F45裁断机,机器铭牌上的生产日期在涉案两项专利的申请日之前。此外,奇伟公司亦提供了发票原件、支票存根原件以及记账凭证原件。上述证据与奇伟公司出具的证言以及一审法院制作的谈话笔录中的有关内容相互印证,足以证明F45裁断机已于本案两项专利的申请日之前公开,构成现有技术。

(二)关于本案被诉侵权人有关现有技术抗辩的主张能够成立

在专利侵权诉讼中设立现有技术抗辩制度的根本原因,在于专利权的保护范围不应覆盖现有技术以及相对于现有技术而言显而易见、构成等同的技术。除在无效程序中对专利权的法律效力进行审查外,通过在侵权诉讼中对被诉侵权人有关现有技术抗辩的主张进行审查,有利于及时化解纠纷,减少当事人诉累,实现公平与效率的统一。

在审查现有技术抗辩时,比较方法应是将被诉侵权技术方案与现有技术进行对比,而不是将现有技术与专利技术方案进行对比。审查方式则是以专利权利要求为参照,确定被诉侵权技术方案中被指控落入专利权保护范围的技术特征,并判断现有技术中是否公开了相同或者等同的技术特征。现有技术抗辩的成立,并不要求被诉侵权技术方案与现有技术完全相同,毫无区别），对于被诉侵权产品中与专利权保护范围无关的技术特征，在判断现有技术抗辩能否成立时应不予考虑。被诉侵权技术方案与专利技术方案是否相同或者等同，与现有技术抗辩能否成立亦无必然关联。因此，即使在被诉侵权技术方案与专利技术方案完全相同，但与现有技术有所差异的情况下，亦有可能认定现有技术抗辩成立。

本案中，关于被诉侵权人的现有技术抗辩主张能否成立，双方当事人的争议主要在于：（1）被诉侵权产品中电磁阀与有杆活塞的连接方式是否被现有技术公开；（2）被诉侵权产品中电磁阀的具体结构是否被现有技术公开。

本案专利的权利要求1限定了电磁阀的连接方式，即"电磁阀的出口直接与有杆活塞的外端相联接"，但并未限定电磁阀的具体结构。因此，电磁阀的具体结构与本案专利的保护范围无关，亦与现有技术抗辩能否成立无关。由于被诉侵权产品中的电磁阀与有杆活塞亦采取同样的连接方式，因此认定现有技术抗辩是否成立的关键，在于确定现有技术中是否公开了与上述连接方式相同或者等同的技术特征，而无需考虑被诉侵权产品中电磁阀的具体结构是否被现有技术公开。从本院查明的事实来看，尽管现有技术中公开的电磁阀包括三个部分，其具体结构与被诉侵权产品的电磁阀有着明显差异，但是现有技术中确已公开将电磁阀的出口与有杆活塞的外端直接相联接。因此，二审法院认定现有技术抗辩成立，并无不当。对于本案专利权人有关被诉侵权产品的电磁阀具体结构与专利产品一致，与现有技术不一致，故现有技术抗辩不能成立的主张不予支持。

无效宣告程序与专利侵权诉讼中的现有技术抗辩制度各自独立，各自发挥其自身作用。二者相互协调、配合，有利于避免专利权的保护范围覆盖现有技术，侵入公共领域，从而更好地实现专利法保护和鼓励创新的立法目的。在无效程序中，系将专利技术方案与现有技术进行对比，审查现有技术是否公开了专利技术方案，即专利技术方案相对于现有技术是否具有新颖性、创造性。在侵权诉讼中，现有技术抗辩的审查对象则在于被诉侵权技术方案与现有技术是否相同或等同，而不在于审查现有技术是否公开了专利技术方案。因此，二者的审查对象和法律适用均有差异。加之在本案中，本案被诉侵权人仅向专利复审委员会提交本案二审判决作为证据，并未将本案一、二审中的相关证据均提交给专利复审委员会。因此，专利复审委员会维持本案两项专利权有效，与二审法院认定现有技术抗辩成立并不存在明显矛盾。对于本案专利权人关于第16612号、17212号无效宣告请求审查决定维持本案两项专利权有效，足以证明二审判决认定事实错误的主张不予支持。

基于上述理由，最高人民法院裁定驳回本案专利权人的再审申请。

"一种多联插座"实用新型专利权属纠纷案

一、案件提要

当事人

专利权人：敖谦平
被诉侵权人：烟台海普制盖有限公司

成都市中级人民法院的一审判决

案号：（2011）成民初字第222号民事判决
合议庭成员：❶
结案日期：❷

四川省高级人民法院的二审判决

案号：（2012）川民终字第207号
合议庭成员：何学敏、贝林涛、周静
结案日期：2012年5月30日

涉及的法律规定

《专利法》第六条

判决要点

1. 本案中，从深圳和宏公司提交的证据看，仅能证明敖谦平自2005年11月至2008年1月期间曾经在深圳和宏公司工作，并担任结构工程师、产品组经理、插座板工程师等职务，主要为公司构思设计系列防触电转换器。深圳和宏公司并未提交证据证明其曾向敖谦平下达过关于本案专利方面的开发性研究任务，其提交的证据亦不足以证明敖谦平系主要利用了其物质技术条件完成本案专利的发明创造。根据本案现有证据，难以认定涉案专利系敖谦平的职务发明。

2. 最高人民法院《关于审理专利纠纷案件适用法律问题的若干规定》第

---

❶ 资料不全。
❷ 资料不全。

九条规定"人民法院受理的侵犯实用新型、外观设计专利权纠纷案件,被告在答辩期间内请求宣告该项专利权无效的,人民法院应当中止诉讼"。本案审理的是权属争议纠纷而非侵权纠纷,涉案专利是否无效,并不影响该专利权属问题的确认,故本案无需中止审理。

二、本案专利介绍

本案涉及名称为"一种多联插座"的第200720003944.X号实用新型专利,其申请为2007年1月23日,授权公告日2008年1月2日,专利权人敖谦华,其专利说明书载明的发明人亦为敖谦华。

本案专利涉及一种电源插座。

如本案专利说明书所述,公知的多联插座主要由塑料制成的壳体,及金属制成的插套、连接片(或铜线)等组装而成。多个独立的同极插套依靠与连接片(或铜线)之间的焊接、铆接或打螺钉实现串接与导电。这样的结构及相应的生产方式导致产品材料成本高,制造过程与工艺复杂。

本案专利发明内容提供了一种由全新结构、形状的零部件制成的多联插座。该种插座的优点在于:采用由一个金属片制成的多联同极插套组件,可以免除相应的焊接、铆接或打螺钉,从而达到降低产品材料成本,简化产品制造过程与工艺的目的。

附图1是插座外观三维立体视图,其中附图标记1为壳体,2为插孔组,21为E极插孔,22为L极插孔,23为N极插孔,24为插孔组横向轴线,25为插孔组纵向轴线,3为电源线。

附图2是插座内部结构示意图,其中附图标记31为E极电源线,32为L极电源线,33为N极电源线,4为插套组件。

附图3是插座内部插套组件示意图,其中附图标记41为插套,42为连接片。

图4a、图4b、图4c是插套组件三维立体示意图。

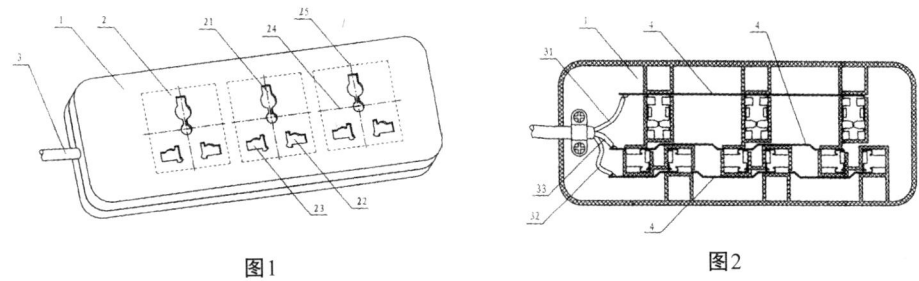

图1　　　　　　　　　图2

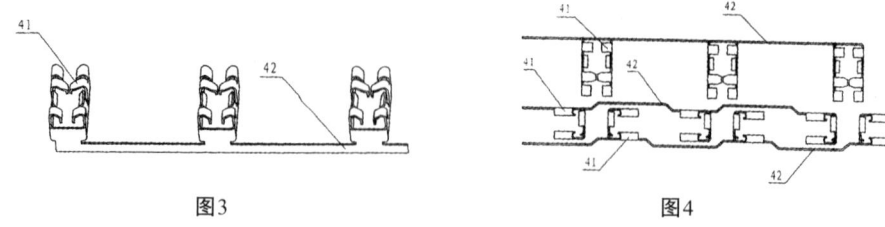

图3　　　　　　　　　　图4

参照图1、图2、图3，插座壳体1上的多联插孔组2沿插孔组横向轴线24横向排列，每一联插孔组包含一个E极插孔21、一个L极插孔22、一个N极插孔23；壳体1内安装有同极插套组件4，每一个插套组件4包含多个同极插套41与一个连接片42；插套组件4上的插套41与壳体1上的插孔组2相对应，沿插孔组横向轴线24安装；各插套组件4通过连接片分别与E极电源线31、L极电源线32、N极电源线33连接。

参照图4a、图4b、图4c、图5a、图5b，插套组件4由一个金属片5经剪裁、折弯形成，插套组件4的结构：上部为多个同极插套41，下部是一个贯通的连接片42；插套组件4上的插套41的横截面呈三边"凹"字型，其中只有一个边的下端与连接片42直接连接。

本案专利的权利要求书如下：

1. 一种多联插座，本插座由塑料制成的壳体（1），及金属片（5）制成的多联插套组件（4）等组装而成；壳体（1）上有多联插孔组（2），插孔组（2）沿插孔组横向轴线（24）横向排列；每一联插孔组（2）包含一个E极插孔（21）、一个L极插孔（22）、一个N极插孔（23）；壳体（1）内安装的插套（41）与壳体（1）上的多联插孔组（2）相对应，沿插孔组横向轴线（24）横向排列；其特征在于：安装在壳体（1）内的多个同极插套（41）及其连接片（42），是由一个金属片（5）经剪裁、折弯形成的同极插套组件（4）。

2. 根据权利要求1所述的插座，其特征在于：所述的插套组件（4）的上部为多个同极插套（41），下部是一个贯通的连接片（42）。

3、根据权利要求1和2所述的插座，其插套组件（4）上的插套（41）的横截面呈三边"凹"字型，其特征在于：插套的"凹"字型三边中，只有一个边的下端与连接片（42）直接连接。

现有证据显示，2007年2月26日、2007年10月9日、2009年1月6日，敖谦华陆续向国家知产局缴纳了申请费、登记费、印花税费、年费等费用。2010年1月29日，国家知产局收到敖谦平就上述专利缴纳的年费135元。

三、成都市中级人民法院的一审判决

深圳市和宏实业有限公司（下称"深圳和宏公司"）认为本案专利系敖谦平在该公司工作期间所完成的职务发明创造，依照《专利法》的规定就该发明创造申请获得专利的权利应当属于该公司，不应属于敖谦平，因而向成都市中级人民法院（下称"一审法院"）起诉，请求判令：确认名称为"一种多联插座"的第200720003944.X号实用新型专利系职务发明；该专利的专利权应当归深圳和宏公司所有。

一审法院查明了如下事实：

2005年11月至2008年1月，敖谦平在深圳和宏公司从事插座产品的开发工作。

2005年11月30日，敖谦平与深圳和宏公司签订《劳动合同补充协议》，其第二条约定：员工在公司任职期间所完成的发明创造、产品设计、图纸及其说明、计算机软件等作品、技术信息、商务信息、财务信息或人事管理信息，员工若是声明由其本人享有知识产权的，应当事前向公司申报，并取得公司的书面同意；经公司核实，确认属于非职务成果的，由员工享有知识产权，但公司可以优先使用该成果，并支付员工一定的经济报酬；员工未声明的，可推定其为职务成果，公司可以使用这些成果进行生产、销售或向第三方转让。

敖谦平的"试用期工作总结"载明："我这段时间的工作主要是为公司构思设计最新的专利产品，即系列防触电转换器。"

深圳和宏公司在本案中所举出的由敖谦平设计的图纸只与两款智能防触电插座产品有关。根据图纸的记载，两款产品的型号分别为DS5518和DS5519，其上均运用了专利号为96107072.2的专利技术。深圳和宏公司无法说明上述两款产品与涉案专利在结构上的异同。另外，深圳和宏公司在本案中明确陈述其没有关于敖谦平从事涉案专利技术开发的证据。

另查明，敖谦华在银行工作，其与敖谦平之间系兄弟关系。

深圳和宏公司认为，敖谦平作为其公司的插座结构工程师，开发新型插座板是其在深圳和宏公司期间从事本职工作的范围，敖谦平在深圳和宏公司主持了相关产品的研制，掌握了大量深圳和宏公司的技术、思路和信息，从而开发出本案专利，该行为属于执行本单位的任务，属于职务发明。遂诉至原审法院。

一审法院作出一审判决的理由是：

深圳和宏公司在本案中据以主张本案专利系职务发明的依据是其与敖谦平签订的《劳动合同补充协议》中第二条关于职务发明创造的约定，即敖谦

平在深圳和宏公司任职期间所完成的发明创造、产品设计、计算机软件等，除事先向其申报并取得书面同意的，推定为职务成果；若确认为非职务成果的，深圳和宏公司有优先使用权。

针对此约定，根据《合同法》第三百二十六条第二款关于"职务技术成果是执行法人或者其他组织的工作任务，或者主要是利用法人或者其他组织的物质技术条件所完成的技术成果"及第三百二十七条关于"非职务技术成果的使用权、转让权属于完成技术成果的个人，完成技术成果的个人可以就该项非职务技术成果订立技术合同"之规定，法定的职务成果只有执行单位的工作任务、主要利用单位的物质技术条件两种情形。若是非职务成果，由完成成果的个人享有成果的使用权和转让权。因此，如果在上述两种法定情形之外，单位通过劳动合同的约定，要求员工将个人的任何发明创造在事前均向单位申报并取得单位的书面同意，否则推定为职务成果，这种约定既可能导致成果在向单位申报时失去秘密性和新颖性，丧失获得知识产权法保护的条件，也可能因申报过程中技术方案的披露使单位能够任意攫取员工的发明创造，还可能出现单位以不予书面同意为手段不正当占有员工个人发明创造的可能性，变相地为员工享有知识产权设置障碍。另外，《劳动合同补充协议》关于单位就非职务成果享有优先使用权的约定，不当地在非职务成果的使用权、转让权上增加限制，剥夺了员工自由使用成果、自由转让成果的权利。

根据《劳动合同法》第二十六条关于用人单位免除自己的法定责任、排除劳动者权利的劳动合同无效或者部分无效之规定，本案《劳动合同补充协议》第二条关于员工就个人发明创造、产品设计等向单位进行申报并经单位书面同意，否则推定为职务成果以及单位就非职务成果享有优先使用权的约定，既于法无据，更在实质上产生了排除劳动者权利的效果，应为无效条款。对深圳和宏公司提出的依据该条款认定涉案专利系职务成果的主张不予支持。

由于诉争的"一种多联插座"在性质上为专利技术，根据《专利法》第六条关于"执行本单位的任务或者主要是利用本单位的物质技术条件所完成的发明创造为职务发明创造"之规定，该专利是否应为深圳和宏公司享有专利权的职务发明，取决于深圳和宏公司能否证明专利技术的实际开发者为敖谦平，并且开发该专利属于敖谦平的工作任务范围或者敖谦平在开发该专利时主要利用了深圳和宏公司的物质技术条件。

本案中，深圳和宏公司举出了由敖谦平设计的两款产品的图纸，但根据图纸记载，上述两款产品的设计目的均为防触电，与本案专利关于用一个金属片形成多联同极插套组件以免除多个同极插套与连接片之间的焊接、铆接或打螺钉工序的设计目的不同，在深圳和宏公司无法说明上述两款产品与本案专利在结构上的异同以及深圳和宏公司在庭审中明确陈述没有关于敖谦平从事涉案专利技术开发的证据的情况下，深圳和宏公司不能证明本案专利实际上为敖谦平所开发。

由于涉案专利的发明点仅为通过一个金属片的剪裁、折弯而形成多联同极插套组件，使同极插套与连接片构成一个整体，以免除两者之间的焊接、铆接或打螺钉工序，再结合涉案专利与日常生活的紧密程度，就技术本身而言不能排除本案专利系民间个人发明创造的可能性。深圳和宏公司仅以敖谦华、敖谦平系兄弟关系，敖谦平曾就涉案专利缴纳了专利年费以及敖谦华在银行工作的事实，就认为涉案专利实际系敖谦平开发的主张理由不充分，不予支持。

据此，一审法院判决：驳回深圳和宏公司的诉讼请，本案第一审案件受理费1000元由深圳和宏公司承担。

四、四川省高级人民法院的二审判决

深圳和宏公司不服一审判决，向四川省高级人民法院（下称"二审法院"）提起上诉。

深圳和宏公司上诉的主要理由是：开发新型插座板是敖谦平的本职工作，深圳和宏公司早在2001年就已生产本案专利产品，故已对本案专利向专利复审委员会提了无效请求；敖谦华不具备涉案专利的设计能力，本案专利的发明人是敖谦平；故一审法院认定事实不清，适用法律错误，请求撤销原审判决，改判支持深圳和宏公司的一审诉讼请求。

敖谦平、敖谦华在庭审中口头辩称：敖谦平于2006年到深圳和宏公司，本案专利是在2007年发明的，一年时间不可能发明出本案专利；敖谦华怎样开发出本案专利的发明创造，与深圳和宏公司无关；敖谦平在深圳和宏公司工作期间设计的是安全插座产品，没有接受进行本案专利的研究开发任务，深圳和宏公司无证据证明本案专利是敖谦平作出的职务发明创造，故请求维持一审判决。

在二审诉讼的举证期限内，上诉人深圳和宏公司向本院提交了下列证据：

1. DS5015电源转换器产品外观图；
2. 深圳增值税专用发票及销售清单；
3. 中国强制性产品认证印刷、模压标志批准书；
4. DS5015电源转换器检验报告；

5. 敖谦华在国家专利复审委员会的陈述意见书；
6. 专利号为96215477.6的实用新型专利的专利检索网页。

其拟以证据1-4证明早在敖谦平到深圳和宏公司工作之前，深圳和宏公司就已开始生产涉案专利产品，敖谦平在深圳和宏公司工作有机会接触到本案专利并自行申请专利；拟以证据5证明本案专利具有较强的复杂性；证据6载明的是专利号为96215477.6的实用新型专利登记的发明人为敖谦华，申请人为敖谦平，拟证明早在1996年敖谦平就将其专利用敖谦华的名字进行登记。

敖谦平、敖谦华质证认为：DS5015电源转换器这种结构的产品很早以前就存在，其与本案专利不同；深圳和宏公司提交的上述证据与本案没有关联性，应由国家知识产权局进行审核认定。

本院认为，本案为权属纠纷，涉案专利是否为现有技术，不属于本案的审查范围，深圳和宏公司提交的证据1-4与本案无关联性，不予采信；关于证据5，敖谦华的陈述意见中并无对本案专利是否复杂进行陈述的记载，故不能证明本案专利的复杂性；证据6与本案不具有关联性。

本院对一审判决查明的案件事实，依法予以确认。

另查明，深圳和宏公司已对涉案专利向国家知产局专利复审委员会提起无效宣告请求，国家知产局专利复审委员会对该请求正在审查过程中。2012年4月10日，深圳和宏公司向本院提交中止审理申请，请求中止审理本案诉讼。案件审理中，深圳和宏公司还请求由敖谦华亲自到庭，作为证人陈述相关案件事实。

本院认为，本案二审期间，双方当事人争议的焦点问题是名称为"一种多联插座"的本案实用新型专利是否属于敖谦平的职务发明创造，该专利是否应当归深圳和宏公司所有。

《专利法》第六条规定："执行本单位的任务或者主要是利用本单位的物质技术条件所完成的发明创造为职务发明创造；利用本单位的物质技术条件所完成的发明创造，单位与发明人或者设计人订有合同，对申请专利的权利和专利权的归属作出约定的，从其约定。"

《专利法实施细则》第十二条规定："专利法第六条所称执行本单位的任务所完成的职务发明创造是指：（一）在本职工作中作出的发明创造；（二）履行本单位交付的本职工作之外的任务所作出的发明创造；（三）退休、调离原单位后或者劳动、人事关系终止后1年内作出的，与其在原单位承担的本职工作或者原单位分配任务有关的发明创造。"

本案中，从深圳和宏公司提交的证据看，仅能证明敖谦平自2005年11月至2008年1月期间曾经在深圳和宏公司工作，并担任结构工程师、产品组经理、插座板工程师等职务，主要为公司构思设计系列防触电转换器。深圳和宏公司并未提交证据证明其曾向敖谦平下达过关于本案专利方面的开发性研究任务，其提交的证据亦不足以证明敖谦平系主要利用了其物质技术条件完成本案专利的发明创造。根据本案现有证据，难以认定涉案专利系敖谦平的职务发明。

由于深圳和宏公司举出的由敖谦平设计的两款防触电产品图纸与涉案专利的设计目的不同，且深圳和宏公司无法说明上述两款产品与涉案专利在结构上的异同，结合深圳和宏公司在一审庭审中明确陈述没有关于敖谦平从事本案专利技术开发的证据的情况，一审判决认定深圳和宏公司不能证明本案专利实际上为敖谦平所开发，并无不当。

完成一项发明创造，的确与发明创造者的知识、经历、经验、职业技能等有关，也有赖于一定的物质技术条件。然而就本案争议的实用新型专利而言，其发明创造在于插座的插套组件上部为多个同极插套，下部是一个贯通的连接片，其发明点为通过一个金属片的剪裁、折弯而形成多联同极插套组件，使同极插套与连接片构成一个整体，以免除两者之间的焊接、铆接或打螺钉工序。本案专利技术并不复杂，且与日常生活紧密相关，不能排除非专业人士开发出本案专利的发明创造的可能性。深圳和宏公司以敖谦华在银行工作来推定其本身不具备涉案专利的设计能力，且因敖谦华、敖谦平系兄弟关系，敖谦平曾就本案专利缴纳了专利年费，即认为本案专利实际系敖谦平开发的主张，依据不足。

深圳和宏公司上诉认为原审法院关于敖谦平与深圳和宏公司签订的《劳动合同补充协议》第二条因违反《劳动合同法》的有关规定而无效的认定属适用法律错误。对此，本院认为，《劳动合同法》的施行日期为2008年1月1日，而本案所涉《劳动合同补充协议》签订于2005年11月，故本案不应直接适用《劳动合同法》的规定进行认定。但由于深圳和宏公司无证据证明涉案专利为敖谦平所发明，故《劳动合同补充协议》中关于敖谦平所作技术发明成果权属的约定是否有效，并不影响本案的认定处理结果。

关于本案是否需中止审理的问题。深圳和宏公司认为其已向国家知产局专利复审委员会申请宣告涉案无效，根据最高人民法院《关于审理专利纠纷案件适用法律问题的若干规定》第九条的规定，应中止本案的审理。本院认为，最高人民法院《关于审理专利纠纷案件适用法律问题的若干规定》第九条规定：人民法院受理的侵犯实用新型、外观设计专利权纠纷案件，被告在答辩期间内请求宣告该项专利权无效的，人民法院应当中止诉讼。本案审理的是权属争议纠纷而非侵权纠纷，涉案专利是否无效，并不影响该专利权属问题的确认，本案无需中止审理。

敖谦华在本案中属于当事人一方，且不是必须到庭参加诉讼的当事人，其有权依法处分自己的诉权，包括委托他人代为参加诉讼，并对此承担相应的法律后果。深圳和宏公司要求敖谦华亲自到庭，并作为证人陈述相关案件事实，缺乏法律依据，本院不予支持。

基于上述理由，二审法院认定上诉人深圳和宏公司的上诉理由及请求不能成立，不予支持；一审判决关于本案专利为非职务发明，深圳和宏公司不享有专利权的判决认定事实清楚，处理结果正确，应予维持，故判决驳回上诉，维持原判。第二审案件受理费1 000元，由深圳和宏公司负担。

"一种大功率LED灯支架"
实用新型专利奖励报酬纠纷案

一、案件提要

当事人

专利权人：东莞亿润电子制品有限公司
发明人：雷李华

东莞市中级人民法院的一审判决

案号：（2011)成民初字第222号民事判决
合议庭成员：❶
结案日期：❷

广东省高级人民法院的二审判决

案号：（2012）粤高法民三终字第121号
合议庭成员：邓燕辉、欧丽华、肖海棠
结案日期：2012年4月20日

涉及的法律规定

《专利法》第六条

判决要点

1. 无论是2000年修改的《专利法》还是2008年修改的《专利法》，其第十六条均规定"被授予专利权的单位应当对职务发明创造的发明人或者设计人给予奖励；发明创造专利实施后，根据其推广应用的范围和取得的经济效益，对发明人或者设计人给予合理的报酬"。因此，关于对职务发明创造的发明人或者设计人支付合理报酬的规定，新旧专利法的规定是一致的，即应当根据推广应用的范围和取得的经济效益给予发明人或者设计人合理的报酬。

---

❶ 资料不全。
❷ 资料不全。

2. 无论按照2000年修改的《专利法》以及《专利法实施细则》还是按照2008年修改的《专利法》以及《专利法实施细则》的上述规定，只要被授予专利权的单位未向发明人或者设计人支付一次性报酬，在专利权有效期限内，发明人或者设计人均可以主张报酬，对于该发明报酬部分的诉讼请求并未超过诉讼时效。

二、本案专利介绍

本案涉及名称为"一种大功率LED灯支架"的第200720121425.3号实用新型专利，其申请日为2007年7月10日，授权公告日为2008年5月28日，专利权人为东莞亿润电子制品有限公司（下称"亿润公司"），发明人为雷李华。

本案专利涉及一种大功率LED灯支架，用于放置LED灯的芯片电路部分。

如本案专利的说明书所述，目前大功率LED的芯片电路部分均需要固定在壳体内，由于LED灯的功率大，造成芯片电路部分发热量也较大，通常需要在壳体内、芯片电路近处安装散热片。这种结构的主要问题是芯片电路产生的热量导出不畅，散热片的散热效果不理想，当LED灯具处于使用状态时，芯片电路长期处于高温状态，容易引发故障。

本案专利所要解决的技术问题是：提供一种大功率LED灯支架，用于解决现有灯架结构对芯片电路进行散热时效果不理想的问题。

本案专利的附图1如下：

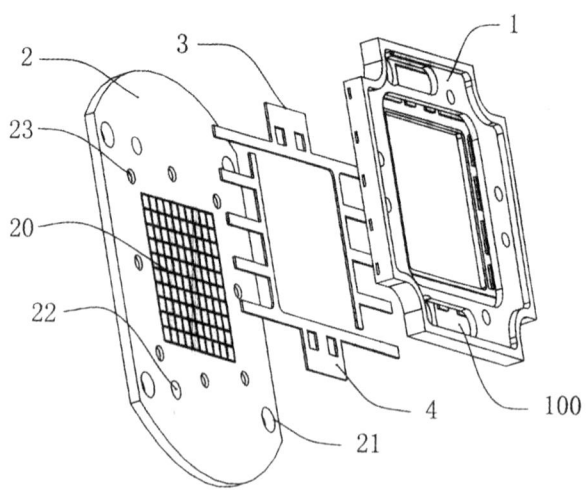

本案专利的权利要求书如下：

1. 一种大功率LED灯支架，包括壳体和LED发光芯片，其特征在于：所述支架还包括散热片和两个电极片体；所述两个电极片体夹在所述散热片于所述壳体之间，散热片于壳体通过螺栓固定连接，散热片四周边沿宽出壳体四周边沿；所述散热基板上设有起定位作用的网格。

2. 根据权利要求1所述的一种大功率LED灯支架，其特征在于：所述电极片体成扁条状分布在所述网格四周；所述壳体上设有暴露电极片体的电极的沉孔。

3. 根据权利要求1所述的一种大功率LED灯支架，其特征在于：所述散热基板上设有供导线穿过的穿线孔。

4. 根据权利要求1所述的一种大功率LED灯支架，其特征在于：所述网格为方格。

5. 根据权利要求1所述的一种大功率LED灯支架，其特征在于：所述散热基板上设有安装孔。

6. 根据权利要求1所述的一种大功率LED灯支架，其特征在于：多组所述LED发光芯片置于方格内，通过导线以串联、并联或串并联方式分别焊接在所述电极片体上。

三、东莞市中级人民法院的一审判决

2011年6月28日，本案专利的发明人雷李华以亿润公司未支付其作为职务发明创造发明人所应得的奖励、报酬为由，向广东省东莞市中级人民法院提起诉讼（下称"一审法院"）。

雷李华诉称，在亿润公司工作期间，雷李华为该公司发明了大功率LED灯支架，该公司就此发明申请获得了本案实用新型专利。亿润公司利用该项职务发明，销售了大量LED产品，获得大量利润。雷李华多次要求亿润公司按照《专利法》和《专利法实施细则》的规定支付报酬和奖金，但亿润公司一直拒绝支付，故诉请法院判令：

（1）亿润公司向雷李华一次性支付报酬20万元及1 000元奖金；

（2）亿润公司承担律师费及调查费10 000元；

（3）亿润公司承担本案诉讼费用。

亿润公司辩称：第一，本案应适用2002年修订的《专利法实施细则》。作为私营企业，亿润公司没有必须支付相关奖金和报酬的义务；第二，亿润公司在2008年底已经没有实施涉案专利，无需支付所谓的报酬，雷李华要求支付相应报酬已经超过诉讼时效；第三，雷李华从未向亿润公司主张过发明报酬，故雷李华的诉讼请求没有事实和法律依据。

一审法院审理查明：

2002年8月5日，雷李华入职亿润公司。雷李华在亿润公司工作期间，作为发明人发明了名称为"一种大功率LED灯支架"的发明创造，由亿润公司申请获得了一项实用新型专利。2009年8月26日，雷李华从亿润公司离职。

2011年6月28日，雷李华以亿润公司未支付职务发明创造发明人、设计人奖励、报酬为由，向一审法院提起诉讼。

本案一审庭审中，双方当事人对本案专利和被实施情况没有异议。雷李华主张亿润公司一直大量生产销售应用本案专利的LED产品，同时向一审法院提交了亿润公司2007年度和2008年度的审计报告。据该审计报告显示，亿润公司2007年度和2008年度的营业利润分别为人民币3 853 099.80元和4 892 839.51元。雷李华主张按2%提取，仅2008年即为97 856元，若按10年计算就是978 560元。亿润公司则主张在2008年底已经没有实施涉案专利，并认为本案纠纷已经超过诉讼时效，且按照专利申请授权时的法律规定，亿润公司并非必须支付雷李华所称报酬，同时亿润公司已经以工资形式支付了相应报酬，雷李华也没有向亿润公司提出异议或者向亿润公司主张报酬。

一审庭审后，亿润公司向原审法院又提交了一份本案专利产品的销售情况说明供一审法院参考。根据该销售情况说明，亿润公司认为本案专利产品销售额占大功率系列产品总销售额不到2.5%，占全部产品销售总额不到1%。但是，亿润公司没有按照一审法院要求提交相应的证据证明。

一审法院认为：结合双方当事人的诉辩意见以及本案查明的事实，本案争议的焦点为，（1）雷李华提起本案诉讼是否超过诉讼时效；（2）亿润公司是否应当向雷李华支付职务发明创造发明人的奖励报酬，如需支付，支付数额如何确定。

（一）关于雷李华提起本案诉讼是否超过诉讼时效的问题

本案中，亿润公司认为雷李华请求的20万元发明报酬超过了诉讼时效。

原审法院认为，2000年修改的《专利法》第十六条规定："被授予专利权的单位应当对职务发明创造的发明人或者设计人给予奖励；发明创造专利实施后，根据其推广应用的范围和取得的经济效益，对发明人或者设计人给予合理的报酬。"2001年修改的《专利法实施细则》第七十五条规定："被授予专利权的国有企业事业单位在专利权有效期限内，实施发明创造专利后，每年应当从实施该项发明或者实用新型专利所得利润纳税后提取不低于2%或者从实施该项外观设计专利所得利润纳税后提取不低于0.2%，作为报酬支付发明人或者设计人；或者参照上述比例，发给发明人或者设计人一次性报酬。"第七十七条的规定："本章关于奖金和报酬的规定，中国其他单位可以参照执行。"2008年修改的《专利法》第十六条的规定："被授予专利权的单位应当对职务发明创造的发明人或者设计人给予奖励;发明创造专利实施后,根据其推广应用的范围和取得的经济效益,对发明人或者设计人给予合理的报酬。"2010年修改的《专利法实施细则》第七十八条规定:"被授予专利权的单位未与发明人、设计人约定也未在其依法制定的规章制度中规定专利法第十六条规定的报酬的方式和数额的,在专利权有效期限内,实施发明创造专利后,每年应当从实施该项发明或者实用新型专利的营业利润中提取不低于2%或者从实施该项外观设计专利的营业利润中提取不低于0.2%,作为报酬支付发明人或者设计人;或者参照上述比例,发给发明人或者设计人一次性报酬;被授予专利权的单位许可其他单位或者个人实施其专利的,应当从收取的使用费中提取不低于10%,作为报酬给予发明人或者设计人。"无论按照2000年修改的《专利法》以及《专利法实施细则》还是按照2008年修改的《专利法》以及《专利法实施细则》的上述规定,只要被授予专利权的单位未向发明人或者设计人支付一次性报酬,在专利权有效期限内,发明人或者设计人均可以主张报酬,对于该发明报酬部分的诉讼请求并未超过诉讼时效。因此,对亿润公司的该项主张,一审法院不予支持。

(二)关于亿润公司是否应当向雷李华支付职务发明创造发明人奖励报酬,如需支付,支付数额如何确定的问题

1. 关于1 000元奖金的问题

2010年修改的《专利法实施细则》第七十七条第一款规定:"被授予专利权的单位未与发明人、设计人约定也未在其依法指定的规章制度中规定专利法第十六条规定的奖励的方式和数额的,应当自专利权公告之日起3个月内发给发明人或者设计人奖金。一项发明专利的奖金最低不少于3 000元;一项实用新型专利或者外观设计专利的奖金最低不少于1 000元。"

依据上述规定,亿润公司应当向雷李华支付1 000元的奖金。虽然亿润公司主张其已经以工资形式向雷李华支付了该项奖金,但是并没有提供证据证明。在亿润公司提交的雷李华的2009年部分月份的工资清单中,也没有显示有支付过该项奖励。因此,对雷李华主张亿润公司支付1 000元职务发明奖金的诉讼请求,一审法院予以支持。

2. 关于雷李华主张的20万元一次性发明报酬的问题

一审法院认为,首先无论是2000年修改的《专利法》还是2008年修改的《专利法》,其第十六条均规定"被授予专利权的单位应当对职务发明创造的发明人或者设计人给予奖励;发明创造专利实施后,根据其推广应用的范围和取得的经济效益,对发明人或者设计人给予合理的报酬"。因此,关于对职务发明创造的发明人或者设计人支付合理报酬的规定,新旧专利法的规定是一致的,即应当根据推广应用的范围和取得的经济效益给予发明人或者设计人合理的报酬。只是在具体的计算方式上,2001年修改的《专利法实施细则》规定了国有企业事业单位发明人提取的最低比例为2%,对其他单位采取的是参照执行的模式;2010年修改的《专利法实施细则》没有再区分单位性质,统一规定发明人提取的最低比例为2%。至于亿润公司主张其已经在2008年底停止实施涉案实用新型专利以及本案专利产品销售额占全部产品的销售额不到1%,因其没有提供充分的证据证明,应当承担举证不能的法律责任。另外,本案专利的申请日为2007年7月10日,因此亿润公司2007年利润不能全部计算为本案专利产品的利润。至于雷李华主张仅以2008年利润按2%提取,10年就是978 560元,该主张也没有事实和法律依据。因此,综合上述情况,考虑到本案专利的性质和运用领域、剩余的专利有效期限、涉案专利产品可能占亿润公司产品的比重以及亿润公司获得利益的预期,一审法院酌定亿润公司一次性向雷李华支付100 000元的职务发明报酬。

另外,对于雷李华要求亿润公司承担其律师代理费及调查费10 000元的主张,一审法院认为在非专利侵权纠纷案件中要求败诉方承担对方部分律师代理费、调查费没有法律依据,故不予支持。

基于上述理由,一审法院判决如下:

(1)亿润公司于判决生效之日起五日内向雷李华支付职务发明创造奖金人民币1 000元和职务发明创造报酬人民币100 000元;

(2)驳回雷李华的其他诉讼请求。

如果亿润公司未按判决指定的期限履行给付金钱义务,应当依照《民事诉讼法》第二百二十九条之规定,加倍支付延迟履行期间的债务利息。

本案一审案件受理费人民币4 465元,由雷李华负担1 000元,亿润公司负担3 465元。

四、广东省高级人民法院的二审判决

亿润公司不服一审判决,向广东省高级人民法院提起上诉。

亿润公司诉称:

(1)在涉案专利授权之后,亿润公司并未实施过专利,更未因此获得任何营业利润。原审判决在对该事实认定不清的情形下判令上诉人支付职务发明专利发明人报酬显属错误。根据2001年与2010年修改的《专利法实施细则》的规定,职务发明专利发明人获得报酬有两个缺一不可的前提:一是被授予专利权的单位确实实施了有关专利,二是被授予专利权的单位确实因实施有关专利获得了营业利润。本案中,亿润公司对本案专利的技术图纸进行了变更,自2008年9月起使用新的技术方案生产制造支架产品,且至今未实施过本案专利,未获得任何营业利润。

(2)一审判决适用2010年修改的《专利法实施细则》确定雷李华职务发明专利发明人奖金属于适用法律错误。2001年修订的《专利法实施细则》仅规定国有企业支付发明人奖励的义务,亿润公司作为私营企业,并无支付相关奖励的义务;即使要支付,也只须支付500元。亿润公司在支付给雷李华工资奖金时已支付了其应得的职务发明奖金,一审判决判令亿润公司支付雷李华职务发明创造发明人奖金属于认定事实错误。

(3)一审判决责令亿润公司向雷李华支付高达10万元的职务发明专利发明人报酬,缺乏相应的事实和法律依据。

基于上述理由,亿润公司请求二审法院撤销原审判决,改判驳回雷李华全部诉讼请求,并判决本案一、二审诉讼费用由雷李华承担。

雷李华答辩称:亿润公司称没有实施涉案专利及获得营业利润,与事实不符,亿润公司没有任何有效证据证明其未实施专利,故一审法院查明事实清楚,适用法律正确,应予维持。

二审法院院经审理查明一审法院认定事实属实,故予以确认。

另查明,2011年8月29日本案一审庭审笔录记载,亿润公司陈述"2008年底亿润公司已经没有实施本案专利",亿润公司实施本案专利所获得的营业额占总营业额"不到1%"。在一审庭审后,亿润公司向一审法院提交涉案专利产品的销售情况说明、2008年销售明细表和数量金额总账,认为本案专利产品包括编号为HB-5002和HB5002A两种,该产品销售额"占亿润公司全部产品销售总额不到1%"。其中,根据2008年销售明细表记载,仅在2008年12月,本案专利产品的销售记录就有4笔。在亿润公司于2011年8月30日向一审法院提交的代理词中,再次称亿润公司"在2008年试生产一年"。

二审期间,亿润公司提交了《工程变更申请单》、《工程变更通知单》和变更技术图纸作为本案新证据。亿润公司欲以该三份证据证明,亿润公司对本案专利图纸进行了变更,自2008年9月起就未实施过本案专利,未获得任何营业利润。对该三份证据,雷李华质证认为:《工程变更通知单》和变更技术图纸均不是原件,对其真实性不予确认;该三份证据均只涉及在模型四周增加凹形槽,并未对涉案专利进行实质性改变,不能证明亿润公司未实施涉案专利;该三份证据的提交均已超过举证期限,且不属于二审期间新发现的证据,不应作为新证据采纳。

二审庭审时,亿润公司称涉案专利因未缴纳年费,国家知识产权局已于

2012年3月16日发出终止通知，涉案专利权已经终止。但亿润公司对该主张未提交证据。

二审法院认为，本案系职务发明创造发明人奖励、报酬纠纷。根据亿润公司的上诉请求和理由，本案的争议焦点有二：（1）亿润公司是否应向雷李华支付职务发明创造发明人奖励；（2）亿润公司是否应向雷李华支付职务发明创造发明人报酬。

（一）关于亿润公司是否应向雷李华支付职务发明创造发明人奖励的问题

2000年修改的《专利法》第十六条规定："被授予专利权的单位应当对职务发明创造的发明人或者设计人给予奖励；发明创造专利实施后，根据其推广应用的范围和取得的经济效益，对发明人或者设计人给予合理的报酬。"

该条规定明确了给予奖励和报酬的主体是"被授予专利权的单位"，而并非仅仅限于"国有企业"。而且，2001年修改的《专利法实施细则》在对国有企业事业单位支付相关奖金和报酬问题作出具体规定的同时，还规定"其他中国单位可以参照执行"。可见，无论是2000年修改的《专利法》还是2001年修改的《专利法实施细则》，均明确了被授予专利权的单位应当对职务发明创造的发明人或者设计人给予奖励，而并未将非国有企业事业单位的相关义务排除在外。故亿润公司关于其作为非国有企业事业单位并无支付奖金和报酬义务的主张于法无据，不能成立，故不予采纳。

至于亿润公司主张仅需支付奖金500元的问题，本院认为，2002年修订的《专利法实施细则》对于实用新型专利的奖金规定是"最低不少于500元"，该条规定只规定了下限而未规定上限，原审法院根据本案的实际情况，判令亿润公司支付奖金1000元，并不违反相关规定，判令数额亦无明显过当，本院予以维持。亿润公司又称其支付给雷李华的工资奖金中已经包含了其应得的职务发明奖金，但无论在一审还是二审程序中，亿润公司始终未能提交有效证据，故该主张不能成立，故不予采纳。

基于上述理由，亿润公司关于其不负有支付职务发明奖金义务、只需支付奖金500元以及已将相关奖金支付给雷李华的上诉主张均不能成立，故予以驳回。

二、关于亿润公司是否应向雷李华支付职务发明创造发明人报酬的问题

亿润公司上诉认为，从雷李华于一审期间提交的图纸可以看出，亿润公司实际制造的产品与本案专利存在两处不同：一是图纸上没有LED发光芯

片，二是图纸上散热片只有两个边沿而不是四个边沿宽出壳体四周边沿，因此主张亿润公司未实施本案专利。

二审法院认为，亿润公司该项主张与其一审期间的陈述相互矛盾。亿润公司于一审期间在一审庭审、代理词中已多次承认其实施了本案专利，并主张其生产的HB-5002、HB-5002A产品就是实施本案专利的产品。从雷李华一审时提供的该两款产品的图纸来看，该图纸显示的产品特征也不存在亿润公司前述两处不同。因此，亿润公司关于其并未实施本案专利的主张与事实相违背，不能成立，故不予采纳。

亿润公司又称，亿润公司在获得本案专利权后变更了相关专利技术，故未实施该专利，不存在因实施专利而获得的营业利润。为此，亿润公司提供《工程变更申请单》、《工程变更通知单》和变更技术图纸作为证据。

但是，该三份证据中只有《工程变更申请单》的真实性获得雷李华确认，《工程变更通知单》和变更技术图纸因均非原件而不能确定其真实性。而且，从该三份证据记载的内容来看，亿润公司因"客户要求"在部分涉案专利产品"四周增加凸型槽"，可见亿润公司所称"变更"只是在本案专利产品的基础上增加其他特征，并未减少或者实质变更本案专利产品的技术特征，因此该证据并不能证明亿润公司变更技术图纸后的产品特征与涉案专利技术特征不同。再退一步而言，即使该证据能证明亿润公司变更了产品技术，亦只能证明其根据客户要求在部分产品上进行了更改，不能证明其对所有产品都进行了变更、从而未再实施过本案专利。此外，亿润公司关于专利授权后就未再实施相关专利、未因实施专利而获利的主张亦与其一审庭审笔录、代理词中"2008年试生产销售一年"、涉案专利产品销售额"占亿润公司全部产品销售总额不到1%"等相关陈述以及与其提交的2008年销售明细表中的销售记录相违背。因此，亿润公司关于未实施相关专利亦未因此获得相关利润的主张不能成立，故不予采纳。

一审法院在雷李华提供了亿润公司年度审计报告、部分销售情况等证据，而亿润公司始终未提交其各类产品具体销售情况以及涉案产品销售额所占比例等有效证据的情况下，考虑亿润公司的营业利润、涉案专利应用的领域和范围、可能占亿润公司利润的比重、剩余专利有效期限等因素，酌定亿润公司一次性向雷李华支付100 000元发明人报酬，并无明显不当，故予以维持。

亿润公司虽在二审庭审期间称，涉案专利权因亿润公司未缴纳专利权年费而于2012年3月16日被国家知识产权局发出终止通知，故本案专利已不存在、亿润公司不可能再因实施本案专利而获得利润。但是，亿润公司未对其主张提供任何证据。而且，即使本案专利权确实已经终止，亦是亿润公司在一审判决后,以故意不缴纳专利年费的自身行为导致的结果,而非雷李华过错导致,亿润公司理应对自己的行为负责。同时,亿润公司仍可根据相关规定在规定期限内采取补救措施恢复相关专利权。本院若因此对一审判赔数额予以改判,显然将鼓励此类规避赔偿责任的行为,对并无过错的发明人雷李华并不公平,也有违鼓励发明创新的立法精神和诚实信用的民法原则。因此,亿润公司关于未实施本案专利、未获得任何利润、原审判赔数额没有依据等上诉理由均不能成立,予以驳回。

基于上述理由,二审法院认定上诉人亿润公司的上诉请求和理由均不能成立,故不予支持,一审判决认定事实清楚,适用法律正确,应予维持,故判决驳回上诉,维持一审判决,本案二审案件受理费4 465元,由上诉人东莞亿润电子制品有限公司负担。

五、评析

本案涉及职务发明创造的发明人的奖励报酬纠纷,一审和二审判决对落实《专利法》第一条规定的"鼓励发明创造"的立法宗旨具有重要意义。

(一)《专利法》和《专利法实施细则》有关规定的历史沿革

我国1984年制定的第一部《专利法》第十六条就明确规定:

> 专利权的所有单位和持有单位应当对职务发明创造的发明人或者设计人给予奖励;发明创造专利实施后,根据其推广应用的范围和取得的经济利益,对发明人或者设计人给予奖励。

其中,"专利权的所有单位和持有单位"的措辞来源于该部《专利法》第六条的规定,即"专利申请被批准后,全民所有制单位申请的,专利权归该单位持有;集体所有制单位或者个人申请的,专利权归该单位或者个人所有"。与这一区分相对应,1984年制定的《专利法实施细则》在细化1984年制定的《专利法》的上述规定时,首先规定了专利权的持有单位应当向职务发明创造的发明人、设计人支付的奖励报酬数额,然后规定集体所有制单位和其他企业可以参照执行。由此可知,之所以采取上述规定方式,是我国当时的具体国情和所处发展阶段所决定的。

1992年修改的《专利法》和《专利法实施细则》没有对上述规定进行修改。2000年修改的《专利法》第十六条将原先的规定修改为:

> 被授予专利权的单位应当对职务发明创造的发明人或者设计人给予奖励;发明创造专利实施后,根据其推广应用的范围和取得的经济利益,对发明人或

者设计人给予合理的报酬。

其中，消除了对"专利权所有"和"专利权持有"的区分，并将原先规定的第二处"奖励"改为"合理的报酬"。然而，2001年修改《专利法实施细则》仍然保持了原先的规定模式，即首先规定国有企业事业单位应当向职务发明创造的发明人、设计人支付的奖励报酬数额，然后规定中国其他单位可以参照执行。

2008年修改的《专利法》没有对第十六条的规定进行修改；2010年修改的《专利法实施细则》改变了原先的规定模式，不再区分国有单位和非国有单位，对所有类型的单位应当向职务发明创造的发明人、设计人支付的奖励报酬数额作了统一规定。

（二）关于本案专利权人的主张

由于《专利法》和《专利法实施细则》的有关规定存在上述逐步变化的过程，且本案专利应当适用2000年修改的《专利法》和2001年修改的《专利法实施细则》的规定，因此本案专利权人强调该公司属于私营企业，不属于国有企业事业单位，依照2001年修改的《专利法实施细则》第七十七条关于"比照执行"的规定，因此该公司不负有向职务发明创造的发明人支付奖励报酬的义务。

对本案专利权人的上述主张，东莞市中级人民法院和广东省高级人民法院作了如下分析：

首先，无论是1984年制定的《专利法》还是1992年、2000年和2008年修改的《专利法》，其第十六条都明确规定应当向职务发明创造的发明人、设计人支付奖励报酬，这是我国《专利法》始终如一的立场。就支付奖励报酬而言，《专利法》的规定并没有按照单位的性质加以区分，因此无论是国有单位还是非国有单位都负有向职务发明创造的发明人、设计人支付奖励报酬的义务。

其次，应当在《专利法》第十六条规定的基础上理解2001年修改的《专利法实施细则》第七十七条关于"中国其他单位可以参照执行"的含义，也就是应当将"可以参照执行"理解为非国有单位仍有义务向职务发明创造的发明人、设计人支付奖励报酬，最多在数额方面采取灵活一些的做法，不能将其理解为"可以支付，也可以不支付"。

在我国法院目前受理的专利纠纷案件中，尚有相当比例的案件需要适用2000年修改的《专利法》和2001年修改的《专利法实施细则》。就职务发明创造的发明人、设计人的奖励报酬纠纷而言，本案一审和二审判决对切实维护发明人、设计人的合法权益有重要作用。

第四章

环球动态

美国关于侵犯方法专利权行为认定标准的新近动向

2012年8月31日，美国联邦巡回上诉法院对AKamai一案作出了大法庭判决。该判决否定了该法院先前的两份判例，对方法专利权的侵权判断提出了新的观点，引起了美国法律界和企业界的高度关注。本文旨在介绍该判决的内容以及该判决引起的辩论。

一、AKamai一案的案情介绍

（一）涉案专利技术

该案涉及第6108703号美国专利，其申请日为1999年5月19日，授权日为2000年8月22日，专利权人为美国麻省理工学院。该专利的发明目的是提供一种由多个服务器构成的计算机网络，该系统能够以更为有效和可靠的方式向用户传递网站信息。

反映该专利发明构思的附图3如下：

计算机网络通常通过互联网（internet）由网站（websites）向客户传输其所需的信息。所谓网站，是指采用标准页面描述语言，即"超文本链接标示语言"（Hypertext Markup Language，简称HTML语言）撰写的文件的集合。网站的每一个网页都是一个单独的HTML文件，采用识别字符串，即"标准资源定位符"（Uniform Resource Locator，简称URL）来指定该网页在互联网www服务程序中的位置。例如识别字符串"http://www.cafc.uxcourts.gov/ forms"由3个部分组成：第一部分指明采用的协议，即

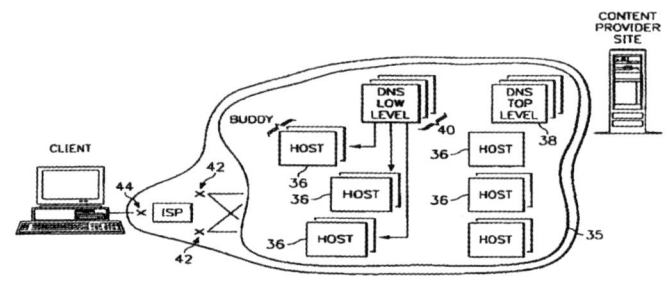

http://；第二部分指明域名（也称主机名称），即www.cafc.uscourts.gov；第三部分在必要情况下指明路径，即"/forms"。典型的网页由一个基本HTML文件构成，其中包含文字类型的内容以及其他类型的内容，例如图像、录像、录音等，被称为"对象"（objects）。绝大多数对象实际上并非包含在该网页中，而是采用不同的URL，以"链接"方式囊括在该网页中。换言之，这些对象被存放于同一计算机的不同存储位置上，或者被存放在采用同一域名的不同计算机中（也就是共享同一域名的一组计算机）。这种对象被称为"嵌入对象"，其URL通常与含有嵌入对象的那一网页的URL基本相同，所不同的只是在其后附加了该嵌入对象的名称，例如/forms/pic.jpg等等。

互联网的运作需要采用一种"域名系统"（Domain Name System，简称DNS），通过域名服务器（DNS服务器）将URL的主机名称转换成数码形式的"互联网协议"（Internet Protocol，简称IP）地址，该地址指明了存放了有关内容的一个或者多个计算机（被称为"内容服务器"）。这一转换过程被称为"解析"（resolving）。采用网络浏览器（web browser），例如Netscape Navigator、Microsoft Internet Explorer等，使请求获得某一网页的用户通过本地DNS服务器获得一个IP地址，该地址对应于提供所需网页的内容服务器。操作时，用户计算机将获得所述网页的请求直接发送到采用该IP地址的内容服务器；内容服务器将用户需要的网页（包括基本的HTML文件以及可能包含的嵌入对象）发送到用户计算机。这样，用户通过网络浏览器以同样方式反复从采用该对象URL的内容提供者服务器中逐一获取嵌入对象，直到获得所有嵌入对象，在用户计算机上显示出完整网页为止。

然而，上述获取网页的方式不仅速度缓慢，而且很不可靠。例如，当某个内容服务器同时接收到多个获取某一网页的请求时就会出现互联网堵塞问题（internet congestion），被称为"瞬间拥堵"（flash crowds）；如果用户计算机与被访问的内容服务器相距遥远，用户也会遇到传输质量很差的问题。一种试图解决上述问题的方案是所谓"镜像设置"（mirroring），也就是在多台位于不同地区的内容服务器中复制整个网站，以便客户就近获取某一网页。然而，采用这种方案也存在诸多问题，例如采用多个主机设备将导致成本过高，保持镜像网站彼此同步也是一件相当麻烦的事情。

本案专利权人提出了一种新的内容传输方案，既能有效地传输网络内容，又能有效解决网络堵塞问题。对其发明，该专利权人申请了三份专利，其说明书相同，但权利要求有所不同。三份专利都包含方法权利要求，涉及内容传输服务，通过一个内容提供商计算机传输基本的网站文件，将该网站的各个嵌入对象以逐个方式存储在一个内容传输网络中（Content Delivering

Network，即"CDN"）。CDN是按照地域策划布点的计算机系统，其作用在于使向客户传输互联网信息的效率最大化。根据该方案，嵌入对象被存放在CDN的"主服务器"（host server）或者"幽灵服务器"（ghost server）中，由它们向用户提供嵌入对象，而不是由内容提供商的服务器提供嵌入对象。采用这种方案，不需要在一个或者多个区域的服务器中以镜像方式保存网站内容的复制件，只需要在CDN中存放并传输嵌入对象即可。为了使用户能够访问内容提供商的网页，从CDN获得嵌入对象，嵌入对象的URL必须指向CDN主服务器或者幽灵服务器，而不是指向处于内容提供商域名下的计算机。为此，本案专利说明书介绍了如何修改嵌入对象的URL，使之能够为遍布全球的主服务器利用。这种修改嵌入对象的URL，使之与CDN的嵌入对象相链接的方法被称为"制作标签"（Tagging）。

（二）美国一审判决

2006年6月23日，美国AKamai公司[1]与麻省理工学院（下称"专利权人"）共同在美国马萨诸塞州联邦地区法院指控美国Limelights公司（下称"被诉侵权人"）侵犯了前述美国专利的方法独立权利要求19和34。

被诉侵权人建立了CDN并将其投入市场运行。根据被诉侵权人与有关内容提供商订立的合同，与被诉侵权人合作的内容提供商应当承担如下义务：首先，选定将哪些嵌入对象纳入被诉侵权人的CDN；其次，按照被诉侵权人的要求对每个纳入的嵌入对象进行标引。随后，被诉侵权人在其某些或者全部服务器上再现经过标引的嵌入对象，并将索取这些嵌入对象的用户请求引导到适当的服务器。

权利要求19的内容如下：

> 一种内容传输服务，包括：
>
> 在覆盖广阔区域的内容服务器上复制一组网页嵌入对象，所述内容服务器由指定的域名管理，而不是由内容提供商的域名管理；
>
> 就过去采用内容提供商域名方式来获取的某一网页而言，对该网页的嵌入对象进行标识操作，以确保将获取该网页嵌入对象的请求解析为指定的域名，而不是解读为内容服务商的域名。
>
> 当用户以内容提供商域名的方式提出获得某一网页的请求时，响应该请求，由内容提供商域名提供该网页；
>
> 由指定域名的内容服务器提供网页的至少一个嵌入对象，而不是由内容服务商域名予以提供。

---

[1] 目前全球最大的CDN服务提供商。

权利要求34的内容如下：

一种内容传输方法，包括：

通过内容服务器网络来传输页面对象，该内容服务器由一个域名予以管理而不是由内容提供商的域名予以管理，内容服务器网络按照区域予以编排；

对通常采用内容提供商域名予以服务的指定页面，对该页面的至少某些嵌入对象进行标识，从而将获取所述对象的请求解析为指定域名而不是内容提供商域名；

响应获得所述页面的一个嵌入对象的客户请求，作如下操作：

根据提出请求的客户计算机的所在位置以及当前互联网的繁忙情况，解析客户请求，以确定一个指定区域；

回复客户一个位于所述区域内的指定内容服务器的IP地址，该内容服务器有可能用作主服务器且不处于繁忙状态。

由于该案被诉侵权人没有实施专利权利要求的全部技术特征，该案专利权人依据美国联邦巡回上诉法院2007年对BMC一案的判决，在一审过程中主张追究被诉侵权人的共同侵权责任（joint liability）。BMC判例指出：美国司法实践向来认为要认定直接侵权行为成立，专利权人必须证明某一当事人实施了权利要求所记载的全部技术特征。然而，在某一当事人仅仅实施了权利要求记载的一部分技术特征的情况下，如果专利权人能够证明在该当事人"控制"（control）或者"指导"（direct）下，另一当事人实施了权利要求记载的其余技术特征，则可以追究两个当事人的共同侵权责任。❶

在一审法官的指导下，陪审团得出了共同侵权指控成立的结论。

然而就在该案一审期间，美国联邦巡回上诉法院于2008年对Muniauction一案作出了判决。该案同样涉及共同侵权指控，其判决指出，如果被诉侵权人的行为仅仅是控制其客户访问其网络系统，同时指导其客户如何使用该系统，则不足以认定构成直接侵权行为。❷

一审法院认为本案被诉侵权与其客户之间的关系和Muniauction案被诉侵权人与其客户之间的关系相差无几，因此作出了认定侵权指控不成立的一审判决。

（三）美国二审判决

本案专利权人不服一审判决，向美国联邦巡回上诉法院提起上诉。该法

---

❶ BMC Res.，Inc. v. Payment，L.P.，498 F.3d 1373 1380 (Fed. Cir 2007).

❷ Muniauction，Inc. v. Tomoson Corp.，532 F.3d 1318 (Fed. Cir. 2008).

院由Rader法官、Lin法官和Prost法官组成合议庭对上诉请求进行了审理，于2010年9月20作出了维持一审判决的二审判决。判决书由Lin法官撰写。

美国联邦巡回上诉法院认为，由于本案专利权人在一审过程中已经放弃了追究被诉侵权人间接侵权责任的主张，因此二审只需要考虑直接侵权指控是否成立的问题。

专利权人认为本案被诉侵权人的行为与Muniauction一案被诉侵权人的行为有所不同，体现在：第一，为内容提供商指定了唯一的主机名称；第二，为内容提供商执行权利要求中记载的制作标签和提供服务的方法步骤提供了详细指导；第三，为内容提供商提供技术支持，使其能够执行权利要求中记载的方法步骤；第四，在合同中明确规定想要利用被诉侵权人所提供服务的内容提供商必须实施权利要求中记载的制作标记和提供服务的方法步骤。据此，专利权人认为被诉侵权人控制并指导其他当事人从事有关行为。

二审判决首先指出：

> 众所周知，认定直接侵犯专利权行为成立的必要条件是有单个当事人实施了方法专利的权利要求记载的所有方法步骤。本法院在BMC案和Muniauction案中遇到的共同案情都是需要有两个以上的当事人分别实施方法权利要求中记载的不同方法步骤。本法院认为，除非其中某一当事人对实施专利方法的整个行为起到了"控制或者指导"作用，以至于所有方法步骤的实施都应当归咎于该当事人，否则就不能认定侵权行为成立。如果在所有方法步骤的实施都应当归咎于其中某一当事人在这样的情况下，还允许策划操纵者（mastermind）逃脱侵权责任，其结果将是不公平的。一方当事人不能指望通过将一部分方法步骤"外包"（contracting out）给另一当事人予以实施就安然无事。

二审判决接着指出，尽管BMC一案确立了"控制或者指导"原则，以便在多个当事人参与实施方法专利权的情况下判断有关当事人是否应当承担直接侵权责任，然而还有一些问题没有回答，其中之一就是仅仅提供教导（instructions）是否足以将被教导者从事的行为归咎于被诉侵权人。本法院对Muniauction一案的判决回答了这一问题，认为判断是否存在直接侵犯专利权行为的关键并不仅仅在于是否行使了控制或者提供了指导，而在于有关当事人之间的关系是否能够导致得出结论，认定其中一个当事人的行为应当归咎于另一当事人。

二审判决指出，美国联邦巡回上诉法院对BMC案和Muniauction案的判决中都采取了这样的立场，即：如果被诉侵权人与实施某一专利方法步骤的另一当事人之间的关系是委托人和代理人的关系，或者被诉侵权人与另一当事人订立的合同协议使后者有义务实施某一专利方法步骤，则该当事人进行的行为应当归咎于被诉侵权人。美国对"代理"的定义是："在如下情况下产生的一种信用关系,即某人(委托人)明示表明准许另一人(代理人)代表委托人行事并接受委托人的控制,代理人明示表明或者以其他方式表明同意如此行事。"❶

在本案中,被诉侵权人的客户有权选定哪些内容通过被诉侵权人的CDN予以传输,该客户只有对其选定的内容才需要实施专利权利要求中记载的"予以标识"和"提供服务"的方法步骤。

基于这一事实,二审判决首先认定本案被诉侵权人与其客户之间没有形成代理关系,因为美国关于认定代理关系的法律和判例一向认为:代理关系的关键因素在于委托人具有控制其代理人行为的权利。这里所说的"控制"是一种广泛的概念,涵盖了各种各样的含义,然而无论在何种代理关系中,都需要委托人首先以具体或者一般性的措辞指明哪些事情是其代理人应当做的,哪些事情是其代理人不应当做的。❶本案中,被诉侵权人显然不享有这种控制其客户行为的权利。

二审判决接着认定被诉侵权人与其客户没有形成使其客户承担实施专利方法步骤的义务的合同。本案专利权人引用美国联邦巡回上诉法院对BMC一案判决中的论述,即当事人不能指望简单地通过将某些专利方法步骤"外包"给另一当事人予以实施就能够逃脱侵权责任,❷强调本案被诉侵权人与其客户实际上形成了一种标准形式的合同,该合同的实质就是将专利权利要求中记载的某些方法步骤(即予以标识和提供服务)"外包"给其客户予以实施。二审法院不同意专利权人的争辩,指出即使认定被诉侵权人与其客户形成了合同,该合同也没有迫使客户承担实施任何专利方法步骤的义务,而是仅仅表明如果客户希望通过利用被诉侵权人的服务获得利益,则应当实施有关方法步骤。❸

二审判决承认,如果实施一项权利要求限定的技术方案需要有多方当事

---

❶ The fiduciary relationship that arise when one person (a "principal") manifests assent to another person (an "agent") that the agent shall act on the principal's behalf and subject to the principal's control, and the agent manifest or otherwise consent so to act. Restatement (Third) of Agency, §1.01.

❶ An essential element of agency is the principal's right to control the agent's action. Control is a concept that embraces a wide spectrum of meaning, but within any relationship of agency, the principal initially states what the agent shall and shall not do, in specific or general form.

❷ A party cannot avoid infringement simply by contracting out steps of a patented process to another party.

❸ The form contract does not obligate Limelight's customers to perform any of the method steps, the merely explains that the customer will have to perform the steps if it decides to take the advantage of the Limelight's service.

人参与，认定侵犯该权利要求的行为成立就会成为一件较为困难的事情。但是，正如美国联邦巡回上诉法院对BMC一案的判决所指出的那样，专利权人可以在申请专利时通过选择更为合适的权利要求撰写方式来避免遭遇这样的难题，使之能够追究单个当事人侵犯专利权的责任。❹事实上，本案专利权人已经注意到了这一点，其专利侵权指控不仅涉及第6108703号美国专利，还涉及第7103645号和第6553413美国号专利。这三份专利的说明书完全相同，但权利要求的撰写方式不同，后两份专利的权利要求撰写方式使专利权人在追究侵犯专利权责任时不至于遇到共同侵权问题。

二审法院还指出，即使对第6108703号美国专利而言，本案专利权人原本也有机会通过再版专利（reissue patent）的方式来更正其权利要求，使单个当事人的实施行为就能够构成侵权行为，然而本案专利权人并没有这样做。因此，要认定侵犯第6108703号美国专利的行为成立，就必然要求认定被诉侵权人及其客户的行为构成了共同侵犯专利权的行为。换言之，本案专利权人采用的权利要求撰写方式导致专利权人必须承担举证责任，证明被诉侵权人的客户的所作所为应当归咎于被诉侵权人。然而，本案专利权人未能满足这一举证责任，他既未能证明被诉侵权人与客户之间存在委托代理关系，也未能证明客户承担了必须实施方法权利要求记载的有关方法步骤的合同义务，因此二审判决只能维持一审法院作出的认定侵权指控不成立的判决。

接下来，二审判决对本案被诉侵权人的行为是否构成对本案专利权人享有的其他两外两份美国专利的直接侵权行为作了详细分析，包括对着两份专利的保护范围的解释以及对被诉侵权人行为的对比，篇幅达十数页之长，其结论是侵权指控不成立。鉴于对本案的介绍侧重于共同侵权和间接侵权的认定，而上述分析和对比属于常规的直接侵权认定，故不作详细介绍。

二、McKesson一案的案情介绍

（一）涉案技术方案

本案涉及第6757898号美国专利，其申请日为2000年1月18日，授权日为2004年6月29日，专利权人为McKesson Information Solutions Inc.。

该专利涉及一种通讯网络，用于在中心服务器、卫生保健机构与众多用户之间通过计算机进行通讯交流。所述通讯网络是一种电子形式的卫生保健

---

❹ This court has noted that such concerns can usually be offset by proper claim drafting. A patentee can usually structure a claim to capture infringement by a single party. BMC Resources，498 F.3d at 1381.

服务者与病人之间的交互界面（ePPi），该交互界面的用户是病人，服务者是病人自己的医生或者卫生保健机构的工作人员。该通讯网络能够在医生或者卫生保健机构的网站上自动为每一个病人生成一个专用区域（即病人网页），并能够以标准格式生成卫生保健机构的信息，例如机构和账单的编码。这样，ePPi能够为病人提供自动服务，病人通过该系统能够方便地访问其医生。此外，ePPi还能够使病人获得多种帮助，包括预约请求、药方更新、网上诊断、查询信息等等。

（二）美国一审判决

Epic System Corporation是一家软件开发公司，为保健服务机构提供服务并许可使用其软件，其中包括一种名为McChart的保健服务软件。本案专利权人于2006年12月6日在美国佐治亚州北区联邦地区法院起诉Epic公司（下称被诉侵权人），认为该公司许可一些保健服务机构使用McChart软件，这些保健服务机构随后又将该软件提供给病人使用，从而构成了间接侵犯其专利权的行为。侵权指控涉及本案专利权利要求1，该权利要求为方法权利要求，包括6个方法步骤。

双方当事人都承认被诉侵权人的被许可人并没有实施权利要求1的方法步骤1。该案专利权人援引美国联邦巡回上诉法院对BMC一案的判决，认为被诉侵权人的被许可人控制并指导了其用户实施权利要求1的方法步骤1，从而构成了共同侵权行为。被诉侵权人援引美国联邦巡回上诉法院对Muniauction一案的判决，认为其被许可人既没有实施权利要求1的方法步骤1，也没有控制或者指导他人实施该方法步骤，因此专利权人不能证明存在

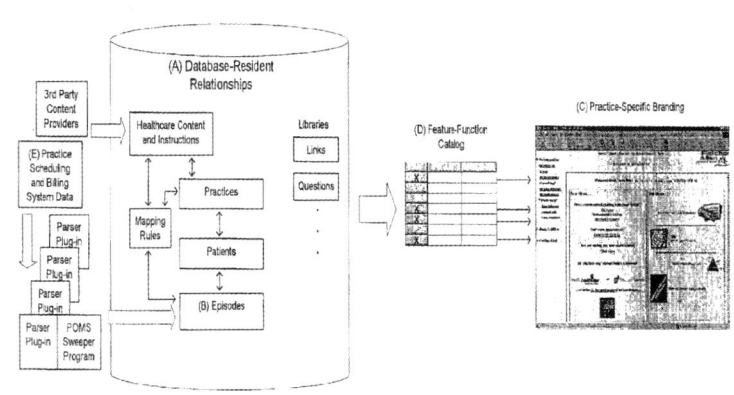

单独一方当事人实施了直接侵犯专利权的行为,因而其侵权指控不成立。

一审法院同意该案被诉侵权人的观点,于2009年9月8日作出了认定侵权指控不成立的一审判决。

(三)美国二审判决

该案专利权人不服一审判决,上诉到美国联邦巡回上诉法院。该法院由Lin法官、Bryson法官、Newman法官组成合议组对上诉请求进行审理,于2011年4月12日作出了维持一审判决的二审判决。判决书由Lin法官撰写,Bryson法官撰写了支持意见,Newman法官撰写了反对意见。

二审判决首先指出,本案专利权人主张被诉侵权人的行为构成诱导侵权行为(induced infringement),这一主张成立的前提条件是存在直接侵权行为。要认定构成直接侵犯一项方法专利权的行为,必须有单独一方当事人实施了方法权利要求记载的所有方法步骤。由于本案双方当事人均承认没有单独一方当事人实施了方法权利要求记载的全部方法步骤,因此本案的关键就在于认定被诉侵权人的被许可人(即McChart软件的提供者)与McChart软件的使用者之间的关系,判断使用者实施方法步骤1的行为是否应当归咎于提供者。

二审判决指出,在BMC案和Muniauction案的审理中,本法院都遇到了这样的案情,即涉案方法权利要求记载的不同方法步骤由两个以上当事人分别予以实施,没有任何一方当事人实施了方法权利要求记载的全部方法步骤。对此,本法院在Muniauction一案的判决中指出:❶

> 在多个当事人共同实施了一项方法权利要求记载的全部方法步骤的情况下,认定构成直接侵权行为的条件是其中一方当事人对整个实施行为施加了控制或者指导,以至于所有方法步骤的实施都应当归咎于该方当事人。

二审判决援引了美国联邦巡回上诉法院不久之前对Akamai一案的判决,该判决对认定被诉侵权的多个当事人之间是否存在"控制或者指导"关系给出了更为具体的判断原则,即:❷

> 共同侵权成立的前提条件在于实施专利方法步骤的多个当事人之间存在代

---

❶ Muniauction, Inc. v. Tomoson Corp., 532 F.3d 1329 (Fed. Cir. 2008) "Where the actions of multiple parties combine to perform the every step of a claimed method, the claim is directly infringed only if one party exercises 'control or direction' over the entire process such that every step is attributable to the controlling party."

❷ "There can only be joint infringement when there is an agency relationship between the parties who perform the method steps or when one party is contractually obliged to the other to perform the steps."

理关系或者其中一个当事人相对于另一当事人而言承担了实施专利方法的某些方法步骤的合同义务。

二审判决认为，本案专利权人没有提供任何证据表明McChart软件的用户以该软件提供者的代理人的身份实施专利方法的任何步骤。

本案专利权人强调，医生与病人之间的关系并非是一种疏远的关系，而是一种足以产生责任归属的特殊关系，这不仅是因为所谓"谨遵医嘱"在人们心中的地位就足以表明这种关系，还因为医生对其病人享有一种特权。[3] 二审法官不同意这一争辩，指出医生与其病人之间的关系就其本身而言既不是一种代理关系，也不会使病人承担一种合同义务，以至于将病人自愿做出的所有行为都归咎于医生。

本案专利权人还援引适用美国侵权行为法的有关案例以支持其主张。专利权人认为，按照美国侵权行为法（tort law）的规定，即使两个或者多个当事人的行为单独看来并无不当，如果这些行为和在一起构成了损害原告合法利益的行为，则当事人人应当承担共同侵权责任（joint liability）。

针对上述争辩意见，二审判决指出，直接侵权专利权的法律责任是美国专利法明确规定的，美国最高法院的有关判决明确指出认定构成直接侵犯专利权行为的条件是有单个的行为人实施了专利权利要求中记载的全部技术特征，这是判断直接侵犯专利权行为的基本规则。如果试图扩大直接侵犯专利权行为的范围，使之涵盖多个行为人分别作出的行为，就会颠覆法定上述规则。专利法意义下的侵犯专利权行为与侵权行为法意义下的其他侵权行为之间的一个重要区别在于：专利权采用一种特定方式，即权利要求书，清楚地界定了其权利的边界，明确告示公众不得做出何种行为；侵权行为法意义下的共同侵权责任主要针对的是这样一种情况，即被侵害人无法明确界定其权利的边界，在这种情况下假如不能追究共同侵权责任，被侵害人蒙受的损失就难以得到必要的救济。

三、大法庭判决

上面介绍的AKamai案和McKesson案涉及相似类型的专利技术，两案的一审判决均认定侵权指控不成立，两案的二审判决均由美国联邦巡回上诉法院的Lin法官撰写，基于相同的理由维持了一审判决。然而，上述判决所持

---

[3] "Mckesson instead argues that the special nature of the doctor-patient relationship is something more than a mere arms length relationship and is sufficient to provide attribution, because the phrase 'doctor's orders' says it all and because of the existence of a doctor-patient privilege."

立场是否正确，在美国联邦巡回上诉法院引起了争议，其结果是该法院决定以大法庭方式对两案合案进行重新审理。这种情形在美国联邦巡回上诉法院还是相当少见的。

经审理，美国联邦巡回上诉法院于2012年8月31日作出大法庭判决，否定了两案原二审判决，认定侵权指控成立。不仅如此，该判决还追根寻源，一并否定了美国联邦巡回上诉法院先前对BMC案和Muniauction案的二审判决。一举推翻本法院的四项判决，堪称"颠覆性"的大法庭判决，必然会对今后美国专利制度的走向产生重要影响，因而受到美国专利界的广泛关注。

美国联邦巡回上诉法院的11名法院参加了大法庭审理，其判决以6∶5的微弱多数通过。该法院首席法官Rader以及Lourie法官、Bryson法官、Moore法官、Reyna法官、Wallach法官支持大法庭判决；Lin法官针对大法庭判决撰写了反对意见，得到了Dyk法官、Prost法官和O'Malley法官的支持；Newman法官单独撰写了反对意见。

（一）大法庭判决的理由

大法庭判决指出，如果单独一方当事人实施了专利权利要求记载的全部技术特征，则该当事人应当承担美国专利法第271条（a）款规定的直接侵权责任；如果单独一方当事人诱导另一当事人实施专利权利要求记载的全部技术特征，则后者应当承担第271条（a）款规定的直接侵权责任，前者应当承担第271条（b）款规定的诱导侵犯专利权的责任。然而，如果需要由两个以上当事人共同实施专利权利要求记载的全部技术特征，就会在判断原则上带来问题。在本法院今天重新审理的两个案件中，我们遇到了两种不同的情况：一是被诉侵权人实施了方法权利要求记载的一部分方法步骤，同时诱导另一当事人实施方法权利要求记载的其余方法步骤（AKamai案）；二是被诉侵权人诱导两个以上当事人以集体方式实施方法权利要求记载的全部方法步骤，其中任何一个当事人都没有单独实施权利要求记载的全部方法步骤（McKesson案）。

大法庭判决指出，在专利侵权案件中，以这种"分工合作"方式侵犯专利权的现象仅见于方法专利权。当侵权纠纷涉及的是产品或者装置权利要求时，如果认定侵犯专利权行为成立，总会有做出直接侵权行为的单个当事人，因为必定要有某一当事人安装上专利产品或者装置的最后一个部件，从而完成制造专利产品或者装置的行为，此时该当事人就是直接侵权者。然而，对方法权利要求而言，共同实施该方法的两个以上当事人常常会采取这样的策略，即你实施一部分方法步骤，我实施另一部分方法步骤，结果两人都难以被认定为直接侵权者。本法院近期作出的有关判决将美国专利法第

271条（b）款解释为除非实施了专利权利要求记载的一部分方法步骤的另一个或者多个当事人系受被诉侵权人控制或者指导，否则就不能追究该被诉侵权人侵犯专利权的责任，即使专利权人的权利明显地被这些当事人以这种"分工合作"方式予以侵犯也依然如此。今天，我们从法律条文、司法判例和专利政策的角度出发，认定对第271条（b）的这种解释立场是错误的。

大法庭判决指出，在审理过程中，当事人提交的许多意见陈述都提出了这样的问题：在没有单独一方当事人实施方法权利要求记载的全部方法步骤的情况下，是否仍然能够认定直接侵权行为成立？然而，我们感到没有必要讨论这一问题，因为本案涉及的案件以及类似案件可以通过适用第271条（b）款关于诱导侵权的规定来解决。采用这种方式进行审理的结果是推翻本法院2007年对BMC一案的判决，该判决认为要追究被诉侵权人的诱导侵权责任，必须有另一当事人单独做出了直接侵犯专利权的行为。更具体地说，我们认为若要认定诱导侵犯专利权行为成立，方法权利要求记载的所有方法步骤必须均被实施，然而却不必证明实施所有方法步骤的行为均由某一当事人作出。❶

大法庭判决指出，本法院的一贯立场是：认定直接侵权行为成立，被诉侵权人必须实施了专利权利要求记载的所有技术特征，要么是自己进行，要么是委托他人代其进行。对于方法专利的权利要求而言，被诉侵权人必须实施了权利要求中记载的全部方法步骤，要么是自己实施，要么是由受其指控的他人实施。直接侵犯专利权的行为不包括多个当事人分别独立地实施权利要求中记载的不同方法步骤，其整体覆盖了全部方法步骤的情况，本法院承认这样的规则，即在多个当事人分别实施不同专利方法步骤的情况下，认定直接侵权指控成立的条件是另一当事人以被诉侵权人的代理人身份实施有关方法步骤，或者另一当事人实施有关方法步骤是受被诉侵权者的控制或者指导。如果当事人之间不存在这样代理关系或者类似关系，则不能追究仅仅各自实施了一部分方法步骤的当事人的直接侵权责任，即使多个当事人为了逃脱侵权责任以"分工合作"（divided）的方式实施专利方法也依然如此。

大法庭判决指出，审理本案并不需要讨论判断直接侵权成立的原则，因为无需在直接侵权的概念下探讨以"分工合作"方式实施专利技术的行为人的侵权责任。

美国专利法第271条（b）款规定："任何人实际上诱导他人侵犯专利权

---

❶ To be clear, we hold that all the steps of claimed method must be performed in order to find induced infringement, but that it is not necessary to prove that all the steps were committed by a single entity.

的,应当承担侵权责任。"❷由于该款规定将侵犯专利权的责任延伸到以教唆、鼓励或者类似方式诱导他人侵犯专利权的行为,针对本案具体案情,需要讨论的问题是:如果并非由单独一个当事人实施权利要求记载的全部技术特征,而是由多个当事人共同予以实施,是否可以追究诱导者的专利侵权责任?

与直接侵权相比,诱导侵权在某些情况下更为狭窄,在有些情况下更为宽泛。

认定诱导侵权成立,需要证明诱导者知道被诱导者将做出直接侵犯专利权的行为。本法院曾经明确指出:❶

> 诱导侵权成立的条件是被诉侵权人知道被诱导者将做出侵犯专利权的行为,并具有特定的动机鼓励被诱导者侵犯专利权。

然而,引导侵权并不要求诱导者和被诱导者之间具有委托人和代理人那样的法律关系,也不要求被诱导者受诱导者的控制或者指导,以至于可以将被诱导者的行为应当归咎于诱导者,只要诱导者"导致、促使、鼓励或者协助"侵犯专利权,而且侵犯专利法的行为实际已经发生即可。❷

大法庭判决明确指出:❸

> 对诱导侵权行为范围的一个重要限制在于:只有当诱导行为导致实际侵犯专利权行为发生时,诱导者才应当承担诱导侵权责任。没有直接侵犯专利权行为存在,就不可能有间接侵犯专利权的行为,这是人尽皆知的原则。确立该原则的理由是显而易见的,这就是不存在"试图侵犯专利权"一说,因此在侵犯专利权行为尚未实际发生的情况下,就谈不上追究间接侵犯专利权的责任。

大法庭判决指出,本法院对上述原则本身并不存在分歧。然而,本法院对BMC案的判决却在一个重要问题上进一步扩展了该原则,对此需要慎重

---

❷ Whoever actively induces infringement of a patent shall be liable as an infringer.

❶ DSV Med. Corp. v. JMS Co., 471 F.3d 1293, 1306 (Fed. Cir 2006), Inducement requires that the alleged infringer knowing induced infringement and possessed specific intend to encourage another's infringement.

❷ It is enough that the inducer "causes, urges, encourages or aids" the infringing conducts and that the induced conduct is carried out.

❸ An important limitation on the scope of induced infringement is that inducement gives rise to liability only if the inducement leads to actual infringement.. That principle, that there is no induced infringement without direct infringement, is well settled. The reason for that rule is simple: there is no such thing as attempted patent infringement, so if there is no infringement, there can be no indirect liability for infringement.

考虑。依照该案判决，认定诱导侵权行为成立，不仅必须存在直接侵犯专利权的行为，而且该直接侵犯专利权的行为还必须由单独一个当事人作出。这一立场实际上对诱导侵权行为的认定设立了两项前提条件，如何证明满足这两项条件并不是一回事情。只要一方当事人明知其所作所为是诱导其他当事人做出侵犯专利权的行为，而且被诱导者也实际上做出了这样的行为，就没有理由仅仅因为经精心策划，导致没有单独一个当事人做出直接侵犯专利权的行为，就认为应当免除追究诱导者的间接侵权责任。

大法庭判决指出：

> 一方当事人故意诱导多个当事人以集体方式实施专利技术，而且被诱导者实际上也这样做了，该实施行为对专利权人造成的损害丝毫不逊于该当事人诱导单独一个当事人做出实施专利技术的行为。无论从法律条文出发还是从该法律条文所依据的政策出发，对上述两种诱导行为采取不同立场都是没有道理的，仅仅认定第二种诱导行为构成间接侵权行为而认定第一种诱导行为不构成间接侵权行为尤其如此。
>
> 类似地，一方当事人实施方法权利要求记载的某些方法步骤并诱导另一当事人实施其余方法特征，对专利权人造成的损害丝毫不逊于一方当事人诱导另一当事人实施方法权利要求记载的全部方法步骤。认为只有在后一种情况下才损害了专利权人的利益而在前一种情况下却没有损害，无疑是荒唐的事情。无论从何种角度来看，与诱导者没有参与任何实施行为的情形相比，诱导者不但诱导他人从事有关实施行为而且亲身参与实施行的，都更应当承担侵权责任。

美国专利法关于诱导侵权的规定从文字来看与上述分析完全吻合。美国专利法第271条（a）款是关于直接侵犯专利权的规定，其条文是：任何人（whoever）实施有关行为的，侵犯了专利权（infringes the patent）；（b）款是关于诱导侵权的规定，其条文是："任何人实际诱导侵犯专利权的（whoever actively induces infringement of a patent），应当承担侵权责任"（shall liable as an infringer）。两者的条文有所不同，后者完全没有表达其所述"侵犯专利权行为"系由单个当事人做出的含义。"infringement"一词不涉及该行为是单个当事人做出还是多个当事人做出的问题。

大法庭判决回顾了美国1952年专利法的立法过程。在此之前，诱导侵权（induced infringement）和协助侵权（contributory infringement）是合在一起规定的，1952年制定的美国专利法将其分为两款分别予以规定。有关美国国会报告指出，第271条新增加的（b）款以更为宽泛的措辞规定帮助、教唆侵犯专利权的人也要承担侵权责任。作为美国1952年专利法的主要起草人之一的Gile Rich先生曾经在美国国会举行的听证会上指出：

诸如无线通讯、电视等技术领域的创新经常涉及部件（elements）的新组合，这些部件在使用时通常由不同的人拥有。例如，一种新的无线通讯技术可能同时涉及对发射装置的改进以及对接受装置的相应改进。在撰写专利权利要求时，专利权人要么选择既包括发射步骤又包括接受步骤的方法权利要求，要么选择既包括发射装置又包括接受装置的产品权利要求。最高法院近期做出的判决导致这种类型的专利难以获得保护，因为在通常情况下发射装置和接受装置由不同的人拥有并予以操作。在这种情况下明显存在侵犯专利权的行为，尽管不存在直接侵权者，但存在两个协助侵权者。

Lin法官认为大法庭判决将导致依据美国专利法第271条（a）款和（b）款认定侵权责任时，对直接侵权的定义有所不同。大法庭判决不同意这一观点。第271条（a）款并非旨在对"侵权"（infringement）一词做出定义，只是明确了何种行为将构成直接侵犯专利权的行为，其中包括制造、使用、许诺销售、销售、进口这五种行为。271条（b）款设定了另一种类型的侵犯专利权行为，即诱导他人侵犯专利权的也要承担侵权责任。两款法律条文既没有明示也没有暗示，在依据（b）款规定追究诱导者的侵权责任时，被诱导者所进行的侵权行为必须是（a）款意义下的侵权行为。参见美国专利法第271条其余各款的规定，也可以清楚地看出它们采用的"侵权"（infringement）一词并非限于（a）款所述"侵权"一词的含义。例如，第271条（e）（2）规定，他人在一项药品专利权的有效期内向美国药品食品监督管理局（FDA）提交申请，以获得在专利有效期届满之后将该药品上市的许可的，构成侵犯专利权的行为。该款所述的"侵权"显然不同于第271条（a）款所述的"侵权"。又如，第271条（f）款规定，任何人在美国出口一项美国专利产品的全部零部件或者某一关键性零部件，诱导另外的人在美国国外将其组装成为专利产品的，构成侵权行为。该款所述的"侵权"显然也不同于第271条（a）款所述的"侵权"。

最后，大法庭判决撤销了Akamai案和Mckesson案的二审判决，发回一审法院依照美国专利法关于诱导侵权的规定重新进行审理。

（二）反对意见

1. 法院判决的正确定位

美国联邦巡回上诉法院的Lin法官撰写了对大法庭判决的反对意见。该反对意见开宗明义地指出：

在今天作出的大法庭判决中，本法院扮演了政策制定者的角色。大法庭判决认为美国专利法第271条（a）款和（b）款的平淡条文没有赋予专利权人某些必要的权利，多数派法官希望通过大法庭判决赋予这样的权利。为此，多数派法官实际上改写了美国专利法的上述规定，告诉我们所谓"专利侵权"并非如同人们过去所理解的那样，应当由国会通过的美国专利法第271条（a）款的条文来确定，而是应当具有不同的含义。多数派法官的观点不仅违反了美国专利法的规定，也违背了美国最高法院早已确立并一贯坚持的立场，即"如果不存在直接侵犯专利权的行为，则不存在间接侵犯专利权的行为"。❶

反对意见指出，1952年重新制定的美国专利法排除了原先由法院较为随意地认定共同侵权责任的做法，不仅通过第271条（a）款定义了"侵犯专利权"的含义，而且通过（b）款和（c）款明确规定了两种例外情形，也就是当事人在其实施行为尚未构成（a）款规定的侵犯专利权行为的情况下仍然要承担侵权责任的情形，从而消除了过去多种侵权理论带来的混乱。此后，美国国会对美国专利法第271条关于侵犯专利权责任的规定做过三次调整，分别增加了（e）款、（f）款和（g）款，将三种特殊行为纳入侵犯专利权行为之列。美国国会从来没有赋予法院自行对第271条的规定做出调整或者对侵犯专利权行为另行作出定义的权力。大法庭判决的出发点在于国会本应规定什么，而不是国会实际规定了什么。"以我所见，法院的职责在于解释国会制定的法律，而不是改变国会制定的法律。"

2. 间接侵权成立的前提条件是存在直接侵权行为

反对意见强调指出，侵犯专利权的责任不是普通法体意义下的侵权责任，而是一种由法律专门给出定义的侵权责任。❷

美国专利法第271条（a）款首先定义了直接侵犯专利权的行为，即：

> 除本法另有规定的之外，任何人未经许可在专利权的有效期限内在美国制造、使用、许诺销售、销售任何专利发明或者向美国进口任何专利发明的，构成侵犯该专利权的行为。❸

---

❶ In its opinion today, this court assume the mantle of policy maker. It has decided that the plain text of §271 (a) and (b) fails to accord patentees certain extended rights that the majority of this court's judges would prefer that the statute covered. To correct this situation, the majority effectively rewrite these sections, telling us that the term "infringement" was not, as was previously thought, defined by Congress in §271 (a), but instead can mean different things in different text. The majority's approach is contrary to both the Patent Act and to the Supreme Court's longstanding precedent that "if there is no direct infringement of patent there can be no contributory infringement."

❷ Patent infringement is not a creature of common law. It is a stuatutorily-defined tort.

❸ Except as otherwise provided in this title, whoever without authority makes, uses, offers to sell, or sells the patented invention, within the United States or imports into the United States any

在（a）款基础上，第271条（b）款和（c）款分别规定了诱导侵权行为和协助侵权行为：

> （b）任何人主动诱导侵犯一项专利权的，应当承担侵权责任。
> （c）任何人在美国销售专利装置、组合品或组合物的部件，或者用于实施一项专利方法的材料或装置，如果他明知这样的部件、材料或装置是为侵犯专利权而专门制造的或者专门改制的，而且这样的部件、材料或装置不是一种常用商品或者具有实质性非侵权用途的商品，则应当承担连带侵权责任。❶

反对意见指出，美国国会十分小心地撰写（b）款和（c）款条文，使两款所述行为成为行为人在未做出（a）款所述行为情况下仍然要承担侵犯专利权责任的仅有两种行为，从而排除了过去适用普通法所认定的应当承担侵犯专利权责任的其他各种情况。正如国会1952年有关报告所指出的那样，设立第271条（b）款和（c）款的目的在于限制协助侵犯专利权责任的范围：

> 认定协助侵权行为已经有80多年的历史。然而，法院近年来做出的许多判决导致在协助侵权的认定标准上产生了不容忽视的疑问和困惑。1952年重新制定的美国专利法第271条旨在以法律方式明确限定协助侵犯专利权的行为，以消除这些疑问和困惑。其中，第271条（b）款以较为宽泛的措辞规定主动帮助和引诱侵犯专利权的也要承担侵权责任；（c）款规定了协助侵权的一种常见情形，其条文所涵盖的行为范围比许多积极主张严厉追究协助侵权行为法律责任的人所指望的范围要狭窄得多。

反对意见指出，适用第271条（b）款规定应当基于（a）款规定，因为（a）款定义了直接侵权责任，而（b）款和（c）款在其基础上定义了间接侵权行为，即"主动诱导他人侵犯专利权"和"为他人侵犯专利权而提供专用零部件"的行为，其条文措辞明确将其含义与（a）款规定关联起来，因此认定后者不能脱离对直接侵权行为的定义。上述法律规定的正面含义十分清楚，即：任何人实施整个专利发明的，要承担（a）规定的侵权责任；任何人主动诱导他人该直接侵权者实施该侵权行为的，应当承担（b）款和（c）款规定的侵权责任；上述法律规定的反面含义同样十分清楚，即：任

---

patented invention during the term of the patent therefore, infringes the patent.

❶. (b) Whoever actively induces infringement of a patent shall be liable as an infringer.

(c) Whoever sells a a component of a patented machine, combination or composition, or a material or apparatus for use in practicing a patented process, constituting a material part of the invention, knowing the same to be especially made or especially adopted for use in an infringement of such patent, and not a stable article or commodity of commerce for substantial noninfringement use, shall be liable as a contributory infringer.

何人并未实施整个专利发明的,不应承担(a)规定的侵权责任;任何人主动诱导他人部分实施专利发明的,不应承担(b)款和(c)款规定的侵权责任。❶ 本法院一向采用这样的推理。

然而,今天的大法庭判决摒弃了这种推理。该判决接受上述正面含义,却不接受其反面含义,因为接受该反面含义就意味着对某些权利要求(例如本案涉及的方法权利要求)而言,在缺乏直接侵犯专利权行为的情况下专利权人就难以行使其专利权。大法庭判决试图防止出现这样的结果,即某些专利权人拥有从法律上看似乎有效然而在现实中却没有价值的权利要求,为此大法庭判决实际上将第271条(b)款规定改写为:"任何人主动诱导他人侵犯专利权的,或者诱导两个以上当事人进行某种行为,该行为假如由单个当事人做出就会被认定侵犯专利权的,应当承担侵权责任。"❷

为了支持其立场,大法庭判决有意扭曲美国专利法关于直接侵犯专利权行为的定义,认为依据第271条(a)款和(b)款认定侵犯专利权责任应当采用不同的直接侵犯专利权定义。大法庭判决明确指出不能将第271条(a)款规定看做对直接侵犯专利权行为的定义,认定在适用(b)款规定时需要存在一种不同的关于侵犯专利权行为的定义。然而,美国众议院和参议院关于通过1952年美国专利法的报告都明确指出"第271条(a)款宣告了何种行为构成侵犯专利权的行为"。美国最高法院在1961年对Aro一案的判决中也明确指出"新的美国专利法第271条(a)款对'侵犯专利权'的定义完全没有改变以往关于认定直接侵犯专利权行为的整个案例法体系"。❸

大法庭判决认为,第271条(b)款和(c)款所说的"侵犯专利权"一词与该条(a)款所说的"侵犯专利权"一词具有不同的含义。然而,美国最高法院反复指出:"对同一部法律的不同条款采用的同一措辞应当赋予同

---

❶ 从数理逻辑上看,如果命题"A成立则B成立"正确,其反命题"A不成立则B也不成立"也正确,则A成立就是B成立的充分必要条件。仅仅构成充分条件或者必要条件的,通常不是严格准确的法律定义。

❷ The majority rejects this reasoning. It is satisfied with the positive articulation but not the negative articulation because the latter means that some claims (e.g., the claims on appeal) are unenforceable in the absent of a direct infringer. The majority attempts to avoid the result of some patentee having technically valid but valueless claims by essentially rewriting sucsection (b) so it reads : "Whoever actively induces infringement of [or induces two or more separate parties to take actions that, had they have been performed by on person, would infringe] a patent shall be liable as an infringer."

❸ Aro MFG Co. v. Convertible Top Replacement Co., 365 U.S. 336 (Supreme Court 1961), "271 (a) of the new Patent Code, which defines 'infringement', left intact the entire body of case law on direct infringement."

样的含义,这是解释法律的惯常规则"。第271条(b)款和(c)款采用的是"infringement"一词,(a)款采用的是"infringe"一词,它们是同一个词,只不过前者采用名词形式,后者采用动词形式而已,完全应当将它们解释为具有相同的含义。

反对意见指出,美国认定间接侵犯专利权行为的原则是建立在直接侵犯专利权行为的基础之上的,美国最高法院明确拒绝旨在将1952年制定的美国专利法解释为应当将间接侵权行为的认定与直接侵权行为的认定脱离开来(divorce)的观点,指出:❶

> 很清楚,1952年重新制定的美国专利法第271条(c)款丝毫没有改变以往奉行的一个根本性原则,即如果不存在直接侵权行为,就不可能存在协助侵权行为(contributory infringement)。

大法庭判决强调美国最高法院对Aro一案的判决主要涉及修改与再造专利产品是否构成侵犯专利权的问题,不涉及承担诱导侵权责任是否需要以存在单个当事人承担直接侵权责任为前提条件的问题。反对意见指出,大法庭判决这种试图"拉开Aro案与本案之间距离"的做法不能令人信服,❷因为美国最高法院在区分何种行为属于法律允许的修理专利产品行为,何种行为属于法律不允许的再造专利产品行为时,所采用的原则就是判断是否存在触犯第271条(a)款规定的行为,也就是直接侵犯专利权行为。美国最高法院在该案判决中明确指出,没有直接侵权行为存在,就不能认定间接侵权行为,这一点正是本案的争议焦点。

按照大法庭判决的观点,在两个或者多个当事人分别独立地实施了权利要求中记载的不同技术特征,所有当事人的实施行为合在一起覆盖了权利要求记载的全部技术特征的情况下,应当认定诱导侵权指控成立所需的直接侵权行为已经发生。该观点实际上相当于主张在没有直接侵权行为存在的情况下仍然可以认定诱导侵权行为成立,这无疑扩大了诱导侵权行为的范围,是一种大刀阔斧式的变革,会对美国的专利政策带来举足轻重的影响。多数派法官显然不满意美国国会制定的法律,然而这不足以成为作出本案大法庭判决的坚实基础。

大法庭判决指出,美国专利法第271条(e)款、(f)款和(g)款补充

---

❶ Aro MFG Co. v. Convertible Top Replacement Co., 365 U.S. 336 (Supreme Court 1961), It is plain that 271(c) -a part of the Patent Code enacted in 1952- made no change in the fundamental precept that there is no contributory infringement in the absent of a direct infringement.

❷ The majority's attempt to distance Aro from this case is unconvincing.

规定了三种侵权专利权的行为，然而依据这些规定认定侵犯专利权行为成立并不需要有（a）款规定的直接侵权行为存在，这表明理解该条（b）款和（c）款规定同样也不需要以（a）款规定为基础。反对意见指出，第271条（e）款和（f）款是1984年修改美国专利法时增加的，第271条（g）款是1987年修改美国专利法时增加的，增加这些规定都是为了满足某些特殊政策的需要。诚如大法庭判决所述，依照这些规定认定侵犯专利权不需要有（a）规定的直接侵犯专利权的行为发生，然而当国会打算将一些不属于传统侵犯专利权行为定义之下的行为纳入侵犯专利权行为的范围之内时，它很懂得应当如何形成一种新的定义。例如，第271条（e）（2）款规定，当事人针对他人获得专利权的一种专利药品在该专利权的有效期限内向美国药品食品管理局（FDA）提交药品上市许可申请的，构成侵犯专利权的行为。该款条文明白无误地表明其规定仅仅适用于针对药品的这种特定行为，既未涵盖任何其他专利产品，也未涵盖涉及专利药品的除提出FDA申请之外的任何其他行为。类似地，第271条（f）款规定，当事人从美国出口美国专利产品的零部件，供他人在美国之外将其组装为美国专利产品的，构成侵犯专利权的行为。该规定针对的是美国最高法院1972年作出的一项判决，该判决依据当时美国专利法的规定，认定在这种情况下侵权指控不成立。❶正如美国国会有关报告所指出的那样，这一修改的目的在于克服原专利法存在的一个漏洞。显然，美国专利法的上述修改均与本案一审、二审判决以及大法庭判决一并推翻的BMC判决、Muniauction判决无关，因为这些案件仅涉及美国专利法第271条（a）款、（b）款和（c）款的适用问题，并不涉及上述特殊情况。

反对意见还以较大篇幅论述了本案是否应当适用美国刑法和侵权行为法有关规定的问题。鉴于这些讨论比较复杂，且对本案判决来说并非十分重要，故从略对其的介绍。

3. 认定直接侵权的单个当事人规则

反对意见指出，认定直接侵犯专利权行为成立，其前提条件是某一当事人实施了专利权利要求记载的全部产品特征或者方法特征。与认定第271条（b）款和（c）款规定的间接侵权责任不同，认定直接侵犯专利权行为成立不需要考虑当事人的主观意图。美国最高法院1972年对Deepsouth一案的判决指出：

---

❶ Deepsouth Packing Co. v. Laitram, 406 U.S. 518 (Supreme Court 1972).

长期以来人们都遵循这样的原则，即认定直接侵犯专利权行为成立只需要考虑当事人是否未经专利权人许可采用了其专利发明，别的都无需考虑，直接侵权者是否实际知晓或者是否故意都是无关紧要的。❶

正因为直接侵犯专利权行为具有这种"严格责任"（strict-liability）属性，本法院向来将直接侵犯专利权的责任严格限制在实施了专利权利要求记载的所有技术特征的当事人的范围之内，这就是所谓"单个当事人"原则。采用这一原则符合美国专利法的规定，其意义在于保护仅仅实施了权利要求记载的一部分技术特征的当事人，这样的人并没有实施专利发明，因而无需承担直接侵犯专利权的责任。

本法院关于以"分工合作"方式侵犯专利权的案例法源于美国普通法体系下的某些原则，即替代他人行事的侵权责任。本院对BMC一案的判决指出，如果某一当事人实施权利要求记载的一部分技术特征的行为应当归咎与另一当事人，导致后者实质上实施了权利要求记载的全部技术特征，则后者应当承担直接侵犯专利权的责任。在此之前，美国法院和专利界的普遍观点是认定多个当事人共同侵犯一项专利权的条件仅仅是其中一方当事人控制其他当事人的行为。❷将传统的替代行事原则适用于第271条（a）规定的直接侵权行为，有助于更好地维护专利权人的利益，防止一方当事人通过将权利要求记载的一部分技术特征"外包"给另一当事人予以实施的方式规避侵犯专利权的责任。BMC一案的判决承继了这一立场。

反对意见指出：❸

替代他人行事的侵权责任也适用于合资企业共同侵犯专利权的行为，其条件是：第一，该集团的各个成员达成了一种明示或者暗示的协议；第二，该集团寻求实现一个共同的目标；第三，为实施该目标，各个成员有一个资金上的共管机构；第四，各个成员对合资企业的经营方向有相同的发言权，产生相同的控制权力。

对被诉侵权方为多方当事人的专利侵权纠纷来说，代替他人行事的原则是判断是否应当承担直接侵权责任的恰当原则。对专利权而言，如果没有直

---

❶ Direct infringement has long been understood to require no more than the unauthorized use of a patented invention. A direct infringer's knowledge or intent is irrelevant.

❷ Mobil Oil Corp. v. Filtrol Corp., 501 F.2d 282 (9th Cir 1972).

❸ The vicarious liability test also reaches joint enterprises acting together to infringe a patent, when there is (1) an agreement, express or implied, among the members of the group; (2) a common purpose to be carried by the group; (3) a community of pecuniary interest in that purpose, among the members; and (4) an equal right to a voice in the direction of the enterprise, which gives an equal right of control.

接侵权行为发生，专利权人就没有受到需要获得赔偿的损害，这一点与侵权行为法的其他领域有所不同，因为在这些领域，被损害人常常难以清楚地定义哪些行为是损害其权益的行为。在专利领域，法律规定了专门用于限定专利权保护范围的特定法律文件，这就是权利要求书，因此在专利领域不存在这样的困难。

四、评析

尽管上面已经较为详细地介绍了AKamai案的一审、二审判决、大法庭判决以及反对意见，也顺带介绍了这些判决涉及的有关案例。然而这些判决的观点即使笔者自己重读一遍也感到头绪繁多，理解起来颇费思量。为了帮助读者更好地理解该案争议，下面将该案的脉络重新清理一遍。

（一）问题的由来

美国联邦巡回上诉法院的大法庭判决涉及专利领域的一个重要问题，即如何判断是否构成侵犯方法专利权的行为。更具体地说，侵犯方法专利权行为的判断方式是否应当与侵犯产品专利权的判断方式有所不同。迄今为止，笔者还没有看到各国有类似的分析和考虑。

各国专利制度普遍采用权利要求来限定专利权的保护范围。所谓专利权的保护范围以权利要求的内容为准，是指只有当行为人的实施行为以相同或者等同方式再现了一项专利权的某一权利要求记载的每一个技术特征，才能被认定落入了该专利权的保护范围。这一判断方式就是认定侵犯专利权行为的"全部技术特征原则"。该原则由美国最高法院1997年对Waner-Jenkinson一案的判决确立，[1]不但对美国专利制度的运作有重要意义，对其他国家的专利制度也产生了广泛影响。例如，我国最高人民法院2009年制定的司法解释也明确规定了基本相同的原则。

权利要求只分为两种类型：一是产品权利要求，二是方法权利要求。从美国过去的专利实践来看，认定侵犯专利权行为成立不需要区分是产品权利要求还是方法权利要求。换言之，无论是方法权利要求还是产品权利要求，均应适用"全部技术特征"原则。

然而实践表明，侵犯方法权利要求的行为与侵犯产品权利要求的行为相比存在不同特点。

对产品权利要求而言，一般说来认定侵权行为是否成立有一个较为简单

---

[1] Warner Jenkinson Co., Inc. v. Hilton Davis Chemical Co., 520 U.S. 17 (1997).

明了的判断标志,即是否有人最终将该专利产品制造出来。产品权利要求记载的技术特征是构成该专利产品的各个零部件以及这些零部件之间的相互关系。完成专利产品最后一个零部件的安装工作,从而形成落入权利要求保护范围的专利产品的那个人从法律意义上说就是专利产品的制造者,至于其采用的各个零部件是他自己制造的还是别人为他制造的无关紧要。如果所发生的行为仅仅是制造并提供用于制造专利产品的各个零部件,却始终没有任何人将它们组装起来形成专利产品,就应当认为还没有发生直接侵犯专利权的行为。在专利法意义上,不存在"即将侵犯专利权"一说。即使有两个当事人共同参与零部件的制备、组装工作,组装专利产品的最后一个零部件通常只会是其中某个当事人。所以,最终是否有专利产品出现是判断是否发生直接侵犯专利权行为的临界点。

对方法权利要求而言情况却有所不同,因为难以找到这样的临界点。方法权利要求记载的技术特征是实现该方法的各个步骤,通过实施权利要求记载的全部方法步骤,就能获得专利方法的预期效果。现实中,既可能由同一人实施方法权利要求记载的所有方法步骤,从而获得专利方法的预期效果;也有可能由多个人分别实施方法权利要求记载的不同方法步骤,例如其中一人实施其中一部分方法步骤,另一人实施其余的方法步骤,其结果是至少其中某人能够获得专利方法的预期效果。上述两种实施方式的最终结果都是导致专利方法的实施,对专利权人合法权益造成的负面影响并没有什么实质性不同;然而在采用后一种实施方式的情况下,所有的实施者都仅仅实施了其中一部分方法特征,没有任何人实施了权利要求记载的全部方法特征,难以如同产品权利要求那样推定所有的方法步骤都是由实施最后一个方法的那个人所完成。此时,如果严格恪守"全部技术特征"原则,就只能得出所有的实施者都未侵犯该方法专利权的结论。

Akamai一案涉及的发明是一个典型例子。在互联网运作的早期,包括诸多嵌入对象的网页内容被存贮在单一的服务商服务器中供用户索取。采用这种方式,一旦访问者过多就会产生网络堵塞现象,从而大大降低访问效率和速度。该案专利权人发明的"内容传输网络系统(CDN)"试图改变上述方式,将诸多嵌入对象分别存储在多个幽灵服务器(ghost server)中。当用户索取某一网页内容时,并非由单个提供商服务器提供该网页内容,而是由服务商服务器和诸多幽灵服务器一起向用户提供该网页内容。采用这种方式传输网页内容,用户感觉不到有什么区别,仿佛还是由单个的网站提供网页内容,然而却能克服原先的缺陷,显著提高信息的传输效率和速度。采用这种网络传输方式有一个必要条件,这就是各个幽灵服务器的运营者要按照统一的规则对相关嵌入对象作必要标引,也就是所谓"制作标签"

（Tagging），否则就不能实现嵌入对象的有序定向传输。由于涉案专利将"制作标签"作为专利方法的步骤之一写入了方法权利要求，因此可以说该专利方法的实施从本质上说就需要由不同当事人来分别实施不同的方法步骤，从而不可避免地会遭遇上述法律问题。有学者认为，随着"云时代"的到来，网络技术领域会越来越多地遇到这种类型的方法专利，因此上述法律问题是科技进步给专利制度带来的新挑战，立法者和执法者必须予以正视，无法躲避。❶应当指出的是，这种类型的方法权利要求并非只有在"云技术"领域才会遇到，在无线通讯领域、网络交易领域、物流配送领域等诸多技术领域都有可能遇到。另外，前面说过产品专利权一般不会遇到该问题，这主要是相对于最为常见的单个产品而言，然而专利产品并非仅仅包括单个产品，也可能包括由多个产品组成的系统。例如对卫星通讯系统这样的系统产品来说，也有可能遇到类似的问题。

如何解决这一问题？美国联邦巡回上诉法院的法官有不同的看法。

美国联邦巡回上诉法院大法庭判决的少数派法官认为，美国专利法对专利权的效力作了明确规定，美国最高法院对认定侵犯专利权纠纷作了一系列判决，这些法律规定和案例法所确立的原则不能轻易改变，更不能彻底颠覆。专利权人应当明白这一点，从而在撰写申请专利的时候注意选择正确的权利要求撰写方式，尽量避免撰写出需要由多个当事人共同予以实施的方法权利要求。Akamai案的二审判决指出，该案专利权人实际上就是这样做的，就相同的发明创造申请获得了三项专利权，分别采取不同的权利要求撰写方式，其意图就在于避免在行使权利时遇到上述问题。该案专利权人在侵权诉讼中主张被诉侵权人同时侵犯了其全部三项专利权，然而不幸的是其主张均未获得美国联邦巡回上诉法院二审判决的支持。

上述观点不无因循守旧之嫌，因为专利权人是否可能在任何情况下都撰写出仅仅需要单个当事人予以实施的方法权利要求存在疑问。对AKamai一案涉及的发明来说，专利权人如果不在方法权利要求中写入对嵌入对象进行标引的方法步骤，有可能会因为不具备创造性或者不能得到说明书支持而被美国专利局认为不满足予以专利权的条件。从某种意义上说，该观点的实质是要求科学技术的发展迁就现有的法律框架，而不是适时调整现有法律框架以适应科学技术的发展，这似乎无异于削足适履。

或许正是出于这样的考虑，美国联邦巡回上诉法院大法庭判决的多数派法官主张另辟蹊径，为涉案专利这种类型的方法专利寻找一条能够获得有效

---

❶ 何怀文. 方法专利引诱侵权研究[J]. 知识产权，2013，145（3）：89-94.

保护的出路。

上述分歧是该案的背景,也是两派争议的关键所在。多数派法官形成的判决和少数派法官提出的反对意见均为阐述其观点引经据典,极尽雄辩之能事,让人看起来有眼花缭乱之感。对大法庭判决进行评论的重点在于分析多数派法官找出的这条保护途径是否合理,从法律上看是否站得住脚。

(二)共同侵犯专利权行为的认定

在AKamai案的一审和二审过程中,专利权人均主张被诉侵权人的行为构成了共同侵犯专利权行为(joint infringement),一审和二审法院均围绕这一主张进行分析和审判。因此,应当首先讨论多个当事人的何种行为在美国会被法院认定构成共同侵犯专利权的行为。

首先应当注意的是:第一,在美国,共同侵犯专利权的行为属于直接侵犯专利权的行为,而不是间接侵犯专利权的行为;第二,美国专利法没有关于共同侵犯专利权行为的规定。

美国专利法第271条(a)款是关于侵犯专利权行为最为基本的规定,即:

除本法另有规定的之外,任何人未经许可在专利权的有效期限内在美国制造、使用、许诺销售、销售任何专利发明或者向美国进口任何专利发明的,构成侵犯该专利权的行为。

从语法上看,条文的主语"任何人"(whoever)在英文中是单数代词,条文的谓语是并列的动词,即"制造""适用""许诺销售""销售""进口",与单数主语相一致,全部采用了后缀"s"的单数表述方式,即"makes"、"uses"、"offers to sell"、"sells"、"imports",这种表述方式被认为确定了判断直接侵犯专利权行为的"单个当事人原则"。该原则与"全部技术特征原则"相配合表达了这样的含义,即只有当单个行为人未经专利权人许可而进行的实施行为涵盖了权利要求中记载的全部技术特征时,才能认定构成直接侵犯专利权的行为。

认定直接侵犯专利权行为成为需要适用"单个当事人原则"并非仅仅是从条文语法中推导出来的,而是具有更深层次的缘由。在美国,直接侵犯专利权行为人的法律责任被称为一种由联邦法律明确规定的"严格责任"(strict liability),因为认定直接侵犯专利权的责任实行"无过错原则",也就是与被诉侵权人的主观意图没有任何关联。无论该行为人是否知晓有专利权存在,只要其实施行为涵盖了专利权利要求中记载的全部技术特征就应当承担侵权责任。正因为对直接侵犯专利权的行为实行这种"严格责任"制度，就必然需要确保做出侵犯专利权行为的主体是单个当事人，而不能"胡子眉毛一把抓"，将多个当事人的行为混在一起进行判断，否则就会产生不合理地扩大追究侵犯专利权责任范围的后果。

由此产生的一个问题是：在美国，专利权人是否能够追究共同侵犯专利权的侵权责任？回答应当是肯定的。在满足必要条件的情况下，在美国也可以追究共同侵犯专利权的多个当事人的侵权责任。

通过上面介绍的美国联邦巡回上诉法院有关判决，可以知道美国认定共同侵犯专利权行为成立的条件相当严格，其核心在于：多个当事人中是否存在这样的一个当事人，他控制或者指导了其他当事人的实施行为，以至于可以将其他当事人的实施行为统统归咎于进行控制或者指导的那一当事人。其中，"归咎于某人"是最为实质性的要求，这一条件决定了并非只要多个当事人之间存在任何方式的"控制"或者"指导"关系就可以认定共同侵犯专利权行为成立，只有在当事人之间的关系达到能够"归咎于某人"的程度时才能得出这样的结论。美国联邦巡回上诉法院有关判决给出了两种足以"归咎于某人"的典型情况：一是从法律上可以判断其中一个当事人是另一当事人的"代理人"；二是通过订立合同，使其中一个当事人承担了实施某种行为的义务。在这两种情况下，某一当事人实际上都是将本来要由他自己进行的实施行为"外包"给另一当事人进行。

可以看出，由于在美国认定构成共同侵犯专利权行为需要满足上述严格条件，其结果与判断一般直接侵犯专利权行为采用的"单个当事人原则"并无二致。这表明，共同侵犯专利权行为在美国仅仅是一般直接侵犯专利权行为在相当特殊情况下的外延。

在其他民法领域，美国认定共同侵权责任是否都要适用如此严格的条件？回答似乎应当是否定的，因为有学者指出：[1]

> 在英美法系国家，尽管立法方式不同，但对共同侵权行为几乎采取完全一致的立场。他们认为，各自独立的行为结合在一起而造成他人损害，从而对受害人负有连带责任的人是共同侵权人。美国侵权行为法的共同侵权行为范围比大陆法系的共同侵权行为为宽，除了典型的共同侵权行为之外，还包括知悉他人实施侵权行为而准许他人在其土地上或以其工具从事行为、怠于对有可能伤害他人的人的监督义务、怠于履行对他人的保护义务或避免伤害的义务。

如果上述论述确切，可以认为美国认定共同侵犯专利权行为的标准比认定一般民事共同侵权行为的标准严格得多。为什么要这样做？笔者认为其主

---

[1] 杨立新. 侵权法论[M]. 3版. 北京：人民法院出版社，2005：593.

要原因在于专利权的权利客体是发明创造，专利权的性质是对科学技术的"独占"或者"垄断"，因此专利权不同于民法意义下的普通个人财产权，不仅具有"私权"属性，同时也具有很强的"公共政策"属性。美国认定民法意义下的"共同侵权"责任的重点在于判断多个当事人独立做出的行为合在一起是否对他人造成了损害，除此之外不必考虑更多；专利法意义下的"共同侵权"责任的认定标准却不能如此简单，否则在许多情况下都会导致不合理的结论，对保障公共利益、维护正常生产经营活动，乃至国家的正常发展产生负面影响。美国是最早将保护专利权和版权写入其宪法的国家，使之成为美国的基本国策之一，然而美国并没有因此而盲目行事，而是十分慎重地构建其专利制度，谋求专利权权益与公众利益之间的合理平衡，以保障实现其宪法规定保护专利权的立法目标，即促进科学技术的发展。正因为如此，许多人认为很难将专利法完全纳入民法范畴，因而认为专利法不能原封不动地适用某些经典的民法原则。

尽管大法庭判决否定了美国联邦巡回上诉法院对BMC案和Muniauction案的二审判决，但是应当注意的是大法庭判决并没有批驳两份判决对共同侵犯专利权行为判断原则的论述。这表明，多数派法官感到若要在共同侵犯专利权行为的方向上寻找突破口来解决方法专利权遇到的难题，这条道路似乎过于崎岖了，因而在大法庭判决中明确指出"所要讨论的问题并不在于判断直接侵权成立的原则，因为无需在直接侵权的概念下探讨以分工合作方式实施专利技术的侵权责任"，转而在间接侵犯专利权的方向上寻找突破口。

（三）间接侵犯专利权行为的认定

在美国专利法第271条（a）款规定直接侵犯专利权行为的基础上，该条（b）款和（c）款进一步规定了诱导侵犯专利权行为（induced infringement）和协助侵犯专利权行为（contributory infringement）：

（b）任何人主动诱导侵犯一项专利权的，应当承担侵权责任。

（c）任何人在美国销售专利装置、组合品或组合物的部件，或者用于实施一项专利方法的材料或装置，如果他明知这样的部件、材料或装置是为侵犯专利权而专门制造的或者专门改制的，而且这样的部件、材料或装置不是一种常用商品或者具有实质性非侵权用途的商品，则应当承担协助侵权责任。

诱导侵犯专利权行为和协助侵犯专利权行为在美国统称为间接侵犯专利权行为。

需要首先讨论一下的问题是上述两款规定之间的关系。实际上，两款规定所针对的都是促使他人侵犯专利权的行为，其中（b）款的条文十分宽泛，因为"诱导"一词涵盖了促使他人做出侵犯专利权行为的所有方式；（c）款则具体得多，仅仅涉及通过向他人提供用于实施专利的必要部件、材料、装置的方式来促使他人做出侵犯专利权的行为。由于（c）款所述行为无疑可以归入"诱导"行为的范畴，可以说（b）款规定涉及"上位概念"，（c）款规定涉及"下位概念"，后者完全被前者覆盖。令人感到十分困惑的是：既然如此，有什么必要分别予以规定？需要注意的是两款规定的适用条件相差甚远：（b）款对"诱导"行为没有附加其他限制条件，仅仅作了"主动"（actively）的限定，其含义可以被理解为该诱导行为系故意行为；（c）款不但更为清楚地表达了协助侵权行为应当是故意行为的前提条件，因为条文中有"明知"（knowing）的措辞，除此之外还有其他限定，即"这样的部件、材料或装置不是一种常用商品或者具有实质性非侵权用途的商品"。现实中，适用（c）款规定比适用（b）款规定困难得多，因为美国有关判例表明原告要举证证明被告提供的部件、材料或者装置"不是一种常用产品或者具有实质性非侵权用途的商品"是一件相当困难的事情。两款规定并列所导致的另一个问题是：专利权人针对协助侵权行为提起诉讼是否可以选择以（b）款为法律依据而不是以（c）款为法律依据，从而避免遭遇上述举证困难？针对上述疑问，笔者查阅了许多美国著述和判决，始终没有得到一个令人信服的回答。

美国最高法院的判决多次明白无误地指出，认定间接侵犯专利权行为成立的前提条件是存在直接侵犯专利权的行为。这一立场无疑是正确的，假如没有任何人做出直接侵犯专利权的行为，则"皮之不存，毛将焉附"，何来诱导侵犯专利权的行为或者协助侵犯专利权的行为？美国任何下级法院必须遵从其上级法院的判决，不得挑战其上级法院判决的权威性，这是美国司法制度的基本规则。美国联邦巡回上诉法院大法庭判决的多数派法官要想通过间接侵权途径来解决方法专利权遇到的难题，就必须遵从美国最高法院的上述立场，设法论证在Akamai一案中存在直接侵犯专利权的行为。

然而，针对Akamai一案的具体案情，要认定有直接侵犯专利权行为存在，就不能受美国法院适用其专利法第271条（a）款规定所奉行的"单个当事人原则"的束缚，因为该案中没有任何单独一个被控当事人实施了方法权利要求记载的全部方法步骤。

怎样才能摆脱"单个当事人原则"的束缚？美国联邦巡回上诉法院大法庭判决的多数派法院选择的突破口在于论证第271条（a）款的规定并非是对直接侵犯专利权行为的法律定义，认为该款界定的"直接侵犯专利权行为"不同于该条（b）款隐含的"直接侵犯专利权行为"，进而认为"单个当事人原则"应当仅仅适用于（a）款而不适用于（b）款。更具体地说，多数派法官认为依据（b）款判断被诉侵权人是否"诱导他人侵犯一项专利权"，其中所谓"他人侵犯专利权"的行为（亦即直接侵犯专利权行为）不必是（a）款所述的"侵犯专利权行为"，两者是彼此独立的概念。多数派法官的理由在于：依据（b）款规定，仅仅诱导他人做出侵犯专利权的行为，自己并未参与任何实施行为的人尚且要承担间接侵犯专利权的责任，那么自己参与实施了一部分专利方法步骤，同时诱导他人实施另一部分专利方法步骤的人难道不是更应当承担间接侵犯专利权的责任？据此，多数派法官认为适用（b）款规定从本质上说就不应当受"单个当事人原则"的约束。

多数派法官为了支持其观点，即第271条（a）（b）（c）三款规定是彼此独立的规定，适用（b）款和（c）款不必回引（a）款，还专门分析了美国专利法第271条其余各款与（a）款之间的关系。例如，第271条（e）（2）款规定，对于一项药品专利而言，他人在该专利权的有效期内向美国FDA提出专利药品上市许可申请的，构成侵犯专利权的行为。该行为仅仅是向美国联邦政府主管部门提出一项申请的行为，并不涉及（a）款列举的制造、使用、许诺销售、销售或者进口行为中的任何一种行为，可见依据（e）（2）款规定认定侵犯专利权的责任不需要回引（a）款规定。又例如，第271条（f）（1）款规定，任何人从美国提供一项美国专利产品的所有零部件或者其中某个关键性零部件，主动诱导他人在美国国外将出口零部件组装成专利产品的，构成侵权行为。在这种情况下，组装完成美国专利产品的行为发生在美国国外，自然与美国专利法第271条（a）款的规定无关，因此依据（f）（1）款规定认定侵犯专利权的责任也不需要回引（a）款规定。多数派法官质问：既然依据第271条上述条款认定侵犯专利权的行为不需要回引（a）款的规定，为什么依据该条（b）款和（c）款规定认定间接侵犯专利权的行为需要回引（a）款的规定？

美国联邦巡回上诉法院大法庭判决多数派法官的上述立场受到反对派法官的强烈质疑，成为双方争议的焦点。为了帮助读者理解，下面简略介绍一下美国专利法第271条各款的立法由来。

第271条规定了被授予的美国专利权的法律效力，因而无疑是美国专利法中最为重要的条款之一，其条文长达两页多，共有七款。其中，（a）款至（d）款是1952年重新制定美国专利法时写入的，（a）款是关于直接侵犯专利权行为的规定；（b）款和（c）款是关于间接侵犯专利权行为的规定；（d）款是在反垄断控制和滥用权力控制方面为专利权人"松绑"的规定，指出在该款列出的三种情况下下不能剥夺专利权人针对直接侵犯专利权行为和间接侵犯专利权行为获得救济的权利。❶在上述四款规定中，（d）款显然与认定侵犯专利权行为的标准无关；（c）款所涉及情形如前所述只是（b）款所涉及情形的一种特定情况，因此关于侵犯专利权行为的一般性规定仅为（a）、（b）两款。（b）款规定"任何人主动诱导侵犯一项专利权的，应当承担侵权责任"，其中所说的"承担侵权责任"应当是指诱导者承担的间接侵犯专利权责任；其中所说的"侵犯一项专利权的"，应当是指直接侵犯专利权的行为。然而，（b）款本身并没有对其所说的"侵犯一项专利权"进一步做出任何界定，因此要理解何谓该款所述的"侵犯一项专利权"行为必定需要回到（a）款的规定。美国以往的判决向来认为（a）款规定是第271条中最为重要的规定，因为该款给出了何谓直接侵犯专利权行为的定义，该定义是适用（b）款规定的基础。大法庭判决的少数派法官之所以持强烈反对立场，原因就在于他们认为多数派法官的观点是对第271条基本构架的颠覆性变动，其结果无异于修改该条规定，而不是解释该条法律。

第271条（e）款、（f）款和（g）款是通过随后对美国专利法的修改而陆续加入的，旨在对侵犯专利权的一些特殊情况作出特殊规定。

其中，第271条（e）款是美国国会1984年通过所谓"药品价格竞争和专利期限恢复法案"（即Hatch-Waxman法案）加入的。该款规定十分复杂，条文很长，其中最为知名的是（e）（1）款规定了关于药品的Bolar例外，其大意是专门为提供FDA审批所需要的信息而制造、使用、进口专利药品或者专利医疗器械的不构成侵犯专利权的行为。与此同时，（e）（2）款又规定对于一项药品专利而言，他人在该专利权的有效期内向美国FDA提出专利药品上市许可申请的，构成侵犯专利权的行为。这两款规定很明显具有相互制约的意图，是美国国会在修改过程中平衡美国新药研发公司与仿制药品公司两大集团利益的结果。新药研制集团由美国医药界的大型制药公司组成，具有承担开发研制新药所需巨额投入的雄厚实力，是美国在医药领域保持世界领先地位的中坚力量，而获得有效专利保护是这些公司生存的生命线；仿

第272条（d）款的规定是：当专利权人进行下列一种或者多种行为时，不能视为滥用专利权或者非法延伸专利权的范围，从而剥夺专利权人对直接侵犯专利权行为或者间接侵犯专利权行为应当获得的救济：

（1）对这样的行为收取提成费，即如果他人在未经专利权人同意的情况下进行该行为，就会构成间接侵犯专利权的行为。

（2）许可或者准许他人进行这样的行为，即如果他人在未经专利权人同意的情况下进行该行为，就会构成间接侵犯专利权的行为。

（3）对侵权行为或者间接侵权行为行使其专利权。

制药品集团由美国医药界的中小型制药公司组成，它们一般不具有开发研制新药的实力，但是这些制药公司在药品专利届满之后投放市场的仿制药品普遍比新药研制公司投入市场的同种药品更为便宜，是保障美国国民能以较低价格购买其所需药品的中坚力量。两个集团在美国都颇有影响，具有超强的院外活动能力。在美国公众的大力支持下，美国仿制药品集团成功地说服美国参众两院同意在第271条中增加（e）（1）款关于Bolar例外的规定；然而美国新药研制集团岂能无动于衷，经其努力也成功地说法美国参众两院同意在第271条中加入（e）（2）款与（e）（1）款相抗衡。总体来看，两方面打成了一个平手，即：仿制药品集团获得了在药品专利有效期内专为日后提供FDA行政审批所需信息而制造、进口、使用专利药品的权利，从而有助于它们在药品专利期限届满之后能够更快地将仿制药品投放市场；然而依据（e）（2）款的规定，即使所需信息已经齐备，仿制药品公司也不能立即向FDA提交获得仿制药品上市许可的申请，只有在药品专利期限届满之后才能提交申请，否则就会被认定为侵犯专利权的行为，其结果又在一定程度上拖延了仿制药品投放市场的速度。第272条（e）（2）款规定向FDA提交申请的行为本身就构成了一种侵犯专利权的行为，这的确是十分特殊的规定，世界上除了美国之外没有任何其他国家的专利法中有类似规定。大法庭判决的多数派法官当然清楚这一立法过程，然而却以此为由争辩适用（b）款规定不需要以（a）款规定为基础，遭到少数派法官的强烈反对也就不足以为怪了，因为这一类比的确不具有说服力。

  美国最高法院的有关判决明确指出认定间接侵犯专利权行为成立的前提条件是有直接侵犯专利权的行为存在。所谓"有直接侵犯专利权的行为存在"，应当是指在美国有直接侵犯专利权的行为存在，不应包括直接侵犯专利权行为在美国国外发生的情形。这似乎是理所当然的结论，因为符合《巴黎公约》规定的专利地域性原则，即一个国家授予的专利权的效力仅及于该国国界之内。然而现实中也会出现这样的情况，即有人为了逃避侵犯专利权的责任，仅仅在美国制造专利产品的全部零部件或者关键性零部件，然而却不在美国组装成为专利产品，而是将这些零部件出口到其他国家，在那里组装成为专利产品。美国最高法院1972年对Deepsouth一案作出判决，指出在这样的情况下不能认定构成间接侵犯专利权的行为。❶该判决引起了许多美国专利权人的不满，认为这给美国专利制度留下了一个漏洞，不利于维护美国专利权人的利益。在美国有关方面的推动下，1984年修改的美国专利法在

---

❶ Deepsouth Packing Co. v. Laitram Corp., 406 U.S. 518 (1972).

第271条增加了（f）款，包括(1)和（2）两项规定，它们分别平行于（b）款和（c）款，规定任何人在美国制造美国专利产品的全部零部件或者关键零部件并将其出口到美国之外，在那里组装成为专利产品的，也要承担间接侵犯专利权的责任。这一规定同样十分特殊，世界上除了美国之外也没有任何国家的专利法中有类似规定，足显美国的"霸气"。这里有一个问题值得讨论：由于组装成为专利产品的行为发生在美国国外，认定是否构成直接侵犯美国专利权的行为应当适用当地法律还是适用美国法律？对此，（f）款（1）和（2）的有关条文都是："假如这样的组装行为发生在美国就会被认定为侵犯美国专利权的行为，则零部件的出口者应当承担侵犯专利权的责任"，这表明应当适用的法律是美国专利法。既然如此，适用（f）款规定仍然需要以第271条（a）款规定为基础。因此，大法庭判决试图用（f）款规定来支持其观点同样也难以令人信服。

归纳起来，美国联邦巡回上诉法院的大法庭判决为了解决美国专利实践中遇到的实际困难，试图在美国专利法框架下寻找解决这一问题的突破口，其志可嘉，应当予以肯定。然而，大法庭判决实际采用的判决理由却存在不够严密的缺点，其最大问题在于其判决割断了第271条（b）款和（c）款规定与（a）款之间的逻辑联系，使（b）款和（c）款所隐含的"侵犯一项专利权的行为"成为一种没有定义基础的概念，必然会对美国日后认定间接侵犯专利权行为带来麻烦。大法庭判决或许能够解决如何有效保护方法专利的问题，但如果其代价是使（b）款（c）款的适用产生混乱，是否划算就值得商榷了。

鉴于大法庭判决可能产生的重要影响以及美国联邦巡回上诉法院法官存在的严重分歧，美国专利界人士分析存在两种前景：一是会引起美国最高法院的重视，导致该法院受理当事人的上诉请求，最后由美国最高法院作出决断；二是导致美国国会对其专利法第271条再次进行修改，从立法高度解决方法专利权的保护问题。两者相比，笔者认为前者的可能性大一些。

（四）对我国专利侵权审判工作的借鉴意义

笔者认为，美国联邦巡回上诉法院的上述大法庭判决对我国专利侵权审判工作具有一定的启示作用，主要体现在如下两个方面：一是能够启示我们认识到对方法专利权可能存在的问题，进而积极探索如何在我国法律框架下解决这一问题的途径；二是能够启示我们思考如何在我国建立认定共同侵犯专利权行为和间接侵犯专利权行为的恰当标准。下面重点谈谈对后一方面。

我国专利法既没有对共同侵犯专利权行为作出规定，也没有对间接侵犯专利权行为作出规定。然而，这不等于在我国专利实践中就不会遇到相关问题。事实上，我国审理专利侵权纠纷的法院已经作出了一些涉及共同侵犯专利权和间接侵犯专利权纠纷的判决。这些判决并非依据专利法作出，而是依据有关上位法的规定作出。

我国自1987年1月1日起施行的《中华人民共和国民法通则》（下称《民法通则》）第一百三十条规定：

二人以上共同侵权造成他人损害的，应当承担连带责任。

自1987年1月1日起施行的《最高人民法院关于贯彻执行〈民法通则〉若干问题的意见（试行）》第一百四十八条第一款规定：

教唆、帮助他人实施侵权行为的人为共同侵权人，应当承担连带侵权责任。

自2010年7月1日起施行的《中华人民共和国侵权责任法》（下称《侵权责任法》）第八条规定：

二人以上共同实施侵权行为，造成他人损害的，应当承担连带责任。

《侵权责任法》第九条第一款规定：

教唆、帮助他人实施侵权行为的，应当与行为人承担连带责任。

《侵权责任法》第八条将《民法通则》第一百三十条所说的"二人以上共同侵权"改为"二人以上共同实施侵权行为"，应当说在表述上更为准确严密。第九条第一款删除了最高人民法院上述司法解释第一百四十八条第一款"为共同侵权人"的措辞，这是因为我国学者对教唆、帮助行为与共同侵权行为之间的关系存在不同认识，故在表述上有意回避该行为是否属于共同侵权行为的问题。❶但是，从第九条关于教唆人、帮助人要承担"连带责任"的规定来看，可以认为《侵权责任法》总体上还是将教唆、帮助行为归入共同侵权行为的范畴。❷

有著作认为承担《侵权责任法》第八条规定的共同侵权责任的要件是：❸

第一，主体具有复数性。共同侵权行为的主体必须是二人或者二人以上，当行为人只有一人时，不可能成立共同侵权。行为人可以是自然人，也可以是

---

❶ 全国人大常委会法制工作委员会民法室. 中华人民共和国侵权责任法条文说明、立法理由及相关规定[M]. 北京：北京大学出版社，2010: 37-38.

❷ 同前注，"根据本条规定，教唆人、帮助人实施教唆、帮助行为的法律后果是教唆人、帮助人与行为人承担连带责任。受害人可以请求教唆人、帮助人或者行为人中的一人或者数人赔偿全部损失。"第38页。

❸ 同前注，第8页。

法人。

　　第二，主体共同实施了侵权行为。所谓"共同"包含三种情况：一是共同故意；二是共同过失，即数个行为人共同从事某种行为，基于共同的疏忽大意，造成他人损害；三是共同故意与共同过失相结合。

　　第三，受害人具有损失。无损害则无救济，如果没有损害，根本不可能成立侵权责任。

　　第四，侵权行为与损害后果之间具有因果关系。在共同侵权行为中，有时各个侵权行为造成损害后果的比例有所不同，但是必须有法律上的因果关系，如果每个行为人的行为与损害后果之间没有因果关系，不应与其他行为构成共同侵权。

该著作认为承担《侵权责任法》第九条规定的连带责任的要件是：❹

　　第一，教唆人、帮助人实施了教唆、帮助行为。教唆行为是指对他人进行开导、说服，或者通过刺激、利诱、怂恿等方法使该他人从事侵权行为；帮助行为是指给予他人以帮助，如提供工具或者指导方法，以便使该他人易于实施侵权行为。教唆行为只能以积极的作为方式作出，消极的不作为不能成立教唆行为；帮助行为通常以积极的作为方式作出，但具有作为义务的人故意不作为时也可能构成帮助行为。教唆行为可以通过口头、书面或者其他方式表达，可以公开进行也可以秘密进行，可以当面进行也可以通过别人传信的方式间接教唆；帮助行为的内容可以是物质上的，也可以是精神上的，可以在行为人实施侵权行为之前，也可以在实施过程之中。

　　第二，教唆人、帮助人具有教唆、帮助的主观意图。一般说来，教唆行为和帮助行为都是教唆人、帮助人故意作出的，教唆人、帮助人能够意识到其作出的教唆、帮助行为可能造成的损害后果。

　　第三，被教唆人、被帮助人实施了相应的侵权行为。如果被教唆人、被帮助人实施的侵权行为与教唆行为、帮助行为没有任何联系，而是行为人另外实施的，则该行为所造成的损害不应要求教唆人、帮助人承担连带责任。这一点与《刑法》中的教唆犯罪存在明显区别。在《刑法》中，即使被教唆人没有按照教唆人的意图实施犯罪行为，教唆人的教唆行为仍然可能构成教唆未遂的犯罪。

上面关于《侵权责任法》中规定的共同侵权行为和教唆、帮助侵权行为的论述可以说体现了我国民法领域的经典理论。在侵犯专利权的纠纷案件中，我国法院是否能够直接引用《民法通则》第一百三十条或者《侵权责任法》第八条、第九条的规定，遵循上述经典理论，认定被告行为构成共同侵犯专利权行为或者间接侵犯专利权行为？可以想象，对这一问题的回答肯定是不统一的。笔者主张法院应当持慎重态度，因为如前所述侵犯专利权的行

---

❹ 同前注，第38页。

为具有一些不同于一般民事侵权行为的特点。将本文介绍的美国判例与我国上述经典理论相比较，可以发现两者存在以下差别：

第一，美国将共同侵犯专利权的行为定性为直接侵犯专利权的行为，要认定构成共同侵犯专利权的行为，共同行为人当中必须存在一个起控制或者指导作用的当事人，能够将其他当事人的行为归咎于他，并非如同我国经典理论所认为的那样，只要共同行为人一起做出实施专利的行为，满足共同故意或者共同过失的主观因素要件，就能够认定为共同侵犯专利权的行为。简言之，美国的立场更为严格。

第二，美国专利法第271条（b）款的条文与我国《侵权责任法》第九条的条文实际上十分相似，但是美国将（b）款规定的侵犯专利权行为定性为间接侵犯专利权的行为，其前提条件是必须有直接侵犯专利权的行为存在。因此，可以看出美国没有将间接侵犯专利权行为混同于共同侵犯专利权的行为。

第三，如果直接适用《侵权责任法》第九条的规定，能够被认定为应当承担连带责任的教唆、帮助侵犯专利权的行为就会十分广泛，例如为直接侵权者提供必要资金、必要场所、必要技术支持等行为都有可能被认定为教唆、帮助行为。美国对间接侵犯专利权行为的认定实际上是很严格的，主要集中于第271条（c）款规定的协助侵权行为，以第271条（b）款为依据认定诱导侵权行为的很少。如前所述，第271条（c）款仅限于提供用于制造一种专利产品的零部件或者用于实施一项专利方法的材料或装置的行为，而且原告要承担举证责任，证明该零部件、材料或者装置是为侵犯专利权而专门制造的或者专门改制的，而且不是一种常用商品或者具有实质性非侵权用途的商品。因此，上面所说的提供必要资金、必要场所、必要技术支持等行为在美国根本不可能被认定为间接侵犯专利权的行为。

第五章

著论索引

一、书籍

（一）专利代理

1. 国家知识产权局条法司编著，《2011年全国专利代理人资格考试试题解析》，知识产权出版社2012年6月出版，ISBN 9787513012690。
2. 李德山著，《发明与实用新型专利申请代理》（第二版），知识产权出版社2012年7月出版，ISBN 9787513013987。
3. 李中奎著，《专利实务解析》，知识产权出版社2012年8月出版，ISBN 9787513014052
4. 穆魁良、韩晓春著，《专利行政纠纷代理》（第二版），知识产权出版社2012年7月出版，ISBN 9787513013963。
5. 欧阳石文、吴观乐著，《专利代理实务应试指南及真题精解》（第二版），知识产权出版社2012年6月出版，ISBN 9787513012676。
6. 权鲜枝著，《专利实务指南》，丛书名：隆安律师实务与学术丛书，上海交通大学出版社2012年11月出版，ISBN 9787313090546。
7. 王澄主编，《机械领域发明专利申请文件撰写与答复技巧》，知识产权出版社2012年1月出版，ISBN 9787513009133。
8. 杨敏锋编，《2012年全国专利代理人资格考试应试宝典：专利法律知识》，法律出版社2012年5月出版，ISBN 9787511834928。
9. 杨敏锋编，《2012年全国专利代理人资格考试应试宝典：相关法律知识》，法律出版社2012年5月出版，ISBN 9787511834935。
10. 余刚、陈钧著，《专利民事诉讼代理》（第二版），知识产权出版社2012年7月出版，ISBN 9787513005043。
11. 赵嘉祥著，《外观设计专利申请代理》（第二版），知识产权出版社2012年7月出版，ISBN 9787513013970。
12. 朱贤华著，《实用专利技术》，北京希望电子出版社2012年3月出版，ISBN 9787802487123。
13. 专利代理人考核委员会办公室编，《2012全国专利代理人资格考试指南》，知识产权出版社2012年6月出版，ISBN 9787513012683。

（二）专利案例

14. 北京市律师协会编，《著作权、专利权疑难问题与典型案例》，丛书名：北京律师业务指导丛书，北京大学出版社2012年4月出版，ISBN

9787301204887。

15. 程永顺主编，《案说专利法》（第二版），知识产权出版社2012年5月出版，ISBN 9787513012102。

16. 国家知识产权局专利复审委员会电学申诉处著，《电学领域复审、无效案件特点和典型案例评析》，知识产权出版社2012年3月出版，ISBN 9787513008204。

17. 国家知识产权局专利复审委员会编著，《材料领域复审和无效典型案例评析》，知识产权出版社2012年9月出版，ISBN 9787513015004。

18. 国家知识产权局专利复审委员会编著，《光电领域复审和无效典型案例评析》，知识产权出版社2012年9月出版，ISBN 9787513013505。

19. 毛金生、谢小勇、刘淑华等著，《海外专利侵权诉讼》，知识产权出版社2012年1月出版，ISBN 9787513005449。

20. 奚晓明主编，《中国知识产权指导案例评注》（第三辑），中国法制出版社2012年1月出版，ISBN 9787509332795。

21. 张清奎主编，《医药专利保护典型案例评析》，知识产权出版社2012年10月出版，ISBN 9787513004114。

22. 张晓东著，《医药专利制度比较研究与典型案例》，知识产权出版社2012年5月出版，ISBN 9787513011150。

23. 肇旭著，《美国生物技术专利经典判例译评》，书名：华东法大学校庆六十周年纪念文丛，法律出版社2012年7月出版，ISBN 9787511838032。

（三）专利分析

24. 波特、坎宁安著，陈燕等译，《技术挖掘与专利分析》，清华大学出版社2012年5月出版，ISBN 9787302275404。

25. 国家知识产权局专利管理司、中国技术交易所组织编写，《专利价值分析指标体系操作手册》，知识产权出版社2012年10月出版，ISBN 9787513017534。

26. 牟萍著，《专利情报检索与分析》，知识产权出版社2012年7月出版，ISBN 9787513013543。

27. 杨铁军主编，《专利分析实务手册》，知识产权出版社2012年10月出版，ISBN 9787513014021。

28. 杨铁军主编，《产业专利分析报告》(第3册)，知识产权出版社2012年3月出版，ISBN 9787513010795。

29. 杨铁军主编，《产业专利分析报告》(第4册)，知识产权出版社2012

年3月出版，ISBN 9787513010788。

30. 杨铁军主编，《产业专利分析报告》(第5册)，知识产权出版社2012年3月出版，ISBN 9787513010771。

31. 杨铁军主编，《产业专利分析报告》(第6册)，知识产权出版社2012年3月出版，ISBN 9787513010764。

（四）专利相关法律法规

32. 崔国斌著，《专利法：原理与案例》，北京大学出版社2012年1月出版，ISBN 9787301198209。

33. 法律出版社大众出版编委会编，《中华人民共和国专利法（实用问题版）》，法律出版社2012年12月出版，ISBN 9787511840431。

34. 国知局条法司编，《专利法律法规规章汇编(1984-2011.7)》，知识产权出版社2012年2月出版，ISBN 9787513007894。

35. 赫然、侯德斌、金锦花著，《东北亚地区专利法：理论、实践与规范》，知识产权出版社2012年1月出版，ISBN 9787513008563。

36. 全国人大常委会法制工作委员会经济法室编著，《〈中华人民共和国专利法〉释解及实用指南》，中国民主法制出版社2012年8月出版，ISBN 9787516201237。

37. 唐昭红著，《美国软件专利保护法律制度研究》，丛书名：南湖法学文库，法律出版社2012年1月出版，ISBN 9787511830326。

38. 吴广海著，《专利权行使的反垄断法规制》，知识产权出版社2012年4月出版，ISBN 9787513011587。

39. 杨利华著，《美国专利法史研究（著作）》，中国政法大学出版社2012年6月出版，ISBN 9787562042488。

40. 尹新天著，《中国专利法详解(缩编版)》，知识产权出版社2012年9月出版，ISBN 9787802479487。

41. 张冬著，《中药国际化的专利法研究》，知识产权出版社2012年6月出版，ISBN 9787513012171。

（五）专利审查

42. 管荣齐著，《发明专利的创造性》，知识产权出版社2012年5月出版，ISBN 9787513010634。

43. 国家知识产权局专利局审业务管理部组织编写，《专利审查高速路(PPH)用户手册》，知识产权出版社2012年2月出版，ISBN 9787513010160

44. 李晓秋著，《信息技术时代的商业方法可专利性研究》，法律出版社2012年6月出版，ISBN 9787511835772。

45. 梁志文著，《论专利公开》，知识产权出版社2012年10月出版，ISBN 9787513014496。

46. 刘俊士著，《专利创造性分析原理》，知识产权出版社2012年9月出版，ISBN 9787513014120。

47. 石必胜著，《专利创造性判断研究》，丛书名：知识产权法官论坛，知识产权出版社2012年2月出版，ISBN 9787513009140。

48. 田力普主编，《发明专利审查基础教程——审查分册》（第三版），知识产权出版社2012年7月出版，ISBN 9787513010733。

49. 魏保志主编，《专利审查研究2011》，知识产权出版社2012年10月出版，ISBN 9787513016902。

50. 张鹏，《专利授权确权制度原理与实务》，知识产权出版社2012年4月出版，ISBN 9787513009997。

51. 中华全国专利代理人协会编，《〈专利法〉第22条创造性理论与实践》，知识产权出版社2012年1月出版，ISBN 9787513008822。

（六）专利保护

52. 董美根著，《专利许可合同的构造》，上海人民出版社2012年6月出版，ISBN 9787208106796。

53. 姚颉靖著，《药品专利保护优化研究》，知识产权出版社2012年9月出版，ISBN 9787513014915。

54. 周蔚文著，《基因和基因资源专利保护战略研究》，知识产权出版社2012年9月出版，ISBN 9787513010467。

（七）专利行业分析

55. 曹丽荣，《上海生物医药专利资源及其优化配置研究》，丛书名：华东政法大学校庆六十周年纪念文丛，法律出版社2012年5月出版，ISBN 9787511833440。

56. 程晋美编著，《蔬菜加工专利项目精选》，金盾出版社2012年1月出版，ISBN 9787508269757。

57. 国知局政策研究处著，《优秀专利调查研究报告集(VII)》，知识产权出版社2012年3月出版，ISBN 9787513009782。

58. 湖南省知识产权局组织编写，《战略性新兴产业专利检索手册》，知识产权出版社2012年8月出版，ISBN 9787513011822。

59. 刘仁志编著，《电镀专利：解析 申请 利用》，化学工业出版社2012

年6月出版，ISBN 9787122136589。

60．刘朝等著，《地球深部探测技术专利态势》，知识产权出版社2012年5月出版，ISBN 9787513011198。

61．毛金生主编，《风力发电行业专利分析》，知识产权出版社2012年1月出版，ISBN 9787513006217。

62．王宪云、徐福缘著，《供需网企业专利协同理论及其应用》，科学出版社2012年7月出版，ISBN 9787030347855。

63．中国知识产权研究会编，《各行业专利技术现状及其发展趋势报告（2011-2012）》，知识产权出版社2012年1月出版，ISBN 9787513009447。

（八）专利价值与评估

64．金春阳著，《基于规范治理视角的专利价值开发研究（西安交通大学学术文库）》，西安交通大学出版社2012年8月出版，ISBN 9787560544649。

65．靳晓东著，《专利资产证券化研究》，知识产权出版社2012年1月出版，ISBN 9787513001656。

66．拉兹盖蒂斯著，国家知识产权局专利管理司编，《评估和交易以技术为基础的知识产权：原理、方法和工具》，丛书名：知识产权资产评估促进工程系列丛书，电子工业出版社2012年3月出版，ISBN 9787121152160。

67．帕尔、史密斯著，国家知识产权局专利管理司组编，周叔敏译，《知识产权价值评估、开发与侵权赔偿（增补本）》，丛书名：知识产权资产评估促进工程系列丛书，电子工业出版社2012年3月出版，ISBN 9787121149030。

68．托马斯、格普编，国家知识产权局专利管理司组编，中央财经大学资产评估研究所、中和资产评估有限公司译，《价值评估指南：来自顶级咨询公司及从业者的价值评估技术》，丛书名：知识产权资产评估促进工程系列丛书，电子工业出版社2012年3月出版，ISBN 9787121151859。

（九）其他

69．安德曼编，国家知识产权局专利管理司编，梁思思、何侃译，《知识产权与竞争策略》，电子工业出版社2012年3月出版，ISBN 9787121152818。

70．陈飚、王晋刚编著，《专利之剑："中国创造"走向世界战略新工具》，经济日报出版社2012年2月出版，ISBN 9787802573963。

71. 杜晓君、马大明著，《有效率的专利联盟：竞争效应和创新效应研究》，中国人民大学出版社2012年9月出版，ISBN 9787300164045。

72. 甘绍宁主编，《专利文献研究（2012）》，知识产权出版社2012年7月出版，ISBN 9787513013406。

73. 国家知识产权局电学发明审查部编，《企业专利常见问题解答》，知识产权出版社2012年7月出版，ISBN 9787513013413。

74. 湖南省知识产权局组织编写，《专利信息分析利用与创新》，知识产权出版社2012年7月出版，ISBN 9787513011815。

75. 栾春娟著，《专利计量与专利战略》，丛书名：知识计量与知识图谱丛书(第二辑)，大连理工大学出版社2012年1月出版，ISBN 9787561166758。

76. 吴定初、黄萍主编，《爱迪生：史上最多专利获得者》，丛书名：图说中外名人，2012年9月出版，ISBN 9787553100937。

77. 周胜生、高可、李楠著，《乔布斯的发明世界：实干型专利战略家》，知识产权出版社2012年9月出版，ISBN 9787513014069。

二、期刊

（一）专利代理

1. 吴贵明，"如何在提交中国专利申请时考虑后续向国外申请专利的衔接问题"，《中国发明与专利》，2012年第1期。
2. 荣文英，"中国企业的PCT申请策略及在国际阶段的修改"《中国发明与专利》，2012年第2期。
3. 陈征、王加岭、王朋飞、张庆敏，"农业领域申请专利需注意的问题"，《中国发明与专利》，2012年第3期。
4. 罗玮、何怀燕，"浅析涉及集成电路芯片的产品权利要求的撰写"，《中国发明与专利》，2012年第3期。
5. 李灵洁，"以实例量化分析PCT申请对申请人的好处"，《中国发明与专利》，2012年第3期。
6. 刘彬、杨晓雷，"技术交底书在专利申请文件撰写中的功用"，《中国发明与专利》，2012年第4期。
7. 彭茂祥，"信息可视化技术在专利分析中的应用"，《中国发明与专利》，2012年第4期。
8. 吴钰，"有哪些专利费用及如何缴纳"，《中国发明与专利》，2012年第4期。
9. 王戈林，"利用软件下载专利好又多"，《中国发明与专利》，2012年第4期。
10. "专利文献翻译技巧之一——专利申请文件的阅读及翻译"，《中国发明与专利》，2012年第4期。
11. "专利文献翻译技巧之二——专利申请文件的翻译"，《中国发明与专利》，2012年第5期。
12. 黄渊、王艳坤，"论国际阶段的优先权问题"，《中国发明与专利》，2012年第5期。
13. "专利文献翻译技巧之三——专利说明书的翻译"，《中国发明与专利》，2012年第6期。
14. 张玥、马丽丹、潘微微，"企业专利预警系统中的专利检索"，《中国发明与专利》，2012年第7期。
15. 张英，"依赖遗传资源申请的PCT现状及中国专利法的相关规定"，《中国发明与专利》，2012年第7期。

16. 谢顺星、高荣英、瞿卫军,"专利布局浅析",《中国发明与专利》,2012年第8期。

17. 黄清华,"浅析药企并购中的专利风险与尽职调查要点",《中国发明与专利》,2012年第8期。

18. 王正发,"中国企业使用PCT制度的战略考虑",《中国发明与专利》,2012年第8期。

19. 梁丽超,"PCT申请对于软件企业的意义",《中国发明与专利》,2012年第9期。

20. 彭昌吻,"浅谈如何撰写权利要求书",《中国发明与专利》,2012年第10期。

21. 李慧、吴孟秋,"浅谈通过PCT途径获得德国专利的两种具体途径",《中国发明与专利》,2012年第11期。

22. 潘炜,"浅谈专利代理对中国企业专利申请从量向质转变的推动作用",《中国发明与专利》,2012年第12期。

23. 周惠来,"专利代理人职业群体的社会特征分析",《中国发明与专利》,2012年第12期。

24. 张云枝,"浅析如何界定专利申请文件中的"清楚"",《中国发明与专利》,2012年第12期。

25. 张晓东、岑明、李宁、蔡然、崔明浩、孙凯,"关于地方专利信息服务工作的体会和思考",《中国发明与专利》,2012年第12期。

26. 李丙林,"国际初步审查的必要性分析",《中国发明与专利》,2012年第12期。

(二)专利相关法律法规

27. 毛珊,"2012年新《专利实施强制许可办法》解读",《中国发明与专利》,2012年第5期。

28. 张毅、耿萍、于丽娜,"浅析《专利实施强制许可办法》的主要修改及其影响",《中国发明与专利》,2012年第5期。

29. 刘华锋,"加强地方专利立法 促进甘肃专利事业全面发展——解读《甘肃省专利条例》",《中国发明与专利》,2012年第7期。

30. 耿萍、张毅,"浅谈专利法第三次修改中禁止重复授权原则的实质性改变",《中国发明与专利》,2012年第7期。

31. 国家知识产权局条法司,"《发明专利申请优先审查管理办法》政策解读",《中国发明与专利》,2012年第9期。

32. 朱晓力,"《甘肃省专利条例》助推创新甘肃建设",《中国发明与专利》，2012年第11期。

（三）专利审查

33. 肖兴威，"中国专利审批制度与廉政建设——论中国专利审批制度的廉洁性"，《知识产权》，2012年第11期。

34. 石必胜，"专利创造性的经济学分析"，《知识产权》，2012年第4期。

35. 刘晓军，"专利创造性评判中的技术启示"，《知识产权》，2012年第5期。

36. 张冬梅，"专利授权确权案件中公知常识的证明"，《知识产权》，2012年第10期。

37. 王晓先、黄亦鹏，"错误解读本国优先权制度的原因分析及立法建议"，《知识产权》，2012年第1期。

38. 冯术杰、崔国振，"试论专利法上构成'使用公开'的销售"，《知识产权》，2012年第2期。

39. 林玉红，"国家药品标准与药品专利链接关系简要分析"，《知识产权》，2012年第4期。

40. 王翠萍、于立彪、曹正建，""修改不得超范围"原则法律论争的若干问题"，《知识产权》，2012年第6期。

41. 范胜祥、樊晓东，"商业方法专利折戟重来：我国第三方支付试论方法特征限定的产品权利要求的撰写形式与保护范围"，《知识产权》，2012年第7期。

42. 刘志会，"试论加强明显新颖性审查的必要性"，《知识产权》，2012年第7期。

43. 张景，"浅议专利审查程序中听证与效率的平衡"，《知识产权》，2012年第9期。

44. 徐升权，"论专利客体审查标准的执行一致"，《知识产权》，2012年第9期。

45. 曲燕、陈欢、宗绮，"给药特征限定的医药用途发明专利性探讨"，《知识产权》，2012年第10期。

46. 杨凤云，"谈外观设计中功能与装饰的关系"，《知识产权》，2012年第12期。

47. 谭凯，"PPH与美日欧加快审查制度对比探讨"，《中国发明与专利》，2012年第1期。

48. 李梅、高丽敏、杨国鑫，"从'墨盒'案看专利法第三十三条的适用方式",《中国发明与专利》,2012年第1期。

49. 彭敏,"浅谈专利的保护范围与说明书公开内容的概括",《中国发明与专利》,2012年第1期。

50. 方婷、刘艳、张凡、彭亮,"简析实用新型和发明创造性标准的区别",《中国发明与专利》,2012年第1期。

51. 李刚、吴荻,"论CNKI非专利文献公开日期的确定",《中国发明与专利》,2012年第1期。

52. 艾变开、朱宁、刘新民、曲燕、姚云、欧阳石文,"关于两种优先权判断理论的比较研究",《中国发明与专利》,2012年第1期。

53. 朱雅琛、黄非,"浅谈专利性判断中的事实认定问题",《中国发明与专利》,2012年第2期。

54. 崔峥、路传亮,"试论工业品外观设计专利的实用性——兼谈对外观设计定义中'适于工业应用'的理解与思考",《中国发明与专利》,2012年第2期。

55. 唐嫣,"发明专利审查中的外观特征检索技巧",《中国发明与专利》,2012年第2期。

56. 潘珂,"从自然界筛选微生物的方法是否具备实用性——由两个专利复审案件引发的思考",《中国发明与专利》,2012年第3期。

57. 胡吉科,"试论专利复审程序的法律救济性质",《中国发明与专利》,2012年第3期。

58. 李春晖,"专利法第33条与第26条第4款的立法本意与执行尺度",《中国发明与专利》,2012年第3期。

59. 黄海波,"从经济学视角看创造性意见中的'很容易想到'及类似用语",《中国发明与专利》,2012年第3期。

60. 邵凤伟,"浅析平面印刷品及相似外观设计",《中国发明与专利》,2012年第3期。

61. 冯怡、马文霞,"人干细胞相关中国专利申请概况及其审查基准探讨——由杰龙公司终止干细胞疗法研究谈起",《中国发明与专利》,2012年第3期。

62. 吴荻、易水英、王晶、冯美玉,"得不到说明书支持的权利要求的检索与审查策略研究",《中国发明与专利》,2012年第3期。

63. 杨蔚蔚、王艳妮、苑佳丽、谢建军,"对于如何判断数值特征修改是否超范围的探讨",《中国发明与专利》,2012年第3期。

64. "专利审查能力持续增强",《中国发明与专利》,2012年第4期
沈乐平,"专利审查也需要沟通",《中国发明与专利》,2012年第4

期。

65. 王秀丽，"浅谈权利要求书整体是否清楚的审查"，《中国发明与专利》，2012年第5期。

66. 左超，"浅析实用新型说明书附图与外观设计视图的联系与区别"，《中国发明与专利》，2012年第5期。

67. 杜衡、李林霞，"上、下位概念并列导致权利要求不清楚的法理分析"，《中国发明与专利》，2012年第5期。

68. 成谦，"涉及移动IP技术的IETF非专利文献检索策略探索"，《中国发明与专利》，2012年第5期。

69. 蔡苗，"专利审查：在沟通中成长"，《中国发明与专利》，2012年第5期。

70. 朱家群、赵永辉，"从明胶事件看专利审查中的安全性与伦理问题"，《中国发明与专利》，2012年第6期。

71. 马斌、朱少华、王楠，"专利法第21条第2款中'专利信息'初探"，《中国发明与专利》，2012年第6期。

72. 于立彪、王翠平，"关于'同样的发明创造只能授予一项专利权'的理解与误区"，《中国发明与专利》，2012年第6期。

73. 裴少平、曲燕、庞明娟、尹巍巍，"中美对对比文件充分公开的要求之比较"，《中国发明与专利》，2012年第6期。

74. 蒋碧珠、崔朝利、李丽娜、张艳、张清涛，"案说论文发表与专利申请的关系及建议"，《中国发明与专利》，2012年第6期。

75. 孙培安，"提高发明专利申请可授权性应注意的几个问题"，《中国发明与专利》，2012年第7期。

76. 王扬、于凤伟、王莹、王森，"从复审案例看参数限定的权利要求新颖性和创造性的审查"，《中国发明与专利》，2012年第7期。

77. 韩晓莉，"从答复审查意见通知书的角度谈权利要求的保护范围"，《中国发明与专利》，2012年第7期。

78. 王治华、黄非，"谈创造性评判过程中怎样做到'会（would）'避免'能（could）'"，《中国发明与专利》，2012年第7期。

79. 杨倩，"从发明人向审查员的角色转变"，《中国发明与专利》，2012年第7期。

80. 黄玉清、王健，"关于单一性案例审查方式的思考"，《中国发明与专利》，2012年第7期。

81. 毛习文、鹿土杰，"程序控制领域G06F 9/专利检索初探"，《中国发明与专利》，2012年第7期。

82. 王美芳，"发明专利申请可否作为外观设计的优先权基础"，《中国发明与专利》，2012年第7期。

83. 张清奎，"浅谈对专利审查文化建设的理解和建议"，《中国发明与专利》，2012年第8期。

84. 魏保志，"加强审查文化建设维护中国专利品牌"，《中国发明与专利》，2012年第8期。

85. 郑慧芬，"培育优秀审查文化建设高素质审查队伍"，《中国发明与专利》，2012年第8期。

86. 毕囡，"注重审查文化建设加强审查人才培养"，《中国发明与专利》，2012年第8期。

87. 崔军，"紧密围绕审查工作培育优秀审查文化——浅谈国家知识产权局专利局化学发明审查部如何开展审查文化建设"，《中国发明与专利》，2012年第8期。

88. 吕可珂，"培育优秀专利审查文化 促进专利事业健康发展"，《中国发明与专利》，2012年第8期。

89. 穆丽娟，"论计算机程序相关发明的客体审查"，《中国发明与专利》，2012年第8期。

90. 田芳、李翔、董凤强、丁德宝，"关于修改超范围的思考"，《中国发明与专利》，2012年第8期。

91. 谢建军、王艳妮、杨蔚蔚、苑佳丽，"从分案申请的审查看'中位概括'是否属于修改超范围"，《中国发明与专利》，2012年第8期。

92. 潘炜，"浅析发明专利申请优先审查制度——申请人加快专利战略布局的又一利器"，《中国发明与专利》，2012年第9期。

93. 林钧东、李加林、赵杰，"缩短审查时间是给专利申请人最大的实惠"，《中国发明与专利》，2012年第9期。

94. 蔡雷，"发明点中有'坏点'——从一件无效案例探讨化学医药领域对支持性的把握"，《中国发明与专利》，2012年第9期。

95. 许艳，"关于专利授权文件中明显笔误的认定"，《中国发明与专利》，2012年第9期。

96. 宋洁、王晓峰，"关于禁止重复授权的问题和建议"，《中国发明与专利》，2012年第9期

97. 武瑛、刘秀艳，"判断基于附图信息的修改是否超范围的一点思考"，《中国发明与专利》，2012年第9期。

98. 张云、邓声菊、沈德钰、安蕾，"案说高效全文检索的途径与技巧"，《中国发明与专利》，2012年第9期。

99. 杨莉莎、关元，"涉及食品检测的专利申请中存在的一类特殊问题及其处理方式探讨"，《中国发明与专利》，2012年第10期。

100. 苏平，"部分外观设计专利问题探析与思考"，《中国发明与专利》，2012年第10期。

101. 王翠平、曹正建，"试论权利要求的解释（上）"，《中国发明与专利》，2012年第10期。

102. 李富昌，"在专利审查公众意见提交制度中引入适度反馈之探讨"，《中国发明与专利》，2012年第10期。

103. 朱洁、戴年珍、杨杰、王勤耕、夏凤娟，"关于药物领域公开不充分判断标准的合理性和一致性探讨"，《中国发明与专利》，2012年第10期。

104. 李恒，"药用化合物水合物审查标准的探讨"，《中国发明与专利》，2012年第10期。

105. 黄丽君、丁海，"关于基因簇在审查过程中标准执行一致的研究"，《中国发明与专利》，2012年第10期。

106. 沈小春、孔越、刘瑞华、卫军，"权利要求应当得到说明书支持的审查标准执行一致问题的探讨"，《中国发明与专利》，2012年第10期。

107. 裴素英，"功能性限定权利要求的支持分析"，《中国发明与专利》，2012年第10期。

108. 王玮玮、安蕾、邹丽娜、刘呈权、孙晓明，"浅谈'公开不充分'审查意见的答复方式"，《中国发明与专利》，2012年第10期。

109. 桑丽茹，"'与疾病诊断有关的检测方法'专利申请的策略"，《中国发明与专利》，2012年第11期。

110. 向莉，"对专利实质审查中如何把握听证原则的思考"，《中国发明与专利》，2012年第11期。

111. 樊培伟、李文静、王云涛，"浅析专利授权和侵权诉讼中对权利要求中'功能性特征'的解释"，《中国发明与专利》，2012年第11期。

112. 王翠平、曹正建，"试论权利要求的解释（下）"，《中国发明与专利》，2012年第11期。

113. 李熙、刘昶、李鹏，"浅谈封闭式权利要求的保护范围与全面覆盖原则"，《中国发明与专利》，2012年第11期。

114. 王勇、方波、陈辉，"原申请未涉及单一性的分案申请的典型案例探讨"，《中国发明与专利》，2012年第11期。

115. 李瑾、刘建平，"浅谈涉及智力活动的规则和方法的专利申请的审查"，《中国发明与专利》，2012年第11期。

116. 徐趁肖、邓学欣、熊茜、唐晓君，"关于实用性和公开不充分的法条适用探讨"，《中国发明与专利》，2012年第11期。

117. 陈尧、王欣，"'不支持'与创造性竞合的审查策略研究"，《中国发明与专利》，2012年第11期。

118. 田芳、卢士燕、田刚、张鑫松，"对申请日后补交的证明预料不到的技术效果的实验数据能否考虑"，《中国发明与专利》，2012年第12期。

119. 王少伟、王立石、韩德凯、张春，"司法解释给方法、参数限定产品权利要求新颖性、创造性审查的启示"，《中国发明与专利》，2012年12期。

120. 张成龙，"方法限定高分子化合物的新颖性和创造陛分析"，《中国发明与专利》，2012年第12期。

121. 林甡、李晓莉，"论专利审查与企业创新"，《中国发明与专利》，2012年第12期。

（四）专利保护

122. 尹新天，"滥用专利权的内涵及其制止措施"，《知识产权》，2012年第4期。

123. 康添雄，"专利侵权不停止的司法可能及其实现"，《知识产权》，2012年第2期。

124. 陈庆，"药品试验数据专有权与药品专利权冲突之研究——从药品可及性角度谈起"，《知识产权》，2012年第12期。

125. 沈世娟、刘海峰，"专利保护平衡机制的实现——兼译最高人民法院相关司法解释"，《知识产权》，2012年第2期。

126. 胡充寒，"外观设计专利侵权审判实务疑难问题探析"，《知识产权》，2012年第6期。

127. 沈世娟、薛宁，"论我国专利权评价报告制度——一起专利侵权案件引发的思考"，《知识产权》，2012年第7期。

128. 秦洁、康添雄，"专利权无效之后的处置：'治/乱'的政策选择"，《知识产权》，2012年第11期。

129. 丁启明、宋惠玲，"论侵犯专利权的民事赔偿原则"，《知识产权》，2012年第12期。

130. 梅锋，"知识产权变动登记效力模式探析——以专利权为例"，《知识产权》，2012年第2期。

131. 孙春燕，"职务发明制度的合理性——以经济学为视角"，《知识产权》，2012年第4期。

132. 邓建志,"我国专利行政保护制度的发展路径",《知识产权》,2012年第3期。

133. 徐理智,"专利无效补偿机制之探讨",《知识产权》,2012年第6期。

134. 刘磊,"价格视角下的药品专利保护",《知识产权》,2012年第8期。

135. 姜伟、赵露泽,"利海盗现象引发的思考",《知识产权》,2012年第9期。

136. 刘洋、郭剑,"我国专利质量状况与影响因素调查研究",《知识产权》,2012年第9期。

137. 欧阳石文、孙方涛,"完善我国专利制度对不诚信行为的规制",《知识产权》,2012年第11期。

138. 毛珊,"专利复审委员会在行政诉讼中主动改变行政行为程序探讨",《中国发明与专利》,2012年第1期。

139. 李洪江,"专利侵权纠纷适用惩罚性赔偿责任概述",《中国发明与专利》,2012年第1期。

140. 陈荣飞,"论现有技术抗辩在专利侵权诉讼中的适用",《中国发明与专利》,2012年第1期。

141. 梁睿诗,"我国创业板上市公司专利保护社会信用问题探究",《中国发明与专利》,2012年第2期。

142. 张通、刘筠筠,"我国专利间接侵权规则审视与思考",《中国发明与专利》,2012年第2期。

143. 罗旋,"提升发明专利拥有量 为创新型省份建设提供有力支撑",《中国发明与专利》,2012年第4期。

144. 杨仕龙、周冉、李乐,"国内专利创造激励机制研究——以济南为视角",《中国发明与专利》,2012年第4期。

145. 张建华、胡泽保,"专利池制度运用对策及建议",《中国发明与专利》,2012年第4期。

146. 邓晓东、董朝阳,"专利提升我国航空竞争力",《中国发明与专利》,2012年第4期。

147. 严永红、任勇,"专利更应跳出纸面面向市场",《中国发明与专利》,2012年第4期。

148. 曾心茁,"专利与标准的结合探析",《中国发明与专利》,2012年第5期。

149. 裴志红、武树辰,"完善我国专利许可备案程序的法律思考",

《中国发明与专利》，2012年第5期。

150. 孙方涛、左萌、李晓利，"专利标识标注与专利实施许可浅议"，《中国发明与专利》，2012年第5期。

151. 本刊编辑部，"专利池：馅饼or陷阱？"，《中国发明与专利》，2012年第6期。

152. 陈磊、吕磊，"我国专利池运营的法律与政策环境分析及建议"，《中国发明与专利》，2012年第6期。

153. 张晓，"国际专利池的结构及运作机理浅析"，《中国发明与专利》，2012年第6期。

154. 古村、陈磊、林举琛，"我国现有专利池及其知识产权政策研究"，《中国发明与专利》，2012年第6期。

155. 张蕾，"标准中专利池组建涉及的法律问题分析及监管建议"，《中国发明与专利》，2012年第6期。

156. 杨华权，"浅析专利池运营在中国的相关制度构建问题——从税收优惠与评估依据角度出发"，《中国发明与专利》，2012年第6期。

157. 赵启杉、谢琳、黄菁茹、李飒、张宇勃，"ICT产业技术标准的专利池许可模式分析"，《中国发明与专利》，2012年第6期。

158. 毛琎，"论专利文件修改标准的新发展——评最高人民法院2011知行字第17号案"，《中国发明与专利》，2012年第6期。

159. 祁轶军，"浅析专利权无效程序中的'一事不再理'原则"，《中国发明与专利》，2012年第6期。

160. 赵嘉祥，"食品外观设计是怎样纳入专利法保护客体的"，《中国发明与专利》，2012年第8期。

161. 李绩、颜丛、郭晓迪，"我国生物技术的专利保护及策略和建议"，《中国发明与专利》，2012年第8期。

162. 丁锦希、李晓婷，"晶型药物专利保护策略研究——基于阿德福韦酯晶型专利无效宣告案的实证分析"，《中国发明与专利》，2012年第8期。

163. 毛琎、刘新蕾，"浅析创造性判断中相关证据的认定——评最高人民法院（2011）行提字第8号案"，《中国发明与专利》，2012年第8期。

164. 林俐，"充分利用专利制度维护自身利益"，《中国发明与专利》，2012年第11期。

165. 陶凤波，"专利维权在曲折中前进"，《中国发明与专利》，2012年第11期。

166. 谢有成，"专利案件中域外证据的公证认证之探析"，《中国发明与专利》，2012年第11期。

167. 王冠瑶、董林水、要然，"论传统知识与专利制度"，《中国发明与专利》，2012年第12期。

168. 陈仲伯，"国外专利药品在专利过期后为什么还能卖这么贵"，《中国发明与专利》，2012年第12期。

169. 何龙桥，"从戴森无扇叶风扇系列无效请求案看我国外观设计创新"，《中国发明与专利》，2012年第12期。

170. 丛珊、孙向民，"关于政府在企业专利联盟构建与发展中作用的探讨"，《中国发明与专利》，2012年第12期。

171. 曹铭书，"从法的溯及力视角浅析已放弃专利权的效力期限——兼评（2011）鲁民三终字第143号专利侵权案"，《中国发明与专利》，2012年第12期。

172. 罗玮、高琛颢、何怀燕，"浅析企业实践中职务发明创造的发明人或设计人的奖励和报酬制度"，《中国发明与专利》，2012年第12期。

（五）专利行业分析

173. 李飞飞，"移动通信领域专利纠纷现探析"，《中国发明与专利》，2012年第1期。

174. 朱科、石继仙，"燃料电池技术领域中国专利申请状况分析"，《中国发明与专利》，2012年第1期。

175. 谢燕婷、唐甜甜、裴军、谭天、樊培伟、孙瑞丰，"锂离子电池正极材料专利申请现状及其发展趋势"，《中国发明与专利》，2012年第1期。

176. 朱伟，"高压电气设备绝缘在线监测技术专利分析"，《中国发明与专利》，2012年第1期。

177. 肖西祥，"新化学实体药物专利布局策略"，《中国发明与专利》，2012年第1期。

178. 王义刚、王智勇、孟东，"我国石油开采设备领域专利技术现状与发展建议"，《中国发明与专利》，2012年第2期。

179. 刘彤、陈群、王卫安、周方圆、周九艳，"电能质量治理技术专利布局现状调查与分析"，《中国发明与专利》，2012年第2期。

180. 牛妞，"叶片技术中国专利申请概况分析"，《中国发明与专利》，2012年第2期。

181. 赵明强，"太空育种技术中国专利申请简要研究"，《中国发明与专利》，2012年第3期。

182. 邓爱科、李瑾，"我国转基因抗虫棉系列专利诉讼简析"，《中国发明与专利》，2012年第3期。

183. 刘士奎，"家用吸尘器领域中国专利申请态势分析"，《中国发明与专利》，2012年第3期。

184. 严若菡，"厨房电器领域中国外观设计专利申请现状及发展趋势"，《中国发明与专利》，2012年第3期。

185. 赵明强，"中药创新的典范:砒霜抗癌的专利故事"，《中国发明与专利》，2012年第4期。

186. 韩建伟、梁丽超，"通信领域中基于优先权的专利申请"，《中国发明与专利》，2012年第4期。

187. 赵永辉，"解读'毒明胶食品'事件中的专利问题"，《中国发明与专利》，2012年第5期。

188. 赵明强，"中国肝素产业专利观察：以海普瑞为重心"，《中国发明与专利》，2012年第5期。

189. 刘斌强、陈彦飞、房曦、王博，"苏州工业园区与苏州高新区专利状况研究"，《中国发明与专利》，2012年第5期。

190. 原治会、张萍、王学显，"新能源汽车传动系统领域中国专利申请分析"，《中国发明与专利》，2012年第6期。

191. 纪媛媛，"运用专利策略 争夺本土市场 以EGFR为靶点的抗肿瘤药物专利现状分析"，《中国发明与专利》，2012年第6期。

192. 邓晓东，"向专利要发展——记广州(暨南)生物医药研究开发基地"，《中国发明与专利》，2012年第6期。

193. 王彬、刘波，"黎海涛：通信发明 利国利民"，《中国发明与专利》，2012年第6期。

194. 林玉红，"中药材专利保护简要研究"，《中国发明与专利》，2012年第7期。

195. 范丽、王晓明、孙思、孙海燕、代玲莉、孙瑞丰，"费托合成钴基催化剂领域专利技术现状与发展趋势"，《中国发明与专利》，2012年第7期。

196. 郑君、张爱欣、周文、任卫华、祖胜臻、朱宁，"聚脲喷涂弹性体技术专利申请现状及其发展趋势"，《中国发明与专利》，2012年第7期。

197. 刘继春，"我国矿热炉产业专利申请状况与发展建议"，《中国发明与专利》，2012年第7期。

198. 赵明强、赵炜楠，"香雪制药的专利策略探析——岭南中药产业知识产权状况研究之一"，《中国发明与专利》，2012年第8期。

199. 唐华东、郝建欣，"奥西里斯治疗公司干细胞专利布局策略分析"，《中国发明与专利》，2012年第8期。

200. 卞志家、何奕秋、何瑜、严华、涂海华、田丽丽，"奥美拉唑的全球专利申请状况分析"，《中国发明与专利》，2012年第8期。

201. 何瑜、何奕秋、卞志家、涂海华、严华、田丽丽，"奥美拉唑的中国专利申请状况分析"，《中国发明与专利》，2012年第8期。

202. 姚楠、李福永、王洵、潘小丹，"从专利申请看乒乓球拍的进化史"，《中国发明与专利》，2012年第9期。

203. 张敏，"从专利申请看泳镜的发展进步"，《中国发明与专利》，2012年第9期。

204. 武文琛，"运动鞋的技术进步与专利竞争"，《中国发明与专利》，2012年第9期。

205. 季茂源、吴雪、赵云峰，"浅谈运动护具的应用与专利技术"，《中国发明与专利》，2012年第9期。

206. 孔栋、陈少君，"奥运赛场计时器之专利史话"，《中国发明与专利》，2012年第9期。

207. 赵明强，"广药集团的专利药开发策略观察"，《中国发明与专利》，2012年第10期。

208. 苏菲，"三六一度（中国）有限公司的专利概貌"，《中国发明与专利》，2012年第10期。

209. 毕雅静、董同欣，"中外典型体育品牌公司中国专利申请状况比较分析"，《中国发明与专利》，2012年第10期。

210. 李庆敏、金琦、卫纬，"中外典型赛艇制造企业专利状况对比研究"，《中国发明与专利》，2012年第10期。

211. 伯梅、桑永树，"基于视差的裸眼3D显示技术的专利态势研究"，《中国发明与专利》，2012年第10期。

212. 杨杰、朱洁、姜雪、楼兴隆、王勤耕，"盐酸克伦特罗检测技术的专利性分析"，《中国发明与专利》，2012年第10期。

213. 修红义、朱亚娟、王伟、王建乔，"我国互感器行业的专利布局研究"，《中国发明与专利》，2012年第10期。

214. 熊迪，"巨星集团的专利战略及其启示"，《中国发明与专利》，2012年第11期。

215. 白燕、陈冬冰、刘婧，"用梦想点亮世界：登峰LED灯的专利故事"，《中国发明与专利》，2012年第11期。

216. 谢虹霞、曾艳琳，"脸谱网的专利之路及其启示"，《中国发明与专利》，2012年第11期。

217. 程小梅、李佳、赵晓敏、王艳臣、庄湧，"射频识别技术中国专利申请状况分析"，《中国发明与专利》，2012年第11期。

218. 李彬、何永春、苗雨，"高清电视技术中国专利申请状况分析"，《中国发明与专利》，2012年第11期。

219. 邹丽娜、王玮玮、安蕾、张云，"液晶背光领域专利技术现状与发展趋势"，《中国发明与专利》，2012年第11期。

220. 方伟、修红义，"我国变压器设备行业专利布局研究"，《中国发明与专利》，2012年第11期。

221. 严华、涂海华、田丽丽、卞志家、何瑜、何奕秋，"埃索美拉唑的全球专利申请状况分析"，《中国发明与专利》，2012年第11期。

涂海华、严华、田丽丽、何瑜、卞志家、何奕秋，"埃索美拉唑的中国专利申请状况分析，《中国发明与专利》，2012年第11期。

222. 夏凤娟、李士坤、康蕾、石继仙、李哲、朱宁，"涉及喜树碱结构改进的专利申请现状分析"，《中国发明与专利》，2012年第11期。

223. 董伟燕、李悦影，"浅议专利分析与企业专利战略"，《中国发明与专利》，2012年第12期。

224. 左珺、王磊，"深圳新能源标准与知识产权联盟专利现状"，《中国发明与专利》，2012年第12期。

225. 尹俊峰、王义刚，"我国纳米技术领域对外专利申请现状分析与发展建议"，《中国发明与专利》，2012年第12期。

226. 王飞、陈俊宏、姜术丹、孙海燕、刘文霞、孙瑞丰，"造纸用芳纶纤维相关专利申请状况分析"，《中国发明与专利》，2012年第12期。

227. 李军，"等离子体煤粉燃烧技术专利申请状况分析"，《中国发明与专利》，2012年第12期。

228. 刘磊、田屿、马捷，"2010年和2011年生物产业中国授权发明专利分析"，《中国发明与专利》，2012年第12期。

229. 陈可南，"入世十年北京地区专利发展情况分析"，《中国发明与专利》，2012年第12期。

230. 朱亚娟、鲁玮、严伟灿、修红义，"我国特高压开关设备行业专利现状分析"，《中国发明与专利》，2012年第12期。

（六）专利价值与评估

231. 张晓云、冯涛，"专利权担保融资的法定限度与合约扩充"，《知识产权》，2012年第3期。

232. 赵蓉、朱晓力，"专利出资评估途径的多层次选择机制研究——以现实强制评估制度的局限性为视角"，《知识产权》，2012年第4期。

233. 张晓云、冯涛，"专利信托融资模式的设计与应用"，《知识产权》，2012年第6期。

234. 张倚源，"我国专利资本化现状探析"，《中国发明与专利》，2012年第8期。

（七）国际知识产权

235. 万琦，"美国专利权用尽原则规范属性之辨析"，《知识产权》，2012年第3期。

236. 彭玉勇，"论世界专利"，《知识产权》，2012年第5期。

237. 吴广海，"美国专利侵权损害赔偿中的分摊规则问题"，《知识产权》，2012年第6期。

238. 赵雷，"美国2011年专利法第一案Myriad案评——人类基因可专利性的再思考"，《知识产权》，2012年第6期。

239. 漆苏、朱雪忠，"从Mayo v. Prometheus案看美国'专利适格标的'判断标准的变化"，《知识产权》，2012年第9期。

240. 张玲、金松，"美国专利侵权永久禁令制度及其启示"，《知识产权》，2012年第11期。

241. 关健，"美国非显而易见性判定实践的误区和难点"，《知识产权》，2012年第7期。

242. 张晓东，"美国专利制度改革运动与科技创新企业利益博弈"，《中国发明与专利》，2012年第1期。

243. 温宁阁，"如何既快又省地构建美国专利群"，《中国发明与专利》，2012年第1期。

244. 柳建朋，"辨明Patent Troll"，《中国发明与专利》，2012年第2期。

245. 刘小静、黄非，"浅谈欧洲专利局判断修改超范围的标准和应用"，《中国发明与专利》，2012年第2期。

246. 单晓光、孙舒眉，"美国大学知识产权管理中有效的专利管理制度"，《中国发明与专利》，2012年第2期。

247. 邵胜男，"美国专利期限概述"，《中国发明与专利》，2012年第2期。

248. 欧阳石文、曲燕，"欧洲进一步明确人胚胎干细胞相关发明不能被授予专利权"，《中国发明与专利》，2012年第2期。

249．陈尧，"浅析美国Bilski案的影响与启示"，《中国发明与专利》，2012年第3期。

250．任晓玲，"2011年全球PCT申请量再创新高"，《中国发明与专利》，2012年第4期。

251．姜鹏，"从新颖性角度探析美国先发明制的改革"，《中国发明与专利》，2012年第5期。

252．任晓玲，"欧专局公布《2011年度报告》"，《中国发明与专利》，2012年第5期。

253．邹凯、冯怡、李人久，"欧专局关于外科手术处理方法的审查实践——EPO扩大申诉委员会G1/07号决定浅析"，《中国发明与专利》，2012年第5期。

254．段然，"印度颁布首个药品强制许可"，《中国发明与专利》，2012年第5期。

255．蔡小鹏，"一支独秀的古巴生物医药专利"，《中国发明与专利》，2012年第5期。

256．朱俊英、郝晓英，"中国发明项目在巴黎国际发明展上获佳绩"，《中国发明与专利》，2012年第5期。

257．董文倩，"浅谈巴西专利制度对化学领域专利申请的特殊要求"，《中国发明与专利》，2012年第5期。

258．汤艳莉、杜萍，"浅析欧洲专利局专利信息资源的质量保障"，《中国发明与专利》，2012年第6期。

259．熊英、张超、别智，"绿色专利制度域外实践浅析"，《中国发明与专利》，2012年第7期。

260．阮开欣，"解读美国专利侵权损害赔偿计算中的合理许可费方法"，《中国发明与专利》，2012年第7期。

261．张磊，"2011年美国专利法改革对制药行业的影响——先申请制对于美国制药行业的影响"，《中国发明与专利》，2012年第7期。

262．徐嘉怡、陈立，"欧洲专利局对外咨询服务情况介绍"，《中国发明与专利》，2012年第7期。

263．任晓玲，"全球专利文献信息工作发展新动向"，《中国发明与专利》，2012年第7期。

264．李锦，"欧洲专利局EPOQUE系统升级带来的变化"，《中国发明与专利》，2012年第7期。

265．段然，"新加坡改进专利制度助推国家发展"，《中国发明与专利》，2012年第7期。

266. 李彦红, "日本专利早期审查制简析", 《中国发明与专利》, 2012年第8期。

267. 陈磊, "浅析自然法则与可专利方法的界限——评美国最高法院 Mayo V. Prometheus案判决", 《中国发明与专利》, 2012年第9期。

268. 王云飞、周南(编译), "现行欧洲专利费用结构分析 Bruno van Pottelsberghe, Jér me Danguy", 《中国发明与专利》, 2012年第10期。

269. 曲燕, "欧洲专利局调整优先权副本提交的相关要求", 《中国发明与专利》, 2012年第10期。

270. 蔡小鹏, "世界最不发达国家专利现状及发展瓶颈", 《中国发明与专利》, 2012年第11期。

271. 何奕秋、宋增锋、田芳、侯宝光、张英姝, "美国医疗方法可专利性的评判思路及其启示——美国法院对Prometheus案的审理和判决结果分析", 《中国发明与专利》, 2012年第11期。

(八)专利信息

272. 赵明强, "规范创业板上市公司专利法律信息公开行为刍议", 《中国发明与专利》, 2012年第1期。

273. 任晓玲, "专利信息公开的新趋势", 《中国发明与专利》, 2012年第1期。

274. 房华龙、张鹏, "技术引进中的专利分析方法探讨", 《中国发明与专利》, 2012年第1期。

275. 张春华、王磊、王向红、程序, "中外专利数据库服务平台简介及检索应用", 《中国发明与专利》, 2012年第1期。

276. 金江军、刘菊芳, "专利信息服务体系及对策研究", 《中国发明与专利》, 2012年第1期。

277. 汤元成, "北京市2007至2010年专利申请资助情况分析", 《中国发明与专利》, 2012年第2期。

278. 李亚楠、杨长青、高寅、刁小爽, "2011年度中国发明专利授权排行榜简析", 《中国发明与专利》, 2012年第2期。

279. 李蓓、李进, "专利引文的创建及其检索应用(上)", 《中国发明与专利》, 2012年第2期。

280. 李蓓、李进, "专利引文的创建及其检索应用(下)", 《中国发明与专利》, 2012年第3期。

281. 沈琦、马鸿雅, "关于2011年度影响专利申请量大幅增长的政策因素分析", 《中国发明与专利》, 2012年第4期。

282. 那英、汤艳莉、杨素言,"新式中国专利更正文献的出版形式及其信息获取途径",《中国发明与专利》,2012年第4期。

283. 胡文彬、卢海鹰,"解读《产业专利分析报告》",《中国发明与专利》,2012年第5期。

284. 马丽丹、石羽、张玥,"电学领域非专利文献深加工标引问题总结",《中国发明与专利》,2012年第9期。

285. 那英、汤艳莉、杨素言,"中国专利文献最新版式浅析",《中国发明与专利》,2012年第9期。

286. 吕可珂,"一场分享最新专利信息的盛宴——记中国专利信息年会2012",《中国发明与专利》,2012年第10期。

287. 杨长青、孔文娟,"从中国专利信息年会看我国专利信息服务业发展态势",《中国发明与专利》,2012年第10期。

288. 金泽俭、李凤新、刘磊,"数字十年·专利铸就辉煌",《中国发明与专利》,2012年第12期。

(九)其他

289. 马维野,"深入实施专利战略,助推经济转型发展",《中国发明与专利》,2012年第1期。

290. 杜玲娟,"晏磊:空间探测离不开创新发明",《中国发明与专利》,2012年第1期。

291. 李秀英,"浅谈企业购买专利技术应注意的问题",《中国发明与专利》,2012年第2期。

292. 广东省政策研究室,"广东顺德组建专利联盟促行业转型升级的经验与启示",《中国发明与专利》,2012年第3期。

293. "专利制度促进创新发展已显成效",《中国发明与专利》,2012年第4期。

294. "中国专利制度的孕育、产生与发展",《中国发明与专利》,2012年第4期。

295. 闫雪姿,"张世宏:加强产学研合作 促进专利产业化",《中国发明与专利》,2012年第4期。

296. 彭茂祥、李凌,"基于专利制度纽带的开放式创新模式",《中国发明与专利》,2012年第5期。

297. 赵明强,"明胶事件之技术观察与监管探讨",《中国发明与专利》,2012年第6期。

298. 张敏华,"有感于专利菌种搭载神舟飞船进入太空",《中国发明与专利》，2012年第6期。

299. 熊英、张超、别智，"我国绿色专利制度构建刍议"，《中国发明与专利》，2012年第7期。